致未来的你

别让拖延症害了你

启文　编著

花山文艺出版社

河北·石家庄

图书在版编目（CIP）数据

别让拖延症害了你 / 启文编著. -- 石家庄：花山
文艺出版社，2020.5
（致未来的你 / 张采鑫，陈启文主编）
ISBN 978-7-5511-5139-9

Ⅰ.①别… Ⅱ.①启… Ⅲ.①成功心理—通俗读物
Ⅳ.① B848.4-49

中国版本图书馆 CIP 数据核字（2020）第 066565 号

书　　名：致未来的你
主　　编：张采鑫　陈启文
分 册 名：别让拖延症害了你
编　　著：启　文

责任编辑：卢水淹
责任校对：于怀新
封面设计：青蓝工作室
美术编辑：胡彤亮
出版发行：花山文艺出版社（邮政编码：050061）
　　　　　（河北省石家庄市友谊北大街 330 号）
销售热线：0311-88643221/29/31/32/26
传　　真：0311-88643225
印　　刷：北京朝阳新艺印刷有限公司
经　　销：新华书店
开　　本：850 毫米 ×1168 毫米　1/32
印　　张：30
字　　数：660 千字
版　　次：2020 年 5 月第 1 版
　　　　　2020 年 5 月第 1 次印刷
书　　号：ISBN 978-7-5511-5139-9
定　　价：178.80 元（全 6 册）

前　言

日常生活和工作中，有人做事拖拖拉拉，犹豫不决，干一会儿就想玩一会儿，久而久之，就患上了拖延症。在心理学上，有个专业的名词很好地形容了这种心态——最后通牒效应。简单来说，这种效应指的是对于不需要马上完成的任务，人们总是习惯于在最后期限即将到来时，才努力去完成。

拖延是阻碍我们提高工作效率的最大杀手。可能有的人会说，这件事情我自己实在不喜欢去做。事实上，最真实的原因是自己并没有能力把当前的事情做好。这样一来，往往就会形成一种循环，越不愿意做的事情，就会拖延着不做。如果实在被逼急了，时间紧迫时，就会处于敷衍应付的状态中，草草完成了事。这样一来，自然谈不上做事的质量，更无法提高自己的能力。而最终我们也不会得到更好的发展机会，这样一来，我们还得继续做自己不喜欢的事情。在这样的恶性循环里，我们很难出人头地，做出一番轰轰烈烈的事业来。

如果换一种角度来进行思考，改变我们喜欢拖延的习惯，就可以高效率地完成手上的事情。这样一来，我们就可以空出更多的时间去做自己喜欢的事情。或者我们可以利用这些多出来的时间，想办法去钻研学习，提高自己的能力，慢慢地掌握一些要领，让自己在做工作的时候更加得心应手。这样一来，我们就会在工作的时候进行得非常顺利，慢慢地培养出对工作的兴趣。那些不喜欢的事情，也许会在这个过程中变得可爱起来，至少我们不会像之前那样讨厌这些事。

拖延症是可怕的，试想一下，如果医生喜欢办事拖延，那么有可能病人会因此而错过最佳的抢救时间；如果工人进行拖延，有可能会耽误后面的工作；如果学生进行拖延，有可能会在深夜还没有完成作业……拖延在一定条件下会变成一头尖牙利齿的怪兽，给我们造成很大的伤害。

因此，我们一定要改变这种坏习惯，学会如何去高效率地利用时间，那才是我们生活的最高秘诀。在生活中，有很多人对时间的感知是错误的，他们总觉得时间是无穷无尽的。今天过去了，还有明天；明天过去了，还有后天……却没有意识到"我生待明日，万事成蹉跎"，这可是古人都明白的道理。

著名的思想家苏格拉底曾经说过这样的话："当许多人在一条路上徘徊不前时，他们不得不让开一条大路，让那珍惜时间的人赶到他们的前面去。"由此可见，只有不拖延的人，才能更快地成功。

如果你是一个拖延症"患者"，那么，从现在开始，你应当慢慢矫正自己的拖延症，让效率和自信回归，这样，你才能真正掌控属于自己的人生！

目 录

第一章
让自己爱上工作，你便不会再拖延

　　人之所以会在工作中拖延，很大一个原因是觉得工作枯燥，所以没有热情，自然就没有立刻去做的动力。而一旦爱上工作，对工作产生热情，你就会满怀热情地去做事，自然也就没了拖延，做事也就更有效率。

相信自己一定能做好

在一家企业中，有这样两个员工：一个对自己的能力总是持否定态度，觉得自己只能做一些简单的工作，就算是简单的工作，他也觉得自己无法把工作做到完美；另一个则对自己非常有信心，他认为自己只要肯花功夫，就一定能够把工作做到最好，实现自己的价值，成就更好的人生。

这两个人，谁最有可能把工作做好？

相信大部分人都会选择第二位，因为第二个人是一个自信心很强的人，而一个自信心很强的人，就已经拥有了把工作做好的先决条件。

自信对人来说作用无疑是巨大的，一个职场中人首先有自信，才能够做好工作。列宁曾说过："肯定自己是走向卓越的第一步。"爱默生也说过："自信是成功的第一要领。"一个有信心的人，内心就会生出无限的勇气，帮助他克服前进途中所遇到的一切困难。所以，不要自己将自己埋没，如果你想要做好工作，事业有成，就一定要改变心态，学会自信。

自信是一种积极的心态，是对自我价值的一种肯定。通过对自己的信任以及对自我的肯定，大脑就会建立一种潜意识的思维模式，那就是自己会成为一个成功的人。正是因为有了这种积极的心理暗示，当我们遇到困难时，才可以成功从中走出，从而使自己一步步走向成熟。

周强从小生活在农村，从小失去了母亲，与父亲相依为命。由于生活的重担一下落在父亲一个人头上，生活的压力使他的脾气变得喜怒无常，脾气来了便对周强一顿打骂。在这样的环境中成长起来的周强开始变得敏感、忧虑，没有自信。他总是感觉别人在用异样的眼光看着自己，渐渐便把自己封闭起来，不与其他人接触，学习成绩也一落千丈。

后来，周强渐渐和一些不务正业的孩子走到了一起，打架、吸烟、寻衅滋事，成为别人眼中的"坏孩子"。父亲对他也没有办法，虽然屡次教导，但却没有丝毫效果。后来，父亲给他找了一位继母。开始，周强对这位继母充满了敌意，甚至还故意找麻烦。但没想到继母却并不与他计较，相反却很疼爱他，并对父亲说："小强这么聪明俐伶，长大了一定有出息。"继母的这番话，给了周强很大的信心。他开始慢慢审视自己，觉得自己的确没有以前想的那样一无是处。他开始学着改变，学着打破自我封闭，走出自己的圈子与周围的人交往。慢慢地，老师和同学都注意到了他的这种改变。因为自信，所以他的身上充满了活力。他不再逃学，不再与同学打架，上课时也学会了认真听讲。老师也慢慢地鼓励他，他的成绩上升得很快，很快就进入班级前几名。毕业后，考取了省重点大学，让他的父母着实扬眉吐气了一回。

参加工作之后，周强做得也非常成功，现在已是一家大公司的市场总监。他周围的人都说，从周强身上，可以感觉到一种自信，一种活力。正是这种自信和活力让他有勇气面对所遇到的一切困难。而周强在谈及个人的经验时也说，自己之所以能有今天的成就，完全是受继母的影响，是她帮助自己走出了自卑的阴影，建立了自信，也因此而获得了成功。

信心是精神大厦的基石。只要信心存在，我们的精神就不会垮掉。好多时候，一些人之所以不能成功，并非他没有才华或者能力，而是他的信心发生了动摇，于是阻碍了自身能力的发挥，从而使他们与成功失之交臂。

在竞争日益激烈的职场，想要在众人中脱颖而出，信心就显得尤为重要。因为只有拥有自信，才勇于挑战困难，才勇于承担责任，才能把工作做好，获得更多的机会。或许，你很有才华，但如果总是对自己的能力产生怀疑，那么就会使自己的能力大打折扣。职场如战场，容不得你有半点的马虎和差错。只有树立起信心，才能让自己在困难中披荆斩棘，获得最后的胜利。

如果干什么事情都不能树立信心，这就相当于自己给自己设置心理障碍，自然也就很难把工作做好了。而一个人一旦有信心，就能够把工作做得更好，创造更大的价值。

1949年，一位24岁的年轻人充满自信地走进美国通用汽车公司，应聘会计工作。他来应聘的原因只是因为父亲曾经说过"通用汽车公司是一家经营良好的公司"，并建议他去看一看。

在面试的时候，他的自信给助理会计面试官留下十分深刻的印象。当时只有一个空缺，而面试官告诉他那个职位十分艰苦难做，一个新手可能很难应付得来。但他当时只有一个念头，就是进入通用汽车公司，展现他足以胜任的能力。

当面试官在雇佣这位年轻人之后，曾对他的秘书说过："我刚刚雇用了一个想当通用董事长的人。"

这位年轻人就是通用汽车前董事长罗杰·史密斯。罗杰刚进公司的第一位朋友阿特·韦斯特回忆说："合作的一个月中，罗杰正经告诉我，他将来要成为通用汽车的董事长。"正如罗杰所愿，32 年后，他成了通用的董事长。

一位智者说过："生，非我所求；死，非我所愿；但生死之间的岁月，却为我所用。"所以，你有什么样的企图，什么样的愿望，也就会成为什么样的人。如果你对自己总是持怀疑的态度，总是对自己说"我不行"，那么久而久之，这种思想就会在你的头脑中扎根，而你自己也真正沦为思想的奴隶。

一个人，首先只有自己肯定自己，然后才能突破自己，在工作中取得更大的成就。如果你总是对自己抱有一种怀疑的态度，又怎能奢望把工作做得更好呢？或许，你会说，我没有突出的才能，也没有过高的学历以及优雅的仪表，又怎么能让自己自信呢？可能你所说的都是实情。但事实却是，就算你什么都没有，你照样应该让自己满怀信心，因为自信本身就是一种财富。自信是一种力量，只要你拥有了它，哪怕是一个弱者，也照样可以使自己成为一个巨人。

任何时候都不要迷失了方向

在工作中，一时的迷茫是难免的。近几年流行的一句话替每个人的迷茫找到了注解——谁的青春不迷茫。但迷茫又是一种负面的情绪，迷茫会使一个人变得漫无目的，变得没有方向，如果不能够摆脱这种迷茫，那么最后等待他的将是平庸。

迷茫的人找不到生活的出口，所以被困在其中。而很多时候，不是我们不去寻找，而是没有目标，所以才在痛苦里迂回，在迷惘中徘徊。生活简单而又繁复地困着自己，找不到一个可以呼吸的口。爱情里，自己像颗棋子，进退不由自己；工作中，自己像个机器被人来回控制，所以才迷茫。

有的迷茫是人生没有目标，而有的迷茫是人生选错了目标。关于错误的目标，有这样一个笑话：

夜晚，一个人在房间里四处搜索着什么东西。有一个人问道："你在寻找什么呢？"

"我丢了一个金币。"他回答。

"你把它丢在房间的中间，还是墙边？"第二个人问。

"都不是。我把它丢在了房间外面的草地上了。"他又回答。

"那你为什么不到外面去找呢？"

"因为那里没有灯光。"

你肯定会觉得这个人很可笑。然而，我们中也有许多人每天都在错误的地方寻找自己想要的东西。

成功在一开始仅仅是一个选择。你选择什么样的目标，就会有什么样的成就，就会有什么样的人生。选择的目标在引领着人生的航向在驶向成功的彼岸。失却了目标，努力一万倍也只是徒劳。

而要解决迷茫的方法也很简单，那就是给自己找一颗人生中的北极星，也就是说，给自己的人生找好一个大方向。

我们都知道，北极星是野外活动、古代航海方向的一个很重要指标，另外也是小至观星入门之辨认方向星座，大至天文摄影、观测赤道仪的准确定位等皆为十分重要的参照物。由于北极星最靠近正北的方位，千百年来地球上的人也靠它的星光来导航。

比塞尔是西撒哈拉沙漠中的一颗明珠，每年有数以万计的旅游者来到这儿。可是在肯·莱文发现它之前，这里还是一个封闭而落后的地方。这里的人没有一个走出过大漠，据说不是他们不愿离开这块贫瘠的土地，而是尝试过很多次都没有走出去。

肯·莱文当然不相信这种说法。他用手语向这里的人问原因，结果每个人的回答都一样：从这里无论向哪个方向走，最后都还是转回出发的地方。为了证实这种说法，他做了一次试验，从比塞尔村向北走，结果三天半就走了出来。

比塞尔人为什么走不出来呢？肯·莱文非常纳闷，最后他只得雇一个比塞尔人，让他带路，看看到底是为什么。他们带了半个月的水，牵了两峰骆驼，肯·莱文收起指南针等现代设备，只拄一根木棍跟在后面。

十天过去了，他们走了大约八百英里的路程，第十一天的早晨，他们果然又回到了比塞尔。这一次肯·莱文终于明白了，比塞尔人之所以走不出大漠，是因为他们根本就不认识北斗星，不知道东西南北。

在一望无际的沙漠里，一个人如果凭着感觉往前走，他会走出许多大小不一的圆圈，最后的足迹十有八九是一把卷尺的形状。比塞尔村处在浩瀚的沙漠中间，方圆上千公里没有一点儿参照物，若不认识北斗星又没有指南针，想走出沙漠，确实是不可能的。

肯·莱文在离开比塞尔时，带了一位叫阿古特尔的青年，就是上次和他合作的人。他告诉阿古特尔，只要你白天休息，夜晚朝着北面那颗星走，就能走出沙漠。阿古特尔照着去做，三天之后果然来到了大漠的边缘。阿古特尔因此成为比塞尔的开拓者，他的铜像被竖在小城的中央。铜像的底座上刻着一行字：新生活是从选定方向开始的。

在迷茫时，我们的人生不就恰好需要一颗北极星吗？心中有一颗北极星，就能够坚定自己的方向，哪怕是在穷途末路的时候都能够坚定不移地朝着正确的方向去走。

其实迷惘就跟漫步在一望无际的沙漠一样。如果我们任由着心漫无方向地行走，最后还是回到原点。这时我们需要的是北极星，一个能够指引东西方向的参照物。这样走出迷惘便是轻而易举的事。所以每一种快乐，每一种新生活的开始，都是由一个方向开始的。只要有了方向，朝着方向一路走下去，就必定能走出一条康庄大道来。

一个年轻人应聘到一列三等火车上当司机助理。司机是个爱发牢骚的人，经常对这位新来的助理指手画脚。

转眼一个月过去，年轻人领到平生第一份薪水，心里甜得跟吃了蜂蜜似的，过一会儿就要拿出来数一遍。当他将钱数到第五遍时，那位司机终于忍不住说："小伙子，你别得意！你以为这个饭碗你就算捧住了吗？告诉你，你要过三个月才算通过试用期，前提是你不要惹什么麻烦。再熬上三年五载，假如你侥幸不被开除的话，你就可以像我一样当一个正式司机，到那时你才可以眉开眼笑地数钱玩。现在，我建议你小心看好自己的饭碗，老老实实干活去！"

年轻人窘得满脸通红，他认为司机没有权力这样羞辱他。但司机的话却提醒了他，让他思考一个问题："难道我只能以司机这个职业作为我的归宿吗？如果是这样，人生不是太平淡了吗？"他凝思半晌，心里立定了一个目标，他抬起头来，对还在唠唠叨叨的司机说："你以为我只想当一个司机吗？告诉你，我将来要做铁路公司的总经理！"

"什么？哈哈！"司机发出一阵怪笑，好不容易才停下来，喘着粗气说，"老板！我想我不得不叫你老板。你要是在我还没有退休之前当上总经理，我求求你不要开除我。"年轻人不理会他的嘲讽，冷静地说："如果你老老实实干活，我是不会开除你的。"

"哈哈，你开除我？但是我要告诉你，笨蛋，马上给我老老实实干活去！"

年轻人果然老老实实干活去了。但他刚才的宣言，不是为了争面子才说的赌气话。自此，他按总经理的标准严格要求自己，努力培养一个优秀总经理需要的各种素质。因为心中有这样一个目标存在，他的见识、他的言谈举止、他办事的态度都变得跟那些普通员工不一样了，给人一种鹤立鸡群的感觉。

就这样，他在公司里一步步地走下去，从实习司机到正式司机再到副主管，最后到主管，十多年后，他终于成了马利安铁路公司的总经理。

试想，如果这位年轻人的目标只是那一点点薪水的话，那么他还能够成为后来的总经理吗？年轻人因为在磨难中浸泡太久，所以无法找到真实的目标。尽管司机说的话不太好听，但是对他却起到醍醐灌顶般的作用，他的人生在此扭转。

一个人找准了方向，树立了自己的目标，比他在漫无目的的情况下奋斗十年二十年都有效。那些碌碌无为、失败的人生大多都是没有方向或者找错了方向。

著名哲学家葛特曼曾经说过："世间最凄惨的景象，莫过于看到一只迷路的小狗夹着尾巴走。"这话其实说的就是人生目标。一个人假如看不到目标，那么他面临的将是比死亡更可怕的东西。因为他的人生也因为没有目标而提前下了注脚。

很多人把别人的成功看作是运气好，把自己的失败归结为时运不济，所以放弃了努力，破罐子破摔。其实，他们并不知道，但凡成功者，他们在寻找目标和坚持目标上所做的努力都是常人无法想象的。

所以，从现在开始，我们也扪心自问一下：我的心中有一颗北极星吗？

工作也有乐趣，只是你没有发现

在学生时代，老师总会告诉我们，兴趣是最好的老师。只要我们对某一门学科感兴趣，就能够把它学好。因为我们在做事的时候感觉到了乐趣，所以自然就不会有疲倦感，就会有动力把事情做好。比如在一个假日里你到湖边去钓鱼，整整在湖边坐了 10 个小时，可你一点儿都不觉得累，为什么？因为钓鱼是你的兴趣所在，从钓鱼中你享受到了快乐。产生疲倦的主要原因，是对生活厌倦，是对某项工作特别厌烦。这种上的疲倦感往往比肉体上的体力消耗更让人难以支撑。

一位心理学家来到一个建筑工地作实地调查。此时，刚好工地上有三个忙着敲石头的建筑工人，于是，他分别问了这三个人一个相同的问题："请问您现在在做什么事儿？"

听了心理学家的问题，第一个工人的脸顿时拉得老长，他语带怒气地回道："我在做什么？你难道没长眼睛吗？我正在用这把死沉的铁锤，敲碎这些可恨的石头啊！这些石头真是又臭又硬，我的手都快敲残废了，老天爷实在是太该死了！"说罢，他还使劲地甩了甩手，看他愤愤不平的神情，似乎恨不得甩掉自己悲惨的命运，以及手头上这把可恶的铁锤。

第二个工人则有气无力地哀叹道："我在修房子，这份工作可不是一般人能吃得消的，累死人不偿命啊！要不是为了养家糊口，谁愿意日晒雨淋没日没夜地敲石头啊？"他擦了擦额头上的汗水，满是无奈地摇了摇头，又继续挥手敲打眼前的巨石。

第三位工人却是一脸快乐的表情，他笑着说道："我正在修建这个世界上最宏伟的教堂，等它竣工之后，有很多信徒都会到这儿做礼拜。虽然敲石头是一件苦差事，但每次一想到未来将有好多人到这里接受上帝的关爱，我浑身就充满了积极向上的正能量。"

猜猜这三位建筑工人日后会有什么样的人生际遇？许多年后，心理学家找到了他们，原本在同一家建筑工地敲石头的三个人，现在竟然过着有如天壤之别的生活。

当年的第一个建筑工人现如今还是一个拿着微薄薪水的建筑工人，每天重复地干着敲石砌墙的辛苦体力活；第二个建筑工人的情况比第一个建筑工人要稍微好点，他现在已经是一个包工头了，每天带领自己的施工团队穿梭于各大工地，虽然衣食无忧，但也感觉不到快乐。至于第三个建筑工人，心理学家并没有花费太多的心思去寻找此人，因为他早就成为一个名气响当当的建筑公司老板，时不时地出现在各大报纸头版的新闻中。

三种工作态度造就三种人生际遇，与其说这是造化弄人，不如说是心态决定命运。

工作是我们实现自我价值的渠道，想要做好工作，我们当然需要先爱上自己的工作。故事中的第一个工人之所以感觉不到敲石头的工作的意义所在，完全是因为他没有在工作中找到任何的乐趣。当他把敲石头的工作当成是一件特别痛苦的事时，他的人生也就成了一出极其煎熬人心的悲剧，除了愁苦和烦闷，又还有什么值得振奋精神的东西呢？

有一些人或许也存在疑问，有些工作或许还有点儿意思，但很多时候，我们印象中的工作就是一种机械地重复，就是为了拿工资而不得不做的事情，哪儿来那么多乐趣呢？

其实，这种理解是完全忽略了人的主观能动性。我们都知道，人的兴趣是千差万别的。我们觉得感兴趣的事情在别人眼里可能非常枯燥，别人酷爱的事情在我们眼里可能也是乏味的。而造成这种区别的根本原因就在于"挖掘乐趣"。同样一件事情，一个人主动去挖掘其中的乐趣，那么他就会感受到快乐，就能够将它做得更好。反之，工作就会成为一种负累，让人觉得心力交瘁，工作自然也就流于庸俗了。

只要我们愿意在工作中挖掘属于自己的快乐，那么即便在建筑工地上干着泥水匠的粗活儿，也能找寻到自己的快乐，也能够把工作做得更好。反之，若是视工作如孙悟空头上的紧箍圈儿，认为工作不过就是为了图个马马虎虎的生存，那么我们也就无法把工作做好。

刘定大学毕业后的第一份工作是行政助理，这个职位原本就是女生居多，刘定作为一个大男生，成天和一群女同事打交道，确实有点不太自在。

工作的第一天，他就在QQ上向好友抱怨自己入错了行，寻思着是不是应该换一份工作。但身边的朋友纷纷劝他不要辞职，因为现在这个社会，找工作就跟找对象一样，下一个未必比眼前的这一个好，而且错过了这一村，未必就能碰见下一家店。

那该怎么办呢？成天愁眉苦脸地工作也不是一个长久之计啊，得亏刘定还算是一个悟性不错的人，他觉得快乐是一天，不快乐也是一天，与其带着负面消极的情绪去工作，还不如调整心态，抖擞精神，和女同事们打成一片，努力在工作中寻找乐趣。

事实证明他的想法是正确的，当他微笑着面对每一位同事时，同事也纷纷释出自己的善意，不仅在工作上给予他宝贵的建议，生活中亦是对他照顾有加。平时他要是工作任务太过繁重，忙得跟高速运转的陀螺一样，总会有女同事主动请缨，替他分担一些力所能及的事。

被同事的热心和友善所感染，刘定一下子就疯狂地爱上了这家公司，喜欢上了自己的这份工作。就这样，他的心情一好转，就连思维和手脚都要比原来活跃灵敏许多，烦琐单调的行政工作不再让他心力交瘁，他的工作做得十分到位，不到一年，经理就让他做自己的助理了。

孔子曾说："知之者不如好知者，好之者不如乐之者。"其实，刘定就是一个典型的"乐之者"，他把工作当成是一种快乐。兴趣是一个人最好的老师，出于这个强有力的动机，我们又何愁干不出一番骄人的事业，何愁不能拥有幸福快乐的生活。

其实，在工作中寻找乐趣并不是无路可寻，只要我们有心，执着地往前多行进一步，快乐往往近在咫尺。

在工作中寻找乐趣的第一步，首先应该是怀抱一颗乐观感恩的心，全力塑造一个积极向上的工作观。《宁静之祷》中有这么一句话，"请赐我宁静，去接受我不能改变的一切；赐我勇气，去改变我所能改变的一切。"世界上无法改变的事情多得数不胜数，唯有我们的心态可以任由自己做主。相信每一个人在做自己喜欢做的事时，很少会感到疲惫乏味，因此，我们一定要带着感恩之心去热爱自己的工作，只有这样，工作中的乐趣才会从天而降。

除此之外，积极的工作态度也必不可少，把工作当成巨大包袱的人，不仅不会从工作中找到乐趣，反而会沦为工作的奴隶。工作的时候就应该学习希尔顿，即便是洗一世的马桶，也要立誓当一个洗马桶行业最为出色的人。

最后，不要惧怕工作会枯燥无味，不管是哪一种工作，我们都可以从中挖掘出它的兴趣点所在。比如，有的职业需要和许多人打交道，人际交往其实也是充满乐趣的，与人交谈的时候，我们可以细心聆听对方丰富的人生经历，一方面增长了自己的见识，另一方面又为自己拓展了人脉资源，可谓是一举两得。

职场成功向来青睐开心工作之人，它就像一面一尘不染的镜子，我们笑着对它，它也会投桃报李，回赠我们一张嘴角漾起笑花的脸蛋。那么还等什么呢？如果你现在正闷闷不乐地干着自己的一份工作，那么请立马转变心态，马不停蹄地在工作中寻找属于你的乐趣吧！

敢去想，你才敢于行动

对一份工作的热爱取决于自己对这份工作的信念。当一个人有着强烈的成功欲望，而且信念极其坚定的话，那么他也就能够用尽全力，把这份工作做到最好，并最终达成自己的目的。

而强烈的成功信念又来源于"敢想"的心，只有敢想，敢于给自己一个远大的期望，那么他才会有更强烈的信念，才能够让自己对工作投入更多的热情，也就能够把工作做得更好。

熟悉汽车的人都知道，现在汽车的发动机最多可以达到16个缸，比如一些速度极快的跑车。而一些四缸、八缸的车也不少见。可是有多少人知道，在汽车出现之初，双缸被人们认为是汽车发动机缸数的极限。

可是偏偏有人就不信这个邪。

美国著名的汽车之父福特，在生产汽车时，他的公司只生产两缸汽车。有一天，福特突发奇想，他觉得，两缸汽车产生的马力有限，可不可以生产出更多的汽缸，以扩大汽车马力呢？

于是，福特找到了公司里的科研人员，并对他们说："现在我要让你们研究生产四缸汽车。"

科研人员听了之后都摇头说："我们不可能生产得出来。"

福特说道："我不管什么可能不可能，你们给我研究就是了。"

研究了一年之后，科研人员还是说："报告老板，四个缸的汽车是不可能生产的。"

福特愤怒地说："你们这些蠢货，让你们研究，你们就继续研究，明年我还是要你们研究四缸汽车。"

这些科研人员都靠福特吃饭，老板的话怎么能不听，于是他们又开始研究起四缸汽车来。

到了第二年年底，他们的研究又告失败，于是他们对福特说："报告老板，四缸汽车确实是不可能生产出来的。"

当时，福特大发雷霆，说："你们这些蠢货！明年再研制不出四个缸汽车，就把你们炒掉！谁再说不可能，就滚开！你们最好一起思考如何才能生产四个缸的汽车？"

这些科研人员心里也很烦，可是没有办法，自己毕竟端老板的饭碗，只有继续。没想到第三个年头不到半年，四缸汽车竟然真的被研制出来了。

后来，福特说："不是不可能吗？为什么这半年就研制出来了？"其中一个组长说："报告老板，在原来的意识中，我们不相信，能生产出四个缸的汽车。可是这半年，我们每个人都问自己一个问题，我们如何才能生产四个缸的汽车？"

福特笑了笑说："你们问对了问题，如果你们问'我们何必要生产四个缸的汽车'，那么汽车工业史恐怕就要改变了。"

这个故事告诉我们，很多事情不是我们不能做到，而是我们缺乏坚定的信念，有没有思考过如何才能做到？对于工作和生活中的很多事情，有时候多一些思考，往积极的方面思考，这样才能把不可能的事情变成可能，才能把工作做到最好。

篮球运动是现代体育赛事的一个重要组成部分。在我们的印象中，篮球运动员都是魁梧挺拔、身高臂长的"巨人"。例如姚明和奥尼尔。而在 NBA 赛场上，就曾经出现过一批个子矮小的运动员，这其中就包括博格斯。

博格斯身高只有一米六，在东方人的眼里也算矮子，但这个矮子却不简单，他是 NBA 表现最杰出、失误最少的后卫之一，不仅控球一流，远投精准，甚至在对方高个队员中带球上篮也无所畏惧。

每次看到博格斯像一只小黄蜂一样，满场飞奔，球迷心里总忍不住赞叹。他不只是安慰了天下身材矮小而酷爱篮球者的心灵，也鼓舞了平凡人内在的意志。

那么，博格斯是如何在职业篮球的赛场上为自己谋得一席之地的呢？

博格斯当然不是天生的好手，他从小就长得特别矮小，但他非常热爱篮球，几乎天天都和同伴在篮球场上玩耍。当时他就梦想有一天可以去打 NBA，因为 NBA 的球员不只是待遇奇高，而且也享有风光的社会地位，是所有酷爱篮球的美国年轻人心中最向往的梦。

博格斯经常这样告诉他的同伴："我长大后要去打 NBA。"所有听到他的话的人都忍不住哈哈大笑，因为他们"认定"一个一米六的矮子是绝不可能打 NBA 的。

同伴的嘲笑并没有阻断博格斯的信心和志向，他用比一般人多几倍的时间和精力去练球，终于成了全能的篮球运动员，也是最佳的控球后卫。他还充分发挥了自己矮小的优势，行动灵活迅速，往往让对手防不胜防；运球的重心偏低，很少会出现失误；个子小不引人注意，投球常常得手。

因为敢想，博格斯坚定了自己的成功信念，所以他在篮球事业上更加努力、更加拼命，只为一个目标——进入 NBA。也正是因为有了这种强烈的信念，他拼命地把训练做好，把每一场比赛打好，也最终收获了成功。

"敢想"是一种心态上的转变，敢想能让一个人对工作投入更多的热情，这样他也就能够把工作做到最好。因为心中的信念会时刻指引你去努力工作，自然也就能够把工作做得更好。

所以，任何时候，我们都要给自己一个强大的信念，坚定自己的目标，爱上自己的工作，也唯有如此，我们才能够取得人生的突破。

点燃你的做事热情

在工作当中，有这样两种人存在：第一种人，他们对工作非常投入，倾注了极大的热情，仿佛工作本身对他们就有一种天然的吸引力；第二种人，他们几乎很少有精神振奋的时候，面对工作总是一副无精打采的样子。

试问，这两种人谁能把工作做得更好呢？

答案是不言而喻的，当然是那个对工作保持热情的人。原因也很简单，如果一个人对工作保持了最大的热情，那么他也就会以最佳的状态去做事，他自然就能够把工作做到最好。在众多的成功人士的身上，我们都可以看到他们对生活对事业都充满了热情，就如同富有魅力的演员热爱舞台和观众，极具领导风范的企业家热爱他的企业和员工……可以说，热情是促使他们成功的动力，而如果没有了热情，那他们的事业也就成了镜中花、水中月。

可见，热情在某种意义上说，是一个人做好工作的重要内容，是一种做好工作的力量。每一个成功的人背后，都有热情的存在，每一位成功人士都拥有对事业的无限热情，而正是热情，推动了他们走向成功的步伐！

在美国标准石油公司曾经有一位推销员叫阿基勃特。他对工作充满了热情，作为一名推销石油的业务员，他无时无刻不在推销着自己的产品，即使他在出差住旅馆的时候，总是在自己签名的下方，写上"每桶4美元的标准石油"字样，在书信及收据上也不例外，签了名，就一定写上"每桶4美元的标准石油"。因此，他被同事们戏称"每桶4美元"，而他的真名却很少有人叫了。

当公司董事长洛克菲勒听说了这个人后说："竟有职员如此努力宣扬公司的声誉，我要见见他。"于是邀请阿基勃特共进晚餐。当洛克菲勒卸任的时候，阿基勃特成了第二任董事长。

在签名的时候署上"每桶4美元的标准石油"，这算不算小事？严格来说，这件小事根本不在阿基勃特的工作范围之内。但阿基勃特做了，并坚持把这件小事做到了极致。那些嘲笑他的人中，肯定有很多人的才华、能力在他之上，可是却没有几个人把爱业、敬业、勤业的热情化作一种有影响力的企业文化精神，最后，也只能是他成为董事长。

当一个人将自己的全部热情专注于工作的时候，即使是最乏味的工作，也一样能够做得饶有兴致。当一个人把自己的全部热情都用在工作上的时候，热情就转化成为工作的动力，工作起来自然游刃有余，成功也在向他靠近。

一位著名的金融家有一句名言："一个银行要想赢得巨大的成功，唯一的可能就是，他雇了一个做梦都想把银行经营好的人做总裁。"所以说，当一个人投入全部的热情在工作上，他就等于在不断接近成功。

罗宾·霍顿是华盛顿哥伦比亚特区紧急安全保卫机构的创始人，他可以说是一个对工作饱含热情的楷模。尽管对别人来说，霍顿的收入颇丰，但是，霍顿却认为，她喜欢的是她所从事的工作，这一点远比金钱更为重要。她所创办的这家企业主要是为工商界、联邦政府和居住区的客户设计和安装保安系统。

霍顿对工作有着极大的热情。她喜欢因自己能确保客户的安全而获得的满足感。"我知道我在保护人们，"她说道，"我在拯救人们的生命，我使他们能够在自己的企业或者家里不用担心会有什么危险，他们可以高枕无忧。"在她的心中，始终想的是如何给别人提供安全保障。这种对工作的热情，也成了她获得成功重要的因素。

巴甫洛夫曾说过："要有热情，你们要记住，科学需要一个人贡献出毕生的精力，假定你们每人有两次生命，这对你们来说还是不够的。科学要求每个人有极紧张的工作和伟大的热情。希望你们热情地工作，热情地探索。"

俄国伟大的文学家托尔斯泰也说过："一个人若是没有热情，他将一事无成，而热情的基础正是责任心。"当今这个充满了挑战和机遇的时代，只有倾注更多的热情，我们才能抓住机遇，从而干出一番轰轰烈烈的事业。

比尔·盖茨的微软公司，能够在 IT 世界傲视群雄的一个重要因素，就是在比尔·盖茨的公司中聘用的所有员工所不可缺少的素质，即对工作的热情和激情。

比尔·盖茨有句名言："每天早上醒来，一想到所从事的工作和所开发的技术将会给人类生活带来的巨大影响和变化，我就会无比兴奋和激动。"这句话表明了他对工作的热爱和激情。而且他的微软公司在聘用时宁愿任用失败的人，也不愿任用对工作没有激情的人。

微软在对应聘人员面试时有一个名为"挑战"的测试。被测的人会拿到一个没有标准答案的试题，例如：在没有秤的情况下，如何测出一架喷气式飞机的重量？答案当然不是唯一的，在整个面试过程中，考官会对被测试者的答案进行不断的反问，如果被测试者能够运用自己的逻辑思维为自己的答案进行辩护，并连续挫败两次"挑战"时，才算是顺利通过。而如果被测试者不断地改变自己的答案，那么他的得分将是零。这个测试是为了验证其是否对工作有无限的激情，如果一个没有激情的人对自己的答案不断地放弃不断地改变，那么这样的人绝对不会被录取；而一个对工作充满激情的人将始终坚持自己的立场观点，只有这样的人才能被录用。在比尔·盖茨看来，一个优秀的员工，最重要的素质不是能力、责任或其他（尽管它们也不可缺少），而是对工作要充满无限的热情。

热情可以让我们在工作中发挥出蕴藏着极大的力量，而这力量足以让我们看到成功的奇迹。对职场人士来说，热情是成就事业的基石，是成功的动力源泉。有了热情，我们才能更专注于眼前的工作；有了热情，我们才能在职场获得更大的进步；有了热情，我们才会学到职业范围内的更多专业知识，这对我们的职场生涯来说，无疑是一笔巨大的财富。只有倾注对工作的热情，才能让我们从事的事业取得更大的成功！

面对你热爱的事业，你还会拖延吗？

无论拥有一份什么样的工作，我们都应该认真地思考一个问题："我们究竟是为什么而工作？"大部分人认为工作是为了薪水，还有些人认为工作是为了消磨时间，只有很少一部分人能在工作中获得快乐、成长和幸福。

不可否认，工作确实能够为我们换取生存资源，为我们打发掉无聊的日子，但它最重要的作用并不在这两者，而是我们能通过它体现自己的真正价值。如果一个人饱食终日却无所事事，他是不会感到快乐和幸福的，相反他的生命将被无聊、枯燥所充斥，他的人生将如一池死水泛不起一丝波澜。

很遗憾，在现实生活中，不少人都认为薪水是自己身价的标志，所以绝对不能低于别人。尤其是一些初入职场的年轻人，当实际拿到手的薪水与他们想象中的大相径庭时，他们常会消极被动地对待工作，也没有把工作做得更好的决心，具体的表现如下：

1. 敷衍工作。他们认为企业支付给自己的工资太少，所以有理由随便应付工作以示报复。这种消极的心态直接导致他们工作时缺乏激情，能逃避就逃避，能偷懒就偷懒。不难发现，这种人工作仅仅是为了薪水，他们从来不觉得这和自己的前途有着什么必然的联系。

2. 到处兼职。为了补偿心理的不满足，他们身兼数职，可是由于不停地转换角色，致使自己长期处于疲劳状态，结果什么工作都做不好，自然钱也赚不到。

3. 时刻准备跳槽。由于薪水不如自己的预期，很多人就将现在的工作当成跳板，时刻准备着跳槽，希望有朝一日能觅得高枝，但最终却因对工作的三心二意，在职场中到处碰壁，什么也捞不着。

总之，一个人如果只是为了薪水而工作，把工作当成解决生计的一种手段，自己却缺乏更高远的目标，那最终他会把工作做得更加糟糕，让自己成为庸庸碌碌大军中的一员。

其实，不同的职业观，往往会带来不同的工作状态，从而造就有着天壤之别的人生际遇。我们如果抱着为薪水而工作的态度，势必不能把工作做得更好。只有抱定为自己工作的态度，才能够让自己在工作中发挥最大的主动性、创造出最大的价值来。

齐瓦勃是伯利恒钢铁公司——美国第三大钢铁公司的创始人，他在美国的乡村长大，小时候家境贫寒，身无分文。可就是这样一个一贫如洗、且只受过短暂的学校教育的人，却有着异于常人的事业心，无时无刻不在寻找着发展的机遇。

后来，齐瓦勃来到钢铁大王卡内基的一个建筑工地打工。在踏入建筑工地的那一瞬间，他就暗暗地告诉自己一定要成为同事中最为优秀的那个人。因此，当工地上的同事纷纷抱怨工作辛苦、薪水低廉而消极怠工的时候，他却表现出了积极向上的工作态度，始终认认真真地工作，默默地积攒着工作经验，同时还自觉地学习陌生的建筑知识，为以后的发展打好坚实的基础。

有一天晚上，同事们都围坐在一块说笑聊天，齐瓦勃却一个人躲在角落里啃书本。没想到，这天刚好公司经理来工地上检查工作，他在无意中看见了在墙角看书的齐瓦勃，于是，他好奇地走了过去，翻看了一下齐瓦勃手中的书和笔记本，最后一言不发地离开了。

第二天早上，公司经理问齐瓦勃："你学建筑知识做什么呢？"

"我想我们公司并不缺少打工者，缺少的是既有工作经验、又有专业知识的技术人员或管理者，对吗？"齐瓦勃慢条斯理地回道。

经理笑着颔首，对齐瓦勃的回答表示肯定和赞赏，不久，齐瓦勃就被升职为技师。

很多同事曾嘲讽齐瓦勃的不自量力，他却自信满满地说道："我不光是在为老板打工，更不单纯为了赚钱，我是在为自己的梦想打工，为自己的远大前途打工。我们只能在业绩中提升自己。我要使自己工作所产生的价值，远远超过所得的薪水，只有这样我才能得到重用，才能获得发展的机遇！"

好一个"我是在为自己的梦想打工"！事实证明，齐瓦勃这种积极正面的工作心态是正确的。正所谓，皇天不负苦心人。他通过自己的努力，凭借着自己积极向上的工作态度，终于建立了一家属于自己的大型的伯利恒钢铁公司，从一个普通的打工仔，华丽转身，成了一代钢铁大王。

这是"为老板工作"和"为自己工作"两种不同的职业观带来的人生际遇的差别所在。

为什么齐瓦勃"为自己工作"的职业观能给他带来事业上的辉煌成绩，而我们却在"为老板工作"的消极心态中做一天和尚撞一天钟，始终无所收益呢？

答案其实很简单。"为自己工作"的心态能让我们在职场上始终保持着一种积极向上、斗志无限、活力四射、充满激情的拼搏精神，我们会把公司看成是自己的公司，对于任何与公司兴衰存亡有关的事情，都会全力以赴，百分百地去付出，自然这种热情就能够帮助我们把工作做好。

英特尔公司前董事长安德鲁·格罗夫曾发自肺腑地说道："无论在什么地方工作，我们都不应把自己只当作公司的一名员工，而应该把自己当成公司的老板，把工作当成自己的事业。"由此可见，一个人如果想在所属的公司取得良好的成绩，在该行业获得长远的发展，并不在于其学历如何，职位如何，关键是以什么样的心态去对待工作。

杰克在一家快速消费品公司已经工作了两年，一直处于不温不火的状态，待遇不高，但能学到不少东西，还算是比较锻炼人。但在最近和一些老朋友的交流过程中，他发现大家都发展得不错，各方面都要比自己好，这让他开始对现状不满，每天都绞尽脑汁，想着怎么跟老板提加薪或者找准机会跳槽。

终于，他找了一次单独和老板喝咖啡的机会，开门见山地向老板提出了加薪的要求。老板笑了笑，并没有理会。经过这件事，他对工作再也打不起精神来，于是变着法儿消极怠工。一个月后，老板把他的工作移交给了其他员工，大概是准备"清理门户"了。见状，他赶紧知趣地递交了辞呈。

可令他始料未及的是，在接下来的几个月里，他并没有找到更好的工作，所有应聘过的公司给他开出的待遇甚至比原来的还差。

在职场上，像杰克这样本想加薪，最后却赔了夫人又折兵的员工比比皆是。说到底，还是因为他们在工作中无法做到以老板的心态去工作，明明自己的付出十分有限，却奢望得到远远高于付出不知多少倍的回报。

总之，面对工作，只有像老板一样去思考，像老板一样去行动，我们才能将自己的工作做到完美，最终成为老板心目中值得信赖和重用的优秀员工。

有一位成功人士曾如是说道："如果你时时想着公司的事，总把工作放在心上，老板就会时时想着你的前途，把你放在心上；如果你很少想着公司的事，时常把工作抛在脑后，老板就会很少思考你的未来，也会把你抛在脑后。"可以看到，老板都希望员工能成为他本人的替身，去帮他完成自己力所不能及的工作。

正因为这样，我们才要努力破除打工者心态，把工作当成是自己的事业，就像主人翁那样，总是将工作放在心上，想方设法去追求卓越，力求完美。只有这样，我们才能在事业上收获非凡的成就，从而给自己的人生添上浓墨重彩的一笔。

破除职场迷茫，让自己不再拖延

在职场当中，人难免会出现各种迷茫，而迷茫的情绪一旦出现，就会影响到整个人的工作状态，自然也就无法让人把工作做到最好了。这些处于职场迷茫期的人，是很难把工作做得更好的，他们往往会在"抱怨""忍耐""寻求岗位价值最大化"这三条对策中任选一条。

所谓抱怨就是一味地埋怨自己所处的困境，不思进取，不停地向自己和别人灌输负能量；而忍耐则是不论当下的情况如何糟糕，都选择去忍受这种状况，无动于衷；而寻求岗位价值的最大化则是一种力求把当下工作做得更好，实现更多价值的一种对策。

其实，不同的对策就跟田忌赛马一样，可以分为上、中、下三等。下策自然是"抱怨"，比"抱怨"稍微好一点儿的就是中策"忍耐"，而"寻求岗位价值最大化"与前面两条对策相比，必然是解决职场迷茫期的"上策"。

在竞争日益激烈的职场，大部分人对于工作中出现的迷茫都显得手足无措，压根就搞不清楚问题的症结所在。因此，人们通常都会陷入一种充满抱怨的负面情绪之中，整天唉声叹气，抱怨公司待遇不好，抱怨老板不讲人情，抱怨同事钩心斗角，抱怨客户龟毛难搞……抱怨这个，抱怨那个，唯独不愿意抱怨自己，追本溯源从自己身上寻找问题的根源。

这种酷爱抱怨之人，他们的自我责任感一般都比较差，奋斗拼搏的精神也不怎么强，工作也就不怎么出色。公司为他们提供了一个岗位，他们却没有好好地珍惜，去充分挖掘这个岗位背后潜藏的巨大价值。面对工作，他们时常抱着"差不多就行了"的敷衍态度，长此以往，工作就不可能变得出色，加薪升职自是与他们无缘。

如果说频繁的抱怨听起来让人觉得心烦，那么压抑心底的忍耐就平添了几分可怜的色彩。毕竟，默默无闻的忍耐只会给自己带来伤害，并不会过多地累及旁人。

面对工作中的迷茫，一个选择忍耐的人，其精神总是处于紧张和焦虑的状态，他们和喜欢抱怨的人一样，都没有弄明白问题究竟是出在哪里。对于现有岗位提供的机会，他们的认识程度和挖掘深度虽然都比抱怨者高出许多，但还是远远不够。

千万不要认为忍耐一时能换得风平浪静一生，经年累月的忍耐不仅会让人在事业上平庸无为，它最终还会变本加厉，于悄无声息之中，拧断一个人的精神之弦。

因此，我们若想成功地度过职场迷茫期，就必须毫不犹豫地选择上策——寻求岗位价值最大化。只有这样，我们才能在跳槽高就无门、自主创业无路的情况下，拼尽全力将手头上的工作做好，充分挖掘当下岗位潜藏的宝贵机会，建立工作带给我们的成就感。当我们把本职工作做到极致的时候，一定会发现自己成长得比谁都快，迷茫再也不会盘踞在我们的心头，取而代之的将会是对未来职业方向的自信和自知。

费玉心已经快 30 了，今年是她在公司工作的第七个年头，和其他的职场老人一样，她也正面临着工作"七年之痒"，面临着一些迷茫。

可幸运的是，她并没有随波逐流，傻乎乎地选择抱怨和忍耐，而是采取积极的行动，像奥运选手冲刺金牌一样，愈加认真地对待手头上的工作。当其他同事趁老板不注意，偷偷地听歌、看电影以及闲聊时，她却争分夺秒地埋首于案前，从自己花尽心思的工作中不断地寻找茁壮成长的快乐。

人的潜力果然无限，费玉心秉着"做一行，精一行"的工作态度，其业绩竟然在不知不觉中水涨船高，最后遥遥领先于部门的其他同事。就这样，她从一个名不见经传的小职员，摇身一变，一下子就成了公司的"大明星"，不仅同事对她爆发出来的惊人能量暗自称奇，就连公司老板也对她这匹黑马竖起了大拇指。

前不久，公司老板就示意人事部门找费玉心谈话，谈话内容自然是升职加薪的大喜事儿。现在想想，一个人要是能升职加薪，最关键的一点应该还是他已经把手头上的工作做到了极致，成功实现了岗位价值的最大化。若非如此，同事费玉心也不可能顺利度过工作的迷茫期，公司老板更不可能金口玉言，应许她一个美好的前程。

比尔·盖茨曾说："每一天，都要尽心尽力地工作，每一件小事情，都力争高效地完成，不是为了看到老板的笑脸，而是为了自身的不断进步。"由此可见，只有倾尽全力做好本职工作，不为自己留下一丝疑惑的空间，寻求岗位价值的最大化，才能不断完善自身，把工作做得更好，也唯有如此，我们才能拨开职场的重重迷雾，再睹光明。

第二章
保持专注力，你才能不再拖延

拖延的最大症状就是注意力涣散。工作中，有的人做了几分钟，便想拿出手机，刷刷微博，看看微信，一个小时下来，可能什么事情都干不成。所以，戒除拖延症之前，你必须要学会保持自己的专注力，让自己更加专注地去工作。

因为专注，所以专业

专注，意味着集中精力发展与突破。很多人涉足很多领域，学习很多知识，其实内心还是很虚弱的，每一项都没有很强的竞争力。

专注是几乎所有成功者身上的一个共性。IT 行业里还有一个鼎鼎有名的人，叫王文京，是用友软件集团公司的董事长。十几年的时间，王文京从一介书生发展到个人身价高达数十亿元，他一手缔造的用友软件也牢牢占据着中国财务软件的主导地位。谈及自己的创业，王文京用最简单的语言概述他的精华："一生只做一件事：专注、坚持。要想在任何一个行业出头，必须有沉浸其中十年以上的决心，人一生其实只能做好一件事。"正是凭着这朴实而坚定的人生信条，王文京实现着用友软件商业化的梦想。

专注于某一件事情，哪怕它很小，努力做得更好，总会有不寻常的收获。

例如，有一位陕西农村妇女没读完小学，连用普通话表达意思都不太熟练与清楚。因为女儿在美国，她申请去美国工作。她到移民局提出申请时，申报的理由是有"技术特长"。移民局官员看了她的申请表，问她的"技术特长"是什么，她回答说是会"剪纸画"。

她从包里拿出剪刀，轻巧地在一张彩纸上飞舞，不到 3 分钟，就剪出一组栩栩如生的动物图案。移民局官员连声称赞，她申请赴美的事很快就办妥了，引得旁边和她一起申请而被拒签的人一阵羡慕。

这个农村妇女没有其他的能耐，但她有一手别人都没有的剪纸手艺。一个人没有学历，没有工作经验，但只要有一项特长，一处与众不同的地方，就可能得到社会的承认，拥有其他人不能获得的东西。

可是在我们身边，许多人往往走入误区，譬如一些大学生在校读书期间，忙着考这证考那证，证书弄了一大摞；忙着做主持、当模特，业余职业换了一个又一个，但毕业之后却很难找到一份合适的工作。原因就是由于他们分散了时间和精力，没有专注于某一件事情，结果事与愿违。

北京某品牌设计公司老总，在谈到自己的创业心得时说："术业有专攻，我应该把我擅长的事做精、做细。其实其他公司也做得很好，但我们因为只做了这一项，就更专业化了，分工更细致了，客户也就自然会想到我们了。"

有人曾向意大利著名男高音歌唱家卢卡诺·帕瓦罗蒂请教成功的秘诀，他每次都提到父亲的一句话："如果你想同时坐在两把椅子上，你可能会从椅子中间掉下去，生活要求你只能选一把椅子坐上去。"

帕瓦罗蒂在回顾自己走过的成功之路时说："当我还是一个孩子时，我的父亲，一个面包师，就开始教我学习唱歌。他鼓励我刻苦练习，练好基本功。当时我兴趣广泛，有很多爱好和目标——想当老师、想当科学家，还想当歌唱家，父亲告诉了我这句话。

"经过反复考虑，我选择了唱歌。于是，经过7年的不懈学习，我终于第一次登台演出了。又用了7年，我才得以进入大都会歌剧院。而第三个7年结束时，我终于成了歌唱家。要问我成功的诀窍，那就是一句话：请你选定一把椅子。"

人无我有，比的是创意。但创意不消多久就会遭到模仿与复制。这个时候，比的就是人有我精。

所谓"精"，指的就是自己所能拥有的比别人的好，有深度。怎样才能比他人的好、有深度？——专注，用专注成就专业，用专业成就深度。成就事业如同挖井，东一锹西一锹，是很难打出一口水源丰富的水井的。

一生只做一件事，专注、坚持。要想在任何一个行业出头，必须有沉浸其中十年以上的决心，人一生其实只能做好一件事。

驰名中外的舞蹈艺术家陈爱莲在回忆自己的成才道路时，也告诉人们"聚焦目标"的重要性："因为热爱舞蹈，我就准备一辈子为它受苦。在我的生活中，几乎没有什么'八小时'以内或以外的区别，更没有假日或非假日的区别。筋骨肌肉之苦，精神疲劳之苦，都因为我热爱舞蹈事业而产生，但是我也是幸福的。我把自己全部精力的焦点都对准在舞蹈事业上，心甘情愿为它吃苦，从而使我的生活也更为充实、多彩，心情更加舒畅、豁达。"

其实，这种聚焦目标的行为都源自一个人对自己所做之事的专注，因为专注，他才不会见异思迁、三心二意、半途而废，他才能克服途中遇到的一切困难和阻碍，并摒弃内心深处的迷茫和沮丧，最终顺利到达成功的彼岸。

现实生活中，很多人总是犯不懂装懂的毛病，因为生怕别人瞧不起自己。他们不管别人说什么，总是不由分说地插嘴抢话，似乎这样就能表现出他们的优秀和博闻强识。在他们作为主角进行讲述的时候，他们也是如此，总是滔滔不绝地向别人介绍各种东西，似乎别人一无所知，而他们则是无所不知。他们的语气坚定不移，似乎由他们口中所说出的一切都是真理。他们真的这么强势吗？实际上，他们只是因为内心的空虚，因为害怕别人觉得他们无知，才会如此表现的。

由此可见，在职场上，我们要学会培养自己的专注心，紧盯目标，心无旁骛地去工作，只有这样，我们做事才更有效率，老板才会更加欣赏我们、重用我们。

做自己感兴趣的事你才会有专注力

相信很多人都有过这样的困扰，工作无法集中注意力，有的人是拖延症作祟，迟迟不能开始工作，而有的人则是在开始工作后，总想着这里看看，那里玩玩，到最后，时间过去了，什么事情都没有做成。

为什么会出现这种情况呢？其实，归根结底，还是因为我们无法在工作中感受到乐趣，所以丧失了工作的热情，只要一工作，就立马开小差、犯懒、拖拉。

举个简单的例子，一个人如果热爱玩游戏，那他就会想方设法创造机会打游戏，打多久都不会厌烦、腻味。这个例子就充分说明，如果我们喜欢做一件事，那就会对它特别专注，在做的过程中是完全体会不到时间的流逝的，有时甚至还会感觉时间不够用，恨不得一分钟掰作两分钟用；相反，如果我们对一件事充满了厌恶，那身处其中就会感觉度日如年，如坐针毡，恨不得立马腾云驾雾离去。

所以，我们每一位员工都要学会在工作中寻找乐趣，只有这样，我们才能更加专注地对待工作，最后高效、高质量地完成自己的任务。

有人曾问迈克尔·乔丹："你每次花那么多时间刻苦地训练，

你不觉得辛苦吗？"乔丹回答："不，我觉得我很开心，因为我喜欢。"

乔丹所说的"喜欢"，当然不是一般的喜欢，是"深爱"的意思。想一想，你能在烈日下以苦为乐、坚持训练吗？——假设你并不深爱篮球这项运动。

一个成年人有三分之一的甚至更长时间用在工作上，如果对自己所做事业的没有什么兴趣，那人生就会感到很沉闷，也很难有什么成就。每一个事业成功的人士，必定对他们的事业感兴趣，如此他们才会投入，可以日日去做，甚至夜以继日地去做，毫无倦意。

你有没有留意到，很多人上班不久就打瞌睡，打呵欠，这不一定是因为疲劳。他们前一夜可能睡眠充足，但上班之后还是想睡，感到疲倦。那其实是心理因素所致，是由于他们对自己的工作不感兴趣。只因为要谋生计，才不得不朝九晚五忙碌奔波。即使他们努力去做，也不会把工作做得很出色，上班等下班，是不能激发出创造力和热忱的。

还有一个故事，说的是一个读者问一个有名的多产作家："您夜以继日地独自坐在书桌边写作，不觉得生活枯燥吗？"作家回答："你去问结满诱人果实的果树吧，问它从春天到秋天的日子是否枯燥？"

——这就是热爱与深爱的力量。

总之，在这个世界上，很少有人能将自己的兴趣变成工作，任何一份工作做久了，我们都会感觉有些琐碎乏味。认清了这一点，我们就不会轻易地对工作丧失信心，也不会得过且过，三心二意，随意敷衍工作，而是会想尽办法从工作中寻找乐趣，让自己对工作的热情之火继续燃烧下去。

　　有一个大学生，一直热爱画画，大学毕业后，他出国留学继续深造。可是，在国外的生活太拮据了，读书之余，他还要靠打工赚取生活费。后来有人介绍了一份工作给他，就是帮宾馆修剪草坪。这个工作和画画可是大相径庭，不仅需要一份好体力，而且剪草坪的剪子还会把手磨得粗糙不堪。

　　起初他很不情愿，因为他的梦想是当一名油画家而不是草坪工人，但现实不是由自己的意愿决定的，他只好一次次地去到宾馆外面，对着草坪和灌木，不断地重复单调的工作。

　　在国外的三年时间里，他就这样一直靠帮宾馆修剪草坪谋生。渐渐地，他发现，修剪草坪也并非总是那么枯燥。比如说，有一天，他不小心铲坏了一块草皮，想了想，他就把这块草坪修成了一幅画的样子，竟得到了人们的极力赞赏，他的薪酬也因此增加了一倍。

　　慢慢地，他喜欢起修剪草坪这个工作了，后来，因为请他修剪草坪的宾馆太多，他不得不雇了另外一些人，再后来，他成立了自己的公司，这是一家专门帮人设计修剪草坪画的公司。他的公司生意越来越红火，财源滚滚而来。

　　乐趣果然是一个人保持专注的最佳法宝，我们越是不把工作当作一件苦差事，越是能从工作中找到乐趣，那就会像故事中的大学生一样，越是能将注意力集中在所做的工作上，最后用心把工作做好，赢得一个前程似锦的未来。

　　其实，在工作中寻找乐趣并非难事，只要我们有心，不管是哪一种工作，我们都可以从中挖掘出它的兴趣点所在。比如，有的职业需要和许多人打交道，人际交往其实也是充满乐趣的，与人交谈的时候，我们可以细心聆听对方丰富的人生经历，一方面增长了自己的见识，另一方面又为自己拓展了人脉资源，可谓是一举两得。

所以，行走职场，面对日复一日、烦闷枯燥的工作，请不要害怕，也不要沮丧，多培养专注心，在工作中寻找乐趣，我们照样能出色地完成工作，进而加快职场晋升的步伐，迎来自己事业上的黄金期。

专注于工作，绝不忽悠自己

网上曾有人如此吐槽工作："每天上班的心情跟上坟一样，最喜欢的日子是星期五，因为快要放假了，最讨厌的日子是星期一，因为又要上班了。"众所周知，工作是我们每个成年人都不可避免的事情，我们不仅需要工作来维持生存，还需要通过工作来证明自己的价值。既然工作如此重要，为什么我们还会对其心生厌倦，唯恐避之不及呢？

对于这个问题，很多人都不约而同给出了这样的答案："那还不是因为我们是在给别人打工，每天累死累活，最后坐享其成的又不是自己。"事实真的是这样吗？我们工作难道真的只是为了老板？不，绝对不是这么一回事儿。美国商界名人约翰·洛克菲勒说过："工作是一个施展个人才能的舞台。我们寒窗苦读得来的知识、应变力、决断力、适应能力以及协调能力都将在这样一个舞台上得到展示……"由此可见，我们工作从来不是为了任何人，仅仅只是为了我们自己。

我们必须明白，企业是为了盈利而存在的，老板花钱请我们工作，我们不能只享受报酬而不付出劳动。既然工作是为了自己，我们就要对自己所在的岗位负责，唯有如此，我们才能让老板觉得他花的钱"物超所值"，我们才能成功保住自己的饭碗，我们才能取得事业上的成功。反之，如果我们对待工作不够认真、负责，总是"忽悠"工作，那工作就会反过来"忽悠"我们。

有这么一个有趣的故事。

有个老木匠准备退休，他告诉老板，说自己年纪大了，想要离开建筑行业，回家与妻子儿女享受天伦之乐。老板舍不得自己的好工人走，于是便问他能不能看在多年的交情上再帮忙盖"最后一栋房子"。

老木匠答应了，但随着时间的流逝，旁人很容易看出来，老木匠的心已经不在盖房子上面了：他用的是软料、次料，出的是粗活，所以手工非常粗糙，工艺做得更是马马虎虎。

最后，老木匠终于草草地完成了这"最后一栋房子"，很快，他就去请老板过来验收。没想到，老板直接把大门的钥匙递给他，拍着他的肩膀微笑着说："你自己进去验收吧！这是你的房子，我送给你的临别礼物。"

老木匠听了之后目瞪口呆，顿时羞愧得无地自容，可事到如今，房子已经建成了，返工重做已然不可能。如果他早知道这是在给自己建房子，他怎么会如此敷衍了事呢？他一定会选用最好的材料、最高明的技术。然而，现在说什么都晚了，这一切都是他自作自受，他只能接受工作的"忽悠"和"惩罚"，住进这么一栋自己亲手打造的粗制滥造的房子里了。

这个有趣的故事真是发人深省，所有的职场人士都能从中吸取到一个教训，那就是忽悠工作等于忽悠自己。其实，我们工作就是在给自己建房子，这栋房子的主人不是别人，正是我们自己，我们才是唯一会住在里面的人。如果我们在工作中总是持有懒散、消极、抱怨、怀疑的态度，不追求精益求精，只会敷衍了事，那我们最后也会落得个和老木匠一样的下场。

总之，个人的利益和公司的利益是一致的。长远来看，个人和公司之间是唇亡齿寒的关系。我们不是为了公司或是老板工作，我们是为了自己，当所有员工都在努力工作，奋发向上时，公司才会不断向前发展，我们的能力和薪水也能因此不断上一个新的台阶。另外，值得一提的是，很多成功人士都有这样一种心态，那就是"工作是为了自己"，在这种心态的引导下，他们在工作中披荆斩棘，勇往直前，从不推卸属于自己的责任。长此以往，他们逐渐收获了丰富的工作经验、解决问题的能力以及不同于常人的眼光和视角。

一家大型文化传播公司要裁员了，解雇名单上有丁柔和蒋梦，她们俩被人事主管通知两个月之后离职。算起来，这两人算是公司的老员工了，丁柔在公司工作了5年，蒋梦则在公司工作了4年。得知这个消息后，她俩感到非常难过，可一时间又没有更好的解决办法。

丁柔回到家后，整晚都没有睡着，第二天一大早，怒气冲冲的她逢人就大吐苦水："我在公司工作那么多年，没有功劳也有苦劳呀，凭什么我就要摊上被裁员这件糟心事儿呢？真是太不公平了！"

听闻丁柔的遭遇，很多同事都非常同情她，出于好心，刚开始他们还会搜索枯肠说几句安慰她的话。可哪知丁柔是个没完没了的主儿，一开抱怨的闸门就不想停了，在公司这最后两个月，周围的同事都被她挤兑过，她似乎看谁都不顺眼。久而久之，同事们都很怕和她打交道，每次见到她都恨不得绕道而行。为此，丁柔更加气愤了，她心想，反正在这儿待不久了，工作做得再好也是无用功，还不如干脆破罐破摔。结果，她再也不认真工作，工作自然一塌糊涂。

而蒋梦呢，虽然她也为自己即将被解雇的事儿难过了整整一晚上，但她对待工作的态度却和丁柔有着天壤之别。在公司里，她从不向别人提及这件事儿，即便有同事问她，她都会笑着解释说只怪自己能力不足。离别在即，大伙儿见她心胸如此豁达，在工作上还是一如既往的认真负责，所以都特别愿意亲近她。

两个月后，丁柔收拾好自己的东西，头也不回地离开了公司，而蒋梦却被老板留了下来，面对她的疑惑和不解，老板笑着说道："我就是喜欢你这种从不忽悠工作的劲头，公司正需要像你这样的员工，你继续在这儿好好干吧！"

听了老板的话，蒋梦大喜过望，她愈加认定自己之前的想法是正确的、一分耕耘一分收获，不管遇到什么困难，都要沉下心来好好工作，只有不辜负工作，工作才会不辜负自己。

其实，在任何一家公司里，老板最不喜欢的通常都是那些不把工作放在心上的人，这种人你完全不能指望他会把工作做好，为公司创造出应有的效益，因为他对工作缺乏必要的责任感，对自己更是极端的不负责任。要知道，一个对自己负责的人，绝对不会想到在工作中浑水摸鱼，因为他们深知，唯有努力工作才能在职场平步青云，才能不断地打磨自己，提升自己的工作能力。

天上从不会白白地掉下馅饼，奢望不劳而获纯属白日做梦，忽悠工作的人到最后往往会被工作忽悠，所以，身为员工的我们，不妨在心中种下责任的种子，让责任感成为鞭策、激励、监督自己的力量，最终促使我们将工作做到位。

每一刻都要专注于工作

人们常说，一个人做一件好事并不难，难的是一辈子做好事。其实，工作也是这么一个理儿，我们都有对工作负责的时候，但是很少有人能做到每时每刻都对工作负责。相信很多人都有过这样的经历，领导在的时候，我们挺起腰杆，专心致志地工作，领导不在的时候，我们驼背弯腰，心神涣散地工作。归根结底，我们之所以会有这两种截然不同的工作状态，完全是因为我们对自己的岗位还不够负责，也就是说，我们根本无法做到"在岗一分钟，尽责六十秒"。

很显然，一个人如果做不到随时对自己的岗位负责，那他肯定没有办法保证在工作中不出现一丝差错，最后自然也就无法向领导上交一份完美的答卷。从短期来看，他的失职会给公司带来或大或小的损失，而从长远来看，他的失职则很有可能让他丢掉自己赖以生存的饭碗，并最终与事业上的成功擦肩而过。

我们来看这样一个故事：

有三个人到一家建筑公司应聘，经过一轮又一轮的考试，最后他们从众多的求职者当中脱颖而出。公司的人力资源部经理对他们说了一句"恭喜你们"，然后就将他们带到了一处工地。

工地上有三堆散落的红砖，乱七八糟地摆放着。人力资源部经理告诉他们，每人负责一堆，将红砖整齐地码成一个方垛，说完他就在三个人疑惑的目光中离开了工地。这个时候，甲对乙说："我们不是已经被录用了吗？为什么将我们带到这里？"乙对丙说："我可不是应聘这样的职位，经理是不是搞错了？"丙说："不要问为什么了，既然让我们做，我们就做吧。"然后带头干起来。

甲和乙同时看了看丙，只好跟着干了起来。还没完成一半，甲和乙明显放慢了速度，甲说："经理已经离开了，我们歇会儿吧。"乙跟着停下来，丙却一直保持着跟之前一样的工作节奏。

人力资源部经理回来的时候，丙只剩十几块砖就全部码齐了，而甲和乙只完成了三分之一的工作量。经理对他们说："下班时间到了，你们先歇会吧，下午接着干。"甲和乙如释重负地扔掉了手中的砖，而丙却坚持将最后的十几块砖码齐。

回到公司，人力资源部经理郑重地对他们说："这次公司只聘用一位设计师，获得这一职位的是丙。至于甲和乙，你们回去不妨想一下这次落聘的原因。"

不难发现，甲和乙之所以会落聘，是因为他们缺乏对工作的责任感，在接到上级交代给他们的任务后，一开始他们就心存抱怨和疑虑，不愿意立即投入到工作中去，紧接着等经理离开后，他们又开始藏奸耍滑，消极怠工。而丙却自始至终表现出了强烈的责任感，在整个过程中，他一直心无旁骛地工作，可以说是尽职尽责，没有丝毫的懈怠。毫无疑问，丙表现出来的正是一种"在岗一分钟，尽责六十秒"的对工作高度负责的精神，这样的员工当然是每家公司都渴望得到的。

像丙这样对工作高度负责的员工，根本用不着领导时刻在场监督、叮嘱和安排，他们自会在每一个工作环节中力求完美，按质按量地完成计划或任务。微软董事长比尔·盖茨曾对他的员工说:"人可以不伟大,但不可以没有责任心。"所以,微软一直都非常重视对员工责任感的培养,责任感也因此成为微软招聘员工的最重要的标准之一。而正是基于这种做法,比尔·盖茨才一手打造出了现如今声名显赫、富可敌国的微软商业帝国。

总之,一个人若想将自己的本职工作做到位,首先就必须学会任何时候都要对自己的岗位负责。不管做什么事情,只要我们还在这个岗位上,哪怕是最后一秒钟,我们都要竭尽全力,对工作负责到底。

有一天,一群男孩在公园里做游戏。在这个游戏中,有人扮演将军,有人扮演上校,也有人扮演普通的士兵。有个"倒霉"的小男孩抽到了士兵的角色,他要接受所有长官的命令,而且要按照命令丝毫不差地完成任务。

"现在,我命令你去那个堡垒旁边站岗,没有我的命令不准离开。"扮演上校的亚历山大指着公园里的垃圾房神气地对小男孩说道。"是的,长官。"小男孩快速、清脆地答道。接着,"长官"们离开现场,小男孩来到了垃圾房旁边,开始立正,站岗。时间一分一秒地过去了,小男孩的双腿开始发酸,双手开始无力,天色也渐渐暗下来,却还不见"长官"们来解除任务。

此时,一个路人经过,说公园里已经没有人了,劝小男孩回家。可是倔强的小男孩不肯答应。"不行,这是我的任务,我不能离开。"小男孩坚定地回答道。"那好吧。"路人拿这位倔强的小家伙没有办法,"希望明天早上到公园散步的时候,还能见到你,到时我一定跟你说声'早上好'。"他开玩笑地说道。

听完这句话,小男孩开始觉得事情有些不对劲,他心想,也许小伙伴们真的回家了。于是，他向路人求助道："其实，我很想知道我的长官现在在哪里？你能不能帮我找到他们，让他们来给我解除任务。"路人答应了。过了一会儿，他带来了一个不太好的消息：公园里没有一个小孩子。更糟糕的是，再过 10 分钟这里就要关门了。小男孩开始着急了，他很想离开，但是没有得到离开的准许。难道他要在公园里一直待到天亮吗？

正在这时，一位军官走了过来，他了解完情况后，立马脱去身上的大衣，亮出自己的军装和军衔。接着，他以上校的身份郑重地向小男孩下命令，让其结束任务，离开岗位。回到家后，他告诉自己的夫人："这个孩子长大以后一定是名出色的军人。他对工作岗位的责任意识让我震惊。"

军官的话一点儿也没错。多年以后，小男孩果然成了一位赫赫有名的军队领袖，他就是美国著名军事家、陆军五星上将——奥马尔·纳尔逊·布莱德雷。

坚守岗位，完成任务，这就是我们所说的岗位责任。这种每时每刻都对岗位负责的精神，可以决定我们日后事业上的成功与失败。只有拿出像故事中布莱德雷将军那样对所在岗位尽职尽责的态度，我们才能激发自己全部的潜能，向工作发起强有力的进攻，直至顺利圆满地完成手头上的任务。

"在岗一分钟，尽责六十秒"，这话说起来简单，做起来却无比艰难，但越是艰难，我们也越是能洞见责任之于工作的重要性。要知道，没有责任感的军官不是合格的军官，没有责任感的员工不是优秀的员工，责任意识会让我们在岗位上表现得更加卓越。所以，面对工作，我们务必要时刻保持着高度的责任感，最后带着火焰般的热情将自己的工作做到位。

不分心就很难有拖延

伤心就流泪，生气就发火，这都是人最正常的情绪波动，可正常归正常，在实际的工作中，如果我们缺乏必要的情绪自控能力，那就会很容易让自己分心，到头来，既浪费了宝贵的时间和精力，又做不好任何事情。

足球名将齐达内把足球运动演绎的可谓是异常的完美，2006年，原本已经要退役的齐达内在世界杯赛场的出现，让无数球迷为之振奋，这次也是他最后一次向世人的展示他的天赋。

一切都进行得那么顺利：漂亮的"勺子"点球，精彩的过人，以及在加时赛上还有那令人惊叹的爆发力，这无不让人对这位老将又增添了几分敬佩。足球在他脚下似乎和他是融为一体的，在他的带领下，法国人挺进了世界杯的决赛。

然而，在世界杯的决赛上，却发生了让全世界为之震惊的一幕：面对对手马特拉奇的挑衅，齐达内用头猛烈地撞击在马特拉奇的胸膛上！

这个举动招致了一张鲜红的红牌，不仅让齐达内含着泪水从大力神杯旁走过，更让整个世界的球迷为之震动。随后的比赛，法国人以点球输给了阿根廷人。

事后，有人为齐达内本来可以以完美的谢幕毁于失控的瞬间而惋惜，也有人对齐达内用头撞击在马特拉奇的胸膛的暴力行为而谴责……

不难发现，如果齐达内懂得掌控自己的情绪，放下因马特拉奇的挑衅而引起的不快，一如既往地去专心踢足球，那最后就能如观众所预期的那样，带领自己的球队夺得冠军，赢得所有人的欢呼和掌声。

但遗憾的是，齐达内中了对手马特拉奇的计，他的情绪失控了，他分心了，他的注意力从踢球这项工作上转移了，他被怒火蒙蔽了双眼，所以他失败了。

我们都知道，工作中的负面情绪多是由不如意的事情造成的，而不如意的事情是很难避免的，它时时刻刻都可能出现在我们的周围，如果我们总让它搅乱心湖的平静，那坏情绪就会逐渐吞噬我们，因此，唯有积极调整情绪，让情绪稳定、健康、积极、乐观，我们才能做好手头上的工作，最后干出一番不错的事业。

在英国的一个小农场里，生活着来恩一家。虽然来恩凭借健康的身体每天起早贪黑地工作，但仍然不能使农场生产出比他的家庭所需要的更多的产品。

这样的生活年复一年地过着，直到来恩患了全身麻痹症，卧床不起，几乎失去了生活能力。凡是认识他的人都确信，他将永远成为一个失去自由和希望的病人，他不可能再为这个家做些什么了。

可来恩却不这么想，他的身体是不能动弹了，但是他的心态并没有受到影响。他在思考、在计划。他要用另一种方式供养他的家庭，他不想成为家庭的负担。

他把他的计划讲给大家听，他说："我很遗憾，再也不能用我的身体劳动了，所以我决定用我的头脑从事劳动。如果你们愿意的话，你们每个人都可以代替我的手、脚和身体。我的计划是把我们农场的每一亩地都种上玉米；再用所收的玉米喂猪；当我们的猪还幼小时，就把它们宰掉，做成香肠，然后把香肠包装起来，取一个我们自己的名字，送到零售店出售。"他低声轻笑，接着说道，"也许这种香肠会在全国像热糕点一样出售。"

来恩说出了一句最成功的预言。这种香肠确实出售了！几年后，"来恩乳猪香肠"竟成了家庭生活的日常食物，成了最能引起人们胃口的一种食品。他躺在床上看到自己成了百万富翁很高兴，因为他是一个有用的人。

来恩以自己的经历撰文，给那些因为生理残障而绝望的病人，其中有这样一段话："如果人生交给我们一个问题，它也会同时交给我们处理这个问题的能力，而绝不会使我们陷入窘境。每当我们受到阻碍不能正常地发挥我们的能力时，我们的能力就会随之变化。即使你的身体处于一种极不好的状态中，只要你的情绪是好的，你仍然可以过着对社会有用的幸福生活。"

来恩的经历充分说明了一个道理：一个懂得掌控自身情绪的人，往往能消除情绪的负效能，最大限度地开发情绪的正效能，让自己的理智一直在线，始终将注意力集中在工作上，从而帮助自己取得事业上的成功。

俗话说："身体是革命的本钱。"在职场上，情绪才是"革命"的本钱，一个人若想将工作做好，就要让自己的情绪保持平衡，否则，失衡的情绪迟早会将他拖入无底的深渊，让他分心，从此再也无法心无旁骛地去做事。

由此可见，在职场上，我们每一个人都要学会掌控情绪，努力做到不分心，而当我们真的不被坏情绪所裹挟时，那我们就能更专注于自己的工作，集中所有的精力和时间，在最短的时间内用心将工作做到最好，以此换取一个美好的未来。

休息好，你才能更专注

一位女士因为特别喜欢一双鞋，便天天穿，于是不到半年，鞋子就磨坏了。她拿去修补时，鞋匠看了看皮鞋说："这鞋子确实不错！但由于你天天穿，它的皮革和材质没有得到适当的休息，就会使鞋子折寿。以后你要买鞋子，最好同时买两双，然后两双鞋子交替着穿，若每双鞋子隔一天才穿，那么每双鞋子至少可穿上两年。"

修鞋匠一边修，一边与女士聊天，他说："我过去在农村种田。当过农民种过田的人都知道，不能在同一块土地上年复一年种植同样的农作物。如果今年种玉米，明年就改种豆类，因为玉米会从土壤里吸收某种养分，必须靠种豆类把养分带回来或者让它们吸取另外的养分，若是养分完全恢复过来，下次再种植的时候，必然会有很好的收成。"

鞋子需要休息才能延长寿命，土地需要休养才能变得肥沃，而人需要休息才能更专注于工作。相信很多人都听过一句话——体力是努力的上限，这句话很清楚地道出了体力跟事业的关系。在职场上，人们的每一种能力、每一种精神的充分发挥以及整个工作效率的增加，都要赖于机能的健全和体力的强壮。

美国陆军曾经做过好几次实验证明，即使是年轻人，经过多种军事训练强壮的年轻人，他如果不带背包，每小时休息十分钟，那他们的行军速度就会增加一倍。

约翰·洛克菲勒保持着两项惊人的纪录，他赚了世界上数量最多的钱财，而且还活到了 98 岁，原因在于他的两点秘诀。

他这两点秘诀是什么呢？

很简单，一个是遗传，他们家中世代长寿；另一个原因就是他每天中午都要在办公室里睡上半小时的午觉，他就躺在办公室的大沙发上，这时不论是什么重要人物打来的电话，他都不接。

二战期间，丘吉尔执政英国的时候已经六七十岁了，但却能每天工作 16 小时，坚持数年指挥英国作战。他的秘密又在哪里呢？

他每天早晨在床上工作到 11 点，看报告、发布命令、打电话，甚至在床上举行重要会议，吃过午饭后，再上床午睡 1 小时。而在 8 点钟的晚饭前，还要上床去睡上两小时，他根本就不需要去消除疲劳，因为毫无疲劳可言。正是由于这种间断性的经常休息，他才有足够的精神一直工作到深夜。

可以看到，在繁忙的工作之余，一个人如果能劳逸结合，适当地休息，那事后将精神抖擞，提高注意力，心无旁骛地继续将事情做好。

没错，休息就是为了更好地工作，在我们身边，很多人之所以工作效率低下，一事无成，就是因为他们不懂得休息，总是透支自己的精力，导致自己疲劳萎靡、活力低微、神经衰弱、注意力涣散，无法在工作中发挥自己全部的力量。

有这样一个故事。

有三条毛毛虫经过长途跋涉，最后来到目的地的对岸。

当它们爬上河堤，准备过河到开满鲜花的对面去的时候，一条毛毛虫说，我们必须先找桥，然后从桥上爬过去。另一条说，我们还是造一条船，从水上漂过去。最后那条说，我们走了那么远的路，已经疲惫不堪了，应该停下来先休息两天。

听了这话，另外两条毛毛虫感到很诧异：休息，简直是天大的笑话！没看到对岸花丛中的蜜快被喝光了吗？我们一路风风火火，马不停蹄，难道是来这儿睡觉的？

话未说完，一条毛毛虫已开始爬树，准备摘一片树叶做船。另一条则爬上河堤的一条小路去寻找一座过河的桥，而剩下的一条则爬上最高的一棵树，找了片叶子躺下来美美地睡着了。

一觉醒来，睡觉的毛毛虫发现自己变成了一只美丽的蝴蝶，翅膀扇动了几下就轻松过河。此时，一起来的两个伙伴，一条累死在路上，另一条则被河水冲进了大海。

随着疲劳的增加，人的注意力就会越来越不集中，工作效率也会相应地降低，这个时候，如果我们勉强自己继续前行，就只会落得个跟故事中的那两条马不停蹄执意过河的毛毛虫一样的悲惨结局。

众所周知，聪明的将军，绝不会在军士疲乏、士气不振时，率领他们去攻打敌人，他一定会秣马厉兵，充足给养，然后才肯率军前去应战。所以，行走职场，我们一定要学会休息，休息好才能专心工作，才能高效完成任务。

第三届电信行业高峰会议正在加州的一处度假村举行。每到会议休息时间，一些公司的老总便回到自己的房间，不是和助手商议方案，就是研究其他公司的资料，忙得团团转。

然而，令所有人惊奇的是，一到会议休息时间，环球电信公司的老总亨得利则总是独自一个人迈出会议室，沿着度假村的忘忧湖散步，或是到花园中欣赏奇花异草。

刚开始，有的老总还以为亨得利不重视这次峰会，或是贪恋山水美景，而忘了自己公司发展的大事。可出人意料的是，每次会议上发言时，亨得利却当仁不让，他思路敏捷，精力旺盛，侃侃而谈，一直是整个峰会的焦点人物。

会议结束时，有位老总好奇地问他说："平时总见你漫不经心、游手好闲似的，可一到会议时，你就精神百倍，咄咄逼人，你是不是吃了什么灵丹妙药？"

"是的，我的确是吃了灵丹妙药，但我吃的灵丹妙药就是忙中偷闲，去散步，去赏花，在这段时间里我的大脑得到了很好的休息，因此，这会议我是越开越精神啊！"

亨得利说得很对，忙中偷闲确实能让人更有精神，所以，会休息是一种能力，它是一个人自身实力的一部分，同时也是慰藉心灵、排遣压力，让人迅速回血的最佳法宝。不知道大家有没有发现，将"忙"字拆开了，就是"心亡"，由此可见，忙碌而不休息，除了伤害身体外，没有任何益处。

常言道，磨刀不误砍柴工，对于我们每一位员工来说，防止疲劳、减轻压力的办法就是高质量的休息。只有休息好，我们工作起来才会更加专注，做事的效率才会逐步提高，做事的成果才会更加优质，职场前途才会更加光明。

第三章
不再空想，行动可以治疗一切拖延

　　本杰明·富兰克林曾说过："今天可以执行的事不要拖到明天。"这与我们常说的"今日事今日毕"是一个道理。很多拖延症患者就是缺乏行动力，他们没有动力去行动，所以才会一直拖延，最终耽误自己。其实，当你不再空想，开始行动的时候，你的拖延症就已经消失了。

不再拖延，做了再说

如果你有个电话应该打，可是你总是拖拖拉拉，而事实上你已经一拖再拖。如果这时那句"现在就去做"从你的潜意识里闪到意识里："快打呀！"请你立刻就去打电话。

或者，你把闹钟定在早上六点，可是当闹钟响起时，你却觉得睡意正浓，于是干脆把闹铃关掉、倒头再睡。如果这种情况继续下去，你将来就会养成习惯。假使你的潜意识把"现在就去做"闪到意识里，你就不得不立刻爬起来不睡了。为什么？因为你要养成"现在就去做"的习惯。

行动可以改变一个人的态度，使他由消极转为积极，使原先可能糟糕透顶的一天变成愉快的一天。

卓根是哥本哈根大学的学生，有一年暑假他去当导游。因为他总是高高兴兴地做许多额外的服务，因此几个芝加哥来的游客就邀请他去美国观光。旅行路线包括在前往芝加哥的途中，到华盛顿特区做一天的游览。

卓根抵达华盛顿以后就住进"威乐饭店"，他在那里的账单已经预付过了。他这时真是乐不可支，外套口袋里放着飞往芝加哥的机票，裤袋里则装着护照和钱，后来这个青年突然遇到晴天霹雳。当他准备就寝时，才发现皮夹不翼而飞。他立刻跑到柜台那里。"我们会尽量想办法。"经理说。第二天早上仍然找不到，卓根的零用钱连两块钱都不到。自己孤零零一个人在异国，应该怎么办呢？打电报给芝加哥的朋友向他们求援？还是到丹麦大使馆去报告遗失护照？还是坐在警察局里干等？

他突然对自己说："不行，这些事我一件也不能做。我要好好看看华盛顿。说不定我以后没有机会再来，但是现在仍有宝贵的一天待在这个国都里。好在今天晚上还有机票到芝加哥去，一定有时间解决护照和钱的问题。

"我跟丢掉皮夹子以前的我还是同一个人。那时我很快乐，现在也应该快乐呀。我不能白白浪费时间，现在正是享受的好时候。"

于是他立刻动身，徒步参观了白宫和国会山庄，并且参观了几座大博物馆，还爬到华盛顿纪念馆的顶端。他去不成原先想去的阿灵顿和许多别的地方，但他看过的，他都看得更仔细。他买了花生和糖果，一点儿一点儿地吃以免挨饿。

等他回到丹麦以后，这趟美国之旅最使他怀念的却是在华盛顿漫步的那一天。如果他没有运用做事的秘诀就会白白溜走那一天。"现在"就是最好的时候，他知道在"现在"还没有变成"昨天我本来可以……"之前就把它抓住。

这里顺便把他的故事说完吧，就在出事的那一天过了五天之后，华盛顿警方找到他的皮夹和护照，并且送还给他。

如果下定决心立刻去做，往往会使你最热望的梦想也实现。孟列·史威济正是如此。

孟列非常喜欢打猎和钓鱼，他最喜欢的生活是带着钓鱼竿和猎枪步行五十里到森林里，过几天以后再回来，筋疲力尽，满身污泥而快乐无比。

　　这类嗜好唯一不便的是，他是个保险推销员，打猎钓鱼太花时间。有一天，当他依依不舍地离开心爱的鲈鱼湖，准备打道回府时突发异想。在这荒山野地里会不会也有居民需要保险？那他不就可以同时工作又在户外逍遥了吗？结果他发现果真有这种人：他们是阿拉斯加铁路公司的员工，就散居在沿线五十里各段路轨的附近。他可不可以沿铁路向这些铁路工作人员、猎人和淘金者拉保呢？

　　孟列就在想到这个主意的当天开始积极计划。他向一个旅行社打听清楚以后，就开始整理行装。他不肯停下来让恐惧乘虚而入，自己吓自己会使以后自己的主意变得荒唐，以为它可能失败。他也不左思右想找借口，他只是搭上船直接前往阿拉斯加的"西湖"。

　　史威济沿着铁路走了好几趟，那里的人都叫他"走路的史威济"，他成为那些与世隔绝的家庭最欢迎的人，不只因为没有人愿意跟他们打交道，他却前来拉保；同时，他也代表了外面的世界。不但如此，他还学会理发，替当地人免费服务。他还无师自通地学会了烹饪。由于那些单身汉吃厌了罐头食品和腌肉之类，他的手艺当然使他变成最受欢迎的贵客啦。而在这同时，他也正在做一件自然而然的事，正在做自己想做的事：徜徉于山野之间、打猎、钓鱼，并且像他所说的"过史威济的生活"。

　　在人寿保险事业里，对于一年卖出一百万元以上的人设有光荣的特别头衔，叫作"百万圆桌"。在孟列·史威济的故事中，最不平常而使人惊讶的是：在他把突发的一念付诸实行以后，在动身前往阿拉斯加的荒原以后，在沿线走过没人愿意前来的铁路以后，他一年之内就做成了百万元的生意，因而赢得"圆桌"上的一席地位。假使他在突发奇想时，对于做事的秘诀有半点迟疑，这一切都不可能发生。

"现在就去做"可以影响你生活中的每一部分，它可以帮助你去做该做而不喜欢做的事；在遭遇令人厌烦的职责时，它可以教你不推脱延迟。但是它也能像帮助孟列·史威济那样，帮你去做你"想"做的事。它会帮你抓住宝贵的刹那，这个刹那一旦错过，很可能永远不会再碰到。

许多人都有拖延的习惯。因为拖拖拉拉耽误了火车，上班迟到，甚至更严重。错过可以改变自己一生、使自己变得更好的良机。所以，要记住："现在"就是行动的时候。

成功者都是敢想敢做

在我们身边，许多成功人士，并不一定是比你"会"做，更重要的是他比你"敢"做。

哈默就是这样一个人。1956 年，58 岁的哈默购买了西方石油公司，开始大做石油生意。石油是最能赚大钱的行业，也正因为最能赚钱，所以竞争尤为激烈。初涉石油领域的哈默要建立起自己的石油王国，无疑面临着极大的竞争风险。首先碰到的是油源问题。1960 年石油产量占美国总产量 38% 的得克萨斯州，已被几家大石油公司垄断，哈默无法插手；沙特阿拉伯是美国埃克森石油公司的天下，哈默难以染指……

如何解决油源问题呢？

1960 年，当花费了 1000 万美元勘探基金而毫无结果时，哈默再一次冒险地接受一位青年地质学家的建议：旧金山以东一片被的士古石油公司放弃的地区，可能蕴藏着丰富的天然气，并建议哈默的西方石油公司把它租下来。哈默又千方百计从各方面筹集了一大笔钱，投入了这一冒险的投资。当钻到 860 英尺（约262 米）深时，终于钻出了加利福尼亚州的第二大天然气田，估计价值在 2 亿美元以上。

哈默成为成功人士的事实告诉我们：

风险和利润的大小是成正比的，巨大的风险能带来巨大的效益。

幸运喜欢光临勇敢的人，冒险是表现在人身上的一种勇气和魄力。

冒险与收获常常是结伴而行的。险中有夷，危中有利。要想有卓越的结果，就要敢冒风险。

1752年7月的一天，富兰克林在野外放风筝进行捕获雷电的试验。他的风筝很特别，用杉树做骨架，用丝手帕当纸，扎成菱形的样子。风筝的顶端装了一根尖尖的铁针，放风筝的麻绳的末端拴着一把铁钥匙。当风筝飞上高空不久，突然大自然发怒了，大雨降临，闪电雷鸣。富兰克林对全身被淋湿毫不在意，对可能被雷击中也不畏惧，他全神贯注于他的手。当头顶上闪电的瞬间，他感到自己的手麻酥酥的，他意识到这是天空的电流通过湿麻绳和铁钥匙导来的。

他高兴地大叫：

"电，捕捉到了，天电捕捉到了！"

瑞典化学家诺贝尔为了完成科学发明，一生都在死神的威胁下，冒着生命危险研究烈性炸药。1864年，工厂爆炸，五人丧生，其中就包括诺贝尔的弟弟。在这些代价面前，一旦机会光临，他自然会死死抓住不放的。事情就是这么巧，有一天，诺贝尔意外地发现搬运工人从货车上卸下甘油罐，从有裂缝的甘油罐中流出来的液体，居然和罐子与罐子之间塞进的硅藻土混合而成固体，没有发生爆炸。

一个固体物当然在搬运、贮存上都很安全，这个线索给诺贝尔一个有益的启示。

他抓住它进行实验，证明硅藻土是一种很好的吸附剂，它能吸附三倍于自身重量的硝化甘油仍保持干燥，并可以把硝化甘油的硅藻土模压成型，即使被引爆，而且它的爆炸力与纯净的硝化甘油相等。这样，就发现了一种既有强大威力又安全可靠的烈性炸药，从而使烈性炸药得到了广泛的应用。

在成功人士的眼中，生产本身对于经商者就是一种挑战，一种想战胜别人赢得胜利的挑战。所以，在生意场里的人，人人都应具有强烈的竞争意识。"一旦看准，就大胆行动"已成为许多商界成功人士的经验之谈。

敢于行动，便没有困难

一个成功的人，不能没有接受挑战困难与未来的勇气。完全可以说，勇于接受挑战的精神是成功者的灵魂，人生的每一步发展，就是在接受一个又一个的挑战中寻找机遇，进而实现成功的。可以说，成功总属于那些敢为人先、勇于担当的先锋和行动者，他们是以积极的心态、勇于接受挑战的斗士，是面对困难挺身而出、从不退缩的勇士。

意大利首屈一指的菲亚特汽车公司是菲亚特集团的一个重要组成部分，它的年利润占据了菲亚特公司的三分之二，也是世界十大汽车公司之一。谁也不会料到这家赫赫有名的公司，在1979年以前的十年里，竟是个濒临倒闭的公司。由于它连年亏损，无法进行再投资，被迫将13%的股票卖给了对外银行。

面对这种困境，菲亚特集团老板艾格龙尼是卖掉剩余股票，彻底将这个目前亏损的公司转手出让，还是接受挑战，对菲亚特汽车公司进行大幅度的调整、改革？而面对目前的情况，想让企业起死回生，这在别人的眼里简直是天方夜谭，即使再有回天之力，未来也不过是一个未知数。

但是，艾格龙尼没有就此罢休，具有闯将的魄力与胆识使他义无反顾地接受挑战。他一方面继续积极管理着菲亚特集团，一方面在努力寻求摆脱困境的方法。

上天不负苦心人，终于有一天，艾格龙尼想到了一位朋友维托雷·吉德拉，他是一位极具才华与能力的人。但艾格龙尼也没有把握，吉德拉是否愿意接受他的邀请，面对着菲亚特汽车公司目前的窘境，是否有勇气接受无法欲知未来的挑战。

双方见面一拍即合，艾格龙尼任命吉德拉为菲亚特汽车公司总经理，将公司全权交给他独立经营。吉德拉管理才华出众，平易近人，具有不屈不挠而又吃苦耐劳的性格，而且像老虎一样敢于接受各种挑战，艾格龙尼正是看中了朋友的这些优点而邀请他来任职的。

吉德拉上任后，没有让艾格龙尼失望。他面对着眼前濒临倒闭、一团乱麻无法正常运转的公司，果然出手不凡，大刀阔斧地进行了一系列行之有效的改革。

比如，注重提高员工文化素质，改组管理机构；为了加强新车开发，他还冒着风险，重新设立了首席工程师一职，并授予广泛的权力。

设立了首席工程师一职，是吉德拉出的一步险棋，冒着决策失误的风险，去迎接未来的挑战与检验。

首席工程师除了有权决定新型号汽车的设计外，还负责全盘考虑新车的市场前景，统筹生产制造的各个环节，挑选零部件供应商，制定拓销策略；对于可能影响未来车型的各种问题，则及时加以解决，使产品更好地适应市场的需要。

自实施首席工程师制度以来，大大加快了新车开发的速度，为市场竞争赢得有利的条件。

在吉德拉的改革下，菲亚特汽车公司很快摆脱了困境，到

1984 年终于使新车销售达到了 100 万辆，跃居欧洲第一。吉德拉本人也由于经营有方而闻名，被人们称之为欧洲汽车市场的一代"霸主"。

艾格龙尼在困难面前没有失去信心，没有裹足不前，没有选择放弃，而是勇敢地接受挑战，在挑战中寻找着成功，寻找着机遇，为扭转企业的命运惊醒着不懈的努力，直到彻底实现了他人认为很难实现的目标。

被吉尼斯世界大全称为"全世界最伟大的推销员"乔·吉拉德是这样说的："要在挑战中实现梦想，体现价值。"

"成功的起点是：首先要敢于接受挑战。就算你有过人专业技能，渊博的知识，聪慧的头脑，可如果你没有一种敢于挑战困难的勇气，那么没有你可以胜任的工作。"乔·吉拉德如是说。

刚做汽车销售这行时，他只是公司 42 名普通的销售员之一。销售工作是一种时时要接受挑战，时时面对很多不确定的困难的工作，与他同事的那些销售员，他有一半不认识，他们常常是来了又走，流动很快。

但是乔·吉拉德从来不像别人一样来了又走。在每一个挑战面前，他始终表现出一种沉着、果敢，不达目的决不罢休的态度。

就在乔·吉拉德一个月没有卖掉一辆汽车时，他没有退缩，没有放弃，没有一蹶不振，而是以同样的热情，去迎接每一个崭新一天的挑战。

敢闯的人总会说："挑战是具体的，是可以看得见，摸得着的。迎接挑战则是对每一个困难的解决和克服！"

乔·吉拉德做销售时业绩突出。一次，公司欲派他到一个新的地区去开拓市场，是放弃现在业已取得一定成绩的工作和放弃稳定的待遇，还是去拼搏前途未卜的新的机遇？是还在原来的岗位上稳扎稳打，还是去挑战也许是没有任何结果的未来？

曾有一段时间乔·吉拉德彷徨了，犹豫了。

可这不是乔·吉拉德！经过认真思考，乔·吉拉德毅然接受了任务，放弃个人得失，去为公司开拓新的市场。

面对困难时的退缩，不是乔·吉拉德的性格；勇于接受未知的挑战，才是乔·吉拉德的选择。

选择容易做出，局面却难以打开。面对新的市场，乔·吉拉德一个月没有卖掉一辆汽车，但仍没有让他放弃新的市场的开拓，多年来的经验教训告诉他，销售行业是一个不断挑战自我，挑战勇气的工作，如果现在退出，那就等于举手投降、全盘放弃。

乔·吉拉德没有畏缩不前，他坚持着。

乔·吉拉德这回真的胜利了。在他不懈的努力下，市场给了他丰厚的回报。还以自己无人能匹敌的销售业绩被载入吉尼斯世界纪录，被誉为"全世界最伟大的推销员"。

做一个敢于应对挑战的行动者吧！大任也必将降落在行动者的肩头，事业在每一个挑战中成功，生命在每一个挑战中升华。

懒惰只会让你更加拖延

一位外国人周游世界各地，见识十分丰富。他对生活在不同地位、不同国家的人有相当深刻的了解，当有人问他不同民族的最大的共同性是什么，或者说最大的特点是什么时，这位外国人用不大流畅的英语回答道："好逸恶劳乃是人类最大的特点。"

无论王侯、贵族、君主还是普通市民都具有这个特点，人们总想尽力享受劳动成果，却不愿从事艰苦的劳动。懒惰、好逸恶劳这种本性是如此根深蒂固、普遍存在，以至于人们为这种本性所驱使，往往不惜毁灭其他的民族，乃至整个社会。为了维持社会的和谐、统一，往往需要一种强制力量来迫使人们克服懒惰这一习性，不断地劳动。由此就产生了专制政府，英国哲学家穆勒这样认为。

无论是对个人还是对一个民族而言，懒惰都是一种堕落的、具有毁灭性的东西。懒惰、懈怠从来没有在世界历史上留下好名声，也永远不会留下好名声。懒惰是一种精神腐蚀剂，因为懒惰，人们不愿意爬过一个小山岗；因为懒惰，人们不愿意去战胜那些完全可以战胜的困难。

因此，那些生性懒惰的人不可能在社会生活中成为一个成功者，他们永远是失败者。成功只会光顾那些辛勤劳动的人们。懒惰是一种恶劣而卑鄙的精神重负。人们一旦背上了懒惰这个包袱，就只会整天怨天尤人，精神沮丧、无所事事，这种人完全是一种对社会无用的卑鄙之人。

有些人终日游手好闲、无所事事，无论干什么都舍不得花力气、下功夫，但这种人的脑瓜子可不懒，他们总想不劳而获，总想占有别人的劳动成果，他们的脑子一刻也没有停止思维活动，他们一天到晚都在盘算着去掠夺本属于他人的东西。正如肥沃的稻田不生长稻子就必然长满茂盛的杂草一样，那些好逸恶劳者的脑子中就长满了各种各样的"思想杂草"。懒惰这个恶魔总是在黑夜中出现，它直视那些头脑中长满了这些"思想杂草"的懦夫，并时时折磨他们、戏弄他们。

霍尔博士认为："没有什么比无所事事、空虚无聊更为有害的了。"一位大主教认为："一个人的身心就像磨盘一样，如果把麦子放进去，它会把麦子磨成面粉，如果你不把麦子放进去，磨盘虽然也在照常运转，却不可能磨出面粉来。"

那些游手好闲、不肯吃苦耐劳的人总是有各种漂亮的借口，他们不愿意好好地工作、劳动，却常常会想出各种主意和理由来为自己辩解。确实，一心想拥有某种东西，却害怕或不敢或不愿意付出相应的劳动，这是懦夫的表现。无论多么美好的东西，人们只有付出相应的劳动和汗水，才能懂得这美好的东西是多么来之不易，因而愈加珍惜它，人们才能从这种"拥有"中享受到快乐和幸福，这是一条万古不易的原则。即使是一份悠闲，如果不是通过自己的努力而得来的，这份悠闲也就并不甜美。不是用自己劳动和汗水换来的东西，你就没有为它付出代价，你就不配享用它。

懒惰、无所事事从来就不是一种荣耀，更不应该成为一种特权。尽管在这个社会上有许多卑鄙的小人极满足于白吃白喝，并以大肆挥霍、浪费为荣，但那些稍有头脑、有抱负、有良知的人们毫无疑问会鄙夷他们。这些堕落的贵族与他们自己享有的尊贵荣誉完全不相符合，他们早已成了行尸走肉，已经不具有良知和人性了。

斯坦利勋爵说："一个无所事事的人，不管他多么和气、令人尊敬，不管他是一个多么好的人，不管他的名声如何响亮，他过去不可能，现在也不可能，将来也不可能得到真正的幸福。生活就是劳动，劳动就是生活。有人认为只有躲在自己的小天地里，两耳不闻窗外事才能避免种种烦恼和不幸。许多人都已经这样试过，但结果总是一样。无论是谁，他既不可能躲避烦恼和忧愁，也不可能避开辛苦的劳动，劳动和烦恼乃是人类无法逃避的命运之神……那些尽力躲避烦恼的人，烦恼却总是找上门来，忧愁也总是光顾他们。"

另外，一个人生命的意义也不能仅拿他活了多大岁数这个标准来衡量，那种认为活得越久，生命的意义越大的观念是不正确的。衡量一个人生命的意义主要应看他干了什么，他对自己所干的事情的兴趣如何。他干的事情越有益，他为之付出的精力和代价越大，那么，他的生活就越充实，从而也就越有意义。

只有行动者才能抓住机遇

　　争气的人不会等待机会的到来，而是寻找并抓住机会，把握机会，征服机会，让机会成为服务于他的助力。

　　一个人只有敢于行动，才能真正地获得机遇，才能在人生的道路上驾驭机遇，取得人生中的成功，去实现自己的理想与抱负。

　　敢于行动的人，才是一个真正成功的人，不断努力创造机遇是行动的一个主要力量。机遇不是等待是创造。世界上所有成功人士都懂得创造机遇的奥秘，那就是敢于行动。机会永远都垂青那些敢于尝试新鲜事物的人们，当机会来临的时候不要犹豫不前，而是要在经过认真思考之后，果断地采取行动，把握机遇！第一个敢于吃螃蟹的人才有可能暴富。我们可以看到，从李嘉诚到潘石屹，哪个不是投机获得的第一桶金？想法决定所需，行动决定所得！无论你想什么，如果没有行动，它就是空想，所以说，一个人若想成功，不应该停在想的阶段，而是应该去行动。

　　一家公司因用人需要，正在进行招聘工作，此时，招聘室外已经排了20来个人。这时，一个男孩也来排队。他立刻意识到自己前面已经排了20个人，然而他并没有站在那干等。他留了张纸条让排在他后面的人帮他占住这个位置。然后，他就走到招聘室外的秘书小姐处，递给她一张纸条，上面写着："您好！我是第21

位面试者，请您在面试完21个人之前不要轻易做出决定。谢谢！"秘书看到他一表人才，于是答应替他把小纸条交给面试官。面试官看完那张纸条后，笑了一笑。

一个人要想获得机会，那么就必须主动伸出你的手去抓，你就得马上行动起来，为机遇的到来做好准备。一个不行动的人，即使有好的内在资源，说得不好听一点儿也只不过是只"不产蛋的鸡"。不管有怎样美好的梦想，怎样巧妙的构思，怎样坚定的信心，如果没有行动这只手，这些东西也只是一种虚假的存在。威廉·詹姆斯在《生命的意义》中曾说："纯粹的理想是生命中最廉价的东西……最不值一提的感伤主义者、梦想者、醉汉、逃避责任者和拙劣的诗人，从不表露丝毫的努力、勇气和耐心，或许他们会有最丰富的理想。"还有著名作家茨威格也说："不顾一切地采取果断的行动……因为单凭善心和真理，从来没有把人类治愈过，也从来没有把一个人治愈过。"机遇是自己用行动创造出来的，一个人若想获得机遇，就需要采取行动，把机遇创造出来。如果一个人想等着别人把机遇送到他面前，那他就永远也不会成功。无论从哪方面说，干什么都需要行动。只不过早晚而已，而早晚的结果却是大不相同的。早行动是一种状态，行动早则是一种机遇。如果我们不能把握时机，虽然起步只比别人迟一点儿，未来可能会比别人差很多。机遇就是行动，一个人要敢于行动，因为它孕育希望。

任何一个机会，都需要我们自己去创造，如果一个人天真地相信好机会在别的地方等着你，或者会自动找上门来，那么，他无疑是一个失败的人，永远不会成功。所以，如果我们现在没有工作，或者是暂时有困难，不要等着好差使上门找你。总之，如果你不用主动、用行动去创造机会，不去发现机会，你就会在守株待兔般的等待中虚度一生。

一只狐狸听说河对岸有甘甜的葡萄可以吃，它便想过河去，可当它走到河边后，聪明的狐狸犯难了，想过河就得弄湿自己光滑、漂亮的皮毛，而如果不过河的话就吃不到甘甜的葡萄。这时它想着，不知道该怎么办。狐狸在河边踱步、沉思，专注地连身后猎人的脚步声都没有听到，于是它成了猎人的猎物。在我们的现实生活中，每个人都想获得成功，可真正能成功的人却寥寥无几。那并不是因为他们不够聪明，而是他们太过于聪明了，只是一味地打算，而不去行动，只要去行动，总会有所收获，因为只有行动才会为成功创造机遇。

有一天，三个财主一起出去散步，其中有一个人忽然发现前方躺着一枚闪闪发光的金币，他高兴的眼神顿时凝固了！几乎同时，另一个人也大叫起来："金币。"话音还没有落下来，第三个人已经俯身把金币捡到自己手里。

从这个故事中我们可以知道：每个人在机遇面前都是平等的，行动才是最重要的。在我们的现实生活中，有很多人都发现了很多机遇，但是最重要的他们没有去做，这也是他们失败的原因。就是他们不能立即通过行动去抓住机遇，最终没有发现机遇。

生活中到处都是机遇，只是看你是否会把握，是否会用自己的行动去抓住它，如果一个人抓住机遇，那这个人就已经成功了一半，而另一半就是我们所说的，也是最重要的——行动！机遇对每个人来说是一样的，但是，对不同行动的人又是不一样的。机遇只留给有强烈创业欲望及事业心的人，他们会用行动去得到机遇。这样的人生活处事时时留心，善于通过健康心理的作用透视现象，产生超前思维，并大胆设计付诸行动，这样才会有一个好的人生。

行动会使一个人实现梦想，行动也会使一个人在平凡中脱颖而出，也只有行动才有可能成功，一百次的心动不如一次的行动，大胆行动，行动创造价值，积极行动可以使你抓住成功的机遇，在我们的生活中，我们应该用敏锐的目光去发现机遇，用果敢的行动去抓住机遇；还要用坚持不懈的努力去把机遇变成真正的成功。

不怕失败，大胆地去尝试

你可能有很多美妙的构想、详尽的计划，但如果你不去尝试，不敢行动，那么它们就毫无意义。只有大胆尝试，才能把梦想化为现实。

美国探险家约翰·戈达德说："凡是我能够做的，我都想尝试。"约翰·戈达德 15 岁的时候就把他这一辈子想干的大事列了一个表。他把那张表题名为"一生的志愿"。表上列着："到尼罗河、亚马孙河和刚果河探险；登上珠穆朗玛峰、乞力马扎罗山和麦特荷恩山；驾驭大象、骆驼、鸵鸟和野马；探访马可·波罗和亚历山大一世走过的道路；主演一部'人猿泰山'那样的电影；驾驶飞行器起飞降落；读完莎士比亚、柏拉图和亚里士多德的著作；谱一部乐曲；写一本书；游览全世界的每一个国家；结婚生孩子；参观月球……"每一项都编了号，一共有 127 个目标。

当戈达德把梦想庄严地写在纸上之后，他就开始抓紧一切时间来实现它们。

16 岁那年，他和父亲到了乔治亚州的奥克费诺基大沼泽和佛罗里达州的埃弗格莱兹去探险。这是他首次完成了表上的一个项目，他还学会了只戴面罩不穿潜水服到深水潜游，学会了开拖拉机，并且买了一匹马。

20 岁时，他已经在加勒比海、爱琴海和红海里潜过水了。他还成为一名空军驾驶员，在欧洲上空做过 33 次战斗飞行。

21 岁时，已经到 21 个国家旅行过。

22 岁刚满，他就在危地马拉的丛林深处，发现了一座玛雅文化的古庙。同一年，他就成为"洛杉矶探险家俱乐部"有史以来最年轻的成员。接着，他就筹备实现自己宏伟壮志的头号目标——探索尼罗河。

戈达德 26 岁那年，他和另外两名探险伙伴，来到布隆迪山脉的尼罗河之源。三个人乘坐一只仅有 60 磅重的小皮艇，开始穿越 4000 英里的长河。他们遭到过河马的攻击，遇到了迷眼的沙暴和长达数英里的激流险滩，闹过几次疟疾，还受到过河上持枪匪徒的追击。出发十个月之后，这三位"尼罗河人"胜利地从尼罗河口划入了蔚蓝色的地中海。

紧接着尼罗河探险之后，戈达德开始接连不断地实现他的目标：1954 年他乘筏漂流了整个科罗拉多河；1956 年探查了长达 2700 英里的刚果河；他在南美的荒原、婆罗洲和新几内亚与那些食人生番、割取敌人头颅作为战利品的人一起生活过；他爬上阿拉拉特峰和乞力马扎罗山；驾驶超音速两倍的喷气式战斗机飞行；写成了一本书《乘皮艇下尼罗河》；他结了婚，并生了五个孩子。开始担任专职人类学者之后，他又萌发了拍电影和当演说家的念头。在以后的几年里，他通过演讲和拍片，为他下一步的探险筹措了资金。

将近 60 岁时，戈达德依然显得年轻、英俊，他不仅是一个经历过无数次探险和远征的老手，还是电影制片人、作者和演说家。戈达德已经完成了 127 个目标中的 106 个。他获得了一个探险家所能享有的荣誉，其中包括，成为英国皇家地理协会会员和纽约探险家俱乐部的成员。沿途，他还受到过许多人士的亲切会见。他说："……我非常想做出一番事业来。我对一切都极有兴趣：旅行、医学、音乐、文学……我都想干，还想去鼓励别人。我制定了那张奋斗的蓝图，心中有了目标，我就会感到时刻都有事做。我也知道，周围的人往往墨守成规，他们从不冒险，从不敢在任何一个方面向自己挑战。我决心不走这条老路。"

戈达德在实现自己目标的征途中，有过18次死里逃生的经历。"这些经历教我学会了百倍地珍惜生活，凡是我能做的，我都想尝试，"他说，"人们往往活了一辈子，却从未表现出巨大的勇气、力量和耐力。但是，我发现，当你想到自己反正要完了的时候，你会突然产生惊人的力量和控制力，而过去你做梦也没想到过，自己体内竟蕴藏着这样巨大的能力。当你这样经历过之后，你会觉得自己的灵魂都升华到另一个境界之中了。

"《一生的志愿》是我在年纪很轻的时候立下的，它反映了一个少年人的志趣，其中当然有些事情我不再想做了，像攀登珠穆朗玛峰或当'人猿泰山'那样的影星。制定奋斗目标往往是这样，有些事可能力不从心，不能完成，但这并不意味着必须放弃全部的追求。

"检查一下你的生活并向自己提出这样一个问题是很有好处的：'假如我只能再活一年，那我准备做些什么？'我们都有想要实现的愿望，那就别拖延，从现在就开始做起！"

很多美妙的构想、详尽的计划，但如果你不去尝试，不敢行动，那么它们就毫无意义。只有大胆尝试，才能把梦想化为现实。

路都是自己走出来的

　　无论是一穷二白、毫无家世背景的穷小子，还是有着政治家的父亲、事业家的母亲的幸运儿，如果想成为真正的成功者，只有通过自己的打拼，才能干出自己的天下。没有谁能给你铺好一条通往成功的路——成功的路，是要靠自己走出来的！

　　美国"假日旅店大王"科尔斯·威尔逊，在世界上拥有"假日旅店"（包括饭店）达3000多家，他的个人拥有的财富在2亿美元以上，早已经踏入了巨富的行列。他就是坚持自己的意念，自己开拓了一条崭新的路，并最终让世人都看到这条道路就是通向成功的大路。

　　年轻时的威尔逊并不是很顺利的，曾经从事过好几种职业，但都不能在行业中崭露头角，这对一个有着远大理想的人来说，确实是一种折磨。

　　1952年的一天，他到一家旅馆投宿，看到旅馆的环境很脏，服务也很差，使他很不高兴。失望之余，他忽然兴起了一个念头：我何必着眼于别人的过错而不满呢？我应该看看别的方面，比如我如果开一家旅馆，好好经营，不就可以把这些差的旅馆的生意抢过来了吗？

　　威尔逊认为这是个不错主意，但是开一家好旅馆是很普通的，未必有那么大的竞争力，要是能有更新鲜的方式，就会大不一样了。威尔逊这时思考的不是要不要开一家旅馆，而是要怎样开一家有自己特色的旅馆了。

当时，美国的汽车工业发展得十分迅猛，威尔逊一向关注于此，他已经预感到"汽车化社会"很快就要到来了。他的心中产生一个新奇的想法：可以创办一种新型旅馆——"汽车旅馆"专门为汽车司机服务。

可是，这样的旅馆在世界上还没有出现过，因此没有什么经验可以借鉴，不知道能不能成功。不过威尔逊认为这样的大方向应该是没有错误的，前景是很好的，应该去尝试。至于具体的新型旅馆的经营，就要靠自己慢慢地摸索，逐步地改善了。

于是，这年冬天，威尔逊便在田纳西州的孟菲斯开办了第一家"汽车旅馆"。这家旅馆的优势是房租低廉、整洁卫生、服务一流。它提供廉价、味美、量多的食品，使顾客能以普通的价钱吃到一般美国人所吃的三餐。因为是"汽车旅馆"所以为驾驶者和汽车的服务就成为旅馆的特色。旅馆专门建有停车场，驾驶汽车的人们来到这家"汽车旅馆"住宿，感到处处透着舒适和方便。因此，这家旅馆的口碑越来越好，生意也越来越兴隆。威尔逊看到了成功的影子，进而雄心大发，没用几年的时间，就陆续在美国各地开设了数百家这样的汽车旅馆，形成了庞大的连锁组织。

20世纪50年代后期，旅游业兴起，世界各地每年有数以百万的游客涌来美国。威尔逊又决定创办"假日旅店"，特色定位于专门为国外旅客服务。他四处寻找兴建这种旅店的地皮，或采用专利权方式组织连锁旅社，大力扩展业务。"假日旅社"仍然是以清洁、方便、价廉为经营宗旨，旅社内专门社有"犬屋"，给喜欢带着爱犬外出旅游的人提供服务。饮食限于适合大众化的品种，讲求廉价美味且量多；酒也不卖进口的高级品，只卖大众化的"假日旅店牌"威士忌，总之，一切都为游客着想，使大众的利益与企业的利益一致化，也正是它的一个经营特色。到 1976 年，威尔逊在美国各地经营的"假日旅社"就有 1543 家之多。

威尔逊的理想实现了，他成功了，富有了，并且走的是自己闯出的道路。对每个闯在社会的人来说，这确实是个很好的启迪。

会干的人，往往都存在一个显著特征：遇事头脑清醒，对待问题思维灵活、机动，有着自己独到的见解，和独立解决问题的能力。他们不愿意跟在别人的后面，去重复别人的工作和方法，而是自己思考出多种方案。也就是说他们习惯于充分培养、发挥自己的创造性的思维，去走自己的路。

保持行动，你总会赢

一个执行力强的人总是不断地尝试，不断地改进，不断地行动。人性中最可贵的一点是人有选择的自由，成功者为求得自我的充分发展，不惜一切代价获得自由，以成就生命的伟大。

相传虞舜时代有位董公，有养龙的本领。舜帝为奖励他养龙的功绩，赐他为豢龙氏。豢龙氏得到两条龙，于是把龙饲养起来。

这两条龙住进了为它们准备的房子和池塘里，于是觉得百川四海不值得游；吃着主人给准备的美食，觉得海中的鲸鱼也不够肥美了。那龙吃得好，住得舒服，在池子里慢悠悠地游动，挺安逸的样子。接受主人的安抚，舍不得离开。

一天，有条野龙在驯龙的池边飞腾而过，那两条驯龙向野龙打招呼，说："你干什么去！天地之间无边无际，天冷了，就得藏伏起来；天热了，就得向高处飞，能不辛苦吗？何不跟我们住在一起，有多安逸！"野龙抬起脑袋笑道："你们这地方多拘谨哪！老天赋予我们这样的形体，头上长着角，身上披着鳞；老天赋予我们这样的德行，在泉中潜伏，在天上飞翔；老天赋予我们这样的灵性，呼气为云而驾驭风；老天赋予我们这样的职责，抑制烈日而施雨露给枯槁的草木。我们在无边无际的宇宙之外观览，在辽阔的原野上歇息。穷尽天地的边际，历经万物的变化，真是快乐极了！现今你们苟且地生存在像牛马蹄子踩出来的那点小水坑里，碰到的不过是泥沙。只有水蛭蚯蚓这类东西做伴，受制于豢龙人的嗜好而得到一点残汤剩饭，你们的形体虽和我一样，但乐趣却根本不同。受别人玩弄和人家的好处，被人扼住喉咙宰割成几大块，那是极容易的。我正要为你们感到悲哀而要拉你们一把，你们为什么反要诱惑我进那个陷阱呢！你们被杀掉的命运，看来不可避免了。"野龙继续向前飞，不久，那两条驯龙果然成了夏后氏的肉酱。

千千万万的人生活在一种束缚的、阻碍的环境中，生活在一种足以挫折人热忱、消磨人志气、分散人精力、浪费人时间的空气中，他们没有勇气去斩除束缚他们的锁链，去追求自由自在的生活，最终，他们的志向，会因没有活动及失望之故而归于毁灭。

许多人都为"愚昧"所幽囚，他们永远不能得到教育所能给予人们的自由，他们的精神力量永远封锁着，不能开放。他们没有勇气为求从愚昧中解放出来而奋斗；没有毅力去补救自己早年失学所带来的无知。

太多人因恐惧失败而不敢轻举妄动。这种恐惧心理局限于我们的眼界，低估了我们的能力。

有人曾做过这样一个实验：

把几只蜜蜂放在瓶口敞开的瓶子里，侧放瓶子，瓶底向光，蜜蜂会一次又一次地飞向瓶底，企图飞近光源。它们决不会反其道而行，试试另一个方向。困于瓶中对它们来说是一种全新的情况，是它们的生理结构始料未及的情况。因此，它们无法适应改变之后的环境。

这位科学家又做了一次实验，这次瓶子里不放蜜蜂，改放几只苍蝇。瓶身侧放，瓶底向光。不到几分钟，所有的苍蝇都飞出去了。它们多方尝试：向上、向下、面光、背光。它们常会一头撞上玻璃，但最后总会振翅向瓶颈，飞出瓶口。

然后，科学家解释这个现象说："横冲直撞要比坐以待毙高明得多。"

铲除一切足以阻碍、束缚我们的东西，走进自由而和谐的环境中，这是事业成功的重要准备。我们大部分人的毛病，就是在心中有志于成功，然而却不肯努力去求得成功。我们太信任"命运"了。

许多曾在世界上成就过大事业的人，他们伟大的力量，广阔的心胸，丰富的经验，究竟是从哪里得来的？他们会告诉你，那是奋斗的结果，是在挣脱不自由、不良的环境，挣脱束缚他们的桎梏，求得教育，脱离贫困，执行计划，实现理想的种种努力中获得的。

第四章
有了目标，拖延便很难滋生

　　就像赛跑一样，有了目标，你就会紧盯着目标，最终才能冲过终点线。很多拖延症患者缺乏的就是目标。而且还不止缺乏一种目标，他们没有短期的工作目标，也没有长期的人生规划，最终任由拖延滋生，贻误一生。

目标是行动的指南针

有人说，年轻就是资本，年老就是财富。这句话是说，随着年龄的增加，经历丰富了，见多识广了，这本身也是一种财富。大多数人在年轻的时候，都有过远大理想和抱负，都曾经雄心勃勃。几乎每一本成功和励志的书中都告诉我们：不想当将军的士兵不是好士兵。成功的人都有一个伟大的梦想。

随着时光的流逝，年纪的增长，许多人发现，自己距离年轻时候的理想和抱负非但没有靠近，反而离得越来越远了。回头想想自己走过的路，也努力过，奋斗过，也曾经流下了不少汗水，怎么自己就没有成功呢？

问题出在哪里呢？问题就出在他们没有把自己的理想，变成一个确定的目标，没有把勃勃的雄心，变成至高无上的目标和扎扎实实的行动。

人自身就是一座金矿，要有完善的计划才能把它开采出来。

为什么不为自己的人生作一个规划设计呢？

不为自己规划设计的人是对自己不负责任的人，没有规划设计的人生必定是杂乱无章的人生。

爱因斯坦是 20 世纪世界上最伟大的科学家，他取得了世人瞩目的成就，这与他一生的目标是紧密相连的。

他出生在德国一个贫苦的犹太家庭，家庭经济条件不好，加上自己小学、中学的学习成绩平平，虽然有志向科学领域进军，但他有自知之明，知道必须量力而行。他进行自我分析：自己虽然总的成绩平平，但对物理和数学有兴趣，成绩较好。自己只有在物理和数学方面确立目标才能有出路，其他方面是不及别人的。因而他读大学时选读瑞士苏黎世联邦理工学院物理专业。

　　由于奋斗目标选得准确，爱因斯坦的个人潜能就得以充分发挥，他在26岁时就发表科研论文《分子尺度的新测定》，以后几年他又相继发表了四篇重要科学理论，发展了普朗克的量子概念，提出了光量子除了有波的性状外，还具有粒子的特征，圆满地解释了光电效应，宣告狭义相对论的建立和人类对宇宙认识的重大变革，取得了前人未有的显著成就。

　　在德国有一个小男孩，他从小就对火箭感兴趣，梦想着火箭能把人带到太空，他为自己确立了一个人生目标，做一个火箭的专家。这男孩对自己的这个梦想着迷，以至于有一次他在大街上用两个火箭把一辆小推车发射出去的时候，这个少年被警察认为是疯子，带进了拘留所。这个梦想使他长大后在火箭技术方面出类拔萃，没有他，也许就没有把人载上月球的土星五号火箭。他就是后来任美国国家航空航天局空间研究开发项目的主设计师布劳恩。

　　拥有一个远大的目标是极为重要的。一个人之所以能够成功，首要的是因为他拥有一个远大的目标。这个目标对人的影响力非常大，能够改变他的价值观，改变他的信仰，改变他的决策模式和行为方式，进而赋予他行动的力量。

目标可以让你义无反顾地前进

"不要让什么事使你心乱，不要让什么事使你悲愁，一切都会过去，只要坚韧，终可达到目标。"

这是圣女特丽莎的伟大箴言，我们将它牢记在心。每当事情进展不顺利的时候，想起这几句话，并大声地把它喊出来，可以从中得到了安慰；让人鼓起勇气继续前行。

美国短跑名将迈克·约翰逊，为了挑战人类体能极限，遭受了各种挫折，也曾经历两次奥运的失败。但他没有放弃自己成为世界冠军的目标，当他遇到重大挫折时，他会无数次地重复和努力，他相信他能再次站立起来。

他在夺得亚特兰大奥运会四百米赛跑冠军时，有位记者这样形容当时的精彩场面。"当枪声响起，他如飞而去，不一会儿就把所有的选手甩在后面。他专心一意地注意跑道，观众的喧哗声似乎从他的耳中渐渐退去，其他的选手好像也不存在了，眼前只剩下他和脚下的跑道，心中有一个自然的节拍在运作着，他全神贯注在目标上。"

如果你认为只有特殊重要人物才会拥有目标，你就永远无法超越平庸的角色。每个人都有梦想的权利。而目标就是我们要实现的梦想。

没有目标，你就不会有进步，也不可能采取任何实践的步骤。且不说人要有长期目标，就拿一件最简单的事来说：假如你在今天没有明确要做的事情，那么，你就会在今天东摸摸，西逛逛，糊里糊涂地过完一整天，没有一点儿收获。同样，一个人如果没有目标，没有对人生的规划，那么，他这一生也会像这一天一样，没有任何价值。

1952年7月4日清晨，加利福尼亚海岸笼罩在一片浓雾之中。在海岸以西21英里的卡塔林纳岛上，一个34岁的妇女跳入太平洋中，开始向加州海岸游过去。要是成功了，她就是第一个游过这个海峡的妇女，这名妇女叫费罗伦丝·查德威克。在此之前，她是游过英吉利海峡的第一个妇女。

那天早晨，海水冻得她身体发麻。雾很大，她几乎看不见护送她的船。时间一小时一小时地过去，她一直不停地游。15个小时后，她又累又冷。她知道自己不能再游了，就叫人拉她上船。她的母亲和教练在另一条船上，他们都告诉她离海岸很近了，叫她不要放弃。但她朝加州海岸望去，除了茫茫大雾，什么也看不到。

又过了几十分钟，她叫道："实在游不动了。"人们把她拉上船。几个小时后，她渐渐暖和多了，这时却开始感到失败的打击，她不假思索地说："说实在的，我不是为自己找借口，如果当时我看见陆地，也许我能坚持下来。"

其实，她上船的地点，离加州海岸只有半英里！后来她说："令我半途而废的不是疲劳，也不是寒冷，而是因为我在浓雾中看不到目标。"这也是她一生中唯一一次没有坚持到底。

两个月后，她成功地游过了同一个海峡，她不但是第一个游过卡塔林纳海峡的女性，而且比男子的纪录还快两个小时。

　　查德威克虽然是一个游泳好手，但她也需要有清楚的目标，才能激发持久的动力，才能坚持到底。我们的学习同样需要有明确的目标，有了目标，我们就能有更大的干劲，有更加持久的力量。

　　所以说，拥有目标的好处在于，我们只有知道自己的目标在哪儿，才能走上正确的轨道，奔向正确的方向。拥有强大的动力，有了目标，即使在做一件最微不足道的事情，也都会有其意义。在工作中，往往有员工没有目标，而使工作变得乏味，使生活也变得不再有意义。而有目标的人在工作中总是能够创造价值最大化，获得更长远的发展。

　　有目标的人就会义无反顾地前进，他们不畏艰辛地追求自己的人生理想，尽管他们所追求的理想有时难以实现，但他们还是认为只要树立了目标，本身就有一种吸引力，不顾一切地去奔赴。

人生需要终极目标

大多数人在人世浮沉中，并不了解他们的未来是自己造就的，他们在工作中喜欢干到哪儿算哪儿，他们从来没有一个长远的计划和明确的目标。而少数有卓越成就的都是了解自己追求什么，并且有完整计划的人。这些人很清楚自己想要什么，而且要如何获取。所以说，一个人只有先有目标，才有成大事的希望和前进的方向。

不管是在工作还是生活中，目标的设定都是最基本的要求。要是没有目标，我们就永远不晓得自己该往何处去。这就好比是物理实验中自由运动的粒子一样，如果不能在随机碰撞中巧遇到其他粒子，就只能一直不断地运动下去，当然起不了什么变化。生活要是没有了目标，就只能一成不变地延续着，我们就会像行尸走肉一样，生活没有追求，迷失在茫茫人海中。

说得更直白一点儿，没有目标也就像我们花了一堆时间在规划婚礼，却从没打算结婚一样，我们所做的一切到头来都是一场空。还有些人更糟糕，老是误将短期的计划当作是目标规划。比方说，老在计划着假期要到什么地方去玩，但却不为生活做点实际的规划。对于这种人而言，生活只是由假期来做一个片段一个片段的切割，和做一天和尚撞一天钟没有什么区别。

所以，人生的快乐就隐藏在于一切日常生活之中，只要我们有了目标，内心的力量才会找到方向，毫无目标地生活，到头终究会成为一场空。

所以，在我们行动之前，请先想一想自己要的究竟是什么，自己到底想要干什么？事实上，我们过去或现在的情况并不重要，将来要获得什么成就才最重要。除非我们对未来有理想，否则做不出什么大事来。

在笔者单位有一个22岁的员工，因为对自己的工作不满意，他跑来对我说："杨老师，我感到我现在的工作并不满意，我对自己的生活目标是：找一个称心如意的工作，改善自己的生活处境。然后再回到学校去读书，然后出国旅游。可是，现在的工作，连自己的日常生活都满足不了，我还渴望什么呢？"

这位员工讲到这里，脸上露出无奈的表情，于是我问他："如果你现在对你的工作不满意，那么，你想从事什么样的工作呢？"

"我也不知道，所以我才向你请教。"这位员工讲到这里想了想说，"我想去从事销售，可是我没有信心，如果不去呢，又觉得做销售工作非常的赚钱。"

"那你认为你对做什么样的工作才适合呢？你认为做销售你就能适应吗？"我接着问，"我现在想明白，你生活的目标是什么，你最需要实现什么？"

"我……我……我也不知道，"这位员工回答说，"这么多年以来，我一直没有考虑过你刚才问的这些问题。"

"如果让你选择，你想做什么呢？你真正想做的是什么？"我对这个话题穷追不舍。

"我真的不知道，"这位员工困惑地说，"我真的不知道我究竟喜欢什么，我从没有仔细考虑这个问题，我想我确实应该对自己要重新认识了，我应该对自己的目标有所树立了。"

"那么，我给你提个建议吧，"我接着说，"我想你应该向公司领导申请给你换个工作岗位。但是，你不知道你想去哪个部门。你对去销售部还犹豫不决，去开发部还琢磨不定，你不知道你该干什么工作，你也对你将来的工作没有信心，那么，现在你就要去做两件事：第一：看清楚你要的是什么，而大多数人从来不知道要这么做。第二：要有必须为成功付出代价的决心，然后想办法付出这个代价。如果你能做到这两点，那么，你离成功也就不远了。"

我最后和这位员工一起进行了彻底的分析，并对这位员工的性格做了测试，我发现这个员工对自己所具备的才能并不了解。于是我对他说："你有成功的机遇，但却因为种种原因破灭了，许多成功者当年有奋斗也曾失败，他们一直感激那一天，是失败给他们打开了成功的大门。你长得不吸引人，但你却具有属于自己特长的地方，你要相信自己，相信你的能力，超过你的同事，超越你的理想，这些并非徒劳的信念。如果你想无所不能，那就具备无所不能的信心吧！"我对这位员工说完之后，我同时也深深地明白，对每一个人来说，前进的动力是不可缺少的，无论我们所从事的工作内容多么令人厌烦，只要他们设法全部按时完成。在工作中竭尽全力，不断给自己打气，我们就一定能获得成功——因为没有什么困难能挡住我们前进的脚步。

所以说，一个人若是没有明确的目标，就不会有取得成功的希望。只有当我们树立了目标，并计划着如何实现它的时候，才可以把一个具体的目标看作是一个可行的路线，不管我们在这条路线中将会遇到任何困难，我们都会去克服，因为此时在我们看来，任何摆在我们面前的困难都不是困难，我们不管遇到多少麻烦，都不会轻易放弃自己的目标，把阻挡在路上的绊脚石当作铺路石，继续向自己的目标迈进。

亨利·福特说："所谓的障碍，就是你把目光从目标移开时所见到的丑恶东西。"一个人找到目标，就好比是找到了开发自我潜能的工具，这是释放自我能量的关键，不论我们付出多少，只要能发挥自己的潜力，就让人体会到生命的意义和价值。如果个人没有目标，就只能在人生的旅途上徘徊，永远到不了终点。

那些成大事者，非常善于在行动之前，通过自己的思维和判断来找到一个适合自己能力发展的目标，因为在他们看来，找准目标就等于成功了一半。

实现目标也有先后顺序

没有目标的人注定不能成大事，但如果目标过大，我们应该学会把大目标分解成若干个具体的小目标，通过制定并实现年度目标、月目标、周目标，甚至日目标，这样就会提高我们的工作效率，使事业迈上一个新台阶。毕竟我们的奋斗目标是我们获得成功的路线图，它们会决定我们前进的方向，保证我们能够实现自己的目的。

1991 年，住在斯德哥尔摩的高兰·克鲁普产生了一个想法：靠自己的力量越过大陆到达尼泊尔，然后，在完全没有帮助的情况下，不带氧气瓶征服珠穆朗玛峰，最后用同样的方法返回家乡。

显然他的野心够大，但这是有可能实现的。他首先对整段路做了切实的研究，然后着手筹集旅行所需的 20 万英镑的赞助。为锻炼心血管能力，他开始和瑞典越野滑雪队一起进行体能训练。

1995 年 10 月 16 日，他骑着一辆自制自行车出发了，因为这是一次完全没有后援的探险，他不得不随身带上全部装备，总重量高达 129 公斤。

4 个月零 6 天后他到达了加德满都，在那儿开始把装备运往基地的帐篷。他一次运 73 公斤，只能向前运 55 米，而且运一次要休息 10 分钟。

他第一次开始怀疑自己完成计划的能力。他说，那次搬运是他一生中唯一一次最可怕的体力考验。

第三次登顶成功了，下山后，他又骑上自行车，跋涉了12000公里回到了瑞典。

这时距他离家已经过了1年零6天。后来，当人们问起他成功的原因时，他是这么说的："每次运行前，我都要把我自己前进的线路仔细看一遍，并画下沿途比较醒目的标志，然后以此为运行目标，这样就可以画到跋涉的终点。在攀登山顶时，我用最快的速度奋力向山顶冲去，就这样，我征服了珠穆朗玛峰。这说明，我们每个人都有成功的潜力，也有成功的机会。只要我们有目标，我们就能以辉煌的成就度过人生。想想那些英雄，想想那些勇往直前的英灵吧。他们手中没有地图，就去寻找那些未知的土地，他们知道自己将发现一个新世界，在旅途中我们也得具备同样的信心和激情来激励自己。"

许多人做事之所以会半途而废，并不是因为困难大，而是因为他们不敢去做，他们害怕离开自己的安乐窝，他们不敢相信自己可以征服困难，他们不敢踏上征途，结果就这样白白浪费了生命。

所以说，我们应该掌握自己的人生使命，为了我们的追求，我们应该奋勇当先，使自己的生活能配合一个目标，从而实现成功。

从这件事可以看出，在思索人生的一切的时候，追溯其原点，不外乎是基于作为个体存在的人的梦想与目标，而这些梦想又构成了我们整个的人生。如果我们不能很好地认识自己和目标之间的差距，我们就无法取得进步，只有我们知道需要什么，我们才能有所成功。总之，我们在制定目标的时候一定要注意到：我们所制定的目标是属于我们自己的，只有我们知道自己需要什么。制定一个合适的目标，有利于主动提升自己，并在提升过程中客观地衡量、评估，这样才能获得成功，才能成为争气的人。

少数有卓越成就的都是了解自己追求什么，并且有完整计划的人。这些人很清楚自己要什么，而且要如何获取。他们为什么能够做到这一点呢？因为他们明白应该做出怎样的定位时，还必须有一个合理的发展目标。

认清目标，你才能走出拖延的泥淖

有人曾经说过："即使是最弱小的生命，一旦把全部精力集中到某一具体的目标上，也会有所成就，而最强大的生命如果把精力分散开来，最后也将一无所成。水珠不断地滴下来，可以把最坚固的岩石滴穿；湍急的河流一路滔滔地流淌过去，身后却没有什么痕迹。"

你有目的或目标吗？争气的人一定要有个目标，而且重要的他们有着非常明确的目标。争气的人认为如果没有明确的目的地，就永远无法到达成功的彼岸。假如一个人没有目标，就像一艘轮船没有舵一样，只能随波逐流，无法掌握，最终搁浅在绝望、失败、消沉的海滩上。争气的人确实地、精细地、明确地树立起目标，然后爆发出体内所潜藏的巨大能力。

法国著名的自然学家费伯勒，用一些被称作"宗教游行毛虫"的小动物做了一次不同寻常的实验。这些毛虫喜欢盲目地追随着前边的一个，所以得了这么个名字。费伯勒很仔细地将它们在一个花盆外的框架上排成一圈，这样，领头的毛虫实际上就碰到了最后一只毛虫，完全形成了一个圆圈。在花盆中间，他放上松蜡，这是这种毛虫爱吃的食物。这些毛虫开始围绕着花盆转圈。它们转了一圈又一圈，一小时又一小时，一天又一天，一晚又一晚。

它们围绕着花盆转了整整七天七夜。最后，它们全都因饥饿劳累而死。一大堆食物就在离它们不到 6 英寸远的地方，它们却一个个地饿死了。原因无它，只是因为它们按照以往习惯的方式去盲目地行动。

许多人都犯了同样的错误，对生活提供的巨大的财富，只能收获到一点点。尽管未知的财富就近在眼前，他们却得之甚少，因为他们认清自己目标到底是什么，只能盲目地、毫不怀疑地跟着圆圈里的人群无目的地走着。

起跳未来要站在目标铸造的强跳板上。对于目标，争气的人做的是，不心存幻想，在别人为目标摇旗呐喊，大声鼓噪之时，不可随波逐流地随声附和，而是用一块块能独立自己的小石头，累积成成功的基石，站在生活的弹跳板上，向自己的目标一步步地逼近。下面讲的是就是一个争气的人的故事，不妨让我们一起来看一下他是怎么认清自己的目标的。

主人公是成长在旧金山贫民窟的小男孩，小时因为营养不良而患上了软骨病，6 岁时，双腿因病变成弓字形，是小腿进一步萎缩。但是他从小就有一个梦想，就是将来成为一个最最伟大的美式橄榄球的全能球员，这就是他所谓的"目标"。他是传奇人物吉姆·布朗的球迷，每逢吉姆所属的客利福布朗士队和旧金山四九人队在旧金山举行比赛时，小男孩都不介意双腿的不便，一拐一拐地走到球场去为吉姆加油。

他太穷了，根本买不起门票，只好等到比赛快要结束时，乘工作人员推开大门之际混进去，观赏最后几分钟。在他 13 岁时，他在布朗士队与四九人队比赛之后，终于在一家冰激凌店与心中的偶像碰面，这是他多年的愿望。他勇敢地走到布朗面前，大声说："布朗先生，我是你的忠实球迷！"吉姆·布朗说："谢谢你！"小男孩又说："布朗先生，你想知道一件事吗？"布朗转身问："小朋友，请问何事？"小男孩骄傲地说："我记下了你的每一项记录，每一次运动。"吉姆·布朗快乐地微笑着说："真不错。"小男孩挺直了胸膛，双眼放光，自信地说："布朗先生，终有一天我会打破你的每一项纪录。"听完此话，吉姆·布朗微笑地对他说："孩子，你叫什么名字，真大好大的口气！"小男孩十分得意地笑着说："先生，我叫澳仑索，澳仑索·辛普生。"澳仑索·辛普生在以后正如他少年时所讲，他打破了吉姆·布朗一切的纪录，同时又创下了一些新的纪录。

　　人生需要存志高远。一种明确性的方向感总让人有满足和兴奋的快感，但要想把事情做好，把目标实现，还得要从小事上做起，所有的重大成就都是小成就累积而成的。为了实现大目标，就必须设定目标的习惯。如果应用逆向思维来思考问题，就可以发现事业上没有成功的人，有几种因素在制约着他们的发展。他们没有具体的人生发展目标，即使是有目标，也缺乏迈向成功的方法，即便是有了目标和方法，在实施过程又缺乏做好小目标的好习惯。设定目标的习惯，跟一个巅峰的成功有密切的关系。

　　成功者一旦认清自己的目标，就要一心一意地从小目标上做起，摈弃那些大大小小的坏习惯，一点一滴地从小事情上开始，追求在自己领域里的卓越成就。

　　如果你全身心地追求某一目标，很少有不成功的。这样之所以能成功，就在于能够坚定不移地认准某个目标，从小事上做起，并为之全力以赴，矢志不移。

　　我们的人生不能没有目标，没有目标的人生就像没头的苍蝇。

给自己树立目标，竭尽全力向着目标前进，成功人士之所以能成功，是因为他们能够做到这一点，一个人的目标越大，取得的成绩往往就越大。给自己树立一个大目标后，还要树立一些小目标，当小目标一个个达到后，大目标就会达到。任何人都想不断地提升自己，从而达到更高的成功程度。要想把模糊的梦想转化成成功的事实，最好的方法之一就是跟着认清自己的目标，跟着自己的目标前行，这种习惯至关重要。

找准自己的人生定位

生命的价值不在于它的长短，而在于是否能摆正自己的位置，实现自我价值。

那些想要成功的人一生都在追求一种价值。他们想要知道什么是珍贵，什么是微不足道。可是，有些人却没有考虑过，自身的价值何在？热门话题，流行时尚，理想职业，最新潮流……在社会的喧嚣中，在别人的影响下，有些人迷失了自我，看不清自己真正的价值，总是按照别人的看法设计，可是，你应该牢记：要做一个不拖延的人，就应该将自己的人生自己把握，不能让自己"生活在别处"。

一般人总是相信，当他们投身于时下最为热门的行业，就俨然处于社会光环的中心，就会得到权力、地位和财富，实现自我的价值。不过，等他们花尽毕生的力气追求之后，他们才恍然大悟，原来自己真正应该做的事情没有做，自己所追求的很多热门根本不适合自己，或者根本就没有意义，只是炫目的泡沫。

在美国的一个小酒吧里，一位年轻小伙子正在用心地弹奏钢琴。说实话，他弹得相当不错，每天晚上都有不少人慕名而来，认真倾听他的弹奏。一天晚上，一位中年顾客听了几首曲子后，对那个小伙子说："我每天来听你弹奏都是这些曲子，你不如唱首歌给我们听吧。"这位顾客的提议获得了不少人的赞同，大家纷纷要求小伙子唱歌。

然而，那个小伙子面对大家的请求却变得腼腆起来，他抱歉地对大家说："非常对不起，我从小就开始学习弹奏乐器，从来没有学习过唱歌。我长年累月地坐在这里弹琴，恐怕会唱得很难听。"那位中年顾客却鼓励他说："小伙子，正因为你从来没有唱过歌，或许连你自己都不知道你是个歌唱天才呢！"此时酒吧的经理也出来鼓励他，免得他扫了大家的兴。

小伙子认为大家想看他出丑，于是坚持说只会弹琴，不会唱歌。酒吧老板说："你要么选择唱歌，要么另谋出路。"小伙子被逼无奈，只好红着脸唱了一曲《蒙娜丽莎》。哪知道他不唱则已，一唱惊人，大家都被他那流畅自然、男人味十足的唱腔迷住了。在大家的鼓励下，那个小伙子放弃了弹奏乐器的艺人生涯，开始向流行歌坛进军。这个小伙子后来居然成了美国著名的爵士歌王，他就是著名的歌手纳京高。要不是那被逼无奈地开口一唱，纳京高可能永远坐在酒吧里做一个三流的演奏者。

"人摆错了位置就永远是庸才。"其实很多时候是自己把自己当成了垃圾随地乱扔，荒废了自己的才能。身处市场经济的时代，市场经济的运作十分强调把资源配置到最能发挥效率的地方，应该认识到，人自身也是一种资源，应该寻找最适合自己的岗位，并对自己的兴趣保持一份坚定与执着。

的确，如果你自己都不把自己当回事，就别指望别人的器重。争气的人把生命的价值首先取决于自己的态度。珍惜独一无二的自己，珍惜这短暂的几十年光阴，然后再去不断拓展自己，这样争气的人的价值就会很自然的体现出来。

印象派大师凡·高的画，许多人看过后都留下深刻的印象，他那黄色炽热的色彩和充满动感的线条，给予我们强烈的感受。凡·高的一生有着坎坷的境遇，他从 26 岁才正式开始学画，他在给弟弟的信中说，我学习绘画很晚，而且我的生命很可能也只剩下十年的时间了，因此要加紧创作。果然，他在 36 岁就过世了，但是仅仅十年间却留给我们许多不朽的作品。在艺术上的成就，他开创了一个新的时代。

不拖延的人都会明确地给自己一个定位，他们从不怕别人的鄙夷，而是怕自己找不到自己的方向。谁说你不能取得非凡的成就？除非你自己！没有人能够给你的人生下任何的定义。无数成功者的例子告诉我们，你选择怎样的人生平台，将决定你拥有怎样的人生。一个人，要获得更大的发展，就要不断地为自己寻找更大、更高的平台。好的思路决定好的出路，要敢于给自己的人生一个高起点的定位。

尽早给自己一个人生规划

我们都知道，国家常常要制定"五年计划""十年规划"等不同阶段的发展计划，来促进国家的发展，同样的道理，对于争气的人来说，不断制订、调整有利于个人发展的人生计划也是十分必要的。

所谓的"人生规划"，就是把未来想做什么、如何做，在多少岁时做些什么事情做成计划，然后按照这些计划去努力，可以把它分为"事业规划"和"生活规划"两部分。比如说，事业规划可以包括：想从事什么样的行业，希望自己多少岁前做到什么样的程度等；生活规划可以包括：几岁结婚、生子，自己要培养哪方面的兴趣、特长，是否再进修等诸多项目。方向定了，就朝着这个方向前进，并充实必要的条件。

人生规划，能够让人找到一生的指针和目标。有时候，人也会遇到一些无法料想的事情，所以我们的规划还必须适应主客观的情势，适当灵活地做出某种调整，避免全盘推翻，因为这会浪费过去的努力，也能适应现实的发展。

最重要的一点是人有了规划，就会彻底执行，并且有面对问题和挑战的勇气。不会因循苟且，使规划绝大打折扣，直到实现为止。

很多不拖延的人不会认为未来是个未知数，虽然一切随缘这种说法也有道理，不过"随缘"说起来容易，但是真的要达到这种境界却很难，因此面对不可知的未来，他们做到的是能坦然面对。这就像在森林中迷路一样，不知走向哪里才好，因此他们在事前就做好了人生规划。虽然有时规划会因条件的变化而有所变化，但总比茫然不知何去何从，心里来得踏实。

规划人生能够帮助你把握前进的航向，找准自己的定位，实现人生的目标。在规划的过程中，你还可以更充分认识到自己的优势和不足，并自觉加以调整，争取达到生命的最佳状态。

心理学家们认为："一个人的一生，总有大大小小的期望。期望是一个人的精神支柱。如果一个人没有了任何追求，他就很难愉快地生活下去。"这话绝对是真理。我们可以仔细地想一下争气的人。争气的人每天是不是都有自己的追求，有着新的想法？是的，争气的人的一生充满了各种不同的追求，小到完成一篇文章、攒钱买一台电脑、拿下自学考试文凭，大到成立自己的公司等等，一个目标实现了，新的目标又出来了。如此循环往复，终其一生。

对我们来说，在设立自己的目标时，一般可分短期目标、中期目标和长期目标。可以根据在工作的不同阶段，通过对形势发展进行的分析，确定下一步的目标。将计划进程的详细步骤列出来，可帮助自己有效地对付工作或环境等条件变化可能带来的不利影响。同自己的同事、朋友、上司和家人共同探讨、努力，争取实现每一阶段的目标，或者改进计划，使之更加切实可行。订立了目标之后，不管目标是什么，都必须有务必实现的决心，才能称之为"目标"，如果目标只是停留在纸上，那就失去了它应有的意义。所以，我们要像争气的人学习，我们在订立了明确的目标之后，就要尽快地达成，这是最重要的先决条件。

当然，规划未来并不能保证将来摆在面前的一切困难和问题都得到解决或变得容易，也没有可以套用的现成公式。但是它有利于你及早发现和较好解决新难题，比如你是否需要通过培训来增加某方面的知识，是否考虑调换一下工作岗位或职业等问题。

规划未来有助于提高你解决问题和调整心理的能力。当你想成就一项事业时，它会告诉你在每一步该干些什么、怎么干，有哪些问题需要注意。虽然规划无法预见将来将发展到什么程度，也不能预见我们每一个人的命运。但是，按照对未来的规划有条不紊地循序渐进是最重要的，它会让我们有条不紊，少走弯路。只有这样，你才能达到在工作中不断发展自己的目的，才能让自己的人生理想不至于变成梦幻的气泡。

如何规划未来需要注意的问题很多，如果将目标定得太低，就无法充分发挥个人的潜力；目标定得太高，就无法实现。在规划未来时，我们必须衡量自己的能力，适当的高于自己能力可做到的程度，那才是好目标。

远大的目标总是与远大的理想紧密结合在一起，那些改变了历史面貌的争气的人们，无一不是确立了远大的目标，这样的目标激励着他们时刻都在为理想而奋斗，因此他们成了名垂千古的伟人。

争气的人的人生就是一部作品，他们有生活理想和实现它们的计划，所以就有好的情节和结尾，这也是成功者人生精彩夺目和引人注目的关键所在。

为了目标，前进！

有人说，人的一生有三天：昨天、今天和明天。是的，人的一生并不漫长，是否过得充实、有意义，都掌握在我们的一念之间。而在这短短几十年的光景中，每个人都应该有自己的目标，关于人生、事业、学业等等。树立了地目标才能让自己精神百倍地去努力，因为梦想在前方招手，我们要不顾一切地跑上去。

目标，或许是成功之路的第一步，也是最重要的一个交点。有了目标，才有了努力的"路径"；有了"路径"，才能去顽强地拼搏；有了拼搏才会有结果。这就是目标"凝聚"成奋斗的最主要的原因。我们应当尽自己的所能去选择目标，制订计划，从容地去面对目标，这样才能有所进步。

《塔木德》上说："一位百发百中的神箭手，如果他漫无目标地乱射，也不能射中一只野兔。"成功的犹太人非常重视明确奋斗目标的重要性。

每天都给自己树立目标，然后每天都要按这个进度去完成，分分秒秒都是充实而多彩的。犹太人要求孩子在很小的时候就树立自己的人生目标，并坚定要为这个目标不断地努力学习，锻炼和提高自己的能力。

休·海夫纳出生在一个犹太家庭。他的父亲格连当时在美国芝加哥一家铝制品公司当会计，家庭收入不多，生活较为清贫。海夫纳读完中学后就不再读书了，当时正是第二次世界大战激烈之时，他应征参军了。

1949 年，海夫纳在芝加哥一家漫画公司谋得一职，每周工资 45 美元。由于收入微薄，他仍住在父母家里，甚至结婚后一段时间也如此。早已确立了奋斗目标的海夫纳在漫画公司工作了几个月后，经过四处寻访，终于找到一家叫《老爷》的杂志聘用他，每周工资 60 美元。

海夫纳到该公司工作目的是"醉翁之意不在酒"，每周多 15 美元对他的生活无济于事，他志在向该公司学习经营手法并熟悉市场。因为《老爷》杂志是美国早年最畅销的书，读者主要是男性，以女性裸照为主要内容。海夫纳从读大学时，就一直是该杂志的读者，他早就希望有朝一日进入该杂志社工作。

1951 年，海夫纳已对《老爷》杂志的运作了如指掌，他要求增加工资却被老板拒绝，于是决定离开该杂志社自己创业。他决心办一种类似《老爷》的杂志，要与《老爷》争个高低。尽管有凌云壮志，无奈却毫无资本，这使他苦不堪言。加上妻子生下一女，生活负担又加重了，他创业的设想搁置起来了。为了生活，他不得不又到一家儿童杂志社做发行工作，此时的周薪为 100 美元，生活稍为得到些许改善。但他却没有放弃自己的打算，他一面工作，一面策划自己的刊物。

海夫纳从父亲那里借得几百美元，另外从银行贷得 400 美元，凑起来刚好 1000 美元，他决心以这点钱作为自己创办杂志的本钱，办一本名叫《每月女郎》的月刊。由于他吸取了《老爷》的经营之道，加上自己的改进，第一期发行即打响，共销售 5 万多本，获得了空前的成功。15个月后，每期销量直线上升，达到30万份，海夫纳开始发迹了。

当海夫纳正要出版第二期的《每月女郎》时，他突然接到《老爷》杂志律师的信，警告他的杂志鱼目混珠，扬言如不将《每月女郎》改名，则要起诉他。海夫纳反复思考后，认为"小不忍则乱大谋"，刊名无所谓，关键是内容吸引读者。于是他低头从命，把其杂志改名为《花花公子》。结果，改名后的杂志更畅销。

休·海夫纳向着自己的目标毅然决然地进发，凭借自己的努力和细心朝着目标前行最终获得了成功。选择一个适合自己的人生目标，然后便要不断地努力学习，坚定不移地朝着让自己向这个目标前进。

事实上，这也是犹太人的一种普遍的特性，即从青少年开始，他们就树立人生的奋斗目标，以后千方百计为达到目标而努力。

在人生中，一定要明确适合自己的明确目标，要为了实现这个目标不懈努力；遇到挫折的时候，要善于变通和克服困难。

第五章
坚持下去，你才能真正戒掉拖延

人生贵在坚持，戒除拖延症也需要坚持。有句俗话说得好，做好一件事很简单，但十年如一日地去坚持做好每件事却很难。一个人想要成功，就必须要坚持下去，在任何困境面前都不应当放弃或者逃避，也唯有如此，你才能真正戒掉拖延症。

坚持下去，船到桥头自然直

当我们制订一项计划时，贵在坚持到底；见异思迁、朝秦暮楚，只能让你走向失败。

在我们建立一项工作目标，或是制订下一份年度计划时是不难，但在执行的过程中，必然会不断受到阻力或遭受打击，这时我们应该怎么办呢？是坚持还是就此放弃呢？答案只有一个，只有坚持，因为只有坚持才不会半途而废，才有可能成功。

生活中，我们会发现有不少人在订计划之初，都是信誓旦旦，抱着"不达目标绝不终止"的念头，但是在其过程中，一旦遇到一点儿困难，便不再愿意前行，当初坚定不移的志向，早已抛至脑后，已经开始选择逃避了。还有的会修改计划，这还算行得通。还有的人，发觉目标有点远，还没施行，就打退堂鼓。而这种抱持着"不成功便放弃"观念的人，由于缺乏恒心，始终都不会成功。不成功的道理的只有一个那就是坚持到底。

不可否认，在不断拼搏的道路上，每个人难免都会遭遇困境。在漫长的困境中，也往往会产生恐慌和绝望，这时很多人往往失去坚持下去的勇气。而有的人面对困境却主张再坚持一下。成功者与失败才往往差别就在这方面，坚持你就成功，放弃你就失败，就是这么简单。可以说逆境是成长中所必须经历的，犹如一年四季中少不了寒冬和酷暑，因为不经过漫漫寒冬和酷暑，万物就很难迎来生命的春华和秋实。困境是人生必不可少的经历。缩短它，等于一年中少了寒冬和酷暑。困境更是检验一个人耐力的试金石，困境更能铸就人的才能，更能使人看到事物的本质。争气的人正是由于敢于驾驭困境，才被称为是坚强的人。而急于解脱或妥协、投降是弱者的表现，他们收获的只能是青涩的果实，面对的只是失败。他们永远不会成功，即使成功也是暂时的，不会长久。

在一片茫茫的大戈壁滩上，有两个探险者被困在了那里，因长时间缺水，他们的嘴唇裂开了一道道的血口。如果再这样走下去，面对他们两个的只有死！这时，年长一些的探险者从同伴手中拿过空水壶，郑重地说："我去找水，你在这里等着我吧！"接着，他又从行囊中拿出一只手枪递给同伴说："这里有6颗子弹，每隔一个时辰你就放一枪，这样当我找到水后就不会迷失方向，就可以循着枪声找到你。一定要记住啊！"

看着同伴点了点头，他才信心十足地蹒跚离去……

等待的时间漫长而难熬，这时枪膛里仅仅剩下最后一颗子弹，可找水的同伴还没有回来。"他一定被风沙湮没了或者找到水后撇下我一个人走了。"年纪小一些的探险者数着分秒，焦灼地等待着。饥渴和恐惧伴随着绝望如潮水般地充盈了他的脑海，他仿佛嗅到了死亡的味道，感到死神正面目狰狞地向他紧逼过来……他扣动扳机，将最后一粒子弹射进了自己的脑袋，就这样结束了自己的短暂生命。

就在他的尸体轰然倒下的时候，同伴带着满满的两大壶水赶到了他的身边……

坚持下去就是胜利，正因为放弃了坚持，这个年纪小的探险者也同时放弃了自己宝贵的生命。如果再支持一秒，那么他就有救了，这个小故事中，我们不难发现：要生存下去，就要坚持，这是唯一的出路。

"行百里者，半于九十。"长路跋涉的最后几步往往是最为艰难，是人最不能妨忍受的。恶劣条件下，我们必须有撑下去的信心。因为转机往往就在最后的坚持中才会出现。就跟一个人爬山一样，越是接近顶峰，就越要坚持，不放弃你就永远不会看到山底下的美丽风景，就体会不到鸟瞰世界的成就感。同样在百步冲刺中，最后的几步也同样需要我们再一次坚持下去，这个时候，往往是最困难的，此时我们更为自己增加信心。在快到目标线时，我们坚持下去，以前努力才不会白费。所以遇到一切事情，尤其是在遇到困境时我们都必须有坚持、坚持、再坚持的勇气和耐力。逆境使人难堪，让人感到难以忍受。但只要坚持只要勇于挑战，你就会感谢逆境。

坚持，是世界上最容易做的事，同时又是最难做的事。说它容易，是因为只要你愿意去做，人人都能做到。说它难，是因为在这个过程中总会出现一些使你信心和毅力动摇的事情这个过程需要极大甚至你无法想象的勇气才能坚持下去，因此能够坚持到底的人终究是少数。想象我们有过多少次只因没有坚持到底而失败的事吧！想想有多少人就因为比我们多坚持了一分钟而取得了成功的事例吧，所以坚持并不是容易的，关键是看你是不是真的有这种耐心，有这种毅力，是不是不管遇到多大的困难，多强的阻碍，都能够坚持下来。李阳说过："一个人如果失败了并不会完蛋，只有放弃了才会完蛋。"所以要成功我们只有坚持，只有坚持到最后。

人生道路上，没有跨不过的通天河，没有过不去的火焰山，也没有熬不过的坎坷人生。生活中总会有困境，但它不会永远都是困境，只要我们充满信心，坚持下去，一切艰难困苦都在我们面前退缩。"前途是光明的，道路是曲折的"，这是社会发展必然规律。

放弃是拖延症的最大恶果

　　不管做什么事，只要放弃了，就没有成功的机会。不放弃就会一直拥有成功的希望。如果你有99％想要成功的欲望，却有1％想要放弃的念头，那么是没有办法成功的。

　　青年农民达比卖掉自己的全部家产，来到科罗拉多州追寻黄金梦。他围了一块地，用十字镐和铁锹进行挖掘。经过几十天的辛勤工作，达比终于看到了闪闪发光的金矿石。继续开采必须有机器，他只好悄悄地把金矿掩埋好，暗中回家凑钱买机器。

　　当他费尽千辛万苦弄来了机器，继续进行挖掘时，不久就遇到了一堆普通的石头，达比认为：金矿枯竭了，原来所做的一切将一钱不值。他难以维持每天的开支，更承受不住越来越重的精神压力，只好把机器当废铁卖给了收废品的人，"卷着铺盖"回了家。

　　收废品的人请来一位矿业工程师对现场进行勘察，得出的结论是：目前遇到的是"假矿"。如果再挖三尺，就可能遇到金矿。收废品的人按照工程师的指点，在达比的基础上不断地往下挖。正如工程师所言，他遇到了丰富的金矿，获得了数百万美元的利润。

　　达比从报纸上知道这个消息，气得顿足捶胸，追悔莫及。

也许，你离成功只有一步之遥，只要你再坚持一下，你就可以扣起成功的大门，但如果此时停住前进的脚步，就意味着你与成功失之交臂了。

日本的名人市村清池，在青年时代担任富国人寿熊本分公司的推销员，每天到处奔波拜访，可是连一张合约都没签成，因为保险在当时是很不受欢迎的一种行业。

在68天之间，他没有领到薪水，只有少数的车马费，就算他想节约一点儿过日子，仍连最基本的生活费都没有。到了最后，已经心灰意冷的市村清池就同太太商量准备连夜赶回东京，不再继续拉保险了。此时他的妻子却含泪对他说："一个星期，只要再努力一个星期看看，如果真不行的话……"

第二天，他又重新鼓起勇气到某位校长家拜访，这次终于成功了。后来他曾描述当时的情形说："我在按铃的时候之所以提不起勇气的原因是，已经来过七八次了，对方觉得很不耐烦，这次再打扰人家一定没有好脸色看。哪知道对方这个时候已准备投保了，可以说只差一张契约还没签而已。假如在那一刻我就这样过门不入，我想那张契约也就签不到了。"

在签了那张契约之后，又有不少契约接踵而来，而且投保的人也和以前完全不相同，都是主动表示愿意投保。许多人的自愿投保给他带来无比的勇气。在一个月内他的业绩就一跃而成为富国人寿的佼佼者。

在历史的长河中，也有很多为理想为事业奋斗的人，他们往往在离成功还有一步之遥却停止了脚步，面对失败与困难，他们气馁了、放弃了，功亏一篑，功败垂成，这是多么令人痛心与惋惜呀。山重水复疑无路，但是这位可敬的少年，他却仍是坚定执着地往下继续走，终于迎来了柳暗花明又一村。

　　其实在我们的历史中，像这样的人还真不少，他们都在艰难困苦中坚持自己的理想，不到成功，不言放弃。美国大将军克林顿与法英联军交战，屡战屡攻，一次落荒逃到农舍里，恰巧看到了蜘蛛织网屡破屡织的经过，他大受启发，后来终于打败了劲敌。爱迪生发明电灯的时候，曾经实验过上千种灯丝材料，最后才找到了钨丝而成功。试想要经历这成百上千的失败，又要多么坚忍执着的精神意志啊。

　　成功本身并不难，难的是成功之前面对失败的精神品质。人生是一场搏斗。敢于搏斗的人，才可能是命运的主人。在山穷水尽的绝境里，再搏一下，也许就能看到柳暗花明。在冰天雪地的严寒中，再搏一下，一定会迎来温暖的春风。

逆境中学会耐心等待

在逆境之中，学会耐心地等待时机是非常重要的。

战国时，安陵君是楚王的宠臣。有一天，江乙对安陵君说："您没有一点土地，宫中又没有骨肉至亲，然而身居高位，接受优厚的俸禄，国人见了您无不整衣下拜，无人不愿接受您的指令为您效劳，这是为什么呢？"

安陵君说："这不过是大王过高地抬举我罢了。不然哪能这样！"

江乙便指出："用钱财相交的朋友，钱财一旦用尽，交情也就断绝；靠美色交结的朋友，色衰则情移。因此狐媚的女子不等卧席磨破，就遭遗弃；得宠的臣子不等车子坐坏，已被驱逐。如今您掌握楚国大权，却没有办法和大王深交，我暗自替您着急，觉得您处于危险之中。"

安陵君一听，恍如大梦初醒，方知自己其实正处于一个非常危险的境地。他恭恭敬敬地拜请江乙："既然这样，请先生指点迷津。"

"希望您一定要找个机会对大王说，愿随大王一起死，以身为大王殉葬。如果您这样说了，必能长久地保住权位。"

安陵君说："我谨依先生之见。"

但是又过了三年，安陵君依然没对楚王提起这句话。江乙为此又去见安陵君：

　　"我对您说的那些话，至今您也不去说，既然您不用我的计谋，我就不敢再见您的面了。"

　　言罢就要告辞。安陵君急忙挽留，说：

　　"我怎敢忘却先生教诲，只是一时还没有合适的机会。"

　　又过了几个月，时机终于来临了。这时候楚王到云梦去打猎，1000多辆奔驰的马车连接不断，旌旗蔽日，野火如霞，声威十分壮观。

　　这时一条狂怒的野牛顺着车轮的轨迹跑过来，楚王拉弓射箭，一箭正中牛头，把野牛射死。百官和护卫欢声雷动，齐声称赞。楚王抽出带牦牛尾的旗帜，用旗杆按住牛头，仰天大笑道：

　　"痛快啊！今天的游猎，寡人何等快活！待我万岁千秋以后，你们谁能和我共有今天的快乐呢？"

　　这时安陵君泪流满面地上前来说："我进宫后就与大王同席共座，到外面我就陪伴大王乘车。如果大王万岁千秋之后，我希望随大王奔赴黄泉，变做褥草为大王阻挡蝼蚁，哪有比这种快乐更宽慰的事情呢？"

　　楚王闻听此言，深受感动，正式设坛封他为安陵君，安陵君自此更得楚王宠信。

　　后来人们听到这事都说："江乙可说是善于谋划，安陵君可说是善于等待时机。"

　　等待时机的来临需要充分的耐心。这个过程也是积极准备、待条件成熟的过程，等待时机决不等于坐视不动。《淮南子·道应》云："事者应变而动，变生于时，故知时者无常行。"

尽管江乙眼光锐利，料事如神，毕竟事情的发展不会像人们设想的那样顺利和平静，而安陵君过人之处在于他有充分的耐心，等候楚王欣喜而又伤感的那个时刻，这时安陵君的表白，无疑是雪中送炭，温暖君心，因此也改变了险境，保住了长久的宠臣地位和荣华富贵。

　　很多时候，解决逆境的残酷，只要你耐心等待一会儿。有一个流传在日本的故事，说的是一个叫阿呆和一个叫阿土的人，他们都是老实巴交的渔民，却都梦想着成为大富翁。有一天晚上，阿呆做了一个奇怪的梦，梦见在对面的岛上有一座寺，寺里种着49棵株模，其中的一棵开着鲜艳的红花，花下埋藏着一坛闪闪的黄金。阿呆便满心欢喜地驾船去了对岸的小岛。岛上果然有座寺，并种有49棵株模。此时已是秋天，阿呆便住了下来，等候春天的花开。肃杀的隆冬一过，株模花——盛放了，但清一色的淡黄。阿呆没有找到开红花的一株。寺里的僧人也告诉他从未见过哪棵株模开红花。阿呆便垂头丧气地驾船回到村庄。

　　后来，阿土知道了这件事。他也驾船去了那个岛，也找到了那座寺，又是秋天了，阿土没有回去，他住下来等待第二年的春天，株模花凌空怒放，寺里一片灿烂。奇迹就在这时发生了：果然有一棵株模盛开出美丽绝伦的红花。阿土成了村庄最富有的人。

　　这个奇异的传说，已在日本流传了近千年。今天的我们为阿呆感到遗憾：他与富翁的梦想只隔一个冬天。他忘记了把梦带入第二个灿烂花开的春天，而那些足可令他一世激动的红花就在第二个春天盛开了！阿土无疑是个执着的人：他相信梦想，并且等待另一个春天！

　　其实等待既是一种痛苦，也是一种享受。没有痛苦的等待，是没有意义的；只有在痛苦中等待了所要等待的东西，这种等待就升华为一种享受。比如，一个你期待已久的人，终于来到了你的身边，那是多么快乐呀！

坚持的力量强大无边

生活中有一个事实，那就是我们的欲望无限而时间有限。因此，我们应该思考的并不只是我们想从生活中得到什么，我们还应该考虑为此付出的代价。这不能被看作消极因素，如果我们在生活中一切都得来容易，并认为成功不需要代价，我们就不会渴望成功。比方说，死亡使生命如此有价值，因此，我们不惜代价活着，我们活着的理由就是要验证人类所有的成功，几乎都是坚持的结果；人类所有的竞技，几乎都是坚持的较量；人类所有的创造，几乎都是坚持的作用。

坚持，就是将一种状态、一种心情、一种信念或是一种精神坚定而不动摇地、坚决而不犹豫地、坚韧而不妥协地、坚毅而不屈服地进行到底。在《世界上最伟大的推销员》一书中，作者曾在"坚持不懈，直到成功"部分写道："我不是为了失败才来到这个世界上，我的血管里也没有失败的血液在流动。我不是任人鞭打的羔羊，我是猛狮，不与羊群为伍。我不想听失意者的哭泣，抱怨者的牢骚，这是羊群中的瘟疫，我不能被它传染。失败者的屠宰场不是我命运的归宿。"

柯立芝，美国第三十任总统，曾经写过这样一段话："世界上任何事情都取代不了坚持力。天赋才能，一个天赋很高的人，终其一生都默默无闻，是再正常不过的事情了；天才也不能，湮没无闻的天才比比皆是；只靠教育也不能，这个世界上随处可见受过高等教育的庸才。只有坚持和决心才是无往而不胜的！"

艾吉分析说："一个成功的人，无论是致力于获取财富，还是在某一领域里成为顶尖高手，和那些无法成功的人比起来，最根本的差别就在于，成功的人永不放弃，永不言败，他们永远都是能够坚持到最后的那一个。无论有多大的障碍和挫折来阻挠，他们都不会轻言放弃。他们很清楚自己的目标是什么，并且能够坚持达到为止。"

很多历史上获得成功的人都认为，坚持到底是他们获得成功的重要原因。想象一下，如果司马迁写《史记》没有坚持 15 年；司马光写《资治通鉴》没有坚持 19 年；达尔文写《物种起源》没有坚持 20 年；李时珍写《本草纲目》没有坚持 27 年；马克思写《资本论》没有坚持 40 年；歌德写《浮士德》没有坚持 60 年，他们能够成功吗？想象一下，如果要你发明一种新的产品，你愿意尝试多少次失败的试验？100 次？200 次？1000 次？还是 5000 次？

林肯一直梦想着要成为一个伟大的政治家。在 32 岁那年，他破产了；35 岁那年，他青梅竹马的女朋友去世了；36 岁那年，他精神崩溃了。接下来的几年，他在竞选中连续失败。很多人都认为林肯应该放弃了，但是他却坚持了下来，结果走向了成功。

在我们的现实生活中，同样也有一些人凭借坚持不懈的精神而取得成功的人。写到这里，我还是想起了张其金的成功也与坚持不懈有着巨大的关系。张其金经常挂在嘴边的话就是："只要我能够坚持不懈，没有什么困难能够难倒我，没有什么挫折能打败我。"他经常对身边的朋友说："坚持自己的梦想，这听起来好像带有一些虚伪的东西，但它的确是你走向成功的前奏，只要你坚持了，你就能感觉到坚持是成就辉煌的前奏，是高潮来临之前的宁静，是朝日喷薄欲出时的五彩光芒。这是非常壮美的坚持，它足以给人最强烈的心灵震撼。如果我们能够在事业中也能具备这种精神，我们就能够走向成功。"

对于坚持，梭罗有一句话："大多数男人引领着一种沉默而绝望的生活，只是由于他们没有坚持的毅力才获得了这样的回报。"如果我们对这句话还持有异议的话，不妨看看我们过去的同学或者同事，他们曾经对自己设计过辉煌的未来，但又有多少人能实现他们的梦想？没有多少。随着他们人生道路的发展，恐怕他们早就忘了自己当年的梦想。他们喜欢平庸、喜欢得过且过、喜欢随大流，他们早就忘记了他们当年的豪言壮语。也许他们曾经为他们的梦想努力过，奋斗过，但他们最终都以失败告终。这是为什么呢？因为他们从来没有把他们心中的梦想放在第一位，他们也没有遇到挫折而勇于面对，没有把他们的梦想坚持下去，他们活在自己的生活中，但在他们内心深处的某一角落，却藏着他们所渴望做，但难以实现的事。

无论做什么事，只要我们有百折不挠的精神，就会成功；我们的成功，恰恰是告诉了我们坚持的价值。只要我们坚持，在没有路的时候，也能够踏出路径；在没有希望的地方也能够创造希望，让你无论如何，不会被困难打倒。

胜利属于坚持下去的人

胜利者，就是比别人能坚持的人。因为在希望渺茫之际，很可能就是柳暗花明之时。

法国作家凡尔纳年轻时写的第一本书，是名为《气球上的五星期》的科学幻想小说。

当他满怀憧憬地将自己的处女作送给一家出版社时，总编辑翻了书稿后，感到书中说的尽是不切实际的幻想，而且写作手法离经叛道，便拒绝出版。

在一连被十五家出版社拒之门外之后，凡尔纳开始灰心丧气。他坐在火炉旁撕手稿，一张一张地往火炉里扔。幸亏他的妻子发现，才阻止了他的焚书行动，并劝他再试一次。凡尔纳第二天又将书稿整理好送到第十六家出版社。出乎意料，这家出版社独具慧眼，不仅立即给予出版，而且与凡尔纳签订了为期20年的约稿合同，要凡尔纳把以后写的全部科幻小说交给他们出版。

《气球上的五星期》出版后，立即轰动文坛，凡尔纳一举成名。

成功往往就在于"再坚持一下"。试想，凡尔纳如果不跑到这第十六家出版社，还会有这部不朽的传世名作吗？还会有大作家凡尔纳吗？

美国华盛顿山的一块岩石上，立下了一个标牌，告诉后来的登山者，那里曾经是一个女登山者躺下死去的地方。她当时正在寻觅的庇护所"登山小屋"只距她一百步而已，如果她能多撑一百步，她就能活下去。

这个事例提醒人们，倒下之前再撑一会儿。胜利者，往往是能比别人多坚持一分钟的人。即使精力已耗尽，人们仍然有一点点能源残留着，用到那一点点能源的人就是最后的成功者。

往往，再多一点儿努力和坚持便会收获意想不到的成功。以前做出的种种努力，付出的艰辛便不会白费。令人感到遗憾和悲哀的是，面对接二连三的失败，多数人选择了放弃，没有再给自己一次机会。

拿破仑曾经说过："达到目标有两个途径——势力与毅力。"势力只有少数人所有，而毅力则属于那些坚韧不拔的人，他的力量会随着时间的推移而强大以至无可抵抗。

无论何时，我们都应该信心百倍地去全力争取人生的幸福和成功，并永远激励自己：离成功我只有一海里，只要再多一分钟的坚持！

坚持下去，再无拖延

世界上没有不通的路。条条道路通罗马，无论你往东走，还是往西行，只要坚持走下去，都可以达到目的。相信自己能够闯出成功，往往就能成功，成功的决心往往就是成功本身。

但是，很多人会问："走到悬崖绝壁怎么办？"其实，即使走到悬崖绝壁，也没有什么了不起。既然有崖，必定有谷，悬崖绝壁挡住了路，迂回一下总还是可以过去的。许多人干什么事，起初都能够付诸行动，但是，随着时间的推移，难度的增加以及气力的耗费，大多数人便从思想上开始产生松劲和畏难情绪，接着便停滞不前以至退避三舍，最后放弃了努力。

一个人想做出自己的事业，就要坚持下去，这样才能取得成功。人天生就有一种难以摆脱的惰性，所以在干什么事时常常会浅尝辄止、半途而废。当他在前进的道路上遇到障碍和挫折时，便会灰心丧气和畏缩不前。这也和走路行进一样，大多数人都愿意走平坦的下坡路，而不喜欢艰难的上坡路。这也是人之所以常常见了困难绕着走的深层原因。

许多人之所以没有收获，主要原因就是在最需要下大力气，花大工夫，毫不懈怠地坚持下去时，他却停止了努力，千里之行，弃于脚下，成功从此与他无缘了。

亨利·毕克斯·特恩出生在威斯特麦兰郡的克拜伦德尔地区，父亲是一个小有名气的外科医生。亨利一开始并没有什么新的打算，只是准备继承父业。在爱丁堡求学期间，他对医生研究专心致志，从不动摇，周围的人都很佩服他的坚韧刻苦。当他回到家乡，积极从事实践活动。

随着时间的变化，他对这门职业渐渐地失去了兴趣，对眼前小镇的闭塞与落后也日益不满。这时，他对生理学发生了兴趣，并有了自己的思考，十分渴望进一步提高自己。

父亲完全赞成亨利本人的愿望，于是把他送到了剑桥大学，让他在这个世界闻名的大学进一步深造。不幸的是，过分地用功严重地损害了他的身体。为了恢复健康，作为一个医生，他接受了一项职务——去活德奥克斯福德当一位旅行医生。在此期间，他掌握了意大利语，并对意大利文学产生了浓厚的兴趣，对医学的兴趣反而越来越淡。很快，他就坚决地放弃了医学，决心攻读其他学科的学位。经过一段时间的努力，他获得了当年剑桥大学数学学位考试一等及格者。

毕业之后，他未能如愿进入军界，只得进入律师界。但作为一位刚刚毕业的学生；他进了内殿法学协会，拿出以往学习的劲头，刻苦地钻研法律。他在给他父亲的信中写道："每一个人都对我说：'你一定会成功——以你这非凡的毅力。'尽管我不明白将来会是什么样子，但有一点我敢相信：只要我用心去干一件事，我是决不会失败的。"

28岁那年，他被招聘进入律师界，但生活的道路要靠自己去开辟。这时他经济十分拮据。主要靠朋友们的捐赠过日子。他潜心研究和等待了多年，还是没有生意。日子一天比一天难熬，他不得不在各方面省吃俭用，不要说娱乐，就是连最必需的衣服、食物他都已紧缩到不能再紧缩的地步。他写信给家里，承认他自己也不知道他能再坚持多久，他自己都怀疑能否等到开业的机会。

3年时间一晃而过，他苦苦地等待他仍然没有结果。"律师这碗饭不是那么好吃的"，他写信告诉自己的朋友们，他再也不能成为别人的负担了。他想放弃这里的一切回到剑桥去，在那里他相信自己能找到谋生的办法。家人和朋友给他寄来了一小笔汇款，鼓励他不要灰心。亨利又挺了一段日子，生意终于慢慢来了。他在办一些小案子时表现很好，很守信用，于是他的工作渐渐有了起色。人们开始把一些大宗案子交给他办。

亨利是一个从不放过任何机会的人，当然，他也从不放过任何一个提高自己的机会。他数年的孜孜追求终于迎来了丰收的一天。几年之后，他不仅不需要家里的帮助，而且可以还一些旧债。乌云终于散去，好运光临头顶。亨利·毕克斯特恩的大名意味着荣誉、财富和才华。他终于成了一位声名显赫的主事官，以蓝格德尔贵族的身份坐在上议院之中。

一个人会不会成功，关键就是看在困难面前能不能坚持，坚持下去就是胜利，半途而废则前功尽弃。

第六章
不再拖延，让自己全力以赴

很多人一事无成，并不是因为他们缺乏能力，而是缺乏全力以赴的勇气。在拖延的时候你自然很难全力以赴。而一旦你戒除了拖延症，你就应当把自己的这种觉醒用到工作中：从今天开始，不再拖延，让自己全力以赴。

把工作做到最好

一个成功的商人曾说："如果你能真正制好一枚别针，应该比你制造出粗陋的蒸汽机赚到的钱更多。"由此可见，不管我们从事什么工作，都要尽职尽责，将工作做到最好，唯有如此，老板才会对我们另眼相看，对我们委以重任。

一位公司的老板到外面开会，安顿好后，他往公司办公室打电话以确定一切都已安排妥当。他先给办公室里负责发放纪念品的杰瑞打电话，问他纪念品是否已经发到了公司每个 VIP 客户的手上，杰瑞回答说："我在一周前已经把东西寄出去了。""他们都收到了吗？"老板问。杰瑞说："我是让联邦快递送的，他们保证两天后到达。"

随后，老板又给负责材料的亨利打电话，明确他开会所需材料的事情。他说："我的材料寄到了吗？""到了，秘书阿加莎在 4 天前就已经拿到了。"亨利说，"但我给她打电话时，她告诉我需要材料的人有可能会比原来预计的多 200 人。不过别着急，我把多出来的也准备好了。事实上，她对具体会多出多少也没有清楚的预计，因为允许有些人临时到场再登记入场，这样我怕 200 份不够，为保险起见寄了 300 份。我会和她随时保持联系，你们可以在第一时间找到我。"

亨利对工作的尽职尽责让老板非常感动，开完会后，老板立即提拔亨利当他的秘书，并要求所有员工都向亨利学习，努力将工作做到最好、最细致。

其实，杰瑞在工作表现也谈不上不负责任，只是和亨利相比，他还是有很多地方没有考虑到位。当老板问他公司的 VIP 客户是否收到公司赠送的纪念品时，他显然没有给出一个明确的答复，而这无疑是没有对工作做到尽职尽责的缘故。

可以看到，亨利为了让老板更放心，他不止做好了老板交代的事情，还全方面考虑到了有可能出现的意外情况。他清醒地意识到，自己在工作中的每个失误都将对结果产生负面影响，所以他竭尽全力，将能做的事情全部做好，并时刻待命在岗位上，直至老板的会议圆满结束。

卡耐基说过："成功毫无技巧可言，只不过是对工作尽力而为。"别小看"尽力而为"这四个字，它可不仅仅是一句简单的口号，当我们真正将其落实到工作中去时，我们会发现，对工作尽职尽责，需要我们毫无保留地付出大量的时间、精力和汗水，这显然不是一般人随便喊两句口号就能轻松做到的！

1991 年，一位名叫坎贝尔的女子独自徒步穿越非洲，不但战胜了森林与沙漠，更跨越了 600 多千米的旷野。当有人问她为什么能做到如此令人难以想象的壮举时，她回答说："因为我说过我一定能，而且我在全力以赴地去做。"问她向谁说过这句话，她的回答是："向自己说过。"

当然，我们的工作或许不像徒步穿越非洲那么艰难，但如果我们不像坎贝尔那样全力以赴地去做的话，那最后等待我们的肯定不是一个多美的结局。

总之，养成对什么事情都尽职尽责、全力以赴的习惯后，我们就好比找到一把打开成功之门的钥匙。因为当我们以尽职尽责的态度去做事情的时候，全身精力和力量都集中到一起，就像一把锋利的匕首能刺破任何困难和阻挠。

程喆是一家销售公司的普通员工，有一次他遇到了一个难缠的客户，在会谈前期，这位客户本已和他对买进产品的数量、价格等都达成了共识，然而当要真正成交时，对方又临时改变了主意。

当时，程喆的处境十分尴尬，这要是换成其他人，八成会选择放弃这单生意，但程喆却想到，如果能谈成这笔业务，那不仅自己会从公司拿到一笔数额不小的提成，最后还能让公司的发展迈上一个新的台阶。于是，程喆不允许自己放弃，他把自己所有的精力和时间都用上了，此次背水一战，只能赢不能输！

他一次次地和那位客户面谈，阐述了其中的利弊。在他的努力下，这位反反复复、拿不定主意的客户终于在订单上签了字。

通过这个故事，我们不难发现，尽职尽责、全力以赴的工作状态就像一束火苗，它能在瞬间点燃我们身体内潜藏的能力火炬，鞭策我们将工作做到最好，从而取得比以前更为出色的成绩。

俗话说，世上无难事，只怕有心人。一个人在什么地方花费时间和精力，那他就会在什么地方真正有所收获。要知道，每个人在工作中难免会碰上一些棘手的问题，这个时候，如果我们选择放弃和逃避，那最后只会一无所获；反之，如果我们像一个勇士那样直面问题，那所有的困难都将迎刃而解。

有这样一个故事：

一个小和尚担任撞钟一职，每天都能按时撞钟，但半年下来住持却很不满意，就调他到后院劈柴挑水，说他不能胜任撞钟一职。

小和尚很不服气地问："我撞的钟难道不准时、不响亮？"

老住持耐心地告诉他："你撞的钟虽然很准时，也很响亮，但钟声空泛、疲软，没有感召力。钟声是要唤醒沉迷的众生的，而我却没有听到这样的声音。"

在老住持的眼里，撞钟一职有着莫大的意义，撞钟的人身上肩负着"唤醒众生"责任。可小和尚在其位却没有谋其事，他撞钟出来的声音未能达到这种效果，所以，尽管他有准时撞钟，但依旧不能说他对工作有做到尽职尽责、全力以赴。

著名作曲家威尔第说过一句话："在我作为音乐家的一生中，我一直都在为追求完美而奋斗。但是，这个目标总是在躲避我，因此，我真切地感觉到一种责任，觉得应该再努力一次。"其实，面对工作，责任是永远没有上限的，我们只有无穷无尽地付出，将全部的精力和时间致力于某一件事，才能真正获得成功。

激发出自己最大的热情

　　一个有责任感的员工，往往对自己的工作也充满着热情，这种热情能激发他们自身的潜能，帮助他们对成功发起一次又一次的冲刺。

　　热情对于每一个职场人士来说就如同生命一样重要，如果我们失去了热情，那就无法在职场上立足和生存。凭借热情，我们能让自己连续 24 小时都不断电，永远都保持着高昂的工作斗志；凭借热情，我们可以把枯燥乏味的工作变得生动有趣，永远都不会让自己感到无聊；凭借热情，我们还能感染身边的同事和领导，从而让自己收获一段段良好的人际关系。

　　梭罗在他的著作《瓦尔登湖》中曾说过："一个人如果充满热情地沿着自己理想的方向前进，并努力按照自己的设想去生活，他就会获得平常情况下料想不到的成功。"工作何尝不是这样呢？只要我们凡事尽职尽责，自会激发出巨大的工作热情，而热情自然会保证我们在事业上收获成功。

　　国王和王子打猎途径一个城镇，空地上有三个泥瓦匠正在工作。国王问那几个匠人在做什么。

　　第一个人粗暴地说："我在垒砖头。"

　　第二个人有气无力地说："我在砌一堵墙。"

但第三个泥瓦匠热情洋溢、充满自豪地回答说:"我在建一座宏伟的寺庙。"

　　回到皇宫,国王立刻召见了第三个泥瓦匠,并给了他一个很不错的职位。王子问:"父王,我不明白,你为什么这样欣赏这个工匠呢?"

　　"一个人将来有多成功,最终是由他做事时的态度决定的。"国王回答说:"充满工作热情的人可以看到事业最后的结果,不会被手头的任务吓倒,而是用这种对结果的预期鼓励自己去努力,去克服可能遇到的各种困难。"

　　可以看到,这三个泥瓦匠若是生活在现代,第一个人仍然在"垒砖头",第二个人可能成为一个工程师,而第三个人则会拿着图纸指指点点,因为他是前面两个人的老板。

　　这个故事告诉我们一个道理,对自己的工作充满热情,不但能从中享受到快乐,还能在事业上大有作为。

　　然而不幸的是,在现实生活中,对自己的工作充满热情的人少之又少。很多人早上从睡梦中醒来,一想到待会儿要去上班,心情立马跌落到谷底。等磨磨蹭蹭地到达公司后,他们又开始无精打采地开始一天的工作,好不容易熬到下班,他们才一扫低迷的情绪,变得精神抖擞起来。

　　其实归根结底,这都是对工作缺乏责任感的表现。在他们的眼里,工作只是自己养家糊口、不得不从的差事,老板出钱,自己出力,属于等价交换,完全没必要太过认真。所以,抱着这种不负责任的消极心态,他们没有一丝工作热情,平时只像老黄牛拉磨一样,别人催一下,自己动一下,懒懒散散,得过且过。

　　毫无疑问,这种员工最不受老板待见。要知道,在企业里,老板最喜欢的永远是那些在工作中充满了热情和责任感的员工，因为他们不仅能将自己的工作做到最好，还能带动周围的人，使之变得积极主动而上进。

现在，让我们一起来看看卡通大王迪斯尼是怎样用热情来使自己成功的吧！

迪斯尼还是个年轻小伙子的时候，他就梦想着制作出能够吸引人的动画电影来。于是，他以极大的热情投入到工作当中去。为了了解动物的习性，他每周都亲自到动物园去研究动物的动作及叫声。值得一提的是，在他后来所制作的动画片中，很多动物的叫声，都是他亲自配的音，包括那位可爱的米老鼠。

有一天，他提出了一个构想，欲将儿童时期母亲所念过的童话故事，改编成彩色电影，那就是"三只小猪与野狼"的故事。但助手们都摇头表示不赞成，没有办法，迪尼斯只好打消这个念头。但是在迪斯尼心中却一直无法忘怀，后来，他屡次提出这个构想，都一再地被否决掉。

终于，因为他有着一种无与伦比的工作热情，并且不断地提出，大家才答应姑且一试，但是对它不抱有任何的希望。然而，剧场的工作人员谁都没有料到，该片竟受到全美国人民的喜爱。

这实在是空前的大成功。从乔治亚州的棉花田到俄勒冈州的苹果园，它的主题曲立刻风靡全美国——"大野狼啊，谁怕它，谁怕它。"

通过迪尼斯的经历，我们可以得出一个结论：一个人工作时，如果能以火焰般的热情，充分发挥自己的特长，那么无论他所做的工作有多么艰难，他都不会觉得辛苦，并且迟早有一天他会成为该行业的巨匠。

在这个社会上，有很多人工作起来毫无热情，他们认为工作是生活的代价，是不可避免的劳碌，这是多么错误的观念啊！其实，当带着责任感去工作时，我们的工作热情会自然而然喷涌而出，此时，我们就像一个冲向成功的急先锋，任何艰难困阻都无法停止我们不断前进的脚步。

成功学大师拿破仑·希尔曾这样评价热情："要想获得这个世界上的最大奖赏，你必须拥有过去最伟大的开拓者所拥有的将梦想转化为全部有价值的献身热情，以此来发展和销售自己的才能。"热情确实是做成任何工作的必要条件，它能激活我们全身上下的每一个细胞，帮助我们完成心中最渴望的事情。

总之，责任激发工作热情，热情保证事业成功。不管从事何种工作，只要我们时刻记住这个真理，就能在职场上开辟出一片属于自己的广袤疆土，成为该领域最成功的专业人士，最后收获同事的欣赏和尊敬，以及领导的信赖和重用。

用最高的标准去做事

在职场打拼，我们都想成为老板眼中的优秀员工，可究竟做到什么程度才算是优秀呢？相信每一位员工都曾被这个问题困扰过。有的人认为，优秀就是踏踏实实地把老板交代的工作做好，有的人则认为，优秀不仅是要完成老板分配的任务，还要制定一个更高的目标，努力超过老板预先的期望。

毫无疑问，后者所定义的优秀才最契合老板的真实心意。

在工作中，如果我们完成的每一项工作都达到了老板的要求，那当然是一件好事，我们可以称得上是一名合格的员工，我们不会丢掉自己的饭碗，幸运的话或许还有机会加薪升职，但是我们永远无法让老板刮目相看，永远无法成为老板的重点栽培对象。只有恪尽职守，全力以赴地去工作，超过老板对我们的期望，我们才能给他留下深刻的印象，让他眼睛一亮，才能让他在关键时刻想起我们，给予我们一个更大的舞台施展自己的才干。

刘一鸣是一个对工作十分负责的人，他不仅能将公司安排给自己的所有事情做好，还能超过老板预期的期望。因此，老板对他的工作表现很满意，很快就提拔他为自己的特助，辅助自己处理日常的事务。

同事们都很佩服刘一鸣，认为他这样刚参加工作没多久的人会有如此快的晋升速度，肯定有属于自己的一套秘诀。于是，大家都跑去向刘一鸣取经，可刘一鸣每次"揭秘"都是一句话："哪有什么秘诀呀，把工作做好就行了！"对于这样的回答，同事们当然不买账，他们觉得刘一鸣是在刻意隐瞒，于是都很不满。

一次，老板需要一份文件，让公司的另一名员工小美打印。这时，刘一鸣刚好从旁边路过，他看到打印出来的文件，立刻皱眉道："小美，你这样不行，赶快再重新打印一份，把字号调到小四，行间距调到 1.5 倍。"

小美疑惑道："不用吧，老板刚只说让我把这份文件打印出来，没说要调这调那呀！"听完她的话，刘一鸣严肃地说道："这可不行，我们做任何事情，都要超过老板的预期，他虽然只要求你打印一份文件，但身为员工，你有责任将这份文件打印得更清晰一点儿，这样老板看起来才更舒服。"

刘一鸣的话让在场的所有同事都不由得点头称是，大家终于明白他成功的秘诀究竟是什么，那就是不仅完成任务，更要超出老板的期望。

在现实生活中，很多人面对工作都只是照本宣科，老板让他们怎么做，他们就怎么做，从来都没想过要将工作做得更好。试问，这种对待工作不够负责的态度又怎会得到老板的青睐和赏识呢？如果继续这么工作下去，我们的职场之路只会越走越窄，最后进入一个逼仄的死胡同。要知道，对于老板来说，只有那些像刘一鸣一样能准确掌握自己的指令，并主动加上本身的智慧和才干，把指令内容做得比预期还要好的人，才是他们苦苦寻找的优秀员工。

著名投资专家约翰·坦普尔顿通过大量的观察研究，得出了一条很重要的原理："多一盎司定律"。所谓"多一盎司定律"，意即只要比正常多付出一丁点儿就会获得超长的成果。约翰·坦普尔指出：取得中等成就的人与取得突出成就的人几乎做了同样多的工作，他们所做出的努力差别很小——只是"一盎司"。但其结果，所取得的成就及成就的实质内容方面，却经常有天壤之别。

为了更好地理解"多一盎司定律"，我们不妨来看一看下面这个故事。

佛堂里的一块大理石地面有一天抬起头来对佛像说："我们原本来自同一块石头，可现在我躺在这里，灰眉土脸，受万人踩踏，而你却站在那里，高高在上，受万人膜拜，世道为什么如此不公平呢？"

佛像说："是的，我们来自深山同一块石头，但我经过了几个石匠数年的打磨，才站在了这里，而你只接受了简单的加工，所以你就只能铺在地上给人垫脚。"

同为石头，最后却有着截然不同的命运，其中的差别就在于那"一盎司"。

由此可见，面对工作，只要我们多一点点责任感，在高质量完成任务的同时，再超出老板的期望多做一些事情，并将这些事情做得更完美，那肯定能让老板领略到喜出望外的感觉，如此一来，他势必会对我们建立起更高的信任和依赖，从而在有限的资源分配中向我们倾斜，而我们也必将比其他人更加接近成功。

成功学的创始人拿破仑·希尔曾经聘用了一位年轻的小姐当助手，替他拆阅、分类及回复他的大部分私人信件。她的主要工作就是听拿破仑·希尔口述，记录信的内容。

有一天，拿破仑·希尔口述了下面这句格言：记住，你唯一的限制就是你自己脑海中所设立的那个限制。从那天起，她把这句格言深深地刻在了自己的心里，并付诸行动。她开始比一般的速记员提早来到办公室，而且在用完晚餐后又回到办公室，从事不是她分内而且也没有报酬的工作。

她开始研究拿破仑·希尔的写作风格，不等口述，直接把写好的回信送到拿破仑·希尔的办公室来。由于她的用心，这些信回复得跟拿破仑·希尔自己所能写的完全一样好，有时甚至更好。

她一直保持着这个习惯，直到拿破仑·希尔的私人秘书辞职为止。当拿破仑·希尔开始找人来补这位男秘书的空缺时，他很自然地想到这位小姐。实际上，在拿破仑·希尔还未正式给她这项职位之前，她已经主动地接受了这项职位。

这位年轻小姐的办事效率太高了，因此也引起其他人的注意，很多更好的职位对她虚位以待。对这件事拿破仑·希尔实在是束手无策，因为她使自己变得对拿破仑·希尔极有价值，她的价值还不止于她的工作，更在于她的进取心和愉快的精神，她给公司带来了和谐和美好。因此，拿破仑·希尔不能冒失去她做自己的帮手的风险，不得不多次提高她的薪水，她的佣金达到她当初来拿破仑·希尔这儿当一名普通速记员的4倍。

优胜劣汰一直是职场永恒不变的生存法则。那些在工作上达不到老板要求的人迟早会被淘汰，而那些刚好能达到老板要求的人，则会继续自己平淡的工作，只有那些超越老板期望的人，才会被单独叫进老板的办公室，老板会额外地给予他们一些极具挑战性的重要工作，让他们有机会磨炼自己，获得迅速地成长。

所以，在实际的工作中，我们不仅要完成任务，更要超过期望，只有这样，成功才会降临到我们身上！

力争创造一流业绩

经常听见有员工抱怨工作太过繁重，薪水太过微薄，好像自己吃了多大亏似的，他们从来没有真正反省过自己，也没有意识到丰厚的报酬其实是建立在业绩之上的。也就是说，我们若想在职场上升职加薪，首先就必须创造出一流的业绩。

那一流的业绩又从何而来呢？毫无疑问，如果我们对工作缺乏一流的责任心，做事不认真，处处投机取巧，随时担心自己所耗费的精力和时间已经超过薪水的报酬，那我们是没办法创造出一流的业绩的。唯有在工作中恪尽职守、全力以赴，我们才能创造出突出的工作业绩，让老板对我们另眼相看。

费海凡是一家家具厂的采购员。由于企业计划进一步扩大生产规模，为了提高产品质量以增强市场竞争力，企业决定从东北地区引进一批优良木材，于是，公司派费海凡去采购这批木材。很多同事得知此事后，都很羡慕他能有如此"肥差"，因为这次公司采购的份额很大，只要在报价上略施小计，最后肯定能捞不少的"外快"。

到了东北以后，费海凡并没有直接联系供货商，而是先到木材市场做了一番深入细致的调查。他联系到了几个同行，大家在一起交流后，费海凡发现自己所要采购的这批木材的市场价格比供货商开出的价格要低五个百分点。于是，费海凡对市场作了进一步的研究分析，很快就得到了供货商的价格底线。

费海凡并没有隐瞒这个事实，他立即将自己所掌握的信息向公司做了汇报，在接到公司要求他全权负责的通知之后，他才开始找供货商谈判。由于已经提前对市场做了调查，费海凡并没有被供货商的花言巧语所迷惑，最终以很低的价格签订了购买合同，为公司省了一大笔采购资金。

基于费海凡对工作认真负责的态度以及创造的一流业绩，他很快就受到了公司的重用，被任命为供应部门的主管经理。

通过这个故事，我们可以得出一个结论：一个人要想在公司里占有一席之地，就必须意识到，突出的工作业绩才最有说服力。换句话说，只有对自己的工作全力以赴，尽职尽责，为公司赚取更多的利润，我们才能在职场中稳操胜券。

所以，每一位员工从进公司的那一刻起，一定要多问问自己"我能为公司做什么"，而不要问"公司能给我什么"。要知道，我们工作都是在书写自己的人生简历，当我们凭借积极主动、认真负责的工作态度创造出一流的业绩时，我们的人生简历必然因此变得丰富多彩，公司老板也自然会看到我们的能力和价值，从而在工作上给予我们更多宝贵的机会。

迈克尔是派希公司的一名低级职员，他有个外号叫"奔跑的鸭子"。因为他总像一只笨拙的鸭子一样在办公室飞来飞去，即使是职位比他低的人，都可以支使迈克尔去办事。后来，他被调入到销售部。

有一次，公司下达了一项任务：必须在本年度完成500万美元的销售额。销售部经理认为这个目标是不可能实现的，私下里他开始怨天尤人，并认为老板对他太苛刻。只有迈克尔一个人在拼命地工作，到离年终还有 1 个月的时候，迈克尔已经全部完成了他自己的销售额。但其他人没有迈克尔做得好，他们只完成了目标的 50%。

很快，经理主动地提出了辞职，而迈克尔则被任命为新的销售部经理。"奔跑的鸭子"迈克尔在上任后的一个月里，忘我地投入工作。他的行为感动了其他人，在年底的最后一天，他们竟然完成了剩下的 50%。

不久，派希公司被另一家公司收购。当新公司的董事长第一天来上班时，他亲自点名任命迈克尔为这家公司的总经理。原来，在双方商谈收购的过程中，这位董事长多次光临派希公司，这位始终"奔跑"着的迈克尔先生给他留下了深刻的印象。

不难发现，如果迈克尔没有一流的责任心，他是不可能创造出如此骄人的业绩的，他也不可能获得比别人多的机会。

其实，对工作恪尽职守、全力以赴的表现之一就是创造出一流的业绩，唯有一流的业绩能给企业带来丰厚的利润。著名企业家松下幸之助先生说过："企业家不赚钱就是犯罪。"因此，作为企业的一分子，我们每个人都要认真工作，处处为企业考虑，努力做一个业绩最好的出色员工。

古罗马皇帝哈德良手下的一位将军，觉得他应该得到提升，便在皇帝面前提到这件事，以他的长久服役为理由。"我应该升到更重要的领导岗位，"他说，"因为我的经验丰富，参加过 10 次重要战役。"

哈德良皇帝是一个对人才有着高明判断力的人，他并不认为这位将军有能力担任更高的职务，于是他随意指着绑在周围的战驴说:"亲爱的将军,你看这些驴子,它们至少参加过 20 次战役,可它们仍然是驴子。"

在工作中,很多人和故事中的那位将军一样,误以为经验和资历是衡量能力的标准,其实不然。实际上,许多公司的管理者都把业绩视为考核员工能力的标准,唯有业绩才能体现员工的价值,让员工"物有所值",得到他应有的报酬。

所以,不管在公司的地位如何,自己的学历如何,我们都要时刻坚守自己对岗位的责任,争取用一流的责任心,创造出一流的业绩,实现自己的梦想。

全力以赴，打造自己的铁饭碗

据一份抽样调查显示，认为自身在本职岗位上具备绝对的竞争优势的白领仅占调查人数的 10.8%，有 23% 的调查者表示自己具备一定的优势，而剩下的 66.2% 的受访者则表示自己人微言轻，只懂一些基本技能，并不具备职场的核心竞争力。

在经济学中，有一个词语叫"替代性"，它是指如果商品的同类使用功能基本相同，那么其他的生产者也可以生产出同类的产品来替代你的产品，从而抢占市场份额。因此，一种商品的可替代性高，往往预示着它的价值不会很高。

换个角度看，人才其实也是一种特殊的商品，我们要想在职场上获得高薪和升职，巩固自己的地位，就必须恪尽职守，全力以赴地去工作，让自己具备其他员工无法替代的能力，打造属于自己的职场"铁饭碗"。

文艺复兴时期，画家米开朗琪罗在一次修建大理石碑时，同他的赞助人教皇朱里十二世发生了激烈的争吵，米开朗琪罗为此感到非常地愤怒，他甚至扬言要离开罗马。

当时，所有的人都觉得米开朗琪罗的行为实在太过大胆，这一下，教皇朱里十二世肯定会怪罪他，并撤销对他的赞助。但没想到的是，教皇朱里十二世不仅没有惩罚米开朗琪罗，反而和颜悦色地极力挽留他。

众人见了都很纳闷，教皇朱里十二世却心如明镜。他深知，即便没有他的赞助，米开朗琪罗也一定可以再找到一位新的赞助人，但他却永远无法找到另一个才华横溢的米开朗琪罗。

可以看到，米开朗琪罗虽然脾气火爆，但他对自己的工作向来是尽职尽责，无比热爱，所以他才拥有非同寻常的艺术才华。而他在艺术上的造诣俨然成了他的"铁饭碗"，以至于身份无比尊贵的教皇朱里十二世也要礼让他三分。

可以毫不夸张地说一句，正是责任让我们变得不可替代，正是责任成就我们在职场的"铁饭碗"。要知道，在这个社会上，对工作尽职尽责的优秀人才，不管走到哪里，都为企业所需要，所以，我们需要做的，就是在工作岗位上恪尽职守，努力找出更有效率、更好的办事方法，提升自己在老板心目中的地位，最后成为老板心目中不可替代的卓越员工。

露宝是一个拥有4个孩子的42岁的母亲，她之前从事过文秘工作、档案管理和会计员等不少后勤工作。但这些工作都做得不长，后来一直在家里操持家务。

微软在创业初期，董事长比尔·盖茨想招一名女秘书，在众多应聘者中，露宝被盖茨看中了。盖茨认为公司在创业初期，百废待兴，各种事情都等着他去做，而内务、管理方面的杂事正是他所欠缺的。此时，露宝无疑是一个最理想的人选，首先，她42岁，这种年龄有稳定性；其次，她多年在家操持家务，说明有内务、管理方面的经验；最后，她是4个孩子的母亲，自然会有家庭观念，这种家庭观念也会带到微软公司中来。

值得一提的是，当时的盖茨只有21岁，还是一个外形清瘦、头发蓬乱的大男孩。露宝得知年轻的盖茨是自己的老板后，心想，一个给人印象如此稚嫩的董事长办实业，恐怕会遇到很多困难，而身为他的秘书，自己有责任把后勤工作做好，最大限度地为其分忧解难。

就这样，露宝成了微软公司的后勤总管，她负责发放工资、记账、接订单、采购、打印文件等工作，从来都没让盖茨操心过。

后来，当微软公司决定迁往西雅图，露宝却因为丈夫在亚帕克基有自己的事业而不能跟着盖茨一起走时，盖茨对她依依不舍。临别时，盖茨还握住她的手动情地说："微软公司永远为你留着空位，随时欢迎你来！"

三年后的一个冬夜，在西雅图微软公司的办公室里，比尔·盖茨正因后勤工作不力而烦恼。这时，一个熟悉的身影出现在门口。"我回来了。"这个声音比尔·盖茨再熟悉不过了，因为那是露宝的声音。她已经说服了丈夫，举家迁至西雅图，继续为微软公司、为仍然年轻的董事长效力。

微软帝国的崛起，露宝实在是功不可没。年轻的盖茨影响了世界历史，而作为这位风云人物的秘书，露宝也获得了事业上的成功。

毫无疑问，当一个人高度负责地完成自己的工作时，这就说明，他在这个行业内已经是不可替代的。换句话说，一个敬业的人，是永远不会失业的，露宝的故事刚好说明了这一点。正是因为露宝对工作的恪尽职守，她才将自己的后勤工作做得如此出色，最后牢牢地守住了自己在职场的"铁饭碗"。

一个拥有高度责任感，在工作中恪尽职守的人会在不知不觉中成长，他的能力、经验、资历都会因为这种高度责任感而变得越来越强，这样的人，无论是在哪个岗位上、哪家公司里，都拥有了自己的"核心竞争力"，而这样的人，是不用担心找不到属于自己的职位。

总之，身为员工，在工作中认真履行职责是我们完善和发展自我的重要手段。当我们凭借恪尽职守在工作上表现突出时，自然可以博得领导的好感和欣赏，从而谋得一个重要的职位，逐渐成就一番耀眼的事业。

马耳他有位王子从外地办完事深夜回宫，看到自己的一个仆人正紧紧地抱着他的一双拖鞋睡觉，他上去想要把那双拖鞋拽出来，却怎么也拽不动，反而把仆人惊醒了。这个仆人给王子以很大的震撼：对小事都如此尽职尽责的人一定可以对其委以重任。后来他把这个仆人提拔为自己的贴身侍卫。

结果证明这位王子的判断是正确的：这个年轻人很快升到了事务处，最终当上了马耳他的军队司令。

面对工作，越是恪尽职守，全力以赴，最后越是能得到工作的优待。我们每一个人都必须明白这个道理，唯有如此，我们才能打造职场"铁饭碗"，从此高枕无忧，不用担心自己会被残酷的职场所淘汰！

致未来的你

在残酷的世界　明媚如初

启文　编著

花山文艺出版社

河北·石家庄

图书在版编目（CIP）数据

在残酷的世界明媚如初 / 启文编著 . -- 石家庄：
花山文艺出版社 , 2020.5
（致未来的你 / 张采鑫 , 陈启文主编）
ISBN 978-7-5511-5139-9

Ⅰ.①在… Ⅱ.①启… Ⅲ.①人生哲学—通俗读物
Ⅳ.① B821-49

中国版本图书馆 CIP 数据核字（2020）第 066566 号

书　　名：致未来的你
主　　编：张采鑫　陈启文
分 册 名：在残酷的世界　明媚如初
编　　著：启　文

责任编辑：卢水淹
责任校对：于怀新
封面设计：青蓝工作室
美术编辑：胡彤亮
出版发行：花山文艺出版社（邮政编码：050061）
　　　　　（河北省石家庄市友谊北大街 330 号）
销售热线：0311-88643221/29/31/32/26
传　　真：0311-88643225
印　　刷：北京朝阳新艺印刷有限公司
经　　销：新华书店
开　　本：850 毫米 ×1168 毫米　1/32
印　　张：30
字　　数：660 千字
版　　次：2020 年 5 月第 1 版
　　　　　2020 年 5 月第 1 次印刷
书　　号：ISBN 978-7-5511-5139-9
定　　价：178.80 元（全 6 册）

前　言

　　央视曾经做过这样一个采访：记者随意到街头，问那些为生活奔波的普通人一个问题——你幸福吗？

　　这个采访风靡一时，也得到了很多令人啼笑皆非的答案。比如，一位外来务工的大叔在被记者问到这个问题时，就说了句"我姓曾"。

　　采访也反映了大部分人对自己生活的评价。很多人都回答"我很幸福"，当然，也有人说，我的生活并不幸福。

　　其实，很多人的生活不够幸福并不是因为他们遭遇了什么不幸，而是因为他们在生活中耗尽了美好。

　　诚然，工作会让人负累，人际关系也会让人崩溃，但生活本身存在的一些美好从未消失。那些感叹生活不幸福的人只是耗尽了自己人生中的美好。

　　很多人，工作不错，收入也不错，但是控制不了自己的情绪，处处跟人起冲突，这就是一种对美好的消耗；还有的人，处理不了家庭关系，明明都爱着对方，却总是相爱相杀，争吵不断，这也是一种对美好的消耗；更多的人，是不懂得爱自己，用极其严格的标准来要求自己，不惜把自己变成一个机器人，这也是一种对美好的消耗。生活就是这样把美好一点点消耗掉，并最终让幸福从指尖溜过。

其实，只要你懂得调节自己的情绪、懂得经营人际关系、懂得爱自己，生活中的美好是随处可见的。

所以说，我们才是自己人生的救世主。外部环境或许会一直变化，生活的困难或许也会一直存在，但能让生活变好的能力却永远不会消失。其实，我们每个人身上都有这样或者那样的缺点，但这些缺点并不能决定你生活的质量。真正决定你生活质量的是你自己，所以，你应当学会跟自己对话，做自己的心灵导师。通过反省，让自己的生活重新变得美好起来。

目 录

第一章
美好生活，从好情绪开始

很多人的生活缺乏美好，并不是因为生活中没有美好，而是被一些负面的东西所拖累。比如说情绪。一个人的情绪会极大地影响他的生活质量，情绪糟糕的时候，哪怕是你已经功成名就，也很难寻觅美好。所以，美好的生活，都是从好情绪开始的。

生活如此美好，你为何如此纠结

有人为口袋里没有"银子"而纠结；有人为在社会上没有"位子"而纠结；还有人为没房子和车子而纠结……其实，人生的快乐与痛苦和财富、地位、物质无关。那么，究竟是什么让你纠结呢？让我们找到纠结的根源，规避烦恼，活得开心一点儿。

很多人总是不高兴的时候多，开心的时候少。钱不够花的时候，觉得有钱后就会快乐，可是，当钱多了的时候，烦恼也并没有少；当困难挡在我们面前的时候，觉得生活要是没有了困难，那是最幸福的事，可是，当自己的面前是一马平川的大道时，新的烦恼又来了……内心的纠结似乎紧贴着我们的生活，那么，究竟是什么影响了我们的心情呢？

有一个富翁虽然家财万贯，但总是快乐的时候少，不快乐的时候多。他想，自己富甲天下，一定能给自己买到快乐。为此他背着许多金银，到远处寻求快乐。

一天，他走在一条山道上，背上的金银压得他劳累不堪，痛苦万分。这时，他遇到一个樵夫，于是富翁就上前问："我是个富翁，虽然有钱，可为什么总是痛苦多快乐少？你看，道路又窄，身上背的东西又多，今天就很不开心啊！"

樵夫放下柴担，舒心地揩着汗水说："快乐很难得到吗？放下就是快乐呀！"

富翁听了，觉得自己背上的金银实在是太重了，于是就将金银放了下来。当富翁直起腰来，发现路边的美景也尽收眼底，一下子觉得自己轻松多了，心里舒坦极了。

富翁顿悟：是因为老怕别人抢，总怕被人陷害，所以整日忧心忡忡，纠结不已。

于是，他将珠宝、钱财接济穷人，专做善事，慈悲为怀，这样不仅滋润了他的心灵，更让快乐充满了他的生活。

可见，纠结是因为不知道放下。

人生在世，不如意事十有八九，碰到的常常想不开放不下，将挫折、痛苦、哀伤、恐惧、忧虑藏在心里压在心头。有的更是一味痴迷偏执，越陷越深，不能自拔，钻进了精神的死胡同。放不下，就是自己和自己过不去，往往使人纠结。所以，当你为生活的种种烦恼感到困惑、背负压力时，请深深吸一口清新的空气，放下你心中的所思所想，没有负担，海阔天空，你将会变得轻松愉快。

一天，有一个美丽的少妇投河自尽，被路人救起。

路人问："你年轻轻，为什么要寻短见？"

"我结婚才三年，丈夫就在外面找了小三，遗弃了我，接着孩子又在车祸中死了。您说我活着还有什么盼头？"

路人听了，对少妇说："三年前，你是怎样过日子的？"

少妇说："那时我虽然一无所有，但无忧无牵无挂呀……"

"那时你有丈夫和孩子吗？"路人问。

"没有。"少妇回答。

"那你有什么可伤心的呢？只不过是回到三年前去。现在你又自由自在无忧无虑了。你还是回去吧……"路人说。

少妇一下子明白过来："是啊，现在不就是三年前的自己吗？"

于是，少妇便安心地走了。从此，她再也没有不开心。

可见，纠结是因为不会换一种想法。

毋庸置疑，生活中有很多挫折甚至是灾难，犹如一个个魔鬼，致使人失去正常的心智，给我们的人生带来烦恼。那么，有没有转换心境、让自己快乐的配方呢？告诉你，有，那就是转换念头，这样你就会改变心情。有位哲人曾说："人生的很多烦恼，是随着我们思维方式的不同而产生的。"所以，尝试换种想法，你的人生就会少去很多烦恼。

天使大发慈悲，想用自己的神通给遇见自己的人带来快乐。

这天，他遇见一个牧童。牧童看起来非常不开心，他向天使诉说："我的牛丢了，父母会责骂我的。"于是天使给牧童找到了牛。最后，牧童高高兴兴地牵着牛走了。

又有一天，他遇见一个女子。女子非常沮丧，她向天使诉说："我的钱都被人偷光了，没有回家的路费。"于是天使送给她路费。最后，女子开开心心地回家了。

这天，他遇见一个作家。天使问他："你不快乐吗？我能帮你吗？"作家对天使说："我不快乐，你能够给我吗？"天使回答说："可以！你要什么我都可以给你。"

可是，天使犯了难，因为作家年轻、帅气、有才华而且富有，他的妻子非常年轻貌美，作家什么也不缺。

天使想了想，说："我明白了。"于是，天使拿走作家的才华，毁去作家的容貌，夺去作家的财产，杀死了作家的妻子，天使做完这些事后，就一声不响地离去了。

10天后，天使再回到作家的身边，看见作家衣衫褴褛地躺在地上挣扎，已经饿得奄奄一息了。于是，天使把作家的一切还给了他。

半个月后，天使又去看作家，问他说："现在，你快乐了吗？"

这时，作家正搂着妻子，笑着回答："我很快乐，很快乐，谢谢天使。"

可见，纠结是因为忽略了所拥有的。

人往往会认为，明天就会得到快乐，可是，当自己环顾四周的时候，总会觉得快乐依旧没有来。其实，快乐就在当下，就在你的每一天，甚至每一刻中。很多时候，我们身处快乐之中却意识不到，还满怀期待地到处寻找。直到某一天，我们才惊讶地发现，原本拥有的快乐就在自己的眼前，只是自己从来没有珍惜过罢了。

不懂得放下，不懂得珍惜当下，不知道转变看法……这些都是纠结的根源。当我们不开心时，不要归罪于贫穷，也不要归罪于卑微，更不要归罪于生活的种种遭遇，心态和行为方式才是我们快乐与否的根源。要想获得快乐，要不断修正自己的心态和行为，这样，不论你是贫穷还是富有，都没有什么能让你纠结了。

生活有阳光，心灵才能翱翔

　　人的心在感悟人生时有两种形式：一种是向现实的物质世界看，尽可能地为自己博得更多的物质享受；另一种是向内心看，尽可能地感知自己内心的需要、聆听自己内心世界的声音。而我们之所以纠结，是因为我们的眼睛关注外在世界太多，关注心灵世界却太少！

　　有一个富甲天下的商人，过着锦衣玉食、无忧无虑的日子，他可谓是拥有了一切该拥有的，但他仍然不快乐。他很希望自己能获得快乐，于是发出告示，扬言谁能帮他找到快乐，就赏给这个人黄金万两。一天，来了一个神医，他告诉商人："必须让人在全国找到一个最快乐的人，然后穿上这个人的鞋子，您就可以获得快乐了。"于是商人就派家丁们分头去找，后来终于找到了一个快乐无比的人，但是家丁们向商人汇报说："我们没有办法拿到他的鞋子。"商人说："为什么呢？"家丁们说："那个特别快乐的人是个没有脚的人，所以他根本就没有鞋子。"

　　这个故事正是诠释了这样一个道理：真正的快乐和生活境遇的好坏没有直接的关系，它来自心灵深处，只有心灵快乐起来，生活才不会太纠结。

　　不纠结的生活是由心态决定的。财主有衣有食、有书读，农民可能很羡慕，觉得财主衣来伸手、饭来张口的生活才是幸福的。可财主不这么想，他觉得如果能将全世界的财富独揽于怀中他才幸福。反过来说，一个农民坐在没有屋顶的房子里吃着粗茶淡饭，财主可能觉得他挺可怜，可农民不这么认为，他觉得能在自己的家里，吃上自己贤惠的妻子做的饭，这不也是一种幸福吗？正是因为他们彼此不同的境遇和生活造就了他们不同的心态。

心理学家研究发现，纠结的根源，不是金钱，不是名利，也不是权贵，而是这些浮世繁华结合而生的"贪"与"欲"；而不纠结的快乐生活是由宽容、健康、感恩、希望、豁达等心灵力量组成。

我们每天奔走于熙熙攘攘的人群中，穿梭于喧嚷繁乱的尘世里，强打着精神去应付那无穷无尽的工作琐事、情感烦恼，我们的心渐渐变得麻木了。我们往往无暇顾及心灵的草场，时间久了，它也会一片荒芜，杂草丛生。

拥有宁静的心灵世界是美好生活必不可少的要素，我们每个人内心深处都需要一处避风港湾。当我们在人生路上感觉疲惫的时候，不妨暂时将生活的琐事和工作的压力抛于脑后，静静聆听心灵的声音，与自己交谈。

如果一个人的生活、工作总是安排得太满，没有留出足够的给心灵做瑜伽的时间，很容易陷入迷茫和烦躁中，有时就像掉入一个泥潭，怎么也拔不出双腿。其实，给疲惫的心灵放假，适时调整心情，就犹如一根希望的绳子，能在我们最无助的时候把我们拉出情绪的泥潭。

有一位考古学者，为了寻找古印度文明的遗迹，从当地的部落里找了一些土著人背行李，一行人朝着丛林的深处进发。头两天土著人不知疲倦、竭尽所能地赶路。但是到了第三天，土著人停下来不走了。

　　学者很困惑，找来部落首领问道："为什么要走两天歇一天呢？"年迈的部落首领平静地说："走两天歇一天，是在等我们的灵魂，因为我们的肉体走得太快，而灵魂却跟不上我们肉体的脚步。"

　　是啊，人哪能没有灵魂呢！走，体现了生命的存在；而停，则是在享受人生乐趣！人不应该只是匆匆赶路，应适时给心灵放个假。我们一定要留下空闲和自己相处，因为它会给我们枯燥的生活增添美丽的色彩，给我们浮躁的心灵一份真挚的沉淀，也给我们忙碌的心灵一次反省的机会。更重要的是，让我们学会了和自己相处，和自己相伴，让心灵持久地轻盈翱翔！

微笑一下，生活其实很美好

一个不懂得微笑的人，在生活、工作中往往会遇到很多让他纠结的事，当他学会微笑时，一切才会发生改变。所以有人说："同事的最高境界是宽容，夫妻的最高境界是相容，朋友的最高境界是包容，生活的最高境界是笑容！"

最近汤姆很纠结，他向朋友诉说自己的苦恼："我工作兢兢业业，吃苦耐劳，可是，我的生意怎么也做不大；我拿出收入的一半来给员工发工资，可我的员工还是对我充满抱怨；我深爱我的家人，可我的妻子经常和我吵闹，孩子也不喜欢我。为什么我的生活没有一点儿快乐可言？"

朋友听完了汤姆的话，也学着汤姆的腔调，紧锁眉头，脸色沉重地反问汤姆："是啊，为什么会这样呢？"

汤姆一脸痛苦状地说："朋友，你就和我说说这是怎么回事。"

朋友瞪大双眼，一脸严肃地说："我没有和你打哑谜呀！"

汤姆忙回答："你还说没有，你看看你的脸，从你的表情看得出，你是在捉弄我啊！"

听汤姆这样说，朋友突然大笑起来，然后取出一面镜子递给汤姆说："我不是在捉弄你，我是在模仿你啊！"

汤姆对镜一照，惊讶地发现，朋友刚才的表情和自己现在的表情一模一样：一脸严肃和紧张，看起来一点儿也不讨人喜欢。

"唉，我能有好脸色吗？我要时刻注意公司的效益，监督员工们是不是在用心工作，就是回到家里，心里也不踏实，我不操心的话，又怎么能做好自己的事呢？"汤姆叹道。

朋友笑道："生活就是你手里的这面镜子，你对它笑，你得到的也是微笑的面孔，你对它板着一张脸，它对你也就没有好脸色。凡事看开些，只要你学会微笑地面对生活，不仅自己能得到更多的快乐，很多事情也会因此得到很大的改变，你不妨试试看。"

听了朋友的话，汤姆回到公司以后，无论遇到什么不开心的事，也总是保持微笑。

他的员工看到老板那么开心，心情也跟着好起来了，工作也更有干劲了；他的妻子看到丈夫那么开心，自己也变得更加温柔了；他的孩子看到爸爸那么开心，也愿意扑在爸爸的怀里撒娇了……

没过多久，汤姆发现一切都变了：员工们工作都很努力，一点也不用自己操心了；妻子变得更体贴，很少再抱怨了；孩子也变得懂事，听自己的话了；还有更让他欣喜的是，公司的效益变得越来越好了。

这时汤姆突然发现，原来不让内心纠结其实很简单：只要保持微笑，坦然的心情就会如期而至。

充满乐观的微笑能感染他人，让自己获得更多快乐。生活在紧张、快节奏的信息时代，人们比以往任何时候都更需要微笑。发自内心的微笑，能让大家心情愉悦，能让对方热情更高。我们给别人一个微笑，别人就会回敬我们一个微笑，彼此的心门也就随之打开。微笑能让我们家庭和睦、微笑能帮我们结交到更多的朋友、微笑能帮我们敲开成功之门……可以说，人生的很多美好，都来自微笑。

如果遭遇了困难，你学会微笑，就能从痛苦中得到解脱；如果你觉得不快乐，不妨多一些微笑，这样你就不会为生活中的一些事而纠结。

人生不如意事十之八九，我们不必为生活而纠结，只有具备了笑对一切的豁达心态，才不会被挫折和不幸击倒，才不会陷入痛苦的深渊里不可自拔；只有把悲伤藏在微笑下面，才能活出快乐的自己，才能奏响人生幸福的最强音。

她原本有一个幸福美满的家庭：丈夫温柔体贴，儿子聪明可爱。可是儿子10岁时，被一场疾病夺去了生命。中年丧子的打击使她悲痛欲绝，她整日以泪洗面，对于丈夫和亲朋好友的劝导，也置之不顾。最后，她甚至决定放弃工作，离开家乡，把自己藏在眼泪和悲愤之中。

就在她整理儿子的遗物时，突然看到儿子以前的日记本，泪眼蒙眬中，她打开来一篇篇地往下看，一直看到儿子生前写的最后一篇日记，上面有这样一段话："我永远也不会忘记妈妈告诉我的话，不论生活在哪里，不论我们离得有多么远，你都要微笑，都要像个男子汉，学会承受所发生的一切！"

她把那篇日记看了一遍又一遍，觉得儿子就在她的身边，正在对她说："你为什么不照你告诉给我的话去做呢？坚持下去，无论发生什么事情，把你的悲伤藏起来，微笑着继续生活下去！"

于是，她开始振作起来，像以前一样正常生活，并开始友善地对待身边的每一个人，久违的笑容也再次回到她的脸上……

三年后，她和丈夫又生了一个儿子，看着丈夫幸福的表情，看着儿子可爱的笑脸，她觉得自己的人生又开始了新的篇章。

不纠结的生活，需要一份豁达的心态。有一个豁达的心态，你就会把人生的困苦踩在脚下；有一个豁达的心态，你就会拥有寻找快乐的力量；有一个豁达的心态，你才能拥有容下快乐的空间。积极地进行心理调节，凡事看开些，随时抛开忧虑，乐观地面对一切，快乐就会随之而来。

嫉妒之心会耗尽生活的美好

有嫉妒心的人，自己没有能力做事，便尽量低估他人的能力，希望别人也和自己一样，或者用怀疑别人、诬蔑别人的办法，来诋毁别人所拥有的能力或取得的成就。于是，因嫉妒而产生的种种痛苦便表现出来：或消极沉沦，萎靡不振；或咬牙切齿，恼羞成怒；或铤而走险，害人毁己……嫉妒来了，纠结来了，痛苦也来了。

一个人发现自己不如别人时，不是去努力提高自己，而是贬低别人，这种行为便是嫉妒。嫉妒就是心灵的牢狱。德国有一句谚语："好嫉妒的人会因为邻居的身体发福而越发焦虑。"嫉妒来了，痛苦也来了。喜欢嫉妒的人，别人年轻貌美他嫉妒，别人有房有车他嫉妒，别人才华出众他嫉妒，别人工资高他嫉妒，别人的孩子聪明能干他嫉妒，别人的妻子漂亮他嫉妒，别人出国留学了他嫉妒……于是，这样的人总是活在愤愤不平当中，人生的快乐又从何谈起？

这是一个在东南亚一带流传的关于嫉妒的寓言：

有一个人偶遇上帝，于是就祈求上帝满足他的一些愿望。

上帝说：我可以满足你任何一个愿望，但前提是，你的邻家都会得到双份。这个人高兴不已。但是，这个人有很强的嫉妒心，他想道：如果我得到一群牛羊，我邻居就会得到两群牛羊了；如果我要一箱金子，那邻居就会得到两箱金子了；更要命就是，如果我要一个美女，那么邻居就会得到两个绝色美女……他想来想去，不知道提出什么要求才好，感到自己怎么做都不合适，因为邻居都会比他得到更多。他实在不甘心让邻居比他更占便宜。最后他一狠心："上帝呀，你砍去我一条腿吧，这样，我才会安心。"

一个人失去了一条腿真的会安心吗？未必——心残加上身残，他会因为嫉妒那些身体健全的人而多一份痛苦。这个人本来是有更好的选择，可是因为嫉妒，他失去了本可以获得的快乐生活。这个人为什么不让上帝去掉他的嫉妒心呢？

我们总是习惯于嫉妒别人，却不懂得欣赏自己。每个人都有自己存在的价值，如果你嫉妒别人的生活比你快乐，那是因为你没有看到过他们生活的另一面。也许，在你嫉妒别人的时候，别人也在嫉妒你呢。不盲目嫉妒别人，与他人做无谓的比较，好好数数上苍给你的东西，你会更加珍惜自己所拥有的一切。

卡耐基在《人性的弱点》中说道："嫉妒就是这样的一把小刀，藏在心中，会刺痛自己；藏在外面，会刺伤别人。"我们一旦发现自己有嫉妒的心理，马上要做出明智的决定，克服它，而克服嫉妒心理最重要的方法就是先树立起自己的自信心。只要有信心你就可以从自己以往的过失中振作奋起，并学会宽恕自己。

放弃嫉妒这种可怕的心理吧，这样你也就远离了让你纠结的生活。

迈克尔·乔丹是享誉世界的篮球明星，而他所在的芝加哥公牛队也是篮球史上最伟大的球队之一。乔丹除了拥有过人的球技，其开阔的心胸也是许多人无法比拟的。

公牛队的新秀中只有皮蓬有希望超越乔丹，但乔丹没有因此而嫉妒这位最危险的对手，并且时常给他赞扬、鼓励。

在一次训练中，乔丹问皮蓬："投3分球谁厉害？"

皮蓬想也不想就说："你！"

"不，是你！"乔丹十分肯定。

当时有关部门统计过，乔丹投3分球的成功率比皮蓬略胜一筹，但乔丹却对媒体解释道："皮蓬投3分球很有天赋，他动作规范且自然，是无人能比的，而我在这方面还有很多弱点，以后他一定会胜过我。"

乔丹告诉皮蓬，自己扣篮常用的是右手，有时用左手也只是自然地帮一下，而皮蓬左右手都可以，有时用左手还要好一些。这是连皮蓬自己都没有注意到的细节。正是乔丹博大的胸襟，使得全体队员树立起了信心并增强了凝聚力，于是公牛队取得了一场又一场的胜利。

法国作家巴尔扎克说："嫉妒者受的痛苦比任何人遭受的痛苦都大，他自己的不幸和别人的幸福都使他痛苦万分。"所以，我们必须告别嫉妒，偶尔心中有一丝嫉妒的火苗，我们都要及时将其扑灭，绝不让嫉妒这一星星之火点燃，进而毁灭我们的灵魂。只有告别嫉妒，才能重塑一个更完美、更幸福快乐的自我。

在生活中，有很多人追求完美，事事都想超越别人，样样都想比别人好，如果他愿意静下心来想想，有这个必要吗？花有千种，人有千样。每个人都各有所长。所以我们要学会全面正确地认识自己，既要看到自己的优点，又要正确看待与他人的差距，取长补短。在社会这个大舞台上，每个人都有适合自己扮演的角色，我们要找准自己的定位，并按自己的方向一步一个脚印地去付诸行动，这样才会有不纠结的生活。

内心清净，情绪自然就好

有时候我不禁这样纠结着：为什么我们会这么紧张？为什么要把自己逼迫得这么厉害？能不能不紧张呢？今天的生活太紧张，疯狂地赚钱、工作，结果得不偿失，紧张的生活，已经让人不堪重负。所得到的物质财富并不能弥补失去的精神财富，何不停下你匆忙的脚步，静下心来，听听你内心的声音呢？

在生活中，我们常为凡尘俗事而纠结。生活中的侵扰太多，心就没有办法安宁。很多人之所以烦躁不堪，就是因为内心难以宁静，因此很多人想找一片静谧的空间来抚慰自己那颗烦躁的心。但有人感觉到，世界太嘈杂了，很难找到这样一方净土。其实，一个人内心的清净，无须依靠外物，只要把心当作是人生安宁的本源，那么，他的人生就无处不得宁静。

有一位妇人，每天都从家里的花园里采摘一些鲜花送到附近的寺院里供奉佛祖，以此表示对佛的虔诚。

一天，她送花到佛殿时，恰巧遇到住持，住持非常欣喜地说道："你每天都这么虔诚地用香花供佛，来世一定会得到佛祖的庇佑，洪福无边。"

妇人听了非常高兴，答道："用鲜花供佛是应该的，因为我每天来寺庙礼佛时，自觉心灵就像洗涤过一样，感觉清凉无比，可是回到家中，心就不像在庙里那么安宁了。我想知道，如何在喧嚣的尘世中保持一颗清净的心呢？"

住持反问道："你喜欢鲜花，那你一定知道怎样养护花草，请告诉我，你怎么保持花朵的新鲜呢？"

妇人答道："保持花朵新鲜的方法很简单：只要每天换水，并且在换水时剪去一截花梗。只要保证花梗的一端在水里不腐烂，就能吸收水分，就不容易凋谢！"

住持道："你知道如何保鲜鲜花，就应该知道怎样保持一颗清净的心，因为两者的道理一样。我们周围的环境像瓶里的水，人则是水中花，只要不停净化自己的身心，经常自我反省和自我检讨并不断改进陋习和缺点，就能不断吸收自然给予我们的营养。"

妇人听后感激地说："谢谢大师的开示，希望以后能经常享受寺院中禅者的生活，体验晨钟暮鼓、菩提梵唱的宁静。"

住持道："施主何必等到以后呢？就现在吧，也不必一定非要在寺院中体验宁静，其实你的身体就是庙宇，呼吸就是菩提梵唱，脉搏就是晨钟暮鼓，菩提在心中，无处不宁静。"

是啊，只要心无杂念，再嘈杂、奢华、繁忙的热闹环境也可成为体验内心宁静的道场，只要你能抛开杂念，宁静的地方不一定只有寺院，哪里不可宁静呢？倘若妄念不除，即使佛祖就在身旁，你也一样无法修行。其实，生命的苦恼，原因不在苦恼本身，而是因为有一颗不能保持宁静的心。因此要解脱烦恼不纠结，就要先抛开杂念，回归本真。

有一个渔夫，每天早上出海打鱼，每次只要一会儿就能打不少鱼，一家人的生活就可以解决了。他一天的大部分时间用来和人下棋、聊天、带孩子在院子里玩耍。日子过得无忧无虑、自由自在。

有一天，他在集市上遇到一个商人建议他说："市场上的鱼很好卖，你要是每天多花点时间去打鱼，不是可以挣到更多的钱吗？"

渔夫问："然后呢？"

商人说："有了钱，你可以多买些船，然后请人给你打鱼，赚更多的钱。"

渔夫问："再然后呢？"

商人道："拥有更多的资金，你可以开间海鲜加工厂，成就一番事业。"

渔夫问："实现这个目标要多长时间呢？"

商人说："要十几年吧。"

渔夫说："实现这个目标后我又能做什么？"

商人想了想说："实现这个目标后，你就可以回渔村，整天和你的那些老朋友在一起聊聊天、下下棋，你还能和你的老婆孩子一起过着快乐的生活。"

渔夫想了想说："那还是不要折腾了吧，我现在不就过着这样的生活吗……"

老子说："致虚极，守静笃。"是啊，我们为何不像渔夫那样静下心来，细细地品味生活。生活就像一杯茶，只有细细品味，才能体会到浓郁的清香和淡雅的甘甜。范仲淹在《岳阳楼记》中写道：不以物喜，不以己悲。这就是道家所讲究的无为心态，其实也是一种获得快乐的最佳心态。无论外界发生何种变化，自我又有什么样的悲喜起伏，只要保持一种宁静、豁达、淡然的心态，你会发现，不纠结的生活原来是那么简单。

不让"坏情绪"毁了美好生活

生活中，我们会遭遇各种各样的事情：喜怒哀乐、爱恨情仇，自然我们的情绪就会跟随着起伏不定。但如果我们任由自己深陷在消极情绪中，那么种种不良的情绪就会变成阻碍我们人生航程的桎梏。要想生活充满乐趣，必须勇于忘却过去的不幸，不要让"坏情绪"左右了你的"好心情"。

很多人都容易为一些小事烦恼：打开衣柜，为衣服少一件而烦恼；打开冰箱，为吃喝不美味而烦恼；打开钱包，为钞票不够花而烦恼；打开门，为天气不晴朗而烦恼。总之，身边的一切似乎都不能让他满意，他们不但顾虑着现在，而且想着未来。今天还没好好享受完，就要苦苦地思索明天怎么过，整天忧心忡忡，被坏情绪所左右。

莎士比亚说："聪明人永远不会坐在那里为他们的损失而哀叹，而是去寻找办法来弥补他们的损失。"是的，当人们面对坏情绪时，如果不能及时缓解，这类情绪就会困扰着你，甚至危害你的身体健康，你会感到活得越来越累，快乐也离你越来越远了。

有一个农夫，每天都是快快乐乐的，每当黎明到来的时候，他都会迫不及待地问候一句："上帝，早上好！"而他的妻子，每天总是心事重重的，当新的一天来临的时候，她总会叹息道：

"哎，上帝，怎么又过了一天。"

一个阳光明媚的早晨，农夫欣喜地对妻子喊道："多么晴朗的天空啊！你见到过这么壮丽的日出吗？"

"是的，天空的确很晴朗。"她回答说，"但同时也会带来炎热，我真担心它会把农作物烤焦。"

还有一次是在下着雨的午后，农夫赞叹道："这真是一场及时雨啊，农作物今天可以开怀畅饮了！"

妻子听见后，忧心忡忡地说道："但愿老天能见好就收，别一下就下个没完，那样农作物会吃不消的。"

"即使这样，你也不必太担心，别忘了，我们是买了粮食保险的。"农夫安慰妻子道。

为了让心事繁重的妻子开心快乐起来，农夫费尽周折地弄来一条既漂亮又训练有素、身价不菲的德国犬。农夫深信这条拥有多种技能的德国犬一定会给妻子带来欢乐的。

这天，农夫精心准备一番，特意请他的妻子观看德国犬的精彩表演。农夫先把一根木棍扔进湖里，然后大声命令德国犬："去，把木棍给我取回来！"这只德国犬听到主人的命令后，立刻飞快地向湖边跑去，并毫不犹豫地跳进了湖中。只见这只德国犬在湖中上下翻腾着，一会儿浮出水面，一会儿沉入湖底，没过多久，嘴里就衔着木棍回到了主人的身边。农夫赞赏地摸了摸德国犬的脑袋，高兴地问妻子："怎么样？这家伙表演得还不错吧？"

本以为妻子会满心欢喜地点头称赞，谁知她手捂胸口，眉头紧皱地回答道："天哪，我都快担心死了！看它在湖里上下翻腾，总怕它会淹死在湖里！亲爱的，以后不要再做这样危险的事了。"

农夫无奈地摇了摇头。

本想帮助妻子改变"坏情绪"，没想到忙活了半天，却还是在做"无用功"。农夫的妻子之所以整天忧心忡忡，就是因为她什么事情都往坏处想，结果把自己搞得很累，"好心情"也远离她而去。

其实人生大可不必如此，在生活中应该学会"健忘"，健忘那些负面的东西。孔子说：已经做过的事不要再评说了，已经过去的事就不要再追究了。是的，健忘能够使我们忘掉幽怨，忘掉伤心事，减轻我们的心理负担，净化我们的思想意识；可以把我们从记忆的苦海中解脱出来，利利索索地做人和享受生活。过去的就过去了，忧愁也没有用，坏情绪只会把自己拖垮，只有"好心情"才能让自己活得开心。

东汉有个叫孟敏的大臣，出身贫寒，年轻的时候曾以卖甑为生。有一天，他的担子掉在地上，甑摔碎了，他头也不回地径自离去。有人问他："甑摔坏了多可惜啊，你为什么都不回头看一看呢？"孟敏十分坦然地回答："甑既然已经破了，再疼惜它也没有什么用了。"是的，甑再值钱，再与自己的生计息息相关，可它被摔破了，已是无法改变的事实，你为之感到可惜，心疼如焚，顾之再三，又有什么益处呢？

这是明代大学问家曹臣的《说典》中的一则小故事。这个故事告诉我们：不要为无法改变的事痛惜后悔，过去的就是过去了，惜之也不能再来。

无独有偶，在现代社会，也发生过类似的事情：一位老人在高速行驶的火车上不小心把刚买的新鞋从窗口弄丢了一只，周围的人备感惋惜。不料那老人立即把第二只鞋也从窗口扔了下去，这举动更让人大吃一惊。老人解释说："这一只鞋无论多么昂贵，对我而言都没有用了。如果有谁能捡到一双鞋子，说不定他还能穿呢！"

是啊，甑被打破，不可能恢复原状，鞋子丢了，也无法找回来，任凭你哀叹后悔，捶胸顿足，也无法改变这个既成的现实，不必为此纠结。聪明的做法就是像孟敏那样头也不回，径自离去；或者像那老人一样，把另一只鞋子也扔出去，这才是人生的大智慧。

既然事情无可挽回，就不要再耿耿于怀。要知道，悔恨过去，只会损害眼前的生活。调整好心态，勇敢地面对现在和未来，才是在生存压力非常大的今天最应该做的一件事情。辛弃疾说过："叹人生，不如意事，十之八九。"八百多年前如此，八百多年后的今天更是如此：下岗，被精简，被老板炒鱿鱼，事业不如意；落选，被降职，被顶头上司冷落，工作不如意；妻子总是抱怨钱不够花，孩子总是吵吵闹闹，家庭不如意；经商亏本，工厂赔钱，路上被窃……林林总总，不一而足。哪一样都可能给我们带来"坏情绪"，哪一样都可能毁了我们的"好心情"。

所以说，人生中并不都是诗情画意，痛苦和不幸无时不在，当你总是像那个农妇一样怨天尤人时，你永远会活得很累，不要让"打破的甑"潮湿了我们的心情，不要因为丢掉的一只鞋而伤心不已。我们还有很多事要做，我们没有理由拒绝每一天新的生活，赶走你的"坏情绪"，让"好心情"进驻你的心房吧！如果你这样想又这样做了，你会惊奇地发现：心头的阴霾早已消散而去，剩下的，就是不纠结的生活！

得一物，得一愁

五光十色的视觉感受，会让人眼花缭乱产生错觉。纵情围猎，使人内心疯狂。珍稀的器物，使人行为失常。因此，有道的人只求安饱而不追逐声色之娱，他们摒弃物欲的诱惑而吸收有利于身心自由的东西。

如果一个人过分追求感官刺激，则会伤其身、乱其心。一个人一旦被欲望缠上了身，他就难以得到安宁，时刻仿佛有大患在身，无论得宠还是受辱，心理上都时时会处于惊恐之中。这往往就是很多人纠结的根源。

人生在世，多一物多一"纠"，少一物少一"结"，不要为外物所拘，心安理得处，就可明心见性。

有个商人娶了四个老婆：第一个老婆伶俐可爱，像影子一样陪在他身边；第二个老婆是他抢来的，美丽得让人羡慕；第三个老婆为他打理日常琐事，不让他为生活操心；第四个老婆整天都在忙，但他不知道她忙什么。

商人要出远门，因旅途辛苦，他问哪一个老婆愿意陪伴自己。

第一个老婆说："我不陪你，你自己去吧！"

第二个老婆说："是你把我抢来的，我也不去！"

第三个老婆说："我无法忍受风餐露宿之苦，我最多送你到城郊！"

第四个老婆说："无论你到哪里我都会跟着你，因为你是我的主人。"

商人听了四个老婆的话颇有感触："关键时刻还是第四个老婆好！"于是他就带着第四个老婆开始了他的长途跋涉。

其实，这里所说的四个老婆就是我们自己！

第一个老婆指的是肉体，人死后肉体要离去。

第二个老婆是指金钱，许多人为了金钱辛劳一辈子，死后却分文带不走，无非是水中捞月。

第三个老婆是指自己的妻子，生前相依为命，死后还是要分开。

第四个老婆是指个人的天性，你可以不在乎它，但它会永远在乎你，无论你是贫还是富，它永远不会背叛你。

如果有一个地方，能让我们心安，能让我们抛却浮躁，那不正是我们理想的栖息地吗？我们又何必刻意地去寻找呢？一片生机盎然的花圃，一座巍巍葱茏的大山，一场密密匝匝的雪花，一本泛着墨香的书卷，都可以成为我们自由的栖息地，都可以容纳我们放逐的心灵和漂泊的意志。

要想自由地栖居，耐得住寂寞，必须放得下浮华。如果心恋浮华，不舍喧嚣，是不会得到心灵的安宁的。这就好比一个人，终日汲汲于富贵，切切于名禄，桎梏于外物，他又怎么可能出离尘世而追寻幽独？又好比是一匹马，如果被拴上了车套，它只有一味地卖力奔驰，哪里还会有机会停下来思索自己的生命呢？

要有自己自由的栖息地，就不要受拘于外物。因为外物总是短暂而容易腐朽的，只有生命的灵魂才是永恒。我们又怎能让短暂的腐朽来妨害对于永恒生命的思索呢？

不拘于物是一门哲学，需要有大智慧，需要懂得放下。智慧会让我们生活得快乐充实；放下会让我们生活得轻松无羁。

有的人对生命有太多苛求，弄得自己生活在筋疲力尽之中，从没体味过幸福和欣慰的滋味，生命也因此局促匆忙，忧虑和恐惧时常伴随，一辈子实在是糟糕至极。须知月圆月亏皆有定数，岂是人力所能改变的？不如放下，给生命一份从容，给自己一片坦然。你要知道，错过了太阳，不是还有浩渺的繁星在等待吗？

人生一世，是不可能一帆风顺的。只有不拘于外物，才会另有收获。人生一切痛苦的根源，就是对于外物的追求和执着。超越外物，就是超越自我。无物也就是无我，自己的心境也就不会随着外物的变化迁移而波动。正所谓"是进亦忧，退亦忧"，不假于物，才能造就真实的自我。

不再忧虑，生活就会美好

生命并不是一帆风顺的幸福之旅，而是时时摆动在幸与不幸、沉沦与浮光之间。我们在意的事情太多，每天都被各种烦恼和忧虑包围着，我们总是喜欢夸大事情的消极后果，自己吓唬自己。如果我们觉得预期的事没有如愿发生，就会觉得很恐怖，难以接受。我们在这日复一日的忧虑中未老先衰。是的，再没有什么比忧虑更让人老得快。

忧虑如同慢性毒药，会让我们愁容满面，甚至一夜白头。而解毒的良方，就是培养阳光心态。

忧虑是我们走向成功的一大天敌，它剥夺我们的快乐，使我们对生活丧失信心和勇气。忧虑会使我们一事无成。

古时候，有个皇帝整天忧心忡忡。他担心敌国入侵，害怕王宫的珍宝被盗，怀疑大臣们不忠……总之，自从他当上皇帝那天起，他就每天都会被噩梦惊醒。

一天，皇帝站在城墙上，望着忙碌的百姓，心想：他们过得快活吗？我都如此不快乐，真难以想象他们过得是什么样的日子。

他找来最破旧的衣服扮成乞丐，打算去王宫外看个究竟。

傍晚时分，皇帝来到了郊外一座破旧的农舍前。一位头发花白的老者正坐在昏暗的厨房里吃着一小块馒头，但笑容却灿烂无比。皇帝忍不住走进去问道："你怎么这么快乐？""我是个手艺人，靠做木活为生，今天赚了足够的钱，晚饭有了着落，当然开心了。""如果明天你赚不到钱，你还会开心吗？"皇帝问。老者看了看一脸愁容的"乞丐"，笑着说道："开心和不开心都是自己决定的，跟别人没关系。"说完，他把馒头切成两半，将一半分给了"乞丐"。

皇帝回到宫殿后很不解："快乐怎么能由自己决定呢？我要考验考验他，看他能快乐多久。"于是皇帝连夜颁布一条法令——城里的所有木匠必须到皇城门口站岗一个月，并规定站岗的酬劳得等到月末才发。

第二天早上，那位老者当然也被侍卫长抓到城墙外站岗，直到天黑才被放回家。晚饭时间到了，皇帝急忙换上乞丐的装束，又去了老者的家，他暗自得意：看你还开心不开心！

到了老者家，老者依旧热情地邀请这位昨天认识的"乞丐"共进晚餐，桌上不仅摆放着馒头，还有白酒。皇帝好奇地问："你今天的晚餐怎么如此丰盛？"老者笑着说："我奉命去城门站岗，到月末就能拿到酬劳，所以我去当铺当掉了站岗时发给我的佩剑。你瞧，咱们现在不仅有馒头吃，还有酒喝，这是多么开心的事啊！""这可是会杀头的啊！"皇帝故意惊叫道。"没关系，等月末发钱了我就可以赎回那把剑了。"皇帝又问："没了佩剑，你怎么站岗啊？""我可以做个假的，放在剑鞘里不会让人看出来的。"老者胸有成竹地说。

第三天早上，皇帝来到城门口，看到老者的"佩剑"插在剑鞘里，一点儿也看不出来是假的。正在这时，对面一阵骚动，一个面有饥色的乞丐偷了行人的钱，正好被侍卫长逮个正着，四面的人都跑来围观。侍卫长严厉地说："偷盗的惩罚是砍手。你，"他对着正在站岗的老者招了招手，"用你的佩剑把小偷的右手砍掉。"

老者的处境可真是很糟糕，首先他不想砍乞丐的手，另外他的"佩剑"是假的，一旦被发现他也会人头落地，连皇帝都替他捏一把汗。就在这时，老者仰头大声说："神啊，如果这个人罪大恶极，请赐予力量砍掉他的右手；如果他是迫不得已，值得饶恕，请把我的铁剑变成木头的吧！"

说完他假装使出全身的力气抽出了佩剑。围观的群众惊呼起来："剑变成木头的了！神显灵了！"侍卫长也惊呆了，只好放了那个乞丐。

从此，木匠成了皇帝最器重的大臣之一。

俗话说，世上本无事，庸人自扰之。忧虑使很多人不敢尝试，害怕涉足未知的领域，没有勇气面对失败。忧虑的人往往把困难和危险放大，当你真的走近时，会发现那些只是虚无缥缈的幻觉。其实栅栏并不高，难以逾越的只是栅栏的影子。

既然忧虑是魔鬼，是毒药，难道我们就任由忧虑肆意摆布我们的命运吗？其实忧虑是可以征服的，不管遇到什么事，都要做最好的准备，做最坏的打算。不妨经常问问自己：这件事最糟糕的结局会怎样？这种结局的可能性有多大？

有位商人就是这样走向成功的。刚开始他做什么都不顺利，他曾经也忧虑过，后来他发现忧虑对他一点儿帮助都没有，缩手缩脚，反而让他失去了很多机会。于是他问自己："最坏的结果是什么？公司破产，负债累累。会死人吗？当然不会。只要我还活着，一切都有可能。"这样他轻松了很多，他以一种轻松的心态工作，工作也变得轻松了，因此他一步一步走向了成功。

卡尔·道格拉斯说得好："别把生命看得太严肃，反正你不可能活着离开。"倘若一个人能勇敢而自信地迎接一切不幸，能坦然地面对一切苦难，一路走来即使没有鲜花和掌声，幸福和快乐一样可以照亮整个心田。

第二章
美好生活，需要你的不懈努力

没有一种美好是凭空而来的。当你什么都不做的时候，美好不会降临到你的身旁。只有当你认清自我，打破人生桎梏，靠自己的不懈努力去奋斗时，你才能与美好有缘。对一个足够努力的人来说，美好的生活就会像赠品一样，如期而至。

只要你有梦想，生活就能美好

"信念"究竟是什么呢？来自潜能激发大师安东尼的说法："信念，是一个人对于某件事有把握的一种感觉。"所以，当一个人对自己的能力很有把握时，那他就能过五关斩六将，做出好的成绩；当一个人对自己的未来充满信心时，在这种信念的指引下，他也能收获成功，铸就辉煌的人生。

罗杰·罗尔斯是纽约历史上第一位黑人州长，他出生在纽约声名狼藉的大沙头贫民窟。在这儿出生的孩子，长大后很少有人能获得较体面的工作。然而，罗杰·罗尔斯是个例外，他不仅考入了大学，而且成了州长。

在他就职的记者招待会上，他对自己的奋斗史只字不提，他仅说了一个非常陌生的名字——皮尔·保罗。后来人们才知道，皮尔·保罗是他小学的一位校长。

1961年，皮尔·保罗被聘为诺必塔小学的董事兼校长。当时正值美国嬉皮士流行的时代。他走进诺必塔小学的时候，发现这儿的穷孩子比"迷惘的一代"还要无所事事，他们旷课、斗殴，甚至砸烂教室的黑板。

当罗杰·罗尔斯从窗台上跳下，伸着小手走向讲台时，皮尔·保罗说："我一看你修长的小拇指，就知道将来你是纽约州的州长。"

当时，罗杰·罗尔斯大吃一惊，因为长这么大，只有他奶奶让他振奋过一次，说他可以成为5吨重的小船的船长。这一次皮尔·保罗先生竟说他可以成为纽约州州长，着实出乎他的意料。他记下了这句话，并且相信了它。

从那天起，纽约州州长就像一面旗帜在他的心头飘扬。他的衣服不再沾满泥土，他说话时也不再夹杂污言秽语，他开始挺直腰杆走路，他成了班主席。

在以后的40多年间，他没有一天不按州长的身份要求自己。51岁那年，他真的成了州长。在就职演说中，他说，在这个世界上，理想、信念这种东西任何人都可以免费获得，所以成功者最初都是从一个小小的理想信念开始的。理想信念是所有奇迹的萌发点。

《陈涉世家》是司马迁所著《史记》中的一篇，是秦末农民起义领袖陈胜、吴广的传记。我们都在初中语文课本中学过这篇文章，在这篇文章中，有一句话读起来格外激情澎湃，让人斗志昂扬，这句话就是——王侯将相，宁有种乎？

是啊，那些称王侯拜将相的人，天生就是好命、贵种吗？

当然不是，在这个世界上，人人平等，不分高低贵贱。换言之，一个人的成绩是做出来的，而不是天生的，命运掌握在我们每一个人的手中，只有靠自己的努力才能改变不平等的命运！毫无疑问，罗杰·罗尔斯的故事也很好地说明了这一点，只要坚定信念，努力拼搏，一介布衣亦可成王侯。

约翰·富勒的父亲是路易斯安那州的黑人佃户，佃农的孩子大多在年幼时就必须工作。他们家中有7个兄弟姊妹，他从5岁起就不得不开始工作，9 岁时开始赶骡子。

富勒有一位了不起的母亲，她的眼光与信心过人，她始终相信一家人会过上快乐且衣食无忧的生活。她经常和儿子谈到自己对生活和命运的看法："我们不应该这么穷，我们也不会一直这么穷。不要说贫穷是上帝的旨意，我们很穷，但不能怪上帝，那是因为我们从来不想追求富裕的生活，家中每一个人都胸无大志。这是我们穷的根源。"

"没有一个人想要追求财富"，这句话深深地刺痛了富勒的心，并由此改变了他的一生：他一心向往跻身富人之列，并开始努力追求财富，他从推销商品做起，开始挨家挨户地推销肥皂。

12 年后，富勒用积蓄的 2.5 万美元作为定金，并答应在 10 天内筹定尾款 12.5 万美元购买存货公司。合约中这样规定，若逾期未补齐尾款，将失去公司，也不退定金。

接下来的几天，富勒向朋友、信托公司及投资集团借钱，到了第十天，他筹到 11.5 万美元，尾款还差 1 万美元。

时间不多了，绝望中，富勒跪下来祈祷，请求上帝指引，谁能在时限内借他 1 万美金。上帝没有帮他，他决定自己拯救自己。他开车沿着第六十一街走下去，看到第一家亮起灯的商店，就进去请求协助，希望上帝给他一线曙光，但是曙光没来。

到了深夜 11 点，富勒仍在沿着芝加哥第六十一街继续走，过了几个路口，终于看到一家承包商的办公室里还有灯光。

富勒将车在那里停下，走了进去。那位承包商正埋首办公，由于熬夜加班，已经疲惫不堪。富勒鼓起勇气，直截了当地问："你想不想赚 1000 美金？"

那位承包商回答："有这样的好事？我怎么不想？当然想。"

"借我 1 万美金，我会外加 1000 美金红利还给你。"富勒说。然后他跟那位承包商讲还有哪些人借钱给他，并且详细说明了整个投资计划。

当晚，他的口袋里揣着 1 万美元的支票从那里走出来。其后，他不但从接手的公司获得可观的利润还清了债，并且陆续收购了包括四家化妆品公司、一家制袜公司、一家标签公司及一家报社在内的 7 家公司。

后来，富勒总结经验时说："我们很穷，但不能怪上帝。你看，我知道自己要什么。越知道自己要什么，就越能够看到机会，并且抓住机会。这样，就成功了。"

从这个故事中，我们可以看到，辉煌的人生源自坚定的信念，坚定的信念造就辉煌的人生。因此，一个人想要成为卓越人士，取得辉煌的成功，就一定要坚定信念，相信自己能通过自我奋斗实现梦想，创造奇迹。

信念是人生的真正脊梁，一个人一旦从信念上摧垮了，其人生也就变形了。有一首耳熟能详的歌名叫《小草》，其中有一句歌词是很多人的心声："没有花香，没有树高，我是一棵无人知道的小草。"不可否认，当一个人身处社会或身边圈子的底层时，心情失落与郁闷是难免的，但我们不能长久地浸淫在这种情绪中，因为这会让我们变得颓废潦倒，彻底丧失奋斗和拼搏的动力。

新东方的董事长兼总裁俞敏洪在"赢在中国"当评委时，曾说过这样一番启迪人心的话："我们人的生活方式有两种。第一种方式是像草一样活着。你尽管活着，每年还在成长，但是你毕竟是一棵草。你吸收雨露阳光，但是长不大。人们可以踩你，而且不会因为你的痛苦而产生痛苦，不会因为你被踩了而来怜悯你。

因为人们本身就没有看到你。所以我们每一个人，都应该像树一样成长，即使我们现在什么都不是，只要你有树的种子，即使被人踩到泥土中间，你依然能够吸收泥土的养分，让自己成长起来。也许两年三年你长不大，但是八年、十年、二十年，一定能长成参天大树。当你长成参天大树以后，在遥远的地方，人们就能看到你；走近你，你能给人一片绿色，一片阴凉。你能帮助别人，即使人们离开你，回头一看，你依然是地平线上一道美丽的风景线。树活着是美丽的风景，死了依然是栋梁之材。这就是我们每一个同学做人的标准和成长的标准。"

其实，人的心灵是一颗种子，如果我们的种子是草，那我们就永远是一棵被人践踏的小草。如果我们的种子是树，就算被人踩到了泥土里，也早晚有一天会长成参天大树。所以，当理想被现实踩进泥土时，请不要悲伤与哭泣，要相信，只要种子还在，就有发芽破土、长大成材的机会，而我们所要做的就是：呵护好我们的种子，照料好它，直至它顺利长大、开花、结果。

美好都是用勤奋灌溉的

古罗马皇帝在临终时给罗马人留下这样一句遗言："懒惰是一种借口，勤奋工作吧！"当时，他的周围聚满了士兵。这成为罗马人征服世界的秘诀。

那时，任何一个从战场上胜利归来的将军都要走向田间。那时的罗马最受人尊敬的工作就是农业生产，正是所有罗马人的勤奋，使这个国家逐渐变得富强。

但是，当财富和奴隶慢慢增多时，罗马人觉得劳动变得不再必要了，于是，这个国家开始走向衰败，懒散导致罪犯增多、腐败滋生，一个伟大的民族就这样消失了。

天道酬勤，上天会按照每个人付出的勤奋，给予相应的酬劳。与此相反，懒惰是滋生一切罪恶的温床，古罗马的兴盛源于勤奋，而衰败则要归罪于懒惰。

心理学家认为，懒惰是一种病，它会慢慢地在一个人的身体里蔓延，然后渐渐地侵蚀身体、心灵，甚至是每一个细胞，最终统治这个人的全部生活和意志。一个人一旦被懒惰牵制，贪图安逸，游手好闲，就会产生逃避困难、怕苦怕累的情绪，最后变得更加堕落，不思进取。由此可见，一个人要想获得成功，就必须勤奋起来，唯有勤奋能指引我们走向辉煌的未来。

永远记住，一勤天下无难事！勤奋不仅能够弥补我们先天的缺陷，还可以帮助我们改变懒惰的习惯。因此，对于那些懒惰成性的人来说，勤快无疑是根治其弱点的灵丹妙药。在古今中外历史上，成就一番事业的人无一不是勤奋的。

清朝的康熙皇帝是拥有雄才大略的一代英明君主。他的才能也是来自勤奋。康熙在很小的时候就刻苦读书，每天达 10 余小时之多。至青年时，经、史、子、集便滚瓜烂熟。特别可贵的是，他成年以后，在治理国家的实践中，知道了自然科学的重要，便苦学起自然科学来。

据史书《正教奉褒》记载：他亲自召见外国传教士中懂得自然科学的徐日升、张诚、白进、安多等人，请他们轮流到内廷养心殿讲学。讲学内容有量法、测算、天文、历法、物理诸学。就是外出巡视，也邀请张诚等人随行，每天工作空闲的时候，勤奋学习自然科学知识。

可以毫不夸张地说一句，正是由于康熙勤奋努力，励精图治，从不敢有懈怠之心，才创造了康熙盛世。跟康熙一样，美国前国务卿赖斯也是一个勤奋的人，她通过自我奋斗，成就了一番事业，让所有人都对她刮目相看。

赖斯全名叫康多莉扎·赖斯，1954 年 11 月 14 日出生在种族隔离制盛行的亚拉巴马州伯明翰，小名康迪。

和那里的很多黑人儿童的悲惨命运不同，赖斯从小就受到了良好的教育，在家人的保护下顺利长大，并凭借个人的努力获得了成功。

赖斯家相信这样一条真理：黑人的孩子只有做得比白人孩子优秀两倍，他们才能平等；优秀三倍，才能超过对方。父母告诉赖斯，在伯明翰以外有更多的机会，如果她勤奋学习，力争上游，就会得到回报。"你可能在餐馆里买不到一个汉堡包，但也有可能当上总统。"

进入学校后，赖斯勤奋学习，成绩十分出色，一年级和七年级都跳级了。19 岁那年，赖斯大学毕业，26 岁获博士学位，精通四门语言的她随后成为斯坦福大学的助教，专攻苏联军事事务。1981 年，年仅 26 岁的赖斯成为斯坦福大学的讲师。1989 年 1 月，刚满 34 岁的赖斯出任乔治·布什总统的国家安全事务特别助理，开始了从政生涯。

作为布什政府中的俄罗斯问题专家，赖斯是有史以来美国政府中职位最高的黑人女性。4 年期满卸任后，赖斯进入胡佛研究院任高级研究员。1993 年，赖斯出任斯坦福大学教务长，她是该校历史上最年轻的教务长，也是该校第一位黑人教务长。

2000 年美国大选时，赖斯作为共和党候选人乔治·沃克·布什的首席对外政策顾问，为布什出谋划策。布什当选总统后，任命赖斯为总统国家安全事务助理。她一直是布什总统的得力助手。2005 年 1 月她出任国务卿，是继克林顿政府的马德琳·奥尔布赖特之后，美国历史上第二位女国务卿。

赖斯能讲流利的俄语，是俄罗斯（苏联）武器控制问题专家。她博学勤奋，思路清晰，能够抓住复杂问题的核心，阐述能力极强。她还学过 9 年法语，并能弹一手好钢琴，喜欢看体育比赛。至今仍然独身的赖斯，生命并没有因为缺乏伴侣而逊色，她的生命在独立和勤奋中绽放出令人赞叹的光彩。

在人性的弱点中，懒惰具有一定的普遍性，它具体作用在不同的人身上，往往会有不同的表现，如，有人办事总是拖拉磨蹭，有人工作拈轻怕重，有人浑浑噩噩、得过且过，有人缺乏行动，总是幻想美好的未来会轻易实现……

然而，不管懒惰以何种形式呈现出来，我们都必须清醒地认识到，懒惰是最具破坏性、也是最危险的恶习，染上这种恶习的人，一辈子只会一事无成。因此，要想人生取得辉煌的成就，我们就必须战胜懒惰，勤奋地去学习、工作和生活。

科学家爱因斯坦说过："在天才和勤奋两者之间，我毫不迟疑地选择勤奋，她是世界上几乎一切成就的催产婆。"积极、勤奋地去自我奋斗，只有这样，我们才能创造辉煌的人生，我们才能拥有光明的未来。

你就是自己人生的救世主

我们常说："在家靠父母，出门靠朋友。"这句话本身并没有什么错，毕竟没有一个人能仅凭自己的单打独斗在这个社会上生存下来。我们置身在一个巨大的人际关系网中，时时刻刻都需要和人打交道，因此，要想获得成功，一定的人脉资源实在是必不可少。

但是，人脉只是辅助我们青云直上的有力武器，它本身并不能为我们上阵杀敌。打个简单的比方，当我们攀爬高楼的时候，很多人都想找个扶手，以便减少自己双脚的负担。但是，即便我们倚着扶梯，接下来的路程还是得靠自己的双腿一步一步地走完。

日本著名跨国公司"松下电器"的创始人松下幸之助就曾亲身经历过一段"求人不如求己"的艰辛往事。

20世纪30年代，松下幸之助曾经与国道电机工厂合作生产收音机。可是让他们措手不及的是，生产出来的第一批收音机投放到市场后，竟然退货如山，批评如潮。

情急之下，松下幸之助连忙找到了国道电机厂的老板北尾，请求他改进收音机的技术，没想到北尾却语带傲慢："要是制造收音机像你说的那么简单，人人都可以去干这活了！"听了这一番恼人的话，松下幸之助随即垂头丧气地离开了国道电机厂。

然而，还不死心的他又找到了自家厂子里的技术员中尾哲二郎，诚恳地说道："中尾君，目前，松下收音机的市场情况实在是让人忧心啊，为此，我衷心希望您能带头开发零故障收音机，好吗？"

　　中尾面露难色，唉声叹气地说道："可我完全是外行啊，没有任何研制开发产品的专业基础，怕是会辜负您的信任啊！"

　　松下幸之助拍了拍中尾哲二郎的肩膀，笑着说道："你一定要做到，如果不会也没关系，可以先买些收音机回来，把它们拆开进行研究，不断学习，最后一定能研发成功！"

　　中尾哲二郎接受任务后，马上带领厂里的一班人马，开始夜以继日地研究和设计。经过反复检测和制造，几个月后，他们终于成功地研制出了心目中完美的收音机。

　　这款收音机不仅在日本广播协会取得了第一名的好成绩，而且在投放市场以后，很快就凭借自己的好性能和质量独占鳌头，顺利地占领了国内市场。

　　当厂里的员工都欢呼着向松下幸之助祝贺时，他却无比感慨地说了一句话："依赖谁都不是长久之计，一切困难最终都需要靠自己去解决。"

　　一个喜欢依赖他人的人，一旦遇到问题，总是习惯把希望寄托在别人身上，渴望对方为自己排忧解难。松下幸之助在遭遇"收音机滞销退货"的窘境时，也曾期待别人替自己扫清一切问题。可是没有人能给予他如大山般巍峨不动的依靠，最终他还是觉得"求人不如求己"，选择自主研发收音机。

　　事实证明，松下幸之助的选择是正确的。

　　由此可见，虽然依赖别人是一件省力的事情，但是比依赖更重要的是学会自力更生。何出此言呢？因为凡事喜欢依赖别人的人，早已经脱离了正常范围里的"靠"，他们执意放弃用自己的双腿行走，将全身的重量依附在扶手之上，最后的结局肯定是从楼梯上摔下来，弄得自己遍体鳞伤，惨不忍睹。

美国石油家族的老洛克菲勒为了让自己的孙子明白"自立自强，求人远远不如求己"的处世真理，还曾煞费心思地给他上了一堂意味深长的课。

有一次，老洛克菲勒带他的小孙子去爬梯子玩，当小孙子爬到不高不矮不至于摔伤的高度时，他立马松开自己扶着小孙子腰部的双手。结果，小孙子在恐惧的尖叫声中，从梯子上滚了下来。

事后，老洛克菲勒对小孙子说，他之所以松开双手并不是因为失手，也不是因为自己存心搞恶作剧。他只是想要小孙子在痛的教训中明白一个道理，凡事都要学会依靠自己，即便是自己的亲爷爷，也未必能靠得住！

在现实生活中，很多人都曾抱怨自己没有一个家财万贯的父亲，他们总觉得如果父亲能帮自己一把，那他们就能少奋斗几十年，就能不费吹灰之力获得成功。

其实，这种想法是非常幼稚的，要知道，父母就算帮得了我们一时，也帮不了我们一世，总有一天，我们要独自面对人生的风风雨雨。

所以，如果我们不能把凡事都喜欢依赖别人的坏习惯戒掉，那么我们迟早会被这块绊脚石绊倒，跌入怯懦和懒惰的泥沼之中，最终一无所获。

我国著名教育家陶行知有一首流传甚广的《自立歌》："滴自己的汗，吃自己的饭。自己的事，自己干。靠天靠地靠祖上，不算是好汉。"没错，"拼爹"都是没出息的人会干的事儿，真正有志气的人，不会把希望寄托在任何人身上，他们会自立自强，靠自己的奋斗去迎接辉煌的人生。

小仲马开始文学创作之初，寄出的稿件连连泥牛入海，悄无声息。父亲大仲马不忍见他这样，便对他说："你寄稿时给编辑先生附上一封信，说是大仲马的儿子，也许情况就会好多了。"

可小仲马不但坚决拒绝以父亲的盛名做自己事业的敲门砖，而且不露声色地给自己取了十几个笔名，以免编辑把他和父亲联系起来。

最后，经过坚韧不拔的努力，他终于取得了成功，长篇小说《茶花女》一炮打响，成为传世之作。直到编辑去拜访大仲马的时候才发现，原来小仲马正是大仲马的儿子。

依靠父亲的名气从事创作，其作品的含金量可想而知，小仲马正是明白这点，所以他才拒绝站在父亲的肩膀上，也正是因为他选择自我奋斗，最后他才写出《茶花女》这样的传世之作，并让所有人知道，不"拼爹"，一样可以成功。

每个人都是自己命运的主人，乞求别人，依赖别人，等待别人的恩赐，只能让我们养成一种惰性——那就是把命运的方向盘交给别人。相信谁都不愿意过这种受制于人的日子，既然如此，我们何不选择依靠自己去收获成功？

成为自己想成为的那个人

有个叫布罗迪的英国教师，在整理阁楼上的旧物时，发现了一叠练习册，它们是皮特金幼儿园 B（2）班 31 位孩子的春季作文，题目叫：未来我是——

他本以为这些东西在德军空袭伦敦时在学校里被炸飞了，没想到它们竟安然地躺在自己家里，并且一躺就是五十年。

布罗迪顺便翻了几本，很快被孩子们千奇百怪的自我设计迷住了。比如有个叫彼得的小家伙，说未来的他是海军大臣，因为有一次他在海中游泳，喝了三升海水都没被淹死；还有一个说自己将来必定是法国的总统，因为他能背出 25 个法国城市的名字，而同班的其他同学最多的只能背出 7 个。

最让人称奇的是一个叫戴维的小盲童，他认为将来他必定是英国的一个内阁大臣。因为在英国还没有一个盲人能进入内阁。

总之，31 个孩子都在作文中描绘了自己的未来，有当驯狗师的，有当领航员的，有做王妃的，五花八门，应有尽有。

布罗迪读着这些作文，突然有一种冲动，何不把这些本子重新发到同学们手中，让他们看看现在的自己是否实现了 50 年前的梦想。

当地一家报纸得知这一想法，为他发了一则启事，没几天书信向布罗迪飞来，他们中间有商人、学者及政府官员，更多的是没有身份的人。他们都表示很想知道儿时的梦想，并且很想得到那本作文本。布罗迪按地址一一给他们寄去。

一年后，身边仅剩下一个作文本没人索要，他想这个叫戴维的人也许死了，毕竟50年了，50年间是什么事都会发生的。

就在布罗迪准备把这个本子送给一家私人收藏馆时，他收到内阁教育大臣布伦克特的一封信，信中说"那个叫戴维的是我，感谢你还为我们保存着儿时的梦想。不过我已经不需要那个本子了，因为从那时起，我的梦想一直在我的脑子里，我没有一天放弃过，50年过去了，可以说我已经实现了那个梦想，今天我还想通过这封信告诉我其他的30位同学：只要努力奋斗，不让年轻时的梦想随岁月飘逝，成功总有一天会出现在你的面前。"

布伦克特的这封信后来被发表在太阳报上，因为他作为英国第一位盲人大臣，用自己的行动证明了一个真理：假如谁能把三岁时想当总统的愿望保持50年，那么他现在一定已经是总统了。

年少的时候，每个人都曾对未来的自己有过设想和憧憬，有的人想成为一名教师，有的人想成为一名科学家，还有的人想成为一名商人。

然而，当我们长大之后，很少有人真的实现自己的梦想，但故事中的盲人布伦克特是一个例外，他凭借着自我奋斗，成为儿时梦想中的那个人。

古罗马政治家塞内加说过："只要持续地努力，不懈地奋斗，就没有征服不了的东西。"英国物理学家牛顿也说："无论做什么事情，只要肯努力奋斗，没有不成功的。"从这两段话中不难发现，在这个世界上，永远没有等来的辉煌，而只有拼来的人生。

因此，我们若想成为自己想要成为的那个人，就必须从现在开始不断奋斗，唯有如此，我们才能取得成功，实现自己的梦想。

周星驰成长的时期，正好是李小龙当红的年代，李小龙的影片在当时可谓风靡一时，多少人为之痴迷，周星驰也是其中的一个。第一次在影片中看到李小龙的中国功夫时，周星驰就入迷了。

自此，成为像李小龙那样的武术家以及一个演员的梦想在周星驰的心中生根发芽。随后，只要一有机会，他就会跑到附近的影院里看李小龙主演的影片，并开始朝着自己的梦想奋斗。

后来，周星驰报考香港无线电视台的演员训练班，却不幸落选。但这丝毫没有动摇周星驰的梦想，反而促使他积极从第一次参加的考试中总结经验，并再次报考了香港无线电视台演员训练班的夜间部，顺利成了无线电视第11期夜间训练班的学员。

之后，周星驰被分配到与演员梦相差甚远的电台当主持人，但是，他仍不放弃对梦想的追逐，他相信，只要自己努力奋斗，就一定能成为自己想要成为的那个人。于是，暂时当不了主演的他，就从跑龙套开始；可以当主演了，他瘦削的形象演不了功夫片，就先从演"无厘头"喜剧开始；成为卖座片大王，可以拍自己想拍的电影了，可是电影选择的主题晦涩，票房不好，他选择暂时休息想办法……

2001年，周星驰自导自演喜剧片《少林足球》，他在片中饰演具有足球天赋的五师兄，该片在香港地区的最终票房达到6073万港币，不仅获得香港年度票房冠军，还打破了香港地区票房纪录。

2002年，他凭借《少林足球》获得第21届香港电影金像奖最佳导演奖、最佳男主角奖以及杰出青年导演奖，而该片亦获得第21届香港电影金像奖最佳电影奖、日本电影蓝丝带奖最佳外语片等奖项，并被美国《时代周刊》选为"世界史上25部最佳体育电影之一"。

后来，周星驰身兼演员、导演、编剧、制作人、商人等多重身份，他主演的一系列电影至今仍是无数影迷心目中的经典，而他本人也终于成为一个像李小龙一样的电影明星，甚至比李小龙更出色，他还在商业上有着优异的成绩。

为何周星驰能梦想成真？答案显然是不言而喻的，那就是简简单单的四个字——自我奋斗。是的，就是自我奋斗，让周星驰一步一步接近自己的梦想，在历经了多年的等待、挣扎、锤炼后，他从一名小小的龙套，成长为一位当红巨星，以及一位出色的商人，最终迎来了属于自己的辉煌人生。

当然，或许对很多人来说，梦想似乎太过遥远，而现实又太过残酷，所以我们总有无数的借口选择放弃，而每一个借口听起来都很冠冕堂皇，足以慰人慰己。

但不知大家有没有想过，如果我们都没有为自己的梦想奋斗过，那很多年后，没有活成自己曾经渴望的模样的我们，是否还能像之前那般心安理得？如果不能，那从现在开始，请停止"拼爹"的幻想，永远心怀梦想，并为之奋斗不息！

努力让你更幸运也更美好

作家冰心曾在一首诗中写道："成功的花，人们只惊羡她现时的明艳，然而当初她的芽儿，浸透了奋斗的泪泉，洒遍了牺牲的血雨。"

正如冰心所言，在现实生活中，人们在看待他人的成功时，总觉得对方是一个备受上帝青睐的幸运儿，可实际上，每一个幸运的现在，都有一个努力的过往。越是努力奋斗的人，往往越幸运，而在众多通过奋斗而获得辉煌人生的成功人士里，邓亚萍无疑是一个鲜明的例子。

邓亚萍是乒乓球历史上最出色的女子选手之一。她5岁起就随父亲学打球，1988年进入国家队，先后获得14次世界冠军头衔；在乒坛世界排名连续8年保持第一，是排名世界第一时间最长的女运动员，她也是第一位蝉联奥运会乒乓球金牌的运动员，共获得4枚奥运会金牌，其中包括单打和与乔红组合的双打。

1997年后，已经退役的邓亚萍开始了她长达11年的求学之路，她先后到清华大学、诺丁汉大学和英国剑桥大学进修学习，并获得英语专业学士学位、中国当代研究专业硕士学位和土地经济学博士学位。

在剑桥大学近八百年的历史中，邓亚萍是第一个作为重量级的世界顶尖运动员拿到博士学位的。2002年邓亚萍在国际奥委会道德委员会以及运动和环境委员会两个委员会担任职务；2003年，邓亚萍成为北京奥组委市场开发部的一名工作人员。2010年9月25日，邓亚萍成为人民搜索网络股份公司总经理。

曾经的"乒乓女皇"、剑桥经济学博士、国际奥委会官员和共青团北京市委副书记，到后来的总经理，邓亚萍经历了几次成功的大跨度人生转折。而这些成就的获得，其实都与她自身的不断奋斗密不可分。

邓亚萍的故事告诉我们一个道理：唯有努力奋斗过的人，才会铸就一个幸运、辉煌的未来，而总想着"拼爹"，一点儿努力都不想付出的人，只可能一事无成。

一个蛹要经过若干次蜕变才能变成蝴蝶，丑小鸭要历经千辛万苦才能成为白天鹅。然而，正是这些艰辛孕育了最终的辉煌，而这辉煌的背后，往往是种种不为人所知的坎坷过程，那些过程都是辛苦的付出和努力的奋斗。

管理大师陈安之说过："每一份私下的努力都会有倍增的回收。"所以，当我们总抱怨没有一个好爸爸，致使成功离我们很遥远时，不如多问问自己有没有为取得成功而做出过相应的努力，要知道，成功没有秘诀，努力是全部的过程。

众所周知，乔·甘道夫博士是美国十大杰出业务员之一，也是历史上第一位一年内销售超过10亿美元保费的寿险大师。他的成功绝非偶然。

他出生于美国肯塔基州，并在那里度过了美好的童年时光。他的父亲是外国移民，生活并没有保障，过得很清苦，在移居美国不久他便和同样是移民的来自意大利西西里的一个老姑娘结婚。

上帝并没有眷顾他们，他们仍然过着拮据的生活。

清贫的生活并没有打垮甘道夫一家，他们仍然在努力地改变生活状况，尽管父母没有给他创造最好的生活环境，但甘道夫并没有抱怨，他常自豪地对别人说："我的父亲是一个勤快、能干的人，他常告诉我，在美国，你可以随心所欲地干你愿意做的事，但对你来说，从商是最好不过的事情。"

在甘道夫12岁的时候他永远地失去了母亲。在他读中学的时候，父亲也离开了他。

在失去双亲以后，甘道夫陷入了难以忍受的痛苦中，生活对他而言是残酷的，但他并没有放弃希望，仍在为自己的梦想努力。之后，他进入了军事研究院，1959年，他成了一名数学老师。他并没有安于现状，利用业余时间做些辅导员的工作，238美元是他整个月的收入。

1960年，甘道夫迎来了生命的第一个转折，他进入了保险公司，他的推销员生涯就此展开。

甘道夫开始了忙碌的生活，早晨5点起床，6点做完弥撒，然后开始一天的工作，直到深夜10点。如果当天的工作进展不顺利，就干脆省掉一顿饭。在他的不懈努力下，第一个星期他就达到了92000美元的销售额。甘道夫恨不得把生命中所有的时间都用来工作，他说："我觉得人们在吃睡方面花费的时间太多了，我最大的愿望就是不吃饭，不睡觉，把生命的所有时间都投入到工作中。对我来说，一顿饭若超过20分钟，就是浪费。"

终于，在自己的努力下，甘道夫成功了，他的保险额高达10亿美元，他一年的销售额大大超过了绝大多数保险公司的年销售额，他也成了百万圆桌会议成员。

甘道夫在谈到自己的成功时，平静地说："我成功的秘密相当简单，为了达到目的，我可以比别人多努力一倍，艰苦一倍，而这是大多人不愿意做的。"这样的辛苦付出不是每个人都能轻松做到的，能做到的就是走在别人前面的人。

没错，没有人能随随便便成功，我们要想走在别人的前面，就要像故事中的甘道夫一样，付出比别人多一倍甚至更多的努力。

人生，越努力，越幸运。如果"努力"是一种投入的话，那么"幸运"就是产出，所以，不管什么时候，我们都要靠自我的努力和奋斗去开启成功的大门。

第三章
学会去爱，有爱的生活最美

许多人为情所困，在爱情中痛苦地挣扎，自然也就消耗了美好。其实，爱情原本是人世间最美的一种情愫，但许多人却因为不懂得如何去爱，最后让自己的感情关系一团糟，生活陷入疲累当中。当你真正学会去爱的时候，你会发现，最美的生活就在你身边。

为爱腾出一些空间

第三章

美丽的生命里的爱情　爱去爱来

爱情是美好的，每个人都希望自己能有恒久的爱情；真正的爱情是充满激情的，每个人都希望自己永浴爱河。那么，人生真的能永久保持爱情的甜蜜美好吗？

一个即将出嫁的女孩，问了母亲一个问题："妈妈，婚后我该怎样把握爱人呢？"

母亲听了女儿的问话，温情地笑了笑，然后从地上捧起一捧沙。

女孩发现那捧沙子在母亲的手里，圆圆满满的，没有一点儿流失，没有一点儿撒落。

接着，母亲用力将双手握紧，沙子立刻从母亲的指缝间落下来。待母亲再把手张开时，原来那捧沙子已所剩无几，形状也早已被压得变了形，毫无美感可言。

女孩望着母亲手中的沙子，有所领悟地点点头。

母亲是要告诉她的女儿：爱，无须刻意去把握，越是想抓牢自己的爱人，反而越容易失去自我，失去原则，失去彼此之间应该保持的宽容和谅解，爱也会因此而变得毫无美感，甚至会瞬间流逝。

不给爱留空间，最终会为爱纠结。比如有人因为害怕失去爱情，所以就产生了担忧。越担忧，就越是抓得紧，到最后就越容易失去。必要时，松一松手，给对方一点儿空间和宽容的余地也许就不会让彼此的世界那么狭窄、让人窒息。这就是所谓的"池水不要喝干""情话不要说完"，只有对爱人有所保留，爱情才会长久。

能够成为情侣是一种前世未了的缘，而要成为一辈子的夫妻则更需要互敬互爱，体贴宽容。夫妻之间如漆似胶、相敬如宾、举案齐眉，这是多么美丽的画面，所以古语说得好："只羡鸳鸯不羡仙！"但是时间长了，生活往往少了温馨却多了抱怨；双方经常为一些小事吵架，甚至恶语相向，大打出手，原先的和谐与融洽全然不存在了。

其实，谁都希望有一份美满的爱情，一个永远爱着的人，但是并不是所有人都能如愿以偿的。要知道，相爱容易相处难，爱情也是一门学问，一门艺术。

有一对老年夫妇，非常恩爱。老太太的腿脚不方便，头发花白的老先生每天上午9点都会准时搀扶着她从二楼慢慢走下来，然后在花园里慢慢踱步，两人谈笑将近两小时然后再回去，这种活动坚持了整整5年。

后来，老太太的腿脚灵便了许多，脸色也比过去红润了，老太太总是忍不住地说："这都是我老伴的功劳哇，是他帮我创造了奇迹。"

爱情具有唯一性，也有很强的排他性。可是在爱情中，有时会出现一些差错，一时冲动可能会酿成双方一生的痛苦，所以凡事多一些思量，便少一分伤害；同时，偶尔的错误也不是罪不可赦的，多一些宽容和体谅，或许就能造就美满的爱情。在一次意外之后，男女双方都懂得了什么才是最重要的，也更加珍惜对方了，所以他们的感情变得更加深刻。

执子之手，与子偕老，爱情的色彩是需要彼此去共同维护的。倘若不能给彼此以空间，结果就必然是感情难以维系。那么何不宽容一点儿？两个人从步入红地毯的那一天到走到生命的尽头，中途必定会发生这样那样的故事，有的故事可以让彼此的感情更加深厚，而有的故事却很可能让爱情遭遇挫折。那么，你选择什么？宽容还是计较？没有人能保证自己不犯错误，包括我们自己。如果对方的犯错是出于无意而并非本质的改变，那么，你不妨原谅他（她）一次。尽管这种原谅会让你心里不舒服，但只要你给了他（她）回旋的余地，他（她）就不可能一错再错。如果你不原谅他（她），那么他（她）就只能一错到底，那段感情也就再也不会回来了。

有爱，生活才会更美好

心理学家弗洛姆曾经说过这样的话："生命是不可以没有爱的，没有爱的生命是不能在世界上存在的，哪怕是一天！"是的，没有爱的生命意味着什么，孤独？寂寞？还是在爱的纠结中痛苦？总之人生的一切痛苦都会随之而来。有爱，才可以快乐。当内心有爱时，每一句话都是快乐的音符。当内心有爱时，每一个动作都会播下快乐的种子。当内心有爱时，我们周围的阳光也会跳起快乐的舞蹈。

快乐是什么？是爱，是真爱。在我们每个人的心里，都存在着一种信念，它提醒着我们什么是我们最珍视、最渴望的东西，那就是爱。在《睡美人》这个故事中，女主人公从一位英俊的王子那里得到深情的一吻，因而从漫长的睡梦中醒来，来到王子居住的宫殿，从此两人过上了快乐的生活。这就是真爱的力量。

有爱才会有快乐，人生要是没有了爱，那么什么都消失了，阳光风景、浪漫情怀，一切的一切都可能消失殆尽！所以佛说："慈心，是亲爱和好的心，希望他人有幸福，是无量心、是大丈夫心。要做什么事，都要有爱心；要说什么话，都要有爱心；要想什么事，都要有爱心。这样做，爱心会支持这世界，会使世界有福乐，人与人之间不相疑忌、不相仇视。这样，全世界会美好起来，一切众生，亦都是很安乐的。"

一天，两个衣衫褴褛的农村兄弟来到城里讨饭，大的10岁，小的才5岁。他们敲响第一户人家的门，这家人在门里说："自己去干活挣钱，有钱就有饭吃了，不要来麻烦我们。"他们又来到另一户人家的门口，里面的人说："我们这里是不会施舍任何东西给叫花子的。"

遭到了很多次的拒绝与斥责，兄弟俩很伤心。后来，他们遇到了一位好心的妇人，她对他们说："唉，我可怜的孩子，让我去看看有什么东西可以给你们吃。"过了一会儿，她拿了一瓶牛奶送给了兄弟俩。

兄弟俩坐在公园的草地上，像过年一样高兴。弟弟双眼凝视着牛奶，对哥哥说："你是哥哥，你先喝！"哥哥看了看弟弟，拿起奶瓶假装喝了一口。其实他双唇紧闭，一滴牛奶也没喝到。然后，他把奶瓶递给了弟弟："现在轮到你了，一次只能喝一点点啊。"

弟弟急忙接过奶瓶，喝了一大口，哥哥又接过瓶子，假装喝了一口。就这样奶瓶在兄弟两个手里来回传递，哥哥一会儿说："现在该你了。"一会儿说："该我了。"一瓶奶就这样喝完了，而哥哥一滴也没有喝到。

哥哥付出了爱心，得到的是弟弟的满足和快乐。哥哥因付出得到了回报而幸福，当然，这种爱的回报是无限的。虽然他肚子空空，却幸福满满。

只要有爱就有足够的力量和信念去改变这个世界。心中有爱的人即使孤苦伶仃、无家可归，生活也会有希望，会有勇气把梦想变成现实。心中无爱的人即使锦衣玉食、子孙满堂，活着也是行尸走肉，因为他们已把心灵带进了坟墓。正是因为有爱，我们的生命才有了光芒和色彩。

爱是接纳并且鼓励别人，爱是一种人与人的相互给予。我们也许正缺少这种爱意。我们之中有许多人一生中都只会依照自己的方式去爱，而忽视了别人的需求。举例来说，当我们在家里准备晚宴的时候，最在意的是家看起来亮不亮堂、菜肴精不精美，而不是我们的亲人。我们也许忘记了答应孩子们去野游的承诺，而只是以忙为借口。我们也许有一年没有送礼物给自己最好的朋友了，原因是想不出送什么合适的礼物。我们一心想的只是自己的风光和体面，而从未意识到如果沉迷在自我之中，将会没有办法向别人表达出真正的爱！

如果是这样的话，我们不妨尝试着去表达这种对亲人和朋友的真爱，我们会发现，表达或是给予真爱，会使我们感到快乐和满足，而这正是我们获得人生快乐的源泉。

在现代生活中，繁忙使我们的心灵处于沉睡状态，往往忘了什么是最要紧的东西，忘了爱到底是什么。

曾经有个小男孩，他非常渴望见到上帝。他知道要走很远的路才能见到上帝。他收拾好行囊，带上几个面包几瓶酸奶就上路了。

他走了几条街，有点累了，这时他看见一位老婆婆坐在公园的长椅上，聚精会神地望着在草地上啄食的鸽子。

小男孩想休息一会儿，就在老婆婆旁边坐下了。他又从包里拿出一个小面包，正要往嘴里送，却发现老婆婆正望着他，好像她也很饿了。于是他把小面包送了上去，老婆婆微笑着接过面包。老婆婆笑得真好。小男孩还想看，于是他又送给她一瓶酸奶。老婆婆又送给他一个感激的微笑，小男孩高兴极了。

他们就那样一边吃，一边笑，在长椅上坐了整整一个下午，一句话也没说。天快黑了，小男孩起身准备回家，走了几步，又转回来，他张开双臂紧紧地拥抱老婆婆，而她回送给他最美丽、最动人的微笑。

小男孩回到家，妈妈马上发现儿子的脸上洋溢着喜悦，于是她问："今天你怎么这么高兴？"

"我今天和上帝一起吃了午饭，"看着妈妈惊讶的表情，他兴奋地说道，"你知道吗，我从没有见过像她那样美丽的笑脸。"

就在同时，老婆婆也回到家了，她也是满脸喜悦。她的儿子十分奇怪地问："妈妈，什么事让你今天这么高兴？"

"今天我和上帝一块儿吃面包了，"儿子还没反应过来，她又补充了一句，"你知道吗，上帝可真年轻！"

爱是家庭、人际关系等成功的关键，快乐的真正秘诀就是爱。我们必须对自己有足够的爱，以便认识到我们有能力获得快乐。我们必须相信，我们周围的人需要我们，以求获得快乐的生活。

只有做个懂得爱的人，才会真正走上幸福之路。一旦我们生活在爱之光的照耀下，我们自己就将成为一座灯塔。与其被人爱，不如去爱他人。因为，一个人只有忘我，才能发现自我；只有宽恕他人，才能被他人宽恕。快乐会在爱与被爱的缝隙中爆发出来。我们只有爱他人，才会得到他人的爱；只有做个懂得爱的人，才会过不纠结的生活。

让婚姻没有纠结

你信不信，婚姻也会打结。

两个人相处久了，就会产生"审美疲劳"。所谓的"审美疲劳"，就是和爱人相处久了，眼前的他或她，在自己的眼里不再潇洒或漂亮。其中的原因，一方面是人老色衰，另一方面是在彼此的眼里，对方已经失去了新鲜感。所以，婚姻也会打结。但是，很少有人知道，治疗婚姻打结的良药是小别。

产生"审美疲劳"的"祸根"，往往就是夫妻间要"长相厮守"。不可否认，永不分离是婚姻不可打破的定律，但是有人却把爱情中"永不分离"的誓言发挥到极致，他们在婚后总去追求"形影不离"，好像这才是"长相厮守""永不分离"，这才能体现出他们婚姻的完美。其实，婚姻中的"长相厮守"和"永不分离"，是两个人一生的承诺，它不局限于一时。给婚姻中的彼此留一点儿空间，适当分离，才能给婚姻带来激情。

有人说，"小别胜新婚""距离产生美"，从生理和心理的角度说，适当分离，不仅能给人在生理上有一个恢复的机会，而且在感情上会因为分别而思念，这些都是点燃婚姻激情的元素。

从然和黄子林结婚已经五年了。在结婚之前，他们就爱得天昏地暗，两个人发誓今生今世永不分离。婚后，他们似乎是实现了婚前的誓言，他们除了工作之外，剩余的时间几乎都在一起。在工作上的应酬能推掉就推掉，一下班就早早回来陪对方。双休日也变成了两个人的世界，他们从来都是在一起活动。从然不再和姐妹们逛街，黄子林也不再单独和朋友小聚。在家里，他们更是如胶似漆，从然在做饭的时候，黄子林总喜欢从背后抱住她的腰，觉得她做饭的时候是那么迷人，有一种女性特有的魅力。

最初，他们确实是过了一段甜蜜的日子，但不到两年，他们就觉得婚姻渐渐地寡味了起来，但他们谁也没有说，或许是怕这种感受说出来伤对方的心，仍保持着形影不离的原状，只是在一起时少了一些共同的语言和亲昵的动作。

可是最近似乎情况更糟糕了，黄子林甚至懒得和从然一起逛街，觉得这样的老婆带出去丢人。觉得老婆越来越难看，每天只知道忙家务，还常常搞得衣冠不整，不懂得情调和浪漫。在家里看看眼前这个女人，蓬松的头发，脸上卸下不知涂了几层厚的妆，斑点、暗疮就全堆积在脸上。他怎么也不相信，当初竟然爱上了这个女人。

而从然呢？她也发现了生活中的严重不协调，黄子林的大男子主义非常严重，在家里更是懒于家务，比如他总让从然在厨房做饭，一切家务都是从然来做——以前好像也是这样，可从然认为是自己忍受了五年。

于是，两个人的生活变成了小吵天天有，大吵三六九，人们常说的"七年之痒"好像提前到来了。终于有一天，从然和黄子林同时说出了这样的话："婚姻真的没意思，不如我们离婚吧！"可他们也曾经是恩爱有加，而现在居然这么轻易地就提出了离婚，这好像不是他们的结局。可是，继续这样过下去的话，矛盾已然存在，离婚又心存不舍，于是他们商量之后，决定暂时分开一段时间。

从然搬到公司的宿舍，他们约定两周只见一次面，平时没事也不要给对方打电话，这样两个人就有时间冷静地思考一下婚姻了。这是他们结婚五年来第一次这样长时间分离。

最初的几天，从然感到了充分的自由，自己不用陪黄子林而能在公司加班，终于可以做自己想做的事情。几天过去了，从然的心态也平和了很多，她开始觉得自己缺少了什么，有时会不由自主地想到黄子林。

黄子林在和从然分开后，每天要么在公司吃食堂，要么叫外卖，到后来吃什么都觉得索然无味，他常在吃饭时想到从然。结婚这么多年，自己不做家务，一直是妻子在打理这个家。一个女人，如果不是因为爱，还有什么能够让她五年如一日地为一个男人服务？在外面吃难以下咽的饭菜的时候，黄子林明白了，是妻子在家忙里忙外，才使自己可以那么悠闲地待在家里，这样的好妻子哪里找得到？他仔细回想他一度疯狂爱着的这个女人，才发现她是如此可爱，她把她一生最宝贵的爱、最宝贵的光阴都给了这个家、给了他，是个多么值得他爱的女人啊。黄子林对妻子的思念越来越强烈，一天，当他一个人在公司宿舍泡好一盒方便面后，一口都没有吃下去，他想起了妻子在厨房给他做饭，他在一边捣乱的情景，那种温馨让黄子林在心里产生了一种渴望。那天晚上，黄子林没有守规定给妻子打了电话。奇怪的是，从然听到他的声音却哭了。当天晚上，从然和黄子林在分开 10 天后终于又见面了，两个人都憔悴了许多，他们紧紧地拥抱在一起，像找回了失而复得的珍宝。

在那一夜，他们好像又回到了五年前，这是两个人几年来在一起时从来没有过的感觉，他们说了一夜的悄悄话，回忆以前的浪漫生活，言语之间透着甜蜜。

很多时候，婚姻有些沉闷，那是因为他们在一起的时间太多了，没有给彼此适当的自由空间。在那一次小别以后，他们觉得再次相聚原来是那么充满激情，以后，他们就把小别当作调剂婚姻的手段，用他们的话说，这叫"让婚姻休假"。

好一个"让婚姻休假"！不难看出，这种"休假"，能让矛盾激烈的夫妻彼此冷静下来，重新走上正常的生活轨道；这种"休假"，能让趋于平淡寡味的婚姻生活重新荡起波澜，使婚姻生活充满激情。让婚姻"休假"，套用古人的话就是"两情若是久长时，最忌朝朝暮暮；一离一别一相逢，便胜却人间无数"。

两情相悦比什么都要美好

婚姻是什么？是把一对男女约束在一起的一张纸，还是"生死契阔，与子成说。执子之手，与子偕老"的一句坚定承诺；是快乐的港湾，还是爱情的坟墓？

每个人都希望婚姻幸福，因为婚姻幸福了，我们的生活质量才能提高，这是我们获得快乐的基础。但又有多少人有幸福的婚姻呢？怎么才能让我们的婚姻更幸福呢？

有人用缘分来作为两个人结合的理由，这使得大多数人认为婚姻是上天的安排，而不受人为掌控。这种态度是错误的，婚姻也需要保护，需要经营，幸福与否，往往取决于两个人的努力。因为婚姻从来就不是静止的，犹如两个普通人的感情，他们可能是一对很好的朋友，但如果在相处的过程中，不知道时刻去维护友谊，那么他们的友谊迟早会破灭。夫妻之间的感情也是这样，我们不能靠缘分和天定，在婚姻爱情方面，两个人都是掌握快乐的主导者。有这样一个事例，很多已婚的人都会有切身的感受。

结婚之前，尹小姐对自己的男朋友非常满意，心里很是欢喜，她认为自己找到了一个完美的男人，自以为将来的婚姻生活一定会很幸福。可事与愿违，经过婚后一段时间的相处，尹小姐越来越觉得，婚后的先生和婚前大不一样了。尹小姐说，婚前，先生特别勤快，而且体贴入微，每当她逛街的时候，先生总是耐心地陪在身边，没有任何怨言；可婚后就不同了，先生却总以工作忙为借口，从不陪她逛街，对家里的事情也懒于伸手。尹小姐感到他没有以前那么体贴了，两人之间好像缺少了些浪漫，更不用说有什么激情可言。日子长了，婚前的甜蜜没有了，取而代之的却是生活中夫妻俩的吵架拌嘴。

谁都不想看到这种局面——夫妻间的不和，甚至走向破裂的危机。造成这种结果的责任在谁？你一定会说责任在尹小姐的丈夫，他在婚后忽视了对爱情的继续经营。难道尹小姐就没有责任吗？幸福的婚姻是需要两个人投入时间和精力去维护的，在维护婚姻的过程中，我们还需要智慧，而不是一味地在对方的身上找出种种缺陷，甚至互相指责。

很多人都知道婚姻需要经营，但在现实中，有很多夫妻因付出努力却收效甚微，就放弃了对幸福婚姻的经营。他们要么选择死气沉沉的婚姻，两个人凑合着过，要么结束那令人乏味的婚姻，迅速散伙。

婚姻幸福的夫妻，他们时时刻刻都在用心"经营"自己的婚姻。在婚姻的"经营"中，关键是看你以一个什么样的心态看待婚姻，不同的态度，往往决定着一个人婚姻的不同结果。列夫·托尔斯泰说过："幸福的家庭家家相似，不幸的家庭各个不同。"这相似与不同，往往就是对待婚姻态度的不同而造成的。因此有人发现，用恋爱心态对待婚姻，就能让婚姻充满快乐。

张先生虽然已是一个八岁孩子的父亲，但他对妻子李女士依然是百般呵护，他常常接送李女士上下班，并且风雨无阻，还不时地弄一些浪漫的约会，把妻子哄得特别开心。张先生常和妻子卿卿我我，就像新婚不久的夫妻。张先生总是自豪地对外人说："我结婚十年了，从来没有和妻子闹过矛盾。"有人问其中的秘诀，张先生说："在婚姻中，我们始终没有忘记继续经营爱情。我们是因为爱情而有婚姻生活，不是因为有婚姻生活才有爱情。"

张先生的话意思很明白，爱情是婚姻最好的保鲜剂。很多人把婚姻看成是爱情的结果，那么婚姻就会显得平淡寡味。

有人总为婚姻纠结，在他们看来，没有爱情的婚姻是不负责任的，也不会有快乐，没有婚姻的爱情是不完美的。婚姻只是爱情的一个阶段，不是终点；婚姻是让爱情法制化，不是把两个无关的人捆绑在一起，爱情是婚姻的基石。婚姻原本就像一杯白开水，无色无味，如果你想让这杯白开水变得光彩甜蜜，那你就赶快动起手来，用鲜花、用甜言蜜语去调这杯白开水，只要你有心，这杯无色无味的婚姻之水也会变得有滋有味。试想想，在结婚后，如果丈夫能经常买几枝玫瑰花，送到爱妻手里，做妻子的总会像以前一样甜甜地收下，虽然妻子有时会嗔怪道："物价又涨了，你花这钱干什么？"但在她的内心会有初恋般的感觉。不难看出，对于善于经营婚姻的人来说，爱情会在婚姻中继续延续以至更加完美，把婚姻经营得如恋爱般甜蜜与和谐，婚姻就会使爱情得到升华。

明和敏是同学，相爱了好几年后，敏不顾家人的反对，执意嫁给了贫穷的明。举行了一个简朴的婚礼以后，他们就过上了更加朴素的生活。

第二年，敏有了身孕，可是明却失业了。他们生活更加拮据，明开始到处去打工，而敏每天在家准备好简单的饭菜，并耐心地等待着他心爱的老公回来。敏从来没有感到寂寞，也没有因生活困难而忧郁。明每次回来都给敏带一些东西，有时就是在路边采的一朵野花，这也能让敏开心很久。

不幸的是，敏在分娩的过程中难产，虽然母子平安，但这让他们背上了一笔不小的债务。因为明要照顾妻子，他又失业了。几个月下来，家里已经没有任何可以支配的钱了，还有两万多元的外债要还，敏哭了。

经朋友介绍，明去了一家公司上班。不久，公司派他去北京出差，他想给敏买两件衣服，因为他知道妻子已经好久没有添新衣服了，但不知道敏的尺码，于是打电话问敏。敏坚决不要，她说不想乱花钱。但是，明依照自己的想象给敏买了些衣服。回家后才发现买的衣服敏穿不了，敏哭了，但接着她抱住明笑了。以后敏还一直穿着不合身的衣服，但她从来没有感到衣服有什么不合适。

渐渐地，生活好了起来，明不再送路边的野花，而总是买来鲜艳的玫瑰，在特别的日子，敏还会收到一大束。每次明回来，敏都会给明一个拥抱，一个亲吻，这些都成了她的习惯。两个人总是如胶似漆、卿卿我我。

十几年后，明有了自己的事业，并且如日中天。事业的繁忙，使他开始顾不上自己的妻子。在他的眼里，家中富有，妻子好像也不缺什么。可是，就在他刚过完四十岁生日的时候，敏突然提出了离婚。明不解但又无法阻止妻子，于是问敏要什么。敏说自己只想回老家照顾年迈的父母，什么都不想要，只想带走放在储藏室里的几箱子东西。

明很好奇，半夜里偷偷地到储藏室翻开箱子一看，里面装满了烘干的花瓣。原来，敏把明送给她的鲜花全都风干后收藏起来了。明一下子明白了敏要离婚的原因。

第二天，明乞求敏再给他一次机会，敏勉强答应了。第二天，敏收到了有生以来最大的一捧玫瑰，明在卡片上写道："这是对你这一年多时间的补偿！我忽视你，并不代表我不爱你。"

那以后敏再没有提离婚的事，而明不管工作有多忙，总不会忘记给敏买一束鲜花，或陪妻子去喝一杯咖啡，实在没有时间，明也会在短信中跟妻子说一句："我爱你！"后来，朋友常取笑他们说："孩子都上初中了，你们两个还像小夫妻那样缠绵。"

所以说，两情相悦，胜过房子、车子和票子。只有用心、用智慧经营的婚姻，才有"执子之手，与子偕老"的美丽浪漫，家庭才会成为爱的港湾。

风雨同舟，就能遇见彩虹

　　"我以上帝的名义，郑重发誓：接受你成为我的丈夫（或妻子），从今日起，不论祸福、贵贱、疾病还是健康，都爱你，珍视你，直至死亡。"多么庄严而又温馨的宣誓啊！从宣誓的那一刻起，两个独立的男女就将走到一起，一起品尝人生旅途中的酸甜苦辣，一起感受生活的幸福与快乐，一起承担迎面而来暴风骤雨。不管将来等待他们的是什么，他们都会手牵着手、肩并着肩一同走下去。

　　爱是伟大的，它能给我们带来无穷的力量，并在无形中化为一种动力。我们毫无理由地相信它，愿意为它付出一切。因为爱，生活中诞生了奇迹：一个柔弱的女子孤身一人扛下所有的生活重担，只为病榻上的丈夫能够安心；一位铮铮男儿愿意铤而走险，甚至献出生命，只为营救自己心爱的妻子。也许你会说，这些算什么，他们顾的只是自己的小家，太平凡了。是啊，太平凡了，可正是这种平凡让人们看到希望。不纠结的生活，莫过于此。

　　"我能想到最浪漫的事，就是和你一起慢慢变老，直到我们老得哪儿也去不了，你还依然把我当成手心里的宝。"这首歌感动了许多人，歌词中的故事也是许多人所向往的生活。

　　对于一个人而言，最大的幸福莫过于和自己最爱的人一起慢慢变老。真正的爱情，不在乎物质的匮乏和生理的缺陷，爱情中的两个人要的是心与心的交融。

"我爱你"不是天天挂在嘴上才能体现它的价值，它真正的价值在相互搀扶的背影中，在岁月流逝的不弃不离里，在相互凝望的点滴关怀里。

一个医生缓缓地讲了这样两个故事：

林奶奶因为中风，经常要到医院进行物理治疗。每次来林爷爷都会陪着她，他们一跛一跛地走进运动治疗室。半个小时的运动治疗，总是累得林奶奶气喘吁吁，银灰的头发湿湿地贴在额前，而老先生总是细拢好老太太的发丝之后，再扶起她，搀着她慢慢走出治疗室，亦步亦趋，生怕老太太跌了跤。望着互相搀扶的背影，感觉到散发出来的只有幸福的气息。

李大爷因心脏病住了院，每天，医生都会去查房，再根据当天的情况给予适当的治疗。每次，李奶奶总会双手撑着下巴，靠在床上斜睨着，带着爱怜的眼神看李大爷做治疗。

在医务室里偶尔会听到两人在走廊散步时的低语，他们喃喃地交流着，倒成了另一种音乐，伴着两人互挽的背影，静静地散发幸福的气息。

"执子之手，与子偕老。"这个没有提到爱与情这两个字的句子，却充满了浓浓的爱情。没有惊天动地，只有两双互相扶持、互相传递温暖的手，在这绚烂的城市中，编织属于他们的浪漫与温柔。

李奶奶回忆起当年的事，脸上总会露出温馨的笑容。那个年代不知道什么叫作求婚，李奶奶只因为李爷爷的一句话就嫁给了他，李爷爷对李奶奶说：如果我只有一碗稀饭，我会一半留给母亲，一半留给你。

那年闹饥荒，李爷爷的母亲已不在人世，好像是上天故意安排，家里真的只有一碗稀饭了，他们谁也舍不得吃，都想让对方吃下去，结果这碗稀饭谁也没吃，三天后发了霉。

现在他们已经七十多岁了，到哪儿都手牵着手，相互搀扶。一次他们坐公共汽车，车上没有座位，有一位好心人给他们让座，但他们谁都没有坐下，他们不愿自己坐着而让对方站着，于是两个人紧紧靠在一起抓着扶手。这时车上所有的人都站了起来，他们在这朴实中看到了惊心动魄的爱情，他们的眼神中充满无限敬意。

这就是真正的爱情，不管生活中遇到什么样的痛苦和磨难，两个人共同承受，生活中的幸福与快乐，两个人共同分享。在几十年的风雨路上，谱写最美好、最真实的爱情乐章，这就是爱情，真正的爱情，不朽的爱情。拥有这样的爱情，就可以踏踏实实地走自己的路，享受自己的生活。

她淡淡一个微笑，能让他忘记世间所有；他轻轻一个转身，能让她看到生活的希望。这就是平淡的爱情，婚姻将这种平淡归于真实，走向永恒。生活中的负担因为有两个人一起承担，重量会减轻一半；生活中的幸福与快乐，因两个人一起分享而增加一倍。这样的婚姻才会滋润不朽的爱情，这样的爱情才会不断创造奇迹。

愿意付出，才能收获美好

有的女人总会为爱不爱而纠结，她们把自己的丈夫看得死死的，对丈夫的行踪了解得一清二楚，害怕丈夫有任何不轨的行为。家中的大小事务自己一手包揽，大事小事从不和丈夫商议，她们认为这是爱自己的丈夫，减轻丈夫的负担。我想问一句：你的丈夫在这个家里能体现价值吗？可以找到尊严吗？也经常听到有男人这样抱怨：真不知道女人想要的是什么，我在外面打拼，让她们过着奢华的生活，她们却还是不开心。其实女人很简单，她们对物质的要求并不高，至少一个真心爱你的女人是这样。她们要的就是你们的爱，付诸行动的爱：一个吻、一个拥抱、一朵玫瑰、一段共进晚餐的时光。

真爱的第一方面是慈，是给予喜悦、幸福的意愿和能力。也就是说，对于自己所爱的人，不要将自己的意愿强加给他，不要给你爱的人不需要的东西。你必须明白他的情况，明白你所提供的东西会不会使他不快乐。所以我们要注意观察，学会聆听，这样我们将知道做什么会使自己所爱的人幸福，做什么会使他不快乐。

在南方，有很多人特别喜欢吃一种叫榴梿的水果，榴梿味道特别重，北方人很难适应这个味道，而在南方很多人吃完榴梿后还把皮留下，以便可以继续闻这个味道。对一行禅师来说，榴梿的味道却让他害怕。有一天，一行禅师在南方的一座庙里念经，供桌上放着一颗硕大的榴梿，一行禅师没一点儿没办法让自己专下心来念经。终于，一行禅师受不了了，从佛堂里找了一个东西盖住那可怕的东西，然后才能继续诵经。大师后来和人调侃说："如果你跟我说：'师父，我很敬爱您，我想要请您吃榴梿。'我会苦不堪言。你敬爱我，你要我快乐，但你要我吃榴梿，我就感觉不到爱了。"

这就是一个有爱心无爱果的例子。本意是很好，但没有考虑到别人的需要，爱就会很盲目，这样的爱就不是真爱。生活中，很多人会有这样的困惑：明明自己付出了很多，却被对方斥责为"不爱"。其原因就是没有看到，付出也要按人所需，这样才会有价值，这样才能给你所爱的人带来幸福和喜悦。

其实，许多小事情也可以带来无限喜悦，譬如说觉得自己有双好眼睛。只要睁开双眼，就可以看见蔚蓝的天、紫色的小花、树木和许多多彩多姿的东西。处于正念中，我们就可以接触到这些美妙和清新的东西，喜悦之心会油然而生。喜悦中有幸福，幸福中有喜悦。生活需要喜悦心，爱更需要一颗喜悦心。所以一行禅师说："真爱总是给我们和我们所爱的人带来喜悦。如果我们的爱无法替双方带来喜悦，就不是真爱。"

在农村有一些夫妻，他们没有太多物质享受，更没有良好的经济基础，但他们之间也不乏有情调的婚姻生活。男人从田野回来，顺便会给女人摘一束野花，女人会嗅个不停，随后会灌一啤酒瓶清水，把花插在上面养着；有时，男人会带来一些野果，放到女人嘴里，把女人酸得直咧嘴……女人闻的是花香，尝的是酸果，但在她心里荡漾着的却是一种甜美。看着女人嗅着花香和酸得直咧嘴的模样，男人感到自己的女人是天下最美的，心里同样满揣着幸福。

为什么没有太多物质享受，没有玫瑰，也没有烛光晚餐，这些夫妻却显得那么幸福呢？很简单，他们能给彼此带来喜悦。两个人有喜悦心，所以才幸福。真爱离不开喜悦，真爱就是给所爱的人带来喜悦；喜悦更是维持真爱的秘诀。很多人都有这样的经历：

两个人在恋爱的时候，常把这份独特的感情与生活分开来经营。这个时候，恋爱是奢侈的，两个人总会找一些由头，或去喝一杯咖啡，或去意大利餐厅品尝名厨的菜肴，或给女友送去一大捧鲜艳的玫瑰……一次花去几百或上千元也觉得没有什么不值，因为那种浪漫的感觉实在是太好了。结婚以后就不同了，似乎是婚姻把两个人从恋爱的浪漫中拉回到生活的现实中来，恋爱时一杯咖啡的价钱，现在可能是两口子一个月的油米钱。这个时候，生活没有了咖啡、牛排，没有了花前月下，一点儿情调都没有了，两个人之间好像全是洗衣、做饭和油盐酱醋茶，恋爱中那种心跳的感觉、含情脉脉的眼神、有情调的点点滴滴仿佛都被现实生活所吞噬。死气沉沉的婚姻让他们感到窒息，他们无所适从，要么选择凑合着过，要么迅速"散伙"，但这都不是他们想要的结果。

仓央嘉措说："真爱总是替我们和我们所爱的人带来喜悦。如果我们的爱无法替双方带来喜，就不是真爱。"

我们每个人的心是一片田野，在这片田野里，埋藏着幸福的种子，只要你用真爱去浇灌，它一定会在你的心田里生根发芽，开出美丽的花。用你的真爱去浇灌你爱人的心田，同样也会开出

幸福的花。学会为真爱播下喜悦的种子，让幸福生长，并保持旺
盛的生命力。

爱人者，人恒爱之

不可否认，我们每个人都希望得到别人的爱，希望世上所有的人对自己善良。那么，我们每个人心中所期望的这份爱来自哪里呢？为什么有人总能获得自己满意的那份爱，但有些人总是很少得到别人的爱怜呢？其实问题的答案并不难找，问题的根本在自己，你有没有问过自己付出过多少爱呢？

索达吉堪布说："爱是阳光，让心灵的鲜花开放；爱是雨露，滋润仇恨的心灵；爱是和煦的微风，吹去心头的阴影。世界是互动的。你给世界多少爱，世界就会回报你多少爱。当接受别人爱的同时，不要忘记给别人关爱。爱给人的收获远远大于恨带来的暂时满足。重要的是改变世界前先试着改变自己。"在索达吉堪布看来，一个人少爱，得不到爱，是因为他没有一颗爱别人的心，因为爱是相互的，你付出爱，才有可能得到他人的爱。

有一个年轻人，由于在生活中遇到了很多误解和挫折，他感觉整个世界都在跟他作对，感受不到人间的爱。在不可摆脱的抑郁中，他度日如年，精神几乎要崩溃。

有一天，他登上了一座风景秀丽的大山，当看到其他人都悠闲地欣赏着美丽的风景时，他又想起了自己不幸的遭遇，内心的烦恼像洪水汹涌而至，他忍不住对着对面的大山大声喊道："我讨厌你们！我讨厌你们！我讨厌你们！"

没想到，空荡幽深的山谷不停地传来比他的声音大百倍的回声："我讨厌你们！我讨厌你们！我讨厌你们！"旁边正在旅游的人也向他投来了疑惑的目光。

似乎群山都在回应，他越听越烦。不论走到哪里，这些怨恨的声音都在围绕着他，扰得他更加恼怒。

就在他被这些声音扰得心神不定的时候，突然从身后传来了"我喜欢你们！我喜欢你们！我喜欢你们！"的声音。他扭头一看，原来在他身后有一个僧人在冲着他喊。

僧人微笑着向他走来，他便向僧人一股脑说出了自己内心的苦恼。

听了他的讲述，僧人笑着说："生活就像刚才我们的回音，你用什么样的心态说话，它就会用同样的语气给你一个回应。你先试着改变一下自己，换一种友善的心态去面对周围的一切，会有意想不到的快乐。"

青年听了僧人的话，对着山谷喊道："我喜欢你们！我喜欢你们！我喜欢你们！"群山真的传来了同样的回音，周围的游客们也给他送来了友好的微笑。年轻人的心情一下子舒畅了很多。

从此年轻人用和善的心态面对周围的一切，用笑脸迎接每一个人，他和别人之间的误解消除了，再没有人和他过不去，工作也走上了轨道，他也发现自己真的快乐起来了。

是啊，爱就是生活的回音壁，在生活中我们每个人都应该记住，我们付出了多少爱，生活就会回馈我们多少爱。希望得到别人的爱，就必须先去爱别人，你付出越多，得到的也会越多，你也不会再抱怨，为什么受伤的总是我？

很多时候，爱不仅能换来爱，还可以化解心中的恨，这是爱给人带来的最大回馈。

有一位得道法师原来是一位富商的随从。他与那位富商的太太相爱，并有了私情。有一次偷情被富商发现，为了自保他杀了那位富商，并带着他的太太逃往别处。为了生存他们做了山贼，后来由于厌恶那女人的贪得无厌，他毅然离开了她。

他的内心一直在谴责自己所犯的罪过，所以他决定在有生之年完成一件善举，于是他到一个寺庙出了家，做了一名游方僧人。

他知道那里有一座悬崖非常危险，已断送了不少人的性命。于是他决心在悬崖下面挖一条安全隧道，以方便人们通行。

他白天化缘，夜晚工作，就这样日复一日。

那位富商的儿子已经学会了一身武艺。他为报杀父之仇四处寻觅法师，终于在两年前找到了他，要置他于死地。

法师平静地对他说："我甘愿受死，这是我罪有应得。但是，请让我挖通这条隧道，它对于这里的人来说实在太重要了。等我完成这件事情之后，你就可以杀了我。"

于是，富商的儿子答应了他的要求，耐下性子等待着那一天。日子一天天过着，法师在不停地挖着。几个月过去了，富商的儿子在家闲等着无聊，便去帮法师挖掘隧道。在他们的共同努力下，两年后，隧道终于完成了。他整整用了 30 年，挖通了这条长达2000 米的隧道。

法师放下手中的工具，长长地舒了一口气说："我的心愿已经达成了，现在请你杀了我吧。"

此时，富商的儿子动情地说道："你为了别人的方便付出了 30年的时间，我怎能忍心砍你的头呢？"

法师的慈悲和善举，化解了富商儿子的满腔仇恨和怒火，让仇恨变成了慈悲。所以说，当一个人懂得付出爱的时候，他不仅能得到爱，更能化解他人对自己的仇恨，付出越多，得到就越多。

　　所以，我们没有理由抱怨这个世界缺少爱，没有理由抱怨生活中人情淡薄，没有理由抱怨他人仇恨自己，而是要反观自己，看看自己对这个世界付出了多少爱。一个人得不到爱的眷顾，那不是世人无情，而是自己做得不够。

第四章
逆境之中，你也可以享受美好生活

人生有许多逆境，逆境可以让一个人消沉，也能让一个人振奋。它起什么作用完全取决于你。其实，在逆境中，只要你有良好的心态和一往不前的勇气，你照样可以享受属于自己的美好生活。

乐观的人总能看到逆境中的美好

美国著名社会心理学家亚伯拉罕·马斯洛曾说："心态若改变，态度跟着改变；态度改变，习惯跟着改变；习惯改变，性格跟着改变；性格改变，人生就跟着改变。"由此可见，一个人若想取得成功，良好的心态是必不可少的。

在人生的旅途中，各种逆境层出不穷，此时，如果我们心态太过悲观，那就会变得萎靡不振，不思进取，最终坠入不幸的深渊，再无回旋之地。相反，如果我们心态非常乐观，坦然接受逆境的考验，那就能拨开云雾见月明。

在美国，有两位住在乡下的陶瓷艺人，一位叫杰克，一位叫亨利。

他们听说城里人喜欢用陶罐，便决定将自己烧制的最好的陶罐卖到哥伦比亚特区去。经过十多年的反复试验，他们终于烧制出了自认为最好的陶罐。他们雇了一艘轮船，准备将所有的陶罐都运过去。

没想到轮船中途遇到了强烈风暴，等风暴过后，轮船靠岸，陶罐全部成了碎片，他们的富翁梦也随着陶罐一起碎了。

杰克提议先去酒店住上一晚，明天再去城里四处走走，好好见识见识。亨利则捶胸顿足，痛苦地问杰克："你还有心思去城里四处走走，难道你就不心疼我们辛辛苦苦烧出来的那些陶罐？"

杰克心平气和地说："我们失去了那些陶罐，本来就够不幸的了，如果还因此不快乐，那不是更加不幸？"

亨利觉得他的话有道理，于是跟着杰克去城里好好地玩了几天。在游玩的过程中，他们意外地发现，城里人用来装饰墙面的东西很像他们烧制陶罐的材料。于是，他们索性将那些碎陶罐全部砸得更碎，做成了马赛克，出售给城里的建筑工地。结果，他们不但没有因为陶罐的破碎而亏本，反而因为出售马赛克而大赚了一笔。

当不好的事情发生时，悲观的心态于事无补，只会让人损失更多，而心念一转，更乐观地看待不幸之事，我们反而能得到老天额外的馈赠。

乐观是希望之花，是力量之源，在逆境中保持乐观心态的人，总能在上帝把门关闭后，为自己找到一扇窗户。所以，做人要乐观一点儿，要把逆境当作对自己的考验，在考验中将自己磨成一颗闪闪发光的钻石。

塞尔玛陪伴丈夫驻扎在一个沙漠的陆军基地里。丈夫奉命到沙漠里去演习，她一个人留在陆军的小铁皮房子里，天气热得受不了——在仙人掌的阴影下也有 125 华氏度。天气热点儿还可以忍受，最可怕的是孤独时刻侵扰着她。她没有人可谈天——身边只有墨西哥人和印第安人，而他们不会说英语。她非常难过，于是就写信给父母，说要丢开一切回家去。

她父亲的回信只有两行字，这两行信却永远留在她心中，完全改变了她的生活，信是这样写的：两个人从牢中的铁窗望出去，一个看到泥土，一个却看到了星星。

塞尔玛一再读这封信，觉得非常惭愧。她决定要在沙漠中找到星星。

塞尔玛开始和当地人交朋友，他们的反应使她非常惊奇，她对他们的纺织、陶器感兴趣，他们就把最喜欢但舍不得卖给观光客人的纺织品和陶器送给了她。塞尔玛研究那些引人入迷的仙人掌和各种沙漠植物、物态，又学习有关土拨鼠的知识。她观看沙漠日落，还寻找海螺壳，这些海螺壳是几万年前这沙漠还是海洋时留下来的……原来难以忍受的环境变成了令人兴奋、流连忘返的奇景。

她为发现新世界而兴奋不已，并为此写了一本书《快乐的城堡》，且出版了。她从自己造的牢房里看出去，终于看到了星星。

不难想象，如果塞尔玛一直停留在悲观绝望的状态里，那她的人生也不会发生这么翻天覆地的变化，她也不可能取得日后那么显著的成就。

在这个世界上，从来没有不能冲破的绝境，只有动不动就绝望的人心，从某种程度上来说，一个人所处的境况是由他的内心决定的。因此，在逆境面前，我们绝不能停滞不前，哀哀欲绝，一定要时刻告诫自己，永远保持乐观的心境，唯有如此，我们才能扭转逆境，收获一个辉煌的人生。

跌倒后，站起来就是美好

相信很多人都听过一句话——屡战屡败，屡败屡战，这句话展现出来的是一个人在逆境中不屈不挠的顽强精神，是的，哪怕跌倒100次，也要第101次站起来。

古往今来，但凡在事业上取得辉煌成就的人，无一不具备这种精神，他们一次又一次地克服困难和挫折，凭借自己的努力最终赢得了胜利。

曾国藩于1852年奉命回湘办团练，团练初具规模后的最初几年，他唯一的收获就是只打败仗。

从1854年练成水陆师出征，到1860年兵败羊栈岭，曾国藩可谓一败再败，小的败仗不计其数，惨败就有四场：1854年湘军初征就在岳州被太平军打得落花流水；1855年在江西鄱阳湖全军覆灭，连自己的座船也被抢走；1858年，部将李续宾率部血战三河镇，6000兵勇无一生还，三湘大地处处缟素；1860年，李秀成破羊栈岭，曾国藩在30公里外的大营中写好遗书，帐悬佩刀，以求一死。好在李秀成最后主动退兵。

就像凤凰从烈火中涅槃，这个被满族大臣讥笑为"屡战屡败"的常败将军曾国藩，最终用他"屡败屡战"的勇气与决绝，打到南京，用行动证明了自己是一个强者。

有人问一个小孩，你是怎样学会溜冰的，那个小孩回答道："哦，跌倒了再爬起来，爬起来再跌倒，就学会了。"看到没有，这就是屡战屡败，屡败屡战的抗争精神，也是曾国藩改变人生，取得成功的关键所在。

俗话说，好事多磨，一个人若想成为强者，造就辉煌的人生，不经过九曲十八弯，自身又缺乏"屡败屡战"的勇气，最后是不可能美梦成真的。命运永远只青睐勇者，所以，能接受逆境的考验，不怕风雨洗礼的人，才能到达成功的彼岸。

从前有一个孩子，他出生在一个贫穷的鞋匠家庭，父亲是鞋匠，母亲是用人，他的童年生活很贫苦。父亲去世之后，母亲为了生活不得不带着他另嫁。继父并不关心他，他的童年生活很不快乐。直到有一天，王子出游来到他的家乡，为了见王子一面，他满怀希望练习教堂的诗歌，朗诵剧本。

终于，他有了一次在王子面前唱诗歌的机会。在他表演完毕后，王子问他想要什么赏赐。这个穷孩子大胆地向王子提出要求："我想写诗剧，而且在皇家剧院演出。"王子把这个长着小丑般大鼻子的笨拙男孩从头到脚看了一遍又一遍，然后对他说："虽然你能够背诵剧本，但并不表示你能够写剧本，这是两码事，我劝你还是去学一门有用的手艺好谋生吧。"

但是，穷孩子不相信。他回家以后，打破了自己的储钱罐，向母亲和从不关心自己的继父道别，离家去追寻自己的理想。这时候，他只有14岁，但他相信，只要自己愿意努力，愿意为了理想跨出第一步，他一定能成功。

他历经艰辛到了哥本哈根，挨家挨户地按门铃，希望得到贵人的赏识，他几乎按遍了所有达官贵人的门铃，却没有人愿意相信他、赏识他，他衣衫褴褛地流浪街头，却仍不减心中的热情。

终于在 1829 年，他的长篇幻想游记《阿马格岛漫游记》出版，他因此从饥寒交迫的窘境中解脱。随后，他写的喜剧《在尼古拉耶夫塔上的爱情》在皇家歌剧院上演，他终于实现了当初对王子说出的理想。这个穷孩子就是安徒生。

随后，安徒生开始专注于童话创作，陆陆续续发表了《打火匣》《小克劳斯和大克劳斯》《豌豆上的公主》《卖火柴的小女孩》等一系列吸引了无数儿童目光的童话故事，开启了属于他的新的一页。这时，距离安徒生离开家乡已经 16 年了。

现在他的作品《安徒生童话》已经被译为 150 多种语言，成千上万册童话书在全球陆续发行和出版。

如果安徒生在跌倒后不再站起来，世界上就没有他这个闻名中外的童话大师了，可见，在逆境面前不屈服的人，才能将自己磨成一颗钻石。

英国著名诗人弥尔顿写过一首诗："即使土地丧失了，那有什么关系。即使所有的东西都丧失了，但不可被征服的志愿和勇气，是永远不会屈服的。"

是啊，只要我们不屈服，不管跌倒多少次，都勇敢地站起来，那这个世界自然会为我们开出一条道路，到时候，我们一定能取得成功，成就一个辉煌的自己。

打不倒你，你就会更强大

美国著名女演员安妮斯顿曾说："我孤独吗？是的。我心烦吗？是的。我感到慌乱吗？是的。我必须靠聚会来消磨时光吗？哦，当然是的。但我是块硬饼干，我会重新再来。"所谓硬饼干，就是指坚强的人，坚强的人往往能安然度过人生中的各种逆境，他们就像逆风中的劲竹，不会轻易被折断，只会越来越坚韧。

有一位普通得不能再普通的流动小贩，为了生存，她曾在小学门口卖过橡皮泥，卖过沙画，日子虽不富裕，但也能衣食无忧。如果说没有一次偶然的车祸，也许她会一辈子都以做这类小生意为生。

那天她像往日一样骑着三轮车去校门口卖沙画，途中，一辆急速驶来的小轿车撞翻了她的三轮车，她那用来做沙画的原材料散了一地，她自己也被撞得晕倒在地。被送到医院后，她得救了，她借钱付了医药费出院后，却再也没有本钱去做沙画买卖了。

绝境中，她突发奇想，去郊外挖了不少不用花钱的泥土回家，然后在泥土中加上颜料等材料，经过反反复复的制作，终于制成了彩泥，她将这些彩泥推荐给学校，让孩子们在手工课上作画，结果大受孩子、家长和老师们的欢迎，她的彩泥得到了迅速认可和推广，她成功了，后来她的彩泥已跨出国门，出口到了国外。

她不是画家，却创造了作画的材料，她没有受过高等教育，却用她的彩泥激发了孩子们的创造力和对作画的热爱。这一切，都归功于那次车祸，归功于绝境。如果没有那次车祸，她可能会一直在学校门口卖沙泥，直到沙泥没人买了，她再去卖其他的产品。她永远不会去想怎样利用不花钱的泥土制作低成本的彩泥。

可以看到，生活的磨难没有让她成为怨妇，更没有摧毁她对生活的热爱，相反，她越挫越勇，更加积极向上，在看似绝望的处境中杀出了一条血路，到最后，她本人变得越来越坚韧、强大，她的人生也因此掀开了新的篇章。

德国哲学家弗里德里希·威廉·尼采说过："那些没有消灭你的东西，会使你变得更强壮。"是的，凡是杀不死你的，都会让你变得更加强大，只要稳稳地接住命运对你的残酷考验，你最终会像钻石一样发出夺目的光彩。

1992年，如同大多数看了电影《少林寺》的孩子一样，农家娃王宝强跟父亲吵着要去少林寺学武。穷人家的孩子如草一样，在哪里都倔强生长。所以王宝强的父母也没有怎么犹豫，就将8岁的儿子从河北南和县送到了河南的少林寺。

少林寺的学武生涯，难免是"床硬、饭冷、活重"，不少原先怀着一腔热血的孩子挨不了多久，就想方设法回家了。王宝强不怕吃苦，他在少林寺潜心学武。一转眼，六年过去了，当年瘦弱的儿童已经成了精壮的小男子汉。

1998年，14岁的王宝强离开了少林寺，回到家乡。王宝强家里很穷，而在家乡那片贫瘠的土地上，王宝强找不到改变家庭与自己命运的舞台。于是，在1999年3月，15岁的王宝强来到了北京，决心像他的同门前辈李连杰一样，靠当武打演员改变自己的命运。

　　然而，想要有所成就就要历经磨难。有道是"长安米贵，居大不易"，想当年一身才学的白居易闯荡京城长安，也难免有不如意之时。对于 15 岁的王宝强来说，北京的"米"也同样地贵，生存的压力让他焦头烂额。北影厂门口常年聚集着一大群等候群众演员角色的人，王宝强也混迹其中。

　　当群众演员，一天也只有 20 元钱的报酬，并且这样的机会也不多，更多的时候还是没电影可拍。为了生计，王宝强找工地打零工，搬砖和泥筛沙，什么都干。王宝强在北京待了 3 年，始终挣扎在温饱的边缘。但他始终没有放弃自己的演员梦。因为他太渴望成功了。

　　2002 年，因为原定的主角夏雨档期不合，电影《盲井》的主角砸到了王宝强头上。《盲井》让王宝强拿了那一年的台湾电影大奖——金马奖最佳新人奖。没多久，他就得到了与一些大牌明星同台演出的机会。他被冯小刚挑选出演当时自己的新片《天下无贼》，还在电视剧《暗算》里演瞎子阿炳。2007 年，《士兵突击》更是将王宝强的声誉推到了极致。后来，王宝强签约著名的"华谊兄弟"旗下，成了一线演员。

　　王宝强成功了，而面对别人的赞美和夸奖，他这样说："路还太远，我才二十多岁。人生就像登山，我希望自己永远不要登到峰顶。每天一点点往上爬，以后的路还很艰难，根基打好，一点点往上走。"

　　王宝强的故事告诉我们，所有的成功都需要付出代价，就像歌里唱的：不经历风雨怎么见彩虹，没有人能随随便便成功。

　　所以，不要惧怕生命中的磨难，所有我们遭遇的艰辛和痛苦，都是来成就我们的，我们能经受多大的考验，最后就能享有多大的辉煌。

美国作家爱默生说过："我们的力量来自我们的软弱，直到我们被戳、被刺，甚至被伤害到疼痛的程度时，才会唤醒那被包藏着的神秘力量。只有这些力量被摇醒、被折磨，才能激励我们学习一些东西。此时我们会运用自己的智慧，发挥自己的刚毅精神，学会了解事实真相，从自己的无知中学习经验，磨炼自己的意志，最后，学会调整自己并且掌握真正的技巧。"

没错，生活有时候会让我们遍体鳞伤，但到后来，那些受伤的地方一定会变成我们最强壮的地方，我们会在创伤中逐渐成长，并趋于成熟，我们会以迅猛有力的姿态攀上成功的高峰，最终迎来属于自己的辉煌人生。

用实力打破所有质疑

众所周知，人性里都有慕强的一面，当你自身实力不够时，别人往往不会把你放在眼里，甚至有人还会轻视你，嘲笑你。面对这种情况，你如果被击倒在地，那这一生都不可能改变自己的命运，唯有在逆境中发愤图强，默默提高自己的实力，你才能让别人刮目相看，让别人后悔以前小瞧了你。

高尔基的一生十分坎坷，好比深海行舟，随时都有被突如其来的大浪吞噬的可能。但他仍然凭借着惊人的毅力和巨大的勇气驾驭着小船抵达了彼岸，登上了高峰。

高尔基的困难来源于三处：家庭、学校、社会。他不到 5 岁时，父亲病亡。继父挥金如土，是个有名的赌徒，时间不长便把全部家产赌光。一家人过着穷困潦倒的生活。高尔基的外祖父和两个舅舅凶残暴虐，根本不把高尔基当人看。

在最下等的库那支小学里，由于高尔基穿的是妈妈的旧鞋和用外祖母的上衣改制的外套，招致同学们的嘲笑和侮辱，甚至遭到个别老师的斥责和讥讽。严酷的生活锻炼了他，他不再沉默，不再逆来顺受，对不公平的事他敢于反抗。不堪忍受侮辱的小高尔基倔强地夹起行李卷儿，告别了母亲。

他无处存身，最后又来到破了产的外祖母家。为了帮助外祖母，高尔基每天上学前便跑到各处去拾废品，卖了钱都交给外祖母。尽管拾破烂遭到一些师生的冷嘲热讽，但是高尔基发愤读书，因此学习成绩优异，他还受到学校的奖励。

但天意弄人，三年级时，母亲去世了，高尔基最终因贫困而辍学。从此后，他便到"人间"自谋生路。他曾做过厨师的助手，在神像制造厂当过学徒，做过监工等，但不论换什么工作，他都坚持一边打工一边读书。

1884 年，16 岁的高尔基竭力想进大学，要知道，当时社会是由沙皇统治的，沙皇统治下的大学，是为少数特权阶层服务的，这时，高尔基只能在劳动中读"大学"。他生活在装卸工人和流浪汉中间，每天都会增添许多难忘的印象。他并没有受到那些放荡不羁的流浪汉的影响，恰恰相反，他离开了似乎要走的道路，披荆斩棘地踏上了另一条更为艰苦的人生之途，思想进入紧张的探索时期，最终成为伟大的革命作家。

就这样，高尔基成了一位巨人，成了一位在困境中崛起的巨人。

高尔基的故事无疑很有启发性：在人生的道路上，我们都或多或少遭遇过别人的轻视和嘲笑，越是这个时候，我们越是要淡定，不断提高自己的实力，绝不能把宝贵的时间浪费在跟别人打口水仗上。

要知道，就算别人嘴上认输，心里还是不服的，因此，我们要想赢得对方真正的尊重，就必须将他们的轻视和嘲笑视作命运对自己的考验，将其化作自身前进的动力，最后用实力说话。

吴士宏曾经一度被称为"打工皇后"。不过最初吴士宏只是一个护士。1985 年，她决定要到当时世界最大的信息产业公司——

IBM 去应聘。IBM 的招聘地点在北京长城饭店。

她回忆说，在长城饭店门口，自己足足徘徊了五分钟，呆呆地看着各种肤色的人从容地迈上台阶，简简单单地进入另一个世界。她的内心深处无法丈量自己与这道门之间的距离。经过一番思考，她鼓足了勇气，迈着稳健的步伐，穿过威严的旋转门，按着内心的召唤，走进了 IBM 公司的北京办事处：她的确是个人才，顺利地通过了两轮笔试和一轮口试，最后到了主考官面前，眼看就要大功告成了。

俗话说："阎王好见，小鬼难缠。"现在已经见到了阎王，她什么也不怕了。主考官没有提什么难的问题，只是随口问："你会不会打字？"

她本来不会打字，但是本能告诉她，到了这个地步，不能有不会的。

于是，她点点头，只说了一个字："会！"

"一分钟可以打多少个字？"

"您的要求是多少？"

"每分钟 120 字。"

她不经意地环视一下四周，考场里没有发现一台打字机，她马上就回答："没问题！"主考官说："好，下次录取时再加试打字！"

实际上，吴士宏从来没有摸过打字机。面试结束，她就飞快地跑到一个朋友处借 170 元钱买了一台打字机，然后没日没夜地练习了一个星期，居然达到了专业打字员的水平。

她被录取了，成了这家世界著名企业的一名普通员工，她扮演的不是白领，而是一位卑微的角色，主要工作是泡茶倒水，打扫卫生，用她自己的话说，"完全是脑袋以下的肢体劳动"。她为此感到很自卑，她把可以触摸传真机作为一种奢望，她所感到的安慰就是自己能够在一个可以解决温饱问题而又安全的地方做事。可是作为一位服务人员，这种心理平衡很快就被打破了。

一天，吴士宏推着平板车买办公用品回来，门卫把她拦在大门口，故意要检查外企工作证。她没有外企工作证，于是在大门口僵持了一会儿，进进出出的人就像看大街上耍猴那样，个个都投来一种异样的目光。作为一位女性，她的内心充满了屈辱，可是她知道得到这份工作不容易，她没有发泄出来，可是内心却咬着牙在说："我不能这样下去！"

还有一件事情冲撞着她的内心。

有个女职员，香港的，资格很老，动不动就喜欢指使人给她办事，吴士宏就是她的主要指使对象。一天，这位女士叫着吴士宏的英语名字说："Juliet，如果你想喝咖啡就请告诉我！"吴士宏丈二和尚摸不着头，不知这位自以为是的女士在说什么。

这位女士说："如果你喝我的咖啡，请你每次都把杯子的盖子盖好！"吴士宏本来是一个很会忍气吞声的人，这次女性的温柔全都不见了，因为那女人把自己当成偷喝咖啡的小蟊贼了，这是一种人格上的侮辱。

她顿时浑身战栗，就像一头愤怒的狮子，把埋在内心的满腔怒火全部发泄了出来。吴士宏发誓：有朝一日，我要去管公司里的任何一个人，不管他是外国人还是中国人！甘愿自卑，就只能沉沦下去，不肯自卑，就会产生无穷的推动力。吴士宏每天除了工作就是学习，在寻找着自己的最佳出路。

最终，与她一起进 IBM 的人中，她第一个做了业务代表，第一批成为本土的经理，第一批成为赴美国本部进行战略研究的人，第一个成为 IBM 华南地区总经理。最后，吴士宏还登上了 IBM(中国) 公司总经理的宝座。

命运的考验无处不在，有的考验是实打实的困难，有的考验则来自我们身边的人，他们吐出的难听的话语，总是能刺痛一无所有、人微言轻的我们。

很显然，吴士宏也被刺痛了，但她并没有因此沉沦，而是在暗中蓄积力量，然后一飞冲天，用强大的实力来瓦解一切轻视和嘲笑。

毫无疑问，她是我们每个人心中的榜样，所有人都应该向她学习，学习她的自强不息，学习她的勇敢坚韧，学习她在逆境中的永不屈服。总有一天，我们也会像她那样，将自己磨成一颗钻石，凭借实力让所有的冷嘲平息。

拥抱你的对手

许多人应该都听过草原狼的例子。

某牧场上狼群出没，经常吞噬牧民的羊。牧民于是求助政府和军队将狼群赶尽杀绝。狼没有了，羊的数量大增，牧民们非常高兴，认为预期的设想实现了。

可是，若干年以后，却发现羊的繁殖能力大大下降，羊的数量锐减且体弱多病，羊毛的质量也大不如前。

牧民这才明白，失去了天敌，羊的生存和繁殖基因也退化了。

于是，牧民又请求政府再引进野狼，狼回到草原，羊的数量又开始减少，羊毛的质量也提高了。

俗话说，猪圈岂生千里马，花盆难养万年松。在自然界，没有天敌的动物往往都是最先灭绝的，因为失去了威胁，失去了压力，生存的动力也会大大地降低，而有天敌的动物，自始至终都不会放松警惕，所以它们能逐步壮大，繁衍族群。

其实，大自然的这一现象同样适用于人类社会，对手的存在会让一个人发挥出巨大的潜能，从而创造出惊人的成绩。

然而，在现实生活中，很多人却讨厌竞争对手，恨不得一脚把竞争对手踢开，自己好一家独大，还有的人会因为竞争对手的存在而郁郁寡欢，埋怨老天给自己凭空制造很多障碍，颇有一种

"既生瑜何生亮"的不得志感。

毫无疑问，持有这种想法的人都是非常短视的，其人生也不可能有多大的作为。

真正拥有长远眼光的人，会看到竞争对手的好，会看到对方给自己带来的激励作用。是的，正是因为竞争对手的存在，我们才不断进步，日渐强大。

乔治·巴顿中校是美国陆军史上最优秀的坦克防护装甲专家之一。1988年，巴顿接到国防部的紧急召唤，接受了研制 M1A2 型坦克防护装甲的任务。

这是一种新型的高端武器，为了使研制出来的装甲性能更高、质量更好，巴顿请来了一位特殊的帮手——毕业于麻省理工学院的工程师迈克·马茨。

但巴顿请马茨来，并不是要他和自己一起做研究的，而是要他来搞破坏。因为马茨是著名的破坏力专家，在军事领域，他们俩简直就是"死对头"。

两人各带着一个研究小组，巴顿带的是研制小组，主要负责装甲的研制和防护，而马茨带的则是破坏小组，专门负责摧毁巴顿研制出来的装甲。

起初，巴顿研制出的装甲，总能被马茨轻而易举地炸坏。每当坦克被炸坏后，巴顿就会找马茨交流，分析失败的原因，找寻问题的根源，以便在下一次研制中寻找破解的方法。巴顿一次次"绞尽脑汁"地去设计，马茨一次次"想方设法"地去破坏，然后两人再商讨改进的方法。

终于有一天，当马茨使尽浑身解数甚至直接在防护装甲上引爆也未能奏效时，巴顿当即兴奋地宣布：M1A2 型坦克防护装甲正式研制成功，它可以承受时速超过 4500 公里、单位破坏力超过 135 万公斤的打击力度。

直到现在，这种坦克防护装甲仍然是世界上最坚固的。巴顿与马茨这对"对手"，也因为这项发明而共同赢得了象征着美国军事科研领域最高荣誉的"紫心勋章"。

事后，有记者问巴顿取得成功的秘诀时，巴顿笑着说："我取得成功的一个重要原因，就是因为我有一个强大的对手。以强手为对手，是让自己取得成功的最有效的捷径，如果成功有捷径的话。"

事实证明，巴顿的选择是正确的，因为他的聪明和睿智，把最强大的对手变成了最好的助手，从而获得了巨大的成功。

奥运冠军刘翔说过："没有对手就没有动力，我永远感谢对手。"这句话说得没错，虽然从表面上看，竞争对手的存在于我们是一种逆境，但实际上，这种逆境是一种动力，能鞭策我们变得更好、更优秀，从而取得更大的成功。

因为人性是贪图安逸的，竞争对手将我们从安逸的环境中拉出来，让我们真切地感受到一种危机和紧迫，从而使得我们不至于沉沦。

所以，我们非但不能怨恨、诅咒竞争对手，反而要像巴顿一样感谢竞争对手，毕竟没有他，也就没有现在的我们，没有他，我们也不可能成就现在的辉煌人生。

今天，在社会的各个领域，都充满了竞争，这也是世人皆知的道理。很明显，那些成功人士都是通过竞争逐渐脱颖而出，成为各个领域的佼佼者的。他们具有常人所不具备的坚韧毅力，勇于拼搏，不断进取。

如果你已是一个成功者，那么只要你仔细回想一下，你就会发现真正促使你进步、成功的，不单是自己的能力，不单是朋友和亲人的鼓励，更多的时候，是你的对手激发了你的潜能，促使你不断进步。

　　我的朋友，请不要憎恨你的"敌人"。相反，你应该庆幸自己曾经遭受过"敌人"的磨难，因为这正是你脱颖而出的动力；感谢你强劲的"敌人"吧，因为正是他们使你变得杰出和伟大。

第五章
关心自己，美好生活随手拈来

如果你经常因为一点儿小事就责怪自己，或者怨天尤人，那就说明，你是一个喜欢惩罚自己的人。但你要知道，生活中总会有一些残酷存在，你何必为难自己呢？当你稍微"自私"一点儿，关心自己，对自己好一点儿的时候，你会发现，美好的生活随手就能拈来。

主动安慰自己

动物在受伤的时候，会主动找一个安静又安全的角落躺下，然后伸出舌头，一遍又一遍地舔舐自己的伤口。在这种出于本能的抚慰下，不用多久，它们的伤口竟然奇迹般地痊愈了。整个过程几乎没有向外界寻求任何援助，每次看到这个画面，总忍不住沉思，看来，安慰自己从来都不是别人的义务。

孩提时代，每当我们在外面跌跌撞撞，磕磕碰碰出一身伤时，疼痛会使我们快速跑到父母跟前，咋咋呼呼地寻求他们的安慰。"哦，可怜的宝贝，一定很疼吧，来、来、来，妈妈帮你摸一摸。"父母的温柔安慰就像冬日里的暖阳，原本很痛的伤一下子就好了，我们瞬间满血复活，愉快而又安心地继续玩耍。

小孩子总要长大，失去了父母和老师的庇佑，我们只能单枪匹马地上路，途中难免会遇到让我们受伤的人和事，此时，能在第一时间安慰我们的就只有自己了。作为一个成年人，我们不能再像小孩那样以为号啕两声，就会有人匆匆忙忙给我们端来止疼汤了，大部分时候，能给我们舔舐伤口的除了我们自己，再无他人。

生活中，很多得抑郁症的人，都是一些不太懂得安慰自己、宠爱自己的人，他们普遍有一个特点，那就是极为舍得对他人付出，对自己则有着近乎一毛不拔的吝啬和严苛。在他们的认知里，品德高尚的人永远都在关爱别人和安慰别人，如果一个人只知道宠爱自己和安慰自己，那绝对是自私自利的表现。

紫萱是一个不会对自己好的人。她给家里人多少钱都舍得，自己打个车却都要犹豫再三。平时老公给她买了新衣服，她也总是放着不穿，如果有朋友喜欢，她就会慷慨地送给对方。有时去朋友家做客，朋友问她吃了吗，她就说吃了，结果一直饿着肚子看朋友一家吃饭。

其实，这种性格的人总是活得最累，她具备了很多优点，比如善良、勤劳、舍得付出等，可她就是不懂得如何宠爱自己。她总是被动地等着别人来对她好，遇到困难和挫折，她很容易陷入情绪的低谷，可再怎么痛苦，她都不愿意好好安慰一下自己，她觉得自己安慰自己是一件令人羞耻的事，唯有别人主动来安慰她，才能让她从痛苦中走出来。

有一次，她因为工作上出了一点儿差错被领导狠狠地批评了几句，这让自尊心特别强的她感到非常难过，回到自己的办公桌后，她开始小声地抽泣起来。当时和她要好的几个同事都在忙自己的工作，根本没有时间来安慰她，她明明需要安慰，却始终不愿意腆着脸皮打扰别人。

这一整天，她的情绪都非常不好，下班后回到家，她的眼睛都肿得跟核桃一样。她在微博上幽幽地抱怨：我平时对她们那么好，为什么在我伤心难过的时候，她们一点儿安慰也不愿意给我？是不是我们之间的友情不够坚定？有朋友看到她发的微博后，连忙在底下留言：我当时忙得焦头烂额，所以才没有注意到你不开心。亲爱的，你要学会宠爱自己，就像你平时关爱别人那样对自己好一点儿。

紫萱听不进去朋友的劝告，她的心里已经对朋友生出隔阂了，她觉得她们并不是自己的知己。每次一想到这些，紫萱又开始涌出泪意，她觉得这个世界上没有一个人真正爱她，平时自己所付出的那一腔真情实意，不过虚掷罢了。

后来，朋友们也不敢和紫萱亲近了，她们甚至害怕紫萱对她们的付出和关爱，因为这种付出的背后是一个巨大的黑洞，如果她们没有及时为紫萱送上关爱和安慰，这个黑洞就会毫不留情地吞噬掉她们。

谁不害怕呢？谁又愿意承接住一个人的全部重量呢？哪怕这个人对自己再好。紫萱不愿意对自己好，遇到困难也不愿意安慰自己，因为一争取，就等于丢人了，失掉自己的价值了，容易被人瞧不起了。这是多么愚昧的想法啊！她以为唯有付出和奉献才能找到自己的位置，而宠爱自己、安慰自己，都是别人的义务。

试问，一个不肯对自己好的人，又怎么会得到他人的关爱呢？要知道，别人如何看我们，往往是从我们如何对待自己开始的。另外，没错，她确实对别人很好，可这种付出是有条件的，她在关爱别人的同时，也向对方发出了一个信号：我对你好，那你也要对我好，我不开心的时候，你还要负责安慰我。如果你对我不好，你不安慰我，那这就是你的错，你对不起我！

没有人愿意负起这个责任，也没有人愿意承受这份愧疚，所以她们最后都选择远离紫萱。如果紫萱还有些许智慧的话，就应该彻底觉悟，从此加倍地对自己好，遇到不开心的事儿，不要老是指望别人来安慰自己，要告诉自己，受伤的我值得被自己安慰，我完全能担此重任。

有些人不懂得如何安慰自己，此时，我们可以抽离出另一个自己，把这个自己想象成亲爱的父母，然后借由这个父母大声、温柔、充满关爱地对受伤的自己说话，让他知道他并不孤单，他的伤痛有人和他一起分担。

宠爱自己并不难，学会安慰自己是第一步，这也是被别人安慰和关爱的前提。当我们为自己疗伤成功后，我们整个人会变得更加强大，更加快乐，以后既能更好地去关爱别人，也能更好地被别人关爱。

你其实不必过得那么累

有些外在富足的人可能是最痛苦、最不幸的人。在澳大利亚和加拿大，有近两百万的富人正陷在沮丧情绪中，被迫接受医院的治疗，而有一些人虽然贫穷，却活得潇洒快乐。很多时候，快乐其实是内心的富足，与金钱无关。

现在社会上很多人都说自己活得太累，是因为工作累吗？不见得，生活中有的人"一杯茶，一支烟，一张报纸看半天"也喊累。是个人家庭负担过重吗？也未必。感叹"活得太累"者中，不少人是人生旅途一帆风顺、丰衣足食者，断无生计之忧与养家糊口之虑。

那么，这些人"累"从何来？原因应该说是多方面的，除了生活节奏的加快、人际关系的复杂、不良风气的影响等客观因素外，从主观上检查，主要是欲望之累。人皆有欲，但欲不可纵。有道是"欲壑难填"。大凡说"活得累"者，都与欲望过奢有关。有些人比下有余，却总想着比上不足，于是便生出许多不满足：官不够大，钱不够多……而这些不满足不是转化为积极上进、参与竞争的动力，而是怨天尤人。在这种精神状态的支配下，当然不会"心想事成""万事如意"，于是只有叹息"活得累"了。

在东方的一个国度里，有一对贫穷而善良的兄弟，他们靠每天上山砍柴过着艰辛的日子。一天，兄弟二人在山上砍柴时，正好遇见一只老虎在追咬一个老人。兄弟俩奋不顾身地与老虎搏斗，终于从老虎口中救下那位须发皆白的老人。而这位老人是一位神仙，他念及兄弟俩的善良和勇敢，于是许愿帮助他二人得到快乐，并让他们每人点一样物品，作为送给他们的礼物。

哥哥因为穷怕了，想要有永远用不完的金银财宝，于是，神仙送给他一个点石成金的手指：任何东西，只要他用这手指轻轻一触，就会立即变成金子。哥哥如愿以偿地成了富人，买了房子置了地，娶妻生子，过着十分富有的生活。

遗憾的是，金手指也成了他的一种负担。因为，只要他稍不小心，他眼前的人和物就会在瞬间变成冷冰冰的、没有生命的金子。他甚至把他最宠爱的小女儿也变成了金子。朋友们都对他敬而远之，家人们也小心翼翼地防着他。守着取之不尽、用之不竭的钱财，哥哥说不出自己是快乐还是不快乐。

而弟弟是一个单纯的人，他希望自己一辈子快快乐乐。于是，老神仙给了他一个哨子，并告诉他：无论什么时候，无论遇到什么事情，只要轻轻地吹一吹哨子，他就会变得快乐起来。

弟弟还是像以前一样，过着艰苦的生活，仍然需要与各种艰难困苦进行抗争，仍然需要靠辛勤的劳动获取温饱。但是，每当他遇到不如意的事情的时候，他就取出那只哨子。那动听的声音，就像一缕缕和煦的阳光，像一阵阵温暖的春风，驱走他的忧伤和愁苦，给他带来快乐。

快乐是我们每一个人都在追寻的。这种追寻贯穿我们的一生。然而，快乐的源泉在哪里？却不是每一个人都能找得到的。

大多时候，我们对生活总觉得不满足，我们的心一直都在流浪旅行，我们从来没有走在回家的路上——我们永远不满足。

当没有房子时，我们就在想：如果有一间自己的房子就好了，哪怕是一间小小的平房。当住进楼房后，我们又想：怎么人家有别墅呢？空间又大，又有草地，这个小楼房算什么？……

知足常乐是一项几乎不可能的美德。为什么？因为世界上没有任何东西，能满足我们内心最深处的渴求。

要想活得轻松一些，就是凡事豁达一点儿，洒脱一点儿，不必把一点点小惠小利看得过重；而要达到这种超脱境界，关键是寻求心灵的满足。如果一心想着个人享乐，贪恋钱欲、官欲，便无异于作茧自缚，不仅自己活得精疲力竭，还会危害他人。快乐若来自物欲的满足，是短暂而不幸的，物欲没有止境，人生就会永无宁日。为了无休止的私欲，注定得与四周环境为敌。而只有来自心灵的快乐，才是永久而幸福的，才有宁静、恬淡、平和之感。

人们之所以活得累，就是因为眼睛总盯着名利不放，这样活着会很辛苦。很多时候执着也是一种负担，何不学着放下呢？

放下了贪念，你就可以拥有真正的快乐。拥有了快乐，就拥有了一切，你的人生也就与众不同。

轻装上阵，人生不需要包袱

一个年轻人背着一个大包裹千里迢迢跑来拜访大师，他双眉紧蹙地问道："大师，我好孤独，好痛苦，长期跋涉让我疲惫到了极点。您看，我的鞋子都破了，双脚满是被荆棘割破的伤痕。我的手也受伤了，血一直流个不停。我的嗓子更是因为长久呼喊而喑哑，我不明白，为什么我还是不能找到心中的阳光呢？"

大师充满同情地看着他，问道："年轻人，你的大包裹里装的是什么？"

年轻人回答说："包裹里装着我每一次跌倒时的痛苦，每一次受伤后的哭泣，每一次孤寂时的烦恼。它对我很重要，靠着它，我才能走到您这儿来。"

大师听了，什么话也没说，他径直把年轻人带到河边，两个人一起坐船过了河。上岸后，大师对年轻人说："你扛着船赶路吧！"

"什么，扛着船赶路？"年轻人一脸诧异，"船那么沉，我扛得动吗？"

"是的，年轻人，你扛不动它。"大师微微一笑，说，"过河时，船是有用的，但过了河，我们就要放下船赶路，否则，它就会变成我们的包袱。"

年轻人愣怔了一会儿，随即明白了大师话中的深意。原来，经历灾难、痛苦、孤独和眼泪，我们的生命得到了升华，但如果对此念念不忘，那它就会变成沉重的包袱压在我们身上，让我们每走一步都艰辛不已。

　　体悟到这些后，年轻人果敢地放下了包袱，他发觉自己走的每一步都轻松无比，慢慢地，他的内心涌进了许多快乐。

　　所谓"微言大义"，莫过于此。

　　每个人的生命旅途都曾遭遇过风风雨雨，每个人的心里都积压了不少烦闷痛苦，我们常常因为这些不如意辗转难眠，就像故事中的年轻人一样，时刻扛着一个巨大的包袱，总也找不到那一缕阳光来慰藉自己阴暗潮湿的心灵。

　　但凡不愉快的经历，我们都习惯于将其收纳在包袱里，日积月累，我们的包袱变得越来越沉重，总有一天，包袱会把我们的背脊压弯。台湾歌手吴克群有一首歌叫《纸片人》，其中有这么一句歌词："说不出对你心疼几分，夜半听你哭声，你为爱变成纸片人，为何消瘦要我别过问？"其实，"纸片人"已经不再是爱情领域里"为爱消得人憔悴"之人的独有称呼，每一个扛着包袱生活的人，都可能因为包袱的重压而变成"纸片人"。

　　这种结果是可怕的。我们明明追求的是快乐和幸福，却又因为生命中必然会出现的艰难苦困而变得郁郁寡欢，这一切，或许是因为我们还不够爱自己，还不懂怎么去爱自己。在灾难和痛苦来临时，我们先是乱了阵脚，情绪开始失控，等到它们都过去了之后，我们仍无法从愤懑和悲伤的情绪中挣扎出来，生活在继续，我们却执意背负包袱前行，以为这样就能惩罚人生的无常，结果还是苦了自己。

其实，一个人如果真的爱自己，那不管他遭遇了什么厄运，他都会勇敢地扼住厄运的喉咙，绝对不会任由厄运摆弄。他深刻地认识到，如果他想寻求到生命中的阳光，那他必须事先预备好阳光的心理，而包袱太沉太重太阴暗，唯有彻底地放下它，阳光才有机会洒到他空无一物的内心。

五年前一个冬天的晚上，姜鑫被人抢劫了。当时，他和朋友吃完晚饭后，独自一人走在一条通往家的小巷子里。小巷子里没有路灯，他也看不太清楚前面有没有人。突然，一个人从角落里蹿出来，拿刀抵住他的小腹，要他把钱包拿出来。他也不知道哪里来的勇气，竟然和抢劫犯厮打了起来，全然一副要钱不要命的模样，不管抢劫犯怎么蛮横，他都死命护住自己的钱包。

最后，当抢劫犯把他钱包里的钱都抢走了，他才发现自己手里还死命攥着一个空空如也的钱包。他又气又急，把空钱包往地上狠狠地一摔，立马朝抢劫犯逃走的方向追去。可最后还是没追上，于是，他对着茫茫夜色失声痛哭。

这件事给姜鑫带来了严重的心理阴影，他再也不敢和朋友聚会到深夜了，有时候，别人只不过走在他边上，他都会变得很警觉，总感觉有人要伤害他。在他的心里，那一次被抢劫的经历俨然成了一个包袱，他背着这个包袱，行路艰难却始终不愿意放下。每分每秒，他都过得不快乐，总感觉自己的生活危机四伏。

人生总会有伤害，我们无法选择要或不要，更多时候，伤害总是突如其来，杀我们一个措手不及。被陌生人抢劫固然是痛苦的，可这种痛苦未必就没有滋养人的成分，如果我们懂得心疼自己，宠爱自己，那我们就一定能从中吸取教训，知道日后该怎么保护自己不受此类伤害。抢劫一事已然过去，一直停留在被抢劫的心理恐慌中，无异于再一次被"包袱"打劫，想到这些，我们怎忍心不放下？

　　哈佛大学的图书馆有这样一句话：当痛苦不可避免的时候，请享受它。这句话应该还有未尽之意，那就是，当痛苦过后，请放下它。谁的成长之路是一条康庄大道呢？高山险滩是不可避免的，我们总要去经历，而经历过后呢？我们还要学会放下，唯有放下，这些痛苦的经历才不会成为压抑在我们心间的沉重包袱，我们的生命才能源源不断地涌进来快乐。

有时候，糊涂一点儿更快乐

几乎没有人喜欢谎言，因为谎言意味着欺骗和背叛，意味着自己被蒙在鼓里，任人玩弄于股掌之中。因此，人们讨厌别人欺骗自己，同时，他们也不喜欢对自己撒谎。但是，就是这种对真相和事实的穷追猛打，又让人们得不到一种放松身心的快乐，我们执着于人和事的每一处细节，试图还原它们本来的真实面貌，好让自己活得明白一些。

我们以为活得明白就等于过得幸福，可事实证明，凡事要是都弄个水落石出，我们最后未必能承受住这份残酷的真实。换句话说，我们并不能从这份真实中获得让自己不断进取的能量，相反，我们甚至会被这份真实把控住，悲喜不由己。

对于一个追逐快乐和幸福的人，偶尔欺骗一下自己是没有关系的，不是有一个词叫"善意的谎言"吗？善意的谎言总是美丽的，它并没有任何恶意，很多时候它完全是出于良好的动机，永远是在维护他人的利益，顾全他人的面子，温暖他人的心灵。生活中，之所以会存在善意的谎言，是因为人心是非常脆弱的，一点点温暖和安慰都能让处于困境中的人重新站起来，从而勇敢地继续自己的生活。其实，善意的谎言不仅能用在别人身上，还能用在我们自己身上。当我们遇到困难时，当我们遭受不幸时，我们都可以给自己一个充满善意的谎言。

当然，也许有人会说，谎言就是谎言，一个撒谎的人，不管他是对别人撒谎，还是对自己撒谎，其骨子里总是镌刻着不诚信。可是事实并非如此，有时候，适当合理地编织一些善意的谎言，可以最大限程度地点燃一个人的希望之火，让他的内心充满正能量，从而重拾对生活以及未来前途的信心。

还记得美国作家欧·亨利的短篇小说《最后一片叶子》吗？女孩琼珊不幸得了严重的肺病，生命垂危，她躺在病床上，绝望地看着窗外对面墙上的常春藤叶子不断被风吹落，心想："等最后一片叶子掉落，我的生命也就结束了。"

于是，她终日望着那片叶子，等待它掉落，也悄然地等待自己生命的终结。

但是，窗外那最后一片叶子竟然一直没有掉落，直到琼珊的身体完全康复。琼珊以为最后那片叶子是有幸存留的，其实，那是贝尔曼——一个伟大的画家，在听完朋友苏艾讲述室友琼珊的故事后，夜里冒着暴风雨，用画笔画出的一片逼真的"永不凋落"的常春藤叶。

也正是因为这最后一片树叶，琼珊才重拾了生存的意志。

如果谎言能让一个对生命绝望的人重新燃起对生命的希望，那这样的谎言我们能说它不美好吗？我们能忍心对其口诛笔伐吗？不能！只要出发点是好的，说谎就并非传统意义上的恶意欺骗。

当然，举这个例子主要是为了说明更重要的一点，很多时候，为什么我们总是能对别人说出善意的谎言，唯独不愿对自己撒个小谎呢？难道我们自己就不能像别人那样值得被自己宠爱吗？别人是人，我们也是人，我们可以出于关爱而"欺骗"别人，难道我们就不能出于关爱而"欺骗"自己吗？

人生本就充满艰辛，每个在社会上摸爬滚打的人都伤痕累累，当我们带着一身疲倦和伤口回到属于自己的小窝时，我们应该比任何人都要心疼自己。犯错了，受委屈了，遇到挫折了，被人伤害了，不论这些事发生的原因是什么，也不管我们对此需不需要负责任，事后除了必要的反省外，我们实在不应再对自己有太多的责罚、怨恨和厌恶。想想，那些受了伤回到家的小孩，他们内心最为需要的不是父母在他的面前摆臭脸说道理，而是关切的话语和温暖的拥抱。

小孩子如此，我们亦如此。在痛苦的处境里，谈理性和讲事实永远都是无用的、粗暴的、不合情理的，受伤的人只需要"共情"，别人的"共情"和自己的"共情"，而后者又尤为重要。因为身体是自己的，心灵也是自己的，如果我们自己都不能和自己和解，那别人再怎么嘘寒问暖也起不到真正的疗伤作用。因此，从这个角度看，在遇到过不去的坎时，偶尔欺骗一下自己就显得十分必要了。

总的来说，欺骗自己只有一种方式，那就是当事实的指向有损我们的自尊、打击我们的自信、让我们心怀愧疚或是备感羞耻时，我们要拼尽全力，让自己的认知往反方向走。比如，工作上出了失误，我们除了检讨自己的问题，最重要的还是要对自己说："我很优秀，这不完全是我的错。"如此，我们才能让自己的内心做到"水过不留痕，雁过不留声"，并一直对生活保持着热情高昂的姿态。

哲人塞·约翰逊曾说："一个人宁可听一百句谎言，也不想听一句他不愿听到的真话。"活得太过真实不是什么好事，难得糊涂才能享有长久的快乐。如果开诚布公、直截了当、坦率无忌、和盘托出地说出残酷的真相，会给自己造成一种深入骨髓的痛苦和伤害，那我们不如多宠爱自己一点儿，偶尔对自己撒撒小谎，毕竟这样做能让我们变得更快乐一点儿，而快乐不正是我们毕生所追求的吗？

不再杞人忧天

"悟以往之不谏，知来者之可追。"这是东晋诗人陶渊明在《归去来兮辞》中的一句诗词，大意是，过去已经消逝在时光的长河之中，我们再怎么悔悟，也无法弥补过去留下的遗憾和犯下的错误，现在唯一能做的就是在未来的岁月里努力把事情做好，不要让遗憾和错误再次发生。

这句诗词颇有悬崖勒马的意味。回顾中外历史的长河，能真正做到不反刍痛苦的伟人，英国首相劳合·乔治绝对要算一个。

有一天，乔治和一位好朋友在院子里散步，每当他们走过一扇门，乔治总是随手把门关上。朋友注意到这个小细节之后，有点纳闷，他好奇地问道："乔治，为什么你每次都要把这些门关上呢？有什么必要啊？"

"当然有必要啊！"乔治微微一笑，又继续说道，"你知道吗？我这一生都在关我身后的门。这是我必须做的事情。每当我关上身后的门的时候，就决心把过去发生的一切都抛在脑后，不管它是辉煌的成就，还是令人懊悔的失误。只有这样，我才可以重新开始自己的美好生活！"

在对待痛苦的往事上，乔治的态度无疑是豁达的，很少有人能像他那样。人们总是不愿意接受昨天已经尘埃落定的遗憾和错误，以至于他们经常用自己的痛苦来变相成全内心那份对完美的苛求。这样做的后果是非常可怕的，它并不能给一个人的生活带来多少奇迹，反而会让他们的工作和生活停滞不前。

捷克作家米兰·昆德拉曾在其名作《不能承受的生命之轻》中说道："因为人的生命只有一次，我们既不能把它同以前的生活相比较，也无法使其完美之后再来度过。"其实，他所要表达的意思是，每个人的生命都是现场直播，谁都没有彩排的机会，所以谁都会不可避免地犯下错误。如果我们不能像乔治首相那样果断地关上身后的门，那我们只能在屡次的反刍痛苦中消耗掉宝贵的生命。

之前，我们曾反复提及人要懂得宠爱自己，而宠爱自己的一个显著标志就是我们是否活在当下。一个活在当下的人，必定像乔治首相一样不反刍痛苦，除此之外，他还不会向未知的明天预支烦恼。有人不懂何谓"预支烦恼"，简单来讲，就是一个人分分钟钟都处于一种没有安全感的愁闷之中，比如，喝着杯里的水，担心自己会不会呛死；吃着碗里的饭，忧心自己会不会噎死。

这种心态近似于"杞人忧天"，纯粹是自寻烦恼。

雷勇被身边的朋友戏称为"操心哥"，不管何时何地看到他，他的眉头永远都是紧锁的，额头上的抬头纹若隐若现，时常给人一种心事重重的感觉。

朋友们的感觉没错，雷勇确实是对自己的未来忧心忡忡。他今年快 30 岁了，工作已有七八年，眼看着身边的同事一个个都升职加薪，就他还是外甥打灯笼——照舅（旧），这怎么不令他心生烦闷呢？

再这样下去，他很担心自己是否能存到钱娶老婆，毕竟他也老大不小了，父母又只有他一个儿子，都巴巴地等着抱孙子呢！

　　每次想到这些，雷勇都感觉坐立难安，工作也沉不下心来。有一次，他又因为这些烦心事走神，公司领导叫了他好几次他都没听见，直到邻座的同事推了他一把，他才"如梦初醒"，一脸茫然地看着早已黑脸的领导。

　　念在他是初犯，领导决定给他一次机会，可当这种事发生的次数越来越多时，领导二话不说就炒了他的鱿鱼。在雷勇离开公司前，领导还送了一句话给他："这世上，有的人缺爱，有的人缺钱，我还没见过像你这样缺烦恼的！"

　　是啊，未来的事情总是变幻莫测，如果明天注定有烦恼等着我们，那我们再怎么担心也无法改变这个事实，又何必向"明天"这个大老板提前预支烦恼呢？雷勇傻就傻在对未知怀揣一颗不安之心，他若是懂得宠爱自己，就不会继续这种毫无价值的内耗行为。

　　要知道，烦恼和忧愁就好比树上的叶子，谁也没有办法让属于明天的落叶提前掉到地上好让我们清扫干净，同理，谁也没有办法将属于明天的烦恼抢先一步吃进自己的肚子里。我们每个人都只拥有当下，与其向明天预支烦恼，不如将当下的真实紧握在手，说不定明天会因为我们的努力而变得丰满甘甜。

　　生命最大的魅力不在于结果，而在于过程。凡是沉溺在过往痛苦和明日烦恼中的人，都有程度不一的"结果综合征"，这种对结果的偏执让他们无法认真体会生命的每一分每一秒，自然也无法从中得到任何乐趣。他们渴望得到幸福和快乐，却时常事与愿违，频繁尝到痛苦和烦恼的滋味。

　　终有一天，当我们愿意多给自己一些宠爱时，我们会知晓，昨天和明天都不是我们的私有财产，我们所拥有的只有转瞬即逝的当下。既然快乐是一天，不快乐也是一天，我们就应该开开心心地过好每一天，再也不傻乎乎地去反刍昨天的痛苦和预支明天的烦恼。

不完美也别苛责自己

法国著名作家雨果曾经说过："世界上最大的是海洋，比海洋更大的是天空，比天空更大的是人的胸怀。"

的确如此，豁达是一种境界，无论你取得多大的成功，无论你设定多少美好的目标，没有豁达和宽容，你仍然会遭受内心的痛苦。就像播下种子，却并不一定开出想象中那样芬芳美丽的花朵一样。面对这种结果，你其实也不必灰心失望，因为我们注重的不是娇艳的花朵，而是沉甸甸的果实。

佛界有一副名联："大肚能容，容天下难容之事；开怀一笑，笑世间可笑之人。"俗语有云："将军额上能跑马，宰相肚里可撑船。"这些话强调的无非是为人处世要豁达大度，在发生冲突时要怀抱开放之心，宽以待人。然而，在现实生活中，很多人却总是习惯于怨天尤人，牢骚满腹，总是觉得别人对不起他，总不愿意站在别人的角度去看问题。殊不知，当他们喋喋不休抱怨的时候，这世上的悲剧和不幸便悄然降临在他们的身上了。

一位生长在农村的小女孩，她从小的梦想就是要上大学。可是，由于家庭经济困难，她只能听从家长的安排上了技校。自此以后，她的性格逐渐变得孤僻、自私，并不再相信任何人。

其实，在生活中我们每个人都会有自己的愿望，但也同样都背负着一些不可推卸的责任和义务。这个来自农村的小女孩之所以选择技校，也正是出于这种责任和义务。应该说她的这种选择减轻了家庭的负担，至少可以早一些就业以缓解家庭的经济困难，因此她的这种牺牲和痛苦也是有价值的。只有认识到这些以后，小女孩才不会因为"大学梦"的破灭而消极地对待生活。试想，此刻纵使她呼天抢地又能改变得了这种现实情况吗？恐怕除了使她的心里更加难过以外，只能使自己将来的人生障碍重重。既然无法改变这种现实，那就要以积极乐观的心态来承受这一切。如果她能正视现实，乐观开朗起来，谁又能说机会就不属于她呢？

"老三届"对于现在的年轻人来说，或许已经是一个非常陌生的词语了。生在那个特殊的年代里，他们受教育的权利被无情地剥夺了，他们中很少有人能够读完高中，但这并不代表这一代人就不能出类拔萃，像著名作家路遥、著名导演张艺谋就是从那个时代走过来的人。据他们回忆，在那个时候他们既没有书看，每天还要从事繁重的体力劳动，有时甚至晚上还会被饿得肚子咕咕直叫，可是他们依然能跻身社会名流。

所以说，人生之路大多是不能完全按照自己的理性规划去发展的。今天丧失掉一次机会，焉知将来不会得到更好的机会？

法国有一位画家，在一次事故中他的右手严重受伤，以至于不能再执笔作画了。痛苦之余，这位画家尝试着用左手绘画。经过一段时间的练习之后，令他感到非常惊奇的是，由于左右手的易位，使他打破了多年来存在于画家意识中或潜意识中的条条框框。结果，他现在用左手作画，整个画面显得形象鲜活、率真自然。甚至画家自己都觉得，用右手辛辛苦苦作画二十多年都没有达到的良好效果，改用左手作画之后，反而轻而易举地达到了。

朋友们都开玩笑地说："这真是因祸得福啊！"

还有一位画家，名叫图鲁斯·劳特芮瑟，身体畸形而矮小，但他创作的杰出绘画使其成为印象派时代最伟大的天才之一，尽管身材矮小，他却被后世视为一位巨人。

假使这些不幸者在抱怨自身的不幸和身体缺陷中度过一生，我们也不会对他们有什么指责。他们或自身条件有限或经济困窘或身体羸弱，但是他们的成功却不知要大于我们多少倍，其中最重要的原因就是他们有勇气接受不完美的自己，并向自我发出挑战。

李某是北京一所重点大学的准大学生，高中阶段的他一直勤于学业，把分数看得很重。如果他得不到满意的成绩，就会觉得一切都没有了。他总是习惯性地拿自己和别人做比较，但比较的结果让他更加自卑：他不善言辞，不敢在班会上慷慨陈词；他体格瘦小，总是不能完成体育老师要求的规定动作……他担心，在大学这个高手如云的新环境中，自己将被远远地抛在后面。每当想到这些，李某简直有点发怵。

其实，像李某的这种心理，是许多大学新生刚跨进校门时都容易出现的。他们怕在这个"高手如云"的校园里，自己学习上的优势不复存在。事实上，这种可能是存在的，这就像一个运动员在省队是第一名，进了国家队就可能变成第二、第三了。但是你有没有想过，能跻身国家队，这本身就足以说明你是一名优秀运动员。所以，在这个时候，我们就要适当地降低对自己的期望值，接受"不完美"的自己，放松捆绑自己精神的绳索，并以开朗的心情投入生活，从而感受到丰富多彩的人生。

接受"不完美"的自己，就是让自己保持一种豁达、乐观的心态，唯有这样，我们才不会被生活中的困难击倒，才会走出困境，活出全新的自我。

　　成功永远没有终点。终生成功的人会在达到短期目标的"终点"后，继续向自我发出挑战，去搏击新的目标，勇敢超越自我，创造一项又一项新的人生纪录，以明天会更好的心态凌驾在昨天的成绩之上。

享受衣食住行的美好

直到凌晨 3 点胃痛醒来，孙均才想起最后一次按时吃饭，还是春节在家的时候。那时候因为父母的监督，他一日三餐都会按时吃，饭菜营养搭配也非常均衡，而且每次吃完饭后，妈妈还会给他端上一小碟水果，每次都不会重样，时而是切成小块的苹果，时而是剥了皮的橙子，时而又是洗净的樱桃。

而现在，他却只身一人生活在千里之外的另一个城市，少了父母的照顾，他再也没有好好地吃过一顿饭。每天早上起来，匆忙洗漱后，他就拎着从路边摊买来的酸辣粉挤公交，再火急火燎地冲进办公室。有时候因为老板提前到了公司，他连消灭酸辣粉的时间都没有，永远只能趁老板不注意时偷偷地扒拉两口；午饭更是简单，一盒饼干配一杯酸奶就可以轻松打发，这还是好的，要是工作忙起来，他常常午饭和晚饭一起吃；下班后，他才能稍稍放松，于是经常呼朋唤友一起去吃饭，有时吃火锅，有时吃烧烤，实在约不上人，他就一个人默默地回到家里，一边看综艺节目，一边吃从淘宝上买的各种零食，如鸭脖、碧根果、花生豆、山楂条等，有什么吃什么，零食要是吃完了，就去楼下的超市买一桶泡面和一根香肠也能打发过去。

一个人在外的日子，每天都不按时按点地吃饭，每次吃饭都吃些没营养的食物，这让他的胃变得越来越差，总是动不动就闹胃疼。现在是凌晨3点，药店都关门了，他又能上哪儿去买药呢？

没办法，他只好用手不停地抚摸自己的胃，可剧烈的疼痛还是让他忍不住落泪。他心想，这个点还有不少人在外面胡吃海喝吧，对他来说，现在最想吃的，却是可以缓解胃疼的药，只要一片和水服下，就能带给他满足，这是任何美食都无法做到的。

中国人爱吃，不仅爱吃大餐，也爱吃小吃，每当夜色降临的时候，各个城市的大街小巷都能看见许多吃货的身影。俗话说，早餐吃得要像皇帝，午餐吃得要像平民，晚餐吃得要像乞丐。可我们却恰恰相反，早餐吃得像乞丐，晚餐吃得像皇帝，有为数不少的人甚至连早餐都不吃，原因是晚上睡得晚，早上起得也晚，所以常常早中餐一起吃。其实，这种不良的饮食习惯都是有损健康的，首先它让我们的肠胃饱受伤害，容易诱发肠胃疾病。孙均正是因为时常饥一顿饱一顿，吃了太多的垃圾食物才得了胃病，经常闹胃痛。而每次胃不舒服，他就没法正常上班，一个月有时会断断续续请上三四天假，公司老板为此对他颇有微词。

另外，经常不吃早餐，或是早餐吃得太差或太快的人，会比一般人更容易生病。英国著名临床心理学家罗斯·泰勒曾说，早餐的质量不好不仅影响人一天的决策和思维能力，还会造成胃炎、肥胖、胆结石等一系列健康问题。德国埃朗根大学也有研究表明，不注重吃早餐的人寿命甚至平均缩短2.5岁。

孙均渐渐觉得，自己和父母住的那段日子才是最幸福的，至少他的胃得到了足够的关爱和呵护。那次胃痛过后，他开始重视自己的吃饭问题，现在早上会比过去提前半个钟头起来，然后优哉游哉地给自己熬个清粥，煮个鸡蛋，热杯牛奶。每到中午，不管多忙，他都会停下手头的工作，去外面挑一家干净的餐馆吃一顿美味可口的午饭。吃饭的时候，他不再像以前那样一心两用玩手机，而是把手机放在外衣口袋里，然后乖乖地享用自己的午餐，细嚼慢咽，好不惬意。下班后，他也不和朋友一起出去吃大餐了，一个人买点青菜和鲜肉回家开火做饭。

他不想再体会那种绵延不断的胃痛了，身体是革命的本钱，如果一个人失去了健康，就算有再多的美食摆在他的面前，他也无福消受。吃饭不应该变成一种社交手段和味蕾消遣，吃饭应该只能是吃饭，我们吃饭除了果腹以外，在吃饭这个过程中，我们还须尽情地去体会它带给我们的那种纯粹的快乐和享受。

肠胃也是有感情的。它是我们身体的一部分，好好地对待它，就是好好地宠爱我们自己。人世间最幸福的事，莫过于昏黄的灯光下，一家人围坐在餐桌边一起享用香甜可口的晚餐，我们可以一边吃饭，一边畅聊当天发生的有趣事儿。这才是吃饭的真正意义所在，它让人的灵魂在放松之余又有了归宿。

很多人有所不知，吃饭除了须三餐定时，营养搭配均衡外，吃饭时的心情也是非常重要的。如果我们在吃饭时带着不高兴的情绪，又或是思虑过度，压力太大，那这顿饭铁定吃不出啥好滋味，有时甚至会引起各种胃肠道疾病，可以说是得不偿失啊！

生活其实很简单，剥去它复杂迷离的外衣，我们会发现，原来每一天无外乎是吃饭、睡觉和劳作。而民以食为天，吃饭更是头等大事，如果我们足够爱自己，关心自己的健康，那就先从好好吃饭开始做起吧！

梦想的旅行，请提上日程

　　人生一定要有两次冲动，一次是说走就走的旅行，一次是奋不顾身的爱情。而爱情可遇不可求，唯有旅行是一个人就可以去做的。每个人的心中，都有一个关于旅行的梦想，当我们还是一个小孩子时，就幻想过穿着一身白衣，骑上一匹骏马，然后仗剑走天涯，赏遍祖国大好河山，吃遍人间美味食物，渴了就大口喝酒，饿了就大口吃肉，一路上遇到不平之事，还能痛快地拔剑相助。

　　这种如梦似幻的旅行，想想都让人沉醉不已。长大后，我们开始步入社会，努力工作谋求生存，梦想中的旅行被我们悄悄地埋藏在心底，每当遇到不开心的事情，或是对单调乏味的生活心生倦怠时，它才会蠢蠢欲动。尤其看到一列列火车从铁轨上呼啸而过，我们就恨不得抛下一切，随便跳上一辆列车，跟随它去向未知的远方。也许，我们会在一个陌生的站台下车，等待我们的或许是小桥流水人家，或许是寒冷的雪域高原，又或是别具民族风情的古镇。

　　遗憾的是，这些美丽动人的旅途风光总是只在我们的梦境中出现，由于各种各样的原因，我们迟迟没有把它提上日程。每每提到这些，就会有人调侃道："我们怎么就没旅行过？现在，连出门拿个快递都是一次说走就走的旅行！"苦笑之余，我们深深地明白，我们之所以一直没有将梦想中的旅行付诸行动，完全是因为我们还不够爱自己，我们总是把资金不足、没有时间、工作压力太大等当作借口，仿佛如果没有这些羁绊，我们就能彻底放松地去完成自己的旅行梦想。

非也，非也。一次旅行能花掉我们多少积蓄呢？能占用我们多少时间呢？能影响我们多少工作成效呢？资金不够，我们可以攒；时间不够，我们可以挤；工作太忙，我们可以推。总之，树挪死，人挪活，方法总比问题多，繁忙的工作和生活既然已经抽走了我们太多的能量，我们更应该多爱自己一点儿，给自己放一个长假，借旅行好好地放松一下身心。

刚结婚的时候，朵朵一直围着老公转，等生了小孩后，她又开始围着儿子转。兜兜转转那么多年，有时候她看着镜子里的自己竟然生出许多陌生感，那张脸不再像年轻时那样充满光泽，富有弹性，用手轻轻地一摸，触感粗糙干瘪，而她之前最引以为傲的眼睛，也不复年轻时那般水灵，眼部下方早已长出了几条细纹，正触目惊心地提醒她：你已经老了！

她不止容貌老了，连心也一并苍老了。她幽幽地坐在沙发上，开始回忆起自己年轻时候的梦想，回忆越深，她的心就越沉，她感觉，工作、家庭和生活让她变成一个陀螺，她只知道不停地转动，却忘了偶尔也要停下来去问问自己，你有什么心愿需要我帮你实现吗？朵朵当然有，她年轻的时候就对西藏特别向往，发誓以后工作挣了钱，一定要去西藏旅行。

这个心愿一直被她完好地放在心里，只不过因为结婚太早，她把注意力全部放在了家庭和工作上，所以才一直没有把它提上日程。庆幸的是，这一切还来得及，她还没有老到走不动。和老公商量，征得他的同意后，朵朵立马收拾好行囊直奔西藏，在西藏，她终于见到了传说中的湛蓝天空，尝到了美味的酥油茶，参观了雄伟的布达拉宫，并为家人祈福。

这一趟西藏之旅带给她太多的触动，她甚至有些后悔自己没有早点去。在西藏的那几天，她什么人和事都没想，只是单纯地看风景，赏风俗，吃美食，脑子里没有一点儿杂念，她感觉自己从来没有活得那么轻松过。

这就是旅行带给人身心的洗礼。其实，旅行最大的好处，不是能见到多少人，赏过多美的风景，而是走着走着，在一个际遇下，重新认识了自己。旅行带我们进入一个陌生的领域，那儿没有琐碎的家长里短，没有职场上的激烈竞争，更没有令人感到焦虑的潜规则和过于复杂的人际关系，我们可以彻底地做自己，宠爱自己，让自己心中的压力和烦闷随风而散。

旅行结束后，虽然生活依旧一地鸡毛，我们看待生活的心态却有了翻天覆地的变化。对于朵朵而言，西藏之行让她焕然一新，她变得更加热爱生活，也更加懂得宠爱自己。此后，只要有空闲时间，她就不再围着老公孩子转，而是偶尔去做做美容，和朋友逛逛街，或是干脆又开始一次说走就走的旅行。

美国小说家凯鲁亚克说过："我还年轻，我渴望上路，带着最初的激情，追寻着最初的梦想，感受着最初的体验，我们上路吧。"仅仅活着是不够的，世界那么大，人生那么长，我们总要为饱受生活摧残的自己出走一次。当我们背负行囊，穿过人群，越过高山，涉过河流，来到梦想中的远方时，我们仿若又重新活了一次。旅行是为了更好地生活，难道我们不想看到一个崭新的充满力量的自己吗？别再犹豫了，让我们好好地爱自己一回，轻装上路吧！

第六章
学会放下，让生活重新美好

人生有很多事情是我们不能掌控的，有时候犯下某些错误也是无法挽回的，这时，与其沉溺在悔恨、纠结中无法自拔，还不如让自己放下，卸下心里的这些负担，让自己的内心更加轻松愉快，也能让你的生活重新变得美好。

有包容一切的气度

比尔·盖茨认为，一个能够开创一番事业的人，一定也是一个心胸开阔的人。只有胸襟开阔、有包容心的人才会在将来取得事业上的成功与辉煌。广览古今中外，大凡那些胸怀大志、目光高远的仁人志士，无不拥有"海纳百川，有容乃大"的气度。相反，那些鼠肚鸡肠、睚眦必报的人则鲜有成就大事业的。

纵观历史上的那些战乱纷争，有些在我们现在看来甚至是非常可笑的，但它们却又真实地发生过：1654年瑞典与波兰之间爆发了一场旷日持久的战争，起因是在一份官方文书中，瑞典国王的附加头衔比波兰国王少了一个；瓦西大屠杀及其以后延续的30年战争是因为一个小男孩向格鲁伊斯公爵扔石块；英法大战的爆发也仅仅是因为在一次宴会上，侍者一不小心把玻璃杯里的水溅在托莱侯爵的头上。

生活当中，作为普通人的我们不可能因为一件小事就引发一场灾难，但我们可能会因小事而带给周围的人不愉快的感觉。所以，我们每个人都应该意识到，通过包容来获得别人好感的重要性。卫斯汀·豪斯曾经这样说过："任何组织，包容必须从上面做起，这是重要的。如果上面的人希望下面的人包容，就必须先要对职员包容。"人们称赞宽容，同时也希望得到别人的谅解和宽容。

　　宽容不仅仅包含着理解和原谅，而且显示出一个人的气度，因为唯有宽容才会使你"大肚能容，容天下难容之事"。因此说，一个人能为多大的事情而发怒，也就说明了他的胸襟有多开阔。

　　有一位禅师住在深山简陋的禅房里面。一天，他散步归来，发现禅房里面正有一个小偷在翻箱倒柜地寻找财物。最终，小偷却失望地发现禅师已经站在门外了。惊慌失措的小偷赶紧逃出禅房想要溜之大吉。禅师却伸手拦住小偷，慢慢地退下披在身上的袈裟说："施主，你走了这么远的山路来到这个偏僻的地方看望我，我总不能让你空手而归吧？这件衣服你就带走吧！"说完，禅师把衣服披在小偷身上。小偷惭愧地低下了头，默默地溜走了。

　　第二天清晨，禅师从禅房里走出来却发现他送给小偷的那件袈裟被叠得整整齐齐地放在了禅房的门口。禅师的宽容，最终使那个小偷良心发现，归于正途。

　　宽容是一种气度和胸怀，它拥有的力量不但可以帮助自己走出困境，同时也可以帮助别人走出困境，获得成功的机会。

　　美国著名的试飞员鲍勃·胡佛在一次执行试飞任务的时候，忽然发现左右两个引擎竟然同时失灵。在这千钧一发的时刻，胡佛凭借着他高超的飞行技术安全降落。事后查明，造成这起事故的直接原因竟然是因为一个年轻的技师在引擎里注错了燃油。大家纷纷指责这个技师犯下如此低级的错误。年轻的技师面对胡佛痛哭流涕，追悔莫及。就在此时，令大家感到惊讶的是胡佛并没有责怪这个年轻的技师，他只是走上前去拍了拍这个年轻技师的肩膀："你是能干好的，走吧，伙计！开工吧！"从此以后，这个年轻的技师在工作中再也没有犯过类似的错误。

拿破仑在进军意大利的途中，一次夜间查哨，他发现执勤的哨兵竟然睡着了。对此，拿破仑并没有发作，而是拿起哨兵的枪在他的哨位上站了半个多小时，一直到那个哨兵醒来。惊慌失措的哨兵立刻叩头求饶，拿破仑并没有责备和惩罚这个偷懒的士兵，反而亲切地对他说："这段时间作战确实非常艰苦，大家困乏也是可以理解的。但是，作为一名哨兵，如果在执勤的时候出现这样的疏忽，可是会葬送全军士兵性命的，所以你下次执勤可要注意了。"

看看那些成功的智者，他们在面对别人的错误甚至冒犯的时候，总是会显示出宽容。其实，人无完人，良马也有失蹄的时候，唯有真诚理解和慰藉才能够使那些有过失的人恢复自信和自尊。

宽容，是一种无声的教育，它不仅可以温暖我们自己和他人的心灵，还是处理各种非议、回避攻击的最好武器。总是对人给予宽容，是那些成功人士视为珍宝的成功秘诀。

洛克菲勒就非常崇尚真诚的宽容，即使他的合伙人爱德华·贝佛在处理一笔生意时因决策错误致使公司丧失了投资额的40%，他不但没有指责他，反而恭贺贝佛保全了公司投资额的60%。细细品味这些令人感动的人和事，我们所感受到的并不是什么神奇的办事技巧，而是发自内心的爱和宽容。而这，理应成为我们的处世准则。

莎士比亚曾说过："有时，宽容比惩罚更有力量。"的确，宽容是一种美德。因为你的宽容，亲人爱护你、朋友信赖你、同事喜欢你，你周围所有的人都会欢迎你的到来。这就是宽容的力量。

放下有时候会让你更快乐

佛语中讲的"放下屠刀，立地成佛"中的"放"意为"放弃"，而"屠刀"则泛指恶念。不论是"放弃"还是"放下"，都是让人们要将某些该放下的事情敢于放下、勇于放下。

从古到今，芸芸众生都是忙碌不已，为衣食、为名利、为自己、为子孙……哪里有人肯静下心来思考一下：忙来忙去为什么？多少人是直到生命的终点才明白，自己的生命浪费了太多在无用的方面，而如今却已没有时间和精力去体会生命的真谛了。唐代的寒山禅师针对这一现象作过一首《人生不满百》的诗——

> 人生不满百，常怀千岁忧。
>
> 自身病始可，又为子孙愁。
>
> 下视禾根土，上看桑树头。
>
> 秤锤落东海，到底始知休。

此诗可以这样解释："人生不满百，常怀千岁忧"，尽管人生非常短暂，但是人们却都抱着长远规划，全然忘记生命的脆弱；"自身病始可，又为子孙愁"，不仅应付自己的烦恼，还要为子孙后代的生活操劳；"下视禾根土，上看桑树头"，生命中劳劳碌碌都是为衣食生计奔波，哪里有时间停下来思考一下生命的意义；"秤锤落东海，到底始知休"，人生的轨迹就如同掉进水里的秤砣一样，直到碰到生命的尽头才会停止。

寒山禅师以此诗提醒世人"即刻放下便放下，欲觅了时无了时"，能放下的事情不妨放下，若是等待完全清闲再来修行，恐怕是永远找不到这样的机会啦。

放下一切困扰着我们的欲望，淡泊名利，清心寡欲，这样你就会走出因欲望造成的困境，就会远离烦恼，就会活出不一样的自我。

从前有个国王，放弃了王位出家修道。他在山中盖了一座茅草棚，天天在里面打坐冥想。有一天他感到非常得意，哈哈大笑起来，感慨道："如今我真是快乐呀。"

旁边的修道人问他："你快乐吗？如今孤单地坐在山中修道，有什么快乐可言呢？"

国王说："从前我做国王的时候，整天处在忧患之中。担心邻国夺取我的王位，害怕有人劫取我的财宝，担心群臣觊觎我的财富，还担心有人会谋反……现在我做了和尚，一无所有，也就没有算计我的人了，所以我的快乐不可言喻呀。"

人生往往如此：拥有越多，烦恼也就越多。因为万事万物本来就随着因缘变化而变化，凡人却试图牢牢把握让它不变，于是烦恼无穷无尽。倒不如尽量放下，烦恼自然会渐渐减少。话虽如此，又有谁能放下呢？

许多人都有贪得无厌的毛病。正因为贪多，反而不容易得到，结果患得患失，徒增压力、痛苦、沮丧、不安，此外一无所获，真是越想越得不到。

有个孩子把手伸进瓶子里掏糖果。他想多拿一些，于是抓了一大把，结果手被瓶口卡住，怎么也拿不出来。他急得直哭。

佛陀对他说："看，你既不愿放下糖果，又不能把手拿出来，还是知足一点儿吧！少拿一些，这样拳头就小了，手就可以轻易地拿出来了。"

在生活中，学会"得到"需要聪明的头脑，但要学会"放下"却需要勇气与智慧。普通的人只知道不断占有，很少有人明白如何放下。于是，占有金钱的为钱所累，得到感情的为情所累。佛家劝人们放下，不是要人们什么事情都不做，是说做过之后不要执着于事情的得失成败：钱是要赚的，但是赚了之后要用合适的途径把它花掉，而不是试图永远积攒；感情是应该付出的，不过不必强求付出的感情一定得到回报，更何况什么天长地久。如果我们拥有了"放下"的智慧，那么不仅会对周围的人有利，更是从根本上解脱了我们自己。

当佛陀在世的时候，有位叫婆罗门的贵族来看望他。婆罗门双手各拿一个花瓶，准备献给佛陀做礼物。

佛陀对婆罗门说："放下。"

婆罗门就放下左手的花瓶。

佛陀又说："放下。"

于是婆罗门又放下右手的花瓶。

然而，佛陀仍旧对他说："放下。"

婆罗门茫然不解："尊敬的佛陀，我已经两手空空，你还要我放下什么？"

佛陀说："你虽然放下了花瓶，但是你内心并没有彻底放下执着。只有当你放下对自我感观思虑的执着、放下对外在享受的执着，你才能够从生死的轮回之中解脱出来。"

在我们寻常人的眼里，世间的万法往往被认为是实有的，加之我们以固有的观念去看待世间的万物，因而在我们的主观视角中便产生了畸形的人生观，把它当作衡量世间一切事物的尺度；因而我们深深地被是非、烦恼困扰住了。于是，人生就平生起了许多痛苦，而我们自身又无法摆脱这种痛苦的缠绕。

显然，我们要摆脱世间各种烦恼的缠缚，单纯地依靠世间的智慧，无疑是不可能实现的，有时我们还需要一种勇气、一种敢于"放下"的勇气。比方说我们对某些事"求不得"时，就会想尽一切办法努力去争取实现它，而当这一目的实现之后，新的欲求又会接着产生，于是转而产生新的烦恼，如此则永无了期。此时此刻，如果我们心中能够产生一种"放下"的勇气，这个烦恼也就有了期限。

懂得"放下"，是一味开心果、是一味解烦丹、是一道欢喜禅。只要我们能够适时"放下"，何愁没有快乐的春莺啼鸣，何愁没有快乐的泉溪歌唱，何愁没有快乐的鲜花绽放！

放下欲望，便没了烦恼

一切世间的欲望，没有一个人不想满足，这有着非常大的危害，为什么还要自找伤害？大大小小一切河流，全都流归大海。欲望不能满足，贪爱没有止境。欲望像越滚越大的雪球，蛊惑着人们拼命向前。那个向前通向幸福吗？幸福的标准又是什么呢？有许多人都不知道。人们的心灵被欲望占据久了，都有些麻木了。

有一个从事房地产业的年轻人，经过几年的打拼，在本地已小有名气了。他每天的生活就像上足劲的发条一样，被传真、资料、甲方以及各种方案充塞得满满的。

一天，他加班到很晚，从公司出来后，走了很远的路也没有叫到车。走得热了，他停下来，解开领带，仰头出了口气。这时，他吃惊地看见星星在丝绒般的夜幕中闪烁着，洋溢着一种无言的美丽。一如他大学毕业前的最后一晚，几个要好的同学躺在学校图书馆前的草坪上看到的那样。那一晚，他们深深地被血脉中扩张的青春激动着，广袤的星空与未来的前途一片光明。

从那以后，他几乎再也没有时间去注视夜晚的星空了。因为从走入社会开始，他一直保持着弯腰向前奔跑的姿势。太忙了，欲望总在膨胀，目标总在前方，于是他不停地向前奔跑着……

每个夜晚的这个时刻，他多半在应酬或是在制作楼盘计划和方案，他从没有想过哪怕透过一扇小窗，去望望宁静的夜空，倾听心灵细小的声音。

今天，当自己站在这静谧的星空下，他突然想起以前在大学看过一位日本餐饮业巨头总结的成功之道：在其连锁店中能提供给顾客的，永远是17厘米厚的汉堡与4℃的可乐。据他的研究人员研究发现，这是令客人感觉最佳的口感。当然，你也可以选择把汉堡做成20厘米厚，把可乐加热到10℃，但它们并不意味着最佳口感。

对于幸福，其实也只要17厘米和4℃就够了。幸福，它是一路上持续发生的，就如深夜静谧而美丽的星空所带给人的震撼，而非那个令人疲惫的终极雪球。

幸福到底是什么？许多人都在问，其实得到幸福很简单。听一听自己内心的声音，扔掉那些对自己来说十分奢侈的梦想和追求，那么，你就被幸福包围了。

有位著名的心理学家说："一个人体会幸福的感觉不仅与现实有关，还与自己的期望值紧密相连。如果期望值大于现实值；人们就会失望；反之，就会高兴。"的确，在同样的现实面前，由于期望值不一样，你的心情、体会都会产生差异。

一只老猫见到一只小猫在追逐自己的尾巴，便问道："你为什么要追自己的尾巴呢？"小猫回答说："我听说，对于一只猫来说，最为美好的便是幸福，而这个幸福就是我的尾巴。所以，我正在追逐它，一旦我捉住了我的尾巴，便得到了幸福。"

老猫说："我的孩子，我也曾考虑过宇宙间的各种问题，我也曾认为幸福就是我的尾巴。但是，我现在已经发现，每当我追逐自己的尾巴时，它总是一躲再躲，而当我着手做自己的事情时，它却形影不离地伴随着我。"

同样道理，在现实生活中，人们总是喜欢拼命地追求、索取，以为这样便可以得到幸福。殊不知，当你费尽心机地实现这个目标，消除一个烦恼，很快你又会有新的没有实现的目标，你又会烦恼。如此反复，永无尽头。事实上，人们追求的东西往往是自己并不需要的。

成龙拍完《我是谁》这部大片之后，在一次采访中说，他拍电影的场地从非洲到繁华的都市，这让他有着很深的感触。他说："在非洲，人们很容易满足，有面包能吃饱肚子，那就是幸福的一天。可是，繁华都市里的人，不用担心三餐，却有着很多的烦恼，他们总是在追求自己所不需要的东西。"

其实，追求幸福最有效率的方法就是"降低你的欲望"。通过心理调节，使自己能够平静地对待目标，从而减轻或消除心理负担，幸福也就会悄然而至。在世界上所有获得幸福的途径中，这种方法的投入产出比最高，它基本上不用你花一分钱，有时甚至能挣钱。

一位智者说："人生不同的结果起源于不同的心态。"的确，假如世界变得灰暗，那是你自己心中不够灿烂。只要降低一分欲望，你便会得到一分幸福。

欲望是幸福最大的敌人。放弃欲望，就会远离烦恼，幸福就会与你永远相伴，你的人生也就与众不同。

广阔的胸襟让你无忧无愁

海纳百川，有容乃大。江海之所以能成为百谷之王，是因为身处低下。要想拥有百川的事业和辉煌，首先要拥有容得下百川的心胸和气量。

一个满怀失望的年轻人，千里迢迢来到一位知名画家的家中，对画家说："我一心一意要学丹青，但至今没能找到一个令我满意的老师。"

画家笑笑问："你走南闯北十几年，真没能找到一个自己的老师吗？"年轻人深深叹了口气说："许多人都是徒有虚名啊，我见过他们的画，有的画技甚至不如我呢！"画家听了，淡淡一笑说："我收集了一些名家精品，既然你的画技不比那些名家逊色，就烦请你为我留下一幅墨宝吧。"说完，便拿来了笔墨砚和一沓宣纸。

画家接着说："我的最大嗜好，就是品茗饮茶，尤其喜爱那些造型流畅的古朴茶具。你可否为我画一个茶杯和一个茶壶？"年轻人听了，说："这还不容易？"于是调好了砚墨，铺开宣纸，寥寥数笔，就画出一个倾斜的水壶和一个造型典雅的茶杯。那水壶的壶嘴正徐徐吐出一脉茶水来，注入了那茶杯中。年轻人问画家："这幅画您满意吗？"

画家微微一笑，摇了摇头。

画家说:"你画得确实不错,只是把茶壶和茶杯放错位置了。应该是茶杯在上,茶壶在下呀。"年轻人听了,笑道:"您为何如此糊涂,哪有茶壶往茶杯里注水,而茶杯在上茶壶在下的?"画家听了又微微一笑说:"原来你懂得这个道理啊!你渴望自己的杯子里能注入那些丹青高手的香茗,但你总把自己的杯子放得比那些茶壶还要高,香茗怎么能注入你的杯子里呢?涧谷把自己放低,才能吸纳融会百川,呈汹涌之势啊。"

我们需要学会宽容,"容人须学海,十分满尚纳百川",懂得宽容待人的好处。宽容待人,就是在心理上接纳别人,尊重别人的处世原则,理解别人的处世方法。我们要接受别人的长处,同时,也要接受别人的短处、缺点与错误。只有这样,我们才能真正地和平相处。

宽容代表着一个人的美好心性,也是最需要加强的美德之一。俗语讲,眉间放一"宽"字,自己轻松自在,别人也舒服自然。宽容是一种豁达的风范,也许只有拥有一颗宽容的心,才能面对自己的人生。

宽容就是在别人和自己意见不一致时也不要勉强。因为任何想法都有其来由,任何动机都有一定的诱因。了解了对方的想法,找到他们提出意见的基础,就能够设身处地接受对方的心理。

正所谓"退一步,海阔天空;忍一时,风平浪静"。宽容就是事情过了就算了,不去斤斤计较。每个人都有犯错的时候,如果执着于过去的错误,就会耿耿于怀、放不开,并且限制了自己的思维,也限制了对方的发展。即使是背叛,也并非不可容忍。能够承受背叛的人才是最坚强的人,也将以他坚强的心志在氛围中占据主动,以其威严给人以信心、动力,因而更能够防止或减少背叛。

宽容是一种幸福。我们在饶恕别人的同时，给了别人机会，也取得了别人的信任和尊敬。所以说，宽容是一种看不见的幸福。

宽容更是一种财富。拥有宽容，就拥有了一颗善良而真诚的心。这是易于拥有的一笔财富，它在时间推移中升值，它会把精神转化为物质。选择了宽容，便赢得了财富。

因此，只有用一种比大海还要宽广的胸怀去对待人生、对待他人，生活才会变得更精彩，人生才会与众不同。

功名利禄真的那么重要吗？

由于荣宠和耻辱的降临往往象征着个人身份地位的变化，人们得宠之时也就是春风得意之时，他们当然唯恐一朝失去，就不免时时处于自我惊恐之中。

功名利禄如过眼烟云。放下功名利禄，以一种平淡的心态对待生活，也许你就会走出因名利、荣辱带来的困境，你的人生会变得与众不同。

唐朝某年间的一个清晨，在润州西北的芙蓉楼上，来了两位士人。他们一位是大名鼎鼎的诗人王昌龄，另一位则是他的朋友辛渐。

昨夜的漫江寒雨现在渐渐停了，寒雨增添了几分萧瑟的秋意。两位朋友在这个清冷的地方，面对着滚滚流去的长江水，互相交谈着。王昌龄说："辛兄，这次一别，不知何日再能见面啊。"原来，辛渐要从这里渡江北上，取道扬州到洛阳去，现在船已经停泊在岸边了。

辛渐说："昌龄兄情深意长，你从江宁送我到润州，昨晚在这里为我饯行，今天又来送我，叫我如何报答呢！这回我们谈得畅快，我明白了这些年来你受到的委屈和折磨。希望你放开胸怀，好好保重自己！"

王昌龄曾因不拘小节，受到当时某些人的批评指责，甚至是无中生有的诽谤。为此，几年前他就被贬官岭南，然后又被任为江宁丞，终是屈居在下级官吏的行列中，对此王昌龄淡然处之。此刻，他感到惆怅的倒是辛渐走后，自己又少了一个知己。辛渐知道，王昌龄在洛阳有不少亲友，他们也一定听到了外界不利于王昌龄的非议。他便关心地问："昌龄兄，我去洛阳，你有什么话要我带给那边的亲友吗？"

　　王昌龄昂起头，目光炯炯地说："有！因为要给你饯行，我做了一首诗。"于是，他对着浩浩江水，朗声吟了题为《芙蓉楼送辛渐》的诗：

　　　　寒雨连江夜入吴，平明送客楚山孤。

　　　　洛阳亲友如相问，一片冰心在玉壶。

　　辛渐被感人的佳句打动了，连连赞道："好诗！好诗！'一片冰心在玉壶'，这表明你始终坚持自己清白自守的节操，多么高尚，令我钦佩！这句诗，足可告慰你在洛阳的亲友了。我也很高兴，因为你的大作对我无疑是一件难得的珍宝哩！"两位朋友再次珍重道别，辛渐登上了江边的船，扬帆而去。岸边的王昌龄，遥望远处矗立的楚山，觉得自己也像楚山那样孤零零的。

　　一片冰心在玉壶，追求自身的高洁，用淡泊的心看待世事，这是高超的做人和处世哲学。自己内心纯洁，就不怕别人的恶意诋毁和诽谤；抱着淡泊的胸怀，名利如浮云一般，入不得耳目，扰不了心志。只有这样，人生才踏实、充实。

　　天下熙熙，皆为利来；天下攘攘，皆为利往。人生堪不破"名利"二字，就会受到终身的羁绊。名利就像是一副枷锁，束缚了人的本真，抑制了对于理想的追求。现代人生活在节奏越来快的年代，成就感的诱惑始终存在，有太多的诱惑，太多的欲望，也有太多的痛苦，因此我们身心疲惫不堪。一个人要以清醒的心智和从容的步履走过岁月，在精神中不能缺少气魄，一种视功名利禄如浮云的气魄。

不拘于物，是古往今来许多人一生的追求。视功名利禄如浮云，不必为过去的得失而后悔，不必为现在的失意而烦恼，也不必为未来的不幸而忧愁。抛开名利的束缚和羁绊，做一个本色的自我，不为外物所拘，不以进退或喜或悲，待人接物豁然达观，不为俗世所滋扰。

烦恼和羁绊都是由于自己不能舍弃或是看得太重而引起的。人生于世，无论君子圣贤雅士也好，还是小人俗人凡人也好，谁也不可能无所谓地舍弃。俗人爱财，难道君子就不需要了吗？圣贤如果没了一日三餐，他也要去赚钱的。但不要执着，要懂得放下。拿得起放得下，这才是俗世的淡泊。

德国哲学家康德就非常厌恶"沽名钓誉"，他曾经幽默地说："伟人只有在远处才发光，即使是王子或国王，也会在自己的仆人面前大失颜面。"也许，正是因为有了这样一份淡泊的心境，世界才又多几分自在，几般快慰。

淡泊胸怀，独善其身，人生便不受困扰，心神才会一片安泰！

怨恨只会让你不美好

　　作为一个人，一定要保持一颗慈爱的心，除去那些怨恨别人的想法。因为憎恨别人对自己是一种很大的损失。恶语永远不要出自我们的口中，不管他有多坏，有多恶。你越骂他，你的心就越被污染，你要想，他就是你的善知识。我们不能改变周遭的世界，就只好改变自己，用慈悲心和智慧心来面对这一切。拥有一颗无私的爱心，便拥有了一切。根本不必回头去看咒骂你的人是谁。如果有一条疯狗咬你一口，难道你也要趴下去反咬它一口吗？

　　社会是人与人组成的，因此，谁都不可能孤立地生活在这个世界上。在生活中，我们难免会与他人之间发生摩擦，或者是不愉快，当你感受到自己遭遇不公平对待的时候，你是否会对他人产生敌意呢？你是否会因此而在心里对他人怀有怨恨之心呢？

　　首先可以肯定地说，当你受到了真正的不公平对待的时候，你完全有理由怨恨他人，因为你是真的受了委屈。可是，请你冷静地想一想，当你在怨恨他人的时候，你自己从中又得到了什么呢？事实上，你所得到的只能是比对方更深的伤害。

　　你的怨恨对他人不起任何作用，反而是你内心里的怨恨影响了自身的健康，因为你的怨愤态度使你产生了消极情绪，这消极情绪对你的健康和性情都会产生很大的负效应，从而对你造成伤害。更为严重的是，你总是想着自己受到了不公平的对待，总是因此而极不愉快，从而会招致更多的不愉快。

想想看，你是否有必要改变自己的态度呢？你要知道，我们所受到的不公，仅仅是因为我们的心有欲求。如果我们不看重自己心中的欲求，或者把这欲求看得很淡，那么不公又从何而起呢？

当然，除非有特殊的原因，你不必对那些与你有嫌隙的人表现友好。但是，如果你不愿意原谅和学会遗忘，你就否认了自己是一个真正的受害者。这样一来，你对他人的怨愤就会升级，你自己所受到的伤害也同样会升级。

一只脚踩扁了紫罗兰，它却把香味留在那脚上，这就是宽恕。

我们常在自己的脑海里预设一些规定，认为别人应该有什么样的行为。如果对方违反规定，就会引起我们的怨恨。其实，因为别人对"我们"的规定置之不理，就感到怨恨，不是很可笑吗？

大多数人都以为，只要我们不原谅对方，就可以让对方得到一些教训。也就是说："只要我不原谅你，你就没有好日子过。"其实，倒霉的人是我们自己：一肚子窝囊气，甚至连觉也睡不好。

当你怨恨一个人时，请先闭上眼睛，体会一下自己的感觉，感受一下自己身体反应，你就会发现：让别人自觉有罪，你也不会快乐。

一个人爱怎么做就怎么做，能明白什么道理就明白什么道理。你要不要让他感到愧疚，对他来说差别不大，但是会破坏你的生活。假如鸟儿在你的头上排泄，你会痛恨鸟儿吗？万事不由人，台风带来暴雨，你家地下室变成一片沼国，你能说"我永远也不原谅天气"吗？既然不能，又何必怨恨别人呢？我们没有权利去控制鸟儿和风雨，也同样无权控制他人。老天爷不是靠怪罪人类来运作世界的，所有对别人的埋怨、责备都是人类自己造出来的。

即使遭逢剧变所引起的怨恨，在人性中也依然可以释怀。因为如果你希望自己好好活下去，就得抛开愤怒，原谅对方。

悲痛和愤怒中的人大致可以分为两种：第一种人始终生活在愤怒及痛苦的阴影下；第二种人却能得到超乎常人的同情心。

令人心碎的事，例如大病、孤独和绝望，在人的一生中都难以幸免。失去珍贵的东西之后，总有一段时间会伤心、绝望。问题是，你最后到底变得更坚强呢，还是更软弱？

宽恕、忘记对他人的怨愤，这是一个智者的做法。

事实上，忘记你所受到的不公，忘记对他人的怨愤，最终最大的受益者只能是你自己。当你忘记了怨愤，学会了遗忘和原谅，你就会发现：原来你所认为的那些不公，其实根本不值一提，因为它们在你的一生之中，是那么微不足道。而你也会认识到，抛开对他人的怨愤之心，你所获得的快乐是你这一生都享受不尽的。

让自己活得更加从容

名利是一个非常富有吸引力的字眼，同时也是许多人立足社会、搏击人生的主要动力。自古以来，功名利禄就是一些人的人生奋斗目标。有多少人为了光宗耀祖、福荫万世而削尖了脑袋挤仕宦之途，又有多少人因为人生的不得意而郁郁寡欢。纵观古今，在这个世界上，春风得意、踌躇满志的人毕竟还是少数，历史上留下来的更多的还是为名和利所困扰、所击败的悲剧。生活的道路本来是很宽阔的，人生的价值也并不全是能够用名和利来衡量的。因此，若想活得轻松自如些，你就应该看淡名利，活出生活的本色来。

孟子曾经说过："养心莫善于寡欲：其为人也寡欲，虽有不存焉者，寡矣；其为人也多欲，虽有存焉者，寡矣。"如果一个人心中的欲望是很有限的，那么对于他来说，外界获得的东西是多是少都与自己无关，少了不足以产生内心的不平衡，而多了也不会助长他的欲望。而假若一个人心中时刻充满着无尽的欲望，那么他永远也不会有舒心的时候。名轻利少则一心想着往上爬、挣大钱，名成利收之后，欲望却又会再一次膨胀。如此循环下去，永远追求着名利，直至生命的尽头仍然不知满足。这样的生命还能有多大意义？

一个人如若养成看淡名利的人生态度，那么面对生活，他就更容易找到乐观的一面。他所看到的是人生值得讴歌的部分，对可望而不可即的空中楼阁没有兴趣。现代人面对着花花绿绿的精彩世界，更应当有淡名寡欲的思想，如此方能在纷繁的世界里，在众多的不公平中，在自己的心中，构筑一片宁静的田园。

　　要想在纷繁的大千世界中始终保持着平和的心态，就要有穷通达观的人生态度。所谓穷通达观的人生态度，就是指"穷亦乐，通亦乐"：身处贫穷之中能够找到生活的乐趣，感到快乐；身处富裕之中也能够心态平和，享受生活之乐。说到底，在生活中我们应该始终保持乐观的生活态度，采取一种顺应命运、随遇而安的生活方式。那么不管是处于顺境还是逆境，我们都能过快乐的、自由自在的生活，而不会庸人自扰，不会羡慕那些有钱的大款和老板，不会抱怨自己的命不好。

　　一对夫妻年轻时共同创业，到了中年终于小有成就，公司净资产一千多万，而且发展势头良好，提起这对夫妻，商界的人都伸大拇指。然而就在他们的事业如日中天的时候，两人却隐退了，他们辞去了董事长、总经理的位置，将大部分股份卖给一个他们平时就很欣赏的企业家，将房子和车委托给好朋友照管，两个人就潇洒地环游世界去了。消息传出后，大家都觉得太可惜，一些亲戚朋友也不理解，讽刺他们说："年龄这么大了，办事却像小孩子一样，那么大的家业说丢就丢，放着好好的老总不做，偏要去环游世界！"

　　在一些人眼里，这对夫妻确实傻得可以，竟然真的就这样抛下名利，从此以后，他们再也体验不到当老总的风光及大把大把赚钱的乐趣了。其实，这对夫妻才是真正的聪明人，他们抛弃了虚名浮利，却得到了真正的生活乐趣。

名，是一种荣誉、一种地位。有了名，通常可以万事亨通，光宗耀祖。名这东西确实能给人带来诸多好处，因而不少人为了一时的虚名所带来的好处，会忘我地追求。

然而，沉溺于名会让你找不到充实感，让你备感生活的空虚与落寞。尤为可怕的是，虚名在凡人看来往往闪耀着耀眼的光芒，引诱你去追逐它。尽管虚名本身并无任何价值可言，也没有任何意义，但是总有那么一些人为了虚名而展开搏杀。真正体会到生命的意义、人生的真谛的人都不会看重虚名。其实，实在没有必要为了得到一个毫无价值、毫无意义的虚名而去钩心斗角，弄得邻里打得头破血流，朋友反目成仇，兄弟自相残杀。

钱，是一种财富，是让生活更加舒适的保证。有了钱，就可以住豪宅，开名车，吃大餐。在一些人眼里，金钱甚至是一种带有魔力的、可以让人为所欲为的东西。

然而任何事情都有相反的一面，金钱也会给你带来很多麻烦。比如有了钱以后，你就得为自己的安全担忧，谁知道哪个家伙正打着"劫富济贫"的算盘；有了钱，你就会失去很多朋友，你可能会担心对方是不是冲着你的钱来的……

人的一生面临许多关卡，许多事情都是难以预料的。不管是名分地位还是财富，都不是自己所能决定的。人生活在这个社会中，不可能事事顺心。或许一生的努力都是徒劳，或许高官厚禄、巨额钱财在顷刻之间就会离你而去，荣耀风光成为黄粱一梦。一些人老谋深算，为了争名夺利，不择手段地算计他人，可在突然之间却已被他人算计。人何必活得这么辛苦，又何必活得这么低贱？淡泊名利是人生幸福的重要前提。如果你渴望轻松，渴望真正地获得生命的意义，那么请记住——看淡名利。

如果你的心里还在为领导这次提拔了别人而没有提拔你感到愤愤不平，如果你还在因为与你一起购买体育彩票的邻居中了大奖而你却什么也没有得到而久久不能释怀消气，那么看了上面的几个例子，你是不是觉得有所悟？其实，名利本来就是那么一回事。

何必太醉心于名利，何必为了满足自己无止境的欲望东奔西走，忙得唉声叹气。只要认真做好自己应该做的事，在知足中细细地品味生活的乐趣，你就没有辜负自己的一生，没有白活一世。

只有放弃对名利的追求，面对生活保持一种平和的心态，你才能体会到生活的美好，你的人生也才会与众不同。

致未来的你

努力 只为遇见更好的自己

启文 编著

花山文艺出版社

河北·石家庄

图书在版编目（CIP）数据

努力　只为遇见更好的自己 / 启文编著 . -- 石家庄：
花山文艺出版社，2020.5
（致未来的你 / 张采鑫，陈启文主编）
ISBN 978-7-5511-5139-9

Ⅰ.①努… Ⅱ.①启… Ⅲ.①成功心理－通俗读物
Ⅳ.① B848.4-49

中国版本图书馆 CIP 数据核字（2020）第 066561 号

书　　名：致未来的你
主　　编：张采鑫　陈启文
分 册 名：努力　只为遇见更好的自己
编　　著：启　文

责任编辑：卢水淹
责任校对：于怀新
封面设计：青蓝工作室
美术编辑：胡彤亮
出版发行：花山文艺出版社（邮政编码：050061）
　　　　　（河北省石家庄市友谊北大街 330 号）
销售热线：0311-88643221/29/31/32/26
传　　真：0311-88643225
印　　刷：北京朝阳新艺印刷有限公司
经　　销：新华书店
开　　本：850 毫米 ×1168 毫米　1/32
印　　张：30
字　　数：660 千字
版　　次：2020 年 5 月第 1 版
　　　　　2020 年 5 月第 1 次印刷
书　　号：ISBN 978-7-5511-5139-9
定　　价：178.80 元（全 6 册）

前　言

　　这是一个越来越现实的社会，懒散颓废的人永远无法生活得更好，而那些相信自己、勇往直前、不断努力着的人，也永远不会被亏待。

　　当命运之神射出那不公平的一箭，一不小心扎到身上，中箭的人开始了自己的人生，是悲悲戚戚哀痛着过下去，还是乐观积极充满挑战地过下去？选择其实就在你的手中。海伦·凯勒双目失明，却写下了不朽的篇章；因事故导致大脑严重受损的工程师约翰·罗布林凭借一根手指建造了雄伟壮观的布鲁克林大桥……

　　当命运之神不小心破坏了你前进道路上的那座桥，面对那一望无际的江水，是选择坐在岸边观望，还是抓紧时间造一条带你渡江的小舟？选择其实就在你的手中。

　　当命运之神与我们开玩笑，扯下一层黑纱盖在半空，让迷雾中的我们看不清方向，只是依稀看到远方的灯塔，是选择原地徘徊，还是朝着灯塔的方向行驶而去？著名的探险家约翰·戈达德15岁那年写下了127项人生的宏伟志愿，从此开始了将梦想转变为现实的漫漫征程，44年后，终于实现了《一生的愿望》中的

106个愿望。梦想如同黑暗中的灯塔，时刻为我们指明方向，朝着它坚持不懈地航行，终有达到终点的那一天。

……

命运是多变的因素，努力却能成为一个人身上不变的品质。想沦为一个平庸的人，最快的捷径就是懒惰；想成为一个成功的人却是没有捷径的，只能通过努力，越过一道又一道鸿沟，跨过一个又一个门槛，并最终到达成功的终点。而这所有的一切，都只是为了遇见更好的自己！

目 录

第一章
认识自己，你本身就是一座宝藏

每个人身上都蕴含着无尽潜能，无论你是什么样的人，都是无可替代的，把握好自己，充分发挥自身潜能，才能激发出蕴含在体内的潜质，做最好的自己！

精神的缺陷比身体的缺陷更可怕

艾瑞克是一个 8 岁的小男孩，这个年龄阶段的孩子活泼、好动，浑身似乎总有使不完的劲。一次，他和小伙伴们到一个被废弃的工厂玩，爬梯子时，由于没抓牢，结果从梯子上摔了下来，把胳膊摔断了。他的被摔断的胳臂因为裹扎得太紧而受到了感染，里面淤积了脓毒，产生坏疽。在这种情况下，除了截肢，别无选择。

指派给艾瑞克的护士是一名刚满 20 岁的儿科见习护士苏珊。在给艾瑞克检查的过程中，艾瑞克对自己的病情知道得越来越多，他的情绪开始日益低落，整天闷闷不乐。当他看见苏珊拿着洗浴用的清洗棉球进来时，眼里会立即流露出戒备的神色。苏珊帮艾瑞克洗过几次澡以后，就开始要求艾瑞克必须独自洗澡。

艾瑞克不肯接受苏珊的建议，但苏珊告诉他："你不会在医院待一辈子的，你必须学会自己照料自己。"

虽然如此，但艾瑞克仍旧对自己只有一只手的现状很担心，他觉得自己做不到。但苏珊决心要改变艾瑞克，让他像正常人一样生活。

虽然艾瑞克还有一只右手，但他从小就是个左撇子，失去左手就等于正常人失去右手一样难以生活。于是苏珊想出一个办法，她把自己的右手背在身后，然后用橡皮筋绕到制服扣子上，把自己的右手固定在那儿，并跟艾瑞克约定，以后艾瑞克用右手做什么，苏珊就用左手先做一遍，并答应他不会预先练习。

对于苏珊的这个提议，艾瑞克刚开始表现得意兴阑珊。

他们从生活中的一些小细节开始学起。首先是挤牙膏，苏珊先做示范，她先设法拧掉牙膏盖，然后把艾瑞克的牙刷放在床头的桌子上。之后，再笨拙地把牙膏挤在移动不稳的牙刷上。苏珊发现，她越是费力地做这件事，艾瑞克越有兴趣。在苏珊奋斗了大约10分钟，并且浪费了一些牙膏之后，成功了。

"我一定做得比你快！"艾瑞克断言。在艾瑞克这样做的时候，苏珊分明看见了艾瑞克发自内心的大大的笑容。接下来的两个星期，苏珊和艾瑞克都以极大的热情和竞争精神投入到了这场"比赛"当中，处理他的日常生活，帮忙扣他的纽扣，在他的面包上涂黄油，整理床单、洗澡等等。

在苏珊实习结束的时候，艾瑞克也差不多已经能够自理、并有信心地面对生活了，他又恢复了以往的活泼、开朗，现在也时时能在他的脸上看到灿烂的笑容。

一个人生理上有缺陷并不可怕，可怕的是精神上有缺陷。如果他在精神上无法正确面对自己，那他整个人就会陷入一种无法自拔的悲观情绪里，自哀自怜的结果是他永远都只能成为生活的弱者，永远都无法真正战胜挫折，主宰自己的命运。

中国古代有个双目失明的少年，他虽然眼睛看不到东西，但对弹琴、击鼓却很在行，周围的人都很佩服他。

有位秀才觉得一个瞎眼的少年居然得到那么多人的推崇，便有些不服气。于是秀才找到少年问："你今年多大了？"少年客气地回答："15岁。"秀才接着问："你的眼睛是从什么时候看不到东西的？"少年回答："听父母说，大概是3岁的时候。"虽然秀才也好奇少年是怎么学习才艺的，但他仍然忍不住有些幸灾乐祸地说："也就说你到现在已经失明12年了，真不知道这些年你是怎么过来的，虽然你有些才艺，但眼睛看不到东西，自然有许多人生美事不能完整地体会到，真是太可悲了……"

少年听到秀才这样说，就微笑着回答他：

"你说得很对，我的确看不到许多好看的东西，可是许多肢体健全的人其实也有许多东西是看不到的，他们甚至还不如我看到得多。虽然我的眼睛看不到东西，可是我身上的其他器官却都是可以利用的，我可以用耳朵去听这个世界，听到熟悉的声音我就能分辨出这个说话的人是谁，听到一个人说的话就可以知道他是个怎样的人。

"不只这样，我还能靠估计道路的状况来调节自己的步伐，这就让我少了很多跌倒的危险。而且看不到东西能够让我全身心投入自己所喜欢的才艺中去，而不被外界的美景所迷惑，也不必浪费精力去应付许多无聊的事情，这让我的琴艺变得更加精湛。

"时间久了，我也习惯了现在的生活，我不埋怨自己看不到东西，因为我已经是这样了，不如在其他方面充实自己，虽然我眼盲，但心却是看得到东西的。比起那些有眼睛却十分热衷于丑恶东西的人和那些连愚笨和贤明都分不开却只会成天胡思乱想的人，我觉得自己不是盲人，那些人才是真正的盲人。"

秀才听后，羞愧地离开了。

缺陷不一定都是坏的，有可能就是你的长处和优点。只要会利用，可能还会给你带来意想不到的效果，但是，前提是你必须得正视缺陷。

　　每个人的身上都可能存在这样或那样的缺陷，强者勇于面对缺陷，在他们眼里，缺陷从来都不是负担。而有些人则以悲观的态度面对缺陷和不足，在这些缺陷面前，他们丧失进取心，从而一事无成。其实，与其对无法改变的缺陷耿耿于怀，不如把精力放在其他事情上，这样你才更有可能成功。

与其羡慕别人，不如把握自己

有这样一则故事：

孔雀向王后朱诺抱怨。它说："王后陛下，我不是来无理取闹的，但您知道吗？您赐给我的歌喉，没有任何人喜欢听。可您看那黄莺小精灵，唱出来的歌婉转动听，它独占风光，可出尽风头了。"

朱诺听到如此言语，严厉地批评道："你赶紧住嘴，嫉妒的鸟儿，你看你脖子四周，如一条七彩丝带；当你行走时，舒展的华丽羽毛，就好像色彩斑斓的珠宝。你是如此美丽，这世界上没有任何一种鸟能像你这样受到人们的喜爱。一种动物不可能具备世界上所有动物的优点。我赐给大家不同的天赋，是要大家彼此相融，各司其职。所以我奉劝你不要抱怨，不然的话，作为惩罚，你将失去你美丽的羽毛。"

孔雀羡慕黄莺清脆的嗓子，所以抱怨自己为什么没有拥有和黄莺一样婉转、美妙的歌喉，却不知道自己的美本来就让其他动物羡慕。

我们总说"吃着碗里的，看着锅里的"。人总是觉得没有得到的才是最好的，总是一味地去羡慕别人的生活，而忽略了自己所拥有的东西。

每个人身上都有优点和长处，不要总盯着别人身上的好处而忽视了自己的美丽，这样你将永远生活在悲观、嫉妒当中。不能用心地体会和感受生活，就不能发现生活以及自身的美好，也就不会利用自己的优点，让自己大放异彩。

　　欧洲某国家的一位著名的女高音歌唱家，仅仅三十多岁就已经红得发紫，而且郎君如意，家庭美满，令人羡慕不已。

　　一次她到邻国来开独唱音乐会，入场券早在一年前就被抢购一空，当晚的演出也受到极为热烈的欢迎。演出结束之后，歌唱家和丈夫、儿子从剧场走出来的时候，一下被早已等在那里的观众团团围住。人们七嘴八舌地与歌唱家攀谈着，其中不乏赞美和羡慕之辞。

　　有的人恭维歌唱家大学刚刚毕业便开始进入国家的歌剧院，成为扮演主要角色的演员；有的人恭维歌唱家有个腰缠万贯的大公司老板做丈夫，而膝下又有个活泼可爱、脸上总带着微笑的小男孩。

　　在人们议论的时候，歌唱家只是在听，并没有表示什么。等人们把话说完以后，她才缓缓地说："我首先要谢谢大家对我家人的赞美，我希望在某些方面能够和你们共享快乐。但是，你们看到的只是一个方面，还有另外的一个方面没有看到。那就是你们夸奖活泼可爱、脸上总带着微笑的这个男孩，不幸的是他是一个不会说话的哑巴，而且，在我的家里他还有一个姐姐，是需要长年关在铁窗房间里的精神分裂症患者。"

　　歌唱家的一席话使人们震惊得说不出话来，你看看我，我看看你，似乎很难接受这样的事实。

　　这时，歌唱家又平心静气地对人们说："这一切说明什么呢？

恐怕只能说明一个道理：那就是上帝给谁的都不会太多。"

有时我们所拥有的，别人不一定拥有，每个人有他的长处，每个人也都有他自身的不足，因此，我们不必为别人的拥有而失意，应该多为自己拥有的而开怀。并不是我们所拥有的东西使我们快乐，而是我们所喜欢的东西才能给我们带来欢乐。

其实人总是在这样互相羡慕。有的人常常幻想有一天一觉醒来，自己就会成为和某某一样的人。可能是因为我们深知自己人生的缺憾，所以就会拿那些我们认为比较完美的人生来做比较，当作人生的坐标。其实这个世界上并不存在十全十美的人，那些我们所羡慕的人同时也在承受着他们的不如意。所谓家家有本难念的经，人虚荣的本性使他们把自己风光的一面展示给人，又有谁能真正看到别人风光背后呢？很多时候，得到的就是所承担的，每件事都像硬币一样有两面，有正面就有负面。

当然，有的人的确值得我们羡慕，不完全是因为他们得到的多，而是因为他们善于经营，我们从他们的身上可以审视自己。

羡慕别人是因为我们期待完美，期望可以活得更好。可是我们却忽视了一点，每个人的处境都不同，别人永远无法模仿。不过我们可以通过观察别人的长处来修正自己的短处，与其仰望别人的幸福，不如注意别人经营幸福的方法；与其羡慕别人的好运气，不如借鉴别人努力的过程。

不要再去羡慕别人如何如何，好好算算上天给你的恩典，你会发现你所拥有的绝对比没有的要多出许多，而缺失的那一部分，虽不可爱，却也是你生命的一部分，接受它且善待它，你的人生会快乐豁达许多。

人没有必要羡慕别人，而应该将时间花在珍视自我上，看到自身的优势，充满自信地去应对生活，努力为自己的前途奋斗。

人生就像打牌一样，很多人总是羡慕别人手中的牌，而对自己手中的牌从来都不认真对待。其实，即使你非常羡慕别人，又有什么用呢？最后你还是得老老实实地打你自己的牌。

羡慕别人不如把握自己，人生是要靠自己去走的一段路程，无论怎样，能够把握的最终都只是自己。我们可以羡慕别人，但这种羡慕是吸取对方的长处，来弥补自身的不足，不断地充实、完善自己，让自己变得更强大、更完美。

前路茫茫，任何时候都别放弃自己

　　人的一生中，有辉煌就会有低谷。当我们处于低谷时，也会很伤心，很绝望，在我们脆弱、无助的时候，就会很想放弃自己，自暴自弃、自哀自怨。放弃很容易，可要想看到更加美丽的朝阳，还需要我们以更坚毅的态度活下去，好好活下去。纵然总是会碰到一些让我们痛苦的人、事、物，但我们的身边更多的还是关心我们、爱护我们的人，就算为了他（她）们，我们也应该好好生活，永不放弃！

　　记得，有这样一个故事：两个商人一起出去做生意，在穿越一片沙漠的时候，走到中途，他们的饮用水用完了。他们又渴又累，快要坚持不住了，在这危急时刻，其中一个情况稍好一点儿的商人，决定去寻找水或者找人帮忙。他留下另一个商人，让他待在原地不要动，等他带人来帮忙。临走时，他把唯一的一支枪留给了那个商人。枪中有三颗子弹，他让他每过一段时间就放一枪，这样他在沙漠中，不至于迷失了方向，随着枪声可以找到他。他走后，那个商人躺在原地不动，又渴又累让他一阵阵难受。也不知过了多长时间，那个商人还没有回来，于是他就向空中放了一枪。

　　就这样，他还是静静地躺着。

天上炙热的太阳，烤得整个沙漠像一个大火炉。他的喉咙像有一团火在燃烧，嘴唇干裂出一道道口子。他的意识有点模糊了，但他强力告诫自己要撑住。也不知过了多长时间，他想起来他朋友还没有回来，他勉强地又朝空中放了一枪。沙漠里的气候变化无常。过了不久，就刮起了沙尘暴。不一会儿，他的身上就盖了一层沙子。他已无力弄掉身上的沙子了。模模糊糊中，他感觉自己的灵魂像已离开了身体似的，他已无力挽住它了。他不知自己昏睡了多久，他的朋友还是没有回来，他实在坚持不住了，他失去了信心，觉得已没有生的希望了，就将最后一颗子弹射向了自己的脑袋。

那个出去寻找帮助的商人，终于带着一群驼队寻着枪声找到了他，而此时他的体温还是温热的……

是的，如果他能够再坚持一会儿，不失去信心，仍然充满希望，朋友回来他不就得救了吗？如果最后他不放弃自己，不放弃生命，那结果又会是这样吗？

人的生命只有一次，错过就不可再得。而生与死，仅仅一步之遥。

一个人如果放弃了自己，就等于放弃了希望，放弃了追求；放弃了自己，就等于向困难低头，成为一个失败者。一个人失败了不要紧，可怕的是失去了对美好生活的信念。如果对生活失去了信念，那人生还有何意义可言？

其实，只要自己不放弃，就没有人能够将你打倒。如果故事中的那个商人能一直坚持、不放弃，那他的人生又会呈现出另外一番更美的图画。

人的命运是掌握在自己手里的，就算别人已经放弃你了，但只要你自己没有放弃，就依然还有活着的希望，就可以凭借自己的力量，走出困顿。

人的一生不可能一帆风顺，多多少少总会有一些坎坷和波折。世界上之所以有强弱之分，究其原因是前者在接受命运挑战的时候说："我永远不会放弃。"后者说："算了，我承受不住。"

1883年，富有创造精神的工程师约翰·罗布林雄心勃勃地意欲着手建造一座横跨曼哈顿和布鲁克林的桥。然而桥梁专家们却说这计划纯属天方夜谭，不如趁早放弃。罗布林的儿子华盛顿，是一个很有前途的工程师，也确信这座大桥可以建成。父子俩克服了种种困难，在构思着建桥方案的同时也说服了银行家们投资该项目。

然而桥开工仅几个月，施工现场就发生了灾难性的事故。罗布林在事故中不幸身亡，华盛顿的大脑也严重受伤。许多人都以为这项工程因此会泡汤，因为只有罗布林父子才知道如何把这座大桥建成。

尽管华盛顿丧失了活动和说话的能力，但他的思维还同以往一样敏锐，他决心要把父子俩费了很多心血的大桥建成。一天，他脑中忽然一闪，想出一种用他唯一能动的一个手指和别人交流的方式。他用那只手敲击他妻子的手臂，通过这种密码方式由妻子把他的设计意图转达给仍在建桥的工程师们。整整13年，华盛顿就这样用一根手指指挥工程，直到雄伟壮观的布鲁克林大桥最终落成。

很多时候，我们都会遇到来自生活的困顿和苦难，当我们无能为力、别无选择时，我们就只能面对现实，并以更顽强的姿态来迎接生活给予的不幸，只有这样，我们才能够真正地扭转命运，真正成为命运的主人。

　　一个音乐家，失去了最宝贵的听觉。但是在这种情况下他对自己热爱的事业丝毫没有放弃，用自己的勇气抵抗命运的打击，创作出了令人惊叹的乐曲。他的名字世界上的人都知道，他就是耳聋的音乐家——贝多芬。

　　曾有这样一句玩笑之言："跌倒了，爬起来，我接着哭。"细细品味，发现这句话哲理意味颇深。跌倒了，自然是很疼的，趴在地上可以哭，但老趴在地上吧，显得太狼狈，所以我们可以站起来接着哭，来发泄自己痛苦的情绪。但不管怎样，我已经站起来了，而不是趴在那儿再也起不来，当疼痛过去后，我们算是过来人了，知道了什么叫苦，什么叫乐，而后变得更成熟，更勇敢！

　　世上之人，谁都不知道自己的明天会是什么样的。前路茫茫，只要靠自己的双手去摸索，去探寻，纵然会跌倒，会摔得头破血流，但只要我们不放弃，就算经历无数次的跌倒，也没必要为此而悔恨连连，伤心难过。跌倒了又如何，爬起来就好。爬起来，重新来过，只要生命不停歇，只要自己不放弃，就没有人能让你放弃，人生就依然掌握在自己的手中！

除了自己，没有人可以让你贬值

阿兰·米穆是一位历经辛酸从社会最底层拼搏出来的法国当代著名长跑运动员，法国10000米长跑纪录创造者、第14届伦敦奥运会10000米赛亚军、第15届赫尔辛基奥运会5000米亚军、第16届墨尔本奥运会马拉松赛冠军，后来在法国国家体育学院执教。

米穆出生在一个相当贫穷的家庭。从孩提时代起，他就非常喜欢运动。可是，家里很穷，他甚至连饭都吃不饱。这对任何一个喜欢运动的人来讲都是很难堪的。例如，踢足球，米穆就是光着脚踢的，他没有鞋子。他母亲好不容易替他买了双草底帆布鞋，为的是让他去学校念书穿的。如果米穆的父亲看见他穿着这双鞋子踢足球，就会狠狠地揍他一顿，因为父亲不想让他把鞋子踢破。

12岁时，米穆已经有了小学毕业文凭，而且评语很好。他母亲对他说："你终于有文凭了，这太好了！"妈妈去为他申请助学金。但是，遭到了拒绝！

没有钱念书，于是米穆就当了咖啡馆里跑堂的。他每天要一直工作到深夜，但还是坚持长跑。为了能进行锻炼，他每天早上5点钟就得起来，累得他脚跟都发炎了。为了有碗饭吃，米穆没有多少工夫去训练。不过，他还是咬紧牙关报名参加了法国田径冠军赛。米穆仅仅进行了一个半月的训练。他先是参加了10000米比赛,可是只得了第三名。第二天,他决定再参加5000米比赛。幸运的是,他得了第二名。就这样,米穆被选中并被带进了伦敦奥林匹克运动会。

对米穆来说,这简直是不可思议的事情!他在当时甚至还不知道什么是奥林匹克运动会,也从来想象不到奥运会是如此宏伟壮观。全世界好像都凝缩在那里了。在这个时刻,他知道自己代表法国。

但有些事情让米穆感到不快,那就是,他并没有被人认为是一名法国选手,没有一个人看得起他。比赛前几个小时,米穆想请人替自己按摩一下,于是他便很不好意思地去敲了敲法国队按摩医生的房门。得到允许以后,他就进去了。

按摩医生转身对他说:"有什么事吗,我的小伙计?"

米穆说:"先生,我要跑10000米,您是否可以帮助我?"

医生一边继续为一个躺在床上的运动员按摩,一边对他说:"请原谅,我的小伙计,我是被派来为冠军们服务的。"

米穆知道,医生拒绝替自己按摩,无非就是因为自己不过是咖啡馆里的一名小跑堂罢了。

那天下午,米穆参加了对他来讲具有历史意义的10000米决赛。他当时仅仅希望能取得一个好名次,因为伦敦那天的天气异常干热,很像暴风雨的前夕。比赛开始了,同伴们一个又一个地落在他的后面。米穆成了第四名,随后是第三名。很快,他发现,只有捷克著名的长跑运动员扎托倍克一个人跑在他前面。米穆最后得了第二名。

米穆就是这样为法国也为自己赢得了第一枚奥运银牌的。然而，最使米穆感到难受的，是当时法国的体育报刊和新闻记者。他们在第二天早上边打听边嚷嚷："那个跑了第二名的家伙是谁呀？啊，准是一个北非人。天气热，他就是因为天热而得到第二名的！"瞧瞧，多令人心酸！

米穆感到欣慰的是，在伦敦奥运会 4 年以后，他又被选中代表法国去赫尔辛基参加第十五届奥运会了。在那里，他打破了10000 米法国纪录，并在被称为"本世纪 5000 米决赛"的比赛中，再一次为法国赢得了一枚银牌。

随后，在墨尔本奥运会上，米穆参加了马拉松比赛。他以 1 分 40 秒跑完了最后 400 米，终于成了奥运会冠军！

一件看似不可能的事情，通过自己的努力，也能最终让它变成可能。人具有无限大的潜力，只要自己不放弃，就没有人会成为你的阻碍。

在人生的旅途上，每个人都必定会遇到许多的阻碍，都可能会遭遇别人的轻视、嘲笑、打压……但这都没关系，要知道，一些挫折反而会成为我们成功路上的助推器，帮助我们走向成功，能让我们以更坚毅的态度、更刚强的意志来面对生活中可能有的风雨，并在未来的人生道路上越走越远。

生命的价值其实取决于我们自身，除了自己，没有人能让我们贬值。不要害怕自己被埋没，有时候正是这种埋没让你自己更好地了解了自己，让别人更好地认识了你。要相信：只要你是金子，你就一定会发光的。不论出身如何，境遇如何，人生的价值都不会因为这些因素而改变。

你身上的潜质，自己都未必了解

印度有个叫哈飞特的农夫。有一天，他听村里最为人敬重的老人拉桑棣说："假如一个人得到拇指大的钻石，就能够买下周围广阔的土地；假如得到一座钻石矿，就能够让自己的儿子坐上王位。"

听了这话，哈飞特非常激动，当晚就彻夜难眠。

第二天他就前去拜访了拉桑棣，请教怎样才能找到钻石。

拉桑棣告诉哈飞特："要找到钻石无异于大海捞针，我看你还是不要白费心机了。"

然而，发财心切的哈飞特哪能听得进去这些话，他不断地央求老人告诉他寻找钻石的方法。老人被缠得没有办法，只好告诉他："要想找到钻石，你要去很高很高的山里，寻找淌着白沙的河，河底下一定埋着钻石。"

哈飞特听了老人的话如获至宝，他不顾家人反对，就把家里所有的地产都变卖了，让家人寄宿在邻居家，自己则带着变卖家产得到的钱财只身前去寻找钻石。

时间过去了很久，有一天，那个买下哈飞特地产的人牵着马去房子后面的小河边饮水。突然，河沙中一道奇特的亮光一闪，那个人很奇怪，就去把那块发出奇特亮光的东西挖了出来，冲洗干净一看，原来是一块闪闪发光的石头。

那个人觉得石头很漂亮，便把它放在家里的炉架上当作观赏品。

有一次，拉桑棣去拜访那户人家。当老人看见炉架上那块闪着亮光的石头后，眼睛瞪得大大的。

"啊，这是钻石！"老人惊叫道，"哈飞特回来了！"

"不！哈飞特没有回来。这块石头是我在房子后边的小河里发现的。"新房主回答道。

"不，您在骗我，"拉桑棣根本不敢相信，"别看我老了，但我认得出这是块地地道道的钻石！"

新房主看老人不信，便将老人领到房子后面的小河边。老人随手折下一截树枝，在小河边挖了起来，不一会儿，一块光芒闪烁的钻石又被挖了出来……

后来，许许多多的钻石都从那里被挖了出来，其中最大的一块净重达100克拉。

其实，我们每个人都是一座宝藏，我们自己就是取得成功的资本。只是我们常常忽略自身的价值，而去汲汲于外物为我们创造的价值，殊不知，人生最大的宝藏就是自己。真正的财富并不是存在于外部的物质，而是你自身内在的潜能。

在美国西北部蒙大拿西部边境比特鲁山边的达比镇，人们好多年都习惯于仰望那座晶山。晶山之所以获得这个名称，是因为它被侵蚀，暴露出一条凸出的狭窄部分，那里布满微微发光的晶体，看上去有点像岩盐。

早在1937年，这里就修建了一条直接越过这块岩层的小径。但是此后一直到1951年，并没有一个人认真地弯下身子去捡起一块发亮的矿岩石，好好地把它观察一下。就在 1951 年，两个达比人康赖和汤普生看见一种矿石的集合物陈列于这个小镇，感到十分激动。他们看到矿物展品中的矿石标本上，附有一张卡片说明它的用途，便立刻在晶山上立柱，表示所有权。汤普生把矿石的样品送到斯波堪城的矿务局，并要它派一名检验员来察看一种"储量巨大"的矿物。

1951 年的下半年，该矿务局就派了一部推土机上山采取矿石样品并进行分析，认定这里确是极有价值的世界最大的铁的储藏地之一。今天一些沉重的运土卡车陆续奋力登山，又载着极为沉重的矿石慢慢地走出一条下山的回路；而在山下等待他们的实际是手中拿着支票的美国钢铁公司和美国政府的代表。他们每人都急于购买这些矿石。

其实同这种矿藏一样，我们自身就蕴藏着丰富的资源，只是没有人愿意停下来思索、发掘自己身上这些"宝藏"，而你身上这些钻石宝藏就是潜藏的能力。

你身上的这些"钻石"足以使你的理想变成现实。而你要做的，就是更好地开发你的"钻石"，为实现自己的理想，付出辛劳。何必非要舍弃眼前的幸福去追求远方那虚无缥缈的存在，要知道好高骛远、不着边际的追求只会让你越跌越重。只有不懈地挖掘自己的潜能，运用潜能，你才能够做好你想做的一切，才能成为自己命运的主宰者。

冲出潜能的枷锁，成功近在咫尺

有人把一只跳蚤放进玻璃杯里，跳蚤轻易地跳了出来。重复几遍，结果还是一样。

接着，这人再次把这只跳蚤放进杯子里，然后盖上一个玻璃盖。这次，跳蚤依然想要跳出玻璃杯，但是每次都重重地撞在玻璃盖上——显然，它是不可能跳出去的。

跳蚤感到十分困惑，但是它没有停下来，而是一直跳。一次次被撞，跳蚤开始根据盖子的高度来调整自己跳跃的高度。

几天以后，实验者发现这只跳蚤没有再撞击那个盖子了，而只是在盖子下面来回跳动。又过了几天，实验者把玻璃盖子轻轻去掉，任凭跳蚤跳跃。

3天后，再次观察，发现这只跳蚤还在玻璃杯里。

一周以后实验者发现，这只跳蚤还在玻璃杯里不停地跳着，但是，此时它始终都无法跳出玻璃杯了，虽然玻璃杯上已经没有盖子了。

难道跳蚤真的不能跳出这个杯子吗？当然不是，跳蚤跳的高度一般可达它身体的400倍左右。

其实，真正造成跳蚤无法跳出杯子的原因，就是在它的心理已经默认了这个杯子的高度是自己无法逾越的。

不要给自己套上枷锁，当你一旦习惯了某种思维模式后，就很容易形成习惯，继而被这种习惯所束缚。不要给自己套上枷锁，充分发挥自身的主观能动性，超越命运，改变命运。

一位禅师为了启发他的徒弟，就给了徒弟一块石头，叫他去蔬菜市场，并且试着卖掉它。这块石头很大，很好看，师父说："不要真的卖掉它。注意观察，多问一些人，然后只需告诉我在蔬菜市场它能卖多少钱。"这个人去了。在菜市场，许多人看着石头想：它可以做很好的小摆件，我们的孩子可以玩，或者我们可以把这当作称菜用的秤砣。于是他们出了价，但只不过几个铜板。徒弟回到山上，对师父说这块石头只值几个铜板。

禅师笑了笑，没有说话。第二天，又把徒弟叫到跟前，让他拿这块石头到黄金市场去问问价，但是仍然不能卖掉。徒弟便又来到了黄金市场。回来的时候，徒弟高兴地对师父说："那里的人竟出到了500两。"禅师又笑了笑。

第三天，禅师又把徒弟叫到跟前，让他再带这块石头去珠宝市场问问价。徒弟感到很奇怪，不明白师父为什么总是让他带上这块石头却不许卖掉它。到了珠宝市场，他简直不敢相信自己。这里的人见到这块石头，都如获至宝一般。他们的价钱一直出到了五六千两，有的甚至说只要他肯卖，什么价钱都可以。但徒弟记住师父的话，没有把石头卖掉。这时候他也开始觉得这不是一块普通的石头。

不过只是一块普通的石头，在不同的地方价值居然也会发生如此巨大的落差，潜能的力量是无穷的。

如果你认为你只是一块普通的石头，那你的价值就是几个铜板；如果你认为你是一块宝石，那你就真的是价值连城的宝石。一个人的潜能是无穷的，它不来自于他人对你的评价，而是源于你对自身的认可，潜能往往也是源于此。

事实上，大多时候我们不能成功并不是被外物束缚住了脚步，而是源于我们自身，一旦自身的思想被束缚住，有了枷锁，就会限制自己的能力，就认为自己不行，以至于失败。就好比那只始终跳不出玻璃杯的跳蚤和那块不平凡的石头。

威廉·奥斯瓦尔德是德国著名的化学家，曾获得诺贝尔化学奖。和别的孩子不同，在奥斯瓦尔德还很小的时候，他根本不知道自己将来要做什么。于是奥斯瓦尔德在读中学时，父母为其选择了一条学习文学的道路。但老师对他的评价是："他很用功，但过分拘泥，这样的人即使有很完美的品德，也无望在文学上有所建树。"

这时，奥斯瓦尔德对油画产生了兴趣，于是父母充分尊重了儿子的选择，让他改学油画。但他既不善于构思，亦不会润色，更缺乏艺术的理解力，成绩在班上常常倒数第一，很明显他也不具备画画的天赋。老师的评语变得简短而严厉："你在绘画艺术上是不可造就之材。"

即使这样，父母和奥斯瓦尔德也仍未气馁，主动到学校征求意见。化学老师见他做事一丝不苟，建议他试学化学。这时，奥斯瓦尔德的智慧火花才仿佛被激发，这位在文学、绘画艺术上的不可造就之材被公认为化学方面的高材生。1909 年，他获得诺贝尔化学奖，成为举世瞩目的科学家。

不要给自己套上枷锁，要知道人无完人，没有谁是什么都会，什么都能做的。充分发掘自己的潜能，一件事不行就重新尝试另一件，总有一件事是适合你的。找准自己的位置，充分利用自己隐藏的潜能，你就能成功。

第二章
有了方向的人生，才会不迷茫

人生就像一艘在海里航行的帆船，而
目标就是这艘帆船的"指南针"。没有目
标，人生之船就会变得没有方向；没有目
标，生活也会变得索然无味。目标就像一
个看得见的彼岸，始终为行人指引着前方
的道路。

梦想，一切成就的起点

第三章

自己为你的人生，才能不撒谎

梦想是所有成就的出发点，很多人之所以失败，就在于他们从来都没能踏出他们的第一步。其实，人生的关键是透过现实的伟大的目标，按照希望和理想的方向努力前进。

1950 年，二十出头的郑小瑛来到当时最负盛名的莫斯科音乐学院学习作曲。她似乎就是为音乐而生，六岁学习钢琴，十四岁精通各种乐器并且多次登台演出。在莫斯科音乐学院里，郑小瑛的才华得到了老师和同学的认可，她的曲子时常被学校交响乐队拿去演奏。

有一次，她在音乐厅看见指挥师正演奏她的曲子，她被那种意气风发深深吸引住了，一个理想由此萌发："我要成为一位优秀的指挥家！"

从那以后，郑小瑛一有时间就跑到音乐厅去看表演，当然，最主要的是暗中学习指挥技巧，还时不时找机会向教授求教。回到宿舍后，她就对着自己的曲子开始练习指挥，同学们都取笑她说："难道你想成为一名指挥家吗？别白费力气了，因为那是一件不可能的事情！"

同学的话其实不无道理，当时全世界的女性地位都不高，有机会接受音乐教育的女性已经很少了，更何况是女性指挥家？虽然不敢说全世界绝对没有一位女性指挥家，但在当时，他们都没有听说过。指挥家，似乎是专属男人的职业。

"难道女性就不可能成为指挥家吗？"郑小瑛在心中发问。没人能给她答案，能给答案的人只有她自己！

此后，郑小瑛在指挥上的学习和锻炼更加勤奋了，从表情到手势，从眼睛到心灵……

机会总是属于有准备的人！有一次，学校里组织了一个音乐盛会，郑小瑛所作的一首曲子被选进了演奏曲目中。而观众席中，有两位响当当的人物：苏联国家歌剧院的指挥海金和莫斯科音乐剧院的指挥依·波·拜因。谁都没有想到的是，正当音乐指挥走上台子的时候，他居然扭伤了脚，一个踉跄跌坐到地上，全场一片惊呼。工作人员很快跑过去扶住教授，同时还有人把椅子搬上指挥台，想让他坐在椅子上指挥，但那同样不行，因为他扭到脚的同时也碰伤了肘部。教授摇摇头，全场不知如何是好！

郑小瑛一下子从椅子上站起来，在一片惊愕的目光中，走到那位教授的面前一鞠躬说："我以艺术的名义向教授申请，接过您手中的指挥棒！"

面对这样一张年轻而坚毅的脸，教授找不出任何理由拒绝，他把手中的指挥棒递给了郑小瑛。她转过身，对乐手们点头示意，指挥开始了：只见指挥棒在她的手中时而急促有力，时而缓和悠扬，音乐就像是从她指挥棒上流淌出来似的，时而奔腾如雷，时而平静似水。她那热情奔放、气魄雄伟的指挥蕴藏着无比强烈的艺术感染力，简直无懈可击，完美无瑕，就连那位扭伤脚的教授和观众席上的海金、依·波·拜因也频频点头。一曲结束，掌声四下雷起，海金和拜因更是对郑小瑛做出了这样的评价："她，将来必定是一位卓越的指挥家！"

当天，海金正式向郑小瑛提出邀请，让她进入苏联国家歌剧院深造指挥艺术。"艺术应该属于任何人，不应该有性别之分！"海金说。进入国家歌剧院后，郑小瑛刻苦学习，先后成功地指挥了《托斯卡》《茶花女》等一系列苏联经典歌剧，在苏联引起了极大的轰动。

几年后，郑小瑛艺成回国，为音乐事业做出了不少贡献，最终成为中国甚至是全球第一位卓越的交响乐女性指挥家。2010年，82岁的郑小瑛被首届中国歌剧艺术成就大典授予终身成就荣誉奖！

郑小瑛成功实现她的梦想，成为一名卓越的交响乐女性指挥家。然而，郑小瑛的成功却绝非偶然，如果不是有着对艺术的执着追求，成为指挥家的坚定信念，以及努力把梦想变为现实的一颗果敢行动的心，那她也不会成为中国甚至全球第一位的交响乐女性指挥家。

人一旦有梦想有目标，自然就会为了实现它而发挥更大的心力，人生的光辉由此粲然可见。因为在为实现理想而奋斗的过程中，人生的乐趣清清楚楚，而生活就会更加的精力充沛。

梦想具有鼓舞人心的创造性力量，它鼓励人们完成自己的事业；它又是才能的增补剂，可增长人们的才干，使一切美梦成真。

梦想能使人产生一种力量，这种力量是一种最奇妙的力量，也是存在宇宙之中最不可抗拒的力量。人因梦想而伟大，没有梦想的人生是最枯燥乏味的。

人生最重要的，就是知道自己的方向

比塞尔是西撒哈拉沙漠中的一颗明珠，每年有数以万计的旅游者来到这儿。可是在肯·莱文发现它之前，它不仅是一个封闭落后的地方，而且这儿的人从没有走出过大漠。据说不是人们不愿离开这块贫瘠的土地，而是他们尝试过很多次都没走出去。

肯·莱文当然不相信这种说法。他用手语向这儿的人问原因，结果每个人的回答都一样：从这儿无论向哪个方向走，最后都还是转回出发的地方。为了证实这种说法，肯·莱文做了一次试验，从比塞尔向北走，结果三天半就走出了大漠。比塞尔人为什么走不出去呢？肯·莱文非常纳闷。最后他只得雇一个比塞尔人，让他带路，看看到底是为什么。他们准备了半个月的水，牵了两峰骆驼，肯·莱文收起指南针等现代设备，只拄一根木棍跟在后面。十天过去了，他们走了大约八百英里的路程，第十一天的早晨，他们果然又回到了比塞尔。

肯·莱文终于明白了，比塞尔人之所以走不出大漠，是因为他们根本就不认识北斗星。在一望无际的沙漠里，一个人如果凭着感觉往前走，他会走出许多大小不一的圆圈，最后的足迹十有八九是一把卷尺的形状。比塞尔处在浩瀚的沙漠中间，方圆上千公里没有一点参照物，若不认识北斗星又没有指南针，想走出沙漠，的确是不可能的。

　　莱文在离开比塞尔时，带了一位叫阿古特尔的青年——就是上次和他合作的人。他告诉这位年轻人，只要你白天休息，夜晚朝着北面那颗星走，就能走出沙漠。阿古特尔照着去做了，三天之后果然来到了大漠的边缘。阿古特尔因此成为比塞尔的开拓者，他的铜像被竖在小城的中央。铜像的底座上刻着一行字："新生活是从选定方向开始的。"

　　故事给予我们的启示是，一个人无论现在年长几何，真正的人生之旅，是从设定目标的那一天开始的——只有设定了目标，人生才有了真实的意义。

　　没有目的，就做不成任何事情；目的渺小，就做不成任何大事。有人活着没有任何目标，他们在世间行走，就像河中的一棵小草，他们不是行走，而是随波逐流。目标是一种精神思想，也是一种世俗的追求，这取决于你当时的本性。无论哪种目标，你都应为实现它而奋斗。

　　1952年7月4日清晨，美国加利福尼亚海岸笼罩在浓雾中。在海岸以西几英里的卡塔林纳岛上，一个34岁的女人涉水下到太平洋中，开始向加州海岸游过去。

　　如果这一次成功了，她就是游过这个海峡的第一位女性。在此之前，她是从英国两边海岸游过英吉利海峡的第一个女人。

　　那天早晨，海水冻得她身体发麻，雾很大，她连护送的船都几乎看不到。时间一个小时一个小时地过去了，她知道有千千万万人在电视上看着她。有几次，鲨鱼靠近了她，但都被人开枪吓跑。她仍然在游。在以往这类渡海游泳中，她害怕的问题不是疲劳而是刺骨的水温。

15个小时之后，她累得实在受不了啦，身体也冻得发抖。她觉得自己不能再游了，就让别人把她拉上船。她的母亲和教练在另一条船上，他们都告诉她海岸很近了，鼓励她不要放弃。但在水里她朝加州海岸望去，除了浓雾什么也看不到。几十分钟之后——从她出发算起15个小时零55分钟之后，人们把她拉上船。又过了几个小时，她渐渐觉得暖和多了，这时却开始感到失败的打击，她不假思索地对记者说："说实在的，我不是为自己找借口，如果当时我能看见陆地，也许我就能坚持下来。"人们拉她上船的地点，离加州海岸只有半英里！

　　后来她说："令我半途而废的不是疲劳，也不是寒冷，而是因为我在浓雾中看不到目标。"应当说，她一生中就只有这一次没有坚持到底。两个月之后，她成功地游过了同一个海峡。她不但是第一位游过卡塔林纳海峡的女性，而且比男子的纪录还快了大约两个小时。

　　这个故事告诉我们：在你的生活中，有一点很重要，即你的目标必须是具体的、可以实现的。如果计划不具体，即无法衡量是否实现了，那会降低你的积极性。因为向目标迈进是动力的源泉，如果你无法知道自己向目标前进了多少，你就会泄气，甩手不干了。

　　没有目标，生命就会失去方向，没有目标，就没有任何人能成功。要想更好地把握自己的命运，就非得制定切实可行的目标不可。不然你的人生就只能在浑浑噩噩中度过。确定你的目标，并对未来充满希望和信心。只有有了目标，才能使你成就大事。只有有了目标，你的脚步才不会停歇。

　　人生需要我们去规划、设计，只有指定了明确的目标，才能更加清楚地看到前方的路。

目标是通向成功的阶梯

安德鲁·卡耐基说过："明确人生的目标是成功的首要原则。"我们也知道，几乎所有的成功者都有明确的人生目标，而且，目标越明确、越具体，成功的可能性就越大。

没有明确的目标你就会变得像大多数普通人一样，浪费许多大好时光，碌碌无为。目标明确是所有成就的起点，你应该明确地知道自己想要什么，怎样去得到。只有这样，你才能面对生活中的任何挑战。

有一年，一群踌躇满志、意气风发的天之骄子从哈佛大学毕业了，他们的智力、学历、环境条件都相差无几。临出校门，哈佛对他们进行了一次关于人生目标的调查。结果是这样的：27%的人没有目标；60%的人目标模糊；10%的人有清晰但比较短期的目标；3%的人有清晰而长远的目标。

25年后，哈佛再次对这群学生进行了跟踪调查。结果是这样的：

3%的人，25年间他们朝着一个方向不懈努力，几乎都成为社会各界的成功之士，大都生活在社会的中上层；

70%的人，他们安稳地生活与工作，但都没有什么特别的成绩，几乎都生活在社会的中下层；

10% 的人，他们生活稳定，工作良好。很多都是企事业单位的中层领导。

27% 的人，他们的生活没有目标，过得很不如意，并且常常在埋怨他人，抱怨社会，抱怨这个"不肯给他们机会"的世界。

杰出人士与平庸之辈最根本的差别，并不在于天赋，也不在于机遇，而在于有无人生目标！就像这个调查所得一样，有目标的人最终取得了成功，而没有目标的人最终生活平庸。

在日常生活中，我们都有这样的体会：当我们确定只走一公里的目标时，在完成 0.8 公里时，就会有可能感觉到累并且开始放松起来。因为我们觉得反正快要到目标了，可以稍微休息一下了。但如果我们的目标是要走十公里的路程，那么我们就会充分地做好准备，调动各方面的潜在力量。有时往往走上七八公里后，我们才可能会稍稍放松一下。由此可见，设定一个远大的目标，可以发挥出人的很大潜能。

有一位穷苦的牧羊人，他的妻子在几年前离他而去了，他只能和两个孩子靠给别人放羊来维持生活，日子过得很艰苦。

一天，他和孩子在山坡上放羊的时候，一群大雁从他们的头顶飞过，消失在天边。

小孩子总是好奇的，小儿子问他的父亲："大雁要飞到哪里去？"

"他们要飞到温暖的地方过冬。"牧羊人回答说。

"如果我们也能像大雁一样飞起来就好了，那样我们就能飞到天堂上看我们的妈妈了，她一个人在那里一定很孤单，她肯定想我们了。"大儿子说。

儿子的话让牧羊人流下了感动的泪水。短暂的沉默后，牧羊人对两个儿子说："只要你们有飞翔的信念，我相信你们肯定能飞起来的。"

"我们现在就有这样的信念，我们现在就要飞起来。"两个儿子伸开手臂试了试，但并没有飞起来。他们看了看父亲，很明显，他们在怀疑父亲所说的话。

牧羊人说："我可以试给你们看。"于是张开双臂，但是他和自己的孩子一样，也没有飞起来。"我想肯定是因为我年纪大了才飞不起来，你们还小，只要朝着这个目标不断努力，我相信总有一天你们能飞起来。"

父亲的话深深地刻在了兄弟两人的心中，从此他们就开始致力于飞翔的研究。在他们研究和试验的过程中，经历了许多困难，吃了很多苦，但是他们一直没有放弃小时候的梦想。当他们长大的时候，他们终于飞上了天空，他们就是莱特兄弟——飞机的发明者。

莱特兄弟的故事也告诉我们，只要有目标，只要有梦想，并且不懈地努力，世界上就没有做不成的事情！

世界上任何事情的发生都不是偶然的，都一定是有准备的，包括个人的成功。成功都是下定决心、相信自己会做到的人，以切实的行动、谨慎的规划努力不懈的结果。

华特·克莱斯勒用毕生的积蓄买了一部车，他认为要从事汽车制造，必须彻底了解汽车的构造与性能。他把汽车拆开，再重新组合起来，耗费了许多时间。他的举动使朋友们感到非常惊讶，都觉得他的心理有问题。然而，他坚持着自己的目标，终于在汽车界占据一席之地。

居里夫人发现镭，爱因斯坦利用原子分裂产生巨大的能量，有许多意志不够坚定的人，都认为那是不可能的。

明确的目标能让不可能变为可能，它是所有成功的起点。不用花一分钱，每个人都可以轻易拥有，只要你下定决心、确实执行。

你必须知道自己的一生想要追求什么，下定决心得到它，否则你就只能捡拾有方向、有计划的人们所剩下的碎屑。一心一意地专注于你的目标，才能确保成功。思考并且规划你想要追求的目标，不理会任何干扰，这就是所有成功的人所遵循的方式。也只有怀揣着远大的梦想，制订了清晰的计划的人生，才是丰富的人生，才会最终摘取成功的果实。

适合自己的才是最好的

有一句很经典的话："垃圾是放错了位置的宝贝。"同样，宝贝放错了地方也就变成了垃圾，人找错了位置也难以自由地发挥。找准自己的位置，给人生一个奋斗的目标，这个目标可以不要多么伟大，但一定要是适合自己的，因为，适合自己的才是最好的。

两只老虎，一只终日被关在动物园的铁笼子里，经过驯化成了远近闻名的动物明星，成天过着三餐无忧的生活。偶尔一次献媚的表演不仅会博得全场热烈的掌声，而且还会获得一顿丰盛的晚餐。为了生活，为了生活得更好一些，老虎不得不使出浑身解数，摆出各种各样的造型来取悦游客。这样的生活，日复一日，年复一年。每当夜深人静的时候，唯一一个可以看见星光的天窗，便成了老虎最向往的地方，它总会拖着臃肿而且疲惫的身体，向着家乡的方向近乎绝望地久久凝望。它忘不了森林里雨后的芳香，忘不了年少时，伙伴们嬉戏的地方……它多么想回到森林里，过上自由的天堂般的生活。

而另一只老虎，它常年生活在茂密的原始森林里，过着居无定所、食不果腹的生活。一双锐利的眼睛，飘忽不定，闪烁着警惕的光芒。它无时无刻不在提醒着自己，也许再往前迈一步，就会踩到猎人的陷阱里；也许身后的大树旁正有猎人拿枪瞄准着自己的心脏；也许吃完了脚下的这只黄羊，下一顿饱餐还不知方向；也许在熟睡的梦里，一场瓢泼大雨便会将自己浇得一个透心凉……它多么羡慕笼子里的那一只虎明星，不用为觅食拼命奔波，不用为躲过猎人的追捕而终日惴惴不安，甚至不用为争夺地盘而和同伴进行一场场近乎血腥的厮杀。一次偶然的机会，两只老虎终于如愿以偿了。虎明星成功地逃离了桎梏它多年幸福的铁笼子，又回到了令它魂牵梦绕的森林里，又一次听到了鸟语，闻到了花香。在树上用力擦了擦爪子之后，它对未来的生活充满了信心。而森林里的那只老虎却荣幸地钻进了笼子，他终于可以睡个安稳觉了，长出一口气后甚至做上了当明星的美梦。

时间在不知不觉中过去了，原来的虎明星在林子里饿得两眼直冒金星，曾经油光发亮的毛皮变得斑斑驳驳，被树皮挂住并在风中瑟瑟发抖的毛发是它每次狼狈逃跑的真实见证。它甚至开始怀念动物园里的日子，怀念曾经不屑一顾的各种美味，那种感觉虽然单调但却也安逸。疲软的四肢告诉它，它已不再属于森林，这里不再是它梦中的天堂。终于，第二天，它因饥饿过度、体力有限、经验不足，沦为了猎人的战利品。

那只关在笼子里的虎兄，由于在森林里过惯了流浪的生活，骨子里的野蛮不会在驯兽员的皮鞭下轻易屈服，游离狡猾的目光使它的献媚让人感到毛骨悚然。几个回合下来，驯兽员对它失去了信心。做明星的美梦破灭了，望着眼前粗悍的铁栅栏，老虎潸然泪下，它受不了狭小的空间限制，不禁又想起了生它养它的大森林，那里有它的自由，那里有它的追求……这只可怜的老虎终因心事重重郁闷而死。

故事的结尾是悲惨的。却又是发人深思的。本来生活得好好的两只老虎，却因为互相羡慕对方的所谓幸福生活而最终一命呜呼。设想一下如果他们从始到终，一直都很珍惜各自所拥有的一切的话，结果又会如何？

世界上没有两片相同的叶子，更没有两个相同的人生，谁都无法将自己的人生轨迹与他人重叠，上帝造人自有他的妥善之处，关键看你如何领悟上帝的用意，想要拥有独特的人生就必须找到适合自己的位置。

鲁迅弃医从文，向全世界证明笔比手术刀更尖锐，他用手中的笔揭露了黑暗社会吃人的本质，刺激了中国人民的麻木神经。他是适合文学的，几欲呐喊，几欲彷徨，连野草都变得永生！于是，他成为一代文学大师，成为历史最值得铭记的人。一句"横眉冷对千夫指，俯首甘为孺子牛"更是让人震撼。

李白狂放不羁，一心想为朝廷效力，却得不到重用，贵妃捧砚，力士脱靴，黑暗的官场怎容得下他这样一个个性张扬的人。于是，他最终选择离开，漂泊天涯。一句"安能摧眉折腰事权贵，叫我不得开心颜"让他领悟了人生的最高价值。

霍金全身瘫痪，却凭两只手指成为世界上最伟大的物理学家之一。他敲击键盘，让黑洞变得不再神秘。或许，上天如果让他重新选择，他定会再次选择物理学，因为物理学才是最最适合他的事业。

所以，选定目标，找到适合自己的位置吧！适合自己的才是最好的。

鹰击长空，鱼翔浅底，大自然因它们而变得丰富多彩，只因它们找到了适合自己的位置。人类也是如此，找到属于自己的位置，你的人生才会充满意义。

第三章
改变生命的视角，看到更美的风景

　　我们若看到一个破碗，可以想："这个碗很
漂亮，可惜破了一个洞。"但你可以反过来想：
"这个碗虽然破了，但还好，只有一个洞。"当
环境无法改变时，不妨改变一下自己看问题的
角度，便会拥有另一番风景。

拥有一颗充满正能量的心

很多时候，一个人看待问题的角度来源于他拥有的心态。拥有积极的心态他的人生就是美好的，积极向上的；而一旦心态消极，那他的人生就只能终日灰暗，见不到阳光。拥有好心态的人无论遇到什么事都会以一颗乐观、积极的心去面对，无论在多么糟糕的境遇下都能看到生活美好的一面，也正因如此，才更容易获得成功。

一位贫穷的父亲带着儿子去参观凡·高的故居，在看过那张小木床以及裂了缝的皮鞋之后，儿子问父亲："人们不是说凡·高是位百万富翁吗？"

父亲回答说："不是，凡·高生前是一位连妻子都娶不上的穷人。"第二年，这位父亲带儿子又去了丹麦，在安徒生的故居前，儿子又困惑地问："爸爸，安徒生不是一直生活在皇宫里面吗？"父亲答："不是，安徒生是一位鞋匠的儿子，他生前大部分时间都生活在这栋阁楼里面。"

这位父亲是一个出身卑微的水手，每年往返于大西洋的各个港口，他的儿子便是伊东·布拉格，美国历史上第一位获普利策奖的黑人记者。20年后，在回忆童年时，伊东说："那时我们家很穷，父母都靠苦力为生。有很长一段时间，我一直认为像我们这样地位卑微的黑人是不可能有什么出息的，好在父亲让我认识了凡·高和安徒生。这两个人的故事告诉我，上帝没有轻看卑微。"

其实，在很多时候，人都是自己看低了自己。要知道，人的相貌、家境等先天条件是无法改变的，但是你的内心状态、精神意志则完全是靠自己控制的。心态，最终决定了人生的高度。世上没有做不好的事情，只看你心态是好还是坏。如果连心态都调整不好，又怎么有能力去处理比心态更为复杂的事情呢！

埃默森说："决定成败的关键，在于我能不能做到自己所能做的事情。我能不能完善地发挥自己的才能，又究竟能够发挥出多少？是10%？15%？25%？或是可以高达90%？"

究竟是什么决定了成败？答案很简单，就在于自己的心态。俗话说："态度决定一切。"由此可见，态度比能力重要！

香港有三个年轻人，一起到一个露天洗车场当洗车工。春夏秋冬，酷暑严寒，他们终日埋头苦干。

一天，一位商界的成功人士到这里洗车，发现他们三个虽然都是洗车工，但工作态度迥然不同。于是他好奇地问甲："你在干什么？"甲悠闲地说："您没看到吗，我在擦车！"

商人又问乙："你在干什么呢？"乙笑着说："我在给顾客做汽车保养！"

然后他又问丙："你在干什么？"丙微笑着回答他说："我在帮老板赚钱，当然也是给自己挣口饭吃！"

大概过了六七年，这三个一同来打工的年轻人的命运发生了天翻地覆的变化：甲作为一个洗车场的业务主管去乙开的汽车养护产品店进货，丙作为"香港环保洗车王"科贸集团的董事长到乙开的经销店考察。乙无限感慨地对丙说："你当年就是跟我俩不一样，所以现在就大不一样了。"

乙说的"不一样"，其实说的就是心态问题。相同的环境，相同的能力，只是因为心态不一样，各自的命运就有了如此巨大的差别。在三个人中，最有成就的，当属丙，他的成功就在于他的心态比另外两个人更好："我在帮老板赚钱，当然也是给自己挣口饭吃！"一句简单的话，就透露出了他坦然的心态。正是拥有了如此坦然的心态，才使得他最终比另外两个人更加成功。

如果你把自己当成一个打工的，那你就永远是打工的。有什么样的心态，就会成为什么样的人。这绝对是一条不变真理。同样是在工作，为什么有些人得到重用赏识，芝麻开花节节高；有的人却郁郁不得志，始终原地踏步，停滞不前？这其中，心态起着决定性作用。一个人把自己看成什么样的人，他（她）就会成为那样的人。这是必然的。

雪莉是1980年的美国小姐，11岁时遭遇车祸，她的左腿被轧碎，缝了一百多针才缝合。医生告诉她，她永远不能再走路了。她受伤的左腿痊愈后，比健康的右腿短了许多。

然而在几年后的一天，她看见自己的左腿"立刻长长了两寸"！她说她是靠"上帝的奇迹"走路的。

当然，遇到这样的情况，许多人都会选择放弃，从此自暴自弃。可是雪莉没有，她仍然以绝妙的态度和顽强的毅力去实现了她的梦想。据她说，之所以这样，是由于在车祸发生前的一个偶发事件，直接影响到她对自己生命的看法。5岁那年，在一间小杂货店内有一个送牛奶的人看着她，并且对她说，她将来会成为美国小姐。雪莉相信他，也正是这么一个积极有力的想法，诞生了积极的心态，也诞生了1980年的美国小姐。

一个人的能力固然重要，然而一个人的成功更多时候却取决于他拥有了怎样的心态。爱迪生制作电灯失败了上千次却仍不气馁，直到成功；海伦·凯勒在失明、耳聋的情况下依然凭借自己的毅力完成了《假如给我三天光明》等一系列著作；斯蒂芬·威廉·霍金虽然只有手指头可以活动，却仍然凭借自己顽强的毅力完成了《时间简史》这一伟大著作……这个世界上不乏能力出众者，然而最终成就其伟大人生的却只有那么几个，这是为什么？原因就出在态度上。只因为有一颗顽强的心智，始终不向命运低头、服输的态度，使得他（她）们最终成为生活的强者，命运的主宰者。

态度在一定程度上决定了一个人的成功，从不少人的创业史上我们都可见一斑。微软公司董事长比尔·盖茨曾说："工作本身没有贵贱之分，而对于工作的态度却有高低之别。收获是成功还是失败，在于你拥有怎样的态度。"一个乐观的心态，能让我们克服工作中的分歧和困难，帮助我们拥有健康的心情。

在这个世界上，积极心态这种东西任何人都可以免费获得，所有成功的人，最初都是从良好的心态开始的。一个人的能力固然重要，然而好的心态却是所有奇迹的萌发点。一位哲人曾经说过：一个人的心态就是一个人真正的主人，要么你去驾驭生命，要么是生命驾驭你，而你的心态将决定谁是坐骑，谁是骑师。

换个角度，也许是另一番美景

有一个国王想从两个儿子中选择一个作为王位继承人，就给了他们每人一枚金币，让他们骑马到远处的一个小镇上，随便购买一件东西。而在这之前，国王命人偷偷地把他们的衣兜剪了一个洞。中午，兄弟俩回来了，大儿子闷闷不乐，小儿子却兴高采烈。国王先问大儿子发生了什么事，大儿子沮丧地说："金币丢了！"国王又问小儿子为什么兴高采烈，小儿子说他用那枚金币买到了一笔无形的财富，足以让他受益一辈子，这个财富就是一个很好的教训：在把贵重的东西放进衣袋之前，要先检查一下衣兜有没有洞。

同样是丢失了金币，悲观者用它换来了烦恼，乐观者却用它买来了教训。乐观者与悲观者的差别是很有趣的：乐观者在每次危难中都看到了机会，而悲观者在每个机会中都看到了危难。

悲观者的眼光总是专注在不可能做到的事情上，到最后他们只看到了什么是没有可能的。乐观者所想的都是可能做到的事情，由于把注意力集中在可能做到的事情上，所以往往能够心想事成。

一个人无论是乐观还是悲观，都是自己选择的结果，而两者之间的选择常常也就在一瞬间，可导致的结局却大不一样。

一位先生要让自己的得意弟子去参加乡试，并信心十足地对这个学生说，你是我最好的学生，你一定能金榜题名。可是这个学生对此并不是很有信心，毕竟参加考试的都是全国最优秀的人才。

先生看到学生这样悲观，决心让他找回以往的自信。就在启程的那一天，这位先生把学生带到一个古庙旁边，并告诉这个学生："我说的话你可能不相信，那么，就让上天来决定吧。我这里有一个铜板，如果是正面朝上，就能金榜题名，荣归故里，如果是反面朝上，就是相反的结果。"

学生很虔诚地朝古庙磕了几个响头后，先生便将那个铜板抛向空中，在落下来的那一刻，正面朝上，学生一看非常兴奋，认为这是上天在指示他此次进京一定能金榜题名。

后来，这个学生来到京城，一直都保持着这种激昂兴奋的状态，终于中了状元。

当他回到家中的时候，先生已经不知去向了。在他的住处，学生只发现了一枚铜板——这枚铜板就是他在临行前在古庙门前用来问上天的那枚。不过在他仔细看的时候，才发现这是一枚由两个铜板粘贴而成的，不管哪一面都是正面。这个时候，学生才真正明白了老师的良苦用心。

悲观是自酿的苦酒，如果连自己都不相信自己，都对人生失去了希望，那纵然有满腹才学，又如何能得到更好的发挥呢？

既然心态可以选择，那为何不乐观、积极地对待自己的人生呢？只要相信自己一定会成功，你就有很大的成功机会。相信自己能成功，并鼓励自己成功，就会不自觉地感受到自己内在的振奋力量。因此做什么事情都能感到力量倍增，轻而易举地完成，甚至会在超出自己预料的情况下顺利完成。

同样一件事，你观察的角度不同，看法也会不同，由此而带来的心情也会不同。当无法改变环境时，不妨改变一下自己看问题的角度，便会拥有另一番风景。我们若看到一个破碗，可以想："这个碗很漂亮，可惜破了一个洞。"但你可以反过来想："这个碗虽然破了，但还好，只有一个洞。"

　　生活是面镜子，你对它哭，它也对你哭，你对它笑，它也对你笑，同样你抱怨生活，生活也不会太过眷顾你。生活不可能尽善尽美，阳光下也会有阴影，就看你用什么样的心态去看待生活。

　　一个积极心态者常能心存光明远景，即使身陷困境，也能以愉悦和创造性的态度走出困境，迎向光明。

心态不同，命运的结果也不同

一个人如果被一些不良心态所左右，他人生的航船就会驶入浅滩；一个人如果一生都能保持美好、自信的心态，那么他人生的路就会越走越宽。

每个人都有七情六欲和喜怒哀乐，烦恼也是人之常情，是人人都避免不了的。但是，由于每个人对待烦恼的态度不同，所以烦恼对人的影响也不同，通常人们所说的乐天派与多愁善感型就是显然的区别。乐天派的人一般很少自寻烦恼，而且善于淡化烦恼，所以活得轻松，活得潇洒；而多愁善感型的人喜欢自寻烦恼，一旦有了烦恼，忧愁万千，牵肠挂肚，离不开，扔不掉，自然活得也不洒脱。

汤姆先生是一家饭店的经理，他的心情总是很好。每当有人客套地问他近况如何时，他总是毫不犹豫地回答："我快乐无比。"

每当看到别的同事心情不好，汤姆就会主动打探内情，并且为对方出谋献策，引导他去看事物好的一面。他说："每天早上，我一醒来就对自己说，汤姆，你今天有两种选择，你可以选择心情愉快，也可以选择心情不好。我选择心情愉快。每次有坏事发生，我可以选择成为一个受害者，也可以选择面对各种处境。归根结底，你自己选择如何面对人生。"

然而，即便是这样一个乐观积极的人，也会遇到不测。有一天，汤姆被三个持枪的歹徒拦住了。歹徒无情地朝他开了枪。幸好发现得早，汤姆被送进急诊室。经过18个小时的抢救和几个星期的精心治疗，汤姆出院了，只是仍有小部分弹片留在他体内。

　　半年之后，汤姆的一位朋友见到他。朋友关切地问他近况如何，他说："我快乐无比。想不想看看我的伤疤？"朋友好奇地看了伤疤，然后问他受伤时想了些什么。汤姆答道："当我躺在地上时，我对自己说我有两个选择：一是死，一是活，我选择活。医护人员都很善解人意，他们告诉我，我不会死的。但在他们把我推进急诊室后，我从他们的眼神中读到了'他是个死人'。那一刻，我感受到了死亡的恐惧。我还不想死，于是我知道我需要采取一些行动。"

　　"你采取了什么行动？"朋友问。

　　汤姆说："有个护士大声问我有没有对什么东西过敏。我马上答：'有的。'这时所有的医生、护士都停下来等我说下去。我深深吸了一口气，然后大声吼道：'子弹！'在一片大笑声中，我又说道：'请把我当活人来医．而不是死人。'"汤姆就这样活下来了。

　　人的一生中，难免会遇到各种各样的问题，总会遇到一些不称心的人，不如意的事，此时，应该以什么样的心态面对这一切呢？如果你有快乐而又自信的好习惯，那么你的命运也会随着你的好心情而转弯。

　　其实，命运也是一种选择，而生活的态度就是一切。你用什么样的态度对待你的人生，生活就会以什么样的态度来对待你。你消极，生活就会暗淡；你积极向上，生活就会给你许多快乐。

可见，一念之间，一种心态的选择就会使人生命运出现截然不同的结果。只要我们往好处多想一点儿，我们的人生就会充满阳光。如果我们时刻往坏处想，我们的人生也就充满了黑暗。

有一只长住林中的狐狸，它狡猾、机警而又诡诈。但有一天它不幸被猎人打伤了，它一路跑一路滴着血，最后倒在了泥泞的小径上，招来许多苍蝇的叮咬。

附近有一只刺猬，它愿意帮助狐狸摆脱这群苍蝇。它说："狐狸，你是我的好邻居，让我帮助你来结束这种痛苦的局面吧，我用自己的刺把它们一串串地串起来。"

而狐狸则劝阻说："不了朋友，谢谢你。你别管这事，就让苍蝇在我身上吃完这顿饭。要不然这一群离开后，新的一群又会蜂拥而来。"

故事中狐狸的做法看起来似乎有姑息养奸的味道，但是这种做法可免去另一场灾难，这是一种智慧的选择，这是一种不按照常理进行的一种选择。同样，一个人遇到了难题，不改变自己的思维，打破常规的做法，就不会取得非同一般的功效。也就是说，换一种思维方式，就能够化解眼前的问题。有些人已经熟悉了逆向思维这种方式，但是到了实际情况时，人们还是习惯于常规思维。因此，许多实际可以解决的问题，也就被人们看成无法解决的问题。

所以，当你遇到了生活的难题、困顿时，不妨换个角度来思考，来生活。只要换一种思维方式，把问题倒过来看，就能使你在做事情时找到峰回路转的契机，也能使你找到生活中的快乐。只要换一种思维方式就会从另外一个方面重新判断问题，从而把不利转变为有利。

逆向思维，也许有意想不到的收获

加里·沙克是一个具有犹太血统的老人，退休后，在学校附近买了一间简陋的房子。住下的前几个星期还很安静，但是不久之后有3个小孩开始在附近踢垃圾桶闹着玩。

老人受不了这些噪音，出去跟小孩子谈判。"你们玩得真开心。"他说，"我喜欢看你们玩得这样高兴。如果你们每天都来踢垃圾桶，我将每天给你们每人十美分。"

3个小孩很高兴，更加卖力地表演"足下功夫"。不料三天后，老人忧愁地说："通货膨胀减少了我的收入，从明天起，只能给你们每人五美分了。"

孩子们显得不大开心，但还是接受了老人的条件。他们每天继续去踢垃圾桶。一周后，老人又对他们说："最近没有收到养老金支票，对不起，每天只能给两美分了。""两美分？"一个孩子脸色发青，"我们才不会为了区区两美分浪费宝贵的时间在这里表演呢，不干了！"

从此以后，老人又过上了安静的日子。

对于血气方刚的年轻人，有时候说服、说教或者强制的命令都会让他们变本加厉适得其反。利用逆向思维，改变他们的思路，让他们觉得这是一件"不划算"的交易，自然就会放弃，而事情的结果才能向自己愿意的方向发展。

对于生活中有些看似让我们无能为力的事情，不妨转动一下思路，运用逆向思维来思考一下这个事情，有时候你以为是"山穷水尽疑无路"，却不知"柳暗花明又一村"。

中国载人航天工程总设计师王永志，1964 年在参与解决我国第一种中近程火箭射程不够这个难题时，用的就是逆向思维的方法。当时专家们都在考虑怎样给火箭添加推进剂，就在大家束手无策的时候，当时军衔最低的年轻人王永志提出从火箭体内泄出600 公斤燃料减轻重量，就可以增加射程的建议。大家都感到不可思议："本来火箭射程就不够，你还要往外泄？"可总指挥钱学森支持了他，果然，这种办法将解决这个问题。

在有些情况下，顺向行不通了，就走走逆向，从这个方向思考找不到答案再从相反方面想一想，没准会独辟蹊径，成为原创性思维，取得意想不到的收获。这就是逆向思维的可贵之处。

麦克是《纽约时报》的一位著名记者，当他第一次来《纽约时报》面试时，他紧张兮兮地等在办公室门外，申请材料已经送进去了。过了一会儿，门开了，一个小职员出来："主任要看您的名片。"而麦克从来就没有准备过什么名片，灵机一动，他拿出一副扑克抽出一张黑桃 A 说："给他这个。"

或许是麦克的自信、善于变通的头脑吸引了主考官，没多久，麦克就被录用了。

这就是由逆向思维带来的好处，不走寻常路，并朝着事物的反方向思考，改变常规思维，反其道而行之的思考方式。在生活中，多用逆向思维思考，不仅可以让你寻找到事物不同的解决方法，在一定条件下，还可以为你带来财富。

有一次，英国一家足球生产厂接到了一份"莫名其妙"的控诉，因此而面临一场不大不小的危机。但他们的工作人员凭借着超常的智慧和方法将自己所处的"劣势"转变成了"优势"。

一天，在英国麦克斯亚洲的法庭上，一位中年妇女声泪俱下，面对法官严词指责丈夫有了外遇，要求和丈夫离婚。她对法官控诉了自己的丈夫，指责他不论白天还是黑夜，都要去运动场与那"第三者"见面。法官问这位中年妇女："你丈夫的'第三者'是谁？"她大声地回答："'第三者'就是臭名远扬、家喻户晓的足球。"

面对这种情况，法官啼笑皆非，不知如何是好，只得劝这位中年妇女说："足球不是人，你要告也只能去控告生产足球的厂家。"不料，这位中年妇女果真向法院控告了一年可生产 20 万只足球的足球厂。

更让人意想不到的却是这家被控告的足球厂，他们在接到法院的传票后，不怒反喜，竟十分爽快地出庭，并主动提出愿意出 10 万英镑作为这位中年妇女的孤独赔偿费。这位太太喜出望外、破涕为笑，在法庭上大获全胜。

大家知道，英国是现代足球的发祥地，国人对足球的酷爱几乎达到了发狂的地步，这场因足球而引起的官司自然在全英国产生了巨大的轰动效应，各个新闻媒体纷纷出动，做了大量的报道。

头脑精明的厂长，敏锐地利用了一次非常糟糕的事件大做文章，没花一分钱的广告费，却让他和他的足球厂名声大振。

这位足球厂厂长在接受记者采访时说："这位太太与她的丈夫闹离婚，正说明我们厂生产的足球魅力之大，并且她的控词为我厂做了一次绝妙的广告。"这家足球厂的产品销量因此直线上升，成为同行中的"佼佼者"。

一次看似"无厘头"的官司，却给商家带来了契机，这不得不说也是商家决策、思维上的精明之处。懂得抓住事物的本质，从事物的不同方面入手，变不利为有利，为自己赢得最后的胜利。

然而，由逆向思维带来的好处不仅如此。在市场经济中，由逆向思维带来的优势同样显而易见。

日本东京现代女性会，是一个有250名会员的手制装饰品会。她们的巧手制作出来的星星、蔬菜、小果实、动物的胸针……没一样相同的，全是个性化的商品，在市场上价格高，还十分的抢手。兰州的拉面，竟然把枯燥的制作手段变成了一项表演的艺术，实在是高明，有的人等一下都可以，就要尝尝这手拉的面条。它在全国已开了许多的连锁店，其制作手段的创意是独有其功的。

还有那专门用青石小磨磨出的豆浆、用大锅铁球现场制出的麻油、现场烤出的烤鸭、现场生产的啤酒……都曾火红一时，许多现在依然红火。

欧洲那一家以粗俗无礼著称于世的餐馆，为什么反倒生意做得那么好呢？还有一家以故意宣称最差服务并且真的实施最差服务的宾馆，为什么仍有一批冤大头、傻大哥去上门呢？为什么美国有一家名字叫"肮脏牛排店"而且店面看起来也蓬头垢面的餐馆，吃的人从来都是乐呵呵的呢？这就是逆向思维带来的好处。

此外，日本那一家墙面倾斜型的博物馆，与重庆麻辣火锅对着干的不辣的汤锅，在旱地上开发的雪橇游戏，有的房地产商开发低密度低价住宅……都是逆向思维的结果。

美国著名地质学家华莱士在总结其一生成败经验的著作《找油的哲学》中这样写道："找油的方法就在人的大脑中。"他提出了一个著名的观点：人的大脑里蕴藏着丰富的宝藏，而思路是其中最珍贵的资源。

诚然，并不是所有逆向思维的案例都能为人们带来好处、收益，关键是你的思维要正确、积极，而不能与人们的是非、道德观念背道而驰，否则，就是自掘坟墓。

日本丰田汽车公司的创始人丰田喜一郎说过这样的话："如果我取得了一点儿成功的话，那是因为我对什么问题都倒过来思考。"

俗话说，你顺着河流走，可以发现大海；逆着河流走，可以发现源头。世界上的事常常是两极相通的。有时候当一条路走不通时，我们不妨顺着事情的反方向思考一下，说不定还能找到出人意料的答案。

第四章
坚定人生信念，世界都不好意思拒绝你

生活就像弹簧，你弱它便强。梦想成功的青年，面对险象环生的生活海洋，只有带上自信，满怀希望，才能扬帆破浪，从暗夜和昏黑奔向晨曦和黎明，从险滩恶水驶向碧水蓝天。

现在还一无所有，其实是上天的考验

从前，一个农夫有两个女儿。大女儿漂亮、善良、多情，人见人爱，大家都宠着她，说她有一天是要嫁到皇宫里去的。小女儿却长相平平，也没有什么突出的个性，她是在大家的忽视中慢慢长大的。大女儿白天帮母亲料理家务，闲下来就浇浇花、喂喂鸟，完全不知日子的流逝，对未来也没什么打算。她的人生早就被她母亲安排好了，那就是通过走访那些和贵族沾边的远亲来结识上层人士，尽可能地嫁给高官或皇族。这是他们全家人的希望，除了小女儿。她整天蹲在一堆破布和针线当中。她有一个愿望，就是做世界上最美丽的衣裙。

她从小就看到全家人省吃俭用给姐姐买的花裙子，是那样的漂亮，就像展翅的蝴蝶，又像吐蕊的花蕾。她也曾趁大家熟睡的时候，偷偷穿在身上，在月光下跳舞。可是，那些裙子到底不是她的，是姐姐的呀，全家省吃俭用一年只能买一条这样贵的裙子。后来再大一些，她就不再偷穿姐姐的裙子了，而是暗暗下决心，要自己缝制漂亮的花裙。从那个时候起，她总是想方设法在村子里收集各种废旧剩余的布料，照着样子缝制裙子。她的针线活越做越好，缝的补丁都看不见针脚，而且她能够按照补丁的形状缝成花啊太阳啊蜻蜓啊之类的形状，完全看不出来是块补丁。她的手艺引起了村里裁缝的注意，就让她到店里帮忙。从此，她开始了正规的缝纫学习。

就在她进入裁缝作坊里的时候，她的姐姐也开始了相亲。农夫和他的妻子用小女儿缝制的衣裙，把他们的大女儿打扮成大户人家的小姐，让她去参加各个社交舞会，以求能够遇见贵人。小女儿曾经对姐姐说，如果不想去可以拒绝的。但是姐姐不知道自己要什么、能做什么，倒不如听从父母的安排。时间就这样过去了，大女儿终于找到一个愿意接受她的贵族，可是这个贵族已经四十岁了，右腿有些不灵便，而且还带着前妻留下的两个孩子。同时，小女儿也来到城里，是村里的裁缝资助她到著名的裁缝店学习的。大女儿出嫁了，她的父母很开心，得到了一大笔钱，而她自己却无所谓快乐不快乐。她没有什么想要的，也不知道能做什么，只是听从命运的安排。偶尔地，她会羡慕妹妹的梦想和努力，但那也只是一小会儿罢了。

小女儿的手艺越来越好，很多上层贵族都喜欢找她做衣服。当她姐姐有了第一个孩子的时候，她终于攒够钱，可以自己开店了。她是多么激动啊，她终于能专心设计，朝着"最美丽的衣裙"这个梦想迈进，还可以免费为那些穷苦的女孩子裁剪漂亮的裙子。小女儿的生活充实而快乐，相反，她的大姐开始渐渐地"枯萎"。她生活在"家庭"的形式中，对自己的丈夫、孩子没有热情。她只是很好地履行一个妻子的职责，仅此而已。

从前那个喂鸟养花的美丽女人如今只是一副躯壳，容颜凄美、衣着华丽。小女儿很多次劝姐姐想想自己的梦想。可是，那个被上帝眷顾的人淡淡地说，没什么想要的，也没什么可做的。

小女儿的手艺和善行终于传到了皇宫里。公主出嫁的时候，她领到命令负责裁制嫁衣。小女儿说，仅有尺寸是不行的，她需要见到公主本人，才能知道她最适合什么样的衣服，衣裙不仅要合尺寸，更要和人的气质相和谐。于是，她被特准进了皇宫。嫁衣做好了，公主穿上后惊艳四方，各国的王公贵族都非常喜欢，纷纷打听是在哪里定做的。小女儿在京城中一下子成了名人，然而真正令她高兴的是，她终于做成了世界上最美丽的衣裙。然而，更意想不到的是，在她给公主量体裁衣的时候，公主的哥哥，本国的国王恰好经过。于是，不久后她成了王后。王后之命，那是人们曾经给她姐姐的预言，却在她身上应验了。不过，那不是命运的恩赐，而是她依靠自己的努力获得的。

有信念的人是幸运的，因为他（她）始终知道自己要的是什么，就不会迷失生活的方向，就能够凭借自己的毅力一步一步朝着心中的念想努力前行，直达成功的彼岸。就像故事中的小女儿，虽然没有姐姐的美貌，不得父母的疼爱，却因为有梦想，并能够凭借自己坚持不懈的努力来实现梦想，掌握自己的人生。

信念如同一座灯塔，可以指引人前进的方向，给人带来希望之光，使人在困境中也能获得心灵的慰藉。

人生在世，是不能没有希望的，每个人的心中都应该有一个支撑自己继续下去的信念，都应该有一盏点亮自己的希望之灯，即使遇到再多坎坷荆棘，只要心中的那盏灯不灭，希望便永不会破灭。

在生活中，我们也应该始终怀有美好的希望，要知道，那不远处的希望其实是自己不断前行的动力，这是一种自我督促的信念，就像深夜中指引人们前进的灯塔，在前进的过程中，灯塔的亮光会指引我们前行的方向，给我们勇往直前的力量，给我们不断坚持下去的勇气。

　　信念是美丽的，可以支持我们灵魂的大厦，可以充实我们干瘪的皮囊，也可以给我们源源不断的力量。愿在生活的海洋中，我们心中信念的灯塔永不熄灭！

只有坚定信念，才会执着于脚下的路

一个人的成功从来都不是偶然，在通向成功的路上必然会遇到许多的艰辛和坎坷，走在各自朝圣的路上，就需要强烈的自信支撑自己的身心，需要利用一定的时间来思考自己的目标与价值，需要理清和激发自己前进的动力，需要励精图治地默默耕耘，需要意志坚定地应对挫折和矛盾。至于能否成就美好的人生，有时还需要一点点的运气，不过，这运气往往就来自于我们心灵深处的坚定信念！

19 世纪，英国的一个小镇上，曾经进行过一场奇特的比赛：一个停在简陋铁轨上的丑陋笨重的"黑家伙"，和一辆豪华气派的马车处在同一起跑线上。哨声一响，比赛开始，漂亮的马车骄傲地跑在前面，将"黑家伙"远远地抛在身后。"黑家伙"的父亲——世界上第一辆火车的发明者斯蒂芬孙，在人们的嘲讽和讥笑声中，默默地围着它苦苦寻思失败的原因。

如今，人们不再怀疑火车的速度，但"火车鼻祖"斯蒂芬孙在失败面前不气馁的精神却永远为人们所称道。失败的教训是惨痛的，但是斯蒂芬孙自信"火车具有马车无法媲美的前途"，正是这种可贵的自信，牵引着他从失败走向成功。因此，从这个意义上说，自信是成功的第一秘诀。

信念，是保证成功的内在驱动力。信念的最大价值，是支撑人对美好事物孜孜以求。坚定的信念，是永不凋谢的玫瑰！也就是说，信仰和信念的力量，是我们人生的真正财富。

派蒂·威尔森在年幼时就被诊断出患有癫痫。她的父亲吉姆·威尔森习惯每天晨跑，有一天派蒂兴致勃勃地对父亲说："爸爸，我想每天跟你一起慢跑，但我担心中途病情会发作。"

她父亲回答说："万一你发作，我也知道如何处理。我们明天就开始跑吧。"

于是，十几岁的派蒂就这样与跑步结下了不解之缘。和父亲一起晨跑是她一天之中最快乐的时光，跑步期间，派蒂的病一次也没发作。

几个礼拜之后，她向父亲表达了自己的心愿："爸爸，我想打破女子长距离跑步的世界纪录。"她父亲替她查吉尼斯世界纪录，发现女子长距离跑步的最高纪录是 80 英里。

当时，读高一的派蒂为自己定了一个长远的目标："今年我要从橘县跑到旧金山；高二时，要到达俄勒冈州的波特兰；高三时的目标在圣路易市；高四则要向白宫前进。"

虽然派蒂的身体状况与他人不同，但她仍然满怀热情与理想。对她而言，癫痫只是偶尔给她带来不便的小毛病。她不因此消极畏缩，相反，她更珍惜自己已经拥有的。

高一时，派蒂穿着上面写着"我爱癫痫"的衬衫，一路跑到了旧金山。她父亲陪她跑完了全程，做护士的母亲则开着旅行拖车尾随其后，照料父女两人。

高二时，她身后的支持者换成了班上的同学。他们拿着巨幅的海报为她加油打气，海报上写着："派蒂，跑啊！"但在这段前往波特兰的路上，她扭伤了脚踝。医生劝告她立刻中止跑步："你的脚踝必须上石膏，否则会造成永久的伤害。"

她回答道："医生，你不了解，跑步不是我一时的兴趣，而是我一辈子的至爱。我跑步不单是为了自己，同时也是要向所有人证明，身有残缺的人照样能跑马拉松。有什么方法能让我跑完这段路？"

医生表示可用黏合剂先将受损处接合，而不用上石膏。但他警告说，这样会起水泡，到时会疼痛难耐。派蒂二话没说便点头答应。

派蒂终于来到了波特兰，俄勒冈州州长还陪她跑完最后一英里。一面写着红字的横幅早在终点等着她："超级长跑女将，派蒂·威尔森在 17 岁生日这天创造了辉煌的纪录。"

高中的最后一年，派蒂花了 4 个月的时间，由西岸长征到东岸，最后抵达华盛顿，并接受总统召见。她告诉总统："我想让其他人知道，癫痫患者与一般人无异，也能过正常的生活。"

只有坚定了信念，我们才会执着于脚下的路，坚定自己的方向不回头，才不会因为形形色色的诱惑而迷失方向，才不会被已经有或者可能会有的险阻而吓到。

有时候，你可能会听到这样的话："光是像阿里巴巴那样喊：'芝麻，开门！'就想把山真的移开，那是根本不可能的。"说这话的人把"信心"和"希望"等同起来了。不错，你无法用"希望"来移动一座山；也无法靠"希望"实现你的目标。但是，拿破仑·希尔告诉我们：只要有信心，你就能移动一座山。只要相信你能成功，你就会赢得成功。

丢掉什么，也别丢掉你的信念

　　每个人都会有遭遇人生低谷的时候，当遇到人生低谷时，就需要我们用信念来抵御低谷带来的严寒，用信念为自己疗伤。

　　曾经有两个人在沙漠的黑夜中行走，水壶中的水早就喝完了，两人又累又饿，体力渐渐不支了，在休息的时候，其中一个人问另一个人，现在你能看到什么？

　　被问的那个人回答道："我现在似乎看到了死亡，似乎看到死神在一步一步地向我们靠近。"发问的人微微一笑说："我现在看到的是满天的星星，和我的妻子儿女等待我回家的脸庞。"

　　最后，那个说看到死亡的人真的死了，就在快要走出沙漠的时候，用刀子匆匆结束了自己的生命，而那个说看见星星的人，靠着星星的方位指示成功地走出了沙漠，并成为人们心目中的英雄。

　　潜能成功学家安东尼·罗宾说："面对人生逆境或困境时所持有的信念，远比任何事都来得重要。"这是因为，积极的信念和消极的信念，直接影响一个人的成败。

　　人生到底是喜剧收场还是悲剧落幕，是丰富多彩还是无声无息，就全在于这个人到底抱持的是什么样的信念。有了积极的信念，就能够成功地穿越人生的冰河，到达希望的彼岸。

海伦刚出生时，是个正常的婴孩，能看、能听，也会牙牙学语，可是，一场大病使她变成了又瞎又聋的小哑巴——那时她才19个月大。

生理的巨变，令小海伦性情大变。稍不顺心，她便会乱敲乱打，野蛮地用双手抓食物塞入口里；若试图去纠正她，她就会在地上打滚，乱嚷乱叫，简直是个"小暴君"。父母在绝望之余，只好将她送至波士顿的一所盲人学校，特别聘请一位老师照顾她。

所幸的是，小海伦在黑暗的悲剧中遇到了一位光明天使—安妮·莎莉文女士。莎莉文是一位有着不幸经历的女性。她10岁时，和弟弟俩人一起被送到麻省孤儿院，在孤儿院中长大。由于房间紧缺，幼小的姐弟俩只好住进停放尸体的太平间。在卫生条件极差又贫困的环境中，幼小的弟弟6个月后就夭折了。她也在14岁得了眼疾，几乎失明。后来，她被送到帕金斯盲人学校学习凸字和手语法，以后便做了海伦的家庭教师。

从此，莎莉文女士与这个蒙受三重痛苦的姑娘的斗争就开始了。洗脸、梳头、用刀叉吃饭都必须一边和她斗智斗勇一边教她。固执己见的海伦以哭喊、怪叫等方式全力反抗着严格的教育。莎莉文女士究竟如何在一个月的时间里就和生活在完全黑暗、绝对沉默世界里的海伦实现沟通的呢？

答案是这样的：自我成功与重塑命运的工具是相同的——信心与爱心。

关于这件事，在海伦·凯勒所著《我的医生》一书中，有感人肺腑的深刻描写：一位年轻的复明者，没有多少"教学经验"，将无比的爱心与惊人的信心，灌注一位全聋全哑的小女孩身上——先通过潜意识的沟通，靠着身体的接触，为他们的心灵搭起一座桥。接着，自信与自爱在小海伦的心里产生，使她被从痛苦的孤独地狱里救出来，通过自我奋发，发挥潜意识中的无限能量，走向光明。俩人手携手，心连心，用爱心和信心作为"药方"，经过一段不足为外人知道的挣扎，唤醒了海伦那沉睡的意识力量。一个既聋哑又盲的少女，初次领悟到语言的喜悦时，那种令人感动的情景，实在难以表述。海伦曾写道："在我初次领悟到语言存在的那天晚上，我躺在床上，兴奋不已，那是我第一次希望天亮——我想再没其他人可以感觉到我当时的喜悦吧。"

仍然失明，仍然聋哑的海伦，凭着触觉——指尖去代替眼耳——学会了与外界沟通。她十多岁时，名字就已传遍全美，成为残疾人的模范。

1893年5月8日，是海伦最开心的一天，这也是电话发明者贝尔博士值得纪念的一天。贝尔博士为这位成功人士在这一天成立了著名的国际聋人教育基金会，而为会址奠基的正是13岁的小海伦。

若说小海伦没有自卑感，那是不可能的。幸运的是她自小就在心底里树起了不灭的信心，完成了对自卑的超越。

小海伦成名后，并未因此而自满，她继续孜孜不倦地接受教育。1900年，这个20岁的学习过手语法、凸字及发音，并通过这些手段获得超过常人的知识的姑娘，进入了哈佛大学拉得克利夫学院学习。她说出的第一句话是："我已经不是哑巴了！"四年后，她作为世界上第一个受过大学教育的盲聋哑人，以优异的成绩毕业。

海伦不仅学会了说话，还学会了用打字机著书和写稿。她虽然是一位盲人，但读过的书却比视力正常的人还多。而且，她还著了 7 册书，比"正常人"更会"鉴赏"音乐。

海伦的触觉极为敏锐，她只需用手指头轻轻地放在对方的唇上，就能知道对方在说什么；把手放在钢琴、小提琴的木制部分，就能"鉴赏"音乐。她能以收音机和音箱的振动来辨明声音，又能够利用手指轻轻地碰触对方的喉咙来"听歌"。

如果你和海伦·凯勒握过手，5 年后你们再见面握手时，她也能凭着握手来认出你，知道你是美丽的、强壮的、体弱的、滑稽的、爽朗的或者是满腹牢骚的人。

这个克服了常人无法克服的残疾的"造命人"，其事迹在全世界引起了震惊和赞赏。她大学毕业那年，人们在圣路易博览会上设立了"海伦·凯勒日"。她始终对生命充满信心，充满热忱。她喜欢游泳、划船，以及在森林中骑马。她喜欢下棋和用扑克牌算命。在下雨的日子，她以编织来消磨时间。

海伦·凯勒，身有三重残废，凭着她那坚强的信念，终于战胜了自己，体现了自身价值。她虽然没有发大财，也没有成为政界伟人，但是，她所获得的成就比富人、政客还要大。

第二次世界大战后，她在欧洲、亚洲、非洲各地巡回演讲，唤起了社会大众对身体残疾者的注意，被《大英百科全书》称颂为有史以来残疾人士最有成就的代表人物。

懂得信任自己"心灵"的人，才能理解生命的价值，海伦·凯勒用自己的行动证实了这一点，创造了物质财富，也创造了精神财富。

希尔在评价海伦时说："自信心是心灵第一号化学院。当信心融合在思想里，潜意识就会运用这种力量，把它变为精神力量，再转化为物质。"马克·吐温评价说："19 世纪中，最值得人们纪念的人是拿破仑和海伦·凯勒。"

　　信心可以使人穿越人生的冰河，一个人没有自信，只能脆弱地活着；反过来讲，因为信心的力量是惊人的，它可以改变恶劣的现状，造成令人难以相信的圆满结局。充满信心的人永远击不倒，他们是命运的主人。有方向感的信心，可令我们每一个意念都充满力量。

所谓成功，无非是站起比跌倒多一次

"跌倒了再站起来，在失败中求胜利。"这是成功者的秘诀。

有人问一个孩子，他是怎样学会溜冰的。那孩子回答道："哦，跌倒了爬起来，爬起来再跌倒，就学会了。"世上每一个人的成功都不是偶然得来，都必定经历了一次次失败的打击，要知道失败了不要紧，只要站起来就好，只有站起来了，你才能真正看到希望，才能最终赢得成功。

失去父亲的那一年，哈伦德还不足 5 岁，连自己的名字尚拼写不完整，家里的人哭作一团时，他觉得很好玩，因为一时间没有能顾及他，他可以自由自在地满镇子去疯。

14 岁辍学后回到印第安纳州的农场，上学时他不开心，干农活仍让他不开心，在电车上售票还是让他不开心，瘦削的小脸上罩满与年龄不相符的沉重与愁苦。

17 岁，他开了一个铁艺铺，生意还未完全做开就不得不宣告倒闭。

18 岁，他找到生命中第一个爱的码头，并栖身在此。但不久后的一天，他再回家时，发现房子里的东西被搬空，人也不见了踪影，爱情以迅雷不及掩耳的速度流失，码头从此成荒。

他尝试过卖保险，失败了。

他力争到一份轮胎推销业务，也失败了。

他学着经营一条渡船，失败了。

他试着开一家汽车加油站，也失败了。

在一次次失败的敲打下，他无奈地走到了中年。这个中年的生命苍白无力到甚至无法从妻子那儿见自己的女儿一面。为了见到让他日思夜想的女儿，这个落寞的中年男人想到了绑架，绑架自己的女儿，然而，就连这荒唐之举，在他在路边草丛中潜伏守候了十多个小时之后也宣告失败了。

这个几乎被失败判了死刑的人，又晃过了几十年无人知也无人欲知的岁月之后，退休之年，一天，他收到了105美元的社会福利金，他用这点福利金最后开了一家想以此维生的快餐店——肯德基家乡鸡。

是的，他就是全球知名的肯德基的创始人哈伦德·森德斯先生。现在，肯德基快餐店几乎遍布全球的各个大街小巷。

是啊，失败了又怎么样，再站起来就好。只要生命仍在继续，生活就不会终止，就仍然有成功的可能。

美国著名电台广播员莎莉·拉菲尔在她30年的职业生涯中，曾经被辞退过18次，可是她每次都放眼更高处，确立更远大的目标。

最初由于美国大部分的无线电台认为女性不能吸引观众，没有一家电台愿意雇用她。等到她好不容易在纽约的一家电台谋求到一份差事，不久电台又以她跟不上时代为由将她辞退。但莎莉并没有因此而灰心丧气。她总结了失败的教训之后，又向国家广播公司电台推销她的清谈节目构想。电台接受了她的构想，但提出要她先在政治台主持节目。

但因为对政治所知不多，使得莎莉陷入了犹豫之中。不过最终坚定的信心促使她大胆去尝试。她对广播早已轻车熟路了，于是她利用自己平易近人的作风，大谈即将到来的 7 月 4 日国庆节对她自己有何种意义，还请观众打电话来畅谈他们的感受。听众立刻对这个节目产生兴趣，她也因此而一举成名了。

如今，莎莉·拉菲尔已经成为自办电视节目的主持人，曾两度获得重要的主持人奖项。后来，当别人问到她成功的秘诀时，她说："我被人辞退 18 次，本来会被这些厄运吓退，做不成我想做的事情。结果相反，我让它们鞭策我勇往直前。"

一个拳手曾经说：在受到对手猛烈攻击的情况下，倒下是一种解脱，或者说是一种诱惑。每当这时候，我就在心里对自己叫喊：挺住，再坚持一下，再坚持一下！因为只有我不倒下，才有取胜的可能。胜利往往来于"再坚持一下"的努力之中。

任何成功的人在达到成功之前，没有没遭遇过失败的。即使你因为失败丧失了一切东西，然而你也不叫失败者。因为你仍有一颗热烈跳动的心，有不可屈服的意志，坚忍不拔的意志，只要拥有这些东西，你随时都可以卷土重来，赢回一切。

失败是上天对一个人的考验，在你除了自己的生命一无所有的情况下，内在的力量还有多少？如果你躺在地上，四脚朝天，心里承认自己很差劲，那你与死无异了。但是如果你在跌倒失败后，依旧能勇气十足，高昂着头，绝不放弃，没有失掉对自己的信心，你就可以从头再来，你也就是一个成功者。

奇迹宠爱每一个坚持梦想的人

我们每一个人都有各自的梦想，梦想是心中的渴望，是前行的力量。它色彩斑斓，摇曳生辉。而梦想是需要靠脚踏实地的努力，坚持不懈的奋斗来实现的。

一个 14 岁的男孩在家乡奥地利格拉茨市的一家商店橱窗里看到了一本健美杂志，封面人物是雷格·帕克，照片是他在电影里扮演大力神的造型。这个男孩对自己说，嘿！我的榜样就是他了！我要像雷格一样赢得宇宙先生称号，我要去美国，我要像雷格一样进军影坛，我要成为亿万富翁，然后从政！

当这个稚气的男孩信誓旦旦地说出他的人生梦想时，朋友们都觉得他太疯狂了，认为骨瘦如柴的他这是在做白日梦。连他的母亲也不相信他的梦想，她一直希望他成为一个木匠。

18 岁时，他开始服兵役。他是一个好士兵，然而，为了实现心中的梦想，他竟然擅离职守，翻过栅栏，前往德国参加欧洲先生的健美比赛。这次冒险旅行有两个收获：他捧回了青年欧洲先生的奖杯，然后他被关禁闭一星期。他用自己的行动证明了梦想是奇迹的源头，梦想越疯狂，成功就越巨大。

在他 21 岁的时候，他的梦想开始起飞，他获邀参加在美国纽约举行的国际健美健身联合会奥林匹亚先生争霸赛。他走路大摇大摆，相信自己是人们见过的体格最健壮的健美运动员。但是这次，他输了，屈辱的眼泪告诉他，要想彻底实现自己的梦想，他还有许多东西要学。在接下来的比赛中，当其他健美运动员出去喝啤酒的时候，他还在自己的公寓里观看上一届奥林匹亚先生得主，过去所做的健美表演影片。这一次，他真的成为新的健美之王。在此后的五年内，他一直蝉联这份桂冠。

他拍摄的第一部影片是《大力神在纽约》，出道的第三部影片《饥肠辘辘》为他带来了一座金球奖。他并不满足，他有更大的梦想，他对自己说：我并不在意是否会成为一名演员，我将成为一个明星，而且每个人都将知道我的名字。

在他拍摄动作片《终结者》的时候，导演卡梅隆原本打算让他演英雄里斯，而不是终结者。他非常希望自己能够饰演终结者，所以花了半个小时，主动接近卡梅隆，详细而又清晰地说出自己心中的梦想，即使卡梅隆略施小计想激怒他，以便他自动离开，他也没有放弃。最后，卡梅隆被他的讲解吸引住了，答应了他的要求。《终结者》使他受到电影生涯中前所未有的好评，让他跃升到一线国际影星行列。

他在56岁的时候，他宣布参加加州罢免选举。他的夫人玛丽亚回忆说：当时除了我们两个，没有人能够觉察出他的潜力。每个人都在嘲笑他的梦想。

他愈挫愈勇，毫不示弱，终于在选举中大获全胜，当选加州州长，登上了他的梦想之巅。

更令人难以置信的是，2006年11月，60岁的他连任美国加州州长，此时的他单纯是为梦想打拼了。他扫视着台下为他欢呼的人群，情不自禁地说出一个词儿来：Fantastic（神奇）！

他又说：我的美国同胞们（他36岁时加入美国国籍），这是一个令我惊讶的时刻。试想一下，我从一个骨瘦如柴的奥地利男孩，成长为加利福尼亚州州长——这就是移民之梦。这就是美国之梦。

那么他是谁呢？他就是心怀狂热梦想、做人做到极致的阿诺·施瓦辛格。

在庆祝施瓦辛格成功连任的现场，加利福尼亚州旗从政府大厦顶端垂直悬挂着，旗上那只州熊看上去好像在挑战重力法则，垂直地向上攀爬，它也好像在告诉人们——没有人能够阻止你去梦想、去攀登，地球的重力也不能，只要你坚持自己的梦想，你就会取得连自己也感到"神奇"的成功和胜利！

阿诺·施瓦辛格由一个骨瘦如柴的奥地利男孩成长为美国加州州长的"神奇"经历，启示我们：凡事只要认真，就会梦想成真。不管人生的起点多低，只要矢志不渝、刻苦磨炼、百折不回，就有希望登上梦想之巅。

德国天文学家开普勒，是个只在母腹中待了7个月的早产儿。他一降生，就连遭不幸：天花使他满脸麻子，猩红热又弄坏了他的眼睛。父母双亲对这个多灾多难的小生命，没有爱和温暖，不愿负责任。陪伴着他度过一生的，除了宇宙和星辰，剩下的就是贫困和疾病。

早在孩提时代，开普勒的求知欲和上进心就极为旺盛，他的学习成绩一直在同学们中遥遥领先。正当瘦弱多病的开普勒尽情地遨游在知识海洋的时候，不幸的事情又降临到他的头上：父亲因为负债，不能继续供他读书。失学之后，他只得到自家经营的小客栈里提酒桶、打杂。但是，他始终没有放弃学习。

成家之后，开普勒更加发愤地从事他在天文学方面的研究。

他把自己写的书寄给远在布拉格的天文学家第谷·布拉赫。布拉赫对他很注意，回信表示欢迎他去布拉格。

去布拉格的路程是遥远的，妻子担心开普勒的身体受不了，劝他放弃此行，他坚毅果断地说："无论怎样我们一定要去！"

途中，开普勒病倒了。在一家乡村小客栈里，他们住了几星期。带的一点点路费早就花完了，病人要买药，妻儿要吃饭，而周围又没有一个亲人，他感到了绝望。绝望中，开普勒只好向第谷·布拉赫求救。多亏这位同行慷慨相助，雪中送炭，这才使他一家活着熬到了布拉格。

在布拉格，开普勒竭力研究火星，想得到它的秘密。这个时期，是他一生中最快乐的时代。可惜，好景不长，他的良师益友布拉赫溘然长逝。这不仅在事业上使开普勒受到严重损失，而且他一家的生活也因此又重新陷入困境。

有人说："开普勒的一生，大半是孤独地奋斗……布拉赫的后面有国王，伽利略的后面有公爵，牛顿的后面有政府，但是开普勒的后面只有疾病和贫困。"

然而，没有任何阻碍能止住开普勒。他倒了，又站起来。他一次次地失败，又一次次地把这些失败收拾起来，建成一个高塔，终于抓着了天体运动的三大定律。

奇迹宠爱每一个坚强的人，只要坚持自己的梦想不放松，就没有什么能将你打倒。

我们每个人都会有自己的梦想，然而实现梦想的关键还是要靠我们自己。梦想是要我们以每一时一刻的努力来实现的。然而要实现梦想却需要脚踏实地努力，坚持不懈地奋斗，才能够有机会登上成功之舟，到达梦想的王国。

第五章
机遇无处不在，你做好准备迎接了吗

每个人都需要机遇，因为它能让你如虎添翼、如鱼得水，最终得偿所愿。机遇无处不在，但却"可遇不可求"，很多时候，它就在你身边，只是隐藏在暗处，并未被你发现；还有的时候，它就在你眼前，可你却看着别处，始终没有正视过它……

灾难背后或许正隐藏着机遇

俗话说：谋事在人，成事在天。有的人一事无成，却将一切的失败归结于可遇而不可求的机遇，认为自己已经尽力，自己的不成功实乃天命。殊不知很多时候，机遇就在我们身边，只不过它蒙了一层缥缈的面纱，我们无法一眼辨识出它的真身，而导致我们与它擦肩而过。当机遇来敲门，你能一眼认出它吗？

杰克和约翰是两位素不相识的英国青年。那一年夏天，他们不约而同地要去某个海岛上寻找金矿。

到海岛的邮船很少，半个月才一班。为了赶上这趟船，两人都日夜兼程，当他们双双赶到离码头还有100米时，船已经起锚了。

天气炎热，两个人口干舌燥，口渴难耐。这时候正好有人推来一车茶水。杰克只瞟了一眼茶水车，仍然飞快地向船跑去，因为船已经鸣笛启动了。而约翰看到茶水时则抓起一杯茶水，他想，喝了这杯茶水还来得及。

杰克跑到岸边时，船刚刚离岸，于是他纵身一跃，跳了上去。而约翰赶到时，船已经离岸六七米了，他只能眼睁睁地看着船一点点离去。

杰克到达海岛后，很快就找到了金矿。几年后，他成了亿万富翁。而半个月后约翰来到海岛，却发现错失良机，最终只得做了杰克手下的一名普通矿工。

很多时候，机遇是我们自己创造的，而不是从天而降的。到海岛的邮船很少，半个月才一班。为了赶上这趟船，俩人都日夜兼程地赶路，所以他们能够在船已经起锚的时候赶到码头。杰克和约翰通过自己最大的努力，为自己创造了一次机遇，但就因为一杯水，约翰与成功失之交臂，当机遇站在面前时，没能够好好抓住，致使他最终与成功无缘，这不得不说是人生一大遗憾。

机遇固然可贵，但善于抓住和利用机遇的能力更弥足珍贵。机遇是一艘起锚的船，晚一步，就会将你无情地撇下，无法抵达理想的彼岸。

电视台曾经播过一个农民养殖致富的故事。这位北方的农民张有庆先是种苹果树，种苹果树在当时被公认是农民致富的主要出路。张有庆便买来优质树苗种在几十亩地里，为了便于看护管理，主人还在果树园四周垒起了围墙。可种苹果的人太多，一窝蜂地上，两三年后果树挂果，当年认为的摇钱树，成了农民们的伤心树。苹果价贱，挂在树上也没有人愿意去摘，因为摘果卖的钱还不够付摘果人的工资。许多人开始绝望地砍树。

果子不能赚钱，全家人的希望全部落空了。不但一家人几年的心血白费，一去不复返的还有买树苗、买化肥、买农药和垒围墙的钱。这些钱可都是贷款，现在也就无法归还。更令人气愤的是，张有庆套种在果园中的小麦苗都被野兔吃了，围墙四周到处都是野兔打的洞，就连自己家吃粮还得去市场上买。

张有庆欠的债，有些是银行的，有些是亲戚朋友的，每天都有来讨债的。真是走投无路，他彻底绝望了。绝望的张有庆准备悬梁自尽在给他带来灾难的果园里。

张有庆已绑好了绳子，准备告别这个世界。抬头却看见离自己几米之外，几只野兔在跳来跳去。这些使他走上绝路的东西此刻竟然还在他面前肆无忌惮，悠然自得地吃着小麦苗，张有庆气极了，迅速关上门，开始在院子里打兔子。

可能是野兔太多了，一会儿就打了一大筐。打下的兔子实在吃不完，便拿到集市上去卖。因为是野兔，城里的餐馆争着要。野兔比家兔值钱，一斤竟然卖到 12 元。从集市回来的路上，张有庆寻思，为什么不可以养野兔卖钱呢？

回到家里，张有庆便把围墙上所有的野兔洞堵上，利用围墙内现有的兔子，开始养殖野兔。反正野兔遍地都是，不需要花大价钱去引种，只需要每天到集市上拣些菜叶或去割些青草。

从此，果园成了野兔们的伊甸园。野兔的繁殖能力远远超出了人们的想象力，仅一两个月工夫，围墙内的野兔们已是数代同堂。何况野兔有先天的基因优势，不像家兔，容易得病，动不动会成群死亡。张有庆除了喂一些青菜青草，便万事无忧，每天做的事情就是捉兔子送到定点的餐馆去卖钱。

没多久，张有庆成了远近闻名的野兔养殖户，就连野兔的粪便也被人花大价钱买去做肥料。几年工夫，他就还清了所有建果园的欠款，过上了别人羡慕的富裕生活。

其实，世上的很多事物都是一体两面的，灾难的背后或许就隐藏着机遇。所以很多时候，当机遇带着我们的追求与上天的眷顾来敲我们人生的大门时，也许它蒙着面纱，那么我们需要用我们睿智的慧眼果断、聪明地识破它的表象，然后抓住它的本质，只有抓住了机遇，才有可能赢得最后的胜利，得到成功之神的青睐。

生命中的"偶然"，却是成功的"必然"

人生的得失，常常就在于机遇的得失，有了一个良好的机遇，抓住它、利用它，就有可能激发潜能，创造出非凡的成就来，命运就会因此而发生改变。

张艺谋导演有部电影叫《一个都不能少》，其中的女主角的扮演者魏敏芝来自河北省镇宁堡乡。殊不知其中还有一段小插曲呢。

当时，郦红副导演本来是来镇上选村长角色的。当时魏敏芝、魏聪芝两姐妹正在村里玩，郦红看到了在门口探头探脑的她们，招手让她们过去。两姐妹的命运从此改变。

本来郦红副导演看中的是魏聪芝，问过其名字后，就进一步问她有什么兴趣爱好。谁知道平常喜欢唱歌的魏聪芝，不知为什么犯起了牛脾气，怎么也不开口。郦红问她："你敢演电影吗？"魏聪芝回答："这我得回家问问妈妈。"

这时，比魏聪芝早出生 5 分钟的魏敏芝却是另一番表现。她大方地介绍自己。让她唱歌，她就唱《我们的祖国是花园》，让她跳舞，她干脆利落地告诉郦红："我没学过，但是我会跳！"她跳自编的印度舞，中途还因紧张卡了壳，但她依然扬着头勇敢回答："敢拍电影！"郦红留下了魏敏芝的联系方式。一周后，郦红在学校找到了魏敏芝。魏聪芝则跟张艺谋擦肩而过。

事隔多年，魏聪芝每每回忆起这件事来还有些遗憾。但这件事给她上了人生一课。

美国有一句俗谚："通往失败的路上，处处是错失了的机会。坐待幸运从前门进来的人，往往忽略了从后窗进入的机会。"但凡成功者都善于把握机遇，哪怕这种机遇只有万分之一。

机遇是那样广泛地存在，它又是那样的公平与客观。当你失去机遇时，你不能怪谁，只能怪自己。它一直在那儿，你却没发现。别人发现了，那是因为脑筋转得快。机遇可没有主动投怀送抱。

1988年的欧洲杯足球赛上，荷兰队的范·巴斯腾便是一举成名的幸运儿。

当时巴斯腾所在的荷兰队人才济济，巴斯腾一直是坐冷板凳队员，小组赛前两场即使战绩不佳，主教练依然不启用巴斯腾，愤愤不平的巴斯腾甚至准备提前一个人回国了。

不料，在第三场对英格兰的小组生死战前一天，一名主力前锋脚部受伤，迫于无奈的主教练派上了巴斯腾。结果在这场比赛中，巴斯腾抓住上场的机遇独中三元，奠定了主力前锋的位置。随后又在对德国队的比赛中攻入一球，对苏联队的决赛中更是打进了一个被称为"世纪入球"的零度角抽射，在帮荷兰队成为欧洲冠军的同时，也夺得了最佳射手的金靴奖。

从此，巴斯腾一举成名天下闻，加盟AC米兰，开始了"荷兰三剑客"的时代。他本人也两次获"世界足球"先生，三次荣获欧洲"足球先生"的称号。

巴斯腾的辉煌成就，归根到底就在于他抓住了一次上场的机遇证明了自己，也向全世界展示了自己，一次机遇就改变了他的人生。

　　人生机遇是值得人类永远思考和探索的一个主题。古人云："天予不取，反受其咎；时至不迎，反遭其祸。"这话确实不无道理。

　　人生的得失常常就在于机遇的得失，有了一个机遇，抓住它、利用它，你的命运就会因此而发生改变，相反，忽略它、远离它，那么就可能一生都陷在平庸之中。要知道，在人生的体验中，并不是所有骁勇善战的将帅都能稳操胜券，百战不殆；并不是所有技高一筹的运动员都能夺魁挂冠，获取金牌；也不是所有痴情迷恋的男女都能拥有爱情，永浴爱河；更不是所有忠实生活的人都能幸运如意，一帆风顺。原因何在？要知道机遇是一种不可排斥的因素，很多时候就是因为我们不知道利用机遇，不知道机遇能改变我们的一生，不知道机遇会让我们一举成名。

愚者等待机会，而智者制造机会

生活中，我们总爱做梦，总爱在脑子做各种各样的梦，但当面对现实生活时，我们又总是懒惰，做事总是拖延。没有行动，梦永远都只是梦，只有把梦想付诸行动，才能真正得到机会之神的眷顾。

有一个人有天晚上碰到一个神仙，这个神仙告诉他说，有大事要发生在他的身上了，他有机会得到很大一笔财富，在社会上获得卓越的地位，并且会娶到一个漂亮的老婆。

这个人终其一生都在等待这个承诺的奇迹，可是什么事也没有发生，这个人穷困地度过了他的一生，最后孤独地老死了。

当他上了西天，他又见到了那个神仙，他对神仙说："你说过要给我财富、很高的社会地位和漂亮的妻子，我等了一辈子，却什么也没有！"

神仙回答他："我没说过那种话，我只承诺过要给你机会让你得到财富、一个受人尊重的社会地位和一个漂亮的妻子，可是你却让这些从你身边溜走了。"

这个人迷惑了，他说："我不明白你的意思。"

神仙回答道："你记得你曾经有一次想到一个好点子，可是你却没有行动，因为你怕失败而不敢去尝试？"这个人点点头。

神仙继续说道："因为你没有去行动，这个点子几年后给了另外一个人，那个人一点儿也不害怕地去做了，你可能认识那个人，因为他就是后来全国最富有的人。还有，你应该还记得，有一次城里发生了大地震，城里大半的房子都毁了，有好几千人都被困在倒塌的房子里，你有机会去帮忙拯救那些存活的人，可是你却怕小偷会趁你不在家的时候，到你的家里打劫、偷东西。你以这作为理由，故意忽视那些需要你帮助的人，而只是守着自己的房子。"这个人不好意思地点点头。

神仙说："那是你的好机会，去拯救几千个人，而那个机会可以使你在城里得到很大的荣耀和美誉啊。"神仙继续说，"你还记不记得一个头发乌黑的漂亮女子，曾经令你非常强烈被吸引，你从来不曾这么喜欢过一个女人，之后也没有再碰到过像她这么适合你的女人，可是你认为她不可能会喜欢你，更不可能会答应和你结婚，你因为害怕被拒绝而让她从你身旁溜走了。"这个人又点点头，可是这次他流下了悔恨的眼泪。神仙说："我的朋友啊！就是她，她本来应是你的妻子的，你们会有好几个漂亮的孩子的，而且跟她在一起，你的人生将会有许许多多的快乐。"此时，这个已经上了西天的人后悔不已，原来不是机会没到，而是自己在一次次的等待与犹豫中溜走了。

现在的你也像故事里的主角一般过着同样的日子吗？细心想想，你有多少次希望做出改变却像故事里的那个人一样，总是因为害怕而停止了脚步，结果机会就在我们一味地等待与犹豫中溜走了。可是我们比故事里的那个人多了一个优势，那就是：我们还活着，我们可以立即行动起来，从现在起抓住那些机会！

有一位名叫玻尔维莉的美国女孩，她的父亲是波士顿有名的整形外科医生，母亲在一家声誉很高的大学担任教授。她的家庭对她有很大的帮助，她完全有机会实现自己的理想。她从念中学的时候起，就一直梦寐以求要当上电视节目的主持人。她觉得自己具有这方面的才干，因为每当她和别人相处时，即便是生人也都愿意亲近她并和她长谈。她知道怎样从人家嘴里掏出心里话。她的朋友们称她是他们的"亲密的随身精神医生"。她自己常说："只要有人愿给我一次上电视的机会，我相信我一定能成功。"

但是，她为达到这个理想却什么都没做，只是一味地等待，总等着让别人发现她的才干，希望一下子就当上电视节目的主持人。但现实是，电视台不会去请一个毫无经验的人去担当电视节目主持人，节目主管也不可能跑到外面去搜寻人，只有意愿并有能力的人上门来找工作，而不是等着工作去找她。所以，可想而知，玻尔维莉一味等待的奇迹是永远不可能出现了。

而另一个名叫丽萨的女孩却实现了玻尔维莉的理想，成了著名的电视节目主持人。丽萨并没有白白地等待机会出现。她不像玻尔维莉那样有可靠的经济来源，所以白天去打工，晚上在大学的舞台艺术系上夜校。毕业之后，她开始谋职，跑遍了洛杉矶的广播电台和电视台。

但是，每一个地方的经理对她的答复都差不多："不是已经有几年经验的人，我们是不会雇用的。"

但是，她不愿意退缩，也没有等待机会，而是走出去寻找机会。她一连几个月仔细阅读广播电视方面的杂志，最后终于看到一则招聘广告，北达科他州有一家很小的电视台招聘一名预报天气的女主持人。

丽萨是加州人，不喜欢北方。但是，有没有阳光、是不是下雪都没有关系，她只是希望找到一份和电视有关的职业，干什么都行！她抓住这个工作机会，动身到北达科他州。丽萨在那里工作了两年，最后在洛杉矶的电视台找到了一个工作。又过了5年，她终于得到提升，成了她梦想已久的节目主持人。玻尔维莉那种失败者的思路和丽萨成功者的观点正好相反。她们的分歧点就在于，玻尔维莉在10年当中，一直停留在幻想上，坐等机会的到来，期望机会主动来找她，而白白浪费了大好的时光。而丽萨则是采取行动。首先，她充实了自己；然后，在北达科他州受到了训练；接着，在洛杉矶积累了比较多的经验；最后，终于实现了理想。

英国的培根曾说："只有愚者才等待机会，而智者则制造机会。"制造机会，就需要靠行动来支撑。因为行动，丽萨实现了自己的梦想，成了著名的节目主持人；而同样有着当节目主持人梦想的玻尔维莉也正因为没有行动，最终使梦想只能是梦想。

要知道空洞的思想，疲惫的心态，懒惰的行为，是我们走向成功的绊脚石。只有立刻行动起来，抛开幻想，面对现实，振作精神，实施计划，才能最终达到成功的彼岸。

与其临渊羡鱼，不如退而结网

我们常说：养兵千日，用兵一时。这是一种准备哲学。准备工作做得越充分的人，成功的可能性就越大。

重量级拳王吉尼·吐尼一生获得过无数的荣誉，也面对过无数强敌。有一回他要和杰克·丹塞对决，杰克·丹塞是个强劲的对手。他知道如果被丹塞击中，一定会伤得很重，一个受重伤的拳击手短时间内是很难反败为胜的。于是，他开始做准备工作，他要加紧训练，他最重要的训练项目就是后退跑步。

一场著名的拳赛过后，证明吐尼的策略是对的。第一回合吐尼被击倒，然后爬起来，尽量后退以避开对手，直拖到第一回合终了。等到第二回合，他的神志和体力都充分恢复之后，他奋力把丹塞击倒在地，获得了最后的胜利。

吐尼的胜利归功于他在事前做了充分的准备。只要准备好了，机会自然就来了。

其实，我们的人生也是如此，面对困厄、问题，手足无措，仓促应战，只会导致失败。胜利，只属于枕戈待旦的人。

艾瑞克在大型的杂货铺打工，每个月只能挣 10 美元。在进店工作的第一天，他的老板就严肃地对他说："你必须对店内所有物品的数目都了如指掌，对客户的资料也要烂熟于心，总之是关于我们店内的一切都要认真地学习。这样你才能成为一个对我有用、对商店有用的人。"艾瑞克没有说话，只是认真地听着每一句话。

商店的其他伙计都用厌恶的口气对艾瑞克说："一个月 10 美元，还值得做这么多工作吗？要是多给 10 倍工钱还差不多。"艾瑞克没有回答，只是一丝不苟地做着自己的工作。经过几个星期的观察，艾瑞克发现一件事情，每天老板都要认真核对那些外国进口商品的货单，并且那些账单都是由德文和法文写的。从知道那天起，艾瑞克就开始利用工作之余学习外语，而且对那些账单进行仔细研究。有一天，老板看上去身体很不舒服，但是还是忍着在那里检查账单。这时候艾瑞克主动走过去，问老板需不需要帮忙，并告诉老板，他可以检查账单。老板用怀疑的眼光看着他，但还是把账单递了过去，而艾瑞克用自己的行动证明，他可以出色地完成这项工作。从此，这项工作就由他接管了。

一个月后的一天，老板把艾瑞克叫到办公室对他说："艾瑞克，我想叫你做外贸主管，这是我们商店最重要的职位。我需要有能力的人来坐这个位子。目前，我们商店有十几个与你年纪差不多大的小伙子，可是只有你是工作最认真的。我在这个行业中已经做了几十年啦，而你是我见到的第三位能从平庸烦琐的工作中抓住机会的年轻人。前两个人已经有了自己的事业，并且干得风生水起。"艾瑞克的薪水从每个月 10 美元涨到了 100 美元，一年以后他每个月的薪水是 2000 美元，因为他的外语很出色，所以他经常被派到德国和法国工作。他的老板说："艾瑞克很有可能在 30 岁之前就成为我们的股东。他能够在平凡的工作中看到各种机会，并为之努力。哪怕付出一些代价，这对他来说也是值得的。"

中国有一句古话："与其临渊羡鱼，不如退而结网。"成功从来青睐有准备的人！智者不打无准备之仗，不为明天做准备的人永远不会有未来。

第六章
不是成功来得慢，而是放弃的速度太快

　　每个人通往梦想的道路都是崎岖不平、荆棘丛生的。但是，成功往往是困难越大，战胜困难所取得的成就也就越大，种种艰难险阻其实都是在为成功做垫脚石。很多时候，不是成功来得太慢，而是你放弃得太快。

日子难过，就更要认真地过

有个学者说过："人生的棋局，只有到了死亡才会结束，只要生命还存在，就有挽回棋局的可能。"

生活拮据，日子难过，感情不顺利，朋友远离合作，手头不景气，大部分人都生活得好辛苦！

但是，当你在埋怨苦日子折磨人的时候，不妨想想在这些苦难的日子当中，你认真地生活过几天？为自己争取过多少机会？

有一个女儿常常对父亲抱怨自己遇上的事情总是那么艰难，她不知道该如何应付生活，好像一个问题刚解决新的问题就又出现在面前。

一天，父亲把她带进厨房，把水倒进三口大锅，然后用大火煮开水。他在第一口锅里放了萝卜，第二口锅里放了鸡蛋，最后一口锅里放了研磨成粉状的咖啡豆，他小心地将它放进去用开水煮，但一句话也没有说。女儿见状，一直嘟囔，很不耐烦地等待着，不明白父亲到底要做什么。大约20分钟过去后，父亲关闭炉火把放进去的东西全取出来，做完这些后，他才转过身来问女儿："你看到了什么？""胡萝卜、鸡蛋、咖啡。"她回答。

他让女儿靠近些，要她用手摸摸胡萝卜，她发现它们变软了，接着他让女儿拿着鸡蛋并打碎它们，然后剥去皮，她看到了煮熟的鸡蛋。最后，父亲让她喝口咖啡，品尝到香浓的咖啡时，女儿终于笑了。

她怯声问："爸爸，这意味着什么？"

父亲回答道："这三样东西都是在煮沸的开水中，但它们的反应却不同：胡萝卜入水之前是坚硬的，但进水后它就变得软了；而鸡蛋本来是易碎的，只有薄薄的外壳保护着它，但一经开水煮，它的内部就变了，变得不那么容易被破坏；至于咖啡豆则很特别，进入水后彻底改变了水的特质。"

在艰难和逆境面前可以学萝卜、鸡蛋、咖啡豆，可以屈服，也可以变得更坚强，甚至可以改变环境。

美国教育学家乔治·桑塔亚纳说："人生既不是一幅美景，也不是一席盛宴，而是一场苦难。"不幸的是，当你来到这世界的那一天，没有人会送你一本生活指南，教你如何应付命运多舛的人生。也许青春时期的你曾经期待长大成人后，人生会像一场热闹的派对，但在现实世界经历了几年风雨后，你会幡然醒悟，人生的道路原来布满荆棘。

一个因病而仅剩下数周生命的妇人，一直将所有的精力都用来思考和谈论死亡有多恐怖。

以安慰垂死之人著称的蓝姆·达斯当时便直截了当地对她说："你是不是可以不要花那么多时间去想死，而把这些时间用来活呢？"他刚对她这么说时，那妇人觉得非常不快。但当她看出蓝姆·达斯眼中的真诚时，便慢慢地领悟到他话中的诚意。

"说得对！"她说，"我一直想着死亡，却完全忘了该怎么活。"一个星期之后，那妇人过世了。她在死前充满感激地对蓝姆·达斯说："过去一个星期，我活得要比前一阵子充实多了。"

的确，这位妇人是在恐惧中度过最后的时光，还是用最后的时光做一些自己认为值得做的事情，这两种选择都在她自己，她听了蓝姆·达斯的劝告，选择了后者，最终幸福地离去。

在生活中，我们要让自己过得更加有意义一些。一个人完全有可能拥有完美的、辉煌的人生，就看你怎么做了，你现在的做法就是决定你以后结局的关键。

有一位年轻人在一家外贸公司工作了1年，而且苦活累活都是他干，工资却最低。他曾试探性地与老板谈了待遇问题，但老板没有任何给他涨工资的迹象。

这个年轻人本来想混日子算了，同时骑驴找马另寻他路。当年轻人把自己的想法告诉了一位年长的朋友，他的朋友建议他："出去试试也不错，不过，你最好利用现在这个公司作为锻炼自己的平台，从现在就开始更加努力工作与学习，把有关外贸的大小事务尽快熟悉与掌握。等你成为一个多面手之后，跳槽时不就有了和新公司讨价还价的本钱了吗？"年轻人想想朋友的建议也有道理。利用现在这样一个有工资的学习条件，自然是不错。

又是一年后，朋友再次见到了这位昔日不得志的年轻人。一阵寒暄过后，问年轻人："现在学得怎么样？可以跳槽了吧？"年轻人兴奋中夹杂着一丝不好意思，回答道："自从听了你的建议后，我一直在更加努力地学习和工作，只是现在我不想离开公司了。因为最近半年来，老板给我又是升职，又是加薪，还经常表扬我。"

日子难过，但要认真地过，正是在这样难过的日子里，才可以更好地磨炼你的意志，机会也正藏在这些看似不起眼的困苦当中，只有好好地活在当下，认真地过好每一天，你才能抓住机会的尾巴，改变命运。

在困难的日子里，别老是把埋怨挂在嘴边，你有权选择苦难的日子，也大可选择开心的生活。如果你的生命都还没有开始发挥，就忍心任风吹得直不起腰板来，你还能要求享有什么样的生活？

人生是一场学习的过程，生活中的困苦是最好的生活导师。享乐与顺境无法锻炼人格，逆境却可以。一旦征服了难关，遇到再糟的情况也不会惊慌。人生有甘也有苦，物质环境的优劣与生活困厄的程度毫无瓜葛，重要的是我们对环境采取何种反应。接受好花不常开的事实，日子会幸福许多。

贫穷面前，请捧出那颗积极的心

　　穷人看到有的人大富大贵，以为他们很幸福，但是有钱人心里不一定痛快。有的人，别人看他离幸福很远，他自己却时时与快乐邂逅。我们虽然无法改变自己目前的境况，但我们可以改变自己创造未来的心态。没了工作不要紧，但不能没了一颗为生活努力奋斗的心。

　　一个农民，初中只读了两年，家里就没钱继续供他上学了。他辍学回家，帮父亲耕种 3 亩薄田。在他 19 岁时，父亲去世了，家庭的重担全部压在了他的肩上。他要照顾身体不好的母亲和瘫痪在床的祖母。

　　20 世纪 80 年代，农田承包到户。他把一块水洼挖成池塘，想养鱼。但乡里的干部告诉他，水田不能养鱼，只能种庄稼，他只好又把水塘填平。这件事成了一个笑话——在别人的眼里，他是一个想发财但又非常愚蠢的人。

　　听说养鸡能赚钱，他向亲戚借了 500 元钱，养起了鸡。但是一场洪水后，鸡得了鸡瘟，几天内全部死光。500 元对别人来说可能不算什么，但对一个只靠 3 亩薄田生活的家庭而言，不啻天文数字。他的母亲受不了这个刺激，竟然忧郁而死。

　　他后来酿过酒，捕过鱼，甚至还在石矿的悬崖上帮人打过炮眼……可都没有赚到钱。

35岁的时候，他还没有娶到媳妇。即使是离异的有孩子的女人也看不上他。因为他只有一间土屋，并且随时有可能在一场大雨后倒塌。娶不上老婆的男人，在农村是没有人看得起的。

但他还想搏一搏，就四处借钱买了一辆手扶拖拉机。不料，上路不到半个月，这辆拖拉机就载着他冲入一条河里。他断了一条腿，成了瘸子。而那辆拖拉机，被人捞起来后已经支离破碎，他只能拆开它，当作废铁卖。

几乎所有的人都说他这辈子完了。但是后来他却成了一家公司的老总，手中有两亿元的资产。现在，许多人都知道他苦难的过去和富有传奇色彩的创业经历。许多媒体采访过他，许多报告文学描述过他。记得有这样一个情节，记者问他："在苦难的日子里，你凭什么一次又一次毫不退缩？"

他坐在宽大豪华的老板台后面，喝完了手里的一杯水，然后把玻璃杯子握在手里，反问记者："如果我松手，这只杯子会怎样？"

记者说："摔在地上，碎了。"

"那我们试试看。"他说。

他手一松，杯子掉到地上发出清脆的声音，但并没有破碎，而是完好无损。他说："即使有10个人在场，他们都会认为这只杯子必碎无疑。但是，这只杯子不是普通的玻璃杯，而是用玻璃钢制作的。"

一段经典绝妙的对话。这样的人，即使只有一口气，他也会努力去拉住成功的手，除非上苍剥夺了他的生命。

一个人贫穷不要紧，关键是不能在贫穷面前丧失了积极向上的心。我们不能选择自己的出身，但我们能选择自己以后要走的路：是想通过自己的双手改变贫穷的命运，摆脱贫穷，还是一味地自哀自怨，任由自己贫穷下去，被贫困折磨，关键还是在于自己怎样去做。

一个男孩，从小到大都是坐在教室的最前排，因为他的个子一直是班上最矮的，只有一米二，而这个身高从此没有再改变过。他患的是一种奇怪的病，医学上称是内分泌失常导致的。

他的家境不好，父母都是农民，却要供养三个孩子念书。他上中学了，父母决定让一个孩子辍学帮助家里，他们的目光首先落到了矮小的他身上。可他倔强地回绝了父亲："我要上学，学费我自己想办法！"从此，他拎着一个大大的塑料袋开始了自己的拾荒生涯，将一包包的废品换成学费。

在后来的一次事故中，父亲不幸丧失了劳动能力，矮小的他不得不连兄妹的担子也替父母扛起来。很显然，卖破烂的钱已远远不够。偶然的机会，他听人说烟台一带拾荒的人少，就和父亲来到了烟台。为了生计，他边拾荒边乞讨，有空的时候，他就坐在人来车往的大街边捧着书本看。

父亲说，讨饭的看书有什么用。他反驳道，乞丐也有两种，一种是形式上的，一种是精神上的，他是第一种。

在拾荒与乞讨的间隙，他以超乎常人的毅力与决心，学完了高中的所有课程。功夫不负有心人，在2003年，他以超出本科线30分的成绩被重庆工商大学录取。他就是袖珍男孩——魏泽阳。

事后，有人问他为什么能改变自己的命运。他从容地说："我可以贫穷，却不可以低贱；我可以矮小，却不可以卑微！"

是的，一个人贫穷又怎么样，成功的大门不是只为富人而开的，在机会面前，人人平等。只要你有一颗永不对生活服输的心，那么不管你的起点有多低，命运发给你的牌有多么不好，你都可以攀上成功之峰，改变生活的一切。

在贫穷面前，我们不必抬不起头，金钱给予我们的只是我们所需要的一小部分，我们还有很多值得追求的东西，物质上的贫穷并不代表人生的贫乏。而且贫困往往只是眼下的，因为你永远有选择现在就动手改变的机会。贫穷与暂时的负债对懦弱的人会产生一股强大的摧毁力，而一直坚定的人却认为是对自己的磨炼。

困苦的环境，固然可以磨砺一个人的志气，但也有可能消沉一个人的志气。你如果不战胜环境，环境便会来战胜你，听任命运摆布的结局就是被命运牵着鼻子走，永远无法摆脱困境、战胜困境，永远都只能消极度日。

与其把大好的时间和精力放在眼下的困境上，还不如打点行装、振作精神去为自己的未来努力奋斗，用良好的心态开创光明的前程。

让劣势变成优势，谁都有可能成功

有一个 10 岁的小男孩儿，在一次车祸中失去了左臂，但是他很想学柔道。

最终，小男孩拜柔道大师做了师父，开始学习柔道。他学得不错，可是练了 3 个月，柔道大师只教了他一招，小男孩有点弄不懂了。

他终于忍不住问师父："我是不是应该再学学其他招数？"

柔道大师回答说："不错，你的确只会一招，但你只需要会这一招就够了。小男孩并不是很明白，但他很相信师父，于是就继续照着练了下去。"

几个月后师父第一次带小男孩去参加比赛。小男孩自己都没有想到，他居然轻轻松松地赢了前两轮。第三轮稍稍有点艰难，但对手还是很快就变得有些急躁，连连进攻，小男孩敏捷地施展出自己的那一招，又赢了。就这样，小男孩顺利地进入了决赛。

决赛的对手比小男孩儿高大、强壮许多，也似乎更有经验。一度小男孩儿显得有点招架不住，裁判担心小男孩儿会受伤，就叫了暂停，还打算就此终止比赛，然而柔道大师不答应，坚持说："继续下去！"

比赛重新开始后，对手放松了戒备，小男孩立刻使出他的那一招，制服了对手由此赢了比赛，得了冠军。回家的路上，小男孩和柔道大师一起回顾每场比赛的每一个细节，小男孩儿鼓起勇气道出了心里的疑问："师父，我怎么就凭一招就赢得了冠军？"

柔道大师答道："有两个原因：第一，你几乎完全掌握了柔道中最难的一招；第二，就我所知，对付这一招唯一的办法是对手抓住你的左臂。"

所以，小男孩最大的劣势变成了他最大的优势。世界上无所谓绝对的缺陷和困境，有失望也就会有希望，有忧伤就会有快乐，同样的，有挫折就会有机遇。对人生不要气馁，不放弃，苦难的下一秒也许就会是新的人生机遇。

别林斯基说："不幸是一所最大的大学。"自知者明，自强者可以征服山，就是跋山涉水也在所不惜；弱者就是面对一张薄纸，也不愿伸手戳破，去达到最佳的目的。谁的一生都有挫折，自强者自然把挫折当玩具，戏之笑之，淡然视之，强者自强；而弱者把挫折当大山，多是惧之怕之，终是弱者更弱。调整你的心态，把不幸当作机遇，你就能战胜不幸，取得成功。

2002 年 10 月 10 日，一条消息在全球迅速传播开来——日本一位小职员荣获了 2002 年诺贝尔化学奖。一位小职员居然也获得如此大奖？没错，他就是日本一家生命科学研究所的田中。

他不是科学界的泰斗，也非学术界的精英，他甚至不是优等生，大学时还留过级；他找工作时未通过面试而被索尼公司拒之门外，后经老师的极力推荐才有机会走进现在的这家研究所。他是那样的平凡，获奖前，就连同事都不知道有田中这个人。当他接到获奖通知时，他还以为是谁在跟他开玩笑呢。

面对众多记者的追问，田中笑着说："说来惭愧，一次失败却创造了让世界震惊的发明……"

　　事实的确如此。当时，田中的工作是利用各种材料测量蛋白质的质量。有一次，他不小心把丙三醇倒入钴中，他没有立即推翻重来，而是将错就错对其进行观察，于是意外地发现了可以吸收激光的物质，为以后震惊世界的发明"对生物大分子的质谱分析法"奠定了成功的基础。

　　人不能因为不幸的来临而畏缩不前，轻言放弃。而应该把它当作一次机遇，抓住它，发挥它的积极作用，你就可以获得不幸给予你的馈赠。

　　认识苦难，在苦难中汲取经验教训，总结失败的原因，反省自身，弄清自己的弱点和不足，在跌倒之后再爬起来，这样才能真正把苦难变成一种机遇。在苦难中跌倒并不可怕，可怕的是你跌倒后趴在地上再也不起来了。"跌倒一千次，但我会爬起来一千零一次"，也许就在这第一千零一次里，机遇就来了，成功也就指日可待。

　　要知道，世上大凡成功人士，都是不惧怕困境的，他们总是把一次次不幸当作一次次机遇。面对长期的困境，他们始终用一颗执着的心默默耕耘、坚守着自己的理想。"水滴石穿，绳锯木断"，一件看似不可能的事，只要你坚持去做，且不轻言放弃，天长日久，石头也会被水滴穿，木头也会被绳锯断。

　　让苦难成为机会，你会发现天地瞬间开阔。苦难也只是一时的，能够直面苦难，并把苦难当作成功的试金石，抓住苦难带来的机遇，你就能摘得胜利的果实。

每一次创伤，都是一次成熟

经历了一次次风雨的洗礼，小麦才能长出麦粒，而没有经历任何风吹雨打，环境安逸的小麦纵然长势喜人，但却毫无用处。其实，何止是小麦，人也同样如此，"不经一番寒彻骨，哪得梅花扑鼻香"，没有经历过挫折与磨炼，就会像温室里的花朵；经不起一点儿风吹雨打，就会没有一点儿韧性，生命也就不完整。

生物学家发现，蝴蝶在由蛹变成幼虫时，翅膀萎缩，十分柔软；在破茧而出时，必须要经过一番痛苦的挣扎，身体中的体液才能流到翅膀上去，翅膀才能坚韧有力，才能支持它在空中飞翔。

一天，有个小孩凑巧看到一棵小树上有一只茧蠕动，好像有蝴蝶要从里面破茧而出。小孩觉得很好奇，于是他饶有兴趣地停下来，准备见识一下由蛹变蝴蝶的过程。

但随着时间一点点过去，蝴蝶在茧里奋力挣扎，但却一直不能挣脱茧的束缚，似乎是再也不可能破茧而出了。小孩子变得不耐烦了，心想，我干脆帮它个忙吧。于是，他就用一把小剪刀，把茧上的丝剪了一个小洞，让蝴蝶摆脱束缚容易一些。果然，不一会儿，蝴蝶就从茧里很容易地爬了出来，但是它身体非常臃肿，翅膀也异常萎缩，耷拉在两边伸展不起来。

小孩想看着蝴蝶飞起来，但那只蝴蝶却只是跌跌撞撞地爬着，怎么也飞不起来，又过了一会儿，它死了。

没有经历痛苦的洗礼，蝴蝶就会脆弱不堪，最终不能扇动美丽的翅膀在花团锦簇间自由飞翔。

只有经历过苦难的人才能以更顽强、更成熟、更加勇敢的姿态来面对世间纷扰。人的才能需要在吃苦中磨炼，人的意志需要在吃苦中砥砺，人的情感需要在吃苦中成熟，人的阅历需要在吃苦中丰富，真正的快乐和幸福也只能从吃苦中收获。

一首散文诗里这样写道："曾经在地球上生活过的最优秀的人，必定是曾经遭受过苦难的人，他温顺、柔和、耐心、谦逊而又精神平静，这种人才是在地球上曾经生活过的第一个真正的绅士。"

高尔基一生历经坎坷，吃了不少苦，也收获了不少人生阅历，充实的人生经历为他的成就打下了基础。回顾往事的时候，高尔基说道："一个人如果没有他吃不了的苦，那么就没有他做不成的事情。"人如果能正视苦难，能把它当作是自己成功路上的助推器，就能在自己的人生路上收获成熟，越走越远。

在这个世界上，没有人喜欢痛苦。然而，人生就是痛苦和幸福的综合体，每一个人都摆脱不了痛苦。痛苦是一种折磨，同时又是一种力量。舒适、悠闲远不如坎坷与磨难更能锻炼人，更能发挥人的长处。痛苦造就人的禀赋，痛苦也磨炼人的禀赋，痛苦更能教人靠耐心和韧劲，从苦难之海中顽强跋涉出来。

经历了苦难，勾践才能一举灭吴；经历了苦难，李嘉诚才有了他亚洲首富的传奇；经历了苦难，比尔·盖茨才终成一代商业奇迹；也是经历了苦难，塞万提斯才终成就了一部不朽之作《堂吉诃德》。生活中，遭遇了苦难不要懊恼，正视苦难带给你的成长，它会成为你人生中一笔不可多得的财富。

　　每一次创伤都是一次成熟，正因如此，伤痛才会涅槃成为一种成熟的智慧。拥有这样的智慧，你才能读懂人生，并且能够有一份淡然的心态，面对人生中的种种变化，达到不以物喜、不以己悲的人生境界。伤痛是一种成长，一种成熟。只有品尝过人生的苦楚，我们才能变得成熟。挫折和磨难是达到成熟的彼岸的必经之路。所以，用一种正确的心态来面对人生变故吧。慢慢走过，慢慢成熟！

苦难是化了装的幸福

皮鲁克斯说:"任何敢于挑战自己的人都应该明白:失败会改善人的心情和强化人的意志。即使是悲伤,也以一种奇妙的方式和快乐与温和联系在一起。"

世上的任何事物都是一体两面的,有悲伤就会有快乐,有苦难就会有幸福。任何事情也都不是绝对的,有时候,一件看似痛苦的事情,其实在一定的时机也会转化为幸福。

1976 年,16 岁的汪力成中学毕业后到一家丝厂当了临时工,两年后,汪力成幸运地考入余杭仪表厂(华立集团的前身),成为一名技术员。

1977 年开始边上班边上电视大学,很快学完了电子专业的大学课程。

1986 年初,全国电表行业出现了空前的供过于求局面,因为没什么名气,销售直线下滑,产品积压严重,工厂陷入半停产的困难状态。

在 1987 年春节过后,一纸调令任命汪力成为余杭仪表厂厂长。27 岁的汪力成不知是喜是忧,因为他工作近 10 年,一直是搞技术,对企业管理一无所知,什么是企业管理? 怎样看财务报表? 这些在汪力成的脑海中是空白一片。他没有怨词,而是开始了业余时间的学习。

汪力成下定决心要让"华立"重振威名，他几经周折了解到，国家有关部门一直想让一种为洗衣机配套的定时器实现全面国产化，以降低国产洗衣机的成本。汪力成得到消息后，立即组织相关技术人员进行技术攻关。3个月后，华立终于自己建成了一条定时器的生产线，并生产出了完全符合国家标准的洗衣机定时器。余杭仪表厂局面扭转。那一年，他才27岁。

在以后的岁月中，汪力成在商海打拼中紧紧抓住了各种偶然的机会，通过多年的努力将华立集团打造成中国电能表领域的龙头企业。2001年10月，华立美国控股公司成功地收购了飞利浦在美国的CDMA移动通信部门。这对整个中国手机制造业意义重大：收购飞利浦CDMA手机的核心技术部门，华立成为中国第一家掌握CDMA手机芯片技术的企业。

不要总是牢骚满腹，不要总是为自己找借口，要勇于承担起责任，找出解决问题的方法。解决的难题多了，就会在"量"变的基础上实现自己的"质"变。

苦难或许是命运设定的手段，通过苦难就可以磨炼和产生出品德高尚的人。假如幸福是人生的目标，那么苦难就是达到这一目标所必不可少的条件。所以，即使痛苦也并不完全令人讨厌。一方面，它与苦难相亲相爱；另一方面，它又与幸福毗邻。

人生在世，一时的失去会是另外一种拥有。我国著名哲学家老子曾说：将欲夺之，必固与之。丹麦有一句谚语也说：在火中失去的东西，可以在灰烬中得到。

有一位住在深山里的农民，经常感到环境艰险，难以生活，于是便四处寻找致富的好方法。一天，一位从外地来的商贩给他带来了一样好东西，尽管在阳光下看去那只是一粒粒不起眼的种子。

但据商贩讲，这不是一般的种子，而是一种叫作"苹果"的水果种子，只要将其种在土壤里，几年以后，就能长成一棵棵苹果树，结出数不清的果实，拿到集市上，可以卖好多钱呢！

欣喜之余，农民急忙将苹果种子小心收好，但脑海里随即涌现出一个问题：既然苹果这么值钱、这么好，会不会被别人偷走呢？于是，他特意选择了一块荒僻的山野来种植这种颇为珍贵的果树。

经过几年的辛苦耕作，浇水施肥，小小的种子终于长成了一棵棵苗壮的果树，并且结出了累累硕果。

这位农民看在眼里，喜在心中。因为缺乏种子的缘故，果树的数量还比较少，但结出的果实也肯定可以让自己过上好一点儿的生活。

他特意选了一个吉祥的日子，准备在这一天摘下成熟的苹果，挑到集市上卖个好价钱。当这一天到来时，他非常高兴，一大早便上路了。

当他气喘吁吁爬上山顶时，心里猛然一惊，那一片红灿灿的果实，竟然被外来的飞鸟和野兽们吃了个精光，只剩下满地的果核。

想到这几年的辛苦劳作和热切期望，他不禁伤心欲绝，大哭起来。他的财富梦就这样破灭了。

在随后的岁月里，他的生活仍然艰苦，只能苦苦支撑下去，一天一天地熬日子。不知不觉之间，几年的光阴如流水一般逝去。

一天，他偶然来到了这片山野。当他爬上山顶后，突然愣住了，因为在他面前出现了一大片茂盛的苹果林，树上结满了累累硕果。

这会是谁种的呢？他思索了好一会儿才找到答案：这一大片苹果林都是他自己种的。

几年前，当那些飞鸟和野兽在吃完苹果后，就将果核吐在了旁边，经过几年的时间，果核里的种子慢慢发芽生长，终于长成了一片更加茂盛的苹果林。

现在，这位农民再也不用为生活发愁了，这一大片林子中的苹果足以让他过上幸福的生活。

苦难是化了装的幸福，有时候，一件看似没有希望的事情，其实往往也暗藏"玄机"，要知道，幸福有时候往往就在苦难的背面。所以，在任何情况下，都不要对生活失去希望，在苦难的下一秒，幸福也许就会来临。

花草的种子失去了在泥土中的安逸生活，却获得了在阳光下发芽微笑的机会；小鸟失去了几根美丽的羽毛，经过跌打，却获得了在蓝天下凌空展翅的机会。人生总在失去与获得之间徘徊。没有失去，也就无所谓获得。

有时，悲伤的人更会冷静地对待生活。大仲马问拉布尔"什么使你成为一位诗人"，拉布尔回答说："是苦难！"的确，在拉布尔的生命中首先是妻子的去世，接着是孩子的夭折，使拉布尔陷入了巨大的悲痛和非常的孤寂之中，最后他不得不从诗歌中寻求解脱。此外，加斯科尔夫人的优秀作品也是在巨大的家庭苦难中创作出来的。

世界上充满了挑战也就充满了机遇。生活中，我们往往看到的只是事物的一个侧面，这个侧面让人痛苦，但痛苦却可以转化。

蚌因身体嵌入砂粒，伤口的刺激使它不断分泌物质来疗伤，如此，就出现了一颗晶莹的珍珠。哪颗珍珠不是由痛苦孕育而成？可见，任何不幸、失败与损失，都有可能成为我们有利的因素。

苦难是化了装的幸福，唯有经过苦难的教导，我们才能够学会承受，才能够变得坚强。最高尚的品格是通过苦难磨炼出来的，人类的品格也是通过苦难才得以变得完美。

第七章
人生的好品质，比天资更重要

品格决定人生，它比天资更重要。人跟人的差别不在于智商的高低、能力的大小，而在于品格是否健全。品格不健全的人难成大事，哪怕爬上顶峰，也会很容易一跌到底。

勤劳：成功的最佳捷径

牛顿有句名言："天才就是勤奋，勤奋，再勤奋。"在牛顿看来，勤奋是成功的关键。一个人要想在工作中出人头地，达到事业的高峰，就离不开勤奋努力，否则，一切都是空谈。

有一个古老的寓言，说的是寒号鸟的故事。

山脚下有一堵石崖，崖上有一道缝，寒号鸟就把这道缝当作自己的窝。石崖前面有一条河，河边有一棵大杨树，杨树上住着喜鹊。寒号鸟和喜鹊面对面住着，成了邻居。

几阵秋风，树叶落尽，冬天快要到了。

有一天，天气晴朗。喜鹊一早飞出去，东寻西找，衔回来一些枯枝，就忙着垒巢，准备过冬。寒号鸟却整天飞出去玩，累了回来睡觉。喜鹊说："寒号鸟，别睡觉了，天气这么好，赶快垒窝吧。"寒号鸟不听劝告，躺在崖缝里对喜鹊说："你不要吵，太阳这么好，正好睡觉。"

冬天说到就到了，寒风呼呼地刮着。喜鹊住在温暖的窝里。寒号鸟在崖缝里冻得直打哆嗦，悲哀地叫着："哆罗罗，哆罗罗，寒风冻死我，明天就垒窝。"

第二天清早，风停了，太阳暖烘烘的。喜鹊又对寒号鸟说："趁着天气好。赶快垒窝吧。"寒号鸟不听劝告，伸伸懒腰，又睡着了。

寒冬腊月，大雪纷飞，漫山遍野一片白色。北风像狮子一样狂吼，河里的水结了冰，崖缝里冷得像冰窖。就在这严寒的夜里，喜鹊在温暖的窝里熟睡，寒号鸟却发出最后的哀号："哆罗罗，哆罗罗，寒风冻死我，明天就垒窝。"

天亮了，阳光普照大地。喜鹊在枝头呼唤邻居寒号鸟。可怜的寒号鸟在半夜里冻死了。

寒号鸟的故事虽是一则寓言，但它的确讲明了在人的一生中，今天的勤奋是多么重要，只是寄希望于明天而不重行动的人，最终将一事无成。今天你把事情推到明天，明天你就会把事情推到后天，一而再，再而三，事情永远没个完。只有那些懂得如何利用"今天"的人，才会在"今天"创造成功事业的基石上，孕育明天的希望。

船王包玉刚在美国哈佛大学商学院演讲时说："成功并无捷径，要成为信誉良好的船业家，就要勤奋苦干，有想象力，善用经验。还有，我承认要有一点儿精明、稳健经营的头脑。"

包玉刚没有上过大学，但他干一行、学一行、专一行，兢兢业业，持之以恒。从银行业到贸易业，从航运业到地产业，他都下功夫钻研，力求精通。他几十年如一日刻苦自学英语，后来，面对外商能应答自如。

他到香港时，对海运业务一窍不通，但他勤奋好学。他派人到伦敦买了一批有关租船和海运财务的基础书籍，以及如何经营货船的手册，用新的知识武装自己的头脑。

包玉刚事必躬亲、自律严谨，凡事全力以赴。每当他向主管部门提出一个问题后，都要求立即得到答复。有一前雇员说："包玉刚曾对我说，如果你脑海里泛起一个新的想法，必须立即将它记录下来，无论你当时是正在用晚餐还是在沐浴。后来，我终因工作压力太大而离职。"

包玉刚认为，主持事业的人如果对工作中的主要细节不了解、不检查，就可能带来危险。他经营航运业的早期，属下的船不管在何处出了毛病，只要时间许可，他都要赶赴现场亲自处理，直到问题彻底解决方才离去。后来船队扩大了，但环球航运集团采取任何一项重要决定，购进任何一条新船，录用任何一位重要人员，他仍要亲自过问。造新船时，他除派去经验丰富的验船师，并及时听取质量进度汇报外，还要亲自登船查看。因此，每次出席下水或交船仪式，他都能说出这条船存在的各主要问题的细节。

一滴汗水，一分收获，世上没有轻而易举而得到的成功。天才来源于勤奋，做人就应该"勤"字当头。

作为一个有进取精神的人，每日都应当有所追求，不断地有所作为。在眼界上，努力获取新的知识，思考新的问题；在事业上，努力争取年年有所成就。用现在的说法就是：不断否定自己，不断超越自己，不断给自己树立新的目标。

勤劳是一种好的习惯，当你拥有这种习惯以后，你就会拥有一种新的人生态度，并为自己积蓄了成功人生的基础。在你实实在在付出心血、努力之后，你就会实实在在地获得享受。

生活就是这样，你付出的努力如同存在银行里的钱，当你需要的时候，它随时都会为你服务；当你不需要时，它也会为你储蓄升值。所以拒绝懒惰，走向勤奋吧，只有这样，你才能拥有一个美好的明天。

诚信：交往中的稀缺资源

一位国王要选择继承人，于是发给国内每个孩子一粒花种，约定谁能种出最美丽的花，谁就会被任命为未来的国王。当评选时间到来时，绝大多数孩子都端着美丽的鲜花前来参选，只有一个孩子端着空无一物的花盆前来，最后他却被选中了。因为孩子们得到的花种都已经被蒸过，根本不会发芽。

国王的这次测试不是为了发现最好的花匠，而是选出最诚实的孩子，只有诚实的人才能得到别人的尊重，才能赢得子民的拥护、爱戴。诚信是一个人一生中拥有的最宝贵的财富，它无法用金钱来衡量，却远比金钱更加贵重。

18世纪英国的一位有钱的绅士，一天深夜走在回家的路上，被一个蓬头垢面衣衫褴褛的小男孩儿拦住了。

"先生，请您买一包火柴吧。"小男孩儿乞求道。

"我不买。"绅士回答说。说着绅士躲开男孩儿继续走。

"先生，请您买一包吧，我今天还什么东西也没有吃呢。"小男孩儿追上来说。

绅士看到躲不开男孩儿，便说："可是我没有零钱哪。"

"先生，你先拿上火柴，我去给你换零钱。"说完男孩儿拿着绅士给的一个英镑快步跑走了，绅士等了很久，男孩儿仍然没有回来，绅士无奈地回家了。

第二天，绅士正在自己的办公室工作，仆人说来了一个男孩儿要求面见绅士。于是男孩儿被叫了进来，这个男孩儿比卖火柴的男孩儿矮了一些，穿得更破烂。

"先生，对不起了，我的哥哥让我给您把零钱送来了。"

"你的哥哥呢？"绅士道。

"我的哥哥在换完零钱回来找你的路上被马车撞成了重伤，在家躺着呢。"

绅士深深地被小男孩儿的诚信所感动："走！我们去看你的哥哥！"

一见绅士，男孩连忙说："对不起，我没有给您按时把零钱送回去，失信了！"绅士却被男孩的诚信深深打动了。当他了解到两个男孩儿的亲生父母双亡时，毅然决定把他们生活所需要的一切都承担起来。

所谓君子一诺千金重，就是说人要具有诚信意识，要懂得为自己的言行负责。大教育家孔子就经常教育他的学生，要"言必信，行必果"，就是说，说话一定要算数，说到做到。

然而，何为诚信？《汉语大词典》这样解释：诚，指诚实，即忠诚老实，就是忠于事物的本来面貌，不隐瞒自己的真实思想，不掩饰自己的真实情感，不说谎，不作假，不为不可告人的目的而欺瞒别人。信，指守信，就是讲信用，讲信誉，信守承诺，忠实于自己承担的义务，答应了别人的事一定要去做。

诚信不是一时之功，它是我们在成长过程中逐渐形成的一种品质，它不会因为你一时的心血来潮就马上形成。从某种程度上说，拥有诚信的人是最值得信赖的，这种信赖是从这一点一滴的行为处事中体现出来的。我们不会因为一个人的言语，而说这个人诚实可靠，我们看的是一个人的行动。说得好，不如做得好。不善言辞的人可以用他的真诚和行动向别人证明他是个多么值得信赖的人。

　　一个顾客走进一家汽车维修店，自称是某运输公司的汽车司机。"在我的账单上多写点零件，我回公司报销后，有你一份好处。"他对店主说。但店主拒绝了这样的要求。顾客纠缠说："我的生意不算小，会常来的，你肯定能赚很多钱！"店主告诉他，这事无论如何也不会做。顾客气急败坏地嚷道："谁都会这么干的，我看你是太傻了。"店主火了，他要那个顾客马上离开，到别处谈这种生意去。这时顾客露出微笑并满怀敬佩地握住店主的手："我就是那家运输公司的老板，我一直在寻找一个固定的、信得过的维修店，你还让我到哪里去谈这笔生意呢？"

　　这就是诚信的魅力，即使面对诱惑，身处利益的旋涡，仍然能够做到在利益面前面不改色，坚持自己的原则，不为利益心动，虽平淡如行云，质朴如流水，却让人领略到一种山高海深。

　　诚信是一个人面向世界的一张必不可少的"通行证"。如果人与人缺少这张"通行证"那将怎么办？美国人一般能够原谅过去的政治家，却非常瞧不起尼克松总统，就是因为他是一个说谎者。水门事件使尼克松成为美国历史上第一位被迫辞职的总统。尼克松被赶出白宫的真正原因并不是"水门事件"本身，而是那时候试图靠撒谎掩盖事实真相。同样，美国前总统克林顿的麻烦来自司法程序和在誓言的约束下说谎。与尼克松一样，如果克林顿立即承认自己的错误行为，他的境遇会好得多。

　　同样的道理，如果他人发现你是个说谎者，就不会再相信你，还认为你是个只会欺骗的小人。一旦失去了他人的信任和尊重，成功也许对于你就会遥遥无期。

崇尚诚信是我国的传统美德，无论是孔子所说的"人而无信，不知其可也"，还是千百年来人们所颂扬的一诺千金、一言九鼎等，都说明了诚信的重要性。

我们生活在这个世界上，必然要同周围的人打交道，然而，人与人之间的关系与友情，是需要信用来维系的。其实，生活中我们自己也可以感觉到，每个人都愿意和那些讲信用的人交往，这样的人往往能给人一种安全感，而对于那些尔虞我诈、轻诺寡信的人，我们往往不愿接近。

在快节奏的生活中，人们如果逐渐变得麻木和冷酷，诚信变成稀有资源，那么社会进步将会受到极大阻碍。尽管人活着的状态和境界不同，但是最基本的要求与标准都是一样的，那就是诚信！

合作：双赢是最理想的结果

相信很多人都听过下面这个故事：

有两个人在饥饿中遇到了神，神的怜悯使他们得到了一根鱼竿和一篓鱼。两个人决定平分这些恩赐，于是一个人要了一篓鱼，另一个人则选择了那根鱼竿。两个人拿着自己分得的恩赐分道扬镳了。

得到鱼的人架起篝火把鱼煮了，在一阵狼吞虎咽中很快就将鱼吃了个精光。吃完鱼后，他又一无所有，最终饿死了。

另一个人则拿着鱼竿忍着饥饿，艰难地朝着大海走去。然而，当他走到海边的时候力气已经用完了，最后，他也只能带着遗憾离开了人间。

后来，又有两个饥饿的人，他们也得到了神的恩赐——一根鱼竿和一篓鱼。不过，他们并没有平分恩赐而各奔东西，而是一起带着恩赐去寻找大海，于是他们很谨慎地进食那一篓鱼。

经过了艰苦跋涉，他们终于到了海边，并利用鱼竿钓到了鱼，后来二人开始了捕鱼的生活。几年后，他们不仅有了家庭、子女，还添置了渔船，从此过上了幸福的生活。

这个故事告诉我们，在面临困难时，无论你的眼光是短浅还是长远的，往往依靠自己一个人的力量很难克服困难。只有合作，产生一种"合力"，才能取长补短，进而推动你渡过难关，最后获得成功。

在讲究"双赢"的现代社会，合作精神显得尤为重要。一位心理学家曾说过："一个缺乏合作精神和合作能力的人，其职业生涯、人际关系以及爱情婚姻方面都会出现严重问题甚至遭到失败。"

刚进入那家公司的时候，陈明信心百倍。他们一批来的有 10 个人，公司明确表示 3 个月以后淘汰掉 3 人，其他的人就会被正式聘用。

这是家不错的跨国公司，让许多像陈明一样的大学毕业生心仪不已。陈明想，凭着自己名牌大学研究生的学历，笔试、面试居总分第二的总成绩，应该不会在被淘汰者之列。当然，好好表现自己，保持住自己的优势还是很重要的，陈明以此勉励自己，并希望在试用期内交出一份让上司满意的答卷。

刚来公司，上司就找陈明单独谈过一次话，表扬并肯定了陈明的才能，希望陈明能在这个部门发挥至关重要的作用。然后，他交给了陈明和那两个学生第一件工作，为一个客户做市场调研，并且把他手头上有关这个公司的资料交给了陈明。

这次谈话之后，陈明感觉信心更足了，干劲也很大。这么好的公司，这么敬业和有水平的上司，让陈明感觉自己很幸运。陈明很快就投入到了紧张的工作之中。几乎所有的工作都是陈明自己一个人干的，遇到问题也是陈明一个人去解决，他很少去请教别的员工，更别说同来的那两个学生了。陈明想，独立做出来，才能显出自己的本事。因为很多资料在陈明的手上，那两个学生时不时地来找陈明借，陈明总是不怎么热情，经常找借口拖延，能借给的借，能不借的就不借。他们来找陈明商量工作中遇到的问题，陈明也没有什么热情，渐渐地他们也就不来了。经过没日没夜的努力，陈明提前几天把一份自认为很扎实、很显功力的调查报告交给了上司。

本以为胜券在握，凭着这份调查报告就可以在公司扎稳脚跟的陈明却没料到最终和那两个由于资料缺乏而没有做好研究报告的学生一起，被淘汰出局，都离开了那家公司。而经理给陈明的理由就是缺乏合作精神。这样两败俱伤的结局给陈明的职场生涯一个大大的教训。

我们都知道这样一个道理：你有一个苹果，我有一个苹果，彼此交换，每个人只有一个苹果；你有一种思想，我有一种思想，彼此交换，每个人就有了两种思想。由此可见，合作的力量是巨大的，它是取得成功的必备素质。

因此，每个想取得成功的人，都应该具备合作精神。尤其是那些背负更多责任、想闯出属于自己的一片天地的男人，则更应具备这种素质。

传说中有一个皇帝要建宫殿，召集百匠，木匠和石匠暗中较劲，都想在工作中出彩。干活时木匠一心想在建造宫殿中获胜，经常责备自己的小徒弟，小徒弟心中不满，将木匠的尺子弄短了一截，结果宫殿中的木柱短了一截，木匠面临杀头的厄运。这时，石匠想出了个办法，让石柱凸起一块，将局面转变。不但木匠得以保存性命，并且石匠的这种方法形成了一种新的建筑风格。最终，一个保全了性命，一个也成了名。

这则故事同样告诉我们一个双赢的道理。"同行是冤家"这话强调了竞争，"同行是朋友"则强调了合作。要想在市场经济中获得成功，竞争是重要的，但千万不要忘记合作才能双赢。"双赢"是合作之后最理想的结果，"双赢"也是争斗双方中唯一没有产生失败者的理想结果。但是双赢也有先决条件，这便是合作。

　　合作是一个永恒的话题。人类在合作中生存，在合作中进步和发展。早在远古时期刀耕火种的年代，人类就学会了合作。合作的力量是强大的，有了它，才有了雄伟壮观的万里长城，有了气势恢宏的秦兵马俑；有了它，才有了举世瞩目的金字塔，有了高大庄严的狮身人面像；有了它，才有了原子弹、氢弹，有了卫星上天、阿波罗登月……正因为合作的存在，人类的梦想才得以实现。

责任：对小事负责才能担当大任

"一屋不扫，何以扫天下"，一个人不愿意做小事，不愿意对小事负责，就不可能在大事面前担当责任。就像罗曼·罗兰曾说过的那样——在这个世界上，最渺小的人和最伟大的人同样有一种责任。

卡菲瑞先生回忆比尔·盖茨小时候，写下这样一段文字：

1965年，我在西雅图景岭学校图书馆担任管理员。一天，有同事推荐一个四年级学生来图书馆帮忙，并说这个孩子聪颖好学。

不久，一个瘦小的男孩来了，我先给他讲了图书分类法，然后让他把已归还图书馆却放错了位置的图书放回原处。

小男孩问："像是当侦探吗？"我回答："那当然。"接着，男孩不遗余力地在书架的迷宫中穿来插去，他已找出了三本放错地方的图书。

第二天他来得更早，干完一天的活后，他正式请求我让他担任图书管理员。又过了两个星期，他突然邀请我上他家做客。吃晚餐时，孩子母亲告诉我他们要搬家了，搬到附近一个住宅区。孩子听说要转校，担心地说："我走了谁来整理那些站错队的书呢？"

我一直记挂着他。但没过多久，他又在我的图书馆门口出现了，并欣喜地告诉我，那边的图书馆不让学生干，妈妈又把他转回我们这边来上学，由他爸爸用车接送。"如果爸爸不带我，我就走路来。"

其实，我当时心里便应该有数，这小家伙决心如此坚定，内心充满责任感，则天下无不可为之事。不过，我可没想到他会成为信息时代的天才、微软电脑公司大亨、美国首富——比尔·盖茨。

从比尔·盖茨对待图书馆工作这样一件小事就可以看出来，责任感对于一个人来说是多么可贵的品质，它甚至可以说是一个人成功的必备素质。

王斌和张扬是同事，他俩工作一直都很认真，也很努力。老板也对他俩很满意，可是一件事却改变了两个人的命运。

一次，王斌和张扬一同把一件很贵重的古董送到码头。没想到送货车开到半路却坏了。因为公司有规定：如果不按规定时间送到，他们要被扣掉一部分奖金。于是，力气大的王斌，背起古董，一路小跑，他们终于在规定的时间赶到码头。这时，心存小算盘的张扬想，如果客户看到我背着古董，把这件事告诉老板，说不定会给我加薪呢，于是他对王斌说："先把古董交给我，你去叫货主吧。"

当王斌把古董递给他的时候，他一下没接住，古董掉在了地上，成为碎片。他们都知道古董打碎了意味着什么，没了工作不说，可能还要背负沉重的债务。果然，老板对他俩进行了十分严厉的批评。

在他们等待处罚的过程中，张扬避开王斌，一个人走到老板的办公室，对老板说："老板，不是我的错，是王斌不小心弄坏的。"

老板把王斌叫到了办公室，王斌把事情的原委告诉了老板。最后他说："这件事是我们的失职，我愿意承担责任。另外，张扬的家境不好，请求老板酌情考虑对他的惩罚。我会尽全力弥补我们所造成的损失。"

接下来的几天，他们等待着处理的结果。终于有一天，老板把他们叫到了办公室，对他们说："公司一直对你俩很器重，想从你们两个当中选择一个人担任客户部经理，没想到出了这样一件事，不过也好，这会让我们更清楚哪一个人是合适的人选。我们决定请王斌担任公司的客户部经理。因为，一个勇于承担责任的人是值得信任的。张扬，从明天开始你就不用来上班了。

"其实，古董的主人已经看见了你们俩在递接古董时的动作，他跟我说了他看到的事实。还有，我更看重的是问题出现后你们两个人的反应。"

生活中，人人都喜欢敢于承担责任的人，而鄙视遇到问题就逃避责任的人。像故事中的张扬自以为聪明，却聪明反被聪明误，推卸责任的结果却落得个失业的下场；而反观王斌，主动承担责任反而得到了老板的重用，原因就是有责任感。

现实生活中，有人为了躲避痛苦，而选择逃避问题、逃避责任。其实，成长就是要经历无数挫折与失败，能够忍受痛苦、承担责任的人，他的生活才能平平安安、顺顺利利。如果一个人不能在重大的事情上接受挑战，他就不可能有平和，不可能有快乐的感觉，同样，也不可能摆脱这些困扰。

责任感是一种态度，是"道德评价最基本的价值尺度"。一个人未必什么都会做，但是，当他做任何事情都很认真、很负责的时候，他就有可能凭借这种态度战胜困难，发挥自己的最大潜能，最终让自己获得成功。

主见：你的主见才最有价值

一群蚂蚁在高塔下玩耍，其中一只蚂蚁建议："我们一起爬到塔尖上去玩玩吧。"众蚂蚁都很赞同，于是它们便聚集在一起相伴着往塔上爬。爬着爬着，其中聪明者觉得不对："我们这是干什么呢，这又干渴又劳累的，我们费劲爬它干什么？"大家都觉得它说得不错。于是蚂蚁们都停下来了，只剩下一只最小的蚂蚁还在缓慢地坚持着。它不管众蚂蚁怎样在下面嘲笑它傻，就是坚持不停地爬，过了很长时间，它终于爬到了塔尖。这时，众蚂蚁不再嘲笑它了，只有深深的佩服。

等到这只小蚂蚁下来以后，大家都围在它身边问它是什么力量让它能够坚持爬到塔尖的？

结果很出乎人的意料：原来这只小蚂蚁是个聋子。它当时只看到了所有人都开始行动，但当大家议论的时候它没听见，所以它以为大家都在爬，结果只剩它一个人在那爬，并最终成功地爬上了塔尖。

小蚂蚁听不见众蚂蚁的议论和嘲笑，也因此才没有被群体的意见所左右。然而，假设小蚂蚁不是聋子，听到别人的议论它还会冒着干渴和劳累继续往上爬吗？在别人的嘲笑声里它还能一如既往地坚持自己的目标吗？

我们说做人要有主见，就是无论在哪种情况下，只要认为自己是对的，就要坚持到底，不受他人情绪和观点的干扰，影响自己的判断和决定。当我们认准了目标，并决心要实现这个目标时，就不能太在意旁人的说法和看法。如果老是被别人的看法左右自己的行动，让自己一直活在别人的目光和唾液里，缺乏主见，一辈子都匍匐在别人的脚下，那我们也许一辈子都将一事无成。

　　柯瑞尔家的人都以画画为生，柯瑞尔也非常希望自己能像家里人一样以画画为终生职业。

　　但是柯瑞尔没有主见。

　　柯瑞尔画完一张画，爸爸看看，撇撇嘴说："哦，这太僵硬了。"

　　柯瑞尔按照爸爸的意见修改。

　　妈妈看完说："亲爱的，飘忽的东西没人爱看。"

　　柯瑞尔又采纳了妈妈的意见。

　　可哥哥说："上帝，这是什么？是块木头吗？"

　　柯瑞尔赶紧按哥哥的意见改，姐姐却说："天哪，这简直是被染料弄脏的一张纸。"

　　就这样，柯瑞尔的时间都用在修改画上，他最终没能成为一名画家。他想讨好每一个人，却唯独不想做自己，失去了主见。

　　人生是自己的，旁人的意见、想法再好，也不能成为你的思想，一味地取悦他人，只能丧失了自己。生命的可贵之处就在于按自己的想法生活，只有不断丰富充实自己的内心和人生，勇敢做自己，才能最终成就自己的辉煌！

　　做一个有主见的人，对众所周知的想法产生自己的想法；对他人的做法仔细认真地留心、观察、分析、判断、推理、过滤和吸收，融化成经得起推敲的真知灼见；重新定义你的成就，只有从"成功"的迷失中走出来，才能认真活好每一天。

有一位教育学家王教授做过这样一项试验。10年前，王教授曾要求他的学生毫无顺序地进入一个宽敞的大礼堂，并独自找个座位坐下。反复几次后，教授发现有的学生总爱坐前排，有的学生则盲目随意，四处都坐，还有一些学生似乎特别钟情于后面的位置。教授分别记下他们的名字。

10年后，教授对他们的调查结果显示：爱坐前排的学生中，成功的比例高出其他两类学生很多。教授还讲到他之所以被很多大型公司视为"人才伯乐"，就是应用了这个结论。教授受托为某公司招聘人才时，总会莫名其妙地让那些应聘者选座位。教授总结说："其实，那些应聘者知识实力相差无几，我哪里知道谁是千里马，我不过知道谁爱坐前排罢了。"

如果一个人总爱坐前排，他比别人更容易成功，那只是证明了他是一个有主见的人。

我们说，自以为是、刚愎自用那是愚蠢。但是唯唯诺诺、随波逐流那是窝囊。纵观中外历史，无论经济还是政治，大凡成功人士都有一个共同的特点，那就是：做人有主见，处事敢决断。胆小怕事的"鸵鸟人"和人云亦云的"鹦鹉人"永远都不会走近成功。

遇事有主见，那是要建立在对客观事物正确的认识和判断的基础之上的。有政治高度的人的主见才会是真知灼见，坚持正确的主见才会取得被社会认可的成功。

有主见的人，不会太在意别人的想法和做法与自己有什么不同；有主见的人，一旦认定了目标，就会勇往直前，顺着自己内心的想法去做，去实践；有主见的人，能够独立思考，绝不人云亦云。有主见的人往往更容易获得成功的青睐。

　　但是有自己的主见并不是要你不听劝告，一意孤行，而是说当你面临抉择时，要保持清醒的头脑，不要人云亦云，而要做出自己的思考和判断。

第八章
人生前面越嫌麻烦，人生后面麻烦越多

　　每天进步一点点，看似平淡无奇，缺乏雄心和魄力，却具有无穷的威力。只要你有足够的耐力坚持下去，成功必将属于你。每天进步一点点，假以时日，我们的未来与今天相比将会有天壤之别。每次一点点地放大，你会发现生活将会有"翻天覆地"的变化。

生命在于不断进取，拼搏到感动自己

我们每个人都有独特的生活方式，拥有完整的自己。我们享受生活，即使不快乐，即使生活的空间很狭隘，也不必羡慕别人的美丽花园。因为你也有自己的乐土，只要你用心耕耘，眼前的这片花圃，终会有花团锦簇、香气四溢的一天。

一个集会，有数百人从各地应邀出席，这些人都在过去一年里创下了 100 万美元以上的优良业绩，公司特别举办这次集会来褒奖他们。

出席者中有人很干脆地说："我获得成功并不是靠自己，完全是我妻子的功劳，是她把我从失败者心理中拉出来的。"

站在他身边的妻子说："我的丈夫本来就相当优秀，我所做的只是让他想起自己真正的能力和形象而已。"他们给我们讲述了自己的故事。

她的丈夫过去不相信自己，他对自己的能力没有信心，不相信自己的力量，低估了自己的能力。

有一天，他在早餐时和过去一样悲观地发牢骚，妻子认真地反驳道："请你听我说，每天听你发牢骚我已疲倦了。我了解你，你是个优秀的人才，但每次都自己欺骗自己。够了，我已经厌烦你悲观的论调了。如果这是事实那我也只好忍耐，但两者都是谎言，请你不要再说了。"

丈夫想阻止妻子数落，但妻子还是继续说下去：

"我话还没说完。我是爱你的，我很了解你，也相信你。所以我不准备默默地看着你因为无用的自卑感使自己成为庸才。像个男子汉那样和自己决战吧！以后如果你再说消极的话，我一个字也不听了。"

她一连串地说完这些才停下来。

她的话打动了丈夫的心。他知道妻子说的是对的。为了不再说消极的话，他不得不改说积极的话。慢慢地，他自然开始做积极的思考，进而开始积极行动了。

经过努力，他终于获得了成功。

因此他被邀请参加这次集会，我们就在那里相遇。他搂着妻子的肩，很荣耀地看着她说："能有一个了解我、能激发我的潜能的妻子，实在是太幸运了。"

很多有目标、有理想的人，他们工作、奋斗的同时常常觉得过程太艰难而产生倦怠、泄气的情绪。到后来他们发现，如果他们能再坚持久一点儿，如果他们能更向前瞻望一下，他们就会得到好的结果。

你听过海耶士·钟士令人兴奋感动的事迹吗？他是 1960 年高栏比赛的风云人物，他赢得一场又一场的比赛，打破了许多记录，可谓轰动一时。这些傲人的成绩使他顺理成章地被选为参加当年在罗马举行的世运会的选手。他参加 110 米高栏赛。全世界都认为他能赢得金牌。

但是出乎意料地，他并没有得到金牌，只跑了个第三名。取得这个成绩后他的第一个想法是"怎么办呢？""我或许该放弃比赛""但是要过四年才会有世运会"。在所有人看来，他已经赢得所有其他比赛的高栏冠军，何必再受四年更艰苦的训练？所以摆在他面前唯一合理的路就是忘掉比赛，开始在事业上寻求发展。

这当然非常合乎逻辑，但是海耶士·钟士却不能安于这种想法。"对自己一生追求的东西，"他说，"你不能够事事讲求逻辑。"因此他又开始了训练，一天三小时，一个星期七天。在尔后的几年里，他又在60码和70码高栏项目创造了一些新纪录。

1964年2月22日，在纽约麦迪逊广场花园，钟士参加60码高栏赛。赛前他曾经宣布这是他最后一次参加室内比赛。大家都很紧张，每个人的眼睛都看着他。他赢了，平了自己以前所创的纪录。然后一件奇怪的事发生了。在那个时候的老麦迪逊广场花园，赛手跑过终线以后，就转进一个弯道，观众看不见。钟士跑完，走回跑道上，低头站了一会儿，答谢观众的欢呼。然后17000名观众都起立致敬，钟士感动得泪下，很多观众也流下眼泪来。一个曾经失败的人能够抛掉已有的荣誉，永不放弃自己，不断追求卓越的精神感动了在场的每个人。

他参加1964年东京世运会，在110米高栏跑出13.6秒的成绩，得了第一名，这一次，他终于用自己的实力证明了自己，最终取得了冠军。

后来他在一家航空公司工作，担任业务代表。

他自愿协助拓展所在城市的体能训练计划，取得极为了不起的成果。

有一次，他对一群年轻人演说，引诵了加拿大作家塞维斯的诗句：

孜孜不倦会为你赢得胜利，

临阵脱逃不是好汉。

鼓起勇气，放弃毕竟是太容易。

抬头继续前进才是难题。

为你受打击而哭泣——而死亡也是太容易；

撤退、爬行也容易。

但是在不见希望时却要战斗，再战斗

——这才是最好的人生之戏。

虽然你经历每一场激战，浑身是伤，是痛，

但是，再努力一次

——死亡毕竟是太容易，

抬头继续前进，才是真的不容易。

人生的进步与成功，正是因为有了这种不断进取的精神，这种永不停息的自我推动力，才激励着人们向自己的目标前进。对这种激励的需要是我们人生的支柱，为了获得和满足这种需要，我们甚至愿意以放弃舒适和牺牲自我为代价。

永不放弃、不断进取是激发人们抗争命运的力量，是完成崇高使命和创造伟大成就的动力。一个有进取心的人，就会像指南针那样显示出矢志不移的神秘力量。

正是因为有着不断进取的精神，埋在地里的种子才能破土而出，不断地向上生长，向世界展示美丽与芬芳；正是有了这种精神，人类才得以去更好地完善自己，去追求完美的人生。

把握好现在，才有机会成就未来

一个青年去寻找深山里的智者，向他请教一些人生问题："请问大师，你生命中的哪一天最重要？是生日还是死日？是上山学艺的那一天，还是得到开悟的那一天？"青年连珠炮似的问。

"都不是，生命中最重要的是今天。"智者不假思索地答道。

"为什么？"青年甚为好奇，"今天发生了什么惊天动地的大事？"

智者说："即使今天没有任何来访者，今天也仍然重要，因为今天是我们拥有的唯一财富。昨天不论多么值得回忆和怀恋，它都像沉船一样沉入大海底了；明天不论多么灿烂辉煌，它都还没有到来；而今天不论多么平常、多么暗淡，它都在我们手里，由我们自己支配。"

青年还想问，智者却收住话头："在谈论今天的重要性时，我们已经浪费了我们的'今天'，我们拥有的'今天'已经减少了许多。"青年若有所思地点点头，他明白了什么是当下。

我们说世间万物都是活在当下的。我们的每一个明天都是由今天，这一时，这一分，这一秒组合而成。过好当下的时刻，做好手边正在做的事，才能对得起我们的明天，对得起我们的未来，对得起我们的生命。

在人生的旅途中，没有人能预知自己的未来，未来的自己是会成功地赢得满堂喝彩，还是一直平淡、落寞都没有人能提前知晓。

要知道，人生最重要的时刻就是当下所拥有的时光，过去的已然成了过去，无法回头，未来不可把握，只有把握好现在才是我们最应该做的事。

从前有个年轻英俊的国王，既有权势，又很富有，但却为两个问题所困扰：他经常不断地问自己，一生中最重要的时光是什么时候？一生中最重要的人是谁？他对全世界的哲学家宣布，凡是能圆满地回答出这两个问题的人，将分享他的财富。哲学家们从世界各个角落赶来了，但他们的答案却没有一个能让国王满意。

这时有人告诉国王说，在很远的山里住着一位非常有智慧的老人，也许老人能帮他找到答案。国王到达那个智慧老人居住的山脚下时，他装扮成了一个农民。

他来到智慧老人住的简陋的小屋前，发现老人盘腿坐在地上，正在挖着什么。"听说你是个很有智慧的人，能回答所有问题，"国王说，"你能告诉我谁是我生命中最重要的人？何时是最重要的时刻吗？"

"帮我挖点土豆，"老人说，"把它们拿到河边洗干净。我烧些水，你可以和我一起喝一点儿汤。"

国王以为这是对他的考验，就照他说的做了。他和老人一起待了几天，希望他的问题能得到解答，但老人却没有回答。

最后，国王为自己和这个人一起浪费了好几天时间感到非常气愤。他拿出自己的国王玉玺，表明了自己的身份，宣布老人是个骗子。

老人说："我们第一天相遇时，我就回答了你的问题，但你没明白我的答案。"

"你的意思是什么呢？"国王问。

"你来的时候我向你表示欢迎，让你住在我家里。"老人接着说，"要知道过去的已经过去，将来的还未来临——你生命中最重要的时刻就是现在，你生命中最重要的人就是现在和你待在一起的人，因为正是他和你分享并体验着生活啊。"

无论是谁，都是活在当下的一种动物。智慧老人告诉国王和我们的一个道理就是：不论在谁的一生中，最重要的时刻都在于当下正在做的事；最重要的人就是跟你实实在在生活在一起并永远跟你在一起，陪伴你度过一生的人！

把握好当下的时光，才能更好地拥有未来。如果你当下正在读一本好书，就请认真仔细地把它读完，并写下你的感悟；如果当下你正在为工作烦忧，就请先暂时抛开烦恼，认真做好当下的事情；如果现在你有什么想要实现的梦想，就请立即行动，朝着目标迈进。

对比"未来"，"现在"却是可以为我们控制、把握的，我们现在正在做的事，所说的话，都可以被我们把握。要知道，每一个人的未来都是由当下的一点一滴组成的，当下所做的事、对生活所持的态度都会影响到我们的未来。如果你把握好了当下的每时每刻，努力工作、努力学习，那就能更好地掌握自己的人生，赢得自己的未来，但若只一味地白日做梦，只知道怨天尤人，那"未来"永远都只能是一个美丽的幻想。

在20年后的一次同学聚会上，昔日的同窗都在觥筹交错间谈论着当年在一起的美好时光。20多个春秋，改变了太多的人和事，不变的是同学之间那份浓浓的情谊。阔别太久，在回忆中寻找话题，不自觉地就说到了毕业聚会上各自慷慨激昂的理想，然后有人开始盘点究竟都有谁实现了梦想。

昔日梦想成为一名科学家的班长如今已是某县团委书记，昔日想成为一名医生救死扶伤的同学如今正在经营一家医疗器械公司，而昔日梦想当歌手的同学如今却已成为一家连锁饭店的老板……

同学中，有的风光阔绰，有的平淡落寞，但当说到年少时的梦想与现在的生活时，每个人几乎都唏嘘感叹，也都说出了许多阻止自己实现梦想的困难和理由……最后，所有人的目光都聚集到当年因一场意外灾难受伤辍学而没能完成高中学业的"小作家"身上。同学们都关心地询问了小作家离开学校后的近况，却被告知小作家已经成功地实现了他当初的梦想，成了一位作家，并于去年加入了省作家协会，至今已经出版了 10 本书了，并给在场的每个人分别发了一本。大家迫不及待地翻看小作家的书并纷纷感叹，羡慕小作家实现了自己的梦想。当大家问到小作家是如何实现自己梦想的时候，小作家只是拿起笔，在送给同学们书的扉页上写了这样一句赠言："把握现在，有梦就在'现在'，去实现它。"

时间是杆公平的秤，从不偏袒任何人，它给勤劳朴实的人以安乐，帮聪明刻苦的人实现理想，而留给懒惰的人空虚与懊悔。

珍惜光阴，把握当下，抓住生活中的点滴，有梦想就去早日实现它。美国的"发明大王"爱迪生，12 岁当报童，由于他抓紧时间孜孜不倦地学习，16 岁就发明了电话自动拨号机，一生有1000 多种发明创造，79 岁时，他对客人说："我有 135 岁了。"这岂不奇怪？原来爱迪生每天工作 18 小时以上，从另一种角度来说，他的工作使自己的生命得到了延长。

其实命运完全掌握在我们自己手中，究竟如何过好每一天，没有人会帮我们设定，需要我们自己脚踏实地去耕耘。你为你的目标忙碌了、付出了，当这一天结束的时候，你就会收获，哪怕是一点儿小小的成功。因为你做了，所以你的心不再空虚；因为你收获了，所以你幸福着！

过好当下的时刻，当我们欣赏一处风景时，并不急着离开去寻找下一处美景，而真正地感受当下。在那个时刻，在我们的思维里，世界上其他的风景已经不存在了，只有当下的景物令我们陶醉——当我们用心与灵深深感受当下，完全与我们所做、所看、所处的环境融为一体时，就是全然投入。

鲁迅先生说："杀了现在，也便杀了未来。"就是告诉我们，要想赢得未来，就应该抓住当下的时刻，把握好现在。

欣赏路上的风光，才算不虚此行

从前，有个年轻的农夫和情人相约在一棵大树下见面。他性子急，很早就来了。虽然春光明媚，鲜花烂漫，但他急躁不安，无心观赏，颓丧地坐在大树下长吁短叹。

忽然他面前出现了一个长着白胡子的老者。"你等得不耐烦了吧！"老者说，"把这个纽扣缝在衣服上吧。要是遇上不想等待的时候，向右旋转一下纽扣，你想跳过多长时间都行。"

小伙子高兴得不得了，握着纽扣，轻轻地转了一下。啊！真是奇妙！情人出现在他的眼前，正含情脉脉地凝望着他呢！"要是现在就举行婚礼该有多棒啊！"他心里暗暗地想着。他又转了一下，隆重的婚礼、丰盛的酒席出现在他的面前；美若天仙的新娘依偎着他；乐队奏响着欢快的音乐，他深深地陶醉其中。他看着美丽的新娘，又想："如果现在只有我们俩该多好！"

不知不觉中纽扣又转动了一点儿，立刻夜阑人静……

他心中的愿望层出不穷："还要一所大房子，前面是自己的花园和果园。"他转动着纽扣，还想要一大群可爱的孩子。顿时，一群活泼健康的孩子在宽敞的客厅里愉快地玩耍。他又迫不及待地将纽扣向右转了一大半。

时光如梭，还没有看到花园里开放的鲜花和果园里累累的果实，一切就被茫茫的大雪覆盖了。再看看自己，须发皆白，已经老态龙钟了。

他懊悔不已："我情愿一步步走完一生，也不要这样匆匆而过，还是让我耐心等待吧！"扣子猛地向左转动了，他又在那棵大树下等着可爱的情人。他的焦躁烟消云散了，心平气和地看着蔚蓝的天空。这时，他才发现春光明媚，身边的野花开得正艳，小鸟在树枝上欢快地歌唱，一切都是那么美丽，富有生机。

现实中的我们不也如同故事中的年轻人一样吗？我们总想早点走完这段路程，快点到达下个目的地，却因为心急而忽视了沿途的风景。于是，一生就在这匆匆中过去，到头来徒留悔恨。

纵然，生命过程中的等待是很枯燥的，过程也是艰辛。但其间我们所感受到的乐趣，是只注重结果所不能享受的，须知耐心等待才能让生命的历程充满乐趣。

肖扬去出差，火车拥挤。他站在车厢里，心想：两个小时路程，中途将有人陆续下车，或许可以抢个座位。

肖扬与一位老者并肩站在窗边，不时感受到来自多方的压力。人的确太多了，有个座位就好了。

于是，肖扬问邻座的男子：你在哪儿下车？他说：下一站。肖扬窃喜不已，于是时刻准备着抢座位。

30分钟后，火车到站了。很多人下车，秩序忽然混乱。肖扬刚要坐下，一位壮汉迅速抽身，一个箭步冲了过来，抢得座位。

肖扬郁闷死了，恼火地盯着他，但又无可奈何，只好继续站着。

一会儿，肖扬在嘈杂中听见一声叹息，是那位老者发出的。他依然凝神窗外，嘴角露出笑意。顺着他的眼光看去，是一条河，波光粼粼，河上有点点小帆。

"窗外的景色很美啊。"老者说。

肖扬随口敷衍："是啊。"

老者："那田地，那河流，那山脉，美不胜收啊。"

肖扬哧哧地笑了。老者不解地瞅着他问："不是吗？"肖扬连忙说："是的，是的。"老者似乎明白了什么。

老者沉默片刻，忽然挺亲切地拍拍肖扬的肩膀："小伙子，大家都在抢座位，却没人留心车窗外的风景，真的很遗憾。这段路，就非得坐过去吗？就不能一路欣赏着过去吗？"

肖扬听了，内心有些触动。

老者接着说："我年轻时，为了眼前的东西，错过了很多更大、更美的机会；现在，我不再关注这些，只想多看看远处的风景。"

肖扬被震动了，默默地欣赏起路上的风景……

其实，人生的过程也就像坐车，都是从一个起点到一个终点。但是在这个旅途中有的人选择闷头睡觉，有的人心事重重，有的人聊天，有的人埋头做自己的事，而有的人却选择一路欣赏沿途的风光。到了终点站，每个人的收获却不同，有的人说无聊，有的人说太闷，有的人说太辛苦，而只有欣赏风景的人说路上风光很美，让人不虚此行。在这个过程中，很明显，收获最多，心情最愉快的还是沿路欣赏风光的那些人。

在这个步履匆匆的年代，人们的欲望越来越多，也就越来越没有时间去寻求生命中的惊奇和美丽了。他们一味地追求金钱、名誉、地位，花大把的时间和精力去苦苦追求，在这个过程中他们开始忽略路边的风景，他们只是忙着赶赴目的地。等到他们到达目的地时，却发现最美好的东西，已经被自己错过了。

　　人生也好比一辆行驶着的列车，在行驶的过程中，有平原大坝的富饶美丽，有江河山川的壮丽神奇；有白天的喧嚣，也有夜晚的宁静。这列列车会驶过如花般的春天，似火的夏日，也会有秋收的美景，当然也会经历冬日的严寒，但无论是在哪段旅程，处于哪个阶段都会有那个旅途中的美丽。作为行人，我们所要做的就是好好欣赏在这个旅程中的美景，让自己的人生不虚此行。

正视别人的批评，不断完善自己

一个人在生活中总会遇到来自各处的不同的声音，有赞美就有批评。遇到赞美时，不要骄傲自满，遭到批评时，也不要埋怨，要把别人的批评当作前进路上的助推器，帮助自己，不断完善自己。

有一天，墨子痛骂他的弟子耕柱子。耕柱子很难过，觉得自己很委屈，抱怨说："为什么我犯的错误最少，却总是受到你这么严厉的批评呢？"

墨子听到后问道："驾驶一匹马和一头羊上山，如果是你，你会用鞭子抽打马还是羊？"

耕柱子马上回答："我当然是要打马了。"

墨子接着问："你为什么是去打马而不是打羊？"

耕柱子回答："马儿力大跑得快啊，羊打了也是白打。"

墨子最后郑重说道："我之所以这么严格要求你，正是因为你像马而不是羊值得我批评啊！"

我们每个人都喜欢听到赞美和肯定，而不愿听到批评和否定。然而，当遭到别人的批评和否定时，我们也不应该抱怨，更不应该破罐子破摔。相反，应该感激那些批评、指责我们的人，他们使我们看到了自身的不足。

美国著名作家阿瑟·米勒访华时应邀来曹禺家做客，午饭前的休息时间，曹禺小心翼翼地从书架中间取出一个装帧极为讲究的小册子，上面装裱着画家黄永玉写给他的一封信，曹禺逐字逐句地把信的内容念给阿瑟·米勒听，神情庄重而语气激动。信中这样写道："我不喜欢你新中国成立后的戏，一个也不喜欢，你的人不在戏里，你失去了伟大的灵通宝玉，你为势位所误！命题不巩固、不缜密，演绎分析不透彻，过去数不尽的精妙的休止符、节拍，冷热快慢的安排，那一箩一筐的隽语都消失了……"

事后，阿瑟·米勒撰文描述了他的迷茫："这封信对曹禺的批评，用字不多却相当激烈。还夹杂着明显羞辱的味道，然而曹禺念信的时候却神情激动。我真不明白曹禺恭恭敬敬地把这封信裱在专册里，并且又一脸虔诚地念给我听，他是怎么想的。"

阿瑟·米勒的茫然是理所当然的，毕竟，把别人羞辱自己的信件裱在专册里，这样的行为太过罕见，无法让人理解和接受。然而，曹老之所以这样做，正是因为他能正视别人的批评，并把这种批评作为赏赐，作为自己进步的阶梯。

我们每个人都不是完美的人，都有诸多的缺点。批评正是揭发这种缺点的一种好方法，是我们应当欢迎的。

我们都希望别人重视我们，只要做了什么事，就希望获得别人的称赞。但事实上，打击与伤害我们的人，与关心和帮助我们的人一样应该受到我们的感谢。前者就像严冬，考验我们的意志，消除我们的娇气，扭转我们膨胀的恶习，让我们更深刻地思考自己的行为，采取更科学的方式生活。前者与后者，就像我们人生路上左右设置的沟谷，他们共同组成人生夹道的轮廓，是我们成长之路上缺一不可的左右护佑神。

美国的罗斯福总统就曾大大受过朋友嘲笑的恩惠。那些朋友们对于他丑陋的长相和虚弱的体格常常调笑，因此激起了他的奋发心，要到西部去把身体练好。

有一天，他在北德兰德斯与许多同伴砍伐一块空地上的树木，以便在那里建造一栋屋子。当傍晚下工时，工头问他们每人砍了几株，有一个喜欢开玩笑的工人说："皮尔砍了十五株，我砍下四十九株，罗斯福则只有十七株，但他更辛苦，因为他是用牙齿咬下来的。"罗斯福在旁听了，想想自己所砍下的树，切口上确实是斧迹高低不齐，好像咬下来的一般，不禁连自己也好笑起来了。他老实承认自己的成绩，比起别人的确实是相差很远。

罗斯福喜欢出外打猎，他为了掌握射猎山羊的诀窍，打听到某处有一位著名的猎手名叫威尔斯，便写信去请他来做教师。那封信的末尾说："你想如果我去猎一只白山羊，能够如愿以偿吗？"

那位猎手原是个粗人，不懂礼貌，就在罗斯福那张信纸的背面，写了一封回信说："假使你的猎术没有你的写信技术高明，那即使看见山羊从你面前奔过，你也休想碰掉它的一根毫毛。"

如果罗斯福是一个自高自大、不能忍受丝毫嘲弄的人，他收到这封回信后一定会勃然大怒，绝对不会再向那得罪他的猎手请教了。但他当然不会这样做。他发了一个电报，请那位猎手立刻动身前来。

罗斯福深知那位粗鲁但爱讲老实话的猎手，比一些只知百般谄媚奉承、对于自己的话言出必从的人好得多。

很多时候，在我们被指责或训斥时，心里总是会受到一定的打击，会觉得沮丧甚至很失望。尤其是对方说话或者做事的态度很难让你接受的时候，就会觉得对方很讨厌，甚至会对他产生怨恨。但是，在种种"批评"之后，你再认真地想想：在你承受对方给你的批评之后，你是否成长了？

珍惜你现在的拥有，幸福就在眼前

佛经中有这样一个故事：有一天，佛陀外出云游，路上遇见一位诗人。诗人年轻、有才华、富有、英俊，而且拥有娇妻爱子，但他总觉得自己不幸福，逢人便抱怨上天对自己不公。

佛陀问他："你不快乐吗？我可以帮你吗？"

诗人回答："我只缺一样东西，你能给我吗？"

"可以。"佛陀说，"无论你要什么，我都可以给你。"

"是吗？"诗人盯着佛陀，一字一顿、满脸怀疑地说，"我要幸福！"

佛陀想了想，自言自语道："我明白了。"

说完，佛陀施展佛法，把诗人原先拥有的一切全部拿走——毁去他的容貌、夺走他的财产、拿走他的才华，还夺走了他的妻子和孩子的生命。做完之后，佛陀立即离去。

一月后，佛陀再次来到诗人身边。此时的诗人，已经饿得半死，躺在地上呻吟，看见佛陀后立刻向佛陀忏悔了自己的错误。于是，佛陀再施佛法，把一切又还给了诗人，然后悄然离去。

半个月后，佛陀再次去看诗人。这一次，诗人搂着妻儿，不停地向佛陀道谢。因为，他已经体会到了什么是幸福。

不要总是感叹命运不济，接受自己的生活，你就会发现生活中的美好一直在那里，机遇也一直在那里，即使面对无法改变的事实，诚恳乐观地去接受也会让人感觉到快乐，而快乐也是成功的一个重要前提。

一匹饱经沧桑的老马失去了老伴，身边只有唯一的儿子和自己在一起生活。老马十分疼爱儿子，把他带到一片草地上去抚养，那里有流水，有花卉，还有诱人的绿荫。总之，那里具有幸福生活所需的一切。

但小马驹根本不把这种幸福的生活放在眼里，每天吃着嫩绿的三叶草却抱怨口味单一，在鲜花遍地的原野上毫无目的地东奔西跑，没有必要地沐浴洗澡，没感到疲劳就呼呼大睡。

这匹又懒又胖的小马驹对这样的生活逐渐厌烦了，对这片美丽的草地也产生了反感。他找到父亲，对父亲说："近来我的身体不舒服。这片草地不卫生，伤害了我；这些三叶草没有香味；这里的水中带泥沙；我们在这里呼吸的空气刺激了我的肺。一句话，除非我们离开这儿，不然我就要死了。"

"我亲爱的孩子，既然这攸关你的生命，"他的父亲答道，"那我们就马上离开这儿。"他们说完就行动——父子俩立刻出发去寻找一个新的家。

小马驹听说出去旅行，高兴得嘶叫起来，而老马却不那么快乐，只是安详地走着，在前面领路。他让他的孩子爬上陡峭而荒芜的高山，那山上没有牧草，就连可充饥的东西也没有一点儿。

天快黑了，仍然没有牧草，父子俩只好空着肚子躺下睡觉。第二天，他们几乎饿得筋疲力尽了，只吃到了一些长不高而且是带刺的灌木丛，但他们心里已十分满意。现在小马驹不再奔跑了。又过了两天，他几乎迈了前腿就拖不动后腿了。

老马心想，现在给他的教训已经足够了，就趁黑把儿子偷偷带回原来的草地。马驹一发现嫩草，急忙去吃。

"啊！这是多么绝妙的美味啊！多么好的绿草哇！"小马驹高兴得跳了起来，"哪儿来的这么甜这么嫩的东西？父亲，我们不要再往前去找了，也别回老家去了——让我们永远留在这个可爱的地方吧，我们就在这里安家吧，哪个地方能跟这里相比呀！"

小马驹这样说，而他的父亲也答应了他的请求。天亮了，小马驹突然认出了这个地方原来就是几天前他离开的那片草地。他垂下了眼睛，非常羞愧。

老马温和地对小马驹说："我亲爱的孩子，要记住这句格言：幸福其实就在你的眼前。"

幸福其实就在眼前，珍惜自己已经拥有的东西，当下正在享受着的幸福、快乐，好好经营自己，才能拥有一个最真实、最圆满的人生。

只有真正懂得了珍惜，才能更好地把握自己，欣赏自己。只有这样，才能让你无论在顺境还是逆境面前，能够坦然面对，正确把握自己，你才能欣赏自己的每一份工作，拥有一个美好的精神世界。守住自己所拥有的，想清楚自己真正想要的，我们才会真正地快乐。

做得更多，收获也会更多

爱迪生说："天才是百分之一的灵感，加上百分之九十九的汗水。"世上大凡成功者的成就都不是一步登天而来的，他们的成功都源于比常人多得多的付出。

卡洛·道尼斯先生最初替汽车制造商杜兰特工作时，只是担任很低微的职务。但他现在已是杜兰特先生的左右手，而且是杜兰特手下一家汽车经销公司的总裁。他之所以能够在很短的时间升到这么高的职位，也正是因为他提供了远远超出他所获得的报酬更多以及更好的服务。

当他刚去杜兰特先生公司上班时，他很快注意到，当所有的人每天下班回家后，杜兰特先生仍然留在办公室内待到很晚。因此，他每天在下班后也继续留在办公室看资料。没有人请他留下来，但他认为，应该留下来，以便为杜兰特先生随时提供协助。

从那以后，杜兰特在需要人帮忙时，总是发现道尼斯就在他身旁。于是他养成随时随地招呼道尼斯的习惯；因为道尼斯自动地留在办公室，使他随时可以找到他。道尼斯这样做，获得了报酬吗？当然，他获得了一个最好的机会，获得了某个人的信赖，而这个人就是公司的老板，有提升他的绝对权力。

如果你只是从事你报酬分内的工作，那么你将无法争取到人们对你的有利的评价。但是，当你从事超过你报酬价值的工作时，你的行动将会促使与你的工作有关的所有人对你做出良好的声誉；一个业务员要成功，必须拜访非常多的客户，如果他不知道最顶尖的业务员一天拜访多少个客户，那么他根本就没有成功的机会；如果无法付出顶尖业务员所做的行动，他就无法提高成绩。

如果你想登上成功之梯的最高阶，就要永远保持主动。即使你面对的是毫无挑战和毫无生趣的工作，如果你能够做到自动自发，最后一定能获得回报。

每个老板都喜欢积极主动、善解人意的员工，每个人也都愿意和这种人共事。如果你总能保持主动率先的工作精神，比自己分内的工作多做一点儿，比别人期待的多服务一点儿，你就可以吸引老板的注意，得到加薪和升迁的机会。

对维尔特一生影响深远的一次职务提升是由一件小事情引起的。一个星期六的下午，与维尔特同在一层楼办公的一位律师走进来问她，哪儿能找到一位速记员来帮忙——手头有些工作必须当天完成。

维尔特告诉他，公司所有的速记员都去观看球赛了，如果晚来五分钟，自己也会走。但维尔特同时表示自己愿意留下来帮助他，因为"球赛随时都可以看，但是工作必须当天完成"。

做完工作后，律师问维尔特应该付她多少钱。维尔特开玩笑地回答："哦，既然是你的工作，大约 1000 美元吧。如果是别人的工作，我是不会收取任何费用的。"律师笑了笑，向维尔特表示谢意。

维尔特的回答不过是一个玩笑，并没有想真正得到 1000 美元。但出乎意料，那位律师竟然真的这样做了。

6个月后，在维尔特已将此事忘到九霄云外时，律师找到了维尔特，交给她1000美元，并且邀请维尔特到自己公司工作，薪水比她原来的薪水高出1000多美元。维尔特放弃了自己喜欢的球赛，多做了一点儿分外的事情，最初的动机不过是出于乐于助人，而不是金钱上的考虑。维尔特并没有责任放弃自己的休息日去帮助他人，但那是她的一种特权，一种有益的特权，它不仅为自己增加了1000美元的现金收入，而且为自己带来一项比以前更重要、收入更高的职务。

　　比别人做得更多，就是在别人已经做得很好的情况下，再比别人多做一点点，做得再好一点点，这样日积月累，就会在不知不觉间形成一笔很可观的财富，这份财富有可能在短时间内是无形的，但如果你长期坚持了，就会收获得比别人更多。就好比例子中的卡洛·道尼斯，只是没有像别人一样照常下班，而是选择留下来帮助老板，结果得到了老板的信任，也得到了比别人更多的机会，获得了成功。

　　在西方国家，有句谚语说："你看见主动自觉的人了吗？他必定站在君王的身边。"的确，主动的人才可能得到赏识，自觉是他通向成功的通行证。当主动成为一种习惯时，我们就能从中学到更多的知识，积累更多的经验，就能从全身心投入工作的过程中找到快乐。让主动成为习惯，你将因此受益无穷。

致未来的你

出发吧 不为彼岸只为海

启文 编著

花山文艺出版社

河北·石家庄

图书在版编目（CIP）数据

出发吧　不为彼岸只为海/启文编著 . -- 石家庄：
花山文艺出版社 , 2020.5
（致未来的你/张采鑫 , 陈启文主编）
ISBN 978-7-5511-5139-9

Ⅰ.①出⋯ Ⅱ.①启⋯ Ⅲ.①人生哲学—通俗读物
Ⅳ.① B821-49

中国版本图书馆 CIP 数据核字（2020）第 066563 号

书　　名：致未来的你
主　　编：张采鑫　陈启文
分 册 名：出发吧　不为彼岸只为海
编　　著：启　文

责任编辑：卢水淹
责任校对：于怀新
封面设计：青蓝工作室
美术编辑：胡彤亮
出版发行：花山文艺出版社（邮政编码：050061）
　　　　　（河北省石家庄市友谊北大街 330 号）
销售热线：0311-88643221/29/31/32/26
传　　真：0311-88643225
印　　刷：北京朝阳新艺印刷有限公司
经　　销：新华书店
开　　本：850 毫米 ×1168 毫米　1/32
印　　张：30
字　　数：660 千字
版　　次：2020 年 5 月第 1 版
　　　　　2020 年 5 月第 1 次印刷
书　　号：ISBN 978-7-5511-5139-9
定　　价：178.80 元（全 6 册）

前　言

　　"世界那么大，我想去看看"曾是一句传遍大江南北的流行语，它好似在每个人的脑海中都徘徊过一阵子，但人们终究走不出让他们焦头烂额的生活，只得在家中的沙发上幻想着外面的世界。我们都想迈出自己的舒适圈去偌大的世界瞧一瞧，却也都只是想想罢了。正是因为触不可及，所以，我们想让自己的精神去流浪，在大千世界中，获得对人生的巅峰体验。

　　其实哲人早说了，生命本身就是一场旅行。人这一生，若不能看看这个世界，哪怕没闲过一天，也觉得不够充实。在旅行中，我们改变不了什么，但是，你可以用轻松的姿态活出无可替代的精彩。

　　"世界那么大，风景那么美，机会那么多，人生那么短。"渺小的我们，终究是那匆匆过客，所以何不迈出勇敢的一步，将脑海中那句徘徊已久的话付诸行动呢？人生或许不用太多预测，那些不期而遇的美好，或许才是我们真正想要看到的"世界"。因为"比人生未知的历练更可怕的，是那种一眼就看到老死的时光"。

　　也许无数次的旅行也不能把我们从自己亲手打造的牢笼中解

救，但至少有了一个属于自己的江湖，不管是古道西风瘦马，还是小桥流水人家，不管是杏花烟雨江南，还是长河大漠落日，都是属于自己的世外桃源。

我们人人都是陀螺，被无形的长鞭驱赶，旋转不止。失去的不只是当下，还有无数个未来。世上陀螺那么多，少你一个人也影响不了地球公转自转。如果你觉得累了，何不偶尔停下来，看看风景，看看这个世界——趁我们还年轻的时候。出发吧，不为彼岸只为海。没有在深夜痛哭过的人，真的不足以谈人生，就像没有见过世界的人，很难有更宽的眼界、更多的感悟一样。

目 录

第一章
拓展人生的视野，不要囿于眼前的世界

譬如蜉蝣，朝生夕死。于是，一天便成了蜉蝣的一辈子。

譬如昙花，夜晚盛放，凌晨凋零。于是，几个小时的绚烂成就了昙花的一生。

人生又何尝不是如此，匆匆数十载岁月，也不过是睁眼闭眼的时间，人生苦短，生命无常。我们都不知道未来的每一天会发生什么。为何不趁自己年轻，多出去走一走，多出去看一看。从现在起，别再囿于眼前的世界，勇敢地走出去，过自己想要的生活。

不要在小世界里卑微地活着

这个世界很大，很精彩，不要总是在自己的小世界里卑微地活着，只有多走走，多看看，才能增加人生的宽度与厚度。

有这么一个实验：往一杯清水里加食盐，开始的时候，食盐快速溶化，甚至很快就肉眼不可见，跟一切都没有发生过一样。但是，如果你一直往里面加食盐，最终，食盐不再被水所接纳。这种现象，我们或许会直观地认为水里已经装满了东西，不再能接纳任何事物了。神奇的是，这时你往里面加糖，却可以继续溶解，不过当糖溶解到一定程度后，也不再溶解了。

这个实验好比我们的人生，我们的生命正如这一杯水，我们不能改变时间的长度，每个人都要经历生老病死，正如杯子的大小决定了水的多少，这是我们不能改变的。但是，我们却可以改变人生的宽度和厚度，正如当食盐也不再溶于水的时候，糖却可以继续溶于水，我们对自己的设限其实很多时候只是我们以为的宽度。

如果说生命的长度是一定的，那么，生命的体积就完全取决你的宽度和厚度了，比如两只青蛙，一只在井底，一只在田野，虽然他们都以昆虫为食，与水为伴，但是他们生命的宽度却是迥异的。坐在井里的那位认为天空大概只有桌子那么大，而他的世界也局限在那一口深井中。如果他说世界就只有这么大，有谁能责怪他吗？而生活在田野的那位，他能看到无边无际的天空，能看到高山远树，丘陵平原，甚至他还可以去江河里游泳，那么他生命的宽度自然与井底那位不可同日而语。

世界上还有这么两种人，一种很薄很宽，但是却一点儿厚度精度也没有，正如人们常常形容的"样样通，样样松"，就是什么都会一点儿，什么都不精。这种人很宽广，但是却失于肤浅，所以我们说到拓展人生宽度的时候，绝不是以完全牺牲厚度为代价。而另一种人呢，他们很专很精，心无旁骛，在工作外的其他方面却并不擅长。这类人专而精，甚至伟大，或许他事业上的贡献是无可匹敌的，但是人生的成就并不大。这类天才似的人物，其生命的厚度和精度是让人难以企及的，但是，由于生命过于狭窄，因此，其生命的质量并不高。这两类人离幸福都有一定距离。

如果一个人只有宽度而没有厚度，或者只有厚度而没有宽度，那么，他取得的成就就不会太大，也更加难以适应社会，而相对来说，各方面表现均衡的人总会在人生的海洋中游得更加畅快一些。历史上的确有许多天才类的人物，但是，他们的短板使他们毕生都壮志未酬，固然留下许多佳话，但是对于主人公自身，却是一出道不得的悲剧。

李白少年即有奇志，他的诗也非常豪迈，在他的诗中常常有"长风破浪会有时，直挂云帆济沧海"的壮志流露。但是，由于他自身的放荡不羁，李白最终成了一个民间的流浪诗人，而与他朝思暮想的建功立业相去甚远。

一天，渤海国使者递呈番书，文字非草非隶非篆，迹异形奇体变，满朝大臣，均不能识。玄宗怒道："堂堂天朝，济济多官，如何一纸番书，竟无人能识其一字！不知书中是何言语，怎生批答？可不被小邦耻笑耶！"众皆汗颜，正为难间，玄宗想到李白，即召入宫，李白却识得番文，宣诵如流。玄宗大悦，即命李白亦用番字草拟一道诏书。李白欲借此机会奚落高力士，乞请高力士为他脱靴。玄宗笑诺，遂传入高力士。高力士一直是玄宗身边最亲近之人，官封冠军大将军、右监门卫大将军、渤海郡公，权势熏天，怎肯受此窘辱，只因玄宗有旨，不便违慢，没奈何忍气吞声，遵旨而行。李白非常欣慰，遂草就答书，遣归番使。

高力士对此事一直耿耿于怀，但李白正受玄宗所宠，他不好直接在玄宗面前诋毁李白，继而转向贵妃。一天，高力士与贵妃谈及诗歌，劝贵妃废去清平调。贵妃道："太白清才，当代无二，奈何将他诗废去？"高力士冷笑道："他把飞燕比拟娘娘，试想飞燕当日，所为何事？乃敢援引比附，究是何意？"贵妃立时变色。原来唐代妇女以丰满为美，贵妃亦不例外，而汉代妇女自皇后赵飞燕始，以纤瘦为美，汉成帝生怕大风把赵飞燕吹走，还专为她建了一座七宝避风台。玄宗尝戏语贵妃道："似汝当便不畏风，任吹多少，也属无妨。"贵妃知玄宗有意讥嘲，未免介意。女人心胸狭窄，贵妃受高力士挑拨，认为李白作诗嘲讽自己体形偏胖，不由得忌恨起李白来。

自此贵妃入侍玄宗，屡说李白纵酒狂歌，失人臣礼。玄宗虽极爱李白，奈为贵妃所厌，也只得与他疏远，不复召入。李白知为高力士报复，亦对李林甫把持的朝廷失去信心，天宝三载，李白恳求还归故里。玄宗赐金放还，李白遂又浪迹四方去了。

历史上像李白这样怀才不遇的人不少，他们往往在某一方面有着惊人的造诣，却也往往有着惊人的性格缺陷。不妨设想一下，以李白之才，倘若具有一点儿官场人的处世智慧，又以唐明皇对他的宠爱，做一任宰相，实现他的政治抱负也不是不可能的事。但是，我们的天才李白在处世的时候太天真，因此，历史上多了一位伟大的诗人，却少了一位卓越的政治家。

对于人生的筹划，其长度是不由我们自己控制的，但是对于人生的宽度和厚度，应该由我们自己来掌握。当生命向前流淌的时候，其宽度和厚度应该由我们逐渐拓宽掘深，这样，我们的价值才有可能最大限度地体现出来，离幸福也会越来越近。

打开窗户，阳光就会洒进来

世界是无垠的，然而，我们却总是囿于自己的空间里，仿佛藏身在自己织就的茧里，我们所看到的不过是方丈之地，呼吸的不过是回忆的阴霾。外面的世界阳光灿烂，星光无限，但是我们的生活里却缺少一面面向世界的窗口。

那些没有见过阳光的人，是可悲的。正如某大学的一名学生，他残忍地杀害了室友。是什么使他做出如此丧心病狂的事情呢？作为天之骄子，在国家和社会需要他的时候，他鲁莽的行为却将自己摧毁了。也许住在象牙塔久了，各种竞争和压力如影随形，升学、学分、歧视等等在他狭小的世界里拥挤不堪。最后他被自己逼迫到了崩溃的境地。这不禁引起我们的深思：是什么让一个人的视野与格局变得如此之小？

如果，只是如果，这位学生能打开他的心扉，和他的室友能够经常沟通，关系就会更加和谐。如果他更多地接触外面的世界，领略到人生的别样精彩还会发生这样的悲剧吗？毋庸置疑，他是狭隘的，他把自己关在狭小的空间里，甚至不愿意开窗看世界。这种作茧自缚的人，怎么能形成心灵的大格局，怎么能拓展自己的视野呢？

不要一味活在自己的世界里。本来有一扇窗户通向幸福，我们却常常不自觉地关上了它。我们之所以时常茫然，时常丢失了自己，是因为忘记了享受阳光，不管生活对我们仁慈还是残酷，那都是一种给予，就因为是"给"，而不是"取"，所以我们都要去面对。选择积极的生活方式吧！既然我们不能停止生命的车轮，就应该让它走得更轻松一些，不要忘了去欣赏沿途的风景。

　　阳光就在窗外，只要打开窗，阳光就会洒进来。人生寒暑交替，风雨常来，我们的路也从来不是平坦的，泥泞和坎坷必定会伴随我们终生。但是，我们要坚信，阳光就在那里，永不远去，只要心里充满阳光，那么阴霾将离我们远去。一切的悲伤抑郁必将风轻云淡。所以，我们要打开心窗，把阳光"迎接"进来，拂去心灵的灰尘，晒干记忆的阴晦，带走心中的徘徊，消除心头的烦恼，一起与幸福快乐腾飞！始终坚信晴天总比雨日多，要去享受生活。也许你什么都没有，但拥有快乐，你就是这个世界上最富有的人。

除了读书，还要学会"走路"

当下确确实实有一种错误的观点，那就是"读书无用论"。在一些人看来，古代十年寒窗之后，一举成名便意味着地位和财富，以及由此带来的诸多幸福。但是，曾几何时，即便是天之骄子，也不免毕业即等于失业，而家长为了孩子教育付出的成本与其产出往往并不总成正比，于是便有了种种鄙薄知识分子、看轻知识的倾向。

其实，读书无用论也绝不是当代的新生事物。早在春秋时期，孔子的学生子路就提出过"以此言之，何学之有"的疑问；五代后汉时，大臣们曾吵过一架。一个说："安定国家在长枪大剑。安用毛锥？"另一个说："无毛锥则财赋何从可出？"而为毛笔辩护的人却一样瞧不起知识分子。黄巢入长安建立齐朝后，"有书尚书省门为诗以嘲贼者"。结果是"大索城中能为诗者，尽杀之。识字者执贱役。凡杀三千余人"。至于焚书坑儒的事情就更不必说了。新中国成立后，在"文革"时期，也由于有了"知识越多越反动"的错误论断，造成了全民普遍轻视教育，知识分子被视为"臭老九"的奇怪现象。

这么多人都仇视读书，那么，读书真的没有用吗？人们往往拿一些初识文字的企业家来为不读书辩护，言必"某某老板大字不识，难道没你混得好"？这种说法是极不负责任的。首先，时代造英雄，改革开放是一次黄金的机遇，一些人抓住了，并非因为他没有知识才能抓住机遇，而那个时代，人们受教育的水平普遍低。另外，这些企业家在生活和工作中，也在不断加强学习，有人见过连申请都看不懂的老板吗？所以说，也许书本知识跟能力无直接关系，但起码，书本知识跟一个人的见识有关系。因为读过书，你的眼界才更加开阔，所谓"秀才不出门，能知天下事"就是这个道理。古人云："书犹药也，善读之可以医愚。"一个人如果多读点书，提高素养，那么能力会有一个质的飞跃。同样智力水平的人，也是"腹有诗书气自华"。两个人从事同样工作时，成绩一样，一旦工作变得有挑战性，读过书的人就会脱颖而出。读书依然有改变命运的力量。当然，这种力量的显露需要机会，有的人也许得不到这个机会，但不读书意味着机会来了，你都无力把握。

　　当然，一个人除了要读书，还要"走路"。表面看起来，读书与走路是不太相干的两件事情。但是，把二者放在一起，就有一定的现实意义，也充满辩证法。知识是一片广阔的海洋，没有人能胸怀所有知识，同样，万事万物之理也是随手可拾，但是，却没有一个人能参透所有的真理。正如天下人走天下路，但是却没有一个人能走完所有的路。想想看，造物主赠送给我们每一个人的礼物都一样，是一张一次性的单程船票。握了这张票据，我们便踏上了几十上百年的人生之路。自古以来，在这条绵延的路上有人走得好，有人走得不好。但有一点是共同的，无论是谁，走出一步便少了一程。规则是残酷的。残酷的规则却在走得好的人那里游刃有余。陶渊明扶锄戴笠，耕读传家，步入了人生的至高境界。蒲松龄憎恶科举，寄情聊斋，以读书写书为乐，享誉后世。诗仙李白，浪迹江湖，吟出了书斋里抠不出来的千古佳句。徐霞客一生踯躅山野沟壑，走遍大江南北，他留下的就不仅仅是足迹，而是硕硕的丰功伟绩了。庄子有句名言："吾生有涯而学无涯。"朝廷聘他为相都他也不为所动，全身心都用来做学问。于是，虽然作为物质的人，庄子入土为安走了已经两千多年；但是作为精神的人，汪洋恣肆、宏旨玄妙的庄子却一直长留人间。这样的例子几乎排满了人类的社会发展史。所以说，既然人寿有限，生也有涯，我们就该满打满算，细打细算，尽可能去享受到生命的全部内容，把一生的路走稳走好。这样，读书便和走路紧紧牵扯在了一起。

在春秋时代，楚国的俞伯牙，跟随著名琴师成连学习弹琴。成连看他天分极高，便倾囊相授，经过了三年的苦学，伯牙的琴艺已经尽得了师父的真传。可是弹起琴来，伯牙总觉得琴声中还缺少了点什么。为了这个瓶颈，他感到非常的苦恼。他知道如果这一关冲得破，他便是一个杰出的妙手，否则，充其量不过是一个乐"匠"而已呀。有一天成连跟他说道："伯牙啊！你所少的只是那么一点儿神韵啊！但这是一种境界，是无法言传的。我的师父方子春，住在东海的蓬莱岛上，他可以帮你，我们一起去请教他吧！"

于是师徒两人来到了海上的蓬莱岛，这时成连因为要去别处接方子春回来，便命伯牙在岛上等着。伯牙一个人在孤岛上，开始时只能在海边踱来踱去，焦急地等待着师父回来。但是慢慢地，在每天的日升月沉、潮起潮落之中，他沉静下来了。有一天，他觉得有满怀的心事，要和大海谈一谈。于是他抱着琴来到了海边，缓缓地拨动着琴弦：只听见琴声随着海风，或缓或急，海浪也随着琴声，或高或低，在和整个大自然的互动应和中，所有的一切都消失了，只剩下如天籁般的乐声，时而激昂，时而低沉地充满在整个天地间。一曲终了的时候，伯牙领悟到：原来整个大自然的造化是这样充满了智慧！怎么样才是最美的，最好的，他就怎样呈现。在冥冥中，仿佛有一只神奇的手，在推动着这一切！

这时的伯牙再弹起琴来，只觉得天人合一，悠游自在，而在岛上酝酿多时的乐曲《水仙操》，也谱成了，当他忘我地弹奏《水仙操》时，只听见背后传来一阵爽朗的笑声，原来是师父成连回来了！成连笑吟吟地对他说："伯牙啊！这伟大的自然，已经开启了你的无边智慧，何需什么太师再来画蛇添足呢？"这时伯牙才知道，原来这里根本就没有"太师父"这个人哪！

世上的书分两种：有字之书和无字之书。"读万卷书"，说的是读有字的书；"行万里路"其实说的也是读书，但读的是无字的书。前者也可以理解为理论，后者当然就可以理解为实践了。理论可以指导实践，但不能代替实践。既读有字之书，又读无字之书，坚持理论和实践相结合，就像鲁迅说的，从天下万事万物而学之，用自己的眼睛去读世间这部活书。一个人能做到这样，自然会比常人不知高明了多少倍。古往今来，多少人想登上这个高峰，但能够登顶的总是凤毛麟角。正是这些高明的非常之人，干出了非常之事，才把历史一程一程往前推动，代代相续，车轮滚滚。我们的老祖宗伏羲姬昌，把在黄河、洛河岸边走路的思考，凝练成《周易》。发明二进制的德国数学家莱布尼兹，就是从这里面看到了中国人早在数千年前就闪耀的二进制智慧。二进制意味着什么呢？意味着电脑的诞生。而电脑改变了现代人的整个生活进程。

世上所有的美好莫过于此：微风在后，阳光在前，好书在手，朋友在旁。学问就是路，脚下就有学问。

站得高，才能领悟到生命的精彩

人生总是一个向上的过程，从我们懂事开始，总会有一定的追求：一颗糖、一张奖状、一个很好的职位、一部好车等。所以，人生从来不是停滞不前的。古人云"求其上者得其中，求其中者得其下"，如果只是追求随遇而安，也许眼前的安逸也保不住。

要看到更美的风景，要领略更精彩的人生，要开启更大的视野，就要走更远的路，站在更高的地方。"欲穷千里目，更上一层楼"，不仅是一个浅显的生活常识，也是一种积极向上的精神境界，更是一种豁达潇洒的人生态度。它告诉我们：在人生道路上，要站得高些，更高些，才能真正领悟到生命的精彩。如果甘于平庸，过着琐碎的生活，处在境界的底层，将会错过生命中很多优美的风景。

在《庄子·秋水》里记载着这样一位目光短浅的河伯，秋天的雨水应时而来，众多大川、小溪的水都灌注到了黄河，随着水流加宽，两岸与河中沙洲之间的距离越来越宽，站在河岸边连沙洲上的牛马都看不清。于是河伯欣然自得、沾沾自喜，认为天下的壮美都聚集在自己身上。他顺着水流向东而去，来到北海边，面朝东望去，看不见水的尽头，于是才改变自己先前扬扬得意的脸色，抬头仰视着，叹息着说："俗语说，'听了上百条的道理，认为天下谁都不如自己',说的就是我啊!"

这位河伯可以说是一位短视的神,但是,他看到大海后,能幡然省悟,认识到自己距离伟大和崇高还差得很远。而有的人,永远是井底之蛙,跳不出自己的世界,自然谈不上更上一层楼了。在明代有一位才子叫唐伯虎,他少年成名,在绘画方面表现出超常的天赋,他拜入当时的大画家沈周的门下学习绘画,因为天赋较高,加上刻苦,他的绘画功夫突飞猛进,因此也得到了老师的赞扬。但是,由此,他也产生了骄傲自满的情绪,沈周看在眼中,记在心里,一次吃饭,沈周让唐伯虎去开窗户,唐伯虎发现自己手下的窗户竟是老师沈周的一幅画,唐伯虎非常惭愧,从此潜心学画。当然,最后他成了一位大画家。唐伯虎的问题不在于他是不是有天赋,是不是努力,而在于他的自满。因此,可以说是不知道天高地厚,当他明白了老师用心后,知道山外有山,学无止境的道理,能够潜心学画,也是非常难得的。比较起来,倒是现实生活中有不少人小富即安,扬扬自得,这类人除了逢人炫耀一番,实则是没有大出息的。

荀子在《劝学篇》里写道:"吾尝跂而望矣,不如登高之博见也。登高而招,臂非加长也,而见者远;顺风而呼,声非加疾也,而闻者彰。"可见登高能给人以宽广的视野和开阔的胸襟,对于人全面而客观地去看待问题,无疑是一种极大的助益。为此,人类从来没有停止向顶峰的攀越。现实中的山每年都有许多人去征服,而生活中的许多高峰,也在等待每一个人去征服。

要怎么样才能"更上一层楼",马不停蹄地去征服下一个高峰呢?登高之路,可能会有捷径。到罗马的路很多,但绝对没有幻想这条路。任何成绩都离不开脚踏实地地去进取。正如古谚语所说"书山有路勤为径，学海无涯苦作舟"，没有事前的积累和拼搏，大自然怎么会那么轻易地把美好景致相送呢？站在低处，虽省心，却只能待在自己狭隘的世界里做着夜郎自大的迷梦，如同坐井观天的可笑青蛙，错过世间的万千风景。如果我们心中能藏有一个"欲穷千里目"的追求，那么哪怕付出艰辛的努力和代价，当到达巅峰的位置时，这种境界之美自是井底之蛙们所不能了解的。

有人认为，人生的登高者都要有登山队员一般的强健体魄。其实不尽然，只要有一颗足够坚强的心和一个永远向上的信念，任何人都能达到自己能力的巅峰。

多少年来，无数贤达先驱，为了一个"登高望远"的理想，不断开拓不断奋进。可以说，整个世界都因为人类的不断进取而充满生机和活力。"会当凌绝顶，一览众山小"，景致或许能够让视野穷尽，但不断进取之路却是永无止境，这大概也是我们不断探寻登高之道的原因吧！

既然选择了远方，就要风雨兼程

　　我们生而为人，既是匆匆过客，也是笃定的行者。冥冥之中总会有一种力量牵引我们前行，我们微笑着走过生命中的山一程水一程，风一更雨一更，都只是因为心系远方，而通往远方的路，就在脚下。

　　汪国真说："既然选择了远方，便只顾风雨兼程。"远方于我们，既是奋然前行的动力，也是难以企及的虚渺。一旦远方已被内心圈定锁紧，这一程，如果没有艰难险阻牵绊脚步，没有凄风苦雨淋湿衣衫，生命便算不得完满，远方，便也失去了其存在的意义。纵然会从惊蛰一路走到霜降，从龟兹一路辗转到长安，也要坚定一意孤行的执念，像鸠摩罗什一般，用枯瘦却有力的手指写下亿万言经卷，用风雨兼程的笃定让生命萦满檀香，让远方不再遥远。

　　漫漫人生路上，我们或许探不到将来的种种未知，但只要心系远方，再远的地方也会有遮不住的青山隐隐为我们相守。我们或许行不尽路上的种种坎坷，但只要路在脚下，再多的艰难我们也会在见到流不断的绿水悠悠之后得以释然。诚如海子言："我要做远方忠诚的儿子和物质短暂的情人。"世间多纷扰，谬赞诟病有之，微利虚名有之，但只要胸怀青云之志，心系远方之美，这些又何足以称为"拦路虎",喝令我们停滞不前？于喧喧复嚣嚣之中，我们的选择，当是"贴着黄土慢慢行走"，坚信"心系远方，路在脚下"，便可于默然却奋然之中达于心之所向，让世俗的聒噪在我们的努力面前化为肃然起敬时的鸦雀无声。

就像法国诗人兰波说的那样："生活在别处。"在这个"信仰失落，情感缩水，文化粗鄙"的时代里，心系远方已然成为与名利纠缠不清的现代人心中珍稀的品质。然而较之那些只知倾轧排挤他人不知使自己前进的无知者，更可怕的无疑是那些空谈理想却不付诸行动的白日做梦者，他们以为远方就如百年人生一样可以一眼望去，便让生命消耗在无尽的痴想中，他们忘了：心系远方诚然可贵，但路在脚下，踏实付出才更为可贵。

生而为人，我愿做一个笃定的行者，心系远方，不求解脱，路在脚下，始于此刻。

趁年轻，多走出去看一看

旅行的高度是由你欣赏的目光决定，旅行的深度是由你的心灵决定，不是用金钱和时间来衡量的。如果你钱不多，时间不够，那也只是限制了旅行的长度和舒适度，但不会阻碍你去认识这个世界，发现新的事物。

有人说年轻有资本，有时间。而事实往往是，年老了才有资本和时间。要知道，很多人说退休了就去环游世界，是因为在那个时候才有足够多的资金和闲暇去实践。而大多数人在年轻的时候，都没有足够的财力在不影响正常生活的情况下到处旅游的。预算多的不说，至少几千元还是需要的，这对于还没工作或者刚刚毕业工作薪水不高的人来说都是有很大压力的。

而对于有些经济实力的年轻人来说，他们忙于工作，根本没有空闲时间去旅游。他们想不想去各地旅游啊？当然想啊！可是，他们每天都要上班。一年到头只有一个月的假期，他们还要回家和家人团聚。所以很多时候，他们并不是不想出去走一走看一看，而是觉得，在本该奋斗的年纪，到处游玩是在挥霍自己的时间。

在我们看来，旅行需要花掉不少钱。但旅行不是日常消费，只要及早制订出行计划，你可以有较长的时间来做资金准备，所以，至少一年一两次的旅行，并不会有太大压力。当行走的阅历逐渐沉淀出你的气质，拓展了你的视野，你会明白，旅行绝对是最有用的投资。

不管什么事，不要等到老了再去做。很多人都想着等自己有钱了再去做想做的事情。等有钱了就再去旅行，再去自己想去的地方。等你有钱了，那你还有空余的时间吗？

未知的事情太多了，现在就可以去旅行，不要说没有钱。我们平时努力工作挣钱干吗？不就是为了过更有品质的生活吗？不要等到老了，才发现自己的这一生，除了朝九晚六的工作和平淡无奇的生活，别无波澜。

有的人会说，日子过得不是很富足，有什么资格谈旅行，把旅行的钱拿来生活多好。这样的观点当然是错误的，因为旅行就是生活。还有，旅行也不是有钱人的专属消遣，它也适合没钱的你。你可以根据自己的实际情况来制订旅行计划。有时候，我们宁愿拿钱买一大堆零零碎碎没什么用处的东西，也不愿意拿出一笔钱作为旅游资金。

更何况，旅行本身是没有穷富之分的，每一次旅行的重点不是花了多少钱去购物或是住了什么样的酒店，而是你在旅行路上的感受，你遇见的人，你遇见的事，沿途经过的风景给你带来的愉悦。

走自己的路，让别人说去吧

与其做一粒微尘不如放手去活一回，走自己想走的路。虽然生活中，你所要扮演太多的角色，很不容易，也很辛苦；虽然在这样的情况下，你渴望有一个人来给你指引方向，但你也要知道，别人的意志始终代表不了你的想法，与其让自己辛苦地活在他人的意愿之中，不如活在自己的想法之中。做一个走自己的路的人。

心理学中有这样一个效应，叫作"他人意志"效应，什么意思呢？就是说，当一个人在心里已经决定一件事儿或是对一件事情已经有了一个较为清楚的认同后，当他身边的朋友超过半数都和他意见相左时，他便会改变自己的想法，甚至是行为，但事实上，他们原来的看法才是正确的。由此我们不难看出，坚持自我也是很重要的事情。

坚持自己的主见，对于我们来说格外重要，为什么呢？还是因为人都是感性的，有时候自己已经做好的决定，就因为别人的几句话就会轻易改变。对大多数人来说，做决定难，坚持自己的决定更难，过于自信是自负，但是盲目听从他人的意见就是糊涂，虽然有些时候，你的决定会被大多数人否定，但对你自己而言，那样的决定却是根据你自己的情况做出的，毕竟最了解自己的人只有你。更何况真理源自少数人，之后才会被多数人所接受，与其人云亦云，不如坚持自己的决定，做发现真理的少数人！

很多人因害怕失败，不愿意承担失败的风险，因而更容易被他人的意见左右，但如果，你做什么事情都要他人点头认同，那你的事情通常就会像尘土一般，绝不会有什么大作为或是成就。

所以说，与其做一粒微尘不如放手去活一回，做一个走自己路的人。虽然生活中，你所要扮演太多的角色，很不容易，也很辛苦，虽然在这样的情况下，你渴望有一个人来给你指引方向，但你也要知道，别人的意志始终代表不了你的想法，与其让自己辛苦地活在他人的意愿之中，不如活在自己的想法之中。做一个走自己的路的人，你所需要面对的事情有很多，最重要的一点就是一定不能人云亦云，要理性对待周围人的意见。

这一点尤其是对于在职场中打拼的我们而言尤为重要，拥有主见的你更容易获得上司的赏识，也会在自己的奋斗中收获同事们的肯定与尊重。对于职场中的你我而言，主见对你来说就像是汽油之于汽车，有了它你才能更好地驰骋在人生之路上，才能让你的上司清楚地知道你的能力，才不会被同事利用成为替罪羊，才能赢得同事们对你的信任和尊重。

孟晖最近大学毕业了，现在他和很多毕业生一样，忙着找工作。不过幸运的是，没过多久，他就在一家国企找到了一份工作。他奉行不耻下问的原则，谨慎认真地对待每件事情，几乎所有的工作他都要咨询一下身边的同事。刚开始同事们出于对新员工的关照还会积极地解答孟晖的疑问，但没过多久，孟晖就发现，同事们都有意无意地躲避他的问题，而上司对他的看法也有所转变，安排给他的工作越来越少。

面对这样的情况，孟晖有点不知所措，回家后心情很不好，他的母亲看出了他的变化，就询问孟晖是不是工作不顺利，于是孟晖就把这几日所遇到的事情告诉了母亲。母亲说："这都是你缺少自己的主见造成的，你这样事事都依赖同事，一来会让他们看轻你的工作能力，二来也会影响你在公司的地位，所以你应该尝试着自己去完成工作。而且现在你也走入社会了，你也应该知道，职场中的争斗也是很恶劣的，你只有有了自己的主见，按照自己的想法去做事情，才能避免走入他人为你设下的圈套，也才能在上司面前更好地发挥自己的长处，展示自己的优点。"

孟晖听着母亲的话，心有所悟。于是，从第二天上班起，他就开始努力改变自己依赖人的坏习惯，并积极地独立完成上司分配给自己的工作。在公司例会上他再也不会人云亦云，而是大胆地将自己的想法说出来，不仅工作能力得到锻炼，而且还给上司留下了非常好的印象，加上孟晖一向一丝不苟的工作精神，不出一年，他不仅提前转正还被提升为项目小组的组长。

其实，生活中，很多人在最初的就业阶段都会遇到如孟晖一样的问题，他们大都很聪明，是父母眼中懂事的孩子，对自己的要求很高，渴望能够在自己的工作范围中脱颖而出，但惧怕尝试，害怕做错，习惯了事事询问他人的意见，依赖性也很强，总是渴望能够听从经验之谈，却完全忽略了自己的决策能力和思考能力。长此以往，他们很容易在工作中成为他人的配角，辛苦地工作得不到应有的回报只能为他人作嫁衣，无法实现自己的理想与抱负。

我们要有自己的主见，尽管听从他人的经验之谈有时可以让你少走弯路，但那只发生在少数事情上，如果你事事都人云亦云，踏着别人的脚印前进，不仅会丧失生活的能力，还会掩埋自己的光亮，让自己生活得庸庸碌碌。

现实中，如果你想要在事业上有所成就，在生活中摆脱"弱势群体"的地位，就一定要有自己的主见。或许，你的力量、独立性都比其他人差一点儿，但你依旧要坚持自己的原则，过自己的生活。

要做有主见的人，独立地面对生活、工作中的事情，坚持自己的观点，如果你已经思前想后，权衡利弊，那么，走你的路让别人说去吧。即便你可能会因此遭遇挫折，但你也用自己的力量证明给所有人看，你是一个独立、有主见的人，你完全可以用自己的能力去创造属于自己的幸福。

做一个敢于走自己的路的人，独立地决定自己的事情，为自己的生活喝彩。这样，你会赢得更多的快乐与成功，收获幸福的人生！

第二章
与往事干杯，给精神一次放逐

还记得姜育恒那首流传很广的《跟往事干杯》吗——

"经过了许多事，你是不是觉得累。这样的心情，我曾有过几回。也许是被人伤了心，也许是无人可了解。现在的你，我想一定很疲惫。人生际遇就像酒，有的苦有的烈……就让那一切成流水，把那往事当作一场宿醉。明日的酒杯，莫再要装着昨天的伤悲。请与我举起杯，跟往事干杯！"

如果你行将出发，不妨端起酒杯，潇洒地跟往事干杯。

请随手关好身后的门

英国前首相劳合·乔治有一个很奇怪的习惯——随手关上身后的门。有一天，乔治和朋友在院子里散步，他们每走过一扇门，乔治总是随手把门关上。"你有必要把这些门都关上吗？"朋友很是纳闷。

"哦，当然有。"乔治微笑着说，"我这一生都在关我身后的门。你知道吗？这是必须做的事。当你关上门的时候，也将过去的一切留在了后面，不管是美好的成就，还是让人懊恼的失误，然后，你才可以重新开始。"

朋友听后，陷入了沉思中。乔治正是凭着这种精神一步一步走向了成功，踏上了英国首相的位置。随手关上身后的门，我们才能更好地专注于眼前的事物，把更多的精力放在当下的事情中，忘记过去，让一切重新开始。

有一个男人回家时，总要在自家门口的树上靠上一会儿。有人不解地问他原因，他说，虽然生活中有许多不如意，但我的那扇家门里面是我的妻子和孩子，我不能让那么懊恼的事情影响到我的家庭，我的生活，所以我必须在见到他们之前，把所有的不开心卸掉，把所有的烦恼留在家门之外。是的，生活中有太多的不如意，生存的压力，生活的艰辛，像无数座大山，压垮了无数人。当所有的一切像潮水般来袭，你又如何承担？是将其扛在肩上，像蜗牛般缓步向前，还是将它们关在门外，勇敢地迎接明天的太阳？也许，后者是最好的答案。

古英格兰的一位王子接任了父亲的王位，率兵出征。临出发前，白发苍苍的老国王交给他一封信，告诫他只能在打完仗后打开看。战争非常顺利，新国王志得意满，准备凯旋。这时，他想起了父亲的话，打开信，信上只有一行字："一切都会过去。"国王一下子醒悟了过来，重整军队，谨慎行军，最后挫败了敌人的偷袭。当一切来得如此美好时，你所要做的，就是忘记。忘记曾经的辉煌，忘记曾经的成就，忘记曾经的狂喜，只有如此，你才能卸下那些看似华美实则有碍于前行的负担，轻装上路。

我们不但要忘记过去的成功，也要忘记曾经的失败，重新开始，才会具有锲而不舍的精神，也才有可能会成功。爱迪生在发明电灯的过程中并不是一帆风顺的。他找寻了许多种材料来做灯丝，经过成千上万次试验都失败了，然而他并没有因为这一次次的失败而放弃，他把它们都忘记了，锲而不舍，最终发明了电灯。爱迪生这种锲而不舍的精神值得我们学习。不能因为一两次失败而倒下，要忘记这些失败，重新开始，光明就在不远的前方。如果爱迪生被许多次的失败击倒的话，我们今天可能在夜里就看不见光明，所以我们要忘记过去的失败重新开始。

人生路上，总有过多的往事牵绊住我们前行的脚步。我们的心不知从何时开始被无形的枷锁困住，困在回忆的那道门里，那些甜蜜，那些苦楚，那些闲适，那些忧虑都成了前进路上的绊脚石，成了最沉重的包袱。

过去的事，也许有值得留恋的辉煌业绩，或许也有追悔不及的遗憾，但这都已经成为过去。背负着昨天的痛苦、挫折、失败的阴影，无法做到豁达、坦然，只会使脚步沉重，最终可能阻碍事业的成功和生命的进程。把昨天的荣耀记挂在心头，也会成为前进的羁绊。世界上有无数的人年轻时创下了令人瞩目的事业，老了一事无成，就是躺在昨天的功劳簿上睡觉，有的甚至顽固守旧，阻碍了历史或科学的发展。因此我们要学会忘却过去，关闭身后的门，把每一天都当成一个新起点，将会青春永驻，充满活力，将会迎来新的成功。

"随手关上身后的门"，我们从"昨天"的风雨中走来，身上难免沾满了尘土和雨滴，心中多少留下一些酸楚的记忆，这些都是不能轻易抹掉的。我们需要总结昨天的失误，但却不能对过去了的失误和不愉快耿耿于怀。伤感也罢，悔恨也罢，都不能改变过去，不能使你更聪明、更完美，只会使你白白地浪费了"现在"的大好时光，阻碍你前进的步伐。追悔过去，只能失掉了现在；失掉现在，谈何未来！

为误了头一班火车而懊悔不已的人，肯定还会错过下一班。要想成为一个快乐成功的人，最重要的一点就是记得随手关上身后的门，学会将过去的错误、失误通通忘记，一直往前看。

放弃遗憾，着眼未来

在美国纽约的一所中学里，有一个很差的班级。这个班的多数学生总为过去的成绩感到不安，灰心、失望、叹气、沮丧……进而影响了新的学习。他们的老师保罗博士得知这一情况后，给这个班的学生上了一堂难忘的课。

这天，保罗上课时，突然一巴掌将放在桌上的一大瓶牛奶打翻在地。"啪"的一声巨响惊呆在座的每一个学生，他们一个个目瞪口呆地看着桌上、地上四处流淌的乳白色液体，不知该怎么办才好。

这时，保罗的目光扫过每个学生的脸，同时大喊一声："不要为打翻的牛奶哭泣！"然后叫学生到讲台前仔细看一看："我让你们记住这个道理，牛奶已淌光了，无论你怎么后悔抱怨，都已无法挽回。我们现在能做的就是把它忘记，然后注意下一件事。"

"不要为打翻的牛奶哭泣！"牛奶打翻在地已经是事实，再怎样补救也无济于事。我们唯一能做的就是：忘记它，然后注意下一件事！过去的已经过去，过去不能改写，只有重新开始。为过去哀伤、遗憾，除了劳心费神、分散精力之外，没有一点儿益处。

在人生的征途中，我们总是会遇到这样或那样的困难和挫折，如果总让这些困难和挫折阻碍我们前进的步伐，那我们就永远不可能成长，我们的人生也将失去希望。"不为打翻的牛奶哭泣！"让我们不要总是沉湎于教训的打击，因为我们还要前行。

著名的棒球手康尼·马克谈过他对于输球的烦恼问题："过去我常常这样做。为输球而烦恼不已。现在我已经不干这种傻事了。既然已经成为过去，何必沉浸在痛苦的深渊里呢？流入河中的水，是不能取回来的。"

不错，流入河中的水是不能取回的，打翻的牛奶也不能重新收集起来。但是你可以选择忘掉曾经的失败，放下曾经的荣誉，用崭新的心态面对明天。

一位前重量级拳王谈到失败时说："比赛的时候，我忽然感到自己似乎老了许多。打到第十回合，我的面部肿了起来，浑身伤痕累累，两只眼睛疼得几乎睁不开，只是没有倒下罢了。我模糊地看见裁判员高举起对方的右手，宣布他获得比赛的胜利。我不再是拳王了。我伤心地穿过人群走向更衣室，有人想和我握手，另一些人则含着眼泪，失望地凝视着我。一年以后再度与对手交战，我又败了。要我完完全全不想这件事，实在是太困难，太痛苦了。但我仍是对自己说，从今以后，我不必生活在过去，不要为打翻的牛奶哭泣。我一定要勇敢地面对这一现实，承受住打击，决不能让失败打倒我。"

这位前重量级拳王实现了他的诺言。他承认了失败的事实，跳出烦恼的深渊，努力忘掉一切，集中精神筹划未来。他的成就是经营比赛、宣传和展览。他使自己忙于具有建设性的工作，没有时间为过去烦恼。这使他感到现时的生活比当拳王时的生活还要快乐。

莎士比亚说："聪明的人永远不会坐在那里为他们的损失而悲

伤，他们只会很高兴地想办法来弥补他们的创伤。"所以，当损失已经造成，我们又何不做个聪明的人，将思想放在解决当下的问题上，不总是沉湎于过去，不为失误而悲伤，而是用一颗积极的心态看待当下事，并用积极的行动去寻找解决的办法。

积极的思考，是在自信与幽默的协调中实现的。对于过去的沉湎和对未来的盲目担忧都没有任何的现实意义，切莫"为打翻的牛奶哭泣"，只有现在才是最富有意义的时刻。把握现在，放弃遗憾，着眼未来，才有更加广阔的天地。

抛掉过去的阴影，轻装前行

人生是一艘满载货物的船，里面装满了我们对过去生活的回忆，对未来生活的向往以及对当下生活的感悟：有泪水，有欢笑，也有忧愁与悲伤……与普通的船一样，人生之舟里的货物装多了也会有沉船的危险，船就不能更好地驶向远方。所以，我们要适时地为人生之船减压，放下那些不必要的负重，忘记不属于自己的一切。无论风景有多美，我们只能做短暂的欣赏，然后忘记它，并开始新的征程。

当你沉浸在一段往事痛不欲生的时候，忘记是明智的选择。忘记刻骨铭心的伤痛，忘记痛彻心扉的情感，那将是人的一种福分。

我们所熟知的 NBA 球星巴特勒有过很不光彩的历史。像很多黑人球员一样，贫穷、犯罪曾经伴随他的生活。巴特勒说过："打篮球不是压力。"那么对他来说压力是什么？压力是看着自己的单亲妈妈为了养活自己和弟弟而做两份工作；压力是在 14 岁的时候因为在学校里持有可卡因和枪支被捕而面临 14 个月的刑期；压力是让人相信自己能够改过自新。巴特勒说："当你把生活搞得一团糟，人家把你关在小房间里，和大家都隔离开的时候，你真的需要好好反省反省自己的所作所为了。"杰梅尔在威斯康星州开办了一个拯救失足少年的活动中心，他帮助巴特勒重新做人，他说："巴特勒不是一夜之间就转变的。要巴特勒走上正路，必须有耐心。"

杰梅尔进一步打磨了巴特勒在监狱中培养起来的篮球基本功，巴特勒参加了 AAU 比赛，并在一次活动中赢得了最有价值球员称号，NBA 球员达柳斯·迈尔斯和昆廷·里查德森都曾经获得过这一荣誉。虽然巴特勒吸引了全国大学的注意，但是很多学校因为他的前科而对他关闭了大门。但是，吉姆和 Uconn 大学给了巴特勒机会，巴特勒在吉姆的严格调教下大放异彩。两年后，也就是 2002 年，巴特勒进入了 NBA。忘记过去，让巴特勒从曾经的阴影里走出来，以更好的姿态面对生活赐予的美好。

有这样一个故事：一个著名演员，年轻时出演了一个轰动全球的角色，可是从那之后再也没有过出色的表演，他太过耀眼，耀眼得没有角色适合他。而没有了演技的磨炼他始终无法突破自我，最后整日酗酒，抑郁而终。

学会忘记，抛掉过去的阴影，活在当下，以全新的眼光看待周围的事物。学会忘记，脱离"过去"带给我们的伤痛以及辉煌，认清现在，更加清楚地认识自己，看清楚自己的位置，给自己一个新的定位，重新规划自己的将来，开始自己的事业。

雨果 20 岁那年与年轻貌美的阿黛结了婚。可是婚后的第十年，阿黛突然另结新欢，追随一位作家而去。这使雨果十分痛苦。第二年他结识了女演员朱丽叶·德鲁埃，两人坠入爱河，这才使他那颗伤痛的心得到抚慰。

阿黛离开雨果后，生活并不幸福，经济一度很拮据，几乎到了举步维艰的地步。一次，她精心制作了一只镶有雨果、拉马丁、小仲马和乔治·桑四位作家姓名的木盒，到街头出售，可是因为要价太高，很多天都无人问津。有一天，雨果从那里经过看见了，就托人过去悄悄地买下来，这只木盒现在仍陈列在巴黎雨果故居展览馆里。

懂得忘记，让生命之舟轻载，在忘记了怨恨的同时更是放过了自己，换来了内心的安宁。

忘记过去，活在当下，是我们获得成功和幸福的关键。失恋导致的痛楚、矛盾留下的仇恨、成功带来的负荷、分歧招致的争吵、距离产生的误会等，所有这些，都是已经破碎的过去。既然如此，我们不妨把它们抛在脑后！

忘记过去并不意味着什么都要忘记。忘记成功只是你不能因为成功而骄傲，要把它忘记，你才能从头开始新的奋斗。忘记失败也只是要你忘记失败所给你带来的伤心和痛苦，不能忘记失败的教训，应该牢记这教训忘记伤心上路。

忘记过去的辉煌，你就不会满足于已有的成就，继续像以前一样为了目标而奋斗；忘记过去的失败，你就不会因为小小的挫折而自暴自弃，你就会拥有比原来更雄厚的自信心，才能经得起失败的考验，才能一步一步走向成功。所以不论过去是美好还是懊恼，将一切留在身后，然后重新开始。

抛开束缚你心灵的那些烦恼

生活中，我们总是被这样或那样的烦恼弄得夜不能眠，弄得焦头烂额，找不到解决的方法。殊不知，其实很多的烦恼都是我们自己给自己造成的，很多的烦恼都源自我们的放不下，没有放下，所以更加的忧虑；而如果放下了，那烦恼就会离你渐渐远去。

一个烦恼少年，在四处寻找解脱烦恼的方法。

这一天，他来到一条河边，岸上垂柳成荫，一位老翁坐在柳荫下，手持一根钓竿正在垂钓，神情怡然，自得其乐。

烦恼少年就走上前问老翁："请问，您能赐我解脱烦恼的方法吗？"

老翁看了一眼面前忧郁的少年，慢声慢气地说："来吧，孩子，跟我一起钓鱼，保管你没有烦恼。"

烦恼少年试了试，不灵。

于是，他又继续寻找。不久，他路遇两位在路边石板上下棋的老人，他们怡然自得。烦恼少年又走上去寻求解脱之法。

"喔，可怜的孩子，你能把手伸开吗？"

少年把手伸开。

"既然你双腿灵便快捷，双手伸展自由，那还有什么在束缚着你呢？既然没有东西束缚着你，你又寻求什么解脱呢？烦恼只为强出头，你心里有心结全是自己想不开造成的，你把自己的心捆住了，谁能帮你解开呢？"

烦恼少年愣了一下，想了想，有些明白了：是啊！我双手能动，双腿能跑，原本就是自由之人，我又何须寻找解脱之法呢？我这不是自寻烦恼，自己捆住自己了吗？

少年正欲转身离去，忽然面前成了一片汪洋，一叶小舟在他面前荡漾。

少年急忙上了小船，可是船上只有双桨，没有渡工。

"谁来渡我？"少年茫然四顾，大声呼喊着。

"请君自渡！"老人在水面上一闪，飘然而去。

少年拿起双桨，轻轻一划，面前顿时变成了一片平原，一条大道近在眼前，少年踏上大路，欢笑而去。

佛说，烦恼忧虑皆由心生，自己的僵局是自己设定的。每个人的烦恼都需要靠自身的努力来得到释放，旁人无从帮助你。而只有彻底地把自己从烦恼中解放出来，我们才会获得快乐，才会看见更广阔的天与地。

克里斯的家因为最近在装修，没办法住人，所以他就到附近的一家很清静的小旅馆去避居几日。而他只带了两件行李：一个装着两双袜子的雪茄烟盒，一份旧报纸包着的一瓶酒，用来以备不时之需。

午夜时分，克里斯忽然听到房间里有一种奇怪的声音。他打开灯等了一会儿，出来了一只小老鼠，它跳上镜台，嗅了嗅克里斯带来的那些东西。然后又跳下地，在地板上停留了一会儿，然后就跑到了浴室，不知忙些什么，一夜未停。

第二天早晨，克里斯对打扫房间的女服务员说："这间房里有老鼠，吵了我一夜。"

女服务员立即就反驳了克里斯的话，说："这是不可能的。这个旅馆刚刚才装修过，而且是头等旅馆，是不可能出现老鼠的，那是您的幻觉。"

克里斯下楼时对电梯司机说："你们的女服务员倒真忠心。我告诉他说昨天晚上有只老鼠吵了我一夜。她说那是我的幻觉。"

却没想到电梯司机也说："她说得对。这里绝对没有老鼠！"

本是一个小小的抱怨，没想到却被传开了。柜台服务员和门卫在克里斯走过时都用怪异的眼光看他，他们可能认为克里有问题，在一间绝对不会出现老鼠的旅馆里看见了老鼠，来住旅馆居然只带了两双袜子和一瓶酒。在他看来，克里斯的这种做法常常是那些娇惯任性的孩子或是孤傲固执的病人才会做的事情。

第二天晚上，那只小老鼠又出来了，照旧跳来跳去，舒筋活骨。克里斯暗暗决定要采取行动。于是，第三天早晨，克里斯到店里买了几只老鼠笼和一小包咸肉。但他把这两件东西包好后，偷偷带进旅馆，不让当时值班的员工看见。等到早上他起身时，看见老鼠在笼里，既是活的，也没有受伤。克里斯不准备对任何人说什么，只打算把装有老鼠的笼子提到楼下，放在柜台上，证明自己不是无中生有。但在准备走出房门时，他忽然觉得这样做很无聊且很讨厌。他觉得站在旅店服务员的角度来说自己带着一个雪茄盒和一瓶酒来住旅店确实很怪异。遇到这种事情他需要做的是爽快地证明在这个所谓绝对没有老鼠的旅馆里确实有只老鼠，但如果把装有老鼠的笼子放到旅店柜台上，只能让人们觉得他是一个不惜以任何手段证明自己没有错的气量狭窄、迂腐古板的人……

想到这，克里斯赶快轻轻走回房间，把老鼠放出，让它从窗外宽阔的窗台跑到邻屋的屋顶上去。

半小时后，克里斯下楼退掉房间，离开旅馆。出门时把空老鼠笼递给侍者。厅中的人都向克里斯微笑点头，看着他推门而去。

面对生活中的烦恼，别人给予你的错误评价，不要总是一味地计较，这样只会让别人更加轻视你，也会显得自己气量狭小。学会忘记，学会用一颗宽容的心来看待生活中的事物，你会发现向你微笑的人比向你表示不满的人多了许多；学会用一颗宽容的心来包容，这样在放过别人的同时也放过了自己；学会用宽容的心来看待，给别人让步的同时，自己也获得了更大的空间，睚眦必报只会逼得自己无力支撑。

人心很容易被种种烦恼和物欲所捆绑。那都是自己把自己关进去的，是自投罗网的结果，就像蚕作茧自缚。大多数人的烦恼，都是因为自己想不开，放不下造成的。

抛开束缚你心灵的那些烦恼。人的心好比房子，里面若是装满了坏心情，自然没有好心情的立足之地。忘记生活中的那些烦恼与不公，它不过是蚌壳中的那粒沙，经历了这粒沙的磨砺，你才能是一颗璀璨的珍珠。把烦恼留在身后，并记住给予和幸福，把不满转化成微笑，你会发现，你在向别人微笑的同时别人也在向你微笑。

走出回忆的牢笼，迎接灿烂的明天

人都是有感情的，回首过去路上的点滴，或于会心处微微一笑，或于悲伤处流滴眼泪。然而，无论昨天发生了什么，它都已经成为往事，不可能再存活于当下。死死地抓住昨天不放，只能是让回忆捆缚住了你的心灵，把自己关进了回忆痛苦的牢笼，折磨的只有你自己。

有一个人，在他23岁时被人陷害，在监狱里待了9年。后来冤案告破，他开始了常年如一日的反复控诉、咒骂："我真不幸，在最年轻有为的时候遭受冤屈，在监狱里度过本应最美好的时光。那简直不是人待的地方，狭窄得连转身都困难，窄小的窗口里几乎看不到阳光，冬天寒冷难忍，夏天蚊虫叮咬，真不明白上帝为什么不惩罚那个陷害我的家伙，即使将他千刀万剐也难解我心头之恨啊！"

73岁那年，在贫困交加中，他终于卧床不起。弥留之际，牧师来到床边，对他说："可怜的孩子，去天堂之前，忏悔你在人世间的一切罪恶吧！"病床上的他依然对往事怀恨在心、耿耿于怀："我没有什么需要忏悔，我需要的是诅咒，诅咒那些施于我不幸命运的人。"牧师问："你因受冤屈在牢房里待了多少年？"他恶狠狠地告诉了牧师。牧师长长叹了一口气："可怜的人，你真是世界上最不幸的人，对你的不幸我感到万分同情和悲痛。他人囚禁了你 9 年，而当你走出监狱本应获取永久自由时，你却用心底的仇恨、抱怨、诅咒囚禁了自己整整 41 年。"

走不出过去的回忆，一直生活在过去的阴影中，直到死亡也没能让他醒悟，这样的人无疑是可悲的。一直生活在过去的悲惨里，怨怼蒙住了他的眼睛，回忆困住了他的心灵，使他再也看不到生活重新赋予他的希望，再也品尝不到生活的甜美与芬芳，也就从此与快乐绝缘。监狱关了他 9 年，可回忆却捆缚了他的一生。

在漫长的人生道路上，有着太多的酸甜苦辣、太多的喜怒哀乐以及悲欢离合，过去的已经过去，如果我们把这一切包袱都背在身上，走得岂不太累？还怎能去体会人生其他乐趣呢？如果往事不堪回首，还硬去回首，岂不是自作自受！

总是背负着过去的包袱，你就无法行走于当下的路程；走不出回忆的牢笼，你的心就永远只能被过去捆缚，品尝不到当下的甜美，你的一生也就永远只能在虚幻、悲哀中度过。

我们每个人都有着对过去的回忆，或者是美好、甜蜜的，或者是悲伤、痛苦的。然而，无论是美好的还是悲伤的，过去的都已经过去了，最重要的是当下，当下我们生活的点点滴滴，分分秒秒。

每个人都一样，心中总有一些事情是很难改变的。生活中总有很多人告诉你应该放弃过去，可是这很难办到。没有理由把美好的过去忘记，同样也没有办法抹去过去那一份悲伤，有时候我们有意识地摆脱过去那是因为过去背叛了我们。但是有些事情过去了就是过去了，无论你怎样在乎，也不会再拥有，那么我们又何必非要苦苦强求呢？

走出回忆的牢笼，求得自我解脱，无论是过去了的甜蜜也好，悲伤也好，欢乐也好，只有及时地走出来，我们才有灿烂的明天。

和悲伤说再见，开始新的生活

我们的每一个昨天都是无法在当下里生存的，无法忘记过去，常常会连今天也失去，沉溺于昨天的人，很可能也会错过美好的未来。

1954年，巴西的男女老少几乎一致坚信巴西足球队会成为那届世界杯赛的冠军。然而，在半决赛时，巴西队却意外地输给了法国队，没能将那个金灿灿的奖杯带回巴西。

球员们比任何人都更明白足球是巴西的国魂。他们懊悔至极，感到没脸回到祖国。他们知道，球迷们难免会辱骂、嘲笑和扔汽水瓶。

当飞机进入巴西领空的时候，球员们更如心神不安，如坐针毡。可是，当飞机降落在首都机场上，他们眼前却是另一番景象：巴西总统和两万多名球迷默默站在机场，人群中有一条横幅格外醒目："这已经是过去！"球员们顿时泪流满面，低垂的头抬了起来。

4年后，巴西足球队不负众望赢回了世界杯冠军。当巴西足球队的专机一进入国境，16架喷气式战斗机为之护航。当飞机降落在道加勒机场时，聚集在机场上欢迎的人多达3万。从机场到首都广场将近20公里的道路两边，自动聚集起来的人数超过100

万。这是多么激动人心的场面！

人群中又出现了 4 年前那条横幅："这已经是过去！"球员们慢慢地把高高扬着的头低了下来。

和昨天说再见，是悲伤，就要把悲伤忘记，重整旗鼓，重新上路；是成功，就要及时把荣耀卸下，让一切归零，重新回到起点，开始下一站的征程。

和昨天说再见，不管是成功也好，失败也罢，都只能成为我们前行路上的一个个沉重的包袱，不卸下这一个个沉重的包袱，那只会前进的脚步越来越沉，让人越来越累。

人生不可逆转，时光不能倒流。在过去的人生道路上我们难免留下遗憾，偶尔回头去想想那些经历过的失误，也许对我们以后的人生、心态、行为，有一些纠正和指引，但是沉溺于过去的痛苦之中，只会阻碍我们前进的脚步。

有个泰国企业家，他把所有的积蓄和银行贷款全部投资在曼谷郊外一个备有高尔夫球场的 15 幢别墅里。但没想到，别墅刚刚盖好时，时运不济的他却遇上了亚洲金融风暴，别墅一间也没有卖出去，连贷款也无法还清。企业家只好眼睁睁地看着别墅被银行查封拍卖，甚至连自己安身的居所也被拿去抵押还债了。

情绪低落的企业家完全失去斗志，他怎么也没料到，从未失手过的自己，居然会陷入如此困境。他承受不起此番沉重打击，在他眼里，只能看到现在的失败，更不能忘记以前所拥有过的辉煌。

有一天，吃早餐时，他觉得太太做的三明治味道非常不错，忽然，他灵光一闪，与其这样落魄下去，不如振作起来，从卖三明治重新开始。

当他向太太提议从头开始时，太太也非常支持，还建议丈夫要亲自到街上叫卖。企业家经过一番思索，终于下定决心行动。从此，在曼谷的街头，每天早上大家都会看见一个头戴小白帽，胸前挂着售货箱的小贩，沿街叫卖三明治。"一个昔日的亿万富翁，今日沿街叫三明治"的消息，很快地传播开采，购买三明治的人也越来越多。这些人中有的是出于好奇，也有的是因为同情，更多人是因为三明治的独特口味慕名而来。从此，三明治的生意越做越大，企业家很快走出了人生困境。

这个企业家叫施利华。几年来他以不屈不挠的奋斗精神，获得泰国人民的尊重，后来更被评为"泰国十大杰出企业家"之首。

只有彻底地摆脱了过去，才能更有勇气接受当下的一切，才有可能重新开始新的生活。

活在当下，和过去说再见。和过去的荣耀、过去的幸福、过去的甜蜜、过去的悲伤说再见。这样，才能以一颗轻松的心来享受当下的生活，接受当下的一切，体会当下的快乐时光！

每一天，都是一个新的开始

　　昨天是过去的结束，今天是又一个崭新的开始。无论昨天是痛苦也好，欢乐也罢，今天都可以重新开始。重新开始，翻开人生崭新的一页，换一种心态，换一种面貌，换一种眼光来面对生活。

　　一个部落首领的儿子在父亲去世后承担起了领导部落的责任。但是，由于他花天酒地，游手好闲，部落的势力很快衰退下来；在一次与仇家的战役中，他被仇家所在的部落擒获。仇家的首领决定第二天将他斩首，但是可以给他一天的时间自由活动，而活动的范围只能在一个指定的草原上。

　　当他被放逐在茫茫的大草原上时，他感觉，这个时候，自己已经完全被整个世界抛弃了，天堂将很快成为自己的最终归宿。他回忆起曾经锦衣玉食的日子，想起了自己部落辛苦劳作的牧民，想起了那些英勇的武士卖命效力，他追悔莫及。

　　他想，如果能让我重来一次，上天再给我一次机会，绝对不会是这样一个结果。于是，他想在自己生命的最后 24 个小时做一些事情，来弥补自己曾经的过失。

　　他慢慢地行走在草原上，看见很多贫苦而又可怜的牧民在烤火，他把自己头顶上的珍珠摘下来送给他们；他看见有一只山羊跑得太远，迷失了方向，他把它追了回来；他看见有孩子摔倒了，主动把他扶了起来；最后，他还把自己一件珍贵的大衣送给了看守他的士兵……

他终于做了一些自己以前从没做过的事情，他觉得自己内心还是善良的，可以满意地结束自己的生命了。

第二天，行刑的时候到了，他很轻松地步入刑场，闭上眼睛，等待刽子手结束自己的生命。可是等了很久，刽子手的刀都没有落下，他觉得很奇怪。当他慢慢把眼睛睁开的时候，才看见那个仇家首领捧着一碗酒微笑着站在他面前。

那个首领说："兄弟，在这一天当中，你的所作所为让我感动，也让我重新认识了你。我们两个部落的牧民本来可以和睦愉快地相处，却因为一些私利互相仇视，彼此杀戮，谁都没有过上太平的日子。今天，我要敬你一杯酒，冰释前嫌，以后我们就是兄弟，如何？"

之后，那个纨绔子弟回到了部落，再也没有纸醉金迷地生活，而是勤政爱民，发誓要做一个优秀的部族首领。从此以后，这两个部落的牧民再也没有发生过战争，和平地生活在草原上。

热爱当下的生活，抛开过去的一切，用一双崭新的眼睛来看待当下人，当下事，并用心去拥抱生活，你会发现，希望就在身边，每天都可以重新开始。

有一部电影，讲的是一个年轻人，因为自己恋慕已久的女人要嫁给一个富商，十分痛苦。自此自暴自弃，破罐破摔，每天喝得烂醉如泥，惹是生非。镇上的人见了他，纷纷侧目，迎面走过的人更是纷纷避让，生怕招惹祸端。

一个在镇上颇有威望的老者见到他这副模样，于是呵斥他说：

"有本事你就把她追回来。"

"可是，她已经要嫁给别人了。"年轻人哀怨地说。

"如果你有本事，你就有机会，你还有时间，你需要的是振作！"老者义正词严地说。

"可我一无所有，怕是没什么指望了。"年轻人哀怨地说。

"你还有今天。你还有明天。你还有一身的力气。"老者说道。

在老人的殷殷教诲之下，年轻人终于鼓起勇气，离开了小镇，远走他乡……三年后，年轻人回到镇上，找到了那位教诲他的老人。老人告诉他，那个女人已经嫁给了富翁。年轻人笑了笑，说："一切都已经过去了，你教给我的不是怎么追回一个女人，而是教会我做人的道理，这才是最重要的。"

老者教给年轻人做人的道理是什么呢？

年轻人领悟到：生活，只要你不放弃，每一天都可以是新的开始，你就可以去追寻你想要的梦，并为之努力。

生活就是这样，不停地反反复复，不断努力，无论昨天发生了怎样的失意与挫败，今天都要让自己满怀希望、信心百倍地热爱当下的生活。不在失意中徘徊踌躇，不在挫败的阴影下悲观失望，努力进取，完善自己的幸福人生。

第三章
带着计划上路，过有追求的生活

人之所以虚度岁月，除了懒惰的原因之外，不少是因为行事无计划。没有计划，或茫然不知道从何下手，或东一榔头西一棒子……时间过去了，该做的事还是没有进展。

一个切实可行的计划是成功人生的起点，是一个人奋斗的阶梯。一个对未来没有清晰计划的人是很难成功的，他每天的时间会过得有序而又充实，他的付出会事半功倍。

用目标为你的人生导航

如果把人生比喻成一艘在大海上航行的帆船，那目标、计划无疑就是帆船上的导航仪，时时为人生之船指引方向。

茅以升是我国建造桥梁的专家。他小时候，家住在南京。离他家不远有条河，叫秦淮河。每年端午节，秦淮河上都要举行龙船比赛。到了这一天，两岸人山人海。河面上的龙船都披红挂绿，船上岸上锣鼓喧天，热闹的景象实在让人兴奋。茅以升跟所有的小伙伴一样，每年端午节还没到，就盼望着看龙船比赛了。可是有一年过端午节，茅以升病倒了，小伙伴们都去看龙船比赛，茅以升一个人躺在床上，只盼望小伙伴早点儿回来，把龙船比赛的情景说给他听。小伙伴们直到傍晚才回来，茅以升连忙坐起来说："快给我讲讲，今天的场面有多热闹？"小伙伴们低着头，老半天才说出一句话来："秦淮河出事了！""出了什么事？"茅以升吃了一惊。"看热闹的人太多，把河上的那座桥压塌了，好多人掉进了河里。"听了这个不幸的消息，茅以升非常难过。他仿佛看到许多人纷纷落水，男的、女的，老的、小的，景象凄惨极了。病好了，他一个人跑到秦淮河边，默默地看着断桥发呆。他想，我长大一定要做一个造桥的人，造的大桥结结实实，永远不会倒塌！从此以后，茅以升特别留心各式各样的桥，平的、拱的、木板的、石头的，出门的时候，不管碰上什么样的桥，他都要上下打量，仔细观察，回到家里就把看到的桥画下来。看书看报的时候，遇到有关桥的资料，他都细心收集起来，天长日久，他积累了很多造桥的知识。他勤奋学习，刻苦钻研，经过长期的努力，终于实现了自己的理想，成为一个建造桥梁的专家。

茅以升把建造一座结实、耐用的桥当成了一生为之奋斗的目标。虽然追求梦想的过程漫长而艰辛，然而，茅以升却从未想过放弃，并收集生活中的点滴事例，作为自己造桥的素材。就这样，通过他坚持不懈的点滴努力，大桥落成，茅以升也最终实现了他的梦想。

鲁迅先生自从看了帝国主义屠杀国人而国人无动于衷的电影之后，决心"医治国人的精神"。人生的目标是人们旺盛斗志的滚滚源泉。从那以后，他拿起了笔，毅然向黑暗宣战。

一支小小的笔，在鲁迅的手中，时而是匕首——扎向敌人的心脏；时而是手术刀——剔除国人思想中腐朽的封建残余；时而是投枪——刺破白色恐怖，寻找光明。几十年的时间过去了，他笔耕不辍，为我们留下了很多优秀作品，也成了受人尊敬的一代文学大师。如果鲁迅当时没有确立"治疗国人的精神"这个宏大的目标，那么他也许只会是一位普通的教师，或是一位医生。就是因为那个目标的确立，让他拥有了旺盛的斗志，最后在漫漫历史长河中写下了自己的名字，成了民族精神的象征。

用目标为你的人生导航，生活才能变得更加充实而有意义；用目标为你的人生导航，才能更加积极地去面对生活，每一天才会更加地充满干劲，更好地工作、生活；用目标为你的人生导航，你才有了一条更加清晰、明朗的人生之路，让你一直能清晰地看见前方的路，不会迷茫，不会找不到方向。

勿虚度人生，过有目标的生活

平平安安地过日子是大部分人生活的目标。对此，只需付出每天过日子的必要精力就足够了。这种没目标的生活，不过是以看看电视来虚度生命。每晚时间在虚幻的悲喜剧、推理侦探故事、离奇怪诞影片等电视世界中消耗。夜幕一降，他们就习惯地坐到电视机旁，兴趣盎然地望着一个个画面。殊不知电视明星们正是瞄准了这些人而实现了自己的人生目标。

你有目标吗？如果没有，请静下心来，根据自己的兴趣、特长以及客观情况，为自己量身定做一个吧。在设定目标时，你需要注意以下几点事项：

第一，奋斗目标有高有低，专业面有宽有窄。在目标选择中是宽一点儿好，还是窄一点儿好呢？一般来说，专业面越窄，所需的力量就相对较少。也就是说，用相同的力量对不多的工作对象，专业面越窄的，其作用越大，其成功的概率越高。所以，职业生涯目标的专业面不要过宽，最好是选一个窄一点儿的题目，把全部身心力量投放进去，比较容易取得成功。如果专业面需要放宽，起码在开始的时候，要把专业面或主攻点定得较窄些。待突破了一点儿，取得了经验，积累了知识，再扩大专业面，这样容易成功。

第二，长短配合要恰当。生涯目标是长期的好呢，还是短期的好？简单地说，应该是长短结合。长期目标为人生指明了方向，可鼓舞斗志，防止短期行为。短期目标是实现长期目标的保证，没有短期目标，也就不会有长期目标。特别是在职业生涯发展过程中，通过短期目标的达成，能体验达到目标的成就感和乐趣，鼓舞自己为了取得更大的成就，而向更高的目标前进。

第三，就事业目标而论，同一时期目标不宜多。而应集中为一个。目标是追求的对象，你见过同时追逐五只兔子的猎手吗？别说五只，就是两只也追不过来，因为那几乎是不可能的事。有的人才高气盛，自认为高人一等，同时设下几个目标。我要奉告你，那样的话，可能一只兔子也打不着，一个目标也实现不了。人生目标的追求，也好比人坐凳子一样，一个人同时想坐几个凳子，一会儿坐坐这个，一会儿坐坐那个，换来换去，一不小心，就会从凳子中间掉下去，其结果哪个凳子也没坐稳，也就是说一个目标也没实现。由此可见，要实现人生目标，成就一番事业，须把目标集中到一个焦点上。

当然，这不是说你不能设立多个目标，而是你可以把它们分开设置。具体说，就是一个时期一个目标，拉开时间距离，实现一个目标后，再实现另一个目标。

第四，目标要明确具体。目标就像射击的靶子一样，清清楚楚地摆在那里。干什么，干到什么程度，要有明确具体的要求。比如，从事某一专业，学习哪些知识，达到什么程度，都要明确、具体地确定下来。如果目标含糊不清，就起不到目标的作用。如有人打算决心干一番事业，具体干什么不知道，这就等于没有目标。自以为有目标，而没有明确的目标，不仅起不到目标的作用，还可能造成假象。投入了时间、精力和资金，却起不到实现目标的作用，10 年过去了，还是一事无成。

第五，生涯目标要留有余地。要留有余地，就是要留有机动的时间，即便发生某些意外，也有时间和精力机动处理。实现目标的时间安排要从实际情况出发，不慌不忙，不急不躁。在工作的安排上不要刻板，要灵活机动。在要求不变的情况下，完成时间和做法可以调整变换。

找准舞台，才能遇见更好的自己

有一句很经典的话："垃圾是放错了位置的宝贝。"同样，宝贝放错了地方也就变成了垃圾，人找错了位置也会难以自由发挥。找准自己的位置，给人生一个奋斗的目标，心有多大，舞台就有多大，随时调整自己，我们所设计的人生理想也将更具有实现的可能性。

1950 年，二十出头的郑小瑛来到当时最负盛名的莫斯科音乐学院学习作曲。她似乎注定就是为音乐而生，六岁学习钢琴，十四岁精通各种乐器并且多次登台演出。在莫斯科音乐学院里，郑小瑛的才华得到了老师和同学的认可，她的曲子时常被学校交响乐队拿去演奏。

有一次，在音乐厅她看见指挥老师正带领同学们演奏她的曲子。她被那种意气风发深深吸引住了，一个理想由此萌发："我要成为一位优秀的指挥家！"

从那以后，郑小瑛一有时间就跑到音乐厅去看表演，当然，最主要的是暗中学习指挥技巧，还时不时找机会向教授求教。回到宿舍后，她就对着自己的曲子开始练习指挥，同学们都取笑她说："难道你想成为一名指挥家吗？别白费力气了，因为那是一件不可能的事情！"

同学的话其实不无道理，当时全世界的女性地位都不高，有机会接受音乐教育的女性已经很少了，更何况是女性指挥家？虽然不敢说全世界绝对没有一位女性指挥家，但在当时，他们都没有听说过。指挥家，似乎是专属于男人的职业。

　　"难道女性就不可能成为指挥家吗？"郑小瑛在心中发问。没人能给她答案，能给答案的人只有她自己！

　　此后，郑小瑛更加勤奋地钻研起指挥的技巧，从表情到手势，从眼睛到心灵……

　　机会总是属于有准备的人！有一次，学校里组织一个音乐盛会，郑小瑛所作的一首曲子被选进了演奏曲目中。而观众席中，有两位响当当的人物：苏联国家歌剧院的指挥海金和莫斯科音乐剧院的指挥依·波·拜因。谁都没有想到的是，正当音乐指挥走上台子的时候，他居然扭伤了脚，一个踉跄跌坐到地上，全场一片惊呼。工作人员很快跑过去扶住教授，同时还有人把椅子搬上指挥台，想让他坐在椅子上指挥，但那同样不行，因为他扭到脚的同时也碰伤了肘部。教授摇摇头，全场不知如何是好！

　　郑小瑛一下子从椅子上站起来，在一片惊愕的目光中，走到那位教授的面前一鞠躬说："我以艺术的名义向教授申请接过您手中的指挥棒！"

　　面对这样一张年轻而坚毅的脸，教授找不出任何理由拒绝，他把手中的指挥棒递给了郑小瑛。她转过身，对乐手们点头示意，指挥开始了：只见指挥棒在她的手中时而急促有力，时而缓和悠扬，音乐就像是从她指挥棒上流淌出来似的，时而奔腾如雷，时而平静似水，她那热情奔放，气魄雄伟的指挥蕴藏着无比强烈的艺术感染力，简直无懈可击，完美无瑕，就连那位扭伤脚的教授和观众席上的海金、依·波·拜因也频频点头。一曲结束，掌声四下雷起，海金和拜因更是对郑小瑛做出了这样的评价："她，将来必定是一位卓越的指挥家！"

当天，海金正式向郑小瑛提出邀请，让她进入苏联国家歌剧院深造指挥艺术。"艺术应该属于任何人，不应该有性别之分！"海金说。进入国家歌剧院后，郑小瑛刻苦学习，先后成功地指挥了《托斯卡》《茶花女》等一系列苏联经典歌剧，在苏联引起了极大的轰动。

几年后，郑小瑛学成回国，为音乐事业做出了不少伟大贡献，最终成为中国甚至是全球第一位卓越的交响乐女性指挥家。2010年，82岁的郑小瑛被首届中国歌剧艺术成就大典授予终身成就荣誉奖！

郑小瑛成功地实现了她的梦想，成为一名卓越的交响乐女性指挥家。然而，郑小瑛的成功却绝非偶然，如果不是有着对艺术的执着追求，成为指挥家的坚定信念，以及努力把梦想变为现实的一颗果敢行动的心，那也不会成就这个中国甚至全球第一位的交响乐女性指挥家。

雄鹰的舞台是苍天，在那里飞出一道俊逸潇洒的弧线；鱼儿的舞台是江海，在那里展现一派鱼翔浅底的惬意；苍松的舞台是峭壁，在那里演绎栉风沐雨的坚韧。

是蜡烛，就要燃烧；是粉笔，就甘愿"粉身碎骨"；是溪流，就要东流入海；是水滴，就要折射太阳的光彩。因为这些，才是它们的舞台。

找准自己的舞台，是对自己的未来有一个清醒的认识，"我将来了要做什么""我将来能做什么"的一个答复；找准自己的舞台，给自己拟订一个切实可行的人生规划，并一步一个脚印地朝着这个目标为之奋斗，一步步朝着终点前进，直至成功；找准自己的舞台，更是对自己的一种鞭策，有了目标，就有了热情，有了积极性，有了使命感和成就感。找准自己的舞台，让我们每个人都在各自的舞台上尽情抒写辉煌。

坚守梦想，有计划地前行

从小到大，我们总会做着许许多多的梦，梦想着成为一名科学家或者太空人，又或者当一名售票员……生活每天都在变，梦想也跟着生活的脚步一起在变动。今天想做这件事，明天又想做那件事，像猴子掰玉米一样，看到一个想一个，到头来，却什么都没得到。

从前，一个农夫有两个女儿。大女儿漂亮、善良，多情，人见人爱，大家都宠着她，说她有一天是要嫁到皇宫里去的。小女儿却长相平平，也没有什么突出的个性，是在大家的忽视中慢慢长大的。大女儿白天帮母亲料理家务，闲下来就浇浇花、喂喂鸟，完全不知日子的流逝，对未来也没什么打算。她的人生早就被她母亲安排好了，那就是通过走访那些和贵族沾边的远亲来结识上层人士，尽可能地嫁给高官或皇族。这是他们全家人的希望。小女儿整天蹲在一堆破布和针线当中。她有一个愿望，就是做世界上最美丽的衣裙。

她从小就看到全家人省吃俭用给姐姐买的花裙子，是那样的漂亮，就像展翅的蝴蝶，又像吐蕊的花蕾。她也曾趁大家熟睡的时候，偷偷穿在身上，在月光下跳舞。可是，那些裙子到底不是她的，是姐姐的呀，全家省吃俭用一年只能买一条这样贵的裙子。

后来再大一些，她就不再偷穿姐姐的裙子了，而是暗暗下决心，要自己缝制漂亮的花裙。从那个时候起，她总是想方设法在村子里收集各种废旧剩余的布料，照着样子缝制裙子。她的针线活越做越好，缝的补丁都看不见针脚，而且她能够按照补丁的形状缝成花啊、太阳啊、蜻蜓啊，完全看不出来是块补丁。她的手艺引起了村里裁缝的注意，裁缝就让她到店里帮忙。从此，她开始了正规的缝纫学习。

就在她进入裁缝店的时候，她的姐姐也开始了相亲。农夫和他的妻子用小女儿缝制的衣裙，把他们的大女儿打扮成大户人家的小姐，让她去参加各个社交舞会，以求能够遇见贵人。小女儿曾经对姐姐说，如果不想去可以拒绝的。但是那个美丽的人，她不知道自己要什么、能做什么，倒不如听从父母的安排。时间就这样过去了，大女儿终于找到一个愿意接受她的贵族，可是这个贵族已经四十岁了，右腿有些不灵便，而且还带着前妻留下的两个孩子。同时，小女儿也来到城里——村里的裁缝资助她到著名的裁缝店学习。大女儿出嫁了，她的父母很开心，得到了一大笔钱，而她自己却无所谓快乐不快乐的。她没有什么想要的，也不知道能做什么，只是听从命运的安排。偶尔，她会羡慕妹妹的梦想和努力，但那也只是一小会儿罢了。

小女儿的手艺越来越好，很多上层贵族都喜欢找她做衣服。当她姐姐有了第一个孩子的时候，她终于攒够钱，可以自己开店了。她是多么激动啊，她终于能专心设计，朝着"最美丽的衣裙"这个梦想迈进，还可以免费为那些穷苦的女孩子裁剪漂亮的裙子。小女儿的生活充实而快乐，相反，她的大姐开始渐渐地枯萎。她生活在"家庭"的形式中，对自己的丈夫、孩子没有热情。也许，她从来就没有对什么怀抱过热情。她很好地履行一个妻子的职责，仅此而已。你再也找不到那个喂鸟养花的美丽的人，这里只是一副躯壳，容颜凄美、衣着华丽。小女儿很多次劝姐姐想想自己的梦想。可是，那个被上帝眷顾的人淡淡地说，没什么想要的，也没什么可做的。

小女儿的手艺和善行终于传到了皇宫里。公主出嫁的时候，她奉命裁制嫁衣。小女儿说，仅有尺寸是不行的，她需要见到公主本人，才能知道她最适合什么样的衣服，衣裙不仅要合尺寸，更要和人的气质相和谐。于是，她被特准进了皇宫。嫁衣做好了，公主穿上后惊艳四方，各国的王公贵族都非常喜欢，纷纷打听是在哪里定做的。小女儿在京城中一下子成了名人，然而真正令她高兴的是，她终于做成了世界上最美丽的衣裙。然而，更意想不到的是，在她给公主量体裁衣的时候，公主的哥哥，本国的国王恰好经过。于是，不久后她成了王后。王后之命，那是人们曾经给她姐姐的预言，却在她身上应验了。不过，那不是命运的恩赐，而是她依靠自己的努力获得的。

小女儿成功了，一直坚守做一条"最美丽的衣裙"的梦想，她不仅成为一名出色的裁缝，成功地实现了她的梦想，而且还收获了自己的幸福，成了国王的王后，实现了原本在她姐姐身上的预言，王后之命。而大女儿呢，对于生活，从来没有自己的想法，从来不知道自己要什么，任何事情都是让父母安排好了让自己去做，日子也就在浑浑噩噩中度过，蹉跎了一生的美好年华。

人生，有梦想是一件很美好的事情，但对于自己认定了的梦想，要学会坚守，要有"咬定青山不放松"的信念。面对梦想，若一味地三心二意，像小学课本《猴子掰玉米》里的那只猴子一样，看到一个丢一个，最后只能落得两手空空。

坚守自己的梦想，纵然前路漫漫，旅途中荆棘密布也不要放弃；坚守梦想，在自己的人生之路上，做到有计划地前进，会使你的人生变得丰富有意义；坚守梦想，活在当下，放眼未来，并脚踏实地地走好每一步，成功就在不远处。

合理规划，向着心灵的召唤前进

  法国作家雨果说过："有些人每天早上计划好一天的工作，然后照此实行。他们是有效利用时间的人。而那些平时毫无计划，靠遇到事情现打主意过日子的人，生活里只有'混乱'二字。"

  生物学家沃森在回顾自己的职业生涯时说："我的助手有一个非常好的习惯，这也是我一直没有替换他的主要原因。他有一本形影不离的工作日记，每天早晨，他都会把前一天写好的工作计划再翻看一遍，而在一天的工作结束后，他要对这一天的工作进行总结，同时把下一天的计划再做出来。"

  可见，制订计划可以让工作生活变得更加高效，为自己节省时间的同时，让生活也避免了很多不必要的麻烦。制订计划是一种很好的行为，它能有效地引导我们的行动，使我们的生活变得井井有条。

  美国西部的一个小乡村，一位家境清贫的少年在 15 岁那年，写下了他气势非凡的毕生愿望："要到尼罗河、亚马孙河和刚果河探险；要登上珠穆朗玛峰、乞力马扎罗山和麦金利峰；要去看大象、骆驼、鸵鸟和野马；探访马可·波罗和亚历山大一世走过的道路；主演一部《人猿泰山》那样的电影；驾驶飞行器起飞降落；读完莎士比亚、柏拉图和亚里士多德的著作；谱一部乐曲；写一本书；拥有一项发明专利；给非洲的孩子筹集一百万美元捐款……"

他洋洋洒洒地一口气列举了127项人生的宏伟志愿。不要说实现它们，就是看一看，也足够让人望而生畏了。

少年的心却被他那庞大的毕生愿望鼓荡得风帆竞起，他的全部心思都已被那一生的愿望紧紧地牵引着，并让他从此开始了将梦想转变为现实的漫漫征程。在历经一路风霜雨雪之后，他硬是把一个个近乎空想的夙愿，变成了活生生的现实，他也因此一次次地品味到了搏击与成功的喜悦。44年后，他终于实现了《一生的愿望》中的106个愿望。

他就是20世纪著名的探险家约翰·戈达德。

当有人惊讶地追问他是凭着怎样的力量把这么多的"不可能"踩在了脚下时，他微笑着如此回答："很简单，我只是让心灵先到达那个地方，随后，周身就有了一股神奇的力量，接下来，就只需沿着心灵的召唤前进了。"

沿着心灵的召唤前进，先为自己的人生做一个自己认为合理的规划，然后带着计划行走，时刻不忘自己出发的目的，并使自己在行进的过程中一步步朝着这个目标向前迈进。带着计划行走，才能在漫漫人生路上对自己始终保持一个清醒的认识，不忘自己出发时的初衷，才不会偏离航道，始终朝着目标前进，最终把梦想变为现实。

在追梦的路上要带上行动

　　安妮是大学里艺术团的歌剧演员。在一次校际演讲比赛中，她向人们展示了一个最为璀璨的梦想：大学毕业后，先去欧洲旅游一年，然后要在纽约百老汇中成为一名优秀的主角。

　　当天下午，安妮的心理学老师找到她，尖锐地问了一句："你今天去百老汇跟毕业后去有什么差别？"安妮仔细一想："是啊，大学生活并不能帮我争取到去百老汇工作的机会。"于是，安妮决定一年以后就去百老汇闯荡。

　　这时，老师又冷不丁地问她："你现在去跟一年以后去有什么不同？"安妮苦思冥想了一会儿，对老师说，她决定下学期就出发。老师紧追不舍地问："你下学期去跟今天去，有什么不一样？"安妮有些晕眩了，想想那个金碧辉煌的舞台和那双在睡梦中萦绕不绝的红舞鞋，她终于决定下个月就前往百老汇。

　　老师乘胜追击地问："一个月以后去跟今天去有什么不同？"安妮激动不已，她情不自禁地说："好，给我一个星期的时间准备一下，我就出发。"老师步步紧逼："所有的生活用品在百老汇都能买到，你一个星期以后去和今天去有什么差别？"

　　安妮终于双眼盈泪地说："好，我明天就去。"老师赞许地点点头，说："我已经帮你订好明天的机票了。"第二天，安妮就飞赶到全世界巅峰艺术殿堂——美国百老汇。当时，百老汇的制片人正在酝酿一部经典剧目，几百名各国艺术家前去应征主角。按当时的应聘步骤，是先挑出 10 个候选人，然后，让他们每人按剧本的要求演绎一段主角的对白。这意味着要经过百里挑一的两轮艰苦角逐才能胜出。安妮到了纽约后，并没有急着去漂染头发、买靓衫，而是费尽周折从一个化妆师手里要到了将排演的剧本。这以后的两天中，安妮闭门苦读，悄悄演练。正式面试那天，安妮是第 48 个出场的，当制片人要她说说自己的表演经历时，安妮粲然一笑，说："我可以给您表演一段原来在学校排演的剧目吗？就一分钟。"制片人首肯了，他不愿让这个热爱艺术的青年失望。而当制片人听到传进自己鼓膜里的声音，竟然是将要排演的剧目对白，而且，面前的这个姑娘感情如此真挚，表演如此惟妙惟肖时，他惊呆了！他马上通知工作人员结束面试，主角非安妮莫属。就这样，安妮来到纽约的第一天就顺利地进入了百老汇，穿上了她人生中的第一双红舞鞋。

有了梦想就要及时行动，一味地往后拖延只会让机会从你手中白白溜走。

王强是一个很普通的乡下孩子，因为没考上高中而来到城里做起了厨师学徒，和所有的年轻人一样，在工余时间也常去网吧里玩玩游戏。一次，他们正在一家网吧里上网，忽然电脑系统出了故障，网吧里的人只能愣在电脑面前等着技术人员修好，但是足足过了二十来分钟还没有恢复，有的退钱走人，有些不想走的索性就坐在沙发上大发牢骚，老板安慰大家说："每家网吧都会出现这样的情况，这是行业通病，没办法的！"说者无心，听者有意！王强心想，既然每家网吧都会出现这样的问题，那如果有一家能专门针对网吧的电脑维修公司，不是有很大的市场？

从那一刻起，王强对电脑的兴趣就从游戏转到了系统、程序上，半个月后，他把足足两个月的工资交到了一家计算机学校，开始学起了网页设计、办公软件等电脑知识。师兄弟们纷纷在背地里取笑他说："一个连高中都没有上过的农村孩子，还想从事什么电脑行业，简直是痴人说梦！"王强的师父也不止一次地提醒他认真学烧菜才是应该做的事情，甚至还因为他的两头忙而狠狠地批评过王强。但是这没有挡住王强追求梦想的决心，他心里面总是想着那个空白的市场，成立一家为网吧服务的电脑公司！

为了不让师父责备，他尽量做到不迟到不早退，把所有学习电脑的时间都安排在业余时间里。因为勤奋和努力，他的电脑水平一直名列全校前茅。后来，一家私人企业到学校来招聘优秀学员，学校很自然地推荐了王强。于是王强辞掉了厨师的工作，去了那家私人企业里上班。王强边工作边总结，电脑技术变得更加熟练，但半年后的一次，因为在工作中犯了个大失误而被企业辞退了，王强一下子跌入了失业的深渊。

在自责和自省中，王强在网吧里找到了一份工作，从事网吧的系统维护、架设服务器、安装游戏、寻找页面、做网页设计，一年多的时间里，王强对网吧的流程、设备的维护、网络的管理等方面都了如指掌，于是决定辞职自己干。他打印了许多宣传单，给网吧做电影更新，给毕业学生们做些视频简历。可是当时大家对这种简历的认可度不高，而且费用也不低，坚持了半年鲜有顾客，只能关门大吉。就这样，王强第一次创业失败了。

这时，他那些做厨师的师兄弟们非常善意地对他说："算了，心不要太高，好好做厨师吧！那些事情不是你这样的人所能做的！"

王强感谢师兄弟们的关心，但并没有因此而改变自己的梦想。他觉得电脑已经越来越普及，各地的网吧更是如雨后春笋般冒出，而所缺少的正是他这类拥有专业技术的人。王强再次打印了一些宣传单，挨家发给一些网吧，又从朋友那里借来电脑、硬盘和其他一些专业工具，最后到旧货市场买了一张旧写字台，成立了一家小型网络公司，并且采用了免费试用来吸引客户。没多久，一家网吧老板试用了他的服务，一周后，老板决定用 4000 元一次性购买他的电脑网络系统维护产品。

得到这家网吧的认可，不仅使他做成了第一笔生意，更为他打造了一个业务示范模本，就这样第二家、第三家紧接而来。

十年时间过去了，当初的小厨师如今已经成为邯郸一家大型网络公司的老板，办公地点也从出租房移到了写字楼，技术队伍更发展到了 30 多人，能从事多项网络技术，每年的经营利润就能达到 26 万元以上。目前，王强又把客户范围延伸至企事业单位电脑的网络维护、网络安全管理等。对于将来，王强打算在附近的石家庄、保定以及河南的安阳、山东的聊城等地陆续开设分公司，努力成为最大的网络公司。

人生在世，我们都是有梦的。然而，面对生活，我们却习惯性地把梦想推给"明天"，推给无数个借口。于是，梦想就在这日复一日地推脱中被我们磨平、消耗掉了，面对生活，面对曾经的那些梦想，只能徒留遗憾。

有梦的人生是绚烂的，梦想是对现实生活的一个美好愿望，是给自己人生设立的一个目标，让人前进的动力。然而，光有梦想的人生却是虚无的，只有梦想，却无行动来支撑的梦想无疑是纸上谈兵般的不切实际。

古希腊哲学家德谟克利特说："一切都靠一张嘴来谈理想而丝毫不实干的人，是虚伪和假仁假义的。"唯有做到理想与行动二者合一，才有可能让梦想变为现实。

所以，有梦的人生是好的，但要记得在制作梦想蓝图的过程中带着行动上路。

有计划没行动，只能原地打转

古人常说：千里之行，始于足下。再远的路一步一个脚印地走，也总有到达终点的一天；再小的河流，经过聚集也可以汇成汪洋的大海。计划亦如是，无论远大或是渺小的梦想，都需从点滴做起，着眼当下，才有可能接近最终的目标。

有一位武艺高强的大师隐居于山林中。

醉心于武学的人们都千里迢迢来到深山中寻找大师，希望大师能传授他们武学的要领、窍门。

他们到达深山的时候，发现大师正从山谷里挑水。

让人们觉得奇怪的是，大师两只水桶里的水都没有装满。

按他们的想象，武学造诣深厚的大师应该能够挑很大的桶，而且挑得满满的。

于是，他们询问大师这是什么道理，为什么不用大桶挑满水呢？

大师说："挑水之道并不在于挑多，而在于挑得够用。一味贪多，适得其反。"看着众人越发不解的眼神，大师就从他们中拉了一个人，让他重新从山谷里打了两桶满满的水。那人挑得非常吃力，摇摇晃晃，没走几步，就跌倒在地，水全都洒了，那人的膝盖也摔破了。

"水洒了，岂不是还得回头重打一桶吗？膝盖破了，走路艰难，岂不是比刚才挑得还慢吗？"大师说。

"那么大师，请问具体挑多少，怎么估计呢？"有人问道。

大师笑道："你们看我手指的方向。"

众人看去，桶里画了一条线。

大师说："这条线是底线，水绝对不能高于这条线，高于这条线就超过了自己的能力和需要。起初还需要画一条线，挑的次数多了以后就不用看那条线了，凭感觉就知道是多是少。有这条线，可以提醒我们，凡事要尽力而为，也要量力而行。"

众人又问："那么底线应该定多低呢？"

大师说："一般来说，越低越好，因为这样低的目标容易实现，人的勇气不容易受到挫伤，相反会培养起我们更大的兴趣和热情，长此以往，循序渐进，自然会挑得更多、挑得更稳。"

大师的这番言论，表面上看是在说挑水的哲学，其实又何尝不是在告诉众人武学的窍门，人生成功的秘诀：先从低处着手，才更容易实现目标，才能在这样的过程中培养我们更大的兴趣和热情。

日本前首相田中角荣，青少年时期就踌躇满志，豪气冲天，他期望自己日后能成为演说家、政治家。可他生来有口吃的毛病，这一不幸是预期目标的严重阻碍，但田中角荣并没有因生理缺陷而放弃自己的理想。他一直试验多种方法来克服这一缺陷：他学习唱歌，用歌曲的节拍感增强语言表达时的音节感；他把小石头含在口中控制舌头的运动，以校正发音。由于持之以恒，他终于克服口吃的毛病，从而迅速提高口头语言表达能力。他进入政界，发表演说，参加竞选，最终成为日本首相。"功夫不负有心人"的格言又一次得到了验证。

凡事要坚持从小事做起，不要急于求成，不要被困难吓倒，不放过一丝一毫的细节，才能实现雄心壮志。

有这样一个故事：有人对一只小闹钟说："你一年要重复不停地'嘀嗒'三千多万次，你能忍受这种枯燥乏味的生活吗？"小闹钟听后十分沮丧。一只老怀表对小闹钟说："不要只想着一年怎么'嘀嗒'三千多万次，只要坚持每秒'嘀嗒'一次就行了。"于是，小闹钟按照老怀表说的去做。一年过去了，小闹钟顺利完成了"嘀嗒"三千多万次的任务，变得更加成熟和坚强。

人生，有远大的目标固然好，但一味只盯着前方的目标只会让我们望而生畏。不如先着眼于当下的点滴，从小事做起，认真对待每一天，坚持做好当下一点一滴的事，距离成功的目标一定会越来越近。

第四章
抓住幸福，享受即时的精彩

福在哪里呢？福就在身边啊，这人真是身在福中不知福！很多时候，我们只能在失去之后，才知道当初的拥有是多么的幸福。眼明、耳聪、脚健，这些平常得不能再平常的事，在不少失去健康的人眼里又是一件多么幸福的事。而即使是疼痛，在一些人眼里也是一件幸事：毕竟，你还能感觉得到疼痛。

人生路上的每个风景，错过了，就不会再来。行动起来吧，让我们用有限的时间、有限的金钱、有限的精力，去看无限风景吧！

带着感恩的心上路

第四章
感谢生命 感恩生活中的每一天

　　人，总是在一个群体中生活，就像许许多多的社群动物一样，我们不能够脱离集体，脱离社会，脱离我们的社会生活。要想在社会中生活下去，就首先要融入我们的社会，就必须学会感恩。在人生的漫长旅途中，我们可以忘记过去的痛苦，也可以忘记曾经的欢乐，但却不能忘记别人曾给予的帮助，哪怕只是一杯水、一勺羹、一个微笑。尽管它们十分微小，但却有足够的力量使你重新振作起来。带着感恩的心踏上这条漫漫人生路，你会发现，前方不只有荆棘、阴霾，同样也还有着鲜花，有着阳光。学会感恩，拥有一颗感恩之心，哪怕只是一点点，就已足够。

　　有一个故事，讲的是一个勤快而又善解人意的妻子，数年如一日地照料自己的丈夫和儿女。但奇怪的是，她却从来没有从家人身上得到过任何感激。

　　有一天，这个妻子问她的丈夫："如果有一天我死了，你会不会买花为我哀悼。"

　　她丈夫惊讶地说："当然会啊！你这是在胡说些什么？"

　　妻子一本正经地说"等我死了以后，再多的鲜花都已经没有意义了，不如趁我还活着的时候，送我一朵花就够了。"

　　其实，有时候，一朵花就可以表示谢意，给对方喜悦及满足。

感恩，不一定是感谢大恩大德，它更像是一种生活态度，是一种隐藏在灵魂之间的文明。可惜的是，有些人并非不愿意表示感恩，而是天性木讷、害羞，不好意思大声地当面对人家说"谢谢"，或是不懂得如何适当地去表达自己的谢意。也许，对方并不期待你的回馈和报答，但这并不意味着受恩者就可以因此而忽略向对方表示谢意。及时的道谢，可以让彼此的心意幸福地传达。施恩和感恩其实就是一个快乐传递的过程。

表达自己的感恩之心和接受别人的感恩都是需要去练习的，并且，我们还要将它培养成一种习惯。"大恩不言谢"只是客套话而已，"滴水之恩当涌泉相报"才是感恩的最高境界。感恩，也不仅仅是感谢亲人、老师、朋友，也可能是感谢那些给予你能量或营养的食物，也或者是感谢一草一木的陪伴。我们需要做的是在面对食物的时候懂得珍惜，少一分浪费；在我们面对草坪、面对森林的时候，少一分践踏、少一分不合理的砍伐而已。

感恩是一种文明。没有感恩的心，可能感觉不到自己的冰冷，但拥有感恩的心，一定能感受到这个世界的温暖。只要有感恩之意，一句"谢谢"也会因为彼此之间的真诚而变成滋润彼此心田的甘泉。

幸福始于最简单的心境

幸福始于最简单的心境，它不在高处，不一定要历经辉煌，更不需要你跋山涉水地寻找，它其实就在你的身边，只要你用心留意，你就会发现，其实，幸福很普通，幸福很简单。正如有人曾说："简单不一定最美，但最美的一定很简单。"由此可见，简单的生活才是幸福的源泉。

越来越多的人觉得自己不幸福，不是因为幸福不在他们身边，而是因为他们总单纯地认为幸福不会在低处盘旋，幸福肯定在高处等待。于是，人们奋不顾身地往高处爬，去寻找那梦想中的幸福，殊不知，幸福其实一直都在，就如陈奕迅唱的一首歌《路一直都在》，"没有想过回头，一段又一段走不完的旅程，什么时候能走完，噢，我的，梦代表什么，又是什么让我们不安"。有些时候，我们一味地朝着某个目标走，行色匆匆却错过了好多东西。

简单即是幸福。自然的生活是最具幸福感的生活，只不过，生活在现代社会中的人，为了理想和追求让忙碌遮住了双眼，再也无法体会到自然之本的含义，满眼只充斥着金钱利益，满耳都是嘈杂纷乱……对于这样的"忙碌"族群来说，幸福成了一种奢侈。

这么说来，想要获得幸福，首先应做的就是恢复幸福的心境，抛开平日里复杂的想法和太多的杞人忧天，用自然简单的方式去经营生活，你会发现，其实你的幸福并未走远，而你的人生也不会如你所担忧的那般变得单一无聊，因为你心境平和，你能发现更多，得到更多，生活也会因此而五彩缤纷。

当然，生活中也难免一提到"自然、简单"有人就会不屑地说"那是没有上进心的人说的话"。这些人总是错误地认为，"自然、简单"的生活就等于清贫，是逆来顺受、毫无上进心的表现。其实，这完全是一种误解。要知道，生命并不总是华丽多彩的，也并不只有名利财富能够充实我们的人生。感受辉煌总是美好的，但人生中的辉煌能有多少？辉煌过后又是什么？所以说，人生最幸福的事情，不是等待辉煌的时刻，而是如何简单地生活。有时候，一栋房子给不了人情感上真正的温暖，但一句简单而真诚的话却可以给人以心灵的慰藉。要知道，真正能够满足人心，给人带来幸福感的，往往就是那些生活中简单而平凡的小事儿。

的确，幸福往往潜伏在简单的生活之中，正如有人曾说："简单不一定最美，但最美的一定很简单。"由此可见，简单的生活才是幸福的源泉。

可简单这件事儿，总是说起来容易，做起来不简单——因为，人的一生，不可避免的要有欲望，要有追求。人要真的毫无追求、欲望了，人生也就没有意义了。但人们在追求的过程中，难免为了一些根本无关紧要的事情而分心，如我们的攀比心理、嫉妒心理……这些本不该有的情绪，打乱了我们的追求，把我们生活变得复杂，心也随之而不堪重负。试问，这样的我们如何能够体会到生命中的幸福呢？如何获得简单之中的快乐呢？

我们只有放下心里那些不该存在的包袱，才能让人生的路走得更加快乐轻松。那么，放在现实生活中，我们该如何做呢？

其实，我们的人生大体可以分为三个部分，"我的事情、他们的事情、未来的事情"。

现实中，人们的烦恼多半是因为做不好"我的事情"、总分心"他们的事情"、瞎操心"未来的事情"，比如，"要做什么样的工作，何时结婚……"这是"我的事情"；"谁和谁分手了，有了外遇"这是"他们的事情"；"会不会有世界末日"这是"未来的事情"。

人们的烦恼因为这些事情越积越多，最后不堪重负。因此，想要简单幸福的生活，你首先要看淡"我的事情"，不必强求，顺其自然，尽自己的所能即可；别管"他们的事情"，生活又不是八卦杂志，何必总烦别人的烦恼，想知道别人的隐私呢？最后，就是别操心"未来的事情"，以后会怎样谁也不知道，你能做的就是过好今天即可。

记住以上的话，每个人都可以是幸福的，只要他记住这个道理——简单即是幸福！

别想远方模糊的，要看手边清楚的

现代社会，大多数人都已不重视"现在"，他们总是若有所想，心不在焉，想着明天、明年，甚至下半辈子的事。有人说"我明年要赚得更多"，有人说"我以后要换更大的房子"，有人说"我打算找更好的工作"。后来，钱真的赚得更多，房子也换得更大，职位也连升好几级，可是，他们并没有变得更快乐，并且还是觉得不满足："唉！我应该再多赚点儿！职位更高一点儿，想办法过得更舒适一点儿！"

他们的眼睛总是不停地向前、向上看，总是幻想着远方有更好的风景，却一味地忽略了现在。这些人就算得到再多，也不会觉得快乐。他们不仅现在觉得不够，以后也不会赚够。他们忘了真正的满足不是在"以后"，而是在"此时此刻"。有些想追求的美好事物，不必费心等到以后，现在便已拥有。

一匹可敬的老马失去了老伴，身边只有唯一的儿子和自己在一起生活。老马十分疼爱儿子，把它带到一片草地上去抚养，那里有流水，有花卉，还有诱人的绿荫。总之，那里具有幸福生活所需的一切。

但小马驹根本不把这种幸福的生活放在眼里，每天吃着嫩绿的三叶草却抱怨口味单一，在鲜花遍地的原野上毫无目的地东奔西跑，却抱怨景色单调，再不就呼呼大睡。

这匹又懒又胖的小马驹对这样的生活逐渐厌烦了，对这片美丽的草地也产生了反感。它找到父亲，对父亲说："近来我的身体不舒服。这片草地不卫生，伤害了我；这些三叶草没有香味；这里的水中带泥沙；我们在这里呼吸的空气刺激了我的肺。一句话，除非我们离开这儿，不然我就要死了。"

"我亲爱的儿子，既然这有关你的生命，"它的父亲答道，"那我们就马上离开这儿。"它们说完就行动——父子俩立刻出发去寻找一个新的家。

小马驹听说出去旅行，高兴得嘶叫起来，而老马却不那么快乐，只是安详地走着，在前面领路。它让它的孩子爬上陡峭而荒芜的高山，那山上没有牧草，就连可充饥的东西也没有一点儿。

天快黑了，仍然没有牧草，父子俩只好空着肚子躺下睡觉。第二天，它们几乎饿得筋疲力尽了，只吃到了一些长不高而且是带刺的灌木丛，但它们心里已十分满意。现在小马驹不再奔跑了。又过了两天，它几乎迈了前腿就拖不动后腿了。

老马心想，现在给它的教训已经足够了，就趁天黑把儿子偷偷带回原来的草地。马驹一发现嫩草，就急忙地去吃。

"啊！这是多么绝妙的美味呀！多么好的绿草哇！"小马驹高兴地跳了起来，"哪儿来的这么甜这么嫩的东西？父亲，我们不要再往前去找了，也别回老家去了——让我们永远留在这个可爱的地方吧，我们就在这里安家吧，哪个地方能跟这里相比呀！"

小马驹这样说，而它的父亲也答应了它的请求。天亮了，小马驹突然认出了这个地方原来就是几天前它离开的那片草地。它垂下了眼睛，非常羞愧。

珍惜人生路上伴你同行的人

世上最善变的就要数时间。某一刻温顺，某一刻善意，某一刻疯癫，某一刻黑暗。你永远不知道下一刻生活会以怎样的方式呈现在你面前，而我们唯一能做的就是抓住这一刻的时间，赶紧享受幸福。

刘先生永远都会记得那个晚上，他像平时一样在看体育新闻，妻子洗了澡出来对他说："我的脚上怎么多了一颗黑痣？"刘先生是一个毫无医学常识的人，觉得女人都喜欢大惊小怪，就没有理会她。

他们的生活应该说是很和谐、安逸的。自从刘先生在公司任了高职之后，妻子就当起了全职太太。刘先生的工作三天两头加班，还经常出差，有时候一走就是两三个星期。出差在外，别人都会担心家里老人身体如何，孩子功课怎样。而刘先生，总是悠闲笃定的。他知道，妻子会去照顾父母，会辅导儿子功课。他们早就买了车，住进了三室两厅大房子。虽然他们早就忘记了浪漫是怎么回事，但两人感情一直很好。

刘先生的妻子以前是一位药剂师，有一点儿医学常识。她知道这种莫名其妙、不痛不痒，忽然长出来的黑痣可能有问题。她自己去看了医生，诊断下来是皮肤癌。这个结果把刘先生吓蒙了。那些日子，他陪着妻子跑遍了最有名的大医院。所有的诊断都一样，并且得知，她得的这种癌症的死亡率是90%，是皮肤癌中最最凶险的一种。不久，就像医生预言的那样，妻子的腿上、胳膊上、背上也不断长出新的黑痣来。妻子的身体和精神也渐渐开始衰弱。她住进了医院。没有了她的家变得冷清。厨房里没有了热气，家具上都蒙上了灰。以前温暖、舒适的家变成了一个几乎他不认识的地方。刘先生对家里的许多东西都感到陌生。用微波炉解冻、蒸饭，搞了半天他也不知道分别用哪一档。煮一碗速食面、热一碗汤，弄出来的味道怎么就和妻子弄的不一样。以前，妻子轻而易举就递给他的日用品，现在他翻遍了抽屉也找不到。

从妻子住院，刘先生就开始休公假、请事假，尽量多陪妻子。因为这时候他才明白，如果没有一个家，如果家里没有一个体贴的妻子，男人挣再多的钱，在外面再风光也是空的。

就在她病情趋向恶化的时候，朋友告诉刘先生说，广州有一个专门治疗这类皮肤癌的医院，有类似的病例在那儿被治愈过，但费用很贵，一个疗程三个月，大约要三十多万元，治愈率大概有30%。当刘先生把这个消息告诉妻子的时候，被病痛折磨得近乎失神的妻子对丈夫清清楚楚地说了一句话："我要活下去！"

真的，以前刘先生从来没有觉得他们是多么恩爱的夫妻，可是，那一刻，他觉得他俩是世界上最最相爱、最最适合做夫妻的人。妻子要活下去，刘先生要让妻子活下去。他们要一起变老，一起等儿子长大，一起听儿子的儿子喊他们"爷爷、奶奶"。刘先生下了决心陪妻子去广州。他去公司请假的时候，听到有同事在轻声说："如果是我，就省省了，30万，万一没治好，不是人财两空嘛。"说这些话的人没有体会过亲人将要离去的悲哀，也不知道这一生机带给刘先生的希望。

去广州之前，刘先生按照妻子开的单子买了许多日用品。当刘先生提着袋子走出超市的时候，他觉得很重。这么多年来，家里的一切她都安排得井井有条，他从来不知道米多少钱一袋，油多少钱一桶，也从来不知道这些东西从超市拎到家里会这么累。他一直觉得家里的顶梁柱是自己，当她骤然倒下的时候，他才意识到，妻子才是家里的主心骨。

开始的一个月治疗下来，妻子似乎觉得好一点儿了。偶尔，刘先生还搀着她在花园里散散步。他们常常在一起回忆，回忆恋爱时的青涩，结婚时的甜蜜，儿子出生时的幸福……他们在广州度过了结婚以来最最亲密的日子。那三个月里，他们朝夕相处、寸步不离，常常一起笑一起哭，想不起来有多久他们已经没有这样倾心交谈过了。三个月里，刘先生眼看着妻子慢慢地憔悴，特殊治疗对她也不起作用，她终于连一碗粥也喝不下了。到了后来，妻子对刘先生说："我想回家。"就这样，他们带着绝望的心情回到了家。

回家之后，妻子的身体越来越弱，而且癌症病人最害怕的疼痛症状也显示出来。妻子整夜整夜地睡不着，整夜整夜地被疼痛折磨得辗转反侧、痛苦呻吟，止痛针也不起作用。刘先生恨不得去代她受苦，代她痛，他实在不愿看到她这么痛苦。

偶尔妻子觉得好一点儿的时候，就开始向丈夫交代家事。他这才知道，家务事那么多、那么烦琐，妻子一个人平时在家里是这么忙碌。妻子还告诉丈夫，他爱吃的猪蹄是在哪家饭店买的，他平常穿的内衣，要买哪一个牌子，他的西装都是在哪家商场买的。

临终前几天，她一直说同他结婚，她很幸福；说他们在广州的三个月，是她一生最幸福的日子。妻子去世的那天，很平静。刘先生告诉儿子，妈妈是去了另一个地方等他们，将来他们还会在那里团聚，那时候，妈妈还是妈妈，爸爸还是爸爸，儿子依旧是他们的孩子。

现在，刘先生最怕看到人家快快乐乐的一家三口，每次路过他们一起去过的地方，他都忍不住要哭。用洗衣机的时候，按微波炉的时候，为儿子找换季衣服的时候，加班回家晚了自己泡方便面的时候，半夜里醒来发现一个人睡在那张大床上的时候，他都想哭。妻子在的时候，他并没有感觉到有什么特别的幸福，妻子不在的时候，仿佛天塌了。

总是在拥有时不懂得珍惜，却又在失去后追悔莫及。其实，生活中的大多数人莫不是这样，在拥有时觉得时间还早，还来得及珍惜、享受，却又一次次地忽略，一次次地错过；于是，当快要失去时才来后悔，才想来抓住一点儿幸福，却为时已晚。

活在当下，抓住幸福，好好珍惜你的另一半，多留一点儿时间给对方，不要忽视对方为你所做的一切，不要等到失去了才懂得对方的美好。

"幸福其实就在你的眼前"，人生的意义，不过是嗅嗅身旁每一朵绮丽的花，享受一路走来的点点滴滴而已。毕竟昨日已成历史，明日尚不可知，只有"现在"才是上天赐予我们最好的礼物。

享受现在的拥有，为我们有一个幸福的家而感到富足，有一个健康的身体而觉得快乐，有一分令人满意的工作而觉得充实……人生，不过如白驹过隙，何必非要去苦苦追寻那些如浮云般虚无缥缈的东西。人生，把握当下才是关键，懂得拥有现在并享受当下生活给你的一切才是幸福的。

要学会欣赏沿途的景色

一个人登山为了什么？是为了登顶，还是为了享受登顶过程中的美景？

人生没有绝对的顶峰，在不停攀登的过程中，要学会欣赏一路的景色。人生应该有两个目标：第一是得到想要的东西，尽力去争取；第二是享受你现在所拥有的。然而只有最聪明的人才能做到后者。常人总是朝着第一个目标迈进，他们根本不懂得享受。

我有一个朋友，在北京打拼十多年，已经有豪宅，有名车，有娇妻，有爱子。这样的人生，应该是幸福美满的。但他却并不开心。商战的搏杀让他神经衰弱，失眠与多梦折磨了他数年，怎么治疗也不见好转。心理医生建议他每年给自己放半个月假，外出度假放松自己，但依然不见效。有一次，我一家三口与他一家三口去结伴云南度假，刚一下飞机，就见到他急忙打开手机，给自己的公司总经理打电话，谈论公司的各种问题。其实，公司的总经理是他很信得过的人，公司的财务总监就是他弟弟，根本不用他操心。到了泸沽湖，在如诗如画的山水面前，也不见他怎么亲近山水。他是身在度假心在公司，一路上不是与我探讨他生意上的事情，就是打电话给北京的公司。毫无疑问，这样的度假，根本无法让人得到身心上的放松，甚至可能会比不度假更让人累。

因此，他的神经衰弱、失眠多梦的问题，丝毫没有好转。

人生如果只有攀登，而没有驻足欣赏一路上的美景，那还有什么意义？事业是没有终点的，享受却可以随时开始。

大多数人都认为，所谓享受，那是有钱人的特权。其实不然，听骤雨敲窗，看云舒云卷，赏花开花落……这些，都是与金钱无关。就像我上面提到的那位富人朋友，他有钱，却没有心思去欣赏与享受。会享受人生的人，不在于拥有多少财富，不在于住房的大小，薪水的多少，职位的高低，而在于你是否有这份悠然之心。

生活永远不是完美的。对于我们普通大众来说，或许在养家糊口中不得不忙碌奔波。在忙碌奔波时，我们依然可以找到快乐。不管你的现状如何、目标如何，都别忘了人生的第二个目标：享受你现在所拥有的。没必要总是给享受预设了很多前提条件，人生是由每一个"当下"组成，享受现在，成就一生。

不少人的心绪往往在过去和未来之间摆荡，不是对过去耿耿于怀，就是对将来忧心忡忡，浑然不知"当下"的滋味，结果是对过去的包袱舍不得丢弃，而未来的重担又把自己弄得喘不过气来，永远在过去和未来之间游移。现在就是我生命中最美好的时光！这，其实就是佛陀所说的"活在当下"。东西方在文化上有一定的差异，却都对"珍惜现在，享受现在"有着一致的看法。

每天当我们结束工作时，就应当把成为以往的事情忘记，因为过去的光阴不能再追回来。虽然我们难保一天所做不会有错误或蠢事，但是事情已经过去，一味地追悔只能贻误我们迎接明天，而让明天成为下一个令人追悔的蠢事。今天就握在我们手中，这是一个新日子，它好像人生日记本里的空白一页，任由我们去写。

我们所要做的就是燃起生命的热情，激发心中的希望，倾注全力做好每一件事，享受每一个今天。

最好的沉思就是留意生活，想哭就哭，想笑就笑，闲时晒晒太阳，忙时泡个热水澡，多与人分享快乐，少关注烦恼。多留意最简单的日常活动，少预想未来怎样，也不流连在对过去的怀念中。活在当下就是最高级别的沉思。

活在当下，享受当下。

活在当下，关注眼下的时光与日子

每一个人都是活在当下的，每一个当下对于我们来说都是独一无二的，它不是过去的延续，也不是一个接一个的未来。活在当下，学会关注眼下的时光和日子，做好当下正在做的事，就如佛学中所讲的那样——饿了就吃饭，困了就睡觉。

菲尔德先生工作努力，已经积攒了一大笔钱。有一天，在新闻的启发下，他想在大西洋的海底铺设一条连接欧洲和美国的电缆。对于他的这个想法，几乎所有的人都反对。可是菲尔德还是放弃了自己原来的工作，随后，他就开始全身心地推动这项事业。

前期基础性的工作包括建造一条 1000 英里长从纽约到纽芬兰圣约翰的电报线路，纽芬兰 400 英里长的电报线路要从人迹罕至的森林中穿过。所以，要完成这项工作不仅包括建一条电报线路，还包括建同样长的一条公路。此外，还包括穿越布雷顿角全岛共440 英里长的线路，再加上铺设跨越圣劳伦斯海峡的电缆，整个工程十分浩大。

菲尔德的铺设工作开始了，然而就在铺设到 5 英里的时候，电缆突然被卷到了机器里面，断了。

菲尔德不甘心，进行了第二次试验。在这次试验中，在铺好200 英里长的时候，电流突然中断了。但菲尔德相信事情一定会有转机。他又订购了新的电缆，还聘请了一个专家，请他设计一台更好的机器，以完成这么长的铺设任务。但是两船分开不到3英里，电缆又断开了；再次接上后，两船继续航行，到了相隔8英里的时候，电流又没有了。

电缆第三次接上后，铺了200英里又断开了，菲尔德的船最后不得不返回爱尔兰海岸。

一切似乎都在说明一个事实，这个计划是不可能实现的。但是在所有人放弃的时候，菲尔德先生还是坚持，他用他的诚意打动了新的投资人。菲尔德为此日夜操劳，甚至到了废寝忘食的地步，他坚定地认为只要不放弃，这个项目是可以实现的。

于是，新的尝试又开始了，这次总算一切顺利，全部电缆铺设完毕，而没有任何中断，几条消息也通过这条漫长的海底电缆发送了出去，一切似乎就要大功告成了，但突然电流又中断了。

这时候，几乎没有人不感到绝望，连菲尔德也开始犹豫。但他没有放弃，他四处奔波，整整一年的时间，他找遍了所有的投资人。在经过仔细研究之后，菲尔德又开始了原来的项目。他们买来了质量更好的电缆，找来了更好的船只。

菲尔德在分析了失败的原因之后，继续从事这项工作，而且制造出了一种性能远优于普通电缆的新型电缆。1866年新一次试验开始了，并顺利接通，发出了第一份横跨大西洋的电报。电报内容是："我们晚上9点到达目的地，一切顺利，感谢上帝！电缆都铺好了，运行完全正常。菲尔德。"现在，这条电缆线路仍然在使用，而且再用几十年也不成问题。

菲尔德先生的故事告诉我们，坚持做好当下你正在做的并认为是有意义的事，不管前方的路有多么崎岖坎坷，始终不渝地坚持，不放弃原来认定的事业。

做好当下正在做的事，在挫折中积累经验，在一次次地经验中前行，才最终成就了菲尔德的事业梦想。

机会不是一个到你家里来的客人，会在你门前敲门，等待你开门把它迎接进来。恰恰相反，机会是一件不可捉摸的活宝贝，无影无形，无声无息，假如你不用苦干的精神，努力去寻求它，也许永远遇不着它。

机会青睐有准备之人，做好当下正在做的事，你才能为未来积蓄力量。抓住每个今天，做好手上的工作，不管工作是大是小，都尽自己最大的努力做到最好，相信机会就会自动降临到你身边。

不要因为安逸而裹足不前

生活当中，我们总说要珍惜时间，不浪费生命，却又总是在消磨时间，浪费生命。我们总是没完没了地在网上浏览网页，没完没了地玩着游戏，一次次地在游戏中寻求刺激，让时间一点一滴地消逝……在这样的情况下，珍惜生命的话语更像只是一个口号、一个名词，没有任何意义。

任何事情，如果没有行动的支撑，那它永远都只能是一个口号，"活在当下"是一个动词，需要靠行动来实现。英国前首相本杰明·迪斯雷利曾指出，虽然行动不一定能带来令人满意的结果，但不采取行动就绝无满意的结果可言。

所以，要想取得成功，让人生过得更加充实有意义，就必须从行动开始。

连绵秋雨已经下了几天。在一个大院子里，有一个年轻人浑身淋得透湿，但他似乎毫无觉察。他满天怒气地指着天空，高声大骂着："你这该千刀万剐的老天呀，我要让你下十八层地狱！你已经连续下了几天雨了，弄得我屋也漏了，粮食也霉了，柴火也湿了，衣服也没得换了，你让我怎么活呀？我要骂你、咒你，让你不得好死……"

年轻人骂得越来越起劲，火气越来越大，但雨依旧淅淅沥沥，毫不停歇。

这时，一位智者对年轻人说："你湿漉漉地站在雨中骂天，过两天，下雨的龙王一定会被你气死，再也不敢下雨了。"

"哼！它才不会生气呢，它根本听不见我在骂它，我骂它其实也没什么用！"年轻人气呼呼地说。

"既然明知没有用，为什么还在这里做蠢事呢？"

"……"年轻人无言以对。

"与其浪费力气在这里骂天，不如为自己撑起一把雨伞。自己动手去把屋顶修好，去邻家借些干柴，把衣服和粮食烘干，好好吃上一顿饭。"智者说。

智者的话对年轻人来说无疑是当头棒喝，"与其浪费力气在这里骂天，不如为自己撑起一把雨伞。"再多的叫骂也无济于事，只有真正地行动起来，才有可能去扭转现在的不利局面，使自己脱离这种恶劣的境地。

经常听到周围的人抱怨："当时真应该那么做，不然现在已经成功（发财）了！""如果当时我能早点行动，现在也不会落得这样的下场。"我们总是不断地告诉自己前进，告诉自己要抓紧时间行动，却又总是习惯性地享受安逸，继而裹足不前。于是，梦想就在一次次的拖延中离我们越来越远。

做一件事情，只要开始行动，就算获得了一半的成功。

演讲大师齐格勒有这样一个说法，世界上牵引力最大的火车头停在铁轨上，为了防滑，只需在它 8 个驱动轮前面塞一块一英寸见方的木块，这个庞然大物就无法动弹。然而，一旦这只巨型火车头开始启动，这小小的木块就再也挡不住它了；当它的时速达到 100 英里时，一堵 5 英尺厚的钢筋混凝土墙也能轻而易举被它撞穿。

从一块小木块令其无法动弹到能撞穿一堵钢筋水泥墙，火车头威力变得如此巨大，原因不是别的，因为它开动起来了。

其实，人的威力也会变得巨大无比，许多令人难以想象的障碍也会被你轻松地突破，当然前提是：你必须行动起来。不然，只知道浮想，如停在铁轨上的火车头，那就连一块小木块也无法推开。

生活中有理想的人很多，但真正实现自己理想的却不多；有成功愿望的人很多，但真正迈进成功大门的却不多。

被媒体尊称为"中国雅思之父"的胡敏谈英语学习时说过这样一段精辟的话："不要找借口，说是不可能完成的事。如果我要求你们在一小时内背下一百个单词，你们大部分的人都可能完不成这个任务，但我再加上一个条件，如果背不下来的，全都枪毙，我估计大部分的人都能背下来了。"

是的，没有什么不可能的，只要你敢于把借口打碎，只要你真正地行动起来，抓住今天，把握当下每分每秒，成功离你咫尺之遥。

化繁为简，乐享快乐生活

懂得生活的人，会不惜代价为自己找寻可以休闲娱乐的时间，这样一来，假期一结束你又能看到他们神清气爽、精神饱满的样子了，他们简直就像是一个新人，不再感觉到疲惫与厌倦，而是充满了幸福与快乐。

很多人为了事业，只会工作，而很少会娱乐，每天都像机器一样忙碌地运转着，生活中各种各样的娱乐场所，他从没有感受过。这样的人或许被大家看做是一个热爱事业的人，但实际上，他只是一个不懂生活而忙碌生活的人。

这个世界上，无论男人女人，无论处于何种生活状态，娱乐都是必不可少的，换言之，适当的娱乐才能帮助我们更好地享受生活。

居里夫人算得上是成功的女性吧，但她却把娱乐定为是除了工作之外第二重要的事情，因为在娱乐中，她可以得到更好的放松，没准儿还能迸发出新的创意，这是促使她成功的因素之一。

我们想要获得成功与幸福，就要做一个会生活的人，做一个工作与娱乐兼顾的人。因为科学证明，适当的娱乐有助于我们更好地投入到工作之中。换言之，娱乐并非是浪费时间的事情，而是一种很有意义和价值的事情，我们能从娱乐中获得很多益处及更多生活幸福感。

这是最简单易懂的道理，与其花钱去医院看病吃药，不如到乡间去寻找健康。自然界的治疗能力是超群的。每年给自己放个长假去感受大自然的纯净，这比每天都吃营养品来得健康得多，娱乐健身、休闲度假这些都让我们充满活力而且愈发健康。

看着那些不懂得这些道理的人。他们每天面对着大量的工作，为烦恼琐碎的事情发愁。显然，他们太需要去乡间走一走了，太需要抽出些时间娱乐一下啦，不然，时间一长，这些人必定头昏眼花，干什么都没精打采，30岁的年龄却背着50岁的身体，很难再享受到生活中的幸福与快乐。

懂得生活的人，会不惜代价为自己找寻可以休闲娱乐的时间，这样一来，假期一结束你又能看到他们神清气爽、精神饱满的样子了。一次度假归来，他们简直就像换了一个人，不再感觉到疲惫与厌倦，而是充满了幸福与快乐。

花掉一些时间可以让你重获充沛的精力，使你更有力气去解决生活中的问题，对生活对工作都会有一个全新的认识和愉快的感觉，这难道不是一项每个人都该去实践的项目吗？

在快节奏的生活中，我们更应该懂得善待自己，就算再忙也要抽出一些时间痛痛快快地娱乐一回，彻彻底底地让自己放松一回，相信你定能"玩"出一个好心情。

当然，娱乐休闲不是放纵，不是疯玩，而是需要在休闲的基础上有所收获，不仅仅是打打球，唱唱歌、健健身或游泳，也包括听听音乐，看看书，只要能让你放松的方式都可以。

我们要学会把生活化繁为简，懂得为自己的生活寻找乐趣，为自己的心灵减压。每个人都要懂得适时去娱乐，这样才能在放松身心之后更好地为明天奋斗，更好地为幸福拼搏！

第五章
人生不只有沉重，还有风雨后的轻叹

对于人生的成与败，企业家马云曾说："我无法定义成功，但我知道什么是失败！成功不在于你做成了多少，在于你做了什么，历练了什么！"他还说："人要被狠狠PK过，才会有出息！"世上可能有一帆风顺的爱情，但一定没有一帆风顺的旅途。在漫漫人生旅途中，我们应像苦行僧一样接受挫折、磨难的洗礼。武林高手比的是经历了多少磨难，而不是取得过多少成功。弱者在挫折中懊悔、倒下，而强者在挫折中学习、成长。

最短的路未必是最快的路

　　一位乘客上了出租车，并说出了自己的目的地。司机问："先生，是走最短的路，还是走最快的路？"乘客不解地问："最短的路，难道不是最快的路吗？"司机回答："当然不是。现在是上班高峰，最短的路交通拥挤，弄不好还要堵车，所以用的时间肯定要长。你要有急事，不妨绕一点儿道，多走些路，反而会早到。"

　　生活中有很多时候我们会遇到类似的问题，虽然条条大路通罗马，但最快的路不一定是最短的路，到达目的地最短的路可能会因某种原因使我们浪费更多的时间。

　　林肯曾经说过："我从来不为自己确定永远适用的原则。我只是在每一具体时刻争取做最合乎情况的事情。"英国大科学家、电话的发明者贝尔说："不要常常走人人去走的大路，有时另辟蹊径前往云林深处，在那里你会发现你从来没有见过的东西和景物。"

　　如果把一只蜻蜓放在一个房间里，它会拼命地飞向玻璃窗，但每次都碰到玻璃上，在上面挣扎好久恢复神志后，它会在房间里绕上一圈，然后仍然朝玻璃窗上飞去，当然，它还是"碰壁而回"。

　　其实，旁边的门是开着的，只因那边看起来没有这边亮，所以蜻蜓根本就不会朝门那儿飞。追求光明是多数生物的天性，它们不管遭受怎样的失败或挫折，总是坚决地寻求光明的方向。而当我们看见碰壁而回的蜻蜓的时候，应该从中悟出这样一个道理：有时，我们为了达到目的，选择一个看来较为遥远、较为无望的方向反而会更快地如愿以偿；相反，则会永远在尝试与失败之间兜圈子。

毫无疑问，人们都愿走直路，沐浴着和煦的微风，踏着轻快的步伐，踩着平坦的路面，这无疑是一种享受。相反，没有多少人乐意去走弯路，在一般人眼里弯路曲折艰险而又浪费时间。然而，人生的旅程中是弯路居多，山路弯弯，水路弯弯，人生之路亦弯弯，所以喜欢走直路的人要学会绕道而行。

学会绕道而行，迂回前进，适用于生活中的许多领域。比如当你用一种方法思考一个问题或从事一件事情，遇到思路被堵塞之时，不妨另用他法，换个角度去思索，换种方法去重做，也许你就会茅塞顿开，豁然开朗，有种"山重水复疑无路，柳暗花明又一村"的感觉。

绕道而行，并不意味着你面对人生的困难而退却，也并不意味着放弃，而是在审时度势。绕道而行，不仅是一种生活方法，更是一种豁达和乐观的生活态度和理念。大路车多走小路，小路人多爬山坡，以豁达的心态面对生活，敢于和善于走自己的路，这样你就会成为一个了不起的开拓创新者。

百折不回的精神虽然可嘉，但如果望见目标，而面前却是一片陡峭的山壁，没有可以攀缘的路径时，我们最好是换一个方向，绕道而行。为了达到目标，暂时走一走与理想相背驰的路，有时正是智慧的表现。

到艰苦的环境中磨炼自己

闯荡于自己不熟悉的环境是艰难的，然而它最能告诉你生存的价值和改变的重要……

毛狗是幺外公唯一的儿子，我们哥儿几个自然应该叫他堂舅舅的，却因为他年纪比我还要小三四岁，我们谁也不肯叫他一声舅舅。后来长大些了，我们觉得叫他毛狗有些不伦不类不恭不敬，就私下里问幺外公，毛狗到底叫啥名字。幺外公眼珠一转，恶声恶气说问他名字干啥，他就叫毛狗，我就要让他晓得自己比别人贱。幺外公游手好闲了半辈子，是方圆二三十里出了名的，从没给过别人好印象。我们哥儿几个都曾私下里说毛狗摊上这么个父亲真是件不幸的事儿。

毛狗长到十六岁那年，幺外公把他交给二外公的大儿子学砖工，谁知两个月后毛狗竟从新疆千里迢迢跑了回来。幺外公问毛狗："你跑回家来干啥子？"毛狗说那儿又苦又冷，他想家，想爸妈，说着就哭鼻子，哀求幺外公再不要让他出门了，往后就在家好好侍候爸妈过日子。幺外公转身从门后拖了把扫帚大吼："你个贱狗，给老子跪下！家里只有接待你的三天客饭，三天后就给我滚！"

三天后的毛狗哭别爹娘依依不舍地重新踏上了去大西北的征

程。而幺外公的"客饭"之举，一时间家喻户晓路人皆知，人们无不痛骂幺外公，说虎毒还不食子哩，天下哪有这样当爹的！幺外公名声一时较前更为狼藉。而据幺外婆事后说，毛狗吃过三天客饭走时，幺外公是躲在厨房里抹眼泪的。

毛狗二去大西北再也没有回来过，连信也不曾给幺外公写过一封。大约是记着不肯原谅幺外公的无情吧！毛狗十八岁那年，从大西北回来的村人对幺外公说：毛狗学了一身好手艺，响当当的砖工师傅了哩！幺外公问毛狗是否有信给我们，那人说没，记恨着你哩！

毛狗二十岁那年，从大西北回来的村人又对幺外公说：毛狗读了不少建筑工程方面的书，当施工员了哩！幺外公问毛狗是否有信给我们，那人说没，记恨着你哩！

毛狗二十二岁那年，从大西北回来的村人向幺外公报喜说：毛狗自己揽了一桩工程，当包工头了哩！幺外公问毛狗是否有信给我们，那人说有哩，就忙从怀里掏出信来给幺外公。

毛狗在信中说：随着年龄的长大与经历的增多，终于明白了那三天客饭的含意，请幺外公原谅他以前不懂事一直记恨在心……看过信的幺外公突然像个小孩般号啕大哭，说自己小时候被父母娇惯，长大了就成了游手好闲的人，怎么也改不了……毛狗终于懂得了自己的苦心，那客饭是无情了点，但值啊！

村人们都说，那天的幺外公哭得好可爱哩！幺外公有生以来第一次给了村人好印象。

把苦难化为前进的动力

古人说：宝剑锋从磨砺出，梅花香自苦寒来。再锋利的宝剑也是经过烈火的锻造而成，梅花也是经历了冬雪的严寒才迎来了阵阵扑鼻的幽香。一个人的成功必定是经历了许许多多的挫折才铸就了自己的辉煌。

我们每个人都会面临各种挑战、各种机会、各种挫折，这时候你能承受的挫折的能力，就是你未来的命运。成功不是一个海港，而是一次埋伏着许多危险的旅程，人生的赌注就是在这次旅程中要做个赢家，成功永远属于不怕失败的人。

有一个博学的人遇见上帝，他生气地问上帝："我是个博学的人，为什么你不给我功成名就的机会呢？"上帝无奈地回答："你虽然博学，但样样都只尝试了一点儿，不够深入，用什么去成名呢？"

那个人听后便开始苦练钢琴，后来虽然弹得一手好琴却还是没有出名。他又去问上帝："上帝啊！我已经精通了钢琴，为什么您还不给我机会让我出名呢？"

上帝摇摇头说："并不是我不给你机会，而是你抓不住机会。第一次我暗中帮助你去参加钢琴比赛，你缺乏信心，第二次缺乏勇气，又怎么能怪我呢？"

那人听完上帝的话，又苦练数年，建立了自信心，并且鼓足了勇气去参加比赛。他弹得非常出色，却由于裁判的不公正而被别人占去了成名的机会。

那个人心灰意冷地对上帝说："上帝，这一次我已经尽力了，看来上天注定，我不会出名了。"上帝微笑着对他说："其实你已经快成功了，只需最后一跃。"

"最后一跃？"他瞪大了双眼。

上帝点点头说："你已经得到了成功的入场券——挫折。现在你得到了它，成功离你不过咫尺之遥。"

这一次那个人牢牢记住上帝的话，他果然成功了。

人生在世，总是会经历挫折的考验。一次挫折，让我们更看清前方的路；两次挫折，让我们明白自己身上的不足；三次挫折，把它当成上帝无聊时的戏弄……挫折是我们通往成功的必经之路，只有读懂了挫折，才能够读懂成功。

有个渔人有着一流的捕鱼技术，被人们尊称为"渔王"。然而"渔王"年老的时候非常苦恼，因为他的三个儿子的渔技都很平庸。

于是，渔人就向一位很有学问的哲人请教："我真不明白，我捕鱼的技术那么好，我的儿子们为什么这么差？我从他们懂事起就传授捕鱼技术给他们：告诉他们怎样织网最容易捕捉到鱼，怎样划船最不会惊动鱼，怎样下网最容易请鱼入瓮。他们长大了，我又教他们怎样识潮汐、辨鱼汛……凡是我长年辛辛苦苦总结出来的经验，我都毫无保留地传授给了他们，可他们的捕鱼技术竟赶不上技术比我差的渔民的儿子！"

哲人听了他的诉说后，问："你一直手把手地教他们吗？"

"是的，为了让他们得到一流的捕鱼技术，我教得很仔细很耐心。"

"他们一直跟随着你吗？"

"是的，为了让他们少走弯路，我一直让他们跟着我学。"

哲人说："这样说来，你的错误就很明显了。你只传授给了他们技术，却没传授给他们教训，对于技能来说，没有教训与没有经验一样，都不能使人成大器！"

渔夫以为自己手把手地把自己的人生经验传授给儿子们，他们就可以不必再经受那些苦难，就可以成为和渔夫一样的捕鱼高手。殊不知，经验要在挫折中磨砺、取得。没有经历过挫折，又怎么能够成为一名出色的捕鱼高手呢？

人生在世，几乎人人都会遇到挫折。在挫折中勇敢地前进，把苦难化为前进的动力，把跌倒转化为经验，把委屈升华为不屈。这样，在这条人生之路上，你才能越走越顺，道路才会越走越宽。

挫折，是通向成功大门的必经之路。如果没有挫折，贝多芬不会谱写出让世人惊叹的《命运交响曲》；如果没有挫折，也不可能成就凡·高卓绝的艺术成就；如果没有挫折，也不可能会有《红楼梦》；如果没有挫折，也不可能成就李嘉诚亚洲首富的传奇。

古人说，"祸兮，福所依"。挫折也是一个一体两面的事物，常常要在困苦过后，你才能够看见希望的曙光。没有挫折，你就不可能在迈向成功的路上拾得宝贵的经验，你也就不可能成功。

在人生的旅途中，挫折是一笔财富，这能使人的性格越发坚韧。挫折人人都会遇到，遇到的挫折越多，那么战胜挫折的心理就越旺盛。因此，当遇到困难时，你不会退缩，并能够勇于克服；当遇到失败时，你不会放弃，你会从头再来；当遇到苦难时，你不会抱怨，你会敢于战胜。挫折会使你的性格坚韧，让你能够顺利地走向成功。

　　平静的湖面，练不出精悍的水手；安逸的环境，造不出时代的伟人。挫折，是上帝给成功者准备的一道坎，只有穿过这道坎，战胜挫折的勇士，才能最终走向成功。

苦难只是迈向成熟的一道坎儿

很久以前，有一个地方建起了一座规模宏大的寺庙。竣工之后，附近的人们就来寺庙祈福。但是新盖的寺庙没有佛像供大家参拜，众人就祈求佛祖给他们送来一个最好的雕刻师，雕刻一尊佛像让大家供奉。于是佛祖就派了一个擅长雕刻的罗汉幻化成雕刻师来到人间。

雕刻师在两块已经备好的石料中选出了一块质地上乘的石头，开始雕刻。可是，他刚拿起凿子凿了几下，这块石头就喊起痛来，无法忍受雕琢的剧痛。

雕刻师劝它说："不经过细细的雕琢，你将永远都是一块不起眼的石头，无法享受至高无上的荣耀，还是忍一忍吧。"

可是，等他的凿子一落到石头身上，那块石头依然哀号不已："疼死我了。求求你，饶了我吧！我不要享受至高无上的荣誉。"雕刻师只好停止了工作。于是，罗汉就选了另一块质地远不如它的粗糙石头雕琢。

虽然这块石头的质地相比较第一块差些，但它因为自己能被选中，所以内心充满了激动之情，同时也对自己将被雕成一尊精美的雕像深信不疑。所以，不管雕刻师用刀琢还是用斧敲，它都以坚忍的毅力默默地承受过来了。

不久，一尊肃穆庄严、气魄宏大的佛像赫然立在人们的面前，大家惊叹不已，把它安放到了神坛上。

　　这座寺庙的香火越来越旺，日夜香烟缭绕，天天人流不息。为了方便日益增加的香客行走，那块怕痛的石头被人们搬去填坑筑路了。由于当初承受不了雕琢的痛苦，现在只得忍受人来人往、车碾脚踩的痛苦。看到那尊雕刻好的佛像安享人们的顶礼膜拜，享有至高无上的荣誉，它的内心总觉得不是滋味。

　　有一次，它愤愤不平地对路过此处的佛祖说："佛祖啊，这太不公平了！您看那块石头，它的资质比我差得多，为什么它可以享受人间的礼赞尊崇，而我却要遭受凌辱践踏，日晒雨淋，您这么做太偏心了。"

　　佛祖微笑着说："它的资质是不如你，但是它的荣耀却来自那一刀一锉的雕琢之痛啊！因为你受不了雕琢之苦，所以才得到这样的命运啊！"

　　其实，每个人都像佛祖脚边的一块石料，当你要在某一领域成就什么的时候，佛祖会看见。他会给你的前路摆放一堆你必须要历经的苦难。

　　而当你忍受了这一个又一个的苦难，跨越这一番又一番磨炼，向着心中的目标迈进的时候，上帝的刻刀已在你的身上雕琢了一遍又一遍。你无须抱怨，因为那是上帝在成就你的心愿。

　　有一个男孩在4岁时不幸患上了麻疹和可怕的昏厥症，这两种病症使他险些丧命；至此之后，各种病痛几乎与他如影相随。儿童时期，他又患上了严重的肺炎；中年时又有着严重的口腔疾病，口舌糜烂，满口疮痍，没办法，只好拔掉所有牙齿；紧接着又染上了可怕的眼疾，他几乎不能够凭视觉行走；50岁后，相继发作的关节炎、肠道炎、喉结核等多种疾病吞噬着他的肌体；后来，他完全不能发出声音，只能由儿子凭他的口型来表达他的思想；在他 57 岁那年，他离开了人世。

这个从 4 岁时便开始与苦难为伍，直到死时依然没能摆脱困难纠缠的人就是世界超级小提琴家帕格尼尼。纵然经历了几乎世间所有的痛苦，但是苦难却没有使他低头，相反，他却在苦难中脱颖而出，受到了世人敬仰。

他长期闭门不出，把自己禁闭起来，疯狂地每天练 10 个小时琴，忘记了饥饿与劳累。在 13 岁时，他过着流浪者的生活，开始周游各地，除了身上的一把琴，他一无所有。同时，他坚持学习作曲与指挥艺术，付出艰辛的精力与汗水，创作出了《随想曲》《无穷动》《女妖舞》和 6 部小提琴协奏曲及许多吉他演奏曲。

15 岁时，他成功举办了一次举世震惊的音乐会，一举成名。他的名声传遍英、法、德、意、奥、捷等很多国家。

帕尔玛首席提琴家罗拉听到了他的演奏惊异地从病床上跳下来，木然而立。维也纳一位听到他琴声的人，以为是一支乐团在演奏，当得知台上是他一人的独奏时，便大叫着，"他是一个魔鬼"，匆匆逃走。卢卡共和国宣布他为首席小提琴家。

苦难，从来都不是强者的绊脚石。

俄国著名戏剧家契科夫说："困难与折磨对于人来说，是一把打向坯料的锤，打掉的应是脆弱的铁屑，锻成的将是锋利的钢刀。"帕格尼尼就是那把经由苦难锻造而成的钢刀。

苦难，是人生路上的一道不可避免的坎儿，像桑蚕的茧，虽然痛苦，却是人生不得不经历的一个过程。

只有经历了苦难的生命才会散发出耀眼的光芒。事物的美丽不是信手拈来，卓越的成就也不是一蹴而就的，人生必须在痛苦的泪水中孕育，在忍耐的土壤里生根，在等待的岁月中发芽，在坚守的季节里开花。人生，也只有忍受无数次量变的痛苦，才能升华到质变的美丽。

正视缺陷，向着太阳前行

一只毛毛虫向上帝抱怨："上帝啊，你也太不公平了。我作为毛毛虫的时候，丑陋又行动缓慢，而当我变成了蝴蝶后，却美丽又轻盈。前期遭人厌恶，后期又招人赞美。这也太不公平了吧！"

上帝点了点头，说："那你准备怎么办？"

毛毛虫接着说："这样吧，平衡一下。我现在虽然丑陋点，但你让我行动轻盈点；当我化为蝴蝶后，就让我行动迟缓一点儿。"

"这样啊，那恐怕你活不了多久啊！"上帝摇了摇头。

"为什么啊？"毛毛虫焦急地反问。

"如果你有蝴蝶的漂亮却只有毛毛虫的速度，是不是很容易就被人捉了去呢？现在之所以没人碰你，就是因为你的丑陋啊。"上帝语重心长地说。

毛毛虫想了想，决定还是做一只缓慢而丑陋的毛毛虫。

俗话说：金无足赤，人无完人。在这个世界上没有任何一个人是完美的。面对自己的缺陷，不要一味地害怕，如果一味害怕别人的嘲笑，别人轻蔑的眼神，那只能让自己陷入更可悲的境地。

勇于正视自己的缺陷，要懂得爱惜自己。面对自己的缺陷，自己都选择一味地自卑，那又凭什么让别人来尊重你；在缺陷面前，只有选择了挺直腰板，勇敢面对生活中的风雨，才能赢得别人赞赏的眼神、尊重的目光。

　　一个男孩，从小到大都是坐在教室的最前排，因为他的个子一直是班上最矮的，只有一米二，而这个身高从此没有再改变过。他患的是一种奇怪的病，医学上称是内分泌失常导致的。

　　他的家境不好，父母都是农民，却要供养三个孩子念书。他上中学了，父母决定从学校叫回一个孩子，他们的目光首先落到了矮小的他身上。可他倔强地回绝了父亲："我要上学，学费我自己想办法！"从此，他拎着一个大大的塑料袋开始了自己的拾荒生涯，将一包包的废品换成学费。

　　在后来的一次事故中，父亲不幸丧失了劳动能力，矮小的他不得不连养活兄妹的担子也替父母扛起来。但很显然，卖破烂的钱已远远不够。偶然的机会，他听人说烟台一带拾荒的人少，就和父亲来到了烟台。为了生计，他边拾荒边乞讨，有空的时候，他就坐在人来车往的大街边捧着书本看。

　　父亲说，讨饭的看书有什么用。他反驳道，乞丐也有两种，一种是形式上的，一种是精神上的，他是第一种。

　　在拾荒与乞讨的间隙，他以超乎常人的毅力与决心，学完了高中的所有课程，因为他有一个梦想。功夫不负有心人，在2003年，他以超出本科线30分的成绩被重庆工商大学录取。他就是袖珍男孩——魏泽阳。

　　有人问他为什么能改变自己的命运。他从容地说："我可以贫穷，却不可以低贱；我可以矮小，却不可以卑微！"

　　正视缺陷，它不是我们逃避生活的借口，而应该成为我们更加热爱生活的动力。正视命运带来的缺陷，既然不能改变命运，那就要有能迎接命运不公的勇气。正如魏泽阳所说，生活中可以有缺陷，但却不能让缺陷把自己变得卑微，让缺陷阻挡自己前进的道路，阻挡自己去实现梦想。

面对梦想，没有什么能成为你的阻力，除了你自己。缺陷也是上帝给你的一次人生的磨砺，是勇敢地面对，还是盲目地逃避，取舍都在你的一念之间。若你总是一味地逃避，那你就只能永远带着缺陷的阴影一事无成；而若你选择勇敢地正视缺陷，你就可能改变自己的命运，把命运牢牢地握在自己手里，真正成为自己的主人。

勇敢地正视缺陷，把缺陷当作动力，张海迪在轮椅上完成了外国名著《海边诊所》的翻译；海伦·凯勒是一个又盲又聋又哑的人，但她却写出了《假如给我三天光明》这样励志的散文著作。正因为勇敢地面对了人生中的缺陷，司马迁才能在遭受宫刑之后，写出了鸿篇巨制《史记》；正因为勇敢地面对了人生中的缺陷，残奥会冠军何军权才能在游泳的赛场上一次一次地为祖国谱写辉煌。他们用自己的亲身经历，唤醒了每一位对生活失去信心的人；他们用自己的奋斗经历，谱写了拼搏人生、战胜宿命的凯歌。

被西欧称为"历史性的雄辩家"的狄里斯也曾是一个呼吸短促、说话低沉、口齿不清的人，和他说话，旁人经常听不懂他在说什么。不过，他却是一个知识渊博、思想深刻的人；他很擅长分析事理，在当时，几乎无人能出其右。

当时，在狄里斯的祖国首都雅典，有很严重的政治纷争，因此，能言善辩的人格外受到重视。狄里斯也在演讲人之列，虽然他知道自己缺乏说话的技巧很不合时宜，但经过一番充分的考虑之后，他还是从容地走上了讲台。但就因为他的低音和肺活量不足，口齿不清，以至于别人无法听清楚他所说的话。所以，不幸的是，狄里斯的这次演讲失败了。

但是，狄里斯并不灰心，借助这次失败，他反而比过去更努力了，努力训练自己的胆量和意志力。他每天都跑到海边去，对着浪花拍打的岩石大声喊叫，回家以后，又对着镜子练习说话嘴型，作发音练习。一直持续不辍，狄里斯就是这样努力了好几年，直到他 27 岁时，终于再度走上台向众人演说。

至此，辛苦的努力也总算有了成果。他这次盛大的演讲，得到了许多的喝彩与掌声，而狄里斯的名气，也就这样打响了。

人生，有缺陷又怎么样，只要自己肯努力，敢于把命运不公的那只球给它扣回去，就能够成为一个生活的强者。人生，有缺陷又怎么样，只要自己不看轻自己，别人就没有立场来轻视你；人生，有缺陷又如何，只要有梦想，只要有一颗对生活积极向上的心，依然可以抛掉缺陷的影子，向着太阳前进。

每走一步，都让自己看到希望

一位父亲带着儿子去参观凡·高故居，在看过那张小木床及裂了口的皮鞋之后，儿子问父亲："凡·高不是位百万富翁吗？"父亲答："凡·高是位连妻子都没娶上的穷人。"

第二年，这位父亲带儿子去丹麦，在安徒生的故居前，儿子又困惑地问："爸爸，安徒生不是生活在皇宫的吗？"父亲答："安徒生是位皮匠的儿子，他就生活在这栋阁楼里。"

这位父亲是一个水手，他每年来往于大西洋的各个港口，这位儿子叫伊尔·布拉格，是美国历史上第一位获普利策奖的黑人记者。20年后，在回忆童年时，他说："那时我们家很穷，父母都靠出苦力为生。有很长一段时间我一直以为像我们这样地位卑微的黑人是不可能有什么出息的。好在父亲让我认识了凡·高和安徒生，这两个人告诉我，上帝没有看轻卑微。"

从这个故事可以看出，这个儿子没有自卑，才使自己的人生没有虚度，才让自己的人生远离了不幸。

在社会上，自卑的人总感觉处处不如别人，自己看不起自己，"我不行""我没希望""我会失败"等话总是挂在嘴边。自卑的人往往自尊心极强，自卑与自尊经常会发生冲突，这种冲突会造成极其浮躁的心理。谁都曾有过自卑的念头，但千万不要让这种危险的念头主宰了你，你要相信，你会战胜自卑的。

1951年，英国人富兰克林从自己拍得极为清晰的DNA（脱氧核酸）的X射线衍射照片上，发现了DNA的螺旋结构，就此还举行了一次报告会。然而富兰克林生性自卑多疑，总是怀疑自己论点的可靠性，后来竟然放弃了自己先前的假说。可是就在两年之后，霍森和克里克也从照片上发现了DNA分子结构，提出了DNA的双螺旋结构的假说。这一假说的提出标志着生物时代的开端，因此而获得1962年度的诺贝尔医学奖。假如富兰克林是个积极自信的人，坚信自己的假说，并继续进行深入研究，那么这一伟大的发现将永远记载在他的英名之下。

要战胜自卑，首先要树立自信，自信是战胜自卑的最强大的武器。美国幽默作家霍尔摩斯有一次出席一场会议，席间他是身材最为矮小的人。一位朋友脱口而出："霍尔摩斯先生，你站在我们中间，是否有鸡立鹤群的感觉？"

很明显，这个朋友在笑话霍尔摩斯的身材矮小，所幸的是他不是一个自卑的人。他说："我觉得自己像一堆便士里的铸币。铸币面值十分，但比一分的便士体积小。"

有许多人，由于生理缺陷、性别、出身、经济条件、政治地位、工作单位等原因，常常造成自卑的心理。自卑对个人的身心和发展是不利的，也有碍于正常的人际交往。卡耐基对自卑心理做了较为精辟的研究，对如何克服自卑，他有独到的见解。在他的书里有这样一个故事：

凯西·拉曼库萨是一位不幸的母亲，当她的儿子琼尼降生时，孩子的双脚向上弯着，脚底靠在肚子上。凯西·拉曼库萨是第一次做妈妈，只是觉得这个样子看起来很别扭，一点儿也不知道这将意味着小琼尼先天双足畸形。医生保证说，经过治疗，小琼尼可以像常人一样走路，但像常人一样跑步的可能性则微乎其微。琼尼3岁之前一直在接受治疗，和支架、石膏模子打交道。经过按摩、推拿和锻炼，他的腿果然渐渐康复。七八岁的时候，他走路的样子已经和正常人差不多了，几乎看不出他的腿有过毛病。

虽然琼尼走路的样子接近正常人，但是凯西总让他走得远一些，比如去游乐园或去参观植物园。小琼尼走久了就会抱怨双腿疲惫酸疼，可凯西坚持让他多走走，多练练。邻居的小孩子们做游戏的时候总是跑过来跑过去，小琼尼看到他们玩就会马上跑过去，跟着跑啊闹啊。他母亲从不告诉他不能像别的孩子那样跑，从不说他和别的孩子不一样，所以他一直和孩子们玩得很高兴。

七年级的时候，琼尼决定参加横穿全美的跑步比赛。每天他和大伙一起训练。他坚持每天跑四五英里。有一次，他发着高烧，但仍坚持训练。他母亲一整天都为他担心。两个星期后，在决赛前的3天，长跑队的名次被确定下来。琼尼是第六名，他成功了。他才是个七年级学生，而其余的运动员都是八年级学生。

被医生宣判了不能跑步的琼尼不仅能跑了，而且在他那个年龄来说，成绩相当的优异。这是因为他自小没有为自己不如别人而自卑，相反的他从小就怀有成功的信念。所以说，克服自卑最重要的是要建立信心，充满自信。

每个人由于气质、文化素养及生活环境的不同，脾气、性格都不尽一致。但无论哪种人，自卑都是不正常的心理活动，应及时清除掉。

1. 警惕消极用语

你是不是经常使用一些消极性的自我描述用语？如"我就是这样""我天生如此""我不行""我没希望""我会失败"等。如果你总是把这些消极用语挂在嘴边，就只能使你更加自卑。把这些句子改成"我以前曾经是这样""我一定要做出改变""我能行""我可以试试""这次会成功的"，并且要经常对自己说或写下来贴在你房间的床头和书桌上。

2. 从另一个方面弥补自己的弱点

每个人都有多方面的才能，社会的需要和分工更是多种多样的。一个人这方面有缺陷，可以从另一方面谋求发展。只要有了积极心态，就可以扬长避短，把自己的某种缺陷转化为自强不息的推动力量，也许你的缺陷不但不会成为你的障碍，反而会成为你成功的条件。因为它促使你更加专心地关注自己选择的发展方向，促成你获得超出常人的动力，最终成为超越缺陷的卓越人士。

3. 用行动证明自己的能力与价值

其实，看一个人有没有价值，根本用不着进行什么深奥的思考，也用不着问别人，有人需要你，你就有价值；你能做事，你就有价值。因此，你可以先选择一件自己最有把握又很有意义的事情去做，做成之后，再去找一个目标。这样，每一次成功都将强化你的自信心，弱化你的自卑感，一连串的成功则会使你的自信心趋于巩固。

4. 全面了解自己，正确评价自己

你不妨将自己的兴趣、嗜好、能力和特长全部列出来，哪怕是很细微的东西也不要忽略。你会发现你有很多优点，并且对自己的弱项和遭到失败的地方持理智和客观的态度，既不自欺欺人，又不将其看得过于严重，而是以积极的态度应对现实，这样自卑便失去了温床。

5. 用微笑对抗逆境

人生是变幻的，逆境也绝不会一成不变。也许，今日的逆境，将会造就未来的成功，逆境可以磨炼我们坚毅的品质，并让我们对人生进行深层次的思考。同时，在微笑中我们能吸取失败的经验，轻轻松松地迎接下一次挑战。你可以微笑着告诉自己："一次失败不能证明全部失败，只有放弃尝试才必定失败。"

6. 每天给自己一个希望

在这个世界上，有许多事情是我们所难以预料的。我们不能控制机遇，却可以掌握自己；我们无法预知未来，却可以把握现在；我们不知道自己的生命到底有多长，但我们却可以安排好现在的生活；我们左右不了变化无常的天气，却可以调整自己的心情。每天给自己一个希望，让自己的心情放飞，不知不觉中自卑也就随风而去。

经历过风雨，才能看得见彩虹

"不经历风雨，怎么见彩虹，没有人能随随便便成功！"人们都喜欢七彩的彩虹，美丽、梦幻，却忘记了带来美丽彩虹的常常是肆虐的风雨。其实，何止彩虹，生活中的很多东西都如同雨后的彩虹，只有经历了挫折、痛苦的洗礼才能够收获甜美的果实。

很久以前，上帝还住在地球上。有一天，一个农夫找到上帝，对上帝说："我的神啊，也许是您创造了世界，但是您毕竟不是农夫，我得要教您点儿东西。"

听农夫这样说，上帝虽然疑惑，但也答应了农夫的要求，对农夫说："那你就告诉我吧。"

农夫信誓旦旦地对上帝说："给我一年时间，在这一年里，按照我所说的去做，我会让您看见，世界上再不会有贫穷和饥饿。"

在这一年里，上帝满足了农夫提出的所有要求，没有狂风暴雨，没有电闪雷鸣，没有任何对庄稼有危险的自然灾害发生。当农夫觉得该出太阳了，就会阳光普照；要是觉得该下雨了，就会有雨滴落下，而且想让雨停雨就停。

风调雨顺的环境真是太好了，小麦的长势特别喜人，农夫欣喜地想着。

一年的时间到了，农夫看到麦子长得那么好，就又到上帝那儿去了，对上帝说："您瞧，要是再这么过 10 年，就会有足够的粮食来养活所有的人。人们就算不干活也可以安逸地生活了。"然而，等人们收割小麦的时候，却发现麦穗里什么都没有，这些长得那么好的麦子，竟然什么都没结出来。这让农夫惊讶极了，于是又跑到上帝那儿去了："上帝啊，这究竟是怎么回事啊？"

"那是因为小麦都过得太舒服了，没有经历任何打击是不行的。这一年里，它们没经过任何风吹雨打，也没受到过烈日煎熬。你帮它们避免了一切可能伤害它们的东西。没错，它们长得又高又好，但是你也看见了，麦穗里什么都结不出来，小麦也还是时不时需要些挫折的，我的孩子。"上帝说。

不经历风雨，怎能见彩虹？没有经历过风吹雨打的小麦成为不了有用的小麦，同样，没有失败的人生绝不是完美的人生。当你战胜失败的时候，你会对成功有更深一层的感悟。

在现场直播过程中，主持人最怕遇到的困难就是在直播现场出现一些让人无法预料的情况发生。现场出现的各种束手无策的情况都会让主持人难堪。

而作为央视曾当红一时的主持人倪萍也遇到过这样的情况。有一次倪萍专门为几对金婚的老年朋友举办一期《综艺大观》，他们都是我国各行各业卓有成就的科学家。其中有一位是我国第一代气象专家，曾多次受到毛主席、周总理的亲切接见。

在直播现场，当倪萍把话筒递到这位老科学家面前准备采访时，老科学家顺势就将话筒接了过去。对于直播中的主持人来说，如果把话筒交给采访对象，就意味着失职，因为你手中没有了话筒，现场的局面你就无法掌握了。更严重的是，对方如果说了不应该说的话，你就更被动！但那时众目睽睽，倪萍根本无法把话筒再要回来。

"我首先感谢今天能来到你们中央气象台！"这位老专家第一句话就说错了。全场观众大笑。倪萍伸出手去，想把话筒接回来，但老专家躲开了。后来倪萍又两次伸出手去，但老专家还是没将话筒还给她。舞台上出现了倪萍和老专家来回夺话筒的情况。台下的导演急得直打手势，倪萍更是浑身出汗。

　　直播结束后，不少观众来信批评倪萍："不应该和老科学家抢话筒，要懂得尊重别人……"倪萍认真地反省了自己，她知道这是她作为节目主持人的失职。面对上亿观众，她绝对不应该抢话筒，更不应该随便打断别人的讲话，更何况是年轻人对长者。但观众们又何尝知道，直播节目的时间一分一秒都是事先周密安排的。如果这位长者占了太长的时间，后面的节目就没法连接了。

　　问题发生后，倪萍没有刻意去推脱责任，反而主动承担了这次失误的责任。事后，她仔细回忆了当时的情景，试图从中找到原因。倪萍说，人不怕犯错误，就怕接连犯相同的错误。所以，经过反复的思考和总结，她得出了这样的体会：如果自己在直播前和这位长者多交流交流，了解她的个性，掌握她的说话方式，那天就不会出现这类尴尬的场面。

　　从这件事情以后，每当要录直播节目前，倪萍都做足了功课，了解出席嘉宾的个性并掌握他们的说话方式，以做到自己心中有数，上台面对各种情况都能够临危不乱。

　　痛苦、失败和挫折是人生必经的阶段。受挫一次，对生活的理解就会加深一次；失误一次，对人生的领悟便增添一次；磨难一次，对成功的内涵便透彻一次。彩虹总在风雨后，从这个意义上说：想获得成功和幸福，想过得快乐和充实，首先就得真正领悟失败、挫折和痛苦。

像苦行僧一样面对人生起落

每个人在一生中都会沐浴幸福和快乐，也会经历过坎坷和挫折。幸福快乐时，我们总是感觉时间短暂；而痛苦难过时，我们就会抱怨度日如年。但无论快乐也好，痛苦也罢，都是人生中不可避免的一堂必修课。

唐朝宰相裴休是一位虔诚的佛教徒，他的儿子裴文德，天资聪颖，博学多才，年纪轻轻就中了状元，被皇帝钦点为翰林。但裴休知道，儿子从小就在安逸的环境中长大，不知世间疾苦，飞黄腾达得太快，难免根基不牢，因此就把他送到寺院里修行参学，并要他先从行单（苦工）上的水头和火头做起。

裴文德住在寺院里，天天挑水砍柴。他从小到大，哪干过这种苦活，几天下来，弄得身心疲惫、烦恼重重，只因父命难违，不得不强自隐忍，心里却不甘不愿，经常发些牢骚。

有一天，他好不容易把水缸挑满，累得浑身大汗，放下扁担，随口就来了两句诗以发泄心中的苦闷："翰林担水汗淋腰，和尚吃了怎能消？"

寺里的住持无德禅师刚巧从此路过，听到裴文德的牢骚话，不禁微微一笑，也念了两句偈："老僧一炷香，能消万劫粮。"

裴文德听了不觉一惊。他诗中的"汗淋"与"翰林"谐音，颇具才思，但跟无德禅师偈语中显示的宏大气魄相比，犹如滚滚波涛中的一个小浪花，是那么微不足道。由此他知道了自己的浅薄，从此收束身心，安心劳作，勤修心性，受益匪浅。

只有聪明人才知道需要吃苦，只有傻瓜才以为轻闲是福。没有苦难的人生绝不是完美的人生。只有当你尝到苦难的滋味时，你才知道当下的幸福有多么难得。

只有历经过苦难的人才能以更顽强、更成熟、更加勇敢的姿态来面对世间纷扰。人的才能需要在吃苦中磨炼，人的意志需要在吃苦中砥砺，人的情感需要在吃苦中成熟，人的阅历需要在吃苦中丰富，真正的快乐和幸福也只能从吃苦中收获。

命运是无情的，也许我们每个人都无法选择它。但是，很多时候，我们会发现，在经历了苦难之后，我们的心开始变得勇敢，我们的意志开始变得坚强。

王洛宾，这位被誉为中国"西部民歌之父"的音乐大师，一生历经坎坷，曾身陷囹圄，妻离子散，长期处于心理压力极大的逆境中。然而他却以"胜似闲庭信步"的态度，投身于大西北的沙漠孤烟之中，创作了《在那遥远的地方》等多首西部民歌。

以一首《新鸳鸯蝴蝶梦》唱红大半个中国的黄安，人生也是饱经沧桑。他小的时候由于家庭不和，过早地踏上谋生之路。在社会上打滚，使他小小年纪就尝到了人生的艰辛，岁月的悲苦。他在娱乐圈默默地打拼了将近十载春秋，却无人知晓。直到有一天，他妻子怀孕了，却无钱接生和养育，眼角含泪的他，面对岁月的无情，人生的无奈，当即挥毫写下《新鸳鸯蝴蝶梦》，以至走红中国，也使他迎来了人生的辉煌时刻。

苦难，是每个人都会经历的人生中必不可少的一堂课程。然而，面对苦难，会使你冷静地反思自己，使你能正视自己的缺点和弱项，努力克服不足，从而驾驭生命的帆船，乘风破浪，以求一搏，从失意的废墟上重新站起来；面对苦难，当命运让我们无可选择的时候，我就要勇敢地接受苦难、阅读苦难并且超越苦难。

彩虹应风雨而生，成功应苦难而成！上帝是个公平的神，给你几分苦难，就相应地回赠给你几分天才。

一场大火，把实验室烧成一片瓦砾。爱迪生研究有声电影的所有资料和样板被烧成灰烬。他的老伴难过得哭了出来："多少年的心血，叫一场火烧了个精光。而今你已年迈力衰，这可怎么办啊！"爱迪生也很伤心，但他决不会由此趴下。发明电灯时，他就先后试验了7600多种材料，失败了8000多次，仍不气馁，终于获得成功。眼下这场火灾也同样不能使他后退。爱迪生对老伴说："不要紧，别看我67岁了，可是我并不老。从明天早晨起，一切都将重新开始。"

苦难是人生中的一堂必修课。经历了苦难，勾践才能一举灭吴；经历了苦难，李嘉诚才有了他亚洲首富的传奇；经历了苦难，比尔·盖茨才终成一代商业奇迹；也是经历了苦难，塞万提斯才终成了一部不朽之作《堂吉诃德》。生活中，遭遇了苦难不要懊恼，正视苦难带给你的成长，它会成为你人生中一笔不可多得的财富。

第六章
笑看人生，淡然面对盛世繁华

我们生活的旋律，太容易被外界所扰乱了。许多时候，我们喜欢盲目跟风，喜欢追求刺激，这都不是理性的人生状态。人生如同美国的西部牛仔片。在嘈杂的酒吧里，恶徒坐着喝酒，流氓拼命打架，而弹琴的人就在这个混乱险恶的处境中照弹不误。你得学会这琴师的本事，不管酒吧里发生了什么事，你都要弹你的曲子。

人生在世，每个人都不可避免地会遇到这样或那样的诱惑、挫折。当面对诱惑、挫折时要始终保持一颗淡然、冷静的心，才能更好地审时度势，才能在坎坷的人生旅途上做到宠辱不惊，也才能让自己达观面世，笑看人生。

用清澈的心面对浮华的世界

身处霓虹闪烁的大千世界，总有太多的事情需要我们为之忙碌，为之烦恼；总有太多的事物我们想得到，总有太多的东西，让我们难以放下。于是，心就在这样的烦恼中日日受煎熬，变得不知所措，无所适从。

有一则故事说，有一天，下大雨了，在滂沱的大雨中，每一个人都匆匆地向前奔跑，唯有一人不急不慢，在雨中踱步。

"你干吗不跑啊？"有人问道。

那人不急不慢地答道："急什么，前面也在下着雨呢。"

既然前面也在下着雨，那何不悠闲、从容地漫步雨中，停下来好好欣赏这一刻的雨景呢？不必每时每刻都让自己步伐匆匆，不得停休。

佛祖的大弟子神秀大师曾做一首偈子："身是菩提树，心如明镜台。时时勤拂拭，勿使惹尘埃。"说的就是要常常扫除内心的尘埃，让自己的心灵保持洁净，只有时常清理自己心头的尘垢才能在人生的道路上走得更远。

只有把心灵中的尘埃扫除，人才能够以更加清澈的心来面对这一个浮华的世界，才能以一颗更加从容、淡定的态度行走于世间。

"怎么扫呢？"

"用惭愧、忏悔、返照、觉察、觉照、念念分明、念念做主、念念觉察、念念觉照，这样就能把心中的尘埃扫掉了。"

这是佛陀和弟子周利盘特迦的对话。据说佛陀教了周利盘特迦一句偈语，但周利盘特迦在一百天里，都没把这句偈语读熟。前面学会了，后面便忘记了；后面学会了，前面又忘记了，始终都没有办法记下来。

于是慈悲的佛陀把周利盘特迦带到了一个清净、安静的房间，指着房内的扫帚说："既然没有办法记住那句偈语，就只念'扫帚'好了，这样应该不会忘记的。扫帚是用来清扫灰尘污垢的，我们的心中也有很多无明、烦恼、怨气使宝镜蒙尘，也应该把这些扫除。"

佛陀说的"宝镜蒙尘"是理，"扫地"是事，理和事是相通的。周利盘特迦在理上不能理解，佛陀就教他先从事上入手，由外而内，借着扫地来显理。因此，如果不太明理，不妨先从事上做，从事上修，时间久了，慢慢就会由事及理，从事显理。

佛先教他念"扫帚""除垢"，然后再进一步体会除去外面的尘垢之后，还应除去心中的尘垢，而周利盘特迦也确实找到了这一条修行的道路。

所以，周利盘特迦就说："佛问圆通，如我所证，返息循空；斯为第一。"

对于生活在凡尘俗世中的我们，明理最终是为了做事更有秩序和规章，自己的生活、心境更加明朗与惬意。定期清理自己心头的尘垢才能更进一步。试想一下，假若我们心头的尘垢越积越厚，就会像家里的坂桶堆满了废品一样发出难闻的气味。也许你还不明了自己的心中都有什么尘垢，那你先试着想想，你时常易怒吗？生气吗？抑郁吗？得理不饶人吗？斤斤计较吗？

时刻用"扫帚"来清理心灵中的尘灰，让心灵更加通透，明晰，也才能从容。

从容，是一种人生态度。用从容的态度面对人生，才能够更加达观，更加全面；用从容的态度面对人生，才能够做到不以物喜，不以己悲；用从容的态度面对人生，才能够让自己始终保持一颗平静、不浮躁的心，才能让自己更好地享受生活。

一次，有一位学者去访问原美国海军陆战队的将军——史密德里·柏特勒少将。这位少将是所有统率过美国海军陆战队的人里最多姿多彩、最会摆派头的将军。学者对少将的处事作风做了尖锐的批评，并将批评文章刊登在报纸上。少将得知后却是一副满不在乎的样子。旁人很奇怪，就问少将为何不生气。

少将说："我了解，买了那份报纸的人大概有一半不会看到那篇文章；看到的人里面，又有一半会把它只当作一件小事情来看；而在真正注意到这篇文章的人里面，又有一半在几个星期之后就会把这件事情全部忘记。一般人根本就不会想到你我，或是关心批评我们的什么话，他们大部分时间里会想到他们自己，无论是早饭前，还是早饭后，还是午夜时分。他们对自己的小问题的关心程度，要比对遇到的大消息更关心一千倍。所以我们还有什么必要解释呢？"

面对别人的恶意诋毁，选择从容应对，理性分析，并不让这件事影响自身的情绪，柏特勒少将的这种做法值得我们借鉴、学习。

生活中，我们难免也会遇到这样一些让我们闹心的事，是像那位将军一样选择漠视还是让自己难过，全在你的一念之间。

从容，是经历人生的岁月蹉跎和道路的泥泞坎坷后的平心静气、淡然一笑；从容，是在取得欣喜成就后仍保留一颗荣辱不惊的心；从容，是在诱惑面前的泰然自若；从容，是在身处喧嚣的同时，给自己找到一份心的超然，一份宁静。从容，能让志向远大的你，不受尘世污秽的干扰与冲击，人生也会过得更潇洒。

从容淡定，意味着在大多数时候应该保持好心情；"谦虚谨慎，戒骄戒躁"，意味着自己还有更广阔的境界，更宏大的作为；而在事业之余，对美好的事物有更好的鉴赏力，看一片大好的自然景色，看一部艺术水平高的电影，都可以调剂好从容淡定的气度与心情。

保持定力，抑制住那颗躁动的心

从前一个寺院里住着几个和尚，一个老师父和几个小徒弟。他们平平静静地生活着，与世无争，怡然自乐。

日子一天天悠闲地过去了，老师父已经是一个白胡子老头儿了，他知道自己不久将撒手西去，于是便想找一个接班人来代替他管理这个寺院。他决定从平时表现最好的两个徒弟中选一个来接手寺院。

有一天，老和尚便把那两个徒弟叫到跟前，吩咐他们说："你们去后山的树林里各自找一片最完美的树叶回来给我。"两个小徒弟不知道师父这葫芦里卖的是什么药，但也只好领命而去。

两个小徒弟走到树林里。一个小和尚想：这里的树叶不计其数，可是每一片树叶都是独一无二的呀，那到底怎么样才算是完美呢？于是他东看看，西看看，最后拣了一片完整的、干干净净的树叶回去见师父。师父笑而不语。

另一个小和尚想，这么多的树叶要找一片最完美的，那多困难哪，不过师父交代的事情一定要办好，可不能像他那样随便找一片叶子回去交差呀！于是便认认真真地找了起来。可是他找了很久，最后却空着手回去见师父。师父同样淡淡地一笑。然后，师父便问那个拣回树叶的徒弟：你拣回的这片树叶是最完美的吗？徒弟答道：是的，虽然我并不知道师父您说的完美到底是怎么样的，但是在我看来，这样的树叶已经算得上最完美了。师父点头微笑，然后又问那个空手而归的徒弟：你一片也没有找到吗？那徒弟回答道：师父，我在树林里找了很久，可是没有一片树叶称得上最完美呀！

最后，师父将寺院交给了那个拣回树叶的徒弟。

是的，两个徒弟都没能找回最完美的树叶，可是第一个徒弟却拣了自己认为最完美的树叶交给师父。正如他所想，每一片树叶都是独一无二的，那到底怎样才算是完美呢？其实关键就是看自己怎么认为，而不应该顾及他人心中的定位。如果你认为是最完美的，那它就是最完美的。这一点在师父看来，是一种平常心，一种禅心。用一个佛教术语那就是——慧根。师父需要的，就是这一颗平常心啊！

生活中，也总是有许许多多这样的树叶，来迷惑你的眼睛，让你不知道如何抉择，诸如名利，诸如金钱。面对这样一些诱惑，保持一颗平常心，从从容容、踏踏实实地走那属于自己的人生道路。就算身处于霓虹闪烁的闹市，依旧可以悠闲、愉悦地踱步，仿若漫步云端。摈弃了良好到天上去的自我感觉，平静地面对生活中的一切不如意，浮躁渐趋平静，紊乱变得有序，心态日趋平和，恬淡写意若云卷云舒，顷刻间阴霾散尽，脸上绽出阳光般的笑容。

1918年8月19日，风流才子李叔同离妻别子，悄然遁入空门，法号"弘一"。读过弘一大师传记的人，大概都不会忘记他是以怎样珍惜和满足的神情面对盘中餐的："那不过是最普通的萝卜和白菜，他用筷子小心地夹起放在嘴里，似在享用山珍海味。正像他的好友、现代学者夏丏尊先生所说：在他，什么都好，旧毛巾好、草鞋好、走路好、萝卜好、白菜好、草席好……"

"惜衣惜食，非为惜财缘惜福；爱人爱物，到了方知爱自己。"以惜福的心态度过生命中的每一天，怎能不生知足、安详、欢愉、幸福之感呢？

宁静来自内心，勿向外寻求。身放闲处，心在静中，云中世界，静里乾坤。所谓触目菩提，在于自己心境而已。一个人的心如果澄净了，就日日是好日，夜夜是清宵，处处是福地。

真正的智者不是那些懂得机械智巧的人，而是在死亡面前保持洒脱的人；真正的勇士不是那些怒发冲冠的人，而是对人生有彻底清醒态度的人！

生活中的许多事情都不是我们能够左右的。对自己太过苛求只会增加自己的心理压力，使自己难得开心。与其没有快乐地活着，倒不如用一颗平常心来面对人生中的风雨，只要尽心尽力就可以了，结果如何我们可以不去在意。真实的自我能够在整个过程中感受到快乐就是最好的回报。

人，只有做到了宠辱不惊、去留无意方能心态平和，恬然自得，方能达观进取，笑看人生。

的确，这是一个充满诱惑的时代，香车美女、豪宅别墅、喧嚣尘世的社会，抵制诱惑需要非同一般的定力。生活在流光溢彩的大千世界里，每个人似乎都难以抑制那颗躁动的心。而拥有一颗平常心，才能让我们在面对诱惑时仍能一笑置之，让诱惑变淡，变无。

人生短短数十年，别为名利所累

邹韬奋说："一个人光溜溜地到这个世界来，最后光溜溜地离这个世界而去，彻底想起来，名利都是身外之物，只有尽一人的心力，使社会上的人多得到你工作的裨益，才是人生最愉快的事情。"名利是一种通"病"，从人类文明开始至今，世人都与名利结下了不解之缘，有的人一味地追名逐利，成为名利的俘虏；有的人则善待名利，在名利场上游刃有余。名利不是罪恶，人们应该把握住自己的心，不沉沦于名利。

音乐家鲍伯·迪伦在自己的回忆录中写道："我花了很长时间追求名利，但它就像一个装满了风的袋子。直到它已完全漏光之时，我才发现它在流失。"这是我们听到的人生最美的哲言。而于右任先生"计利当计天下利，求名应求万世名"的名利观，更因其襟怀广阔而值得我们记取。

汉朝文帝时，天下初定，百废待兴，君臣为此同心协力。一日早朝，汉文帝发现丞相陈平没上朝，便问何因，太尉周勃禀告说丞相是因病不能上朝。文帝心中暗想，昨日还好好的，今日怎么就生病了呢？于是，退朝后，他决定去陈平家中一探究竟。见文帝亲自来探病，陈平既感动又惭愧，便向文帝道出实情。原来陈平想将相位让于周勃，因周勃在缴灭吕氏反叛集团中功劳比自己大得多。文帝本来不知道消灭诸吕的细节，今日听了陈平的解释，才知周勃立下了大功，便同意了他的请求，任命周勃为右丞相，位居第一；任陈平为左丞相，位居其次。

不久之后，一天早朝时，文帝问右丞相周勃："现在一天全国被判刑的有多少人？"

周勃答曰不知。文帝又问："全国一年的钱粮有多少，收入有多少？支出有多少？"周勃还是语塞，文帝有些不悦。转而问左丞相陈平。陈平不慌不忙地说："您要想了解这些情况，我可以给您找来掌管这些事的人。"汉文帝更不高兴了，生气道："既然什么事都各有主管，那么丞相应该管什么呢？"

陈平回答："每个人的能力是有限的，不能事无巨细，每事躬亲。丞相的职责，上能辅佐皇帝，下能调理万事，对外能镇抚四夷、诸侯，对内能安定百姓。丞相还要管理大臣，使每个大臣能尽到自己的责任。"汉文帝听了此言，觉得甚是，先前的不悦立即消除了。

此时的周勃，对陈平是既感激又佩服。同时他也做出了一个决定，那就是将丞相之位让于陈平，因为自己是一介武夫，在辅佐皇帝和处理国政方面的才能比起陈平差远了，为了国家百姓，江山社稷，自己理应让位。于是，几天之后，周勃便称病向文帝提出辞呈。汉文帝批准了周勃的辞呈，任命陈平为丞相，并不再设左丞相。在陈平的尽心辅佐下，文帝终于促成了汉朝中兴。

古代的丞相是何等职位，一人之下，万人之上的尊贵。可这样的权势、地位却没能让陈平和周勃迷恋。他们觉得对方比自己有才而相互推脱，这样的胸襟、气魄让人敬佩。这样视名利如粪土的态度实在叫人折服。

这样的人明白在辉煌中要淡泊，将耀眼的荣耀视如缥缈云烟；他们不会因事业的如日中天而迷醉，也不为台下的掌声而忘形，更不会和任何人去争那所谓的名利。如此这般之后，他们却恰恰能让自己永远立于不败之地。

　　一天，居里夫人的一个朋友到她的家里做客。忽然朋友看见居里夫人的女儿正在玩英国皇家协会刚刚颁发给她的一枚金质奖章。朋友不禁大吃一惊，忙问："居里，你怎么能给孩子玩这么珍贵的奖章呢？它是极高的荣誉呀！"

　　居里夫人笑笑说："我是想让孩子们从小就知道，荣誉就像是玩具，只能玩玩而已，绝不能永远守着它，否则，就将一事无成！"

　　"荣誉就像是玩具。"可以有，但不能把它当作你炫耀的资本。正因为这样，居里夫人才能够在科学的领域里一直不停地探索、发现。也正是因为有了这种视名利为粪土的态度，她才能一直保持朴实的态度面对生活、面对工作，并终成一代伟大的科学家，为世人所敬仰。

　　名利如同天上的浮云，生不带来，死不带去。古往今来，多少人又总是在积极地追寻它的足迹，甚至不惜为了名利，抛妻弃子，散尽钱财也要得到。可是得到后又怎样了呢？过分地追逐名利，只会为名利所累，最终让人栽倒在名利场，万劫不复。

　　人生，热爱名利没有错误，可是如果只是为了名利而工作就是最大的荒谬。张爱玲早年曾经说过："出名要趁早呀！来得太晚的话，快乐也不那么痛快。"但成名须有道，张爱玲被我们记住，不是因为她的名气，也不是因为她显赫的家庭背景，而是她的作品经受住了历史的考验，她的作品有着超越时代的价值。

人应该学会顺其自然地、平淡地看待名利，得之无喜色，失之无悔色。什么都想得到的人，结果可能什么都得不到。一个平淡对待自己生活的人，却可能会意外地得到惊喜。

人生短暂几十年，赤条条来，又赤条条去，何必物欲太强，贪占身外之物？"身外物，不奢恋"是思悟后的清醒。它不但是超越世俗的大智慧，也是放眼未来的豁达襟怀。谁能做到这一点，谁才能够活得轻松，过得自在。

人只有看淡名利，才不会为其所累，才能保持心灵的纯净，才能在人生的沉浮中，让自己超然物外，让生命更加炫目。

始终做自己，不偏离人生的航向

生活中的我们，总是在不停地奔忙。为着家庭，为着生活，为着各种各样的理由。我们总是奔忙于都市的霓虹与喧闹中，奔忙于各种人际关系与名利场中。我们被生活不停地驱赶着前进，却忘记了自己原本要去的方向，待回头时才发现早已偏离轨道太远太远。

据《左传·襄公十五年》记载：

有一宋国人得到一块玉，献给子罕，企图得到提拔。子罕不收，献者解释道："这块玉堪称国宝，我才敢拿来献给大人。"子罕回答道："我以不贪污受贿为宝，你却以玉为宝，咱俩的志趣不相投啊。如果你把这块玉送给我，那么，你和我心中的宝物都会丢失。"说完，子罕便让人把他轰了出去。

庄子晚年常在濮水河畔钓鱼。一天，庄子又来到濮水河畔，刚坐下不久，两名楚威王派来的大夫就找到了庄子，并对庄子说："大王听说你是个贤明的人，想把国家的政事托付于你，请你回去！"

庄子看了看手里的渔竿，头也不回地说："我曾经听说楚国有一只神龟，已经死了三千年了，大王用锦缎把神龟包好放在竹匣中珍藏，而且把竹匣放在宗庙的堂上。我想请问你们，你们说这只神龟是宁愿死去为了留下骨骸而显示尊贵呢，还是宁愿活在烂泥里拖着尾巴爬行？"

两位大夫异口同声地说："我想神龟是宁愿活在烂泥里拖着尾巴爬行的。"

庄子笑了笑说："回答得很好，你们走吧！我宁愿像神龟一样在烂泥里拖着尾巴活着。"

世人大都为了功名利禄而奔波劳碌，而且乐此不疲。庄子却可以放下眼前的大好机会，不愿在朝为官，为的是拥有人生的自由，独享属于自己的那份清净。

坚持走自己的路，无论世事如何变化，永远保持内心的那份坚定，才能在这个浮华的人世中始终保有自我，始终做自己，不以物喜，不以己悲。

徐特立的名字曾令亿万人尊敬，这不仅因为他曾是毛泽东的老师，而且在于这位老战士一生追求理想从不为金钱折腰。徐特立赴法国留学后，积极支持进步学生组织。国内军阀为了笼络他，通过使馆告之可给一个"赴法考察"的名义，每年"补贴"1000块大洋的薪俸。徐特立对此嗤之以鼻，仍在钢铁厂勤工俭学，终日粗米布衣，不识者多以为是伙夫。不难想象，金钱对于处在饥寒交迫中的留学生来说有多大的诱惑力，而在徐特立面前，1000块大洋却不过如此，仍旧抵不过自己心中的信仰。

金钱，几乎人人都爱，但古人有云：君子爱财，取之有道。像这样把金钱和机遇同时捧到你面前却仍可以做到心如止水的人真是不多见的。

坚持走自己的路，才能在知道自己要什么的时候，平淡地看淡生活中的得失。走自己的路，才能不以外物所扰，不被人言束缚。

美国一家公司的总裁在被人问及是否对别人的批评很敏感的时候回答说:"是的,我早年对这种事情非常敏感。我当时急于要使公司里的每一个人都认为我非常完美,要是他们不这么想,我就会很忧虑。只要哪一个人对我有些怨言,我就会想方设法去取悦他。可是我所做讨好他们的事情,总会使外外一些人生气。然后等我想要弥补这个人的时候,又会惹恼了其他一些人。最后我发现,我越想去讨好别人以避免别人对我的批评,就越会使批评我的人增加。所以,最后我对自己说:只要你在工作就一定会受到别人的批评,所以还是趁早不去考虑这些为好。这一点对我大有帮助。从那以后,我就决定尽我最大能力去做我该做的事情,而不去关注如何改变别人的看法。"

一个人活着的目的不是要让别人认可,而是发现、创造和享受自己的快乐,享尽人生的年华,这才是一个人的真实价值所在,人只有这样活着的时候,活得才有意义。反之,人就会淹没在无法得到别人的认可的烦恼中。

生活中,我们总是不知不觉地被他人的想法左右着,想要得到他人的认可和接受,却总是不能满足所有人的愿望。于是,我们活得越来越累,越来越心力交瘁。殊不知,自己的人生应该是为自己而活的,总是在意别人的看法,无疑是在为别人而活,而不是在享受自己的生活。

走自己的路,却也不是盲目地一意孤行。走自己的路,只是在坚持自己是对的前提下,认真地做自己,做到不被他人的想法左右,做到不活在别人的眼光里。走自己的路,不是一味地闭目塞耳,遇到好的建议要听取,好的指正要修改,好的方法要吸收,并在汲取了这些丰富"养分"以后能够更加完善自己。

走自己的路，才能够在面对宝物时心不为宝物所动；走自己的路，才能够在面对名利的召唤时能淡然拒之；走自己的路，在面对金钱的诱惑时自己才能够处之泰然；走自己的路，才能够始终知道自己要的是什么，自己的信仰是什么，什么对自己是好的，什么是自己应该拒绝的；走自己的路，才能始终做自己，不偏离人生的航向。

留点时间给自己，留点空间给心灵

生活在现代，随着科技越来越发达，信息的通畅，生活的便捷，我们的生活也总是被太多原本不重要的东西占据。电脑、电视、电话，上网、聊天、QQ……我们的生活总是被外物占得满满的，却忘记了留点时间给自己，留点空间给心灵。

人们总是问佛陀："佛死了到什么地方去呢？"

刚开始，佛陀总是微笑着一句话也不说。但当人们问得多了，为了满足人们的好奇心，佛陀就对他的弟子说："拿一支小蜡烛来，我会让你们知道佛死了到什么地方去。"

弟子急忙拿来蜡烛，佛陀说："把蜡烛点亮，然后拿过来。"

弟子把蜡烛拿到佛陀面前，用手遮掩着，担心风把蜡烛吹灭了。佛陀却训斥道："为什么要遮掩呢？该灭的自然会灭，遮掩是没有用的。就像死，同样也是不可避免的。"

于是他就吹灭了蜡烛，问："有谁知道蜡烛的光到什么地方去了？它的火焰到什么地方去了？"

弟子们你看我，我看你，谁也说不上来。

佛陀说："佛死就如蜡烛熄灭，蜡烛的光到什么地方去，佛死了就到什么地方去。和火焰熄灭是一样的道理，佛陀死了，他就消灭了。因为他是整体的一部分，他和整体共存亡。火焰是个性，个性存在于整体之中，火焰熄灭了，个性就消失了，但是整体依然存在。不要关心佛死后去哪里了，他去哪里并不重要，重要的是如何成为有佛性的人。"

是的，人生在世，又何必多花心力去在乎那些根本就不重要的事！

给自己的人生留点空白有何不好？何必事事都要看得明白、透彻，就算看明白了又如何，事物的变化发展甚至生死都是不可改变的，所以，我们也无须为此牵挂，人最应在意的是自己的心。

给人生留点空白，就是不要祈求太多，太多了，生命就会显得过于沉重，就会感到人生因缺少遗憾而懒于去追求；不要祈求太多，太多了，人生就会显得过于臃肿，就会感到所拥有的一切都是负累，因无法带得动而终生不能轻松。因此，给生命留些空白吧，也许人生会变得更精彩！

空白的墙是空的吗？

答案：不一定。

巴黎罗浮宫内的那面空白的墙就曾吸引过数以十万计的游客——因为就是在这面墙上曾悬挂着达·芬奇的《蒙娜丽莎》！可是，天有不测风云，1891年的一天，这幅名画却被人偷走了。从那天起，这面空墙前反而变得人流如织，人们久久地看着这堵空墙，感叹着，猜测着，愤怒着，遗憾着。据统计，两年来在空墙前驻足流连的人竟然超过了过去12年前来观赏名画的人数的总和！

很多的时候，我们需要给自己的生命留下一点儿空隙，让心与心之间能有一个可以交流的空间，随时审查自己，进退有据。

在如此纷繁复杂的世界和物欲横流的社会里，人们的心也异常浮躁与焦灼，成败与得失萦绕于心头，使他们惶惶不可终日。懂得给自己的人生留点空白，不要让生活的重负愚钝了我们的感官，不要让生命的沉重麻木了我们的心灵。给我们的生命留点空白，只有保持敏感的生活触角，坚守诗意的生活态度，追求文化的生活品位，才会有生活的质量、生命的精彩。

　　人是感情动物，有喜有悲，有爱也有恨。给自己留点空白，会使心灵更畅快地呼吸。当你得意时，留点空白给思考，莫让得意冲昏头脑；当你痛苦时，留点空白给安慰，莫让痛苦窒息心灵；当你烦恼时，留点空白给快乐，烦恼就会烟消云散；当你孤独时，留点空白给友谊，真诚的友谊是第二个自我。人就是这样，痛苦可以忍受，但绝对不能灰心、低头、停止不前。当生活把你逼近狭窄的小路，留点空白，留点光亮给心境，就会变小路为宽广大道。

　　懂得给自己的人生留空白，就像画上的空白也是艺术的一部分；就像楼与楼之间的绿地，绿地也是社区景致的一部分一样。懂得给自己的人生留空白，才能在这个越来越浮躁的社会中，始终保持一颗不为外物所扰的心，才能在人生这条道路上越走越远，越走越顺畅。

　　人生一世，对有些事情不需要刻意去面对，更不需要费心去思考其细节，给人给己留更多的空白和余地，留更多的灵气，才会快乐、幸福地度过一生。

宠辱不惊，淡看人生起落

金庸在他的武侠小说里写了这样一句话："宠辱不惊，看庭前花开花谢；去留无意，望天边云卷云舒。"一直以来这都为大多数人追求的至高境界——身处红尘之中，超然于物外，看淡人生起落，做一个旷世高人。

洞山禅师感觉自己即将离开人世了。这个消息传出去以后，人们从四面八方赶来，连朝廷也派人来。

洞山禅师走出禅院，脸上洋溢着净莲般的微笑。他看着满院的僧众，大声说："我在世间沾了一点儿闲名，如今躯壳即将散坏，闲名也该去除。你们之中有谁能够替我除去闲名？"

殿前一片寂静，没有人知道该怎么办，院子里只有沉静。

忽然，一个前几日才上山的小和尚走到禅师面前，恭敬地顶礼之后，高声说道："请问和尚法号是什么？"

话刚一出口，所有的人都投来埋怨的目光。有的人低声斥责小沙弥目无尊长，对禅师不敬，有的人埋怨小沙弥无知，院子顿时闹哄哄起来。

洞山禅师听了小和尚的问话，大声笑着说："好哇！现在我没有闲名了，还是小和尚聪明啊！"于是坐下来闭目合十，就此圆寂。

小和尚眼中的泪水再也止不住流了下来，他看着师父的身体，庆幸在师父圆寂之前，自己还能替师父除去闲名。

过了一会儿，小和尚立刻就被周围的人围了起来，他们责问道："真是岂有此理！连洞山禅师的法号都不知道，你到这里来干什么？"

小和尚看着周围的人，无可奈何地说："他是我的师父，他的法号我岂能不知？"

"那你为什么要那样问呢？"

小和尚答道："我那样做就是为了除去师父的闲名！"

人世间，总有那么多的诱惑，那么多的功利来迷惑世人。功名、富贵也许是一些人一生所追求的，但若被这些物欲迷住了眼睛，将会失去前进的方向及做人的原则。

现代人总是为形役使，为物牵绊，为性困囿，对荣华富贵，名闻利养，拼命追求，苦心劳神，不知疲倦。而当岁月逝去，蓦然回首，却发现一切不过是一场空，这是何等的凄凉境界。

《菜根谭》中这样说："此身常放在闲处，荣辱得失谁能差遣我；此身常放在静中，是非利害谁能瞒昧我。"意思是，经常把自己的身心放在安闲的环境中，世间所有的荣华富贵和成败得失都无法左右我，经常把自己的身心放在安宁的环境中，人间的功名利禄和是是非非就不能欺骗蒙蔽我。

《儒林外史》中的那个范进，一生醉心功名富贵，考了二十多场，到五十四岁胡子都花白了，才中了个举人。这本来已是耻辱，绝对算不上得意，但他还是忘形了，因"欢喜狠了，痰涌上来，迷了心窍"，直至发疯。若不是他老丈人胡屠户那一记响亮的耳光，还清醒不过来！那位与范进同名不同姓的周进。他苦读了半个多世纪的书，年过花甲仍是一个没有任何功名的老童生。有一次，他进省城看到了贡院，想起自己一辈子在考场上的失意与屈辱，竟痛不欲生地一头撞到贡院的号板上，"口里吐出鲜血"，差点儿一命鸣呼。若不是旁边有人看他可怜，答应花钱替他捐个"监生"，他就在那儿了此一生了！

我们总被生活中的太多东西所迷惑：令人垂涎的权势，迷人眼球的金钱，以及无尽的欲望。宠辱不惊是一种境界，说起来轻松，可是真的要进入这种境界却不容易。我们都是凡夫俗子、草根百姓，红尘的多姿、世界的多彩令大家怦然心动，名利皆你我所欲，又怎能不忧不惧，不喜不悲呢？否则也不会有那么多的人穷尽一生追名逐利，更不会有那么多的人失意落魄、心灰意冷了。

生活中，却并不只有功和利。尽管我们必须去奔波赚钱才可以生存，尽管生活中有许多无奈和烦恼，但只要我们拥有淡泊之心，量力而行，坦然自若地去追求属于自己的真实，做到宠亦泰然，辱亦淡然，有也自然，无也自在，如淡月清风一样来去不觉，生活就会变得很轻松。

况且，世间一切物都是一时借用的，生不带来死不带去，实际什么都不曾拥有。生活中的那些"闲名"，也只不过是过眼云烟。如能解开虚名的心结，去除自我执念，便能心无挂碍，达"究竟涅槃"之境界。生死乃自然之道，富贵则是人为的迷障。能斩断欲望，便有一生的喜乐。

在平淡中找回迷失的自我

　　世间之人，总在尘世间寻找与追忆。寻找那始终未得的，追忆那已然逝去的，却忘记了着眼当下，体味当下平淡日子中的真幸福。

　　一对老夫妇初谈恋爱是在 1967 年元月，当时全国一片混乱。那时候，粮店里的米，副食店里的肉、豆腐，百货店里的肥皂、布匹以及煤铺里的煤等生活物资均要凭票供应，普通人家的生活清苦至极。男方的家在城郊的小菜园里，用现在的话来说，那里是当地的蔬菜基地。

　　女孩第一次"访地方"（当地将女方到男方家里去了解情况称为"访地方"）时，男方留她和媒婆吃午饭。菜很简单，只有两道：几个荷包蛋外加一碗萝卜丝。其中，那几个鸡蛋是向邻居借的，萝卜则是自己种的。

　　在回家的路上，媒婆说男方人穷又小气，劝女孩不要嫁过来。女孩却说男方煮的萝卜丝很好吃，说明他很能干。

　　过了一段时间，当女孩再次来找男孩时。男孩刚好捉了一些鲫鱼。招待女孩的菜仍然只有两道，除了油煎鲫鱼外，还有一碗红烧萝卜。吃饭时，女孩称赞男孩的萝卜做得很有特色，并说自己很喜欢吃萝卜。男孩说："是吗？你下次来我请你吃另一种口味的萝卜。"在后来的交往中，女孩尝尽了男孩所制的不同口味的萝卜：清炒萝卜、清炖萝卜、白焖萝卜、糖醋萝卜、麻辣萝卜、萝卜干、酸萝卜……

再后来，女孩就成了这些萝卜的俘虏，嫁给了男孩。当有人问老太太当初为何不嫁给那些有条件煮肉、炖鸽、杀鸡、烧鱼的男人，却嫁给只会烹饪萝卜的人时，老太太说："当时我认为，一个男人，在那种清贫的日子里竟能够把一种普通的萝卜烹饪出甜酸苦辣咸等几种不同的味道，实在令我大饱口福、弥久难忘，我想他同样能够将清贫的日子过得有声有色。谈婚论嫁，既要注重眼前，更要注重将来。如今我和他结婚已30多年了，你看我们吵过几次架？更不像某些人那样动不动就闹离婚。日子虽然过得平淡了一点，但平淡中更能见真情！"

老人们常说："人，健健康康就是福；平平淡淡才是真。"如水的日子，只有在平淡的生活中才能得见幸福的真谛。

人，应该要惜福并且知足。有时候，一顿可口的晚餐，一句简单的问候，一张温馨的卡片，或者一首甜美的小诗，都是生活中常见的事物——这些东西虽然朴实，却足以能够满足我们的心，让我们感受到生活的幸福。

"莲花不着水，日月不住空。"人的心灵，若能如莲花日月，超然平淡，无分别心、取舍心、爱憎心，那么，便能获得快乐与祥和。

有一位老和尚，每天天蒙蒙亮的时候，就开始扫地，从寺院扫到寺外，从大街扫到城外，一直扫出离城十几里。天天如此，月月如此，年年如此。小城里的年轻人，从小就看见这个老和尚在扫地。那些做了爷爷的，从小也看见这个老和尚在扫地。老和尚虽然很老很老，就像株古老的松树，不见它再抽枝发芽，可也不见再衰老。

有一天老和尚坐在蒲团上，安然圆寂了，可小城里的人谁也不知道他活了多少岁。过了若干年，一位长者走过城外的一座小桥，见桥上镌着字，字迹大都磨损，长者仔细辨认，才知道石上镌着的正是那位老和尚的传记。根据老和尚遗留的度牒记载推算，他活了137岁。

有人说，这是传说；也有人说，这是真事。有无此事，其实并不重要。重要的是，它能使人悟出平淡对人心所做的净化。

在平淡的日子里，我们才能够保持自己一颗宁静、淡然的心，这也是老和尚获得长寿的秘诀。

平淡的生活，不是如佛家推崇的脱离红尘，置身事外；也不是庄子主张的"绝圣弃智，擢乱六律"，而是以一种淡然的心境宽待生活，在"风烟俱静，天山共色"的悠然襟怀中，体会"天凉好个秋"的情怀。

平淡的生活，也不是凡事无争，敷衍生活，而是心平气和地从事你的工作与生活。独处斗室时，你思绪千载神游万仞，在书林学海中徜徉忘神；挚友相聚时，你舌灿莲花触处逢春坦荡磊落，在亲情与友情中怡然自得；就是在平凡的家庭生活中，你也能因爱人的唠叨而如坐春风，因孩子无理由的哭泣而快慰不已。甚至最单调的锅碗瓢盆交响曲，你也完全可以换个角度去欣赏它。

总之，在越来越复杂的现代社会，保持平淡、质朴的生活是一种人生的大境界。人一旦把生活复杂化，往往会被灯红酒绿所迷，为名利权势所惑，为金钱美色所扰，为人际关系所困。眼下，有些人活得太累，往往在于城府太深，欲望太多。我们太在意仕途上的荣辱得失、物质上的富足、同事间的摩擦……若能把这些看淡、看透，怎么会有那么多烦恼和忧愁？

平淡的生活能帮助我们重新找到迷失了的自我，恢复为利欲蒙蔽的本性，使我们多一份诗意，多一份潇洒，多一份平和，多一份自我欣赏与肯定！

喧嚣世界中，看淡人生的得失

鲁迅先生早年曾写过一首诗，其中有两句话是："度尽劫波兄弟在，相逢一笑泯恩仇。"这一笑包含了多少沧桑和宽容。人生短短几十年如同行云流水，要珍惜生命。看淡人生的得失，这样生活才会有境界，才不会太累。

俄国著名作家契诃夫在小说《小公务员之死》中，写了一个小公务员坐在某个将军的后排看戏，不慎打了一个喷嚏。打喷嚏本来就是人的正常生理反应，穷人打喷嚏，富人也打喷嚏，罪犯打，警察也打，并没有什么特别的。这个小公务员起先没觉得有什么不妥，但当他看到坐在他前面第一排座椅上的那个小老头儿是三品文官布里扎洛夫将军，他有些慌了。将军正用手套使劲擦他的秃头和脖子，嘴里还嘟哝着什么。

小公务员认为自己的喷嚏可能溅着将军了，然后就开始如祥林嫂絮叨那般不停地道歉。将军在看戏时被他搅得烦躁不已。幕间休息时，他还在锲而不舍地道歉，将军回答他："哎，够了！我已经忘了，您怎么老提它呢！"

小公务员却不依不饶，散戏后又登门道歉，搞得将军莫名其妙，终于在大怒之下将他赶出了大门。小公务员误认为将军还不宽恕自己，最终在惊吓与懊丧中抑郁身亡。

一个喷嚏搞得自己终日惶恐，最终丢了性命，这或许是文学的虚构，不过，在现实生活中，类似为了一丁点儿小事惴惴不安的人还真不少见。

生活中，我们总为了自己无心的一句话对对方造成伤害而耿耿于怀；总是为没得到别人的认同而独自苦恼；总是为还没来到的事情而忧心忡忡。

其实，很多事情，船到桥头自然直，与其在这里终日苦闷还不如淡然一笑，静观人生。

《老子》中曾讲："祸兮福之所倚，福兮祸之所伏。"意思是祸与福互相依存，可以互相转化。比喻坏事可以引出好的结果，好事也可以引出坏的结果。这就如同得失一样，得中有失，失中有得，有时得失的转换可能就在一线之间，厄运之后方可见幸运。

画家尤利乌斯是一个很快乐的人，他的画很不错，可是就是卖不出去。这让他想起来会有些伤感，但只是一会儿。

他的朋友劝他："玩玩足球彩票吧，只花两马克就可以赢很多钱。"于是尤利乌斯花两马克买了一张彩票，并真的中了彩，赚了50万马克。

朋友对他说："看看，你多走运啊！现在你还经常画画吗？"

尤利乌斯笑道："我现在就只画支票上的数字！"

尤利乌斯买了一幢别墅并对它进行了一番装饰。他很有品位，买了很多东西：阿富汗地毯、维也纳柜橱、佛罗伦萨小桌、迈森瓷器，还有古老的威尼斯吊灯。

尤利乌斯很满足地坐下来，点燃一支香烟，静静享受他的幸福。突然他感到很孤单，便想去看看朋友。他在原来那个石头画室里习惯把烟蒂往地上扔，这次也是同样一扔，然后就出去了。

燃着的香烟静静躺在华丽的阿富汗地毯上……

一个小时后，别墅变成了火的海洋，完全烧毁了。

朋友们很快知道这个消息，都来安慰尤利乌斯。"尤利乌斯，真是不幸啊！"他们说。

"什么不幸啊？"他问。

"损失啊！你现在什么都没有了。"朋友说。

"什么呀？不过是损失了两个马克。"尤利乌斯答道。

画家的习惯是有害的，而画家的心态是有益的。坏习惯可以改，教训越是深刻越容易改掉，而不以物喜不以己悲的达观心态却非一时就能养成。

一笑泯得失是生活中的大智慧的境界。许多时候，我们浮躁的心情总是如喧嚣的世界一样，纷乱中难以静心歇息。不是风动也不是幡动，而是心动。把一切看得淡然些，把得到和失去看得平淡些，在自己力所能及的领域里过着平凡的生活，不因优势而张扬，不因劣势而失意，淡然地看待一切才是生活的根本。

致未来的你

理智向左 感情向右

启文 编著

花山文艺出版社

河北·石家庄

图书在版编目（CIP）数据

理智向左　感情向右 / 启文编著 . -- 石家庄：花
山文艺出版社 , 2020.5
（致未来的你 / 张采鑫 , 陈启文主编）
ISBN 978-7-5511-5139-9

Ⅰ . ①理… Ⅱ . ①启… Ⅲ . ①人生哲学—通俗读物
Ⅳ . ① B821-49

中国版本图书馆 CIP 数据核字（2020）第 066564 号

书　　名：致未来的你
主　　编：张采鑫　陈启文
分 册 名：理智向左　感情向右
编　　著：启　文

责任编辑：卢水淹
责任校对：于怀新
封面设计：青蓝工作室
美术编辑：胡彤亮
出版发行：花山文艺出版社（邮政编码：050061）
　　　　　（河北省石家庄市友谊北大街 330 号）
销售热线：0311-88643221/29/31/32/26
传　　真：0311-88643225
印　　刷：北京朝阳新艺印刷有限公司
经　　销：新华书店
开　　本：850 毫米 × 1168 毫米　1/32
印　　张：30
字　　数：660 千字
版　　次：2020 年 5 月第 1 版
　　　　　2020 年 5 月第 1 次印刷
书　　号：ISBN 978-7-5511-5139-9
定　　价：178.80 元（全 6 册）

前　言

　　这是一本写给女性的书。这个世界上有一个奇怪的现象：无论是在恋爱感情中，还是人际交往中，乃至于家庭关系中，女性都是最容易受伤的那一个。我们大概也听过身边的女性不停地在抱怨和控诉，自己没有得到想要的感情，爱情、友情、亲情，这些通通都没有。关于原因，有的人是这么认为的：跟男性相比，女性更加感性，无论是处理任何关系，都更容易以感性的心理去做事，所以，她们也最容易受伤。这个解释不无道理。在一段感情中，很多女性的确会以感性的方式去处理各种问题，这最终也让她们遍体鳞伤。今天我们要说的是，女性本可以不这样。所谓理性，不过是动一动脑子。理性需要的是一种考量和三思。那些对女性的调侃针对的也是某些"不动脑子"的女性，所谓的"恋爱中的女人智商为0"就是这种调侃中最令人熟知的。其实，这并不是女性的普遍现象。如果说女性真的可以义无反顾地用感性去处理一切问题，那现在就不会有那么多活出自我、追求自我的女性了。所谓的"动脑子"仅仅只是一种考量。在生活中、工作中、家庭中、爱情中，这种考量可以帮你做出更加适合你的决定，让你能够冷静地处理矛盾和问题。这并不难哪！女人是水做的，是美的集合。这个社会对女性有歧视和不公，这是现实，但这并不代表着女性就应当认定这种现实，并按照他人的眼光来活着。如果你是一个爱自己的人，就应当学会趋利避害，在任何感情关系中，都要带着脑子去经营；在面对自己的生活时，也要用心去对待。这个世界从来没有亏待过任何人。你想要什么，你就去追逐。当你开始用智慧和理性去生活的时候，你就会发现，你已经变成了一个无坚不摧的女人，这个世界上再也没有什么能够伤害到你了。

目 录

第一章
感情和生活，你都不能随便

　　这是一个生活节奏越来越快的时代，在快节奏下，很多人已经开始用鸵鸟心态来面对生活了。这反映在人们对待生活的态度上，出去吃东西，吃什么？"随便。"晚上看电影，看什么？"随便。"感情随便，工作随便，曾经追求完美的我们已经开始用随便来敷衍自己了，这样的人生，真的是你想要的吗？

"随便"二字不要轻口说出

当"随便"这两个字脱口而出时，也许你的本意是想减少麻烦，却发现常常作茧自缚……

比如，你和男朋友吵架之后，很久没有去他家里了。现在他终于向你认错，你也原谅了他，他的父母非常开心，亲自打电话来请你去吃饭，还问你想吃什么。你想也不想地说："随便！"后来，男朋友告诉你，因为你的一句"随便"，未来的公婆紧张了好半天！

很多时候，我们想用"随便"来表示客气和尊重，结果却在无形中加重了对方的心理负担。为了不至于拍错马屁，听的人开始不断猜测我们到底怎么想，而我们自己，则在被猜测中享受着类似自我牺牲的快感。倘若这种"牺牲"没有引起对方足够的重视，我们就开始愤愤不平地委屈起来，直到关系出现问题。换个词说说：

不说随便，说"喜欢"——当对方真心诚意地想为你付出时，坦率而大方地告诉对方你喜欢他（她）为你做什么，这，才是真正的尊重。而人际关系，也将在需要和被需要、肯定与被肯定中健康愉快地发展下去。

部门开会，讨论一个重要方案，在大家纷纷举手通过之后，你提出了相反意见，因为你觉得这个方案有漏洞。所有的人都对你侧目，因为你的反对会让大家功亏一篑。僵持了一段时间后，你终于说："那随便大家吧！"

人际交往之中，难免有冲突或者意见相左的时候。当我们实在势单力薄、无法扭转局面时，其实，放弃不是唯一的选择。换一种方式表达，会让我们拥有更多主动性。换个词说说：

不说随便，说"保留"——我们可以保留自己的意见，同时给别人一个认识问题、尝试错误的机会。保留意见意味着我们对事情负责，"随便"则有逃避责任之嫌；保留意见意味着我们并不否定自己，"随便"则常常扩大负面情绪。两相对比，自然还是"保留"的好。

"女大当嫁"，从你25岁生日那天，母亲就开始紧张起你的婚事，不断托人给你介绍男朋友。忙得不可开交的你根本无心恋爱，但又害怕伤着母亲，于是每次都说："随便，随便，您安排吧！"

不忍心伤害，却又在一次次地伤害，因为谁都看得出来"随便"其实是敷衍和应付的遮阳伞。长期被自己关爱的人这样"随便"地对待，最后不心灰意冷才怪。换个词说说：

不说随便，说"且慢"——真诚地告诉对方：谢谢您为我做的一切，不过，且慢，我还没有准备好如何接受您的安排，您愿意再给我一点儿时间考虑考虑吗？

你因为被老板批评太过自由散漫而不开心，搭档阿元看在眼里，主动凑上前来跟你搭讪。他说："哎！愉快点哦，否则我可要换一个伴喽！"你"啪"地把文件夹摔在工作台上，大吼："随你的便！"

人在遭受挫折的时候，容易向亲近的人转移不满，同时会出现言语和行为上的"退行"——变得像一个孩子似的任性刁蛮、不负责任。而无论多么牢固的人际关系，都可能会在这种"随便"的反复摧残下出现问题。换个词说说：

不说随便，说"难过"——告诉对方：你这么说我很难过，我现在更需要你来安慰我／鼓励我／爱我／肯定我……当你学会这样的表达，你会发现，其实我们想要的东西就在我们的嘴里——清楚地说出来，我们的爱情、友情、亲情才不会因为情绪的泛滥而恶化。

感情随便，伤害就会来临

有爱就有伤害，说得一点儿没错。而你如果不好好地恋爱，随便去恋爱，可想而知，受伤的概率就大大增加。

如果你随便去恋爱，那就有受伤的危险。感情中，随便是往往要不得的，请大家一定牢记。下面这25条恋爱法则，能帮你更好地享受爱情。

1. 不要为了寂寞去恋爱。时间是个魔鬼，天长日久，如果你是个多情的人，即使不爱对方，到时候也会日久生情，到最后你怎么办？

2. 不管年纪多大，不管家人朋友怎么催，都不要随便对待恋爱，恋爱不是打牌，重新洗牌要付出巨大代价。

3. 感情的事基本上没有谁对谁错，他（她）要离开你，总是你有什么地方不能令他满足，回头想想过去在一起的日子，总是美好的。当然，卑劣的感情骗子也有，他们的花言巧语完全是为了骗取对方的感情，这样的人还是极少数。

4. 和一个生活习惯有很多差异的人恋爱不要紧，结婚要慎重，想想你是否可以长久忍受彼此的不同。

5. 有人说恋爱要找自己喜欢的人，结婚要找喜欢自己的人，这些话都是片面的。恋人不喜欢自己有什么可恋的？老婆自己不喜欢怎么过一辈子?

6. 真爱一个人,就要尽量让他(她)开心,他开心了你就会开心,那么双方就有激情。

7. 不要因为自己的长相不如对方而放弃追求的打算,长相只是一时的印象,能否结合主要取决于双方的性格。我见过的帅哥配丑女、丑女配帅哥的太多了。

8. 女人要学会打扮自己,不要拿朴素来做挡箭牌,不要拿家务做借口,不懂时尚,你就不是一个完整的女人。

9. 恋爱的时间能长尽量长。这至少有两点好处:一、充分,尽可能长地享受恋爱的愉悦,婚姻和恋爱的感觉是很不同的。二、两人相处时间越长,越能检验彼此是否真心,越能看出两人性格是否合得来。这样有助于判断对方是否是那个合适的人。

10. 平平淡淡才是真,没错,可那应该是激情过后的平淡,然后再起激情,再有平淡。激情与平淡应呈波浪形交替出现。光有平淡无激情的生活有什么意思?只要你真心爱他,到死你也会有激情的。

11. 经常听说男人味女人味,你知道男人味是一种什么味道,女人味又是一种什么味道吗?男人味就是豁达勇敢,女人味就是温柔体贴。

12. 魅力是什么?魅力不是漂亮,漂亮的女人不一定能吸引男人,端庄幽雅的女人男人才喜欢。所以你不用担心自己不够漂亮。

13. 初恋都让人难忘,觉得美好。为什么?不是因为他(她)很漂亮或很帅,也不是因为得不到的就是好的,而是因为人初涉爱河时心里异常纯真,绝无私心杂念,只知道倾己所有去爱对方。而以后的爱情都没有这么纯洁无瑕了。纯真是人世间最为可贵的东西。我们渴求的就是它。

14. 初恋的人大多都不懂爱，所以初恋失败的多，成功的少。结婚应该找个未婚的，因为谁都喜欢原装。而恋爱，还是找个恋爱过的人才好。因为经历过恋爱的人才知道什么是爱，怎么去爱。

15. 天长地久有没有？当然有！为什么大多数人不相信有？因为他们没有找到人生旅途中最适合自己的那一个。也就是冥冥中注定的那一个。为什么找不到？茫茫人海，人生如露，要找到最合适自己的那一个谈何容易？你或许可以在40岁时找到上天注定的那一个，可是你能等到40岁吗？在20多岁时找不到，却不得不结婚，在三四十岁时找到却不得不放弃。这就是人生的悲哀。

16. 为什么生活中很少见到传说中天长地久、可歌可泣的爱情故事？因为这样的感情非常可贵，可贵的东西是那么好见到的吗？金子钻石容易见到吗？

17. 恋爱时感性点，过日子理性点。

18. 从前失恋之时，我都会恨他，恨他为什么这么薄情寡义，听到有关他的不好的消息，我都会偷着乐，现在不了，现在即使失去他，我也会祝福他，衷心希望他能过得很好。他过得不好我会很难过。这也是喜欢和爱的一个区别。

19. 和聪明的人恋爱会很快乐，因为他们幽默，会说话，但也时时存在着危机，因为这样的人很容易变心。和老实的人恋爱会很放心，但生活却也非常乏味。

20. 想知道一个人爱不爱你，就看他（她）和你在一起有没有活力，开不开心，有就是爱，没有就是不爱。

21. 如果真爱一个人，就会心甘情愿为他（她）而改变。如果一个人在你面前我行我素，置你不喜欢的行为而不顾，那么他就是不爱你。所以如果你不够关心他或是他不够关心你，那么你就不爱他或他不爱你，而不要以为是自己本来就很粗心或相信他是一个粗心的人。遇见自己真爱的人，懦夫也会变勇敢，同理，粗心鬼也会变得细心。

22. 有两种女人很可爱，一种是妈妈型的，很体贴人，很会照顾人，会把男人照顾得非常周到。和这样的女人在一起，会感觉到强烈的被爱。还有一种是妹妹型的，很胆小，很害羞，非常依赖男人，和这样的女人在一起，会激发自己男人的个性的显现。比如打老鼠扛重物什么的，会常常让人想到去保护自己的小女人。

23. 学会用理解的，欣赏的眼光去看对方，而不是以自以为是的关心去管对方。

24. 持久的爱情源于彼此发自内心的真爱，建立在平等的基础之上。任何只顾疯狂爱人而不顾自己是否被爱，或是只顾享受被爱而不知真心爱人的人都不会有好的结局。

工作不顺，也别意气用事

现如今，毕业就等于失业已经不是什么耸人听闻的事情了。能够在人才茫茫的职场上谋得一职，算是一种难能可贵的能力了。但是，时间久了，你对待工作的态度也就随便了，你是不是有时候会突然发现，你所做的工作并没有让你的生活更好一些，反而让你的生活更痛苦。你得到的东西越多，睡眠越糟糕。我们花二十、三十、四十年勤劳地工作，我们能得到什么回报呢？大概只有劳苦愁烦。有人说："大部分人年轻的时候用健康和力量换钱，等到年老的时候，再用钱换健康和力量。"

从 1975 年以来，有一个人在南加州大学每年调查一千五百个人。他说多半的人以为越有钱越幸福。他们把一切都投资到挣钱上，不惜以家庭和健康为代价。问题就是他们不明白，一般来说，钱越多，占有欲越大。

布拉德·皮特，一个有名的美国演员最近说："我知道汽车、房子、成功，这些东西对我们都很重要，但是如果真是这样的话，为什么人总是感到孤立，绝望，和孤独呢？我认为我们应该思考这个问题。我觉得我们都在往一个死胡同里走，结果就是麻木的灵魂，萎缩的精神。我不知道答案是什么。大家都强调个人的成就和个人的发财。现在什么我都有，不过我能告诉你，你得到你所要的东西的时候，你睡得没有以前香，日子过得不如以前好。"
我觉得他说得很对。

　　著名的歌手麦当娜说："金钱、性、饮食都不能让我们高兴，它们都不持久。我们只有一个持久的东西——我们的灵魂。如果你不关心你的灵魂，世界上所有的钱都帮不了你。"麦当娜承认她在寻找答案。她正在考察中东的神秘主义。

　　这些情况特别可惜——两个非常有名的人努力地工作，可是工作不能带给他们任何安慰或轻松。他们所花的功夫都白费了。连他们也知道，生命中有一些很重要的东西被错过了。

　　你是不是觉得把你的全部精力放在工作上不值得？你发现你所得到的成就都要传给你不认识的人。你努力工作的成果最后都将被别人享用。你也发现即使是在今生，勤劳的工作也不能给你安慰和轻松。

　　你可以这样随意地工作，但是别指望工作能让你高兴和满足。如果你想通过工作来获得自我价值的肯定和实现，最好不要以随便的态度工作。

　　有人问罗斯福总统夫人埃莉诺："尊敬的夫人，你能给那些渴求成功特别是那些年轻、刚刚走出校门的人一些建议吗？"

　　总统夫人谦虚地摇摇头，但她又接着说：

　　"不过，先生，你的提问倒令我想起我年轻时的一件事——那时，我在本宁顿学院念书，想边学习边找一份工作做，最好能在电讯业找份工作，这样我还可以修几个学分。我父亲便帮我联系，约好了去见他的一位朋友，当时任无线电公司董事长的萨尔洛夫将军。

　　"等我单独见到了萨尔洛夫将军时，他便直截了当地问我想找什么样的工作，具体哪一个工种？我想：他手下公司的任何工作我都喜欢，无所谓选不选了。便对他说，随便哪份工作！

"只见将军停下手中忙碌的工作，眼光注视着我，严肃地说：'年轻人，世上没有一类工作叫随便，成功的道路是目标铺成的！'

"将军的话让我面红耳赤，这句发人深省的话语，伴随着我的一生，让我以后非常努力地对待每一份新的工作。"

一句看似不经意的"随便"，却反映了对生活漫不经心的态度。青春与生命，就在"随便"中被践踏和虚度。从现在起，改掉"随便"这个口头禅吧。人，要对自己负责。

将军的教诲，彻底改变了埃莉诺以前对工作随便的态度。从此，她认真对待每一份工作。在第一次世界大战期间，美国的士兵在前线作战，而埃莉诺也从身边做起，认真对待每一份工作。她每天召集她家的 10 名仆人开会，研究减少浪费的方法。结果是，仆人把肥皂的消耗量削减一半，厨师则保证不浪费任何食品，家里的菜单上减去了腌猪肉，而且每天仅有一次肉食。

此外，她每星期志愿到当地的士兵餐厅去工作几天，为士兵们排队领取和购买咖啡、三明治、报纸和邮票提供服务。她每天早上 5 点钟起床，以便在去士兵餐厅工作之前检查家务情况。她的工作地点在火车站边一个用白铁皮搭的小棚子里。当火车到站的时候，她便用盘子将食物端给那些围在柜台边的士兵们。甚至在 1918 年酷热的夏天里，她仍坚持上午九、十点钟到餐厅上班，连续工作到深夜。

在入住白宫后，埃莉诺更是协助罗斯福处理了大量工作。埃莉诺一生恪守萨尔洛夫将军的教诲，她因此受到了美国人民的爱戴。

　　不可否认，你的态度几乎决定了你的一切。你随意对待工作，就不能从工作中获取成就感。相反，你认真对待工作，则可以从中找到前进的道路。

带上脑子，你才能主宰自己

丽华在法国读书，有一次在超市买东西，她看到一位妈妈推着购物车，车上坐着一个小女孩，五六岁的样子，估计在上幼儿园，话也不怎么会说，然后妈妈拿着一排草莓味的矿泉水，跟女儿说，你喜欢这个吗？女儿没有表态，只是在研究包装的图案。妈妈说，这个水是小瓶的，每天可以给你装在书包里去学校喝，口味也很清爽，你喜欢吗？女儿想了想说，好吧。妈妈觉得女儿有点犹豫，就又问她，你确定想要这种吗？女儿说好吧就这个吧。站在一边的丽华有点脸红，因为就在一分钟之前她让男朋友买一瓶果汁，但是她并没有说清楚是哪一种，让男友陷入了两难的境地。

很多人觉得，东西方女孩的最大差别就是，东方女孩没有自己做决定的习惯，什么都是随便。

说到剩女的话题，很多女孩子抱怨说，哎呀我都是被爸爸妈妈害的，高中不让早恋，大学谈恋爱怕影响学习，结果一毕业又要我相亲，我去哪儿给他们找一个男朋友啊，所以就剩了。殊不知最重要的原因是，这些女孩从小太听话了，从最小的事情说起，家长给我们买东西，也不会跟我们商量说，你觉得好不好？你喜欢不喜欢？他们会觉得这么小的小孩懂什么，于是我们长久以来根本不知道按照自己的心意做出选择，觉得要听话，才会懂事。其实高中大学都是少女春心萌动的年纪，要说不想恋爱，那是骗人的，那为什么就会回避恋爱呢，就是一味听家长的，忘记了自己的需要。

其实丽华的母亲比起一些专制的家长，算是民主多了，最起码在谈恋爱、学业方面的大事上都是听她的。从高中开始，她爱找谁就找谁，她也不干涉，所以她还算逃出了乖乖女剩下来的宿命。她的另外一个朋友，长得平心而论是很一般的，但是她从小就很有主见，决定喜欢一个人，就去追求，高中就跟一些会被非议的对象交往，但她爱得很投入，后来喜欢上一个大学同学，因为比男方大几岁，就有人说闲话，她也没理，主动去追求，现在两个人在一起很幸福，而且她后来很惊讶地发现这个男生家境很好，他爸爸还是某上市公司的老总。所以说幸福都要自己争取。如果剩女们能摆脱家长的控制，不要他们叫你相亲你就流水账一样的相，先扩大自己的交际圈，找一个心仪的人勇敢的追求才是王道。自己一生的幸福，自己做主，再也不要任何一个人帮自己决定了。

心理学家分析认为，女人往往感情胜过理智，对待友情、事业、婚姻亦如是，这是阻碍女人发展的致命弱点。有些女人从一开始就把自己摆到一个乞求感情、乞求幸福的位置上，男人怎样，你就怎样，悲剧的根源往往就在这里：你失掉了自己，别人怎么会看重你？

男人往往就是这样：你过于看重他，为了他牺牲自己的一切，当时他是被你的行为感动，但是时间久了，你没有了思想、没有了追求、没有了与他共鸣的内容，这个时候你成了依附于他的一个躯壳。这也就是昭示他可以轻而易举地主宰你的感情和幸福了！从在这一点上说，你首先就输了。

感情是最在乎尊重和平等的……不用说，有见地和胸怀的女人，男人自然会感到她的可爱了。因为男人爱上一个女人的同时，并不希望在爱的约束下丧失自己的一方世界，男人在乎爱情的默契、宽容和理解。因为这种爱不会阻止男人身心释放地闯荡人生——毕竟，在男人的眼里，爱情并不能代表人生的全部。

有主见的女人是可爱的人，可爱存在于人的骨子里。可爱的女人，往往更能获得爱情和幸福。男人喜欢温柔和贤惠的女人，但更喜欢有主见的女人。

女人有主见才能快乐起来。不盲目地听信别人的言论，不被他人的言论所左右，自己的人生自己做主。凡事不随大流，碰到挫折勇于面对。敢于逆水行舟，不惧怕别人的嘲讽，坚持个人的主见，毅然决然地走自己路。

女人有主见了，就不会不经大脑就人云亦云，跟从别人一起说闲话。就不会无事生非，就不会跟别人一样流露出红眼病的语言，讥讽的语言，诽谤的语言。

女人有主见才能抓取幸福。有主见的女人善于全面正确地认识客观事物，通过自己的思考分析，结合自身的条件，制定符合实际的理想和奋斗目标，并且不断修正理想和目标，使自己的人生之路永远长青。

女人有主见，绝对不意味着她是孤家寡人，孤芳自赏；这不是坚持错误，更不是不听别人的意见。恰好相反，坚持主见要求你虚心地听取接受正确的意见，有则改之，无则加勉。善于把个人主见讲给别人听，取得别人的认同支持和帮助。不断升华个人的空间，使得自己各个方面不断地完善和发展。做一个快乐的女人就要有主见，走自己的路，让人羡慕去吧！

交友不可随便

发生在马科斯妻子身上的惨剧至今让人难以置信。一个外国人，在中国能和人结下多大的仇，让人这么对待他的家人？

至今我觉得比较好接受的解释，还是地下赌球集团黑手的介入。马科斯的进球，让今年甲A多了至少五六场冷门，由此带来赌球集团的损失，可能会让他们产生报复心理。

如果是这样的话，事情就简单了，公安机关严查猛打之下，找到凶手、摧毁赌球集团即可。只要有决心，相信他们做得到。不过，这事也说明，随着足球越来越成为这个社会上的一项大生意，足球运动员所处的环境越来越复杂，遇到的风险也绝不仅仅是球场上断腿受伤那么简单。

申思在训练后被球迷的一个空矿泉水瓶子砸了一下，当地公安分局的干警就专门来调查，由此可见球员作为名人，他们的安全还是很受社会重视的。但现在足球圈里也有越来越多的风险，并不是公安机关能够为他们抵挡的。要保护他们在球场外的安全，如果自己不自爱的话，就算一天24小时派个保镖跟着，可能也不管用。

如果球员泡吧喝酒打架，出了大事，谁能保护他们？申花曾经请了个警官当领队，他下半夜坐在酒店大堂里看门的时候，看到几个主力队员外出玩耍，也只能装作看不见。这种情况下如果球员出事，他又怎么可能像自己上任时说的那样，"保护好每一个球员"？曲乐恒说，有自称黑社会的人当着他的面说要"废了他"，后来便蹊跷地遭遇车祸，这事至今也未调查清楚。

现在职业球员的圈子里，参与赌球的不在少数，由此出卖球队的也有，如果这些人因为他们的暗地交易而惹来麻烦，谁能保护他们？他们又有什么理由申请保护？

出入赌博场所的球员大有人在，号称自己朋友遍及"黑白两道"的球员也有，自己的为人处世就是这么种状态，自己的朋友圈子也就是这么混乱，小小的名气就如此膨胀，这种情况下有时候就算你不找麻烦，麻烦也会来找你。

唯一可买的保险，恐怕就是一种健康、道德、干净的生活方式，一种谨慎的交友准则。一句话，还是做回一个正直的好人，别让自己陷入那么多乌七八糟的勾当中去吧。报纸、电视上，我们也经常看到这样的事例，因交友不慎，善良的人最终也会误入歧途。交的这些朋友乍看上去，很豪爽，够义气，你受了委屈，他们挺身而出。原因很简单，那就是你还有利用的价值。如果你没有利用的价值，他们就会把你一脚踢开；或者他们自身难保时，也会丢卒保车，从不顾及你的死活。

那么到底什么是朋友？我觉得：朋友，就是不论你境遇如何，始终支持、关心你学习的人。朋友之间应是平等、真诚、挚爱的。每个人的生命旅途中，都少不了朋友。因为最可信的忠告只能来自最可靠的朋友，最急需的帮助只能来自最无私的朋友，最秘密的心事只能倾诉给最亲密的朋友，最重要的嘱托只能交付给最忠实的朋友。

朋友有不同的层次，朋友有真亦有假。而这一切需要我们敏锐的观察、细致的分辨，要尽可能与自己价值观相同的人处朋友，或者是真实生活中的人，而非虚拟的网络空间。我们一定要记住：不能什么朋友都去交，即便交，也要分清是与非、善与恶、美与丑、好与坏。如果能做到这些，我们的生活一定会丰富多彩，学习一定会轻松愉快。否则，就会陷入无名的烦恼，难言的伤痛。人生不可没有朋友，否则无法生存和发展，结交朋友能获得事业的助力，因而一个人若想成就，要尽量结交有价值的朋友，那么我们如何结交朋友呢？

　　1. 不要随便承诺。清晰的承诺可以减少你的麻烦，也可以让其他人知道怎么和你打交道。

　　2. 没事的时候联络老朋友。社交的规矩是没事情的时候找人才能积累情感与彼此的黏合度。没事找人是情感投资。

　　3. 注意差异性。有的人说我从没有公务员的朋友，或者从来没有教授的朋友，没有做投资股票这些方面的朋友，那么我要有意识地去这些人可能较多出现的场合中去交往这些朋友。

　　4. 聊长远的事。让人感到你是有长远考虑的人才，增强人们与你建立物料事以外关系的空间。

　　5. 接近之前不喜欢的人士。你可能会发现这些人和事其实也有闪光点。如果你能这样坚持，你将对未来保持开放心态。

　　6. 用平和心态与人交往。那些从还看不出谁长谁短的时代发展起来的同学关系往往更长久。而那些只交往有用朋友的人看起来更像小人。

　　7. 用真诚的态度表达关心。你哪怕用最朴素的方法报告一下你的情况，也比转一个人家已经收到过的定制短信好。

8. 组织聚会。如果大家的朋友带朋友一起聚会，就可以把社交关系扩大很多倍，而且还发展了与家人可共享的友谊关系，也在有事情的时候制造了可以与大家都说得上话的人力资源。

9. 注意第一印象。你要认真地考虑我的形象怎么样？第一要吸引人们的注意力，第二要人们对我的注意力是正面的。要充分注意形象的修饰。

10. 巧用身份卡片（名片）。人初次见面后需有一个沟通的链接，名片就充当这样一个桥梁。大家在名片上也不要印手机号，你在他面前写下了一个号码，你写这个东西的姿态表明你对他另眼相看。

结交朋友可以帮我们分担痛苦，可以分享快乐，可以有人帮助，可以有人陪伴。

第二章
朋友之间的感情，需要你动脑经营

人生在世，总要面对形形色色的人，也总会认识一两个好朋友。人际关系对任何人来说都很重要。无论是感情上还是事业上，好的人际关系都能够为你助力。身为女性，如果你想要活得更加洒脱、自信，就要学会在人际交往中完善自己，动动脑子经营你的人际圈子，将自己逐步打造成一个拥有好人缘的"女王"。

心中有尊重，嘴上不失言

第二章

用尊重赢得好人缘：尊重他人，修养自己

在人际交往中，我们常常会遇到这样的人，她们说话不经大脑、不看场合，不懂得顾忌他人的感受，喜欢直言别人的缺点和短处，这种不尊重他人的行为不仅会伤害到别人，甚至会埋下怨恨的种子。

相信每个人都希望自己成为一个受欢迎的人，而想要获得他人的喜欢，首先就得学会尊重。真正尊重别人的人，开口说话必定思虑周全，不会揭人短处、戳人伤疤，更不会恶语伤人。要知道"良言一句三冬暖，恶语伤人六月寒"，有时候言语可比利刃更加伤人。

人生在世，每个人所处的环境不同，所以有的人走得十分轻松，有的人可能一路坎坷，但无论如何，我们都得保持对他人的尊重。要知道一个人品德素养的高低，主要取决于她生活中是不是一个懂得尊重别人的人。

小兰去一家酒店应聘总经理助理，经过几轮复试，最后她和另外一个姑娘赵梅留了下来，到了见总经理的最后一关。

那天，两人同时被通知去总经理的办公室，路上遇到了一位保洁阿姨正在擦玻璃，她的清洁车放在旁边，不料转身时不小心撞到了赵梅，把桶里的水泼到了两个人的身上。赵梅的鞋子和裙摆上都有水渍，小兰的裤子和鞋子上也是。

赵梅瞬间就火大地说："你有没有长眼睛，明知道后面有人也不注意，你是不是故意的？我等下要去面试，现在你看看，我这样怎么见人，耽误了我的面试你负责得起吗？真是倒霉。"

赵梅说完又转头对小兰说："你等下我，我去收拾下，等会儿一起去，要不然你一个人去也不好，对吧？"说完，不等小兰回答她就往洗手间的方向去了。

小兰听到赵梅这样说话，对她顿时没了好感。小兰对保洁阿姨说："阿姨，没关系，只溅到一点点水，你别太自责，下次注意就好。"

说完，她就帮保洁阿姨把地上的水拖干净。在等赵梅的时候，小兰边和保洁阿姨聊天，边帮她擦高处的玻璃。

最后，两人到了总经理的办公室，总经理对小兰伸出手说："恭喜你，你被录取了。"

原来，所谓的最后一场面试，就是刚才保洁阿姨的那段考验。那位总经理说："我们是服务行业，心里有别人，懂得尊重别人是最重要的。"

尊重是我们在人际交往过程中的美德，同时也是修养和素质的体现。从上面故事中我们可以看出，赵梅是一个不懂得尊重的人，她轻视保洁阿姨的职业，一张口就是恶语相向，缺乏对人最基本的尊重。反观小兰，她尊重保洁阿姨的工作、体贴她的辛苦、理解她工作的不易，这才是一个真正内心善良、懂得尊重人的人，所以她最终被酒店录取。

尊重不是流于嘴上的唯唯诺诺或无端夸赞，更不是溜须拍马的曲意迎合。真正的尊重是发自内心的重视对方，顾及对方的感受，懂得换位思考，用平等的眼光去看待身边的每个人，这样才能赢得别人的信任与支持。

然而，在生活中很多人都会犯这样的错，她们与人交流时，说话毫无顾忌，根本不在乎他人的感受。尤其在面对低层次的人群时，什么难听的话张嘴就来，一味地贬低他人抬高自己，根本不知尊重为何物。

有这样一个故事：

在办公楼走廊上，因为冬天下雨送餐难免会稍微推迟点，那位女职员看到外卖小哥送来的餐饭，直接发火，当面将饭盒推倒在地上，还恶言相对，抱怨外卖小哥送餐晚了，饭菜凉了。

女职员："怎么送这么晚呢，晚了一个小时你好意思吗？"

外卖小哥："对不起，今天外头下暴雨，好多路都封道了……"

女职员："封路？封路跟我有关系吗？你这个长相，你永远都是个送餐的，你知道不？"

外卖小哥："实在抱歉，今天的雨下得实在太大了，我已经尽力地往这边赶了。"

女职员："尽力？饭菜都冷掉了你还说尽了力，那你自己吃吧。"

旁边有同事看不过去了，对那个女职员说："算了、算了，放微波炉里热一下就好了，下这么大雨，外卖小哥也确实不容易。"

谁知，这句话还惹恼了女职员，女职员眼睛一瞪："关你什么事，又不是你订的餐，哪边凉快哪边待着去。"

最后，快递小哥只好把扔到地上的饭菜捡起，默默地离开了。

从故事中我们可以看出，这位女顾客对外卖小哥的愤怒，不仅仅是因为外卖送晚了，或许更重要的是她潜意识里对送餐行业的瞧不起。换个场景，如果是她的老板给她送个文件迟到了，这位女顾客敢把文件当着老板的面摔到地上吗？

在人际场上，要想获得好人缘，我们就得尝试换位思考和共情，不要以高高在上的目光去审视别人，更不能歧视和嘲笑那些某方面不如自己的同事，这样做只会伤害到他人的自尊心，造成人际关系的疏远。

陀思妥耶夫斯基说：对人不尊敬的人，首先是对自己不尊重。人和人之间，行业与行业之间，从来都没有高低贵贱之分，都是平等的。当我们人人都做到心中有尊重时，那么自然不会有说错话、伤害他人自尊的时候。长此以往，我们便能轻松地从人际场上获得好人缘。

不争无谓的胜利

马克思曾说:"一个人的发展,取决于和他直接或间接进行交流的其他一切人的发展。"人需要交往,交往离不开人际关系。良好的人际关系是社会正常运转的"润滑剂",有了和谐的人际关系,就好像打开了一扇扇方便之门,有利于我们顺畅地经营工作和生活。

但是,生活中常有这样的人,她们不太懂得人际关系的重要性,为了一点儿蝇头小利就跟人起争执,并且不肯有丝毫的退让。长此以往,不仅人际关系受到影响,还使得工作和生活阻碍重重。

所以,我们想拥有顺畅的人际关系,就不要在意一些鸡毛蒜皮的小事,只要不损害到自身利益、不触及原则和底线,我们大可将那些无谓的胜利拱手让人。这样,不仅能展现出我们谦逊的品德,还能使人际关系更和谐、愉快。

思思是一家大型私企的市场部员工,虽然已经工作两年了,但她一直保持着谦虚、低调的态度,和同事相处得也十分融洽。

思思性格随和,不喜欢与人争抢,所以在公司和人发生矛盾时,一般都是她主动低头,做出让步。

有一个周末,思思加了班两天,但当月的工资里却没有算上她的加班费,思思便向公司会计咨询,会计却狡辩地说:"你没有把加班证明给我啊。"思思说："我加班后的那个星期一就给你了。"会计不耐烦地说："别说这些没影的事，你根本没给我。"

思思想了想，停止了争辩，说道："可能是我太忙没把证明给你，我现在给你补一个。"

于是，思思又重写了一份加班证明，然后请部门经理签字。

部门经理觉得很奇怪，问道："这个加班证明不是早就给你签过了吗？"思思淡淡地解释说："会计坚持说我没交给她，我心想算了，这点小事就不和她争论了，给她留点面子。"

部门经理边签字边笑着说："你呀，还真是个宽厚人。"

后来，公司一有重大项目，部门经理就喜欢交给思思去办。思思也不负所托，把工作处理得井井有条，深受经理的信赖。

从故事中我们可以看出，思思是一个特别谦逊的人，她在和人发生争执时懂得适度的退让，不去计较那口头上的微弱胜利，最终得到了经理的青睐和信任，这可是职场生涯中最大的惊喜和肯定了。

生活中，如果我们对那些细小的、不大影响自己前程的好处多一些谦让，比如单位里分东西不够时少分点，一些荣誉称号多让给即将退休的老同事等，再比如和其他人共同分享一笔奖金或一项殊荣等，这种豁达的处世态度无疑会赢得人们的好感，也会增添你的人格魅力，从而带来更多的"回报"。俗话所说的"吃小亏占大便宜"就是如此。

人与人交往时，尤其是牵扯到利益纠纷的时候，我们不要总想着赢，不要什么都想抓在手里，这样只会给人留下强势、贪婪的坏印象。相反，如果我们将一些无关紧要、可有可无的胜利大方地让出去，这样既无损失，又能收获领导的信赖，何乐而不为呢？

江盈和乔田同是一家公司企划部的员工，两人年龄相近，资历也相当。相较于乔田的爱计较、喜欢出风头的个性，江盈反倒显得比较低调。

一天，企划经理召开会议，询问江盈、乔田两人对于部门的一些看法和建议，江盈正准备站起身来回答，不料乔田抢先开口，也不管什么礼貌不礼貌，径自在那高谈阔论起来。

江盈见乔田抢了先，也不想和她计较，于是耸了耸肩，又重新坐回座位。

没过多久，国庆到了，公司为大家准备了节日小礼品。当分发到江盈和乔田时，礼品只剩下一份了。乔田一看，立马伸手拿了过来，说："最后一个我先拿到，就是我的了。"

发礼品的人事部的小王，她见礼品已经被拿走，只好抱歉地看向江盈。

江盈见礼品只是个小台灯，心想对自己没多大用处，不如做个顺水人情，也免得人家小王难做。于是，她主动对小王说："没事小王，就让给乔田吧，反正我也用不上。"小王一听，立马感激不已地向江盈道谢。

年末，公司有两个精英培训的名额，江盈和乔田都有望入选。当人事经理征求部门职员意见时，小王大力地举荐江盈。

最终，江盈获得了这次培训机会。

从故事中可以看出，江盈是一个非常聪明的人，她为人低调豁达，懂得身在职场就得与人方便，知道牺牲一点儿小利益可以换来和谐的人际关系，为自己的职场生涯开辟出"绿色通道"。反观乔田，遇事只知道争来争去，最后得到的只是一点儿小礼品和口头的胜利，对职业生涯来说毫无益处。

　　生活中，我们在待人处事上多一些礼让和谦逊，才能不断扩大我们的交际圈，从而发现和抓住难得的发展机遇。成功的人从来都是以不计较的心态处世，这样才能拥有更超脱、更自在、更坦然的人生。

乐于倾听，你就是知己

戴尔·卡耐基曾说："在沟通的各项能力中，最重要的莫过于倾听的能力。滔滔不绝的口才、察言观色的洞察力都比不上倾听能力的重要。"做一名合格的听众，在人际交往中的作用是绝对不容小觑的。

每一个人都渴望被倾听，当一个人在侃侃而谈时，她最希望的就是对方能专心致志地倾听。因此，学会倾听，做一个乐于倾听的知音，不仅是一种与人交往中的文明行为，也是表达对他人的欣赏和尊重。

如果一个人只顾自己滔滔不绝，却不懂得倾听，那么他的人际关系通常很失败。比如，别人的话都没说完他们就急不可耐地打断；别人的话还没有听清，他们就迫不及待地发表自己的见解……试问，有谁会愿意和这样的人相处？喜欢和这样的人交朋友呢？

乔·吉拉德是一个世界闻名的推销员，他非常擅长和客户打交道，在每笔交易成交之后，他总能赢得客户的极力认可，而赢得认可的方式就是认真地倾听客户的故事，在和客户的交谈中与其拉近心理距离。

但是，早年的乔·吉拉德并不是一个擅长倾听的人，他曾经因为不擅长倾听而丢掉生意。

当时，乔·吉拉德向一位客户推销汽车，交易过程十分顺利。当客户正要掏钱付款时，另一位推销员跟乔·吉拉德谈起昨天的篮球赛。乔·吉拉德也是个篮球迷，于是他一边跟同伴津津有味地说笑，一边伸手去接车款，不料客户突然掉头走掉，连车也不买了。

后来，乔·吉拉德回想整个过程，突然意识到了客户突然取消订单的原因，是因为客户在付款时跟乔·吉拉德谈到了他的小儿子，他的小儿子是他家里的骄傲，并且刚刚考上密西根大学。

可是就在客户说这些的时候，乔·吉拉德根本没有听进去，他只顾着兴高采烈地跟同伴讨论篮球赛，一点儿都没有听见客户说什么。

从故事上可以看出，早期的乔吉拉就是一个不懂得倾听的人，当客户与他谈及自己刚考上密西根大学的小儿子时，是想向他分享一件自己非常骄傲的事，可是客户在说的时候，乔吉拉只顾和同事讨论篮球赛，对客户完全没有理睬，这样导致的结果就是到手的订单飞走了，还给客户留下了不懂得尊重的坏印象。

英国管理学家威尔德曾说："人际沟通始于聆听，终于回答。"无论身处怎样的身份和地位，拥有怎样的聪明和才智，生活都需要我们随时做一个好听众，因为倾听不仅是维系人际关系、保持友谊的最有效的方法，同时也是人际交往中最大的尊重。

小张来公司有6年了，前4年的业绩一直不错，但近两年由于市场、人员等原因有所下滑，她的压力前所未有的大，因为她自己是个要求颇高的人，很不愿意面对这样的境况。

市场原因她能接受，也采取了较多的方法去应对，但人员问题比较严重，人是她一手提拔的，但似乎并不能很好的胜任工作。

针对团队，她也进行了各种的尝试，都没有明显效果。最后求助于她的领导，可领导由于业绩的事儿又没了好脸色，每次不待她说完，就扔过来一句话：反正人是你挑的，你自己就要承担后果。

她得不到任何实际的帮助，业绩的压力又逼得人喘不过气来，于是她想到了离职。

公司的大领导从领导那里得知这个消息后，找她谈了一次话。正是由于这次谈话，让她打消了离职的念头，着手整顿团队构成，业绩终于又有了起色。

原因在哪儿呢？当有人猜测是不是因为涨工资的缘故时，她淡淡地笑着说道："因为领导认认真真地听完了我想说的所有的话，并在关键点上给了建议。至于涨工资，那是真没有。"

心理学家已经证实，倾听可以消减他人压力，帮助他人理清思绪。以同情和理解的心情倾听对别人的谈话，同时也是解决冲突、矛盾的最好方法。生活中，如果我们以"洗耳恭听"的态度认真听取别人的谈话，那对方会愉快地向你敞开心扉。因为善于倾听的人更容易让人感受到尊重，从而有利于人际关系的和谐共处。

专心倾听他人讲话，是给予他人最大的赞美。不管对象是谁，上司、下属、亲人或者朋友，倾听都具有同等功效。然而，倾听并不局限于"静听"，如果我们对于说话者的倾诉没有给予及时、恰当的回馈，那么纵使倾听的时间再长，也不会被当成知音。

有一句名言说得好："善言，赢得听众；善听，赢得朋友。"一个女人如果想成为人际场上的高手，那么她首先得学会倾听，因为倾听不仅能赢得朋友，帮我们轻松收获好人缘，还能使我们的社交魅力迅速倍增。

人至察则无徒

生活中，很多人都是"眼睛里容不下一粒沙子"，凡事就爱较个真，分个是非曲直。可生活不是判断题，并非所有事情都能分清楚对错，讲出道理。每个人都有自己的立场和处境，不必要求他人和你保持一致，更不能强求他人按照你的思维方式或习惯去做事。

相信大家都有过这样的经历，本来关系不错的邻里或同事，为了一件小事或一两句玩笑话，突然就恶化成了不可调和的矛盾双方，虽然生活或工作在一个环境，抬头不见低头见，但彼此之间却形同陌路。这样的状态，无论是双方中的谁，心里肯定都不会舒坦。

俗话说：人非圣贤，孰能无过。与人相处需要的不是"明察秋毫"，事事较真，而是互相谅解，彼此包容，只有这样，才会拥有更多朋友，营造融洽的人际关系。否则，别人只会躲得离你远远的，谁也不愿和事事较真的人交往。

有一位女性朋友，才华容貌样样出众，可是她在事业上却一直不顺利。其实原因很简单，就是她做人太爱较真。

在人际交往中，只要他人犯了一点儿错误，她就会一针见血地指出来。对于他人的一点儿小错误，她总是揪住不放。时间长了，大家难免对她有抵触情绪，因此她工作起来，常常会遇到阻碍。

每次与朋友见面聊天的时候，她总是不断地抱怨或指责别人，这些人里包括她的同事、合作伙伴和朋友。

一次，她和一位客户约好了会谈的时间，但是那天天气状况不太好，对方赶到的时候，比预约的时间晚了半个小时。尽管对方一再表达歉意，并说明原因，她却没有因此而原谅对方，反之，又是一通埋怨。

对于她的批评和指责，大多数人刚开始还能接受，但是人都是有尊严的，她总是一而再，再而三地指责对方，只能引起对方的反感。

朋友们都劝她与人为善，尽量多关注别人的长处，不要老盯着别人的缺点不放，那样的话会活得很累。可她依然如故，丝毫没有检讨自己的意思。因此，她的生活依然不顺心。

生活中，大家或多或少都犯过类似的错误，把一些琐碎的小事当成大事去处理，高标准的要求他人按自己的想法来做，事实上，一个人如果太过较真，势必影响自己与他人的沟通交流，难免会让人觉得你不随和、难交往，久而久之，周围的人只能选择敬而远之。

所以，做人做事千万不要太较真，要善于理解别人，求大同存小异，胸中有度量，能容下别人的缺点和优点，这样我们才能建立良好的人际关系，并且在交际场中左右逢源，游刃有余。

俗话说"有容乃大"，我们在待人处世方面要懂得宽容，不要因为一些无关紧要的琐事与人较真，别总计较对错和得失，这样我们的心胸才会变得开阔，人际交往也会顺畅许多。

张阿姨从结婚到现在二十年了，丈夫负责单位里的业务拓展，长期在外出差应酬，一年回到家里的次数屈指可数，张阿姨在家也是独自照顾要求苛刻的婆婆和还在读书的孩子。

然而就是这样的家庭，多年来和乐融融，从没听说夫妻二人之间有过争执，也没听说有什么婆媳矛盾。

有一次，趁着社区里过"邻里节"，有人便向张阿姨请教过日子的秘诀。张阿姨笑笑："其实做女人呢，只要糊涂一点儿，日子就顺了，不要因为一点儿小事就和人较真。"

张阿姨没有读过多少书，但是却用自己的人生经历总结出了"糊涂是福"的道理。她从来不紧紧盯着老公，不一天到晚打电话"监控"，反倒是张大叔自己有时候打电话到家里汇报行踪；婆婆喜欢掌权，喜欢做决定，那她就让婆婆做决定，也省得自己费心，婆婆平时说重了的话，她也不去计较，还是和和睦睦地过日子。

张阿姨的幸福是自己悟出来的，也是自己努力得来的。她用一种包容的心态赢得了快乐，赢得了幸福的人生。

人的一生需要经历的事情太多太多了，如果我们事事较真，那么只会让自己筋疲力尽，并且给生活带来无穷无尽的烦恼。"较真"的人在生活中也容易失去机会和人缘，在个人感情生活中也容易郁郁寡欢，很难拥有开心顺遂的人生。

相反，心胸宽广的女人都有包容他人的肚量，包容他人的狭隘和过错，不将心思都牵系在一事一物上，不将哀怨和气恼挂在心头。她们知道如果用"小心眼"去看待问题，那么只会越看越小，并且将自己引入伤悲的境地。

所以，我们想要拥有和谐的生活和人际关系，那么就一定要懂得包容他人，别总因为一些琐碎小事和他人较真，从而影响我们前行的步伐。自古以来，每个成功的人基本都具备包容的品质，包容能使我们的心胸和眼界变得宽阔，吸引更多的朋友靠近，我们的人际关系也随之和谐、顺畅。

送一轮明月给他人

一位住在山中茅屋修行的禅师，有一天趁夜色到林中散步，在皎洁的月光下开悟了自性的般若。他喜悦地走回住处，眼见到自己的茅屋遭小偷光顾。

找不到任何财物的小偷，要离开的时候才在门口遇见了禅师。原来，禅师怕惊动小偷，一直站在门口等待，他知道小偷一定找不到任何值钱的东西，早就把自己的外衣脱掉拿在手上。

小偷遇见禅师，正感到愕然的时候，禅师说："你走老远的路来探望我，总不能让你空手而回呀！夜凉了，你带着这件衣服走吧！"说着，就把衣服披在小偷身上，小偷不知所措，低着头溜走了。

禅师看着小偷的背影走过明亮的月光，消失在山林之中，不禁感慨地说："可怜的人哪！但愿我能送一轮明月给他。"

禅师目送小偷走了以后，回到茅屋赤身打坐，他看着窗外的明月，进入定境。

第二天，禅师在阳光温暖的抚触下，从极深的禅定里睁开眼睛，看到他披在小偷身上的外衣，被整齐地叠好，放在门口。禅师非常高兴，喃喃自语地说："我终于送了他一轮明月！"

这个充满禅意的小故事，出自林清玄先生的小说《送一轮明月给他》，故事虽然简短，但蕴涵的道理却非常深刻。面对小偷，禅师没有像大众那样选择呼喊或制服，他选择的是感化，送了小偷一轮"明月"，体现的是人格的馨香。

从这则故事中我们可以看出，这位深山中修行的老禅师就如同一轮明月，在黑暗的夜晚泛着柔和的光，让在黑暗中行走的人心生温暖、看到希望。这轮明月代表的是宽容，能唤醒他人内心深处的良知，让犯错的人迷途知返，让我们的心灵变得更美好。

生活在尘世的我们，每天都要面对许多人事，这其中有不少是误入迷途的人，有不少是无意间伤害了我们的人，如果我们也能像那老禅师一样，心存关爱，去送一轮明月给他们，唤起他们埋在灵魂深处的爱和良知，让他们的心被一轮明月照亮，从此变得皎洁如玉。他们同样有爱，也施与他人，传递美好，那么，我们这个社会，就会多一份明净，多一分温暖，多一分和谐……

郑苹大学学的专业是文秘，所以她现在在一家公司做总经理秘书。因为是第一次参加工作，所以，她平时做什么事情都是小心翼翼的。

总经理安娜是个女强人，做事雷厉风行，郑苹从见安娜第一面起，就对她又敬又怕，在协助安娜工作的时候也总是一丝不苟，丝毫不敢有一丁点儿的马虎。

可是，生活不可能是永远平静无波的，尽管郑苹已经非常小心了，但是还是有失误的时候。

一天，安娜让郑苹去打印一份非常重要的文件，也许是那天的工作量太大、太忙了，郑苹竟然把这件事情给忘了。那可是安娜马上就要用的发言稿啊。

可是，再去打印的话已经来不及了，郑苹做好了被开除的准备，她来到安娜的办公室，决定主动向安娜说明情况，看看能不能进行一些补救。

结果安娜并没有发火，她思考了一下说："现在做什么也没用了，情况也比较急，还好我对稿子有大概的印象，等下开会的时候，我尽量凭记忆说好了。小郑，你也不要那么沮丧，快去准备准备，跟我去开会！"

后来，安娜凭借自己出色的口才和记忆力，在会议上博得满堂喝彩。会议结束后，安娜并没有责备郑苹，更没有将她开除，而是说："新人哪有不犯错的，吃一堑长一智嘛，以后继续努力就行了！"

安娜简单的几句话，一下子感动了郑苹。从那以后，郑苹更加努力认真地工作，最终成了安娜的得力助手。

从故事中我们可以看出，当我们面对下属犯错时，有时一句暖心窝的话比严厉的惩罚更能使人受到教育。郑苹犯了错后，上司安娜不仅没有责骂，反倒还安慰了她，这使得她更有动力去工作；而安娜因为宽容，也收获了郑苹这个得力的助手，这在人际交往中，属于双赢的局面。

一位思想家曾说过："努力控制不去犯错误的是人，而从来没犯过错误那是天使的梦想。"当心灵受到炙烤、如临深渊的时候，宽容就是赐予我们重生的力量。宽容可以拯救、改造一个人的灵魂，宽容的力量可以遮蔽丑恶、唤醒良善、彰显美丽、缔造和谐。

身为女性，想要拥有良好的素质和修养，那么在面对他人的过失和缺点时，我们就应该多一点儿包容，适时地给予他人尊重、理解和帮助。长此以往，我们不仅能收获更多的友谊和信任，未来的人生道路也会越走越宽阔，越走越顺畅。

第三章
动动脑子，做一个有品位的女人

品位是一个很虚幻的词，它没有具体的标准。但品位也是一个很具体的词，一个女性有没有品位，我们基本上一眼就能看出来。一个有品位的女人，一举一动都能散发出一种良好的修养，她们聪明、智慧，她们爱自己，也懂得爱别人。

内涵从何而来

第三章

女人的话品位个一种, 个境域

不是生活状况决定品味，而是品味决定生活状况，这句话并不夸张。

"品位"二字，没有内涵是强做不来的。品位不是虚无缥缈的一种自我感觉良好，它是全面的、整体的、由表及里的综合表现。品位是一种集个人的出生背景、文化层次、生活素养为一体的，只能靠感觉去体验的东西，不是什么人都能够拥有的。

张小娴在《拥抱》那本散文集里这样写道："最能反映一个女人品味的，不是她的衣着和爱好，也不是她的车、家里的装饰，而是她爱上了一个怎样的男人。即使她在各方面品味都不错，若爱上一个差劲的男人，便功亏一篑。"

有品位的女人，是有责任心的女人。她会对自己的言行、工作、生活、家庭、事业负责，同时她也会对身边所有的人负责。她懂得作为女人应该以家庭责任为重。上敬老人，下教儿女。她知道相夫教子是她人生中最为重要的责任，但她也不会为此迷失自己。她会有她自己的事业，如果机会成熟她也能像男人一样创造出惊人的业绩，甚至在政坛上叱咤风云。在工作上她会尽心尽责，在生活中她会细腻而温情。她不会是一个完全的家庭主妇。但家庭对于她而言永远都是摆在第一位，她珍惜家庭就像是珍惜她的生命。她会对创建家庭的和谐氛围而不懈的努力。对待爱情她会真诚专注全心全意，决不会水性杨花及时行乐践踏爱情。

我想是这样的，总觉得喜欢一个人就要让自己和对方平等，至少不能差别太大，你有你的铜枝铁干，我有我红硕的花朵。如果你觉得自己是一个不一样的女人，你就应该选择要站在一个成功男人的背后。

有品位的女人乐观向上，而不颓废放纵，待人真诚而不虚伪；举止从容而不轻薄；性情平和而不浮躁；自尊自信，但不狂妄自大；温柔体贴，但不软弱屈从。

有品位的女人会营造一个平静的生活环境，她拥有高雅的爱好和情趣，会用自己的眼睛发现身边的美，并用心去感受它。她有丰富多彩的内心世界，不会让无聊、平庸的事情来破坏自己平静的生活，在繁华浮躁的现实中，能让自己的心归于平淡。当然她也有喜怒哀乐七情六欲，但是她的表达是自然的、适度的。

有品位的女人有独立的思想和人格，决不会人云亦云、随波逐流。在喧嚣的人群中，她可能会用沉默来表示她不俗的内心。

有品位的女人是有责任感的女人，无论在生活中，还是在工作中，她都会尽力做好每一个角色，好女儿、好妻子、好母亲、好职工。

一个人的品位，是与其环境、经历、修养、知识分不开的。只有靠有意识地培养良好的修养，积累丰富的知识，才能有充实的内心世界，才能表现出高尚的思想和高雅的品位。

有品位的女人，就是有内涵、有魅力的女人。走在拥挤的人群中，你会一眼发现她。用品位做底蕴的优雅女人不见花开，只闻暗香浮动。

智慧女人气自华

毕淑敏曾说过："智慧是优秀女人贴身的黄金软甲，是女人纤纤素手中的利斧，可斩征途上的荆棘，可斩身边的烦恼。"

智慧是美丽不可或缺的养分，所以才有"秀外慧中"这样的成语。相由心生，我们的容颜和气质最终是靠内心滋养的。俗话说，男人要为他30岁后的相貌负责。男人如此，女人又何尝不是如此呢？你所经历的一切，将一点点地写在你的脸上，每天美丽一点点，你为自己做的便是不断地滋润，而不是消耗和透支。青春已逝，但美丽可以永存。

智慧的女人能善待别人，宽容别人，从而赢得真挚的友情和关爱；智慧的女人也能善待自己，宽容自己，决不因为挫折而放弃自我；智慧的女人知道要靠自己去走完人生的旅程。爱惜自己就是爱惜每一天的生活，爱惜自己的生命。因为善待自己与善待他人一样重要，自爱的人才懂得怎么去爱别人。

智慧的女人拥有自尊自重的情感，勇于接受来自各方面的挑战，更善于从大自然与人类社会这两部神笔巨作中采撷智慧。智慧固然在很大程度上取决于一个人的 IQ 值，却这不是天生的，学识、阅历和善于吸取经验教训会使一个人迅速成长。智慧就是这样一点点地从内心雕琢一个人，塑造一个人。

智慧的女人是聪明的，然而仅有聪明而缺少深度是智慧的浪费。30 岁的女人已经不再只是单纯的聪明了。她们已经进化到了大智慧的境界。聪明的女人知道男人说的话只能相信一半，而智慧的女人却知道该相信男人的哪一半话。聪明的女人懂得依靠男人，智慧的女人懂得驾驭男人。聪明的女人看时尚杂志学化妆技巧，智慧的女人通过阅读丰富心灵。聪明的女人想：我一定要怎样；智慧的女人想：我应该要怎样。聪明的女人了解男人，智慧的女人了解自己。聪明的女人用眼睛看世界，智慧的女人用心看世界。

　　美貌会凋谢，智慧却会增加。智慧不仅来自学历，更重要的是来自生活体验后的感情和总结。人生的不同阶段有它不同的智慧和理念，可以互补，但是不可互相代替。特别是在多元文化、高素质群体的大环境下，智慧更是脱颖而出的必备因素，因为视野一开阔，外表的美丽就让人习以为常了。

知性是女人的高级状态

有这样一种女人，如同周敦颐在《爱莲说》中所描绘的莲花一般：中通外直，不蔓不枝，香远益清，亭亭净植，可远观而不可亵玩焉。她们不是压群艳、傲百花的牡丹；不是守幽谷、会幽瀑的山中木樨。她们是携着矜贵香氛的精致白莲花。她们衣着素净，纯天然面料的衣服是她们的首选。她们不盲从潮流。非办公的业余时光，多数女人用深色和素色包裹自己从容的落寞和孤寂。但客厅的花是不会等到枯萎才换的，要么是干花，要么就是随心常换的鲜花，薰衣草、丁香、栀子之类不喧不闹，但绝对要清新宜人，这是贴近自我灵魂最简洁的行为之一。这些女人身上散发出一种知性的美丽。

知性女人聪明却不张狂，典雅却不孤傲，内敛却不失风趣。女人的知性美是她们身上内敛着的一轮光华，它不炫目，不耀眼，其光若玉，温润、莹透、可感、可品、可携。

在汉语词典中，知性的定义是："具备知识和理性等特质。""知性"除了标志一个女人所受的教育以外，其实还有一层更深刻的意义，应该是女人特有的一种气质，它源于女人所受的教育和环境，可又并非哪一个看上去文文静静一些的女人就可以被称之为知性的。知性必然是一种积累，知识的积累，生活的积累。

其实知识只是知性的一个基础。我们身边有很多的女性朋友，她们大部分都受过高等教育，不过其中真正可以称为知性的寥寥无几。女人就像一本书，有的有着深刻的内涵，有的则只是儿童读物。

女人身上的知性，带给她们一种相对平静但余味更久远的魅力。和她们在一起，你可以享受到人生中最本质的那种如冬日阳光一样的温暖。轻松、雅致、自我、明智、舒畅，和她们待上一个下午，你一定能获得一种由透着灵动的平静滋生的希望和力量。

知性女人的定位，展现了都市女性应有的形象：有知识，有品位，有属于女性的情怀和美丽。

知性女人可以没有羞花闭月、沉鱼落雁的容貌，但她一定有优雅的举止和精致的生活。知性女人也许没有魔鬼身材、轻盈体态，但她重视健康、珍爱生命。知性女人兴趣广泛，精力充沛，保留着好奇的童心，在瞬息万变的现代社会中，她总是出现在变化的前沿。知性女人有理性，也有更多的浪漫气质，春天里的一缕清风，书本上的几个精美词句，都会给她带来满怀的温柔。知性女人经历了一些人生的风雨，因而更懂得包容与期待……

知性女人内在的气质是灵性与弹性的统一。

灵性是心灵的理解力。有灵性的女人天生慧质，善解人意，能领悟事物的真谛。她极其单纯，在单纯中却有一种惊人的深刻。

灵性是女性的智能，它是和肉体相融合的精神，是荡漾在意识与无意识间的直觉，是包含着深刻理念的感性。有灵性的女人以她的那种单纯的深刻令人感到无限韵味与魅力。

弹性是性格的张力，有弹性的女人，性格柔韧，收放自如。

她善于妥协，也善于在妥协中巧妙地坚持。她不固执己见，但自有一种主见。

都说男性的特点是力，女性的特点是美。其实，力也是知性女人的特点，区别只在于：男性的力往往表现为刚强，女性的力往往表现为柔韧。弹性就是女性的力，是化作温柔的力量。有弹性的女人既温柔，又洒脱，使人感到轻松和愉悦。

灵性与弹性的结合，表明真正的女性也具有一种大气，而非平庸的小聪明。知性女人是具有大家风范的。

一个真正"知性"的女人，不仅能征服男人，也能征服女人。因为她身上既有人格的魅力，又有女性的吸引力，更有感知的影响力。

知性女人能够无视年龄对自己容貌的侵蚀，她像一杯慢慢品味的清茶，散发着感性的魅力。知性女人关注时尚，打扮得体，气质优雅；知性女人内心浪漫，强调个性，对世界充满爱心和好奇；知性女人独立进取，智能坚强，努力追求自我价值的实现；知性女人还懂得给男人空间，深谙风筝和丝线的力学原理，不动声色地把男人的心拴得更牢。她有清新淡雅的面容，妩媚温婉的回眸，顾盼生辉的举手投足。她亦正亦邪，收放自如，将女人的魅力随心所欲地发挥到极致。

读书让你更有品位

　　饱读诗书的女人才有饱满的态、深邃的态，才千娇百媚、楚楚动人。内涵和教养是根是源，辉映在外的是气质优雅、风度翩翩。有丰厚知识为依托的美，美得自然大方，美得恒远长久，不受年龄的限制，没有民族季节的区分。

　　能够长期静心读书的女人，如出尘的幽兰，一颦一笑自有一股淡雅宜人的书香气息。这样的女人，我们称为书香女人。记得曾经看过一个与女人有关的话题——"什么样的女人最美丽"，不少人选择了"读书的女人最美丽"这一选项。

　　做一个美丽、健康、时尚而智慧的女人，几乎是每一个女性渴望的幸福目标。而书是带领人类从愚昧到文明的捷径，是改变一个人的最有效的武器之一。读书的女人是智慧的，正如女作家毕淑敏所说："清风朗水滴不穿，一年几年一辈子读下去，书就像微波，从内到外震动着我们的心，徐徐加热，精神分子的结构就改变了，成熟了，书的效力就凸显出来了。"一个女人的气质、智慧还有修养，都是和大量阅读分不开的，因此阅读的女人是美丽的女人。

　　不管这社会如何发展，总还有一些女人和书籍有着割不断的缘分，她们能拒绝灯红酒绿的诱惑，把读书作为业余生活中最主要的活动。她们善于在宁静中体验生命，用知识和智能塑造心灵，培养气质，发展技能，读书对于她们既是社会发展的要求，更是基于理性思考的自觉选择。如果说不读书的女人是清晨的露珠，纯净而晶莹；那读书的女人就是天上的星星，明亮中多一份深邃。要想做一个有主见、有内涵的现代女性，读书仍然是必经之路。

　　从书页上走出来的女人，她的美丽和一般的女人一定是不同的。她从唐诗宋词中走来，灵秀的眉眼间便多了几许的古韵轻愁；她从曹雪芹的大观园走来，细碎的脚步声踏出痴男怨女的悲欢离合；她从徐志摩的浪漫中走来，似一朵水莲花亭亭地绽放着万种风情。她带着一缕淡淡的书页的余香，在和你擦肩而过的刹那间，让你忍不住回首。她的香不是出自香水，而是春天草丛中一抹雨后的清香，是冬日梅枝间一缕浮动的暗香。

　　从她的眼眸里可以看到小溪的清澈、天空的透明，从她的声音里可以听到百鸟的吟唱、浪花的欢笑。她不一定有娇好的容貌、曼妙的身材，但她总是举止娴雅，衣着得体。她不一定拥有伶俐的口齿、咄咄的气势，但她总是口吐莲花，字字珠玑。

　　她可以是春天烂漫的山花，在枝头绽放火热的激情，也可以是秋阳下一朵素雅的雏菊，悠闲地在秋风中来回张望。她是一杯浓淡相宜的绿茶，要用纯净的水才能将她柔嫩的叶片舒展。她是一杯酿香的红葡萄酒，要细细地品味，才可以感受她质地的纯正。她是飘落在深谷里的幽远的铃声，是银色月光下隐约的渔歌；她是炎热骄阳下一片清凉的绿荫，也是熠熠星光下等待归航的港湾。

　　书，给了她明净如蓝天的心灵，给了她宽阔如大海般的情怀。她从书的这一页开始，款款地又走向书的那一页。

　　读书会让一个人变得明智，懂得道理，让人富有内涵，它会使你在世事烦乱中知道什么是自尊、自立和自爱；它还会使你无论对任何事情都会透过它的表面看到它的本质，知道什么是宽和礼让，知道什么是美丑善恶，懂得人生的真谛，看透社会的真理糟粕。自古道：站得高才能看得远。你只有站在一定的高度，才能看清人世间的一切。就像一个人在赶路，你本来没有到达一座山的高度，也许是只站在一座山的底部，你又怎么会知道山顶的风景呢！

因此，女人如果要想变得让人耐读，就必须得带点儿书香。带点儿书香的女人就像一枝迎风招展的鲜花，无论你长在争奇斗艳的百花园里，还是散落在乡间田原，它都可以绽放出一股诱人的花香，或清新或奇艳，或素雅或浓烈，它总给人一种魂牵梦绕的感觉，让人素手留香，过目不忘。

要做就做个书香女人。"和书籍生活在一起，永远不会叹息"，罗曼·罗兰这样开导女人。有空请多读些书，等到岁月开始在你的眼前镆下印迹，你已是一个书香女人。书香女人是最优雅的，她们的美丽蕴含着深度风韵，而不仅仅流露于表象和姿态。她们年轻依旧的心在都市流动的喧嚣中，悠然地提炼着宁静，气质和风度中自有一种超凡脱俗的洗练。正如达·芬奇笔下的《蒙娜丽莎》，眉宇间天生蕴含着安详和典雅。同时，静中的她们也是生机勃勃绚丽多彩的。

内心饱满，骄而不傲

徐悲鸿先生道："人不可有傲气，但不能没有傲骨。"矜持聪明的女人身上散发着成熟与温婉的气韵，身上有一种高洁的傲骨。傲骨是人本身的东西，是内在的，更多的是血统的里的尊严，傲骨的女人贵在有自己一个完整的世界和审美标准。

傲骨是内涵修养的体现，她不仰附于人，也不蔑视别人，内涵深沉，总是兼收并蓄，完善自我，卓然超群，具有人格的力量，无论身处什么样的环境都是一身正气。一身傲骨的人不会丧失原则和立场。有傲骨的女人更看重自己内心的分量，永远保持内心的平等和尊严，这样的人骨子里都有一种深深的自信和坚强，而且安于平淡，少有欲望，做事从容，怡然自得，坚守贞操，自尊独立，驰骋闲放，有着不为五斗米折腰的心志。

傲骨和傲气本质不同，根本是两回事。傲气是没有内在素质，浮华的表现，傲气的人夜郎自大，目空一切，狂妄不羁，傲慢无理。傲骨的女人不会这样，傲骨的女人欣赏梅花不和群芳争艳，每到百花凋谢，严寒刺骨雪花飘落的冬季，袅娜多姿，妩媚脱俗的梅花便悄然开放在山坡间，笑傲冰雪，不惧天寒地冻，不畏冰袭雪侵，不惧霜刀风险，不屈不挠，昂首怒放，独具风采！冰肌玉骨的梅开百花之先，独天下而春，愈是寒冷，愈是风欺雪压，花开得愈精神。二十四番花信之首的梅花，疏影清雅，花色美秀，"万花敢向雪中出，一树独先天下春。"被誉为花魁，铁骨冰心，凌寒留香。

如果你对于傲骨和傲气还是不能明确区分，请看下面这则故事。

傲气和傲骨是兄弟。乍一看来，似乎难分伯仲，事实上傲骨是大哥，傲气是小弟。

傲气喜欢穿一身的白：春夏秋冬，无论何时何地，傲气的白向来是一尘不染。傲骨也喜欢白色，不过他对衣服没有过高的要求：颜色无所谓，合身就好。

有一次，一个俗人来请傲家兄弟吃饭，傲气不喜欢那个人，认为他太俗，一口回绝了。俗人讪讪，觉得很没面子。傲骨也不喜欢那人，却接受邀请。席间，俗人自然要说些很俗的话，傲骨始终面带微笑地听着，偶尔插句，接着俗的话题，意境都颇高远。俗人好像有所感悟，高兴得不得了。

傲气从事的工作，他把它叫"艺术"，若有人问起，他总是侃侃而谈，傲气从未拿过锄头。傲骨的手用来拿笔——从事写作，不拿笔的时候，他们就拿锄头——傲骨种花，也种菜，傲骨把他的工作统统称为"种地"，他说："精神也是一种园地。"

傲气有时觉得傲骨不像是傲家的。

傲骨有上司，年终的时候，上司命令傲骨写总结时把成绩夸大一点儿，傲骨不肯；上司百般威胁利诱，傲骨还是不依。于是，傲骨的年终奖金没有了。傲骨只是淡淡一笑。上司又派别人写，傲骨知道了，写检举信。上司大怒，傲骨的饭碗最终被敲掉了。傲骨仍是淡淡一笑。

傲气知道了这件事，自然是举双手支持大哥。但他实在搞不懂，大哥的"骨"什么时候"傲"，什么时候又"不傲"？

　　事实上，傲骨一直是那么傲，他和傲气不同的是：傲气傲在气势上，难免有点浮；傲骨傲在骨子里，更傲、却更沉稳、成熟。所以傲气永远是小弟，而傲骨永远是大哥，永远更成熟动人。

第四章
爱情难懂，你需要带上脑子

爱情一直是文学的热门话题。《诗经》中的那句"关关雎鸠，在河之洲。窈窕淑女，君子好逑"也已流传千年。古代社会对女性有各种各样的钳制，在新时代的背景下，这种钳制已经消失。但还是很多女性不懂爱情，也不知道该去如何经营。其实，爱情虽然难懂，只要你仔细思量，也能经营出令你幸福的感情来。

感情中，何妨做个小女人

女人摆平男人有三把利器。第一利器便是会撒娇。人说，会撒娇的女人能为自己和家人带来福气。高 EQ、高智慧的女人，一般都懂得撒娇要撒得恰到好处，也明白自己的命运其实都掌握在自己脑袋和嘴巴里。男人其实更需要关爱与照顾。男性天生就有对母性的依赖性。男人在外面压力大，回家更需要女人对他多一点儿温柔一些关爱，这样他就会乖乖地主动把心掏出来，对女人多一份关爱。

很多人以为撒娇是年轻时的事情，结了婚就板起脸来做事，其实不然。撒娇是一辈子的事！撒娇不分年龄，只讲究适度，要分场合，要在适当的时候，要给自己留余地，要见好就收。而不经意间流露出的撒娇更动人。许多结婚多年的女人总是怪老公对自己没有婚前那么好，不会哄着她，还时时提心吊胆老公会被"狐狸精"给迷走，从来不从自身找原因。其实那些"狐狸精"长得并不怎么样，绝招充其量也就是会在男人面前撒娇，让男人飘飘然。

有一本畅销书叫《会撒娇的女人最好命》。书中说："每个失败的男人，背后总有个不懂事又不会撒娇的女人，遇到男人陷入低潮或压力过大时，她们只会指责或大吵大闹，而会撒娇的女人却可以造就出成功的男人！"哲学家告诉男人："只要懂得称赞老婆的旧衣漂亮，她就不会吵着要买新衣。吻妻子的眼睛，她会变成盲人；吻她的嘴唇，她就会变成哑巴。"同样如此。聪明的女人，只要你懂得称赞老公的才干，他就会更卖力地为你工作。撒娇地抱他一下，他就不会生气动粗，吻一下他的嘴巴，他就不会口出恶言。家里不是法院，不用长篇大论讲道理，更不需要争得面红耳赤，只要你懂得撒娇和体贴，你就能享受家庭的幸福。虽说男子汉大丈夫宁愿流血不流泪，但男人可以为女人"撒娇"而折腰。在公众场合对老公表现得温柔贤惠，百依百顺，老公很自豪，回到家后会把你当成公主一样来疼爱和关怀。

那些会撒娇的女人多半都很会体贴男人。会撒娇的女人最懂得欣赏和夸奖老公的能力，也可以造就出一个自信而成功的男人。因为每一个做大事的男人，身边都需要一个温柔且会撒娇的女人，这个女人不会给他出难题，时常在男人失败时给予鼓励，并用撒娇来促使男人奋发图强。

不会撒娇的女人会吃亏。为什么有些女人一直默默为对方付出，可是每个男人总是愈看她愈不顺眼，说分就分？不是因为她长得不够漂亮，是因为她说话很难听！为什么有些女人可以成为万人迷，每个男人都愿意为她牺牲奉献，毫无怨言？不是因为她长得姿色过人，是因为她嘴很甜，会撒娇，很会哄男人！嘴甜，是最轻松的撒娇方式；因为只要开口说几句赞美话，就能够心想事成！要男人对你死心塌地，嘴巴甜一点儿就没问题！为他洗衣服不如帮他买衣服，照顾他的身体不如照顾他的面子，当他买礼物给你无论喜不喜欢都要先赞美，这就是嘴甜的女人为什么都很好命的原因。嘴甜的女人，总是比用心的女人爱得更轻松！当感情陷入危机，只要你懂得哄男人，幸福就有转机！嘴巴不甜的女人，通常没好命。当然，需要特别注意的是撒娇也要有技巧的。

撒娇要自然，不要适得其反，不要让人浑身发冷。撒娇不是做作，不是不纯装纯，不嫩装嫩。撒娇要拿捏好自己的资本。会撒娇的女人一定懂得打扮自己，懂得不断学习不断地提升自己的素养，不断地让自己越来越秀外慧中，试想如果一个举止粗野，满口恶言，衣着邋遢，头脑简单，四肢发达的女人对着你撒娇，你会有怎样的感受呢？撒娇的结果又会好到哪里去呢？

撒娇的外在的条件也十分的重要，那就是更要有一个你愿意向他撒娇并愿意欣赏你撒娇的对象，如果没人宠爱，那，撒娇给谁看？如果你会赞美和撒娇，肯定能得到喜欢的男人的爱。

女人对自己钟情的男人是轻声细语，对于身边的男人则是默然无语。钻石级的赞美是我爱你。这句话无论一天说几次都不嫌多，因为"被疼爱、受重视的感觉"是爱情中最基本的需要，男女都一样。这是一句最动人的赞美，也是最直接的鼓励，鼓励对方继续努力爱你，带你奔向更好的未来，让你更幸福。你可以更有情趣一点儿，可以把这句赞美变换花样说出来，可增添浪漫。

总之，撒娇的女人绝对不会吃亏。

照顾男人的自尊心

有人调侃说"男人是视觉动物"。但很多人并不相信这个说法。一个漂亮而性感的女人很吸引男人的眼球，从而演绎出无数暧昧的故事。然而身体的欲望只是男人自然属性的一面，其实真正成熟的男人更需要女人满足的是他的社会属性——女人对他的肯定和尊重。从某种意义上来讲，男人奋力拼搏去完成他的社会属性也是为了得到女人的肯定和尊重。男人最怕被自己的女人看不起，这也许是男人尊严的底线。如果自己为家庭为事业所做的一切得不到自己女人的肯定，那不管他在外面多成功，他内心里永远都认为自己是个失败者。

男人需要自己的女人肯定和尊重。不管现在这个男人多么的失意，只要女人对他说："在我眼里你永远都是最棒的！"男人马上就会意气风发，重拾自信。女人看着自己心爱的男人时那种陶醉、依恋和欣赏的眼神是男人成功的最大力量。

作为女人，给予爱人信任和支持，你的男人非常需要你的肯定和欣赏。不要吝惜你的情感，给男人一个欣赏和依恋的眼神吧，这种信任和支持是对婚姻和爱情最好的滋润和浇灌，他会拿整个世界来回报给你。

就像女人需要疼爱一样，男人需要尊敬。在尊重的基础上，男人需要被尊敬，女人需要被疼爱。刚恋爱、结婚的时候，男人对女人的爱，是"奴隶"式的爱，想女人之所想，为女人所欲为。为了博得女人的欢心，如果能够摘下天上的星星，那也是肯去摘的。这个时候的女人，是被疼爱的，是被男人捧在手心里疼爱的。男人为了得到，总是懂得先要去付出的道理。无论女人怎样的使小性、发脾气，男人总是肯去哄，肯去缠绵、迁就。这个时候的女人，就是将军。等到过了两三年、三五年、六七年，男人渐渐地要求从女人这里得到尊敬，得到欣赏，得到赞美，不愿再像一个小丑、一个奴隶那样去博得女人的欢心。他要从奴隶变回他本来的模样：一个将军。在外面，随着他社会地位的提高，能力的增强，他渐渐变得光鲜，已是"人模狗样"。小姑娘看他的眼神多了崇拜，下属看他的目光多了敬畏，出席的场合，偶尔也会因为他铺上了红地毯，或者他是在这种场合躬逢其盛，在外面可谓是风光无限。

可是，回到家里，一路陪伴他走过来的"糟糠妻"，还是把他看成当年那个穷小子，把他看成当年那个花尽心思追求她的毛头小伙子。对他絮叨，对他挑剔，对他不屑。不懂、也不肯给予他男人最看重、最想要、一辈子倾其所有去追求的被尊敬。男人是最爱面子的动物，男人最看重的，就是被尊敬。在外面，想被他人尊敬，在家里，想被妻儿尊敬。性格和软一点儿的男人，会隐忍在心，总想这样凑合下去，也许有一天会好，也许吧，有一天会好，等待着女人自动做出调整，彼此重新找到力量的平衡点。性格暴烈、主动一点儿的男人，会争吵，会要求，会自动完成从奴隶到将军的转变过程。而他变成了将军，并不是要让你成为他的奴隶，而是要和你一样，他做你的国王，你做他的王后，给男人自尊，也就是给自己找到了位置。

　　如果能重新找到各自的位置，关系会达成新的和谐，如果不能，就不知会怎样演绎了，每个故事都有不同的情节和结局。知道男人最看重的是什么，就给他吧。把你小姑娘时的要强劲儿收敛一些，把你的娇蛮、任性等都收到箱子里，当你的男人成熟了，你也要像一个成熟的女人一样去爱他，对他知冷知热，对他嘘寒问暖，对他的付出心存感激。不要把他当成一个孩子一样去唠叨、去指导，即使在你们初婚甚至更长的一段时间内，你曾经用你的智慧帮助过他打天下，他也曾经需要过、感激过；但现在天下是他掌控的，他有足够的能力掌控了，他是在为你掌控家以外的天下，你就掌控家吧，把家以外的天下让给他，把家、把他，留给自己。用尊敬的眼神去看待他的一切，用尊敬的行为去对待他，把你的赞美、把你的肯定、把你的欣赏、把你对他的尊敬给予他，这是他应得的待遇。他付出他的一切，甚至健康、甚至生命，为的就是得到一个他深爱的女人的尊敬和爱。一个女人爱一个男人，会因为尊敬、崇敬而爱得更深。一个男人会因为被所爱的女人尊崇为狮子、尊崇为英雄而焕发出力量与光彩，令他的生命有意义。并且会对这个女人爱得越来越深。

　　而终其一生，女人渴望得到的是被自己的男人疼爱，即便到了八十岁，也是愿意被自己的老头子宠着、爱着、哄着。所以，男人要的是建功立业，女人要的是相知相守。男人要的是家外，男人通过征服世界来征服女人；女人顾的是家里，女人通过征服男人来征服世界；总是矛盾的。如果没有功业、没有世界，就没有安全的相守；如果没有相守、没有真正含义的家，再大的功业又有什么意义？所以，年轻的时候，男人和女人，要商量着找到事业和家庭的平衡点，相互理解，相互扶持。对于在家中默默付出、痴痴等待的女人，男人在打拼的时候，别忘了回头看看，喘喘气儿，歇歇脚，把男儿的一腔柔情尽情挥洒到女人身上，到老了老了，才不会遗憾哪。幸福其实是求不来的。幸福是不由自主的爱与被爱，是无怨无悔。

　　如果说，对于女人，要的是关爱，那么，对于男人，尊重是最大的爱。

不懂包容，感情就容易出现裂痕

　　《诗经》开篇的"关关雎鸠，在河之洲。窈窕淑女，君子好逑"是古代社会要求女子贤惠的开始。自古以来，关于女子的美德，人们首推贤惠和宽容。古诗词中形容女子温柔贤惠的诗句数不胜数。从传统到现代，虽然男人们择偶的标准经历变迁，但贤惠一直榜上有名。贤惠绝对不是男人调教出来的，就像好男人不是女人调教出来的一样。贤惠是一个人内在素质与修养的结合。女人贤惠，会给家庭带来温馨。

　　因为妻子贤惠宽容，在外奔波的男人更有动力，在外不做横事。每个男人都希望家里有个贤妻，但未必每个人都能达到目的。贤妻永远是好男人追求的理想，男人想要能给一个温馨港湾的女人。男人不会希望自己在外面打拼卖命，而后院起火的现象。有贤妻的男人他不会趾高气扬，而会心满意足引以为荣，因为这样他就可以无后顾之忧地把自己的精力投入到工作中去，他不会担心工作应酬多会给家庭带来矛盾，也不会担心晚回来后妻子和他吵架，想得只是那安静的，休息的港湾。

　　贤惠宽容的妻子会令男人开心、舒心。贤惠的妻子未必都是不解风情的死板，只有那些不求上进、不思进取的女人才会停留在一成不变的生活中。要想做一个贤妻，需要不断地学习新知识，接受新事物，需要在自己的工作中积极上进而不甘平庸，有知识的女人才会不断地充实自己，有进取的女人才会不停地更新自己，有度量的女人才会不住完善自己、与时俱进。贤惠的女人能给丈夫带来温情，给家人带来温馨，她能够把小家庭的一切繁杂事务计划的周周到到，打理得井井有条，哪怕是再紧巴的日子，也能过得像模像样，一切井然有序，该做什么做什么，似乎都在掌控之中。一个家庭的持久，需要用心去呵护、去经营。要做到这些，当然需要家庭成员付出爱心和辛劳。一个家庭的组成，不仅仅是二人世界，更是一个和谐的大家庭，父母、子女、亲朋好友等，有许多必须共同面对的关系需要理清和维护，这样才有利于小家庭的和谐、美满。正如尼采说的，女人崇拜孩子，崇拜家庭。她会把自己整个生命融入家庭当中，这样的付出，她心甘情愿。贤惠识大体的女人就是我们心目中的阳光女人。

许多人说，宽容是女人对待男人的又一把利器。男人在女人面前，始终无法摆脱婴儿的天性。男人对女人有着天生的亲近，也有天生的畏惧、天生的嫌恶。男人如同世界冠军一样，最大的压力是一旦成为冠军，就必须永远证明自己是冠军。男人很少能克服或者超越这种焦虑，于是就需要女人的宽容。

男人不是不喜欢女强人，但女强人实在需要男人付出太多的努力；男人并非不喜欢有才情的女子，但这种才华总会让男人觉得无地自容。贤妻良母的形象在女权主义者看来很像男人的一种阴谋，但事实上这种形象更是男人的一种无奈。男人期待来自女人的宽容，这种宽容有点娇纵，有点放任，有点调侃，有点把玩。有了这种宽容，男人固然会沾沾自喜，但也容易安身立命，找到自己应有的位置，并且可以享受所谓的成就感。

所谓女人的宽容，也许是用心听男人夸夸其谈。在女人面前吹牛是男人一种缺乏自信的表现，女人如果不能倾听男人，男人的自信心弄不好就会崩溃。能够允许男人沉迷一些没有意义的小事是一种宽容，比如喜欢钓鱼。这些生活中的小毛病往往是男人的心理缓冲，允许他和兄弟喝酒一醉方休是宽容。男人有天生的婴儿性，需要时不时地回到少年时光，这是少年时逃避母亲过分的爱和关心心理的再现。没有朋友的男人这一生就注定了是悲剧。宽容还体现在你大度地允许他和别的异性朋友来往。宽容还是在男人疲倦时保持沉默。男人有时就是累了，需要休息下，并不总需要激励。能够保持充分的生活调节能力是一种宽容。男人被女人生养，反哺不是男人的本能，男人常常用给女人买东西来表示爱意。实际上是他找不到更好的方式，更受不了整天关切女人的生活状态。会自娱自乐自己的女人也是对男人的宽容。男人最烦的是哄女人，所以虽然终日打麻将并不是女人的好习惯，却让很多男人松了口气，所以从广义的角度来说，这也是一种宽容。

做个贤惠的女人，做个包容的女人。女人天生要柔情，绝对不能把自己的男人面子放在脚底当滑轮板踩着，那样不管你跑多快也有摔倒的一天。要把男人放在自己的头上当光环亮着，一个男人如果能够得到社会的认可，他家中的妻子同样也会被尊重和认可。

而那些每天都把自己弄得很忙很疲惫的能干女人，只能算得上是一个苦女人，而不能称为好女人，好女人会让男人赏心悦目，会让男人心旷神怡，会让男人眼睛一刻也离不开她。让男人放心得太能干女人，也会让男人心里有失落感，因为男人本身就代表着一种力量和责任，男人喜欢征服，他只有把这种能量发挥出来，他才有成就感，换过来说，男人是非常的渴望自己被一个女人需要的，而不是，"她这么能干，有我没我的存在无所谓"。

都说，女人有两次命运的转折点：一次是你选择终身伴侣时，他是否是个能令你一生幸福的男人。一次是你选择终身伴侣后，你是否能改变他，使他能够给你一生的幸福，如果让一个男人选择女人的美丽、聪明、能干、可爱，男人一定会选择那个什么都不出色却可爱的女人。在男人看来，漂亮的女人太过虚荣，能干的女人太过强悍，才华的女人太过缥缈，只有那个会任性、会发脾气、会掉眼泪、会噘着嘴巴撒娇的可爱女人才最让男人动容，最得怜惜。

总之，女人的宽容往往是男人前进最好的动力。宽容对男人来说是一种实实在在的，每日每时的需要。

知足一点儿，婚姻更幸福

就像女人爱美一样，女人天生就是个比较不服输的动物。她们甚至可以为了虚荣或与别人较劲。有的偏执女人，为了所谓的虚荣，不惜血本拼到负债累累。生活中看见隔壁邻居买了豪华音响，她们家也要跟着买；隔壁太太买了上等的珍珠，她也要买更大的，等等，好像不把钱当钱看，或者把钱当成是卫生纸一样地乱丢。好攀比的女人，并不是自己挣钱，而是等着丈夫来收拾残局。丈夫为了付这些卡债或账单，就得陷入做牛做马的悲惨地步。

这些女人当然不会满足，也不会满足丈夫为家里、为她所做的，她在这个时候，也不会怜惜丈夫，甚至在这个档口，还会嫌做老公的赚得不够多，有事没事还冒出一句："人家隔壁的谁谁谁的老公都升副总经理了，你怎么还是个普通的小科长呢？"不然又是要和人家比收入，挖苦老公年薪永远只有六位数，人家某某的先生早就是七位数了！如果用这些话来挖苦老公还不能过瘾，她通常又会把儿子叫过来说："我的宝贝儿子啊！你长大了可别像爸爸那样没出息喔！"说老实话，如果娶到这种只顾自己面子、不管老公死活的肤浅女人，男人会过得很憋闷，家庭不会温馨。

聪明的女人绝对不会让这种贪婪影响到家庭或是婚姻，她们有智慧，可以超越这种无聊的虚荣心竞赛游戏，也深知照顾好一家人才是自己幸福的根本，否则，即使穿名牌、住豪宅、养名狗，身边没有亲人也是一场空。女人"虚荣心"强，这是人性中必有的要素，没有什么好大惊小怪的，但人要安天命，要明白自己的身份，过与自己身份相称的生活，不要太执着于虚名和物质。要懂得"虚名是假，家人才是真"的道理，如此才算是豁达有智慧的女人，才能真正地拥有男人，幸福快乐的生活才会主动地靠过来。

有一个故事，就是讲女人的知足对于家庭的幸福是重要的。

自从郭明十几年前在部队和那个战友分手后，就一直没再见过。前不久郭明接到他从遥远的大庆打来的电话，说这么多年一直没有忘记当年的友情，偶然的机会在网上看到了有关郭明的信息，很兴奋，便想方设法弄到了他的电话，想和他好好叙旧情。

郭明当然十分高兴，两人痛快地聊了好久。郭明这才知道，这些年他混得不错，从一个普通的复员军人已经成为固定资产上千万、手下员工上百人的私营企业老总了。但是很不幸的是，他已经离了两次婚，现在一提婚姻和女人他就恐惧。他说他受不了女人的贪婪和自私，他的那两个老婆共同的特点就是永远没有满足的时候，不管你在外面打拼多么的辛苦，回到家里听到的总是抱怨，什么人家谁谁已经买上宝马了，你看咱们，还是那辆破奥迪；什么我在家里整天闷死了，你就只顾自己在外面吃喝玩乐，根本不管我的死活；什么孩子老人全都是我照顾，洗衣做饭全都是我干着，你倒好，早上天不亮就走，晚上鸡不叫不回，这个家都成你的旅店了。甚至最亲近的老婆说出更难听刻薄的话："你有什么了不起呀，不就是挣了几个臭钱吗？比你有钱的人海了去了！"郭明这位战友告诉他，这种语言上的伤害太大了，把他的心打得千疮百孔，离了婚他感觉异常轻松，如果再去重蹈覆辙，打死他也不干了！

巧合的是，在与这位战友聊过之后，郭明在街上遇到了另一位多年不见的战友，他也是和他们一起转业回来的，但是分配到了某个不景气的单位，几年前就下岗，只好在大街上开三轮拉客挣钱养活老婆孩子。这位战友心满意足，而一提到自己的家庭、妻子就充满了幸福、感激还有愧疚。他说结婚这么多年了，他可以说一事无成，既没挣到钱，也没干成事，开个破三轮也就是勉强维持生活。可是他每天回到家里，听到的都是妻子由衷地夸赞，妻子总会说："你风里来雨里去得太辛苦了，以后不要这么累着自己，差不多就行了，钱挣多少是多呢？我们只要冻不着饿不着就满足了。"他的妻子还会说："走到大街上，我发现所有的男人都没有你有男人味，尽管你只是个开三轮的，但是在你身上充满了男人的正直、朴实与勇敢，有时候我想，只有嫁给这样的男人才是最安全、最幸福的。"

郭明的这位战友说，每当他听到妻子说这样的话时都想哭，因为他感觉自己非常的无能，非常地对不起老婆孩子，人家都住上高楼开上轿车了，自己却仍然在社会的低层艰难地爬行，如果妻子别那么好也就罢了，那样他的心里也会好受些，可她偏偏那么好，好得无可挑剔，让他怎么能不内疚，怎么能不难过呢？他说，他现在最大的愿望就是好好挣钱，一定要让老婆孩子过上好日子，不然这一辈子他就白做男人了。

两个战友的不同境况、不同遭遇不由让我们深思，什么是幸福？什么是富有？有一个懂得体贴你、关心你、理解你，并能由衷地给你赞美的妻子才是最幸福的、最富有的。

从今天开始，每天夸他一句

人都爱听好话，女人爱听男人的甜言蜜语，其实，男人又何尝不是？尤其在婚姻中，女人对老公应该多说"是"而非"不是"，女人应该学会赞美自己的男人。

反过来想想，人最怕别人瞧不起自己，尤其是男人。而作为他的老婆，和他日日夜夜生活在一起的人，都瞧不起他，谁还会瞧得起他呢？他在最亲密的妻子面前都抬不起头来，他又如何去面对大众？男人的天地本身是大众天地，需要大众的肯定。作为他的老婆，是人群中与之最亲近的人，一个最亲近的人，都不信托自己的老公，都不能对其肯定，对其赞美，谁又会准确地来肯定你的老公，赞美你的男人呢？女人应学会赞美你的另一半，因为你要和他在一起生活，在一起娱乐，在一起吃饭，在一起睡觉，在一起做一切可以做的事情，想想看那个和自己在一起吃饭睡觉打情骂俏的他怎么瞬间就变得一文不值了？其实对于女人而言，你在枕边对你的先生说上一百句我爱你，也抵不上在大庭广众下的一次情不自禁地一句："我的先生是好样的。"女人，在公众场合别吝啬你赞美先生的语言，人嘛，都喜欢听好听的，男人更是如此。老公有什么应酬总是会想着带上你，你会给足老公面子，也不会吝啬美妙的词句，学会赞美，生活会多一些色彩；同理，男人也会把更多的赞美不吝啬地给自己的爱人。

有道是，每一个成功男人的背后，都站着一个伟大的女性。这个伟大的女性除了与男人同甘共苦、倾情奉献，也会适时地表达对男人的赞美。在公众场合适时的赞美，选他芝麻大的优点扩大成落花生般的赞美。赞美本身包含着肯定，你赞美了，男人会受用一生并发自内心地感激你的，就像下面的这个例子中的夫妻一样。

明香有个同学老公开始做服装零售生意，这个女同学有一天与同学聚在一起，她一边挽着她老公的手，一边一脸灿烂地向同学吹嘘道："我的老公跟你们的老公有一点点不同，你们的老公读书都将脑壳读呆了，我的老公虽然没读什么书，智商却比那些会读书的人要高得多，最近他又拉了一个大单……不用三年，我肯定会成为阔太太。"其实，大家都看在眼里，她老公只有股拼劲，至于智商，也只不过生意场上那一点点，在别的事情上的智商是同学们确确实实不敢恭维的。结果呢，两年都不到，这位女同学的老公成了市里前五大服装批发商了，她就成了阔太太，成了全班同学里的首富。

当然，凡事都有度。也不要时时刻刻赞美自己的男人，私下里，只有两个人的时候，尽管骂他，教育他，提他的耳根子扭起来都行。他绝对不会在意不会生气的，只要你在人多的地方夸过他。你时时刻刻夸他，他是不会进取的，只会越来越令你失望。因为你都将他抬上天了，那你就成了地上的人了，天壤之别，他会反过来看不起你的，所以这个度一定要把握好。

就像好孩子是妈妈夸出来的，优秀的男人是女人给赞美出来的！有人说女人的耳朵是与心相连的，你对她的赞美越多她对你的爱就越深。其实男人又何尝不是如此呢？在当今这个竞争激烈的社会中，每个男人的压力都相当大，特别是人到中年的男人，他们上有老下有小中间有事业，每天都处在极度的紧张中，人们只看到了他们坐轿车吃宴席的风光，却不知道他们的内心郁积着多少难以向人诉说的苦涩。即便是一个给人打工的普通男人，他也在承受着别人很难了解的压力和悲哀。而所有这些最能化解的只有一个人，那就是妻子。如果妻子在他们回到家中的时候少一些埋怨多一些问候，如果在他们失意的时候少一些挖苦多一些赞美，那么你获得的将是极大的感激和深深的爱恋。男人在外面再坚强，回到柔情似水的女人面前他就是一个孩子，他需要你拿出真心去哄，这种哄不用买棒棒糖，也不用买巧克力，只要用你女人特有的温情对他进行赞美和体贴就足够了。他们可能在外面听到一万句赞美都觉得无所谓，可是能够得到妻子的赞美他们会觉得自己非常伟大，而这种感觉最后化作的是在风霜雪雨中搏击的无穷力量和自信，以及对于自己的女人深深的感激与绵长的爱恋。

自古以来，人才都在于自我推销。古有毛遂自荐，今天的人们也深知自我推荐之道。女人作为自己的男人的一部分，与男人是一个整体的自我。不管你的男人是不是人才，有没有能耐，女人都不可以挖苦讥讽自己的男人，特别是在公众场合。你的男人不是人才没有能耐，你可以找出一个到几个优点来，说给众人听，哪怕撒谎也行。没有人会来追根溯源的，只会觉得你男人真行！不错！你的男人当然不会傻到那种地步，公然戳穿你真心实意为他编造的美丽谎言。老公只会更爱你，更愧疚，不久之后，也许在你的赞美里他就真的成了个人才了。

世界上最廉价的东西就是赞美；世界上最珍贵的东西也是赞

美——因为一个人想从别人那里得到真诚的赞美并不是件容易事。那么女人，你为什么不用你的赞美给自己的男人以力量呢？你不要以为给男人的赞美多了会让他产生骄傲情绪，从而飘飘然不知所以然地看轻了你、离开你，其实男人最大的优点就是愿意和赞美自己的人在一起，因为那样他会充满了自信；男人也最愿意把真诚的爱给时常赞美自己的人，因为他在得到赞赏的时候，也得到了幸福的滋润。

第五章
当我们与众不同后，才能去谈感情

一个与众不同的女人，自然也是有吸引力的女人。她们身上时刻散发出光芒，让人想去靠近，也不敢轻易冒犯。而一个有智慧的女人便是与众不同的，她们懂得欣赏和宽容，会把美的东西放大，会忽略掉很多丑陋。她们懂得方便自己，也懂得宽恕别人。这样的女人，才能去谈感情。

不拿自己的容颜做筹码

女人如果一直将美丽当作自己的唯一筹码，那就实在太愚蠢了。一个真正有脑子的女人应该要把智慧当成筹码。要知道，智慧是美丽不可缺的养分，智慧是女人永远穿不破的衣裳。美丽是不能一辈子的，而智慧却是终生受用。

从某种角度来说，如果一个男人仅仅因为你美丽的外表而选择了你，那么，这并不是一件值得庆幸的美事。相反，你要为自己敲响警钟了，也许有一天，他会找一个比你更美丽更年轻的女人代替你。

"石韫玉而山晖，水怀珠而川媚。"古人陆机这样品评智慧之美。谚言有云："智慧是穿不破的衣裳。"女人可以不美丽，但不能不智慧，唯有智慧能重赋美丽，唯有智慧能使美丽长驻，唯有智慧能使美丽有质的内涵。

智慧是美丽不可缺的养分，所以才会有秀外慧中这样的成语。女人拥有真正的智慧就会使她与市井中弄堂间的小聪明、小伎俩有质的区别。智慧是与人的领悟力相关的。大至人生命运，小至日常生活，悟性使你面对大小问题懂得分寸，能够有明智的抉择。

智慧使女人能真正把握好自己，并获得从容自信，最后使你周身散发出超然简约的气质，并使你从人群中脱颖而出，这时候，你已经很接近美丽了。

智慧是后天的修养。智慧的女人之所以能从容地打理自己的人生，就是因为她们是站在一个高度：她们的生活是属于自己的，而不是受人支配的。她们曾经是像我们一样平凡的人，并不是一生下来就拥有财富和地位的，而是经过不断地学习，不断地努力，不断地奋斗，才积累了智慧，拥有了智慧，也具备了拼搏人生的力量。

智慧不是天生的，更不是每个人的专利，上天对每个人都很公平，我们都是赤条条地来到这个世界上的，几乎是一无所有，这是上天给我们的公平竞争。是后天的努力，经验和知识的累积，对人生的领悟，才让我们的命运出现了差距。

陈瑶和她的男朋友是去年通过相亲认识的，交往快一年了，至今感情发展还算稳定。男朋友的条件不错，身高相貌工作都算上等，性格温和稳重，又没有不良嗜好。她已经很满意了，30岁了，遇到这样条件的人对于她来说真的很幸运。她工作一般，性格内向，尤其不善于和人交际，所以拖到30岁还没定下来。

但是渐渐地她发现男朋友之所以选择她的最大原因是她的外貌，这点从一开始介绍人那里就听说了，介绍人说之前给他介绍过好几个，但他都嫌人家长得不够漂亮，起初她以为这不算什么，但时间久了就觉得压力好大，美丽的保质期太短，她觉得自己已经连青春的尾巴都快抓不住了，还能美丽多久？如果等到了人老珠黄之时，那么她唯一的优势就失去了，还能留住他多少目光？

美丽只是一种暂时的筹码，它不能像太阳，能永远灿烂夺目，吸引男人的一辈子。俗话说得好：把有限的生命投入到无限的为人民服务中去。那么聪明的女人们，应该做到，"把有限的青春投入到为索取男人一辈子的爱当中去"。

不要觉得自己美丽，就可以停止进步，不要觉得你的男人爱你，就可以放心让他去飞。要爱惜心爱的男人，更要掌控男人，要美丽，更要内外兼修。这样你的美丽筹码才能步步升级，不然等青春一过，美丽筹码就变疙瘩了。

在这个竞争日益激烈的现代社会，身为女人，要想让自己不受命运的摆布，就必须改善你不想要的生活，用自己的智慧创造美好的人生。做女人的确很累，很痛苦，可在痛和累中却能体会着做女人的快乐。如果你是一个想让人生变得精彩的女人，那么，就想方设法地做一个智慧女人吧，每天智慧多一点点。

生活无趣是因为你要的太多

在人生的旅途中，最糟糕的境遇往往不是贫困，也不是厄运，而是精神和心境处于一种无知无觉的疲惫状态。本来活得好好的，各方面的环境都不错，然而你却常常心存厌倦。女人30岁往往面临很多人生的困境，也许你早已厌倦了手上的工作，也许你早已不再喜欢现在的生活。

当你工作的时候，你渴望过一种自由自在、肆意放松的生活。当你真正无所事事时，你又企盼工作时的那份充实和忙碌。可当你重新开始工作时，你又会无比厌烦，继续渴望你关于美好生活的想象。

曾经感动过你的一切不能再感动你，吸引过你的一切不能再吸引你，甚至激怒过你的一切也不再激怒你。对这种因生命的平淡和缺少激情而苦恼的心态，如果仅仅用不知足来解释是不够的，这是因为你暗淡了自己的心灵，所以即使面对再精彩的生活，你也会对它的精彩熟视无睹。

这时候，需要改变的不是世界，不是环境，而是你的心态。你应该用心去感受一下，不能太急躁，否则往往没有过程只有结果，这太对不起自己。人至少要给人生一点儿惊奇，惊奇处便在停脚处，只有停下脚步的人，才能窥见生命之美。停一停，望一望，生活的美丽便会进入你的脑海。

一个印第安男孩同他的一个朋友走在纽约市中心的街道上。突然，这个印第安男孩对他的朋友说："我听见一只蟋蟀在叫！你听到了吗？"他朋友仔细地听了听后回答道："没有！你一定是听错了！"

"不，我真的听到一只蟋蟀在叫的声音了。真的！我肯定！""现在到处是熙熙攘攘的人群，吵闹声，汽车喇叭声，孩子的尖叫声……你怎么可能在这里听到一只蟋蟀在叫！""我肯定我听到了的。"印第安男孩一边回答，一边屏气凝神地搜寻着声音的来源。他们走过一个街的拐角，再穿过一条街道，然后四处寻找。最后在一个街道的角落里看到一小簇灌木丛。印第安男孩仔细地搜索灌木丛中的枯叶，最后在枯叶堆里找到了那只蟋蟀。

他的朋友惊得目瞪口呆。印第安男孩说："不是我的耳朵比你的更敏锐，关键是你在注意听什么。过来，让我演示给你看。"他把手伸进自己裤兜里摸索了一会儿，然后掏出一把硬币。他将这些硬币一一撒落在地上，硬币撞击水泥地板时发出了清脆的响声。街道周围所有的人头都扭向了这边。

"明白我的意思了吗？"印第安男孩一边解释给他的朋友听，一边拾起他刚撒落的硬币，"关键是你在注意听什么。"

是的，我们的耳朵听惯了金钱的撞击声，听惯了上级的命令声，听惯了下级的恭维声，那么它对生活本身所隐藏着的那些美妙声音的感受力就变得无比迟钝了；我们的眼睛戴上了有色眼镜，所以看到的是满眼的灰色，生活中那美丽的彩虹怎么都无法进入我们的视线。其实生活中处处有风景，只要我们肯仔细找寻，就一定能见到生活那绚丽多彩的一面。

多数的生命是平常的，多数的人生是平淡的，就在这平淡之中藏着真情，寻常里面寓有深意，如果想体验，你要用心才行。把目光从物质上稍稍移开，留点时间和空间给心灵和精神，为他们寻找一个家园。西方一位名人说过："养成观察事物好的一面，比一年赚一千镑更重要。"

在风雪路上疾走着的你，如果遇到了一处可以取暖的房屋，这是一种多么巨大的幸福；下班后带着一身疲惫回到家中，如果能为自己备好一杯热茶和一盘点心，然后卧在沙发上打开电视，边吃边喝边看，那是怎样一种惬意；在街头等朋友等得不耐烦的时候，忽然看到报栏里一张报纸夹缝中登载的一则精妙小故事，乐得你旁若无人地大笑起来……生活中突如其来的快乐和惬意有很多，只要你有一颗随时准备接受快乐的心。

其实很多时候，我们觉得生活乏味无趣，是因为我们太苛求生活了，我们总是对生活提出太高的要求，我们不肯接受生活真实的面目，其实如果我们摆正心态，告诉自己生活本来就是如此，有苦有甜，那么我们就会变得充实和乐观起来。

人们常说"熟悉的地方无风景"，其实并不完全正确，生活所蕴藏着的景色是无穷无尽的，只要我们肯去发现，就会不断地有惊喜。人看事情本来就是两个面：负面看人生，事事都糟糕；正面看人生，处处有生机。一个人愈能理解这一点，便愈能感受到生命的宝贵和人生的快乐。

退休女教师露泽娜·斯坦利是捷克犹太人，二战期间，她的全部亲人都惨死在奥斯威辛纳粹集中营，只有她一人死里逃生，所以人们都认为她是幸存者。可是默默存活了半个世纪的露泽娜老太太，在看完电影《辛德勒名单》后，在家中服毒身亡了。

幸存者之所以无法生存下去，是因为她心底一直埋藏着噩梦，一旦这个噩梦从心底反上来，她的心就被撕碎了，所以真正的幸存者应该是我们这些生活在平凡日子里的平凡之人，我们过着看似平淡无奇的日子，没有大喜，但也没有大悲，所以请不要时时抱怨生活的乏味无趣，而应该感激生活的偏袒与宠幸！

　　女人不应当再抱怨生活的乏味，不再抱怨生活的不公，而应坦然面对生活的喜怒哀乐。平凡的生活其实才是最本质的生活，学会享受生活，从最平凡的事开始吧！

有时候，你需要向内看

女人有一双眼睛，是向内看的。如果说男人是天上的太阳，那么女人就是天上的云，随风摇曳，时而风云滚滚，时而烟消云散。女人用这双向内看的眼睛，静静地观看世间的云卷云舒。

女人是一种敏锐的动物，在她们身上，除了有视觉、听觉、嗅觉、味觉和触觉等五个基本感觉外，还有一种独到的感觉，她们用这种感觉来细腻和微妙地观察世界，审视自己的感情和爱人，在科学上把这种感觉叫"第六感"。第六感，常常被女人当作一种微妙的探测器。

第六感，是女人内心的眼睛。女人的第六感，是朝内的。女人的第六感使她能够体察到这个世界的温度。就像一双手，抚摸过肌肤，就能感觉到肌肤的温度和质地。女人通过这双向内看的眼睛，看到来来往往的人们的情绪。这种观察，无时不有：比如女人也许能通过男同事的领带颜色，凭直觉认定他刚跟女朋友吵过架，心情很烦躁。又比如谈恋爱时，你或许会忽然有直觉男朋友在楼下等你，于是匆匆下了楼，果然，在他刚要掏出手机给你打电话的时候你就站在了他的面前。同样地，不少女人也能从一个男人的眼神中准确地看出他对一个女人的看法，或者他隐埋在内心深处的动荡不安。

其实第六感，是一些意识层面所遗漏的东西，它们不是通过语言或逻辑推理而得到的，并且它们在人们不能察觉的状态下长年累月地储存在脑海里，当它们浮现到意识层面、成为一种可辨认的感觉时，就是我们所说的"直觉"。

　　露西坐在沙发上看电视。其实她在偷偷向后瞟着正在镜子前打领带的丈夫。

　　"露西，今天公司开年会，晚上我就不陪你了。"丈夫说。

　　露西皱了皱眉，她发现丈夫有些异常。

　　"你们公司的美女都去吧？"露西升起阵阵醋意。

　　"全公司的人都去。"丈夫有些心不在焉，他正了正领带夹。

　　"上次你们财务室新来那个，莉莉也去吧？"

　　"可能吧。"丈夫敷衍了几句，拿起公文包走了。"哐当！"铁门锁上了，留下露西一个人。

　　露西却再也无法集中注意力在电视上了。她拿起杯子，又放下。调了二十几个频道也没发现自己能看下去的节目。刚拿起织了一半的毛衣，棒针就扎了自己的手。最后露西只能双眼茫然地看着天花板发呆，开始陷入幻想中。

　　丈夫穿梭在云鬟香影的高档时尚会所派对中。手持酒杯，向来往的美女们举杯微笑示意。身穿 GUCCI 金色露肩晚礼服的莉莉款款走来。探戈舞曲响起，他们挽起手走向舞池。莉莉的头紧贴着丈夫的肩膀。丈夫不经意地搂住莉莉的盈盈细腰。

　　想到这儿，沙发上的露西开始坐立不安，丈夫和莉莉暧昧的身形像电影碎片一样冲击着她的脑海。她的手哆嗦着拿起电话拨打了丈夫的手机。手机响了很长时间却无人接听。

　　露西颓然坐下来，她觉得她的思维马上就要爆炸了。她抬头看了墙上的挂钟。挂钟指向 10 点。丈夫离家 3 个小时了。她仿佛看到丈夫和莉莉相扶着，醉醺醺地上了宝马车。

露西揪着头发强迫自己不要再想下去了。她纠缠在痛苦的后果中不能自拔。最后，她坐在地毯上开始流泪。

11 点丈夫回来的时候，露西一触即发。她对疲惫归来的丈夫刨根问底地盘查。空气里弥漫着浓浓的火药味。丈夫对她的歇斯底里感到莫名其妙。两个人不欢而散，各自睡去。

我们通过观察女人的生活，会发现第六感产生的蛛丝马迹。一般来说，女人的生活比男人单调，活动的空间比男人狭窄，内容也乏善可陈；所以女人常会把全部的注意力集中在一件她特别关注的事上，正如我们所说的，女人通常能积蓄最大的力量，在这种凝聚的状态下，女人会调动她全部的正常或隐藏的感官和潜意识，来发掘这件事和其他事情之间的关联。第六感就是在这种关联下悄悄滋生的。

敏感使女人身上多了那种叫"女人味"的东西，敏感使女人表现出了应有的小可爱。女人从男人今天喷的是范思哲还是大卫杜夫，细心地去体会男人今天的心情，在爱人的一颦一笑间，去体味爱情微微的甜。因为有了敏感，爱情的酸涩、爱情的疼痛、爱情的甜美都像是一根针扎在了女人的身体发肤之上；因为有了敏感，女人在日月星辰、斗转星移的重复中，却能看到自己一天天微小的成长和爱情的渐渐完善。

但是，第六感还有一种极端的形式，那就是它会引发女人对于爱情、对于男人的猜疑。就像露西一样，女人的猜疑是一把锋利的双刃剑。女人爱别人的同时，也想要去证明对方是否爱自己，于是第六感就像一台探测器，无时无刻不精微地观察她的男人。

男人一旦有风吹草动，第六感就立即发出了警报。这种警报，往往在伤害别人的时候，也深深地伤害了自己。男女之间的爱和被爱，始终要有一个坚定的基础，那就是深刻的了解和信任。无论哪种形式的猜疑，带来的后果都是致命的。

简单地说，第六感就是一种感觉，是女人维护自身安全的感觉。女人因为追求自己内心的安稳，运用第六感对自己的生活和爱情进行审视。但是你要记住，这样的感觉不是用来伤害自己的，而是用来保护自己的。

女人一定要把握好敏感和猜疑的一线之隔，因为：线的这边是黑暗，线的那边是温暖。聪明的女人要善于把握好自己的情绪，找到敏感和猜疑的度。千万别凭借着自己所谓的聪明和敏感，最终把自己置于难堪的境地。

女人运用第六感不难，难的是怎么在第六感之后，表现出女人真正的可爱之处——自信和宽容的一面。第六感运用得好，能使你更为细致地去体察男人的心，做一个善解人意的女人。

偶尔装装傻，你才能柔软

聪明的傻女人，凡事看得开，却并不点破；遇事想得深，却并不深究。聪明的傻女人，傻的是外表，聪明的是心灵。

身为女人，有许多人不免有诸般感叹：做人难，做女人难，做个好女人更是难上加难！的确，一个女人如果表现得太过精明，机关算尽，不由得令人敬而远之；如果表现得木讷迟滞，索然无味却也会让人退避三舍。

不过，人生的处世哲学有千万种，只要你挑对了适合女人的一种，那也是能够受用终生的了。这一种到底是什么呢？那就是做个聪明的傻女人。

傻与聪明往往只有一步之遥，而心灵和外表却相差万里。所以，选择做一个聪明的傻女人绝非易事，它考验的是女人的悟性、胸襟和修养。

萍儿是个温雅贤淑的妻子，她爱她的丈夫和孩子，为他们忙碌，为他们操劳，这让她觉得是莫大的幸福。

萍儿和丈夫结婚六年了，孩子四岁了，他们的感情也不愠不火。但是近来，萍儿总感到丈夫的表现有些异常，比如，以前从来不注重外表的他，现在每天上班前，都要精心地将自己收拾一番。本来一周结同一条领带的习惯，变成了每天结不同的领带。

而且他的衣服上也总是散发着一丝淡淡的异香。每晚回家的时间，也一天一天地向后推移着，而回答总是一句："应酬太多。"

看着这些变化，萍儿已经觉察到自己最不想发生的事情发生了，她沉默着，她不想追问，不想调查，只是静静地读着丈夫那张晚归却总是兴致勃勃充满阳光的脸。

一天下午下班的时候，丈夫打来电话说，晚上要陪上司去接待几个客户，会回来得晚一点儿，让她不要等他吃晚饭了。然而，晚上9点，电话响起，线那端是他的上司，有事要找他，说他的手机打不通。听到这些，萍儿心头一沉，略略迟疑后，她缓缓地回道："他现在不在家，手机可能是没电了，等他回家我让他回复您吧。"

放下电话，萍儿愣在了原地，她一遍遍地拨着丈夫熟悉的手机号，听着里面传出的"对不起，您呼叫的用户忙，请稍后再拨"，她心如刀割。深夜，丈夫悄然回来。灯下，萍儿给他倒了一杯茶之后，装作什么都不知道的样子静静地对他说："你的上司晚上来电话找你，说你的手机打不通，我想是没有电了，他让你回来给他回电话。"

话毕，萍儿起身准备去睡了，留下丈夫独自坐在沙发上发呆。

一会儿，丈夫走入卧室突然发起了脾气，走来走去地述说着他的辛劳，听着丈夫的怨言，萍儿内心酸楚却不想再多言语。

第二天，丈夫回家很早，支支吾吾地向萍儿道歉说自己昨晚不该发火。萍儿微笑地说："我从来就没有怪罪你，谁没有错的时候呢？旧事我们就不要再提了。"丈夫听后更显得局促不安了。

日子依旧在一天天地过着，萍儿像什么都没有发生过一样，一如既往地为丈夫为孩子忙碌着，丈夫每天下班就回家了，再也没有什么应酬。

有一天，她收到了一封邮件，是丈夫写给他的，洋洋洒洒数千言，述说着他的错，他的悔，他的反省与自悟，他请求萍儿的宽恕。

萍儿读了信，禁不住泪流满面……漫长的生命旅途中，两个人相遇不容易，能够成为同眠共枕的夫妻更是不易。有的时候，也许只能用宽容和谅解才能使自己释怀吧。

我们不难发现，聪明的傻女人依靠着自己外表的傻气，用"随风潜入夜"的方式，在不知不觉中给了自己男人一个"润物细无声"的深刻教诲，同时，她不但用傻气保全了自己和老公的面子，更用聪明挽回了婚姻的幸福。其结果和那些看似聪明实则傻得冒烟的女人相比，实在是大相径庭。

聪明的傻女人，在情感上，不但懂得用傻气来维护自己的婚姻。在生活中，聪明的傻女人要比常人更加懂得人生的哲学，她从心底里明白，再聪明的人机关算尽最终得到的往往只有一，而聪明的傻气却可以让她得到二甚至更多。

当老公深夜应酬未归时，聪明的"傻"女人会柔言细语地打电话："老公，不好意思，我忘拿钥匙了，现在在朋友家。本来想早点给你打电话，可想到你才在外面玩了一会儿，所以等到现在才打。朋友瞌睡得上下眼皮直打架。我再不好意思赖在她家了！"

与人相处时，聪明的"傻"女人懂得如何保持适当的距离，因为人与人之间太过亲密，反而矛盾更多。所以睁一只眼闭一只眼，"常记住别人对自己的好，忘记自己对别人的好。"毕竟有些事，难得糊涂。若一旦点明，便皆失了颜面。所以，宁肯忽略，不愿自扰。因为大智若愚能使许多难题迎刃而解。

聪明的傻女人，面对出了问题"装疯卖傻"的丈夫，她们从来不是斥责，而是巧妙地化解危机；面对人际交往中的矛盾，她们不会主动挑起事端，像计算机里的木马病毒，时时发作，她们总是记住别人的优点，忘记别人的缺点，所以她们能够享受幸福的婚姻，快乐的生活。

把善良背在身上

　　女人可以不漂亮，但不可以不善良，一个有着恶劣品质的女人是不会得到男人，甚至是任何人的青睐。现代女人尽管可以拥有自己的事业，可以像男人一样工作，可以在各种领域成为"女强人"，可以拥有各种个性和脾气，但是，潜藏在内心深处的善良本色是不能丢的。

　　美丽，这是一个不同环境不同心理定位的评价词；它没有统一的一致的评价，有人认为女人因打扮而美丽，所以，有的女人会试着高档亮丽的化妆品，穿着华丽的服饰，但当女人们换下一切外壳，站在镜子前审视自己时，才发现自己依然是原来的自己，并没有因打扮而变得魅力无限；也有人认为女人是因漂亮而美丽，女人的漂亮的确使人觉得赏心悦目，但她也犹如雨后的彩虹，只是暂时的。其实，只有善良才是女人永远的美丽，因为善良这种美丽是用"心"评出的。

　　善良的女人是最可爱的女人，善良的女人是人世间最耀眼的光环，她们会把这种光芒，带到人世间每一个需要点缀的角落。

　　善良的女人不会轻易怨天尤人；善良的女人不会牢骚满腹，那只能使女人有失风范；善良的女人只会不忘理解之真谛，理解她人能使女人更媚；善良的女人时时复读体贴之内涵，体贴关心她人的同时自己将收获心安理得；善良的女人在家人面前如被中棉，温暖家人之时自己也是温馨盎然；善良的女人在朋友面前如雪中炭，燃烧自己的同时给她人送去热情无限！

在实际生活中，打扮华丽、容貌娇媚的女人比比皆是，但是她们却很难让人们清晰地记住，而那些善良的女人，一经接触便会时常浮现在脑海之中。

她一生清贫，因为小时候车祸被轧掉了一只胳膊，一直没有结婚，也没有什么正式工作，靠捡破烂维持生计。有一次在捡破烂的时候，捡到一个孩子，有三四个月大，孩子的腿有点残疾，她看着可怜就将其带回了家，并给孩子起名为乐乐。那时候她已经40多岁了，由于过度的操劳，她的样子看起显得更加的苍老。

但是孩子并不是个小的负担，才几个月大，正是花钱的时候，于是她就更加勤奋了。每天天不亮就起床，喂乐乐吃奶，自己再草草弄点吃的。因为孩子还小，放在家里不放心，她就把一个篓子背在身上，把乐乐放在里面。再带上尿布和奶瓶，还有几个装垃圾的袋子，就出发了。

多少年了，她从来就是这样，一件衣服穿了几十年还舍不得丢，破了就补补，吃了半辈子的菜叶子，从来没有舍得改善一下生活，就连过年都舍不得吃好的。但是她对乐乐却很慷慨，乐乐小的时候不懂事，总嚷着要吃的，她都会笑着买给她。

就这样，乐乐渐渐长大了，到了该上学的年龄了，她做出了一个很大的决定，那就是送乐乐去上学。知道了她的这个决定后，很多人都劝她说，你自己那么不容易，还送孩子上什么学？把她养大就不错了，再说她的腿还有毛病，可是她笑笑说，孩子要上学才有出息。

乐乐被送进了附近的学校里，孩子上学了，光是学费就是一笔不小的开支。她就更忙了，除了捡破烂，晚上还给人做手工活，以维持生活。她的头发白了，眼睛花了，背也驼了。乐乐学习成绩在班级里一直保持前三名，她很懂事，每天放学都抢着做家务，模样长得也俊俏，就是腿走路不方便。可是在乐乐即将小学毕业的时候，她又做出了一个的惊天动地的决定，那就是给乐乐治腿，她带乐乐去医院检查过，医生说乐乐的腿如果动手术的话，有希望治好。知道她的人都说她太傻了，为了一个捡来的孩子值得吗？

　　后来乐乐考上了大学，她也变得愈加苍老起来，她睡的时间更少了，她拼命地挣钱，她不想乐乐在外面吃不好，穿不好。可是即便她再努力，乐乐读大学的学费还是像一座大山一样沉重地压在她的肩膀上，让她喘不过气来。她感觉自己的力量是那么渺小，她想办法租了个摊位卖菜，每天起早贪黑地操劳着。终于熬到乐乐大学毕业了，她却倒下了，她摸着乐乐上班第一个月挣回来的工资，带着微笑安详地闭上了眼睛，永远地离开了这个世界，身上穿的是一件补丁摞着补丁的衣服。

　　这个善良的女人，用尽一生的时间、精力和心血去爱一个和自己毫无血缘关系的孩子，这是一个有着怎样灵魂的女人？她用残缺的身体为一个孩子撑起了一片蓝天，她靠捡破烂供她读到大学毕业，却没有享受到一天的好时光，没有等到孩子给她任何回报，她就离开了。她的善良，感天动地！

　　一个不善良的女人纵使闭月羞花、沉鱼落雁、风情万种，纵使家财万千、事业腾达、叱咤商场，纵使聪颖机智、天资过人、多才多艺，也毫无美丽可言。善良是试金石，没有了善良，拥有再多也会失去，有了善良即使什么都没有也能活得幸福，也能得到所有人的爱戴和尊重。

作为一个女人，你不会永远年轻，容颜会老去，这是人生自然现象，谁都无法回避；花无百日红，人不会永年青，这是亘古不变的哲理；所以不能只看到花儿妖娆之时的鲜艳灿烂，要想到有一天花儿会凋零；不能在年青之时无所顾忌，要想想自己有一天会老去；花儿谢了留给人们的永有那一抹淡淡的清香。人老了留给人们的只有那一份善良，因为只有善良才会得到世人的认可；只有善良，才是女人由内而外的独特魅力；只有善良，女人受到伤害时才会得到同情；只有善良，女人为她人所做的付出与牺牲才会让人敬重！

身为女人，你可以没有美丽的容颜，但你不能抛却自己那一颗善良的心。因为一个女人不会因外表漂亮就变得可爱，而只有善良的内心才能让她的美丽永在！

豁达是人生的大智慧

俗话说境由心造，每一个人每一样事物若都能以这么博大、高尚的心境来容纳一切的话，那么世界就会变得像水晶般可爱、美丽。对于女人来说，豁达不仅意味着一种超然，它更是一种智慧。

在生活当中，人人都能以不同的角度理解豁达的含义，人人都在用心追求豁达大度的意境。然而，却很少有人能真正地成为一个豁达的人。有人说，一个豁达的男人，是最有魅力的男人；一个豁达的女人，是最智慧的女人。因此可以说，女人的智慧脱胎于豁达，是豁达让女人有一种大气的美。

一个豁达的女人，不会与人斤斤计较自己的得失；一个豁达的女人，无视于命运带给自己的苦难；一个豁达的女人，有自己的主见；一个豁达的女人，充满着淳朴的爱心；一个豁达的女人，她的美是从内而外散发出来的，是最动人的，也是最持久的。

女人的豁达在于修炼，人性的修炼，心性的修炼，学识的修炼，境界的修炼，豁达是女人智慧中不可缺少的一部分。豁达的女人是最完整的女人。在生活中，她是一个娴雅优美的女人，彬彬有礼、温婉可人；在工作中，她张弛有度，是一个豁达大度的将军。

豁达的女人没有华丽的装饰，但在她的身上，有另一种美丽在闪烁，这种美丽，朴实无华，这就是因为豁达而变得美丽的智慧女人。

美国玫琳凯化妆公司的创始人兼董事长玫琳凯，这位化妆业的巨头，以她的智慧，缔造了世界化妆界的神话。

其实，玫琳凯的成功，与她从小养成的豁达性格不无关系。玫琳凯是一位命运多舛的女子，在她 30 岁以前，生活中的灾难一个接一个地降到她身边。很小的时候，父亲因病住院，母亲为了照顾全家人的生活，从早到晚在外打工赚钱。玫琳凯 7 岁时，便担当起重病中爸爸的厨师与护士工作。当时，个子矮小的她站在椅子上给爸爸做饭，做饭时，她要打 20 多个电话给妈妈。在电话里，妈妈一直用话激励着她："宝贝，妈妈知道你能做好，一定能！"正是妈妈这句话，让小小的玫琳凯有了自信，即使把饭做得不好，她也不沮丧，而是充满信心地迎接第二次的工作。

有句古话说得好："天将降大任于斯人也，必先苦其心志，劳其筋骨，饿其体肤。"命运好像有意栽培这个豁达美丽的女孩，27 岁那年，她的第一任丈夫与另一个女人私奔，把三个未成年的孩子留给了她。这时的玫琳凯，可以说是"山重水复疑无路"。她没有工作，没有一分钱的积蓄，更没有经济来源，丈夫的突然离家，等于把她逼上了绝路……面临着重重困难。玫琳凯痛定思痛，望着家徒四壁的家和眼巴巴地等她准备饭的孩子们，来自女性中的母爱激发了她的决心，她把孩子们抱在怀中，心中有个声音对她说：谁说我一无所有，我是一位有爱心的妈妈，我要用爱、用双手改变自己和孩子的命运。第二天，这个平凡而又坚强的女性强装笑脸，走上社会，去谋生路。

几经奔波，她终于找到一份既能照顾家又能干事业的直销工作。在工作当中，她以豁达的心胸对待竞争对手，以坦诚的笑与顾客交心。常言说："精诚所至，金石为开。"不久，她成为经验丰富的年薪2.5万美元的销售强人，并开始一步步地走上公司的领导职位。

她现在的公司，从38年前的9个人发展到今天的75万名员工，到20世纪90年代初，公司销售额达2亿美元。作为一个女人，能取得如此巨大的成功，显然是值得别人学习的。

这就是豁达带给女性的智慧，就是这种豁达的心胸，让她们在面临困顿时，身陷人生低潮之时，不绝望，不惧怕，更不奢望逃避，而是微笑着站起来，寻找理想的方向。不由让人想起普希金说的，阴郁的日子里需要镇定。那么，同样的话也可以这么说，人生狭隘之处要豁达。与其抱怨世事繁杂，还不如尝试着用豁达去拨开云雾，眺望晴空，那么天底下的美景还有什么你看不到的呢？

豁达可以让世界海阔天空，豁达可以让争吵的朋友重归于好，豁达可以让多年的仇人化干戈为玉帛，豁达可以让兵戎相待的两国和平友好。俗话说，多一个朋友总比多一个敌人强，那么，豁达就是这样的一种大智慧。

豁达的境界是一种人生的大智慧，豁达的人容易收获幸福。做豁达、智慧的女人，然后智慧地生存，这样的女人才能享受到生活的诸多美好。

温柔的女人最锋利

温柔是女人无坚不摧的利剑，作为女人，不管你是聪明能干、真诚美丽，还是独立坚强，如果你缺乏女性特有的温柔，你的魅力指数就会大幅度降低。

女人的美貌，只能征服男人的眼睛；女人的温柔，却可以征服男人的心灵，让他们不知不觉中心甘情愿地掉进温柔的"陷阱"里，女人的温柔足以能融化男人的心。

卢梭说："女人最重要的品质是温柔。"马克思则认为："女人最重要的美德是温柔。"温柔之美是女性美的最基本特征。温柔的女人，具有一种特殊的处世魅力，她们更容易博得人们的钟情和喜爱。温柔的女人更像绵绵细雨，润物于无声，给人以温馨柔美之感，令人心荡神驰、回味绵长。

女性的温柔是一种智慧，是一种修养，是一种力量，更是女性独有的武器：生命的美丽需要女性的温柔来点缀，成功的事业需要女性的柔情来交际，幸福的婚姻需要女性的温柔来经营。有了温柔作武器，女性将变得智勇双全，在人生的路上攻克各种难关，所向无敌。

古往今来，杰出的男人无不欣赏女性的温柔，马克思说他最喜爱的女性的性格就是温柔。温柔的女性，善解人意，在极度的单纯中却有着深刻。

温柔，是上天为女人量身而作的服装。女人穿着温柔这件衣服，使她们在人生的道路上所向披靡。在现实生活中，也有很多女性，把温柔用于工作当中，常常能令她们在"山重水复疑无路"时出现"柳暗花明又一村"的奇迹。

柯达全球副总裁叶莺，这位美丽、性感、智慧的女性，之所以能成为世界500强中首位华人女总裁，她靠的不仅仅是聪明能干和极强的个性，更多的是会聪明地运用女性的柔情。她来到柯达的第三天，就以大中华区副总裁身份从香港飞到汕头，加入柯达已经持续了3年、正陷入僵局的谈判。当时这个被柯达称为"7计划"的谈判让每个参与的人都疲倦不堪。叶莺一加入谈判桌前，便切中谈判要害，令局面柳暗花明，成功地达成了"98协议"。之后又完成了与乐凯的合作。

在谈到自己如何屡次获得事业成功时，叶莺是这样说的："我的交际之所以成功，首先是女人的柔情，'柔情似水'这四个字没有人用来形容男人的，而绝对是形容女人的。女人是水做的，再硬的钻头钻不出河床里的鹅卵石，可是水可以做到，所以'柔情似水'不是指徐志摩诗歌中写的那种温柔的一低头，像水莲花无限的娇羞，而是有一种滴水穿石的力量。我每次做事前，绝不可能只从单方面思考，不可能只考虑到自己的利益，把别人当傻瓜。要将自己放在别人的位置想问题，由于环境、文化、价值观、地域的不同，可能我做不到100%，但至少能做到50%，这总比做10%好，更比0%要好。"

由此可见，女人的温柔是一柄厉害无比的武器。不管在什么情况下，她们的温柔都显得极具人情味，能够理解别人的种种无奈和苦衷，然后用女人的温柔化解它，使对方充满喧嚣的心灵变得宁静、自信，从而获得对方的好感。

不幸的是，有许多女人并不知道温柔是女性特有的力量，也不知道温柔是一种可以克刚的武器，她们害怕失去自己在男人心目中的地位，为了维护这种地位，她们常常抛弃温柔，使出蛮横，显示出女性最粗糙的一面。可想而知，这样的结果只会适得其反。贾宝玉早已说过：男人是泥，女人是水，再强硬的泥若遇柔情的水都会软化。

一般来说，两性对比男人的感情和自尊心更容易受到伤害，而男人又不可能像女人那样可以随意宣泄，所以女人能够哭闹、流泪、任性、撒娇，实在是一种福分。而男人却往往只能将难事、苦衷、悲伤、失意默默地积压在心里，最大的发泄也只能是借酒浇愁。只有温柔体贴、善解人意并富有宽容心的女人，才能理解男人种种的无奈和苦衷，并且能以温柔的力量来化解它，使男人充满喧嚣的心灵变得宁静。

作为女人，你尽可以潇洒、聪慧、干练、足智多谋、文韬武略、会办事儿，但有一点不能少，你必须温柔。一个骄悍强势丧失温柔的女人，她必定是孤独的，也是寂寞的。就像阳刚之气是男人特有的一样，温柔也是女人特有的，失去了温柔，女人也就失去了女人味。而没有了女人味的女人，还有哪个男人会爱呢？

其实不但在婚姻中，女人需要保持上帝赋予你的温柔，在与同事、邻里、亲戚朋友相处时，都需要保持这种特质。

温柔是女人独有的处世法宝，也是女人的宝贵财富。在事业上你可能不是一个女强人，你的学历也可能不是那么高，你的厨艺也许不怎么样，你的手也许很笨拙，你的长相也许挺一般，总之你绝对不能算得上是一个十全十美的俏佳人。但如果你有一大特点，你很温柔，你就会吸引许多人的注意，无论走到哪里，你都会受到人们的欢迎。

那么在处世中，怎样才能让自己的表现更温柔更可爱呢？你可以从以下几个方面着手来培养自己的性情：

（1）通情达理

这是女人温柔的最好表现。温柔的女人对人一般都很宽容，她们为人很懂得谦让，对别人很体贴，凡事喜欢替别人着想，绝不会让别人难堪。

（2）富有同情心

这是女人的温柔在待人处世中的集中表现。对于弱者、境遇不佳者、老人、小孩儿和病人，女人都应表现出应有的同情，并尽可能设法去帮助他们。

（3）温馨细致

让人心动的不是一个女人做出了多么惊人的业绩，更多的情况下，是女人那种适时适地的细心关怀和体贴，最能叫人怦然心动。吃东西弄脏了手，你有备好纸巾递上；不小心划破了手指，你适时地拿出一张创可贴……虽然都是些小事，但却于细微之处充分体现了你女性的温柔和魅力。

（4）性格柔和

绝对不要一遇事不顺就暴跳如雷或火冒三丈。以柔克刚，这是女人的最高境界。到了此境界，即使是百炼钢也能被你化作绕指柔。

（5）不软弱

温柔决不等于软弱。温柔是女人的美德，而软弱则是要克服的缺点，二者不可混淆。总之，温柔可以体现在各个方面，在女人的生活领域处处都能体现出温柔的特征。作为一个女人，应当通过学习，通过认识自己、认识社会和切身体会等途径，去培养自己的温柔。

温柔也是一种智慧。温柔的女人懂得以柔克刚、以静制动的道理。再大的烈火，也能在水中无声无息地熄灭。更重要的是，她懂得冷眼看世界，会用理智的头脑思索人生。即使在受到委屈的时候，也不会刁蛮任性要惩罚一下对方，或者吵吵闹闹要为自己打抱不平，她会冷静地处理问题。

"温柔"这两个字很自然地就和关心、同情、体贴、宽容、细语柔声联系着。温柔有一种无形的力量，能把一切愤怒、误解、仇恨、冤屈、报复融化掉。在温柔面前，那些吵闹吼叫、斤斤计较、强词夺理、得理不饶人，显得那么可笑可怜。

温柔的女人不是奴颜卑骨，更不是毫无主见，一味地应和顺从。以柔克刚，以柔处世，应是温柔表现的最高境界。能于不动声色中洞悉事理，会在纷繁的关系中冷静的展示自我，笑对云卷云舒，那是一种真精神真本事。面对轻狂的人，投以恬淡的目光；面对气急的人，报以恬静的微笑；面对沮丧的人，给予慈善的关爱；面对淫威的人，回以泰然的漠视；面对弱势的人，赠送厚重的款待，一个女人如果能成就到这种境界，即使是钢浇铁铸也能化为绕指柔。

一个丧失温柔的女人，就如同一杯没有味道的白开水，可以用来解渴，但不会带给人任何回味和怀想。一个具有温柔品质的女人，就像一块温润的美玉，任何人都会对她爱不释手。所以，身为女人，你可以不够聪明，不够漂亮，不够勇敢，但你不能不够温柔！拥有了温柔，你就拥有了永恒的魅力！

不急不躁，就做好的自己

卢梭曾说："生活得最有意义的人，并不是年岁活得最大的人，而是对生活最有感受的人。"有些生活，我们无法选择，无法改变，但我们可以选择优雅从容地去面对。30岁的女人要学会慢慢等待花的绽放。

在人生路途中，我们有时候总是希望早点到达目的地，不停赶路，结果却事与愿违。上学的时候，看到别的同学都在院子外面尽情地玩耍，而自己的作业还只做了一半。因此，快马加鞭，敷衍了事地做完了作业，跑出去玩耍。

毕业后，看到别的同学已经找到了满意的工作，而自己每天只是在人才市场游荡。什么理想，什么专长，统统见鬼去吧，有份工作就行。于是，饥不择食地选择了一份本不适合自己的工作。

工作后，看到别人升迁、加薪，却没有自己的份。自己干得一点儿不比别人少，自己一点儿也不比别人蠢，为什么偏偏好事轮不到自己，天天梦想着有个"财富速成班"。于是，纵身一跳，换个新领域，从此又从零开始。

有了孩子后，看到别人的孩子健康成长，懂事又可爱，自己的孩子总是惹麻烦，不免心中着急。于是，恨铁不成钢，甚至拔苗助长，惹急了孩子，孩子越来越叛逆，好心办成了坏事。

孩子长大后，看到别人的孩子都已结婚生子，三代同堂，而自己的孩子还在外漂泊。于是，催着孩子快点结婚，并给他张罗着介绍媳妇，早点为家添香火。

一生中，我们总是这么匆匆忙忙。到老的时候，回首一生，发现自己什么也没有干成。人生虽然短暂，但也有足够的时间去完成自己的理想。

影视明星张静初因为出演电影《孔雀》里面的女主角，获得柏林电影节银熊奖，而一举成名天下知。对于有人将她捧为"继章子怡之后中国影坛又一个幸运儿"，张静初听了淡淡地一笑说："有些人是以长跑的姿态进入跑道的，有些人则以短跑的姿态进入跑道，暂时落后了你不能急躁，必须明白自己是跑长跑的，耐力和定力最重要。人生是一场马拉松，赢到最后才叫赢。"

张静初在中专毕业后做了老师，两个月以后认为自己不适合做这份工作，马上辞职，来到北京考中央戏剧学院。

被录取后，同学们争相出演影视剧，她却从不去争。她冷静地告诉自己，现在正是我修炼内功的时候，人生的路还长，不能太急。

当她身边许多同学都成名后，她还是那样平静。终于，经过努力，她等到了一只属于她的美丽的"孔雀"。

韩红在1998年以后的短短几年，就获得了包括第45届格莱美最佳女艺人奖在内的30来个高影响的奖项，她的一些代表作在流行乐坛也产生了广泛的影响。

韩红的成功是不懈地与自我"作战"与懂得等待的产物。不到6岁，韩红就永远地失去了父亲，母亲再嫁后，韩红跟着奶奶、叔叔一起生活。后来，韩红进入二炮文工团，可是文工团一些人觉得她潜力不够，形象也不好，她被迫退出，在通讯站当总机接线员，一干就是十年。韩红始终相信自己总有一天会成为一名优秀的歌手，1995年，她考入解放军艺术学院音乐系，师从李双江，同年获中央电视台音乐电视大奖赛铜奖，自此，演唱事业如日中天。谈到自己曾经遭遇的委屈，韩红说："我不抱怨，我只是怀才待遇。只要有机会就准能让我遇着，让我张了嘴就能把好歌唱出来。"韩红以她对挫折、失败的独特理解，给了我们"学会等待"以新的解释。

等待给人以憧憬，等待给人以希望，等待给人以慰藉。可现实生活中，我们总是太过于浮躁，太急于求成，太见花求果，其实一个人真正的成熟是要学会等待，学会等待也是一种成熟。懂得等待的人具有深沉的耐力，懂得等待的人具有广阔的胸怀，懂得等待的人行事不会仓促，懂得等待的人不会为情绪左右。而学会等待的人往往会受到命运的垂青，反之，不懂等待的人会被命运捉弄。

人生就是一个漫长的奔跑过程，不要奢望一步到位，跑到终点，也不要因为暂时的落后而灰心，停滞不前。在奔跑的过程中，我们还需要学会忍耐和等待。

如果有人问你，你讨厌等待吗？你一定会给出一个肯定的回答。是的，有时候，我也讨厌等待，因为我没有耐心，也没有时间。

等待不仅花费了我很多的时间，而且让我很急躁。但是，生命中，不能没有等待，也没有人能逃避等待。

当你兴致勃勃地进入新开张的饭店吃饭，遇到慢吞吞的上菜速度，对此，你只能愤然等待；当你驰车经过一个繁华的街道、遇到红灯的时候，你只得无可奈何地等待；当你去购物、买票的时候，前面已经排了更早的人，你不得不安静地等待。

　　每个人都等待过，也被等待过。曾经等待着，现在依然等待着。只要有生活，就会有等待。既然无法逃避，何不从容一点儿？等待中的人会有一种莫名的烦恼，这种烦恼中含有对他人的怨恨，对生活的急躁。

　　很多时候，我们不是没有时间等待，不是不能继续等待，只是因为等待给我们带来焦虑。你以为没有了等待，你的步伐会走得更快一点儿。其实，行走也只能减轻我们焦虑的心情，却不能使我们更快到达目的地，有时反而使我们离目的地更远！

　　会等待的女人是幸运的，也是幸福的，因为她们往往能得到命运的垂青，不懂得等待的女人可能会经常受到命运的捉弄。所以，学会等待，等待属于你那最美丽的时刻。

第六章
敏感给谁看，安慰自己最重要

我们有时候之所以会很累，是因为我们活得敏感。女性天生敏感，欲望也不比男性少。这种敏感会让人身心俱疲，所以，女性应该要懂得安慰自己，正确地面对自己内心的欲望，只要稳稳的幸福，放弃那些虚无缥缈的空中楼阁。那么，幸福自然会来，快乐自然也会来。

减点欲望，多点轻松

作家木心先生曾在《从前慢》这首诗中写道："从前的日色变得慢，车、马、邮件都慢，一生只够爱一个人。"慢，从字面上来感受，当然是生活节奏不快，但若从深层次上分析原因，我们会发现，以前的人身上有一种"心若止水"的沉静、悠然的姿态，对待生命中的人与事从不强求，特别容易享受当下生活的美好。而现在的人呢，为了赶上生活的节奏，总是争分夺秒，赶时间，赶应酬，赶地铁，赶考试，他们无时无刻不被欲望绑架，过得一点儿也不开心。

有这样一个故事。

台风过后，一片狼藉。

街道两旁的行道大树被吹倒了很多，许多工人们正在扶正那些倒斜的树。工人们总是先将靠树干下部的一些大的枝叶锯去，使得重量减轻，然后再将树推正。

一个行人看了，便问："将树的枝叶都锯掉了，它还能活吗？再说也难看了。"

工人们都笑了起来，其中一个回答说："恰恰相反，锯掉一些枝叶，树的成活率才会更高一些。再说，不锯掉一些枝叶，太重了，把它扶正很不容易；要是再刮风的话，也会因为根基不牢，而再次被风吹倒。"

其实，人和树是一样的，如果背负太多的贪婪和欲望，那总有一天我们会颓然倒下，失去宝贵的生命力，不复往日的快乐和幸福。

一次，一个有钱的妇人见阿凡提骑着毛驴很快活，便提出要买他的驴。可妇人没想到，阿凡提竟开口要一百两黄金！

"你这是金驴还是银驴？要这么贵！"妇人问。

阿凡提说："我这头驴可是个宝贝。任何事情只要主人吩咐，它全都会做，而且只要一开始工作，你不让它停，它就一直干活。更省钱的是，它一天只吃一顿饭，可工作量却赶上 10 头驴啊！要不是我家里的活儿有限，我才舍不得卖呢！"

妇人心想："天下竟有这等好事，怪不得阿凡提一天到晚东游西走，原来是有这头宝贝驴呀。那我买回去用不了 3 个月，就可以赚回一百两黄金，半年后就可以成为一个大富婆了！"想到这儿，她便高兴地给了钱。

阿凡提又叮嘱她说："你一天千万要把所有的事都吩咐好，要不，它闲下来就会自己瞎忙活。"

妇人心想自己家大业大，就说："再有一个才好呢！我家里有忙不完的事。这真是打着灯笼也难找的优点哪！"于是她高兴地牵走了驴。

回家后，妇人叫驴种田，没想到 10 亩地，驴两天就种完了，比 5 匹马快多了；妇人又叫驴运粮食，没想到驴三天就运完了。

令妇人想不到的是，不论种地、搬运还是家务杂活，驴都会做，且不管做什么，它很快就能做好。半年后，妇人拥有的田地就从 10 亩扩大到 30 亩，而且家里还磨豆腐、卖馒头，她很快就成为方圆百里有名的大富翁。

可随着时间一天天地过去，妇人发现自己几乎也成了一头忙碌的驴。因为驴是做个不停，又只听她一个人的话，所以她就得从早到晚劳心费神地苦思着安排一个又一个活计，对驴下一个又一个指令。

慢慢地，妇人感到自己的身体实在撑不住，累病了，从早晨一直睡到中午。忽然，仆人慌慌张张闯进来，鞋都跑掉了。原来，驴一直不停地叫，眼看叫不醒主人，它就自作主张地将刚种上麦子的地又犁了一遍，还将妇人的金银财宝全都运出去了，驴的犟脾气谁也拦不了。

妇人一听，大惊失色，她赤着脚匆忙地跑出去。然而，体弱气衰的她不管怎样跺脚喊叫，驴已走远。在河边，驴将金银财宝全部春碎，磨成了粉末……

张小娴说过："大多数的失望是因为我们高估了自己。"当故事中的妇人企图向生活索取太多的东西时，殊不知，诸多烦恼也随之跟来。不难发现，这一切都是因为她没有将自己的位置摆正，学不会钝感处世，做不到宁静淡泊。

对于敏感的女性来说，欲望最容易成为心灵的陷阱，我们总以为拥有更多的财富、更佳的容貌、更大的面子、更好的丈夫、更听话的孩子，我们就能过得更加的幸福和快乐，而一旦我们的欲望没有得到满足，那我们就会感到特别失落，觉得自己的人生毫无意义可言。可众所周知，人的欲望是一个无底洞，如果我们不懂节制为何物，总是强求那些得不到的又或是需要耗尽心力才能得到的东西，那我们势必会活得非常累。

孟子教育我们："鱼，我所欲也，熊掌，亦我所欲也，二者不可得兼，舍鱼而取熊掌者也。生，亦我所欲也，义，亦我所欲也，二者不可得兼，舍生而取义者也。"在纷繁复杂的俗世红尘中，我们每个人都会经历很多诱惑，感觉什么都想要，可再强大的身心也无法负荷所有的欲望，所以这个时候，我们必须做出取舍的选择，随时剪除内心不必要的欲望，知足常乐，活得自由自在。

跟大多数女孩不同，婉君对待爱情向来恬淡知足，从不惧怕裸婚。她和男友同时考入一所大学，两个人一直恩爱有加。

大四那年，同宿舍的女生谈了一个富豪男友，从此过上了穿金戴银、优雅舒适的生活。其他的舍友看在眼里，心里都是满满的羡慕嫉妒恨，相较之下，自己的男友怎么看怎么逊色。唯独婉君不这么想，为人钝感的她，对待男友依旧初心不改。毕业后，感情甚笃的两个人，在家人的祝福下，很快就踏入了婚姻的殿堂。

多年后的同学聚会，婉君惊奇地发现，昔日那个穿金戴银的室友过得并不快乐——她的有钱男友是做餐饮行业的，婚后她也跟着忙活，整天都在高温的厨房里与油烟"斗争"，时间一长，再娇嫩的容颜都会被熏成黄脸婆。

而当室友问起婉君的生活时，婉君则甜甜地一笑，说她和老公当年裸婚，一起打拼，现在两人都是外企的高管，生活非常滋润、幸福。

人生不应强求，强求来的人或物都不能给我们带来快乐，当我们懂得取舍，学会剪除不必要的欲望，就能像婉君一样，活得洒脱、从容、快乐与平和。

只要够得着的幸福

很多人常常会有这样的感觉，生命中那些得不到的东西似乎才是最好的，那些够不着的幸福似乎才是自己最想要的。在这种错觉的指引下，我们总是抬着头，不停地仰望着，不断地寻找着一些可望而不可即的东西。

刚结婚的那一阵，滢美还像一个恋爱中的小女孩一样，期待着婚后生活的浪漫甜蜜，渴望老公每天上班前都会在她的耳畔轻声呢喃"宝宝，我爱你！"；渴望情人节的那天，老公会像变魔术一样，从背后掏出一大把玫瑰塞进她的怀里；渴望她过生日的时候，老公会牵着她的手，带她去一家充满情调的餐厅，吃着美味的佳肴，品着馥郁的红酒……

然而，生活的琐碎和平谈一次又一次击溃了滢美的浪漫憧憬。现实往往是，老公为了多挣点钱，总是早出晚归，来不及对她说"我爱你"；情人节的时候，老公还在外地出差，没有办法突然出现在她面前，送给她一束娇艳动人的玫瑰花；而每逢她生日，老公即便安稳地坐在她的身边，也未必还记得今天是她的生日。

滢美曾因为婚姻的平淡如白开水，无数次地向老公埋怨怄气过，直到有一天，老公平静地跟她讲了一个故事，她才慢慢地心平气和起来。

有一天，女孩不甘心生活的平淡无味，鼓起勇气对男孩说："我们分手吧！"

男孩慌了，忙问："为什么？"

女孩淡淡地说："厌倦了，根本不需要任何理由。"

听了女孩的话，一个晚上，男孩都只默默地坐在沙发上抽烟，没有任何的回应。女孩见男孩闷不吭声，心也越来越凉："他都不会说些好话挽留一下我，这种男人又能给我带来什么幸福呢？"

沉默了好久，男孩最后终于问道："告诉我，我要怎么做才能留住你？"

女孩说："回答我一个问题，只要你的答案能契合我的内心，我就愿意留在你的身边。假如，我非常喜欢悬崖上的一朵花，而你去摘的结果是百分之百的死亡，你还会不会把它摘给我？"

男孩仔细思考了一下，温柔地说："明天早上我再告诉你答案，好吗？"

早晨醒来以后，女孩穿着睡衣走到客厅，她发现温热的牛奶杯子下压着一张纸，上面是男孩俊秀有力的笔迹。

刚看到第一行，她的心犹如被人灌了一桶冷水，凉飕飕的。

"亲爱的，我不会去摘。但请容许我陈述不去摘的理由。你只会用电脑打字，却总把程序弄得一塌糊涂，然后对着键盘哭，我要留着手指给你整理程序；你出门总是忘记带钥匙，我要留着双脚跑回来给你开门；喜欢到处晃悠的你在自己的城市里都常常迷路，我要留着眼睛给你带路；你不爱出门，担心你患上自闭症，我要留着嘴巴陪你聊天；你总是盯着电脑，健康已经磨损了一部分，我要陪你一起慢慢变老，给你修剪指甲，帮你拔掉让你郁闷的白头发，我还要拉着你的手，在海边享受美丽的阳光和沙滩。

"最后一个理由，我坚信没有一朵花，能像你的面孔那么美丽；所以，我不舍得为摘朵花而死掉，尤其在我不能确定有人比我更爱你之前。"

　　看到这，女孩的眼泪已经开始泛滥了，她胡乱抹了一下自己的脸，继续往下看，"亲爱的，如果你已经看完了，答案还让你满意的话，请你开门好吗？我现在正站在门外，提着你最爱吃的鲜奶面包。"此时，女孩再也抑制不住内心的感动，拉开门，像个孩子一样跳进了男孩的怀里。

　　故事讲完了，老公温柔地注视着滢美，而滢美早已经泣不成声了，在他温暖的怀里哭得像个干了坏事却不知所措的小姑娘。

　　香港歌手陈奕迅在《稳稳的幸福》中唱道："我要稳稳的幸福，能抵挡末日的残酷，在不安的深夜能有个归宿。我要稳稳的幸福，能用双手去碰触，每次伸手入怀中，有你的温度。"自此，滢美终于明白，只有够得着的、能够用双手去碰触、可以伸手拥入怀中的美好，才是稳稳的幸福。

　　情话、鲜花、美酒和佳肴，这些看似美好的东西，往往都高高地挂在树梢上，即便我们费力踮起脚尖，又或是找来长长的竹竿，最后也未必能够得着。这个时候，敏感的女性往往会不甘心就这样放弃，越是得不到的东西，越是能让她们为之骚动，可够又够不着，走又舍不得走，最后就成了在树下转悠的狐狸，终其一生都被内心不切实际的欲望折腾得筋疲力尽。

　　作家三毛说过："爱情如果不落实到吃饭、穿衣、数钱、睡觉这些实实在在的生活中去，是不容易长久的。"确实如此，再浓烈的爱情也会在彼此的朝夕相处中升华至温暖的亲情，渐渐地深入各自的骨髓，与我们的呼吸共存。抛开浪漫激情的外衣，只要我们细心咀嚼，最后也一定能品尝到爱情平淡中的幸福滋味。

其实，不仅仅是爱情，任何美好的事物，如果只高挂在够不着的地方，不着落在我们触手可及的范围内，那都不能称之为稳稳的幸福。

而人生就像一场长途旅行，在这场旅行中，我们会遇到很多想要的东西，譬如声誉、地位、财富、掌声等，其中我们有些够得着，有些则够不着。试问，面对这种情况，我们该如何是好呢？当然是结合自身现有的条件和能力，去摘取那个自己能够得着的果子啰，至于那些够不着的果子，就大大方方地留给有缘人吧！

总之，女人不要做强求之事，与其执着于那些够不着的美好，我们不如牢牢守住手里已有的幸福。要知道，每个人都有自己够得着和够不着的果子，或许别人的果子是别墅洋楼，我们能够拥有一间属于自己的房子也挺好；或许别人的果子是环游世界，我们能在家附近的公园散散步也挺好；或许别人的果子是企业老板，我们有一份能养活自己的工作也挺好……

放弃一些，你会重新拥有

面对这美丽纷呈的世界，我们每个人都渴望去追求，去获取，很少有人愿意失去。可佛家有言："舍得，舍得，有舍才有得。"其实，很多时候，放弃并不意味着失去，相反它还是另一种拥有。

不信，让我们一起来看看下面这个故事。

有一位住在深山里的农民，经常感到环境艰险，难以生活，于是便四处寻找致富的好方法。一天，一位从外地来的商贩给他带来了一样好东西，尽管在阳光下看去那只是一粒粒不起眼的种子。但据商贩讲，这不是一般的种子，而是一种叫作"苹果"的水果种子，只要将其种在土壤里，两年以后，就能长成一棵棵树，结出数不清的果实，拿到集市上，可以卖好多钱呢！

欣喜之余，农民急忙将种子小心收好，但脑海里随即涌现出一个问题：既然苹果这么值钱、这么好，会不会被别人偷走呢？于是，他特意选择了一块荒僻的山野来种植这种颇为珍贵的果树。

经过近两年的辛苦耕作，浇水施肥，小小的种子终于长成了一棵棵苗壮的果树，并且结出了累累硕果。

这位农民看在眼里，喜在心里。嗯！因为缺乏种子的缘故，果树的数量还比较少，但结出的果实也肯定可以让自己过上好一点儿的生活。

他特意选了一个吉祥的日子，准备在这一天摘下成熟的苹果，挑到集市上卖个好价钱。当这一天到来时，他非常高兴，一大早便上路了。

　　当他气喘吁吁爬上山顶时，心里猛然一惊，那一片红灿灿的果实，竟然被外来的飞鸟和野兽们吃了个精光，只剩下满地的果核。

　　想到这几年的辛苦劳作和热切期望，他不禁伤心欲绝，大哭起来。他的财富就这样破灭了。在随后的岁月里，他的生活仍然坚苦，只能苦苦支撑下去，一天一天地熬日子。不知不觉之间，几年的光阴如流水一般逝去。

　　一天，他偶然来到了这片山野。当他爬上山顶后，突然愣住了，因为在他面前出现了一大片茂盛的苹果林，树上结满了累累硕果。

　　这会是谁种的呢？他思索了好一会儿才找到了答案：这一大片苹果林都是他自己种的。

　　几年前，当那些飞鸟和野兽在吃完苹果后，就将果核吐在了旁边，经过了几年的生长，果核里的种子慢慢发芽生长，终于长成了一片更加茂盛的苹果林。

　　现在，这位农民再也不用为生活发愁了，这一大片林子中的苹果足以让他过上幸福的生活。

　　人生就是这样巧妙，当我们以为行至水穷处时，上帝又在不远处为我们开辟了一条道路。正如学飞的鸟儿跌落在地，虽失去了几根美丽的羽毛，却获得了在天空中展翅飞翔的本领，又如花草的种子冲破土壤，虽失去了安卧泥土的悠闲时光，却获得了在阳光下开花吐香的机会。

总之，没有失去，也就无所谓获得。一扇门如果关上了，必定会有另一扇门打开，所以，我们对待任何人或事，都不要怀抱着强求的心态。要知道，有时候为人钝感一点儿，乐观且恬淡地面对生命中必然会存在的"失去"，我们才会机会去拥有更多的快乐和幸福。

　　韩信放弃了常人所谓的尊严，忍受胯下之辱，成就了大丈夫能屈能伸的美誉，最终成为一代名将；范蠡放弃了令人羡慕的荣华富贵，才有了携佳侣，弄扁舟，逍遥泛五湖的佳话；陶渊明放弃了七品大印，回归田园生活，才写下了"采菊东篱下，悠然见南山"的传世佳句。可以看到，放弃并不是懦弱地退却，而是一种智慧的选择，更是一种常人难以达到的境界。如果说获得是生活中很多人不断奋斗的目标，那学会放弃，则能让一个人拥有更多收获。

　　毫无疑问，懂得放弃的人，一定是一个足够钝感的人，这种人往往能清楚地分辨眼前利益和长远利益，不会患得患失，也不会斤斤计较，更不会强求，为了更长远的利益，他们总能果敢地放弃眼前利益。

　　少女时期的玛丽亚因家境贫寒，没钱去巴黎上大学，只好到一个贵族家当家庭教师。不久，她与这个贵族家的大儿子卡西密尔相爱了，在他们计划结婚时，却遭到卡西密尔父母的极力反对。

　　贫贱的女家庭教师怎么能与贵族身份的卡西密尔门当户对呢？为此，卡西密尔的父亲大发雷霆，母亲则以死相逼，懦弱的卡西密尔屈从了父母的意志。

　　失恋的痛苦折磨着玛丽亚，她甚至有过自杀殉情的念头。不过，玛丽亚毕竟不是平凡的女子，她除了个人的爱恋，还热爱科学和自己的亲人，她有自己的事业。于是，她下定决心，刻苦自学，并帮助当地贫苦农民的孩子学习。

一年后，她又与卡西密尔进行了最后一次谈话，卡西密尔还是那样优柔寡断，这促使玛丽亚下决心砍断了这根爱恋的绳索，只身去巴黎求学。幸运的是，来到巴黎的她不但学到了精深的化学知识，更遇到了相爱一生的伴侣。

很显然，如果没有这次放弃，玛丽亚的历史将会是另一种写法，世界上就可能少了一位伟大的科学家——居里夫人。

试问，如果玛丽亚是一个敏感的女人，那她能不能顺利走出情感的低谷，重新收获不一样的人生呢？当然不可能！因为敏感的女性最难说出"放弃"二字，每一次失去几乎都会让她们痛不欲生。玛丽亚之所以深谙放弃的魅力，就是因为她的为人足够钝感，从不过分强求那些不属于自己的东西。

作家贾平凹曾说："世界是阴与阳的构成，人在世上活着也就是一舍一得的过程。会活的人，或者说取得成功的人，其实懂得了两个字：舍得。不舍不得，小舍小得。大舍大得。"由此可见，放弃是一种通达的智慧，放弃是一种磊落的胸襟，放弃是一种如花的美丽。女人若想拥有通达的智慧、磊落的胸襟以及如花的美丽，就要让自己变得开阔一点儿，凡事不强求，用放弃收获另一种拥有。

往前走，只有你能改变自己

据说，英国前任首相劳合·乔治有一个非常奇怪的习惯——随手关上身后的门。

有一天，乔治和一位好朋友在院子里散步，每当他们走过一扇门，乔治总是随手把门关上。朋友注意到这个小细节之后，觉得有点纳闷，他好奇地问道："乔治，为什么你每次都要把这些门关上呢？有什么必要啊？"

"当然有必要啊！"乔治微微一笑，又继续说道："你知道吗？我这一生都在关我身后的门。这是我必须要做的事情。每当我关上身后的门的时候，就决心把过去发生的一切都抛在脑后，不管它是辉煌的成就，还是令人懊悔的失误。只有这样，我才可以重新开始自己的美好生活！"

随手关上身后的门，也就意味着往前走不倒带。过去的生活，不管如何辉煌或者暗淡，都随着时光如流水般远去，留给我们的只有记忆。从乔治的这个习惯中，我们可以清楚地看到，他活得相当钝感、洒脱、豁达，从不强求停留在过去中，而是永远乐观地向前看，往前走。

1952 年 10 月 7 日，普京生于彼得格勒一个普通的工人家庭。母亲生他时，已经 41 岁了。不知道是不是因为这个缘故，普京生来就比其他同龄孩子矮半个头，而且瘦小得多。然而就是这样一个小伙子，性格却很要强。

为了弥补身体的不足，还在上小学的时候，普京就去了一个叫波尔波斯特罗伊捷里的俱乐部跟著名教练拉赫林学习摔跤，之后，又师从拉赫林教练学习柔道。普京的悟性好，又肯努力。经过几年的勤学苦练，普京的功夫就有了很大长进。

结业那天，道场举办了一场学生成绩汇报会，所有学生的家长都去了，包括普京的母亲。根据规则，32个学生先是四人一组，捉对厮杀，前两名直接晋级，然后再四人一组，直至决出冠亚军。前几轮，普京发挥出色，都是轻松击败对手。然而在争夺冠军时，他却出人意料地输了，而且输得很难看。

决赛时，拉赫林教练采用的是三局两胜制。第一局，教练刚喊了声开始，对方就突施冷手，给普京来了个背摔。普京后来说，本来，他还是想抵抗一下的，可对方的个头太高了，而且体重也比他多出十多磅，所以被对方突袭得手的那一刻，他就失去了主动权。普京觉得比赛开始前，应像平时训练一样，双方先相互行个礼，但教练没说什么，他也只好作罢了；第二局，在双方僵持不下时，普京先发制人，给对方来了个旋风腿，然后借势抓住对方的衣领，将对方重重摔倒在地，然而由于求胜心切，普京竟未能牢牢锁住对手，结果反被对方轻松翻身，将自己压在了身下；第三局，普京充分发挥出了自己轻灵的特点，巧妙运用杠杆借力，将对手的力量转化为自己的竞争优势，但为时已晚……尽管普京还是获得了亚军，但因为那是他人生的第一次"比赛"，他对那个冠军看得非常重，而他也是冲着冠军去的，所以赛后他还是感到很难过。

回家后，他委屈地对母亲说："那家伙虽然比我高很多，块头也比我大很多，但在平时的训练中，他是很少赢过我的啊，妈妈，你知道，这个冠军对我来说是多么的重要，而且它本来是属于我的，可……"说着说着，普京竟伤心地哭了。

看着小普京难过的样子，母亲微笑着摸了摸他的头说："别这么敏感，不就输了一场比赛吗？以后类似于这样比赛的事情多着呢！"母亲见普京听得认真，接着说，"其实，无论多么不妙的事情，一旦成为过去，你就没有必要再为它伤神和影响以后的生活了。你应该吸取教训，勇敢地往前走，过好后面的生活。"

那次比赛，对普京日后的人生影响太大了，而母亲的话也让他悟到了很多。走出校门后，普京又多次遇到类似于那场比赛的竞争，但因为心中记住了母亲的那句话，他再没有因为不如意而影响到自己的心境。

也许正是因为有了这种心态，普京在克格勃工作的那段时间，因为表现出色，多次得到嘉奖，直至后来被叶利钦慧眼相中。

毫无疑问，如果没有母亲的一番教导，普京肯定还受困于自己的敏感，停留在过去的遗憾里，整日哀叹自己与柔道冠军失之交臂。

作家余秋雨说过："过去的一切只能代表过去，未来对于每个人来说都是一张白纸，如何书写，还得看我们自己。"在现实生活中，很多女性因为自身性格的敏感，常常做出许多强求之举，停留在过去不肯继续前进就是最常见的行为之一。她们没有意识到，时钟的每一次滴答，生命中旧的一秒已从自己的身边溜走，每一秒都是新的一秒，每一刻都是新的起点，每一天她们都可以做全新的自己。

人生的路，总是充满这样或那样的错过、遗憾与失去，既然已经成为过去，那我们就没有必要为了那些过去而浪费今日的眼泪。过去的种种，我们就权当是接受生命真知的考验，权当是坎坷人生奋斗诺言的承付。要知道，这个世界永无尽头，正是这些不尽如人意的过去，我们才拥有创造美好未来的机会。所以，与其枯坐在原地唉声叹气，愁眉苦脸，不如钝感一点儿，重整旗鼓，再次扬帆起航。

　　琼妮小姐是新西兰一位建筑商的女儿，移居美国后，曾在休斯敦一家电视台工作，1990 年起任 CNN 摄影记者。1992 年 6 月，她被派往萨拉热窝进行战地采访。在那里，曾有多名记者丧生。

　　琼妮在萨拉热窝逗留六个星期后，已经习惯周围的流弹。一天清早，一颗子弹击穿车玻璃，正好击中她的脸部，几乎掀掉了她的半边脸，她的颧骨被打得粉碎，牙齿没有了，舌头被打断。送到诊所时，大夫们直摇头，认为她不行了。经过二十多次手术后，她又奇迹般地回到了工作岗位。这时的她，下颌仍无感觉，脸部还留着弹片，体重减轻了八公斤。令大家吃惊的是，她要求重返萨拉热窝。

　　她幽默地说："说不定我还能在那里找回我的牙齿。"她甚至想认识一下当初袭击她的枪手。有人问她，见到那个枪手后怎么办。她说："我会请他喝一杯，问他几个问题，比方说当时距离有多远。"

　　琼妮无疑是一个往前走不倒带的钝感之人，尽管自己受了那么重的伤，她都不会一味地沉浸在痛苦的回忆中。对于她来说，过去的已然过去，再怎么扼腕顿足，自暴自弃，也无济于事，更无可挽回，唯有不强求，努力向前看，她才能收获新生，从而将接下来的每一天都过得喜笑颜开。

　　俗话说得好:"因为误了头一班火车而懊恼不已的人,肯定还会错过下一班火车。"从小,我们就在课本上学过小猴子捡了芝麻丢了西瓜的故事。其实,女性如果太多敏感,总是沉溺于过往,到最后往往是丢了芝麻,又没了西瓜。认识到这一点之后,我们何不学着释然一点儿,洒脱一点儿,跟过去大声地说再见呢?

不干涉别人，让自己更舒坦

情感咨询师晚睡的儿子小名叫胖墩，有一天放学回家，他苦恼地对晚睡说，他不喜欢身边某人的言论，总是忍不住去争辩，对此他觉得很困扰。于是，晚睡就告诉他："不要试图改变别人来适应你，当你完全不认同他的时候，更没必要表露自己的观点，因为没有讨论的价值。"

晚睡一直认为，孩子在成长中要学会忽视的艺术，让世界和周边的人可以保持它自己的转动，而我们自己，只需要知道自己在什么位置就好了。其实，这个观点和法国启蒙思想家伏尔泰的那句经典名言"我不同意你的观点，但我誓死捍卫你说话的权利"所传达的道理是一样的。在这个世界上，每个人都有说话的权利，当别人的想法和我们的有所出入时，我们不能要求对方来适应自己，而是要让他们的想法自由流动。

当然也许有人会说，如果别人说的话太过难听，伤害到我的自尊心，我也要三缄其口，任由其胡说八道吗？在回答这个问题前，不妨先看看晚睡的经历。

晚睡经常在微博和微信公众号发表文章，她的姐姐平时不怎么看她的文章，偶尔心血来潮看了一点儿，却看得惊心动魄，原来，有读者骂得很难听。

"要不别写了，会有人骂，挺难听的。"姐姐连忙跑来劝晚睡，心里七上八下。晚睡听了却跟没事人一样，在她看来，写东西是不能怕读者骂的，更不能为了减少骂声而刻意转变立场，读者的意见固然重要，但有时候也不能全听，毕竟她也有自己的立场，不能遇到有人说她不好，她就立马反省自己的水平。

　　很显然，在这种意见、立场相左的情况下，晚睡选择了视而不见、闭口不言，她从不跟那些跟自己持有不同想法的读者争吵，即便对方有时候口出恶言，她也不会急赤白脸地跟人打嘴仗，非要在嘴巴上扳回一成不可。

　　能够做到这一点，不仅仅是修养高，还跟晚睡个人的心态密切相关。假如晚睡内心非常敏感，那她肯定会被这些难听的语气到不行，最后要么一个人躲在角落偷偷抹眼泪、生闷气，要么就是被愤怒的魔鬼附身，狠狠地跟始作俑者吵一架。而不管是哪种选择，最后的结局都不会让人感觉有多舒服，元气大伤是逃不掉的。

　　在现实生活中，很多女性因为内心太过敏感，总是强求他人的想法和自己保持一致，希望外界的一切都按照自己内心的所思所想运行。这无疑是不切实际的，一千个读者尚且就有一千个哈姆雷特，我们又怎能奢望他人和自己"异口同声"呢？

　　多时候，我们觉得自己说的和想的是正确的，但别人却并不这么认为，又或是我们觉得自己很优秀、很可爱，但别人却偏偏不欣赏我们，不喜欢我们。面对这种情况，我们总不能挨个地去跟别人较劲和争辩吧，这么多人，要是真吵起来，那还不得累死、烦死？

　　所以说，和别人打交道，最明智的做法就是钝感一点儿，认清自己的位置，让他人的想法自由流动。这样我们才能避免内心的狂风骇浪，让自己生活得更快乐。

小媛是一个非常玻璃心的姑娘，别人一个眼神不对都能搅得她睡不着觉，瞪大眼睛躺在床上，细细琢磨到底是怎么一回事儿。如果被人多说了几句，她就忍不住掉眼泪，哭得跟被公婆虐待的童养媳似的。有时候，如果被别人说的话刺痛得实在太厉害了，她还会跳起来，带着哭腔怒斥对方。

如此激烈的反应，难免会把别人吓着，脾气好的一般会立马跟她道歉，说自己不是故意的，希望她不要再生气了。可天下哪有这样的好事，每次都能遇见脾气好的，大多数时候，她争执的对象都是一些脾气比较冲的，你说一句，我回一句，彼此都互不相让，所以最后往往闹得不可开交，特别影响两个人的感情。

有一次，小媛和一群朋友出去逛街，走在路上，一个朋友突然对她说："小媛，我发现你长得很黑耶！"小媛听了，自然觉得很不爽，她当场发飙道："你才黑呢！你全家都黑，比非洲来的黑人都黑！"

朋友听了目瞪口呆，反应过来后，脸一沉，手一甩，二话不说拂袖而去。其他的朋友看见了，拉都拉不住，只好尴尬地站在原地，不知所措。

两个好朋友就这样绝交了。本来这就足够让小媛难受了，可让她更痛苦的是，其他朋友也都不愿意再和她往来了，每次约她们，她们总推辞有事，不愿意出来。

其实，这场冲突完全可以避免。朋友说小媛黑，小媛很不高兴，因为她觉得朋友说得不对，自己并不黑。可如果她真的坚信自己不黑，那朋友的话就没什么意义了，她又何必为此大动肝火呢？说到底，还是因为她太过敏感，内心不够自信，所以才会那么介意朋友说的话。

导演姜文曾因为《一步之遥》的上映饱受争议，很多影评人觉得姜文江郎才尽，电影太过重视花里胡哨的表现形式，完全忽略了应有的故事性，整个就是一出晦涩难懂的戏，观赏起来一点儿意思都没有。

在某个采访中，有记者问姜文："很多人评论你的电影如何如何，你是怎么看的？"姜文的回答比《一步之遥》这部电影可有意思多了，他酷酷地说："我是那么容易被教育的吗？"言下之意很简单，任何人都可以给他贴标签，说他的电影这不好那不好，但他依旧坚持自己的观点和想法。

是的，人人都可以说自己想说的话，哪怕我们也成为他们嘴中的谈资，可不管说什么，那都是说话者的事儿，不是我们的事儿，跟我们没什么关系。我们要做的，就是像姜文一样，让别人的想法自由流动，自己则该干啥干啥去。

这并不难做到。当我们用钝感代替敏感，对内，我们就会变得越来越自信，对外，我们就会变得越来越宽容，从而收获自信和快乐。

第七章
像太阳一样，温暖他人和自己的生活

女人，应当像太阳一样，时刻发出温暖的光芒，温暖身边的每一个人，包括自己。一个像太阳一样的女性，能给人一种如沐春风的感觉。她们乐观、豁达，她们开朗、善良，她们还懂得照顾他人的感受。这样的女性，才配得上各种美好的感情。

微笑能让双方都如沐春风

世界上有一种花儿，没有娇艳动人的模样，也没有芬芳四溢的香味，却别有一番风韵，它所到之处无不氤氲着一股浓浓的温暖、亲切和善意。

它的名字就是笑花，它以一种"无声胜有声"的姿态完胜一切言语，只需嘴角轻轻往后上扬一个小小的幅度，我们就能以迅雷不及掩耳之势，成功攻下陌生人的心防，抵达他们的心灵深处，获得他们的青睐。

众所周知，世界有许许多多的纪念日，比如国际妇女节、世界地球日、世界无烟日、国际护士节等，但是纪念人类行为表情的节日只有一个，那就是5月8日的"世界微笑日"。小小的微笑，竟然还会有一个专门的世界纪念日，这足见它的魅力之大以及得人心之深！

还记得佛经里的一个故事吗？

有一天，在灵山会上，大梵天王以金色优波萝花献佛，并请佛说法。可是，释迦牟尼如来佛祖一言不发，只是手拈优波萝花遍示大众，从容不迫，意态安详。

当时，会中所有的人和神都不能领会佛祖的意思，唯有佛的大弟子——摩诃迦叶尊者，妙悟其意，破颜微笑。于是，释迦牟尼将花交付给迦叶，并嘱告他说："吾有正法眼藏，涅槃妙心，实像无相，微妙法门，不立文字，教外别传之旨，以心印心之法传给你。"

这个故事就是有名的"拈花一笑"，佛祖在上面拈花，迦叶在下面微笑，佛法的传承就在无声的微笑中完成了，可见，微笑的力量实在不容小觑。

"笑容能照亮所有看到它的人，像穿过乌云的太阳，带给人们温暖。"这是戴尔·卡耐基曾经说过的一句话，道出了微笑的无穷魅力。

与人交往，如果我们总是面带微笑，那么很快就能拉近彼此的距离，让对方感受到我们是一个友善、真挚、温暖的人。不仅如此，由于我们的微笑，对方甚至会觉得他自己也是一个受到别人欢迎的人，而能够得到别人的认同，对于任何一个人来说，都是一件值得高兴的事儿。

有一天，一位乘客登上了美国西南航空公司去加州的一架航班，要求空姐给他倒一杯水吃药。空姐很有礼貌地对他说："先生，飞机马上就要起飞了。为了您的安全，请您等一刻钟。等飞机进入平稳状态后，我会立刻把水给您送过来。"

然而，15分钟早过去了，飞机早已进入了平稳飞行的状态，这位空姐却由于忙乱忘记了应该马上送水。直到乘客服务铃响了之后，她才回想起来对乘客的承诺。她小心翼翼地把水送到那位乘客的面前，面带微笑地说："先生，实在对不起，由于我的疏忽延误了您的吃药时间，我感到非常抱歉。"

这位乘客听后却不肯原谅她，指着手表说："有你这样服务的吗？你看看，让我等了多久了？"因为太忙，空姐这时心里也感到委屈，但是无论她怎样解释，这位挑剔的乘客就是不肯原谅她无意之中的疏忽。

飞机在蔚蓝的天空中穿行，空姐为了弥补自己的过失，每次去客舱给乘客服务时，都会特意走到那位乘客的面前，面带微笑的询问他是否需要服务。但是，那位乘客却余怒未消，摆出一脸的不高兴，并不理会空姐。

马上就要到达目的地了，那位乘客要求空姐把留言本给他拿过去。空姐想着他可能要投诉，就面带微笑地说："先生，请允许我再次向您表示真诚的歉意。我没有兑现我的服务承诺，无论您提出什么意见，我都会欣然接受您的批评！"那位乘客什么都没说，只是在留言本上写了几行字。

飞机降落加州机场之后，空姐好奇地打开留言簿，那位乘客写道："在整个过程中，你表现出的真诚的歉意，深深地打动了我的心，特别是你的十二次微笑，使我最终决定把投诉信写成表扬信！你的服务品质很高，你是世界上最优秀的空姐！"不是投诉信，而是一封热情洋溢的表扬信！下面的落款更让空姐惊奇：美国西南航空公司总裁赫伯·凯勒尔。

可以看到，简简单单的一个表情，只要我们发自真心，就能在嘴角荡漾起一朵温暖的笑花，一来，它不需要耗费我们一丁点时间、精力和成本，二来，它还能迅速让他人对我们心生好感。如此经济又实惠的美事儿，我们为何非要板着一张面孔，面无表情地对待别人，而不是以微笑待人呢？总之，在人际交往中，亲切的微笑总是让人如沐春风，而不苟言笑的面容则让人退避三舍。

杰瑞是一家小有名气的公司经理，他还十分年轻。他几乎具备了成功男人应该具备的所有优点，他有明确的人生目标，有不断克服困难、超越自己和别人的毅力与信心；他大步流星、雷厉风行、办事干脆利索、从不拖沓；他的嗓音深沉圆润，讲话切中要害；而且他总是显得雄心勃勃，富有朝气。他对于生活的认真与投入是有口皆碑的，而且，他对待同事们也很真诚，讲求公平对待，与他深交的人都为拥有这样一个好朋友而自豪。

但初次见到他的人却对他少有好感。这令熟知他的人大为吃惊。为什么呢？仔细观察后才发现，原来他几乎没有笑容。

他深沉严峻的脸上永远是炯炯的目光、紧闭的嘴唇和紧咬的牙关。即便在轻松的社交场合也是如此。他在舞池中优美的舞姿几乎令所有的女士心动，但却很少有人同他跳舞。公司的女员工见了他更是畏如虎豹，男员工对他的支持与认同也不是很多。而事实上他只是缺少了一样东西，一样足以致命的东西——一幅动人的微笑的面孔。

人与人之间的沟通，原本就建立在彼此真诚相待的基础上，当我们因为陌生感而对彼此设下严重的心理防备时，微笑就成了双方进行良好沟通的稳固桥梁。它就像一个神奇的魔法师，当我们对别人展露微笑的时候，别人就会感到心情舒畅，备受重视，从而回赠我们一个温情脉脉的微笑。我们都在微笑中，感知到彼此内心的善意和诚挚，然后悄悄融化不熟悉感所造成的冰雪天地。

亲爱的女人，请不要吝啬你的微笑。亲切的微笑是心灵对外界的一种自然映照，它包含着温情，包含着理解，包含着赞许。如果我们还没有向陌生人时刻展示微笑的习惯，那从现在开始，我们就要努力对着镜子练习，时刻注意调整嘴角上扬的幅度，让其变得自然又美丽。

让我们尽情地释放最自然也最温暖的笑容吧，让我们的微笑像一束灿烂的阳光一样，一路畅通无阻地抵达陌生人的心灵，给予他们最渴望的温暖，同时也为我们自己赢得宝贵的人心。

认识一个人，从记住他的名字开始

在电视剧《甄嬛传》里，女主角甄嬛原本对皇帝怀有一颗情深意切的少女爱慕之心，她曾在下着大雪的夜晚，独自一人来到倚梅园中，将自己的小像挂在枝头，为自己祈福，"逆风如解意，容易莫摧残"。

然而天不遂人愿，贵为莞嫔的她，满腔痴心终究还是错付了他人，皇上深情地唤她为"莞莞"，其实并非在叫她的名字，而是在追思伊人已逝的纯元皇后。

试问，被深爱的四郎当作纯元皇后的替代品，甄嬛如何能不痛彻心扉、寒入骨髓呢？在这个世界上，我们都渴望自己是独一无二的，名字虽只是一个简单的称谓，却也有着区别身份的重要意义。

甄嬛的悲哀，首先是在于被皇帝叫错了名字，其次是在于皇帝根本不是在叫她的名字，不管是哪一种，都能给她带来有如凌迟般的切肤之痛。

其实，皇上不是记不住她的名字，而是压根就心里没有她甄嬛这个人，起码在已逝的纯元皇后面前，她从来都是一文不值，微若蚍蜉。

而这一切，对于心高气傲的甄嬛来说，简直无异于被皇上狠狠地抽了一个耳光，感觉不到任何的被尊重和怜爱不说，反倒满心满腹都是受辱的委屈和悲愤，仿佛一下子被人逼到了悬崖边上，再往后退一步就难逃粉身碎骨的下场。

当甄嬛知晓皇上只是把她当成了纯元替身的真相以后，在生下胧月后毅然决然地离宫。她有自己的骄傲和自尊，不愿做她人的替身。大概是爱极恨极伤极，所以她给胧月取名"绾绾"，取自"长发绾君心"，果然使她变成了皇上最宠爱的公主。

通过这段故事情节，我们多多少少可以看出，在任何一段人际关系中，牢牢记住别人的名字，往往不止是一种礼貌，还是一种对他人的尊重和体贴。因为，不论在哪一种语言里，一个人的名字永远都是最为亲切、温暖和重要的声音。

对于名字的主人来说，名字不仅仅是一个简简单单的代号，透过名字，他们可以观测到自己在他人心目中的位置。如果有人记不住自己的名字，这通常就意味着此人忽视了他们的存在，而在人际交往中，一个连基本的尊重和关注都懒得给予的人，他们自然也就没有必要花费自己宝贵的心思在其身上。

卡耐基曾经说过："一种既简单又最重要的获取好感的方法，就是牢记别人的姓名。"是的，人际交往的第一步永远都是从对方的名字开始，因此，我们能否记住别人的名字，直接决定了我们能否成功打开对方那关得严严实实的心扉。

吉姆法里从来没有读过高中，可就在他 46 岁那年，四所大学却出人意料地授予其荣誉学位，不仅如此，他还成了民主党全国委员会的主席、美国邮政总局局长。

很多人对他的辉煌经历感到非常惊奇："你的成功秘诀是什么，可否跟我们分享一下？"

"很简单，努力工作就行！"吉姆法里如是说道。

"不可能吧，听说你可以一字不差地记住一万个人的名字？"

"不，你搞错了！"吉姆法里自信满满地说："我能记住的名字可不止一万个，最少也有五万个！"这就是吉姆法里的过人之处，每当他认识一个人时，都会问清楚他的全名、家庭住址、家庭情况、从事的职业以及所持的政治立场等，然后再经过反复记忆，把这些信息深深地镌刻在自己的脑海里。

事后，不管过去多少年，当他再次与这个人相遇时，他绝对能够清楚地叫出对方的名字，并热情地迎上前去，拍一拍对方的肩膀，仔细询问一下其最近的家庭、工作状况，嘘寒问暖一番。

就这样，正是因为吉姆法里的用心、亲切和温暖，被他叫出名字的那些人，都对他怀有一种与众不同的好感，彼此间也慢慢地建立了良好的人际关系。

吉姆法里曾说："记住人家的名字，而且很轻易地叫出来，等于给别人一个巧妙而有效的赞美。因为我很早就发现，人们把自己的姓名看得惊人的重要。"

其实，与其说人们把自己的姓名看得极为重要，还不如说人们的内心都非常渴望被他人重视，而名字刚好就是这种需求的最佳载体。因此，当吉姆法里热情洋溢地叫出一个人的名字时，对方从中感受到不仅仅是他表现出来的礼貌，更是一种发自内心的真切尊重和高调赞美。

凭借着这项本领，吉姆法里最终成了罗斯福背后幕僚群中的一员，就在罗斯福竞选美国总统时，他还马不停蹄地搭乘火车，穿梭往来于中西部各州，友善亲切地与当地民众进行推心置腹的交谈，时不时还一起集会和吃饭，一边感受他们的真实心声，一边大力宣传罗斯福的政见。

回到罗斯福身边后，吉姆法里又致信给各州的朋友们，恳请他们列出所有与会人士的姓名和家庭住址，然后装订成册邮寄给他。

没过多久，吉姆法里就收到了这本多达数万人的名册，他决定不辞辛苦，亲自写信给名册上的每一位民众。在信件的开头，吉姆法里就亲切地直呼对方的名字，比如"亲爱的约翰""亲爱的安娜""亲爱的比尔"等，寒暄的内容一过，他还会在信尾署上自己的名字"吉姆"。

正所谓："精诚所至，金石为开。"如此温暖地对待每一位选民，吉姆法里的辛勤付出，最终换回了选民们对罗斯福的拥护和支持，帮助其顺利入主白宫。

名字对每一个人而言，即便称不上是最重要的东西，也是最为熟悉的东西，因为人从出生到去世，无不与名字纠缠在一块儿。可以说，名字是一个人的标志，人们由于自尊的需要，总是最珍爱它，同时也希望别人能尊重它。

吉姆法里正是抓住了这一点，所以，他才赢得了众人对他的喜爱、信赖和支持。作为一名女性，我们一定要像吉姆法里一样，做一个温暖的人，在人际交往中，始终牢记他人的名字。可以想象，当别人听到自己的名字被我们轻松而又亲切地叫出来时，他们的内心一定会深受震动，一股暖意势必会在他们身体里流窜。

冷若冰霜，等于拒人千里之外

众所周知，在人际交往中，如果我们总是冷着一张脸，对别人敬而远之，冷漠待之，那就会严重挫伤对方的自尊心，让其觉得我们是一个孤芳自赏、傲慢无礼、冷漠无情的怪物，到最后，我们就会变成无人接近的"冰美女"。

苏联作家苏霍姆林斯基曾说："对人的热情，对人的信任，形象点来说，是爱抚、温存的翅膀赖以飞翔的空气。"所以，不管跟谁打交道，我们每一位女性都要拿出自己的亲和力，热情地对待别人，像太阳一样温暖，从而融化人与人之间的隔膜和心理防备，为自己赢得更多的支持者。

英国女政治家玛格丽特·撒切尔夫人就是这样一位热情的女性。

在大选来临之前，撒切尔夫人所在的保守党面临着一个难题，他们不知道该如何去制止颓势。这个时候，撒切尔夫人提出了一个让人信服的办法，她笑着说道："我们只有一个办法，那就走出去，到选民中去，这样就会获得最终的顺利！"

决定走亲和力路线的撒切尔夫人，每天都在大街上东奔西跑，走家串户，她一会儿在这家小坐一下，随意地和房东聊聊天；一会儿又同那个握握手，或向坐着扶手椅的人嘘寒问暖；一会儿又到商店询问商品价格。大部分时间，她总是带着秘书黛安娜跑来跑去。

每逢午饭时，他们就到小酒店和新闻发言人罗伊·兰斯顿以及委员会的其他成员一起喝会儿啤酒。然后，她又去握更多的手，接见更多相识过的人，参加各种集会发表演讲。

就这样，撒切尔夫人在民众面前展示了她热情、温暖、亲切、友善的一面，从而赢得了越来越多的拥护者，为日后的首相竞选打下了坚实的群众基础。

在这个世界上，没有人是一座孤岛，我们谁也不能独立存在，认识到这一点，我们就会明白热情待人的重要性。热情就像冬日的阳光，它能于悄无声息中温暖每个人的心，撒切尔夫人正是深谙这一点，所以她才拥有那么多的拥护者。

跟撒切尔夫人一样，老干妈的创始人陶华碧也是一位待人热情的女性，生活中，她把员工视为自己的家人，总是竭尽所能地帮助他们，关心他们。

陶华碧是一个文盲，没有读过书，唯一会写的是自己的名字，这三个字还是创业后因为签署文件不便而由儿子李贵山教会的。因此，在"老干妈"发展壮大的过程中，对于陶华碧来说，最大的难题并不是生产方面，而是来自管理上的压力。

首先，在儿子李贵山的帮助下，陶华碧终于制定出了公司最原始的、带着浓厚乡土气息的规章制度。除了刚性的制度管理外，陶华碧还有她另外一套柔性的管理方式：亲情化管理，对员工进行"感情投资"。

虽然没有文化，但陶华碧明白这样一个道理：帮一个人，感动一群人；关心一群人，肯定能感动整个集体。

陶华碧总是在人们想不到的地方关心人，体谅人。公司里有一个厨师来自农村，父母早丧，家里还有两个年幼的弟弟，可他爱喝酒抽烟，每月1000多元的工资，几乎都被他花掉了。陶华碧得知这一情况后，很是担心。

有一天下班后，她专门请这个厨师到酒店喝酒。酒桌上，她对他说："孩子，今天你想喝什么酒就要什么酒，想喝多少就喝多少。但是，从明天开始，你要戒酒戒烟。因为，你要让两个弟弟去读书，千万别像我一样一个大字不识。"这番语重心长的话，使这个厨师深受感动，当即表示戒酒戒烟。但陶华碧还是不放心，她只让他每月留200元钱零花，其余的钱则由她替他保管；什么时候他弟弟上学要用钱时，再从她那里支取。

只是关心个别员工，陶华碧觉得还不够。每当有员工出差，她还总是像老妈妈送儿女远行一样，亲手为他们煮上几个鸡蛋，一直把他们送到厂门口，直到看到他们坐上了公交车后，她这才回去……

"老干妈"公司的员工来自五湖四海，生活习惯各异。工人们每天吃、住、工作、生活在公司，时间久了，互相间难免发生摩擦，但只要陶华碧一出面，问题就理得顺顺当当。就这样，公司全体员工在"老干妈"的呵护下，团结一心地为企业的明天而奋斗。

陶华碧的这种亲情化的"感情投资"，使陶华碧和"老干妈"公司的凝聚力一直只增不减。在员工的心目中，陶华碧就像妈妈一样可亲可爱可敬；在公司里，没有人叫她董事长，全都叫她"老干妈"。

做人如果能做到这种程度，无疑是十分成功的，陶华碧为所有女性树立了一个十分正面的形象，她用自己的亲身经历告诉我们，敬人者，人恒敬之，爱人者，人恒爱之，热情待人者，也同样能得到他人的热爱。

所以，亲爱的女人，做一个小太阳吧！当我们将自身的光和热洒满身边人的生活中时，我们就会明白，原来自己有那么大的力量，能给别人带去这么多温暖。

让气氛融洽，而不是尴尬

与人打交道，他人难免会有身陷尴尬境地的时候，一旦遇到这种情况，我们可不要袖手旁观，隔岸观火，更不要落井下石，给别人的烦心事上再添一层堵。我们要做的，就是赶紧替别人打圆场，帮助别人解围，努力给对方找一个台阶下。

焦燕儿是一家公司的销售主管，有一次，公司一个大客户王总邀她去一家餐厅吃饭，正当两个人谈笑风生之时，王总的夫人也恰好来这家餐厅用餐。

焦燕儿原本准备起身跟她打招呼，没想到她已经怒气冲冲地朝他们走来，只见她高声质王总道："我中午打电话给你，让你跟我一块吃饭，你却跟我说要开会，那请问你现在在干什么呢？我到底有多上不了厅堂啊，既然你找小焦吃饭，为什么不把我也叫上呢？"

王总一直闷着不说话，脸色看起来非常难看，这时，焦燕儿立马站了起来，热情地挽住王总夫人的胳膊，微笑着说道："夫人，您对王总真好，还惦记着他吃午饭呢。不过您别生气，您真的误会王总了！要说这事儿，其实全赖我，待会儿王总就要去开会，是我因为工作上的问题，硬拉他过来吃饭，这不还有五分钟，我就要送他回公司了。"

"真的？"王总夫人还是半信半疑。

焦燕儿用力地点了点头，语气诚恳地说："刚才，王总还对我说吃完饭要给您打电话呢，他也是怕您饿着，想要您早点吃午饭！"

经焦燕儿这么一解释，王总夫人总算笑了，她不好意思地对王总说："你个臭老头，也不早点告诉我，害我白白误会你一场！"

王总长吁了一口气，配合着说道："你一来就冲我发脾气，我哪有解释的机会呀？好啦，好啦，坐下来一块吃个饭吧，你的胃不好，一定要按时吃饭。"

就这样，他们三个人一块吃了一顿午餐，事后，王总语带感激地对焦燕儿说："小焦，今天这事儿多亏你替我解围，不然，我家这位又该找我大吵大闹了！"

焦燕儿也没有想到，王总夫人竟然会当着众人的面儿给王总脸色，幸好她反应及时，替王总打了一个圆场，顺利帮他解围。虽然她把责任全部揽到了自己的身上，但只要能够避免尴尬场面的继续，化解王总和王总夫人之间的误会和冲突，替王总挽回了面子，她觉得自己也算是积了功德一件！

这件事过后没多久，王总对她的态度越来越客气，越来越友善，他经常当着公司老总的面儿夸奖她，"小焦这人很不错，不仅工作能力出色，情商还出奇地高，性格也很温暖、良善，有她在，我愿意长期和你的公司合作！"只要有机会，时刻记着欠她一份人情的王总，总会惦记着在公司老总面前替她美言几句，久而久之，公司老总果真对她刮目相看，倍加器重。

有人觉得，打圆场就是在和稀泥，为了调和纷争，无原则地去调和折中。但事实并非如此，打圆场其实是从善意的角度出发，以特定的话语去缓和紧张气氛、调节人际关系、帮别人解围的一种语言行为，在日常生活中有着积极的意义。

可以毫不夸张地说一句，打圆场非但不是不着边际的奉承，更不是油腔滑调的诡辩，而是一种说话的艺术，拥有这种说话艺术的人，往往像一个小太阳一样温暖。作为女性，当我们在人际交往中，通过察言观色意识到对方处于困境时，适时地替对方打一下圆场，帮助别人解围，绝对是我们义不容辞的事情。

虽说圆场如救火，但我们也要施救准确，不要好心办了坏事，火上浇油，给对方增添许多不必要的麻烦。以下几点，就是如何替别人打好圆场的常见技巧：

1. 转移话题，制造轻松气氛

在交际场合中，当尴尬或僵局出现时，有些人或许会因为情绪上的冲动，从而在某些问题上互不相让。此时，我们不妨及时地岔开这个话题，巧妙地用一些愉快、轻松、有趣的话题来活跃场面的气氛，转移双方的注意力，让争执和矛盾暂时停歇在一边。

打个比方，饭桌上，当朋友之间为了某个问题争得不可开交时，我们何不轻松地插上一句："你们再不停战，今晚，饭桌上的美味佳肴就都要在我的肚子里过夜了！"如此诙谐的一句话，定会让处于争执中的双方的情绪平静下来，回归到共进晚餐的美好和谐的场面。

2. 配合圆谎，天衣无缝

替别人打圆场时，对方所说的话或许是一个谎言，出于好心帮助，我们万万不可拆对方的台，相反，我们还要绞尽脑汁，配合对方一起圆谎。只有这样，我们才能做到天衣无缝，不留下任何漏洞让其他人察觉。

事后，当别人顺利突围，摆脱困境时，一定会对我们心存感激之情，并给我们的为人打上一个鲜红的一百分，若以后我们需要别人帮忙，相信对方也会不遗余力地对我们施以援手。

3.巧用幽默，给人台阶

幽默是人际关系的润滑剂，也是松弛气氛的调节剂，替别人打圆场时，巧妙地运用幽默，可以成功地消除尴尬的场面气氛，缓和人与人之间的关系。

举个例子，丈夫和妻子去餐馆吃饭，点了一道菜——"蚂蚁上树"，可端来的菜盘里只有粉丝不见肉末。丈夫很生气，故作不知地问道："服务员，这道菜叫什么？"

服务员瞅了菜盘一眼，赧颜说道："蚂蚁上树。"

"是吗？那为何只见大树，不见蚂蚁呢？"丈夫的头一扬，颇有些兴师问罪的味道。

服务员低头不语，妻子见状，立马替其打圆场："老公，兴许蚂蚁累了，还没爬上树。服务员，麻烦你跟老板说一声，快点给我们换一盘爬得快的蚂蚁。"

话音刚落，如释重负的服务员立马走近厨房，没过多久，就给他们换来一盘既有粉丝、又有肉末的"蚂蚁上树"。

众所周知，人人都有着超强的自尊心，人人都非常在乎自己在别人心目中的形象，因此，当别人不幸陷入尴尬或是困境中时，我们一定要及时地向他们伸出温暖的双手，在关键时刻帮他们打下圆场，替他们解围，让他们保住自己的颜面。

分享你的快乐，快乐就能加倍到来

生活中，很多人不愿意跟别人分享自己的东西，他们觉得与人分享会让自己吃亏，失去很多快乐。其实，这种想法是非常短视的，要知道，分享会创造快乐的二次方，英国戏剧家萧伯纳曾经说过："你有一个苹果，我有一个苹果，彼此交换，每个人只有一个苹果。你有一种思想，我有一种思想，彼此交换，每个人就有了两种思想。"由此可见，分享是一种美德，一个懂得分享的人，一定是一个温暖的人，而这样的人也势必会因为自己的分享得到双倍的快乐。

有一个农夫种植玉米的故事。

这个农夫的玉米每年都会得奖。有一年，记者采访了他，得知了他如何种玉米的趣闻，很简单，却非常耐人寻味。其实农夫的秘诀很简单，就是分享，农夫很乐于将他的种子与邻居分享，因此他确保了每一年的玉米的成功种植……

记者在听农夫说完他的秘诀就是将他的种子与邻居分享后，很诧异，"你怎么可以将你最好的玉米的种子和你的邻居们分享呢？这些可正是每年为你赢得大奖的独一无二的种子啊！"记者问道。

"嗨，先生，"农夫道，"你可知道，风将成熟的玉米地花粉吹来吹去。如果我的邻居种植差的玉米，交叉异花授粉就会逐渐降低我的玉米的品质。如果我想种植好的玉米，我就必须帮助我的邻居也种植好的玉米。"

农夫的想法很单纯，却很深远，他其实明白了生命最朴实的道理，那就是地球上的每一个生命和在都是密不可分的。如果他邻居的玉米地品质不提高的话，那么他自己的玉米地品质将会无法保证和提高。

有时候，许多东西不是我们与别人分享了，我们就会失去它，而是，只有当我们与别人分享的时候，我们才会得到一个更好的结果。

生活中，那些懂得与人分享的人其实是最幸福的人，他们在与人分享的时候能够感觉到情绪的释放或者快乐的蔓延。当这些情绪得到传播之后，痛苦的感觉会随风而散，快乐的感觉却会在瞬间在每一个人的心中盛开。

分享是心灵之光，它让我们的人格更加高尚，分享又是品德之美，它让我们的灵魂熠熠生辉，分享更是快乐的源泉，它让我们的双手留有赠人玫瑰后的余香。我们能与人分享的东西有很多，哪怕是一张老照片，一个小笑话，一篇好文章，一首动听的音乐……我们都可以像端出一盘糕点一样，与人一起欣赏。

这个过程有点像以星星之火点燃整个草原，我们用自己内心小小的喜悦去点燃另一个人或是另一群人的喜悦，在这个分享喜悦的过程中，我们原本仅有的那点喜悦被不断地放大，最后我们所拥有的快乐自然也就最绵长最厚重。

有一个包子店的女老板，每天固定会出三次笼，总共蒸了200个包子。其中150个用于出售，剩下的50个则用于接济三餐不继的流浪汉。有时候，她的生意特别好，常常包子刚一出笼，就被顾客抢了个精光。

有一次，150个包子统统卖完了，可还是有不少人在排队，于是有人就说："老板，你那儿还有50个包子，干脆把它们卖给我们吧，你看我们大冬天排着队也挺遭罪的，你就发发善心呗，行不？"

老板摇了摇头，用手死死地护住蒸笼说："这些包子都是要送给那些没饭吃的人的，我坚决不卖！"排队的客人听了，知道没戏，就一哄而散了。

这时，有流浪汉过来了，老板连忙揭开蒸笼，用夹子将热腾腾的包子夹起来，大方地送给他们吃。就在那一刻，老板的脸上浮现出了动人的笑花，所有路过之人都能感受到她发自内心的快乐，那种快乐比她卖光150个包子得到的快乐还要强烈。

快乐就像是流动的空气，当我们将自己的心房禁闭时，快乐就没办法流进来，而当我们学会分享，将自己的心门向所有人打开时，快乐就会想空气一样充盈我们的内心。包子店老板对此应该深有体悟，卖包子是可以赚到钱，但那种快乐是单一的，送包子给穷人就不一样了，她得到的快乐是双倍的，因为她在送包子的过程中，既感受到帮助别人的快乐，最后又会因为对方吃到包子后的快乐而快乐。

在自然界，植物慷慨地释放氧气，人类才得以生存，而人类呼出的二氧化碳，又促进了植物的蓬勃生长。分享的意义和美妙，可见一斑。

生活中，有些人误以为从别人身上捞点东西是一件非常占便宜的事，而分享自己的东西则是一种吃亏的表现。于是，他们常常表现得像一个吝啬的守财奴，但凡得到了一点儿什么好东西，他们总是偷偷地找一个别人看不到的地方独自享受。可享受完却感觉自己并不像想象中的那么快乐，甚至觉得有些空虚。

其实，有这种感觉一点儿也不奇怪，没有才不正常呢！因为人性都是不堪寂寞的，就如马克·吐温所言："悲伤可以自行料理；而欢乐的滋味如果要充分体会，你就必须有人分享才行。"说白了，没有人真正喜欢举世皆醉我独醒的孤独，我们都希望有人知道自己的快乐和悲伤，尤其是快乐。试想一下，有一天我们品尝到了一块美味的蛋糕，我们想要告诉别人这块蛋糕带给自己的快乐，可如果别人没有亲口尝过，他又如何能真正体会到这份快乐呢？

我们一方面想要独享这块蛋糕，独享这份快乐，一方面我们又想别人知道这份快乐，而鱼与熊掌不可兼得，我们总是要做出选择的。人人都向往快乐，人人都喜欢快乐，仅凭这一点，到最后大部分人还是会选择和他人分享这块蛋糕。因为只有这样做，我们才能既吃到美味的蛋糕，又能得到分享蛋糕之后的快乐，反正，只要快乐是双倍的，谁还会去在乎少吃了一般蛋糕呢？

一份快乐两个人分享，就变成了两份快乐，一份痛苦两个人分担，则变成了半份痛苦。这个道理相信每一位女性都懂，所以，我们不妨像包子店的女老板一样，做一个温暖的人吧，甘于分享，独乐乐不如众乐乐！

致未来的你

把生活过成你喜欢的样子

启文 编著

花山文艺出版社

河北·石家庄

图书在版编目（CIP）数据

把生活过成你喜欢的样子 / 启文编著 . -- 石家庄：
花山文艺出版社 , 2020.5
（致未来的你 / 张采鑫 , 陈启文主编）
ISBN 978-7-5511-5139-9

Ⅰ . ①把… Ⅱ . ①启… Ⅲ . ①人生哲学—通俗读物
Ⅳ . ① B821-49

中国版本图书馆 CIP 数据核字（2020）第 066560 号

书　　名：致未来的你
主　　编：张采鑫　陈启文
分 册 名：把生活过成你喜欢的样子
编　　著：启　文

责任编辑：卢水淹
责任校对：于怀新
封面设计：青蓝工作室
美术编辑：胡彤亮
出版发行：花山文艺出版社（邮政编码：050061）
　　　　　（河北省石家庄市友谊北大街 330 号）
销售热线：0311-88643221/29/31/32/26
传　　真：0311-88643225
印　　刷：北京朝阳新艺印刷有限公司
经　　销：新华书店
开　　本：850 毫米 ×1168 毫米　1/32
印　　张：30
字　　数：660 千字
版　　次：2020 年 5 月第 1 版
　　　　　2020 年 5 月第 1 次印刷
书　　号：ISBN 978-7-5511-5139-9
定　　价：178.80 元（全 6 册）

前言

活成自己喜欢的样子真的很难吗？

其实，没有那么难。

只是，偶尔我们选择了懒惰、逃避、固执，幸也变成了不幸。

人生其实很简单，无论你出生时美与丑，健全还是残缺，都已是命中注定，能改变的，只有你的心态。

一个相信自己的人，即使没有脚，也可以用手跑马拉松；一个相信自己的人，即使没有手，也能撑起家庭的重负；一个相信自己的人，即使没有眼睛，也可以写出旷世之作……反之，一个不相信自己的人，即使四肢健全，最终也难逃一事无成的结局。

相信自己，规划人生，不断充实自己的知识层面，不断冲破层层障碍、重重枷锁，不断自省，适时展露自己的才华，相信终有一天，你能变成自己喜欢的样子。

每天都是人生征程中的一段路，珍惜与荒废都是自己的选择，每个人都可以选择度过这段征程的方式。

荒废度日简单至极，大把的光阴被浪费，身上的棱角被磨平，忘记了自己曾经想过的生活的模样，甚至忘记了自己最初的模样，你不禁自嘲：如今真是越来越荒唐了。是的，这样的你，离那个"喜欢的生活"相差十万八千里。

"你努力的样子"总是那么美，努力奋斗之后的你总是那么志在必得，似乎那些原本遥不可及的东西如今已经唾手可得。这时你才明白：人生真正的苦恼并非来自敌人，而是来自自己，应该透过烦恼认识真正的自我，不断充实自我，才能拥有相对的自由，把生活变成你喜欢的样子！

目 录

第一章
好运气，从相信自己开始

心平气和地看待过去，满怀憧憬地展望未来，脚踏实地地经营现在。好运气，其实从你改变自己的那一刻开始就已经注定。不畏惧困境，不断从跌倒的地方爬起来，你才能把握住命运，最终走向成功。

自己争气，别人才不敢看轻你

俗话说："人争一口气，佛争一炷香。"每个人都希望受到重视、尊重和欢迎，但有时又难免被人嘲弄、被人侮辱、被人排挤。生活在给了我们快乐的同时，也给了我们伤痛的体验。而这就是生活，这就是我们需要面对的人生。生气不如争气，斗气不如斗志。智者只斗志不斗气；或者是不与人斗，只跟自己斗。

"人生不如意事十之八九。"当你在为梦想而努力时，难免会遇到困难。如果你斤斤计较，不能坦然面对，或抱怨，或生气，最终受伤害的可能还是自己。

要争气，就要有坚决为自己争一口气的毅力和气概。与其总生别人的气，不如学会自己争一口气。起点低，就要"高"给自己看看；事不顺，就要"顺"给自己看看。

有一位不出名的青年画家，住在一间小房子里，以给别人画人像谋生。

一天，一个有钱人看到他的画非常精致，很喜欢，于是就请青年画家帮自己画一幅像，双方约好酬劳是一万元。一个星期后，青年画家将像画好了，有钱人依约前来拿画。此时有钱人心里有了企图，他看那位画家年轻又未成名，于是不肯按照原先的约定付给酬金。有钱人心中打着如意算盘："画中的人是我，这幅画如果我不买，那么绝没有人会买。我又何必花那么多钱来买呢？"于是有钱人赖账，他说最多只能花三千元来买这幅画。

青年画家没想到有钱人会这么说，这是他第一次碰到这种事，心里不免有些慌，费了许多口舌，向有钱人讲道理，希望这个有钱人能遵守约定，做个有信用的人。"我只能花三千元买这幅画，你别再啰唆了，"有钱人认为自己稳占上风，"最后，我问你一句，三千元，卖不卖？"青年画家知道有钱人的意图，心中愤愤不平，他以坚定的语气说："不卖。我宁可不卖这幅画，也不愿受你的欺诈。今天你失信毁约，我将来一定要你付出 20 倍的代价。"有钱人回答："笑话，20 倍，是 20 万元耶！我才不会笨得花 20 万元去买这幅画。"

"那么，你等着瞧好了。"青年画家对有钱人说道。经过这一事件的打击，画家离开了那个伤心地，去别处重新拜师学艺，日夜苦练。功夫不负苦心人，十几年后，他终于闯出了属于自己的一片天地，成为一位知名的画家。而那个有钱人呢？自从离开画室后，第二天就把画家的画和话忘记了。直到有一天，他的好几位朋友不约而同地来告诉他："有一件事好奇怪哦！这些天我们去参观一位成名画家的画展，其中有一幅画，画中的人物跟你长得一模一样，标示价格 20 万元。好笑的是，这幅画的标题竟然是——贼。"有钱人一听仿佛被人当头打了一棒，想到了十几年前的画家。他一想到那幅画的标题竟然是"贼"，就感觉对自己的伤害太大了，他立刻连夜赶去找青年画家，向他道歉，并且花了 20 万元买回了那幅画。青年画家凭着一股不服输的志气，让有钱人低了头。这个年轻人就是毕加索。

由于毕加索经常在心里告诫自己，绝不能被别人瞧不起，因此他决定为自己争口气，他凭借自己的志气去挫对方的锐气，从而为自己赢得了尊严。

一个人不应该埋怨这个世界太势利，他应该埋怨自己没有志气。年轻人尤其渴望得到别人的尊重，但在别人尊重你以前，不妨先想一下，别人凭什么要尊重你？从这个意义上来说，一个人不受尊重，是因为他不那么值得别人尊重。鲜花和掌声只是他梦想中的荣耀，轻视和白眼却是他此时应该享有的待遇。想通了这个问题，人就比较容易变得心平气和起来，说不定还会因此而鼓起奋斗的勇气。

刚刚步入社会，我们的起点也许很低，也许正在做一份不起眼的工作，地位低、收入少、被人看轻、不受尊重。但是，重要的并不在于我们现在的地位是多么卑微，不在于我们手头的工作是多么微不足道，只要不甘心平淡，只要不想局限于这狭小的圈子，只要渴望着有朝一日突破这一现状，那么，我们最终有扬眉吐气的那一天。

人生必须渡过逆流才能走向更高的层次，最重要的是要永远看得起自己。这个世界并不是掌握在那些嘲笑者的手中，而恰恰掌握在能够经受得住嘲笑与批评，并不断往前走的人们的手中。不管你出身贵贱、学问高低、相貌美丑，只要你心中藏着一股气，一股不会泄的志气，你就能飞上天，成为一颗耀眼的明星。

什么叫作"志气"？卡耐基说："朝着一定的目标走去是'志'，一鼓作气中途不停止是'气'，两者结合起来就是志气。一切事业的成败都取决于此。"李白说："大丈夫一定要有闯荡天下的志向。"刘炎说："君子的志向是造福天下，小人的志向是荣耀自身。"

总之，人活一口气。有了这一口气，许多看似无法解决的难题，往往会在你挺直的脊梁面前迎刃而解；没了这一口气，一点儿磕碰也会让你摔个大跟头，生存之路也会越走越窄。

无法选择出身，但可以选择命运

在 1983 年版的电视剧《射雕英雄传》里，周星驰一身破烂衣、涂黑了脸，在剧中甚至连一个名字也没有（演员表中的"宋兵甲"由周星驰扮演）。按照剧本，宋兵甲是一个一出场就要被梅超风的九阴白骨爪一爪抓死的小角色。周星驰不甘心，就跟导演说："可不可以用手挡一下，让梅超风在第二掌再把我打死。"毫无疑问，导演对于这种群众演员的建议懒得搭理。但这并不影响周星驰的热情，他还是"不停地、开开心心地提建议，再开开心心地被拒绝"。

对于演员来说，剧本就是命运，导演就是上帝，周星驰却努力要做自己命运的编剧、自己人生的导演。周星驰曾回忆自己漫长的龙套生涯，说自己演的角色"就算一出场就死掉，也要研究死法"。这句话有一点儿伤感，但更多的是一种不甘心被命运安排的呐喊。也许正是其中包含着复杂的情感，在我们听到这句话的时候，会触痛心灵最柔软的地方，引起震撼、沉思与共鸣。

时间到了 1987 年，周星驰还是在龙套中挣扎。这一年，他的坚守与努力似乎出现了回报——他得到了一个不同于以往的配角：终于在万梓良、郑裕玲主演的《生命之旅》中演上了大配角。虽然还是配角，但有了一个"大"字。在拍剧休息时，心存梦想的周星驰和主角郑裕玲闲谈。谈及自己的前途，周星驰问对方自己是否会走红，结果郑裕玲说了一句："你不会红。"当时很多人都没能看好周星驰，但这回被人亲口说出来，让周星驰伤心不已。一次又一次的打击，难道不觉得苦？周星驰是这样回答的："我不从苦的角度看事情。"

周星驰早年的龙套经历，后来被糅合进了他主演的电影《喜剧之王》之中。如果你看过周星驰主演的电影《喜剧之王》，就明白一个无名小卒要登上闪光的舞台挑大梁是何等艰辛。在《喜剧之王》电影之中，周星驰扮演的尹天仇俨然就是成名前历经辛酸的周星驰。因为尹天仇在一开始也是一个跑龙套的。他在演一个牧师时，怎么死都死不了，被娟姐、导演等人教训他浪费了胶片，且剧务阿姨很真诚地对他说："我真的不知道你在干什么。"这就脱胎于周星驰当年的"宋兵甲"。

尹天仇作为一个被所有人忽略与践踏的龙套演员，却成天捧着本《论演员的自我修养》来学习，经常以阿Q的精神重复着这样一句话："其实我是一个演员。"有人说，这部电影是周星驰的自传，周星驰也承认其中有很多是自己过去的写照。他说："《喜剧之王》已诉尽我当年的经历，情节是虚构的，但感受是真实的。"和片中的尹天仇一样，周星驰正是从跑龙套走到今日的"喜剧之王"的。

《喜剧之王》是一部"励志喜剧"，让观众在笑过之后，对人生有了更多的感悟。从本质上讲，我们大多数人都是跑龙套的，只是这个龙套的层面稍有不同罢了。尹天仇身上最闪光的地方莫过于他对理想的执着追求和对自我的坚定认同，无论他人如何看待自己，他始终都认为自己是一位演员，在整个世界几乎抛弃了他之后，他却在孤独与彷徨中紧紧地握着自己的梦想，不断激励自己、肯定自己，给予自己前行的动力。

功夫不负有心人。由于周星驰在主持节目时有着出色表现，同时也在一些电视剧中担任了角色，于是，电视台开始重视他的发展。1987年，周星驰终于如愿以偿，被安排进入香港无线电视剧部担任演员。1988年在《霹雳先锋》中担任配角，一炮走红，获得了当年台湾金马奖和香港金像奖最佳男配角奖。从1990年起，周星驰转向喜剧，他开创的"无厘头"搞笑风格在香港影坛风光无限，《赌圣》《逃学威龙》《国产零零漆》《大内密探零零发》，直到20世纪末的《喜剧之王》，将周氏风格演绎到极致。

谈到人生的成败，总是有人喜欢拿"命运"来说事。"命运"是一个纠缠人类数千年的话题。从古老的紫微斗数、生辰八字、面相、手相、骨相，到现代的血型、星座……五花八门的分析工具层出不穷、生生不息，反映了人们对于窥破命运密码的热切渴望。一些人一听到"命运"，要么是迷信到底，要么是嗤之以鼻。其实，"命运"并不神秘，也不深奥，它是由"命"与"运"组成。其中，"命"是死的，是过去式，例如你生在何家，例如你是男是女，这些情况都是在发生后你才知道的，是不可更改的事实。而"运"则是一个建立在将来时基础上的现在时，你梦想成为富豪，你梦想拥有一份好的工作，你为这些梦想而付出行动，你只有通过努力才有可能实现它们，这个过程称之为"运"；你"运"得到位，就会有"好运"，就会有好的"命运"。

"命"不好不要紧，接受你所不能改变的，改变你所不能接受的——前者即是"命"，后者即是"运"。试看那些建功立业的伟人们，有几个是"命"里含着金钥匙出生的？有几个不是靠自己后天的"运"而一步步走向巅峰的?

　　周星驰出身贫寒,可谓"命苦",经历长达八年的龙套生涯后,他星光渐露,一步一步成长到如今中国影坛的喜剧之王。他的成功,在于他不停地为自己争取,直至交上好运。对于自己的人生历程,周星驰曾这样总结:"我的奋斗史,不是独一无二的,社会上比比皆是……像我们这些普通大众,如果不是靠着信念、斗志,怎能做出成绩?"

　　在香港的演艺圈中,当今几乎所有大哥级别的人物都有着类似周星驰的经历,如成龙、周润发、刘德华等。他们的起点都很低,曾经都是小人物,只因心中那希望之花永不凋谢,只因那胸中的激情之火从不熄灭,使他们一步步爬上了事业的巅峰。这些小人物的成功象征着底层群体的奋发图强,给同样是小人物的我们树立了榜样。

塑造积极的自我意象

我们知道，当一个人站在镜子前面观看那个镜子中的自己时，那个关于他自己的自我意象也随之产生了。这时，在他和那个镜子中的自己之间，他面临着两个选择，接受还是不接受。如果他能满意地接受那个镜子中的自己，他就会感到自信。如果他不能接受那个镜子中的自己，他就会感到自卑。信仰和接受可能就是那个架在他自己和那个镜子中"自我意象"之间的桥梁，只有通过这座桥梁，才能顺利地到达自信的彼岸。他在这一刻选择那个自我意象的方式可能将会最终变成一种命运般的力量决定他以后的生活。

20 世纪最重要的心理学发现之一就是"自我意象"。这种自我意象就是"我属于哪种人"的自我观念，它建立在我们对自身的认知和评价基础上。一般而言，个体的自我信念都是根据自己过去的成功或失败、他人对自己的反应、自己根据环境的比较意识，特别是童年经验自然形成的。根据这些判断，人们心里便形成了"自我意象"。就我们自身而言，一旦某种与自身有关的思想或信念进入这幅"肖像"，它就会变成真实的东西。我们很少去怀疑其可靠性，只会根据它去活动。

自我意象，就是我们对自己的认识，对自己的画像。不管我们是否能够意识到，我们都存在非常详细的自我意象。它决定了你在生活舞台中的角色形象。

我们在做任何事情的时候，都受到自我意象的影响，因为它在时时刻刻提醒我们："你是一个什么样的人。"我们的意识收到这个信息后，就会去判断这样做可以、那样做不可以，从而做出各种决策。

自我意象是一个前提、一个根据、一个基础，由此而产生了我们每个人的个性、行为甚至社会大环境。如果你的自我意象就是一个能力低下、依赖别人的形象，那么你在做每件事情的时候都会对自己说"这件事我做不来"，把本来可以完成的事情推给别人，一次次地丧失成功的机遇。相反，如果你认为自己就是一个精力充沛有能力的人，你就会主动去挑战危机。

有时，为了成功，首先要在思想上打击自己退却和懈怠的想法，把自己想象成为一个成功者。想象成为一个成功者，你才有成功的勇气。因为失败是不需要避免和争取的，它就在面前，而成功是要靠努力才能够获得的。

我们的心灵创造着周遭的世界，即使两个人肩并肩地徜徉在同一块草原上，一个人的眼睛看到的情景永远不同于另一个人所看到的情景。心理学家马尔慈说，人的潜意识就是一种"服务机制"，即一个有目标的电脑系统。而人的自我意象，就如同电脑程序，直接影响着这一机制运作的结果。

如果你的自我意象是一个失败的人，你就会不断地在自己内心的"荧光屏"上看到一个垂头丧气、难当大任的自我，听到"我没出息、没有长进"之类负面的讯息，然后感到沮丧、自卑、无奈与无能，那么你在现实生活中便会注定失败。

另一方面，如果你的自我意象是一个成功人士，你会不断地在你内心的"荧光屏"上见到一个不断进取、敢于经受挫折和承受强大压力的自我；听到"我做得很好，而我以后还会做得更好"之类的鼓舞讯息，然后感受到喜悦、自尊、快慰与卓越，那么你在现实生活中便会自然而然成功地。

我们个人一切的个性、行为和言语方式都是建立在自我形象这个基础之上的。如果一个人从心理上逃避成功、害怕成功，在面对机会或挑战时，他就可能畏畏缩缩。这样，即使不是一个失败者，也是一个平庸之辈。

要想获得成功，就必须有一个适当、现实的自我意象伴随着自己，使自己能接受自己，拥有健全的自尊心。成功者应该不断地认识自己，不断地强化和肯定自我价值，真实地表现自我，而不是把自我隐藏或遮掩起来。

当这个自我意象完整而稳固的时候，"我"就会有良好的感觉，并且会感到自信，会作为"我自己"而存在，自由地表现自己。如果它成为逃避、否定的对象，个体就会把它隐藏起来，不让它有所表现，创造性的表现也就因此而受到阻碍。

塑造积极的自我意象，改变郁郁寡欢的失败型个性不能依靠纯粹的意志力。必须要有充足理由和足够的证据确认旧的自我意象是错误的。不能仅仅凭空想象出一个新的自我意象，除非你觉得它是有事实依据的。正如爱默生说过的："人无所谓伟大或者渺小。"我们的价值就是我们心中认定的价值。

自信能帮你跨过艰难险阻

有一个女孩从小没了父亲，和母亲住在一个小镇相依为命。她们的生活过得很贫寒，小女孩从来就没有穿过漂亮的新衣服，她的衣服都是邻居送来的旧衣服。她的母亲甚至没有给她好好扎过一次头发，更别提给她买发夹和其他首饰了。

小女孩很自卑，老是觉得自己长得难看，寒酸，走路时总是低着头，害怕别人的眼光。她喜欢画画，一直希望镇上最有声望的画家能教自己画画。看着画家带着那些衣着光鲜、神清气爽的孩子外出写生，小女孩提不起勇气和画家打招呼。

在女孩12岁生日那天，妈妈破天荒给了她20元块钱，允许她去买点她喜欢的东西。小女孩很兴奋，一时不知道该买什么好。最后，她紧紧握着钱，来到一家饰品小店，看上了一只标价16元的漂亮发夹。店主帮她戴在头上，对她说："瞧啊，你戴上这发夹多漂亮。"店主说完拿着镜子让女孩自己看，女孩从镜子里看到自己后，竟然惊呆了，她从来没有发现自己是如此的美丽，她觉得这个带花的发夹让她变得像天使一样美丽。

女孩不再迟疑，掏出钱买下了发夹。她内心无比激动与沉醉，接过售货员给她的4元零钱后转身就往外跑，结果由于激动撞在一个胖胖的中年人的肚子上，但她没有停留的意思，继续往外跑。

她的后面似乎传来绅士喊她的声音，但女孩已经顾不得这些了。一路上，她有点飘飘然的感觉，而且她没有顺着来的墙角走，而是堂堂正正地走大路。她感到街上所有人都在看她，好像都在议论："瞧，那个女孩真是太美了，怎么从来不知道镇上有个这么美丽的女孩。"

这时她一直渴望结识的画家迎面走过来，奇迹发生了，那个画家竟然亲切地和她打招呼，并问了她叫什么名字。

女孩高兴极了，她索性想把剩下的 4 块钱给自己再买点东西，于是她又返回原来的小店。店门口，被她撞到的先生拦住了她，说道："小朋友，我就知道你会回来的，瞧，你刚刚撞掉了头上的发夹，我一直等着你来取。"

原来，走在街上的小女孩的头上并没有漂亮的发夹。可是，小女孩却因"发夹"而神采奕奕、魅力四射。可见，比漂亮的首饰更能装扮我们的是自信。

自信是个古老的话题。千百年来，人们出于创造美好生活的目的，都对信心抱有崇高的期望。19 世纪思想家爱默生说："相信自己'能'，便攻无不克。"

如今，我们生活在竞争异常激烈的社会里，如果没有充分的自信是很难取得成功的。自信是开启成功的"金钥匙"。有了它，就算身处绝境，亦能柳暗花明。

我们要学会欣赏自己，把自己的优点、长处，统统找出来，在心中"炫耀"一番，反复刺激和暗示自己"我可以""我能行"，就能逐步摆脱"事事不如人，处处难为己"的困扰。"天生我材必有用"，自己给自己加油，便能撞击出生命的火花！

自信是一个人重要的精神支柱。自信是相信自己有能力实现自己既定目标的心理倾向。自信是建立在正确的认知基础上、对自己实力的正确估计和积极肯定，是心理健康的表现。战国时期毛遂因为有自信，才说服平原君，打动楚王，使得赵楚达成联盟；爱迪生因为自信，他坚持不懈，成就了他"发明大王"的美誉；阿基米德因为自信，发出了"给我一个支点，我就能撬动地球"的豪言壮语。

维克多·格林尼亚年轻时是英国瑟尔堡地区很有名的一个浪荡公子。有一次，在一个盛大的宴会上，他像往常一样傲气十足地邀请一位年轻美丽的小姐跳舞，那位姑娘觉得受到了极大的侮辱，怒不可遏地说："算了，请你站远一点儿，我最讨厌像你这样的花花公子挡住我的视线。"这句话刺痛了维克多·格林尼亚的心，他在震惊、痛苦之后，猛然醒悟，对自己的过去无比悔恨，决心离开瑟尔堡，去闯一条新路。

他在留给家人的纸条上说："请不要问我的下落，容我刻苦努力学习。我相信自己将来会创造一番成就的！"结果，经过八年的刻苦奋斗，他终于发明了以他的名字命名的"格式试剂"，并荣获诺贝尔奖，成为著名的化学家。

人并非天生伟大，成功者也不是天生之才，而且也不一定在少年或青年时代就是出类拔萃的人才，而自信却能决定一个人是否走向成功。像维克多·格林尼亚这样的"浪子回头金不换"，不就印证了这个道理吗？

思想是一个人有权掌握的唯一对象，你必须控制你的思想，使它尽早敞开以接受无穷的智慧和力量。乔·特纳维尔说："无论你的内心所怀抱着的意念和信仰是什么，他都可能成为现实。因此，切勿在通往无穷智慧的道路上自设路障，就像当阳光透过三棱镜时会分成很多道光束一样，当自信化作无穷智慧通过你的内心时，也会绽放出不同的光芒。"

自信不是夜郎自大、得意忘形，更不是毫无根据的自以为是和盲目乐观，而是激励自己奋发进取的一种心理素质，是以高昂的斗志，充沛的干劲迎接挑战的一种乐观情绪。自信，并非意味着不费吹灰之力就能获得成功，而是说战略上藐视困难，从一次次胜利和成功的喜悦中肯定自己，不断地突破自卑的羁绊，从而创造生命的亮点，成就事业的辉煌。

自信、自卑、自负是人的三种截然不同的心理状态。自信、自卑、自负三者之间没有绝对的界限，自信不足，则是自卑；自信有余，则是自负。自信是对自我价值的认可与坚守。自信是成功的基石，自卑和自负则是失败的滑梯。

自卑是这样一种心态：对自己没有信心，看不到自己的优点，总拿自己的缺点与别人的优点相比，不能充分地认识自己，对自己过分贬低。自负则是这样的心态：对自己太过自信，看不到自己的缺点，优点是优点，缺点还是优点，并对自己盲目乐观。

自卑和自负者不会成功，楚霸王自负而垓下惨败，关羽自负而痛失荆州，拿破仑自负兵败滑铁卢。

而因自卑导致失败的人就更多了。下面列举一例：

1951 年，英国有一名叫富兰克林的人，从自己拍得极好的 DNA（脱氧核糖核酸）的 X 射线衍射照片上发现了 DNA 的螺旋结构之后，他就这一发现做了一次演讲。然而，生性自卑的他又怀疑自己的假说是错误的，从而放弃了这个假说。

1953 年，科学家沃森和克里克也从照片上发现了 DNA 人分子结构，提出 DNA 双螺旋结构的假说，从而带领人类进入生物时代。两人因此获得了 1962 年度诺贝尔生理或医学奖。

如果富兰克林不因自卑放弃，而是坚信自己的假说，进一步进行深入研究，这个伟大的发现肯定会以他的名字载入史册。可见，一个人如果做了自卑情绪的俘虏，是很难有所作为的。

由此可见，信心是一种精神状态，它是靠调整你的内心，让你去接受无穷的智慧，信心是"成功"的发电机，也是将你的想法付诸实现的原动力。我们应该有这样一种精神——不断挖掘自己的自信。

自信是一颗火热的太阳，使我们感受到它的温暖；自信是心底的一颗宝珠，什么时候用它，什么时候就会发光；自信是前进的助推器，给我们以勇气与力量；自信是征途的导航灯，伴我们跨过一道道艰险的门槛。

与优秀的人为伍，才能力量倍增

这是一场异常残酷的战斗。战斗结束后，将军十分赞赏地对一个士兵说："孩子，在整个战斗中，你最坚定地与我在一起，几乎没有离开我一步。"那士兵说："是的，将军！上前线的时候，父亲就告诉我，打仗的时候，紧紧跟着将军是最安全的！""你父亲是干什么的？"将军很好奇。那孩子说："他是个老兵。"

其实，不仅想保命的士兵要与将军在一起，想当将军的士兵也要寻找机会与将军为伍。有位哲人说过："跟优秀的人在一起，只会使你变得更优秀。"如果两个优秀的人能走在一起，互相影响，做出的必将是壮举。无疑，保罗·艾伦和比尔·盖茨就为这一说法做出了最好的印证。

已过知天命年的保罗·艾伦，似乎一直以来都被掩盖在比尔·盖茨的光环之下，人们只知道他和比尔·盖茨共同创立了微软，却忘记了正是他把比尔·盖茨引入到软件这个行业。而就是这样一个软件业精英、富于幻想的开拓者、为玩耍一掷千金的豪客、总是投资失败却成功积聚巨额财富的商界巨子保罗·艾伦，却在创造着一个传奇——他有取之不尽的财源、独树一帜的投资理念，也有与众不同的成功标准。

1968 年，与比尔·盖茨在湖滨中学相遇时，比比尔·盖茨年长两岁的保罗·艾伦以其丰富的知识折服了比尔·盖茨，而比尔·盖茨的计算机天分，又使保罗·艾伦倾慕不已。就是这样，两人成了好朋友，随后一同迈进了计算机王国。保罗·艾伦是一个喜欢技术的人，所以，他专注于微软新技术和新理念。比尔·盖茨则以商业为主，销售员、技术负责人、律师、商务谈判员及总裁一人全揽。微软两位创始人就这样默契地配合，掀起了一场至今未息的软件革命。

有人说，没有保罗·艾伦，微软也许不会出现，但如果不是托比尔·盖茨的福，保罗·艾伦也许连为自己的"失误"买单的钱都不可能有。

而这并不是偶然，比尔·盖茨曾这样说过：有时决定你一生命运的就在于结交了什么样的朋友。换句话说，从某种角度而言，你与之交往的人或许就是你的未来。保罗·艾伦与比尔·盖茨就是这样互相决定了未来。

保罗·艾伦的成功得益于他正确选择了比尔·盖茨。但我们也不能不承认，保罗·艾伦本身独具一种超人的智慧锋芒。有人这样评价：如果没有抓住创立微软的机遇，保罗·艾伦可能只会是波音公司的一位工程师，或一家软件公司的雇员。而一不小心挣下亿万身家，这不是每个人都能做到的。与其说保罗·艾伦的一时冲动创立微软，不如说是他远见卓识。

任何为微软立传的人都不能回避那段历史：1974年12月，保罗·艾伦拿着新出的《大众电子》杂志，去给伙伴比尔·盖茨看关于世界第一台微机 Altair8800 的报道，说服他一同创业，这才有了微软。比尔·盖茨的回忆中这样描述："当时如果不是保罗·艾伦描绘的蓝图打动了我，也许我还待在大学里。那么，以后所有的故事就不会发生了，我甚至怀疑自己当时是不是太过冲动。"

我们都知道，枝头上的葡萄果实累累，色香味诱人又甜美，都是因为能从树干上不断吸收营养；树枝本身是不能生存的，如果把树枝从树干上砍下，其结果一定是树枝的枯死。同样，一个人的力量也是从人类的社会交往中得来的。

一个人从别人那里所摄取的能量越大、品质越好、种类越多，那他个人的力量就越大。假使他在社交上、精神上和道德上与他的同辈有多方面的接触，那他一定是个有力量的人。

人类好像"杂食兽"，身体和精神都需要各种食粮，而各种精神食粮，只有在和各式各样人们的相互交往中取得。世界潜能大师博恩·崔西指出："不管在你的现实生活或是想象中，你习惯相处的那些人，会对你的目标有极大的影响力。"

所以，你一定要谨慎地选择那些你愿意花时间交往的朋友，因为他们对你的思想、人格，以及发现在你身上的任何事情都会有影响。

你的目标应该是能够"与鹰共翱翔"，你的目标应该是要和你所知道的最好的人为伍。你要学会和优秀的人善良的人在一起，远离那些自暴自弃、没出息的人，他们每天习惯于浪费时间、牢骚不断，一逮到机会就抱怨没完，假如你习惯和这种人在一起，你就会变得像他们一样无所事事。

机会不是天外来物，而是人创造的，优秀的人显然会带给你更好的机会。更重要的是与优秀的人相处，可以学到优秀之人的为人之道，扩大自己的视野。

从他们的经历中受益，不仅可以从他们的成功中学到经验，而且可以从他们的教训中得到启发。我们甚至可以根据他们的生活状况改进自己的生活状况，成为他们智慧的伴侣，这自然也会使你变得更优秀。

与最优秀的人在一起，优秀将成为一种习惯。

如果错过与比我们高明的人结交的机会，实在是一种很大的不幸，因为我们常能从这种人身上得到很多益处。只有在这种交往中，我们生命中那些粗糙的部分才会被削平，才可以将我们琢磨成器。

记住，与一个比我们优秀的人交往，其价值要远大于发财获利的机会，它能使我们去发展自己高贵的品格，能使我们的力量扩增百倍。

第二章
从容规划，方向和布局决定未来

你是浑浑噩噩地过日子，还是快乐地享受生命时光？这依赖于你是否懂得为人生安排，把每一天做好妥善的规划。"伟大的规划构成伟大的心。"人之所以伟大，是因为规划了人生的方向、确立了目标，以致产生动力，动力转化为行动，行动最终成就事业。

愿你拥有梦想，拥有奋斗的决心

人因梦想而伟大，所有的成功者都是杰出的梦想家。

关于梦想的定义，有三种解释：一是梦中怀想；二是空想、妄想；三是理想。尽管梦想虚无缥缈，但人们更倾向于"梦想变为现实就是成功"的说法，也心甘情愿为梦想奋斗终生。人与人之间也因梦想不同、奋斗不同而拉开了距离。

事实证明：梦想可以使我们的人生变得伟大，帮助我们成长、成功。美国著名脱口秀主持人奥普拉说："一个人可以非常清贫、困顿、低微，但是不可以没有梦想。只要梦想一天，只要梦想存在一天，就可以改变自己的处境。"的确，没有梦想的人生是可怕的，正如站在人生的十字路口上，没有方向，不知该何去何从，这是我们成长中经常会遇到的迷茫和困惑。如何改变这种处境，是我们必须要面对和认真思考的问题。如果发现我们的梦想还在沉睡，未曾对我们的人生有任何指引，这样的梦想只能是做梦和空想，没有任何意义。这时我们需要唤醒心灵深处的渴望，将梦想还原现实，变为理想，带领我们寻找未来的路。慢慢地就会发现，因为梦想我们变得伟大。

有一年，一群意气风发的天之骄子从哈佛大学毕业了。他们的智力、学历、环境条件都旗鼓相当，他们在即将踏上社会这个最广阔的天地之前，哈佛对他们进行了一次关于人生理想的调查。结果如下：27% 的人没有理想；60% 的人理想模糊；10% 的人有清晰但比较小的理想；3% 的人有清晰而远大的理想。

25 年以后，哈佛再次对这群学生进行了跟踪调查。结果是：3% 的人，25 年间，他们朝着一个方向不懈地努力，几乎都成为社会各界的成功人士，其中不乏行业领袖，社会精英；10% 的人，他们的小理想不断实现，成为各个领域中的专业人士，大多生活在社会的中上层；60% 的人，他们安稳地生活与工作，但都没有什么特别的成就，几乎都生活在社会的中下层；剩下 27% 的人，他们的生活没有理想，没有目标，过得很不如意，并且常常抱怨社会，抱怨他人，抱怨这个"不肯给他们机会"的世界。

其实，这群学生最初的差别仅仅是：有人有理想，有人没理想，有人理想远大，有人理想很小。25 年后，很小的差别形成了巨大的鸿沟。人生因为有了梦，所以才有梦想；因为有了梦想，所以才有理想；因为有了理想，所以才有为理想而奋斗的历程；因为有了奋斗，所以才有了人生幸福。

理想意味着对未来的憧憬与向往，表达着对未来的渴望与追求，它犹如火炬照亮了人生的道路，指明了人们成长的方向。父母引导孩子树立人生的理想与追求，有着重要而又特殊的意义。诗人流沙河说过："理想是石，敲出星星之火；理想是火，点燃希望之灯；理想是灯，照亮夜行之路；理想是路，引你走向黎明。"

许多成功者首先就是一个梦想家，因为有梦，他们的人生变得多姿多彩。他们可以品尝到成长中挫折带来的苦涩，享受到鲜花、掌声带来的喜悦，有痛苦，有失意，但更多的是奋斗带来的充实，还有一种发自内心的舒畅，这样的人是幸福的。如果你也渴求幸福，那么就用梦想做支撑来实现你的人生价值。很多人都是很平凡的，可他们中的一些人却因为梦想改变了人生，从此走上了一条不平凡的路，他们的命运也因此发生了改变。

奥巴马是美国历史上的第 44 任总统，也是美国历史上的第一位黑人总统。一脸阳光的他，颇像好莱坞制造的青春励志片的主角：背负着远大理想，一步一步坚定地摆脱桎梏，坚毅勇敢地挑战外界、挑战自我，开创自己的美丽人生。

当选总统后，奥巴马十分感激自己的母亲，他说："我身上最好的东西都要归功于她。"奥巴马母亲经常告诉儿子："不要被恐惧或狭隘的定义所束缚，不要在自己周围筑起围墙，我们应当尽力在意想不到的地方找到美好的事物。"正是由于母亲良好的教育与引导，奥巴马从小就树立起了远大的理想；正是因为母亲的坦诚与宽容，奥巴马没有生活在父母离异的阴影中，没有为自己的肤色困惑；正是受到妈妈积极乐观、勇于进取精神的影响，奥巴马总能抓住机遇，迎难而上。

奥巴马在写给自己两个女儿的信中提到母亲对他的教育："这正是我在你们这个年纪时，奶奶想要教我的功课。她把独立宣言的开头几行念给我听，告诉我有一些男女为了争取平等挺身而出，游行抗议，因为他们认为两个世纪前白纸黑字写下来的这些句子，不应只是空话。她让我了解到，美国所以伟大，不是因为它完美，而是因为我们可以不断地让它变得更好，而让它更好的未竟任务，就落在我们每个人身上。"奥巴马的母亲把独立宣言念给奥巴马听，对他进行自由、民主和美国精神的教育，并且给他讲述"领导国家"的理念，使他从小立下了大目标、大志向。

可见，理想是深藏在心灵里的一道迷人的风景，是挂在远方的一盏炫目的灯塔。理想于人生，有非常重要的作用。对任何一个人来说，理想的种子一旦生根发芽，则对任何一件事都不会满足于现状，有追求完美、追求最高境界的欲望。取得一定成绩之后，总有更上一层楼的决心和气魄。这样的人不成功于此，必成功于彼。而且成功的规模也往往比较大。

美国赛车手吉米·哈里波斯的成长经历告诉我们，人可以因梦想而伟大，想要成功首先得是个梦想家。

吉米·哈里波斯很小的时候就有一个梦想，他渴望自己将来能成为一名出色的赛车手。这个梦想一直在他的心里燃烧。几年后，吉米·哈里波斯到了该服兵役的年龄，他到了部队。由于对车比较感兴趣，所以他被派去开卡车，这对他今后熟练的驾驶技术起到了很大的作用。

退役之后，他工作之余一直坚持参加一支业余赛车队的技能训练，只要有机会比赛他都会想办法参加，但一直没有拿到过名次。后来他参加了威斯康星州的赛车比赛，也就是因为那场比赛差点要了他的命。原来当赛程进行到一半多的时候，他前面那两辆车发生了相撞事故，他为了避开他们撞到了车道旁的墙壁上，瞬间赛车就燃烧了起来。当吉米·哈里波斯被救出来时手已经被烧伤，鼻子也不见了，体表烧伤面积达40%，后经医生的全力抢救才保住他的命。但是以后他再也不能开车了。

然而，他并没有因此放弃梦想。他决定接受植皮手术，恢复手指的灵活性。手术后，他每天都在不停地练习手指，他相信坚持定能产生奇迹。在经过近9个月的痛苦训练后，他终于能重返赛场了。于是他先参加了一场公益性的赛车比赛，但这次他没有取得名次。接着在后来的一个200英里的比赛中他取得了第二名的成绩。

两个月后，还是在那次出事故的赛场，经过一番激烈的角逐，吉米·哈里波斯最终赢得了250英里比赛的冠军，成了美国最具传奇色彩的伟大赛车手。他坚持梦想的决心也成为鼓舞人们的精神动力。

如果吉米·哈里波斯没有梦想，没有为梦想奋斗的决心，他也就不会有今天的成就，也许还是千千万万个平凡人中的一员，默默无闻。但是他有梦想，不管经历多少挫折，他依然不放弃希望，最终成就了他成为最优秀赛车手的梦。吉米·哈里波斯的经历告诉我们：拥有了梦想，就拥有了成功的希望，人生也因梦想的存在而与众不同。

梦想对每个人都是公平的，不管你的家庭、背景、学历、长相如何，也不管你现在从事什么工作，或者将来想从事什么工作，只要你有一个坚定的梦想，一个不灭的信念，就有了梦想成真的可能，你的人生也因梦想的存在而伟大。

希望你目标明确，拥有前进的动力

1952年7月4日清晨，美国加利福尼亚海岸笼罩在浓雾中。在海岸以西21英里的卡塔林纳岛上，一位34岁的妇女跃入太平洋海水中，开始向加州海岸游去。要是成功的话，她就是第一个游过这个海峡的妇女。

这名妇女叫弗罗伦丝·查德威克。在此之前，她是游过英吉利海峡的第一个妇女。那天早晨，海水冻得她全身发麻，雾很大，她连护送她的船都几乎看不到。时间一个小时一个小时地过去，千千万万人在电视上看着。有几次，鲨鱼靠近了她，被人开枪吓跑了，她仍然在游着。

15个小时之后，她又累又冷，她知道自己不能再游了，就叫人拉她上船。她的母亲和教练在另一条船上。他们都告诉她离海岸很近了，叫她不要放弃。但她朝加州海岸望去，除了浓雾什么也看不到。

几十分钟后——从她出发算起是15个小时55分钟之后——人们把她拉上船。又过了几个小时，她渐渐觉得暖和多了，这时却开始感到失败的打击。她不假思索地对记者说："说实在的，我不是为自己找借口。如果当时我能看见陆地，也许我能坚持下来。"人们拉她上船的地点，离加州海岸只有半英里！

没有目标的人，就像没有舵的船，只能漂泊在失望与挫折的大海之中。一个人看不到自己的进步，就会在困难中放弃努力，因为他们看不到希望，自然就失去了继续前进的动力。

法国博物学家让·亨利·法布尔经过反复观察发现，巡游毛虫在树上的时候，往往排成长长的队伍前进，由一条虫带队，其余的毛虫则紧紧跟着，心无旁骛，鱼贯而行，从不分离。于是法布尔就把一组毛虫放到一个圆形大花盆的盆沿上，使它们首尾相接，排成一个圆形。这些毛虫开始行动了，像一个长长的游行队伍，没有头，也没有尾。

法布尔在毛虫队伍旁边摆了一些食物，如果毛虫要想吃到食物就必须解散队伍，不再一条接一条前进。法布尔觉得毛虫很快会厌倦这种毫无用处的爬行，而转向食物，可是毛虫没有这样做，依然有序地、执着地循序环行，一直以同样的速度沿着花盆边沿走了7天7夜，直到饿死为止。

这个小实验经常被成功学家们作为著名例证，用以说明人生目标的重要性。没有确定人生目标的人，就如这些毛虫一样碌碌无为、空耗人生。

毛虫们遵循的是它们的本能、习惯、传统、过去的经验，或者随便你叫它什么好了。它们没有自己的目标，只是盲目地"跟进"，尽管工作很努力，生活很忙碌，但最终一事无成，还落了个饿死的下场。

每个人都应该有一个能够让自己信服且为之奋斗的目标，这个目标并不一定是个确定的值，而是自己设定的在将来的某个时间点要达到的职业成就及社会阶层。

当你明确了你的人生目标，你便找到了人生的主流，也就是找到了奋斗的方向。你会明白：做什么事情是重要的，什么样的知识是你必须掌握的。

有一个术语叫"选择性信息加工"，就是说：世界上的信息包括知识是无止境的，你只要选择对你有用的，因为你的精力是有限的，你没有必要浪费你的资源。一根铁链最脆弱的一环决定着它的强度，你只要审视你的各项必备生活能力，找到那些脆弱的环节，集中精力让它提高强度，你便会永远进步。

而这一切，正依赖于你有一个明确的目标。要知道，目标对于成功具有以下价值：

第一，目标能够使你看清自己的使命。

第二，目标能让你安排事情的轻重缓急。

第三，目标引导你发挥潜能。

第四，目标使你有能力把握现在。

第五，目标有助你评估事业的进展情况。

第六，目标为你提供了一种自我评估的重要手段。

第七，目标使你未雨绸缪。

总之，一个人没有自己的目标是可怕的，有了目标才会有人生追求的高度。而人一旦有了追求，远方也就不再遥远。

当然，你的目标只能靠你自己选择，任何人不能代替你。这不但是因为只有你才能最终"明确目标"，也因为只有你，才能"坚定目标"。你必须首先确定自己想干什么，然后才能达到自己确定的目标。同样，你应该首先明确自己想成为怎样的人，然后才能把自己造就成那样的有用之才。但并不是所有的目标都是可行的，只有SMART（精明）的目标才有可操作性。

S（Specific）——具体性

假如你用一块磁石朝着一些铁屑，你会发现什么呢？当你把磁力那一端对准铁屑的方向，好些铁屑立刻就会被吸附过来；当你把磁铁从这个定点移开，其磁力就随着距离和方向的偏差而退减。一块磁石绝无可能向两个不同的方向发散磁力，而必须对准一个确定的目标。如果你在心智以及情绪上自相矛盾，犹豫不决，这就是在分解甚至毁灭你的内在磁力。

目标必须明确而具体。目标在开始的时候，就应是一幅清晰、简明、有待追求的画面。当那幅画面成长扩大，或发展到使人着魔的程度时，就被人的潜意识接受。

从那一刻起，我们会身不由己地被牵扯着、引导着，为实现心底的那幅画面而努力奋斗。这就是我们所说的：明确的目标是成功的基础。

M（Measurable）——可衡量

目标必须能够量化，这样才能循序渐进。同时，目标要量力而行，可给自己树立一个切合实际的总目标，然后，再给自己树立分目标，分目标是为总目标服务的，分目标容易实现，这能提高你的自信心，会增加你战胜困难的勇气。

A（Achievable）——可行性

目标要有可行性，必须是在现有基础上通过努力才能达到的。有一个老师叫全班同学写作文，题目是"长大后的志愿"。一位马术师的儿子洋洋洒洒写了7张纸，描述他的伟大志愿，那就是想拥有一座属于自己的牧马农场，并且他仔细画了一张200亩农场的设计图，上面标有马厩、跑道等的位置，然后在这一大片农场中央，还要建造一栋占地400平方英尺的巨宅。他花了好大心血把报告完成，谁知老师打了一个又红又大的"X"，旁边还写了一行字：下课后来见我。

脑中充满幻想的他下课后带了报告去找老师："为什么给我不及格？"老师回答道："你年纪轻轻，不要老做白日梦。你没钱，没家庭背影，什么都没有。盖座农场可是个花钱的大工程，你要花钱买地、花钱买纯种马匹、花钱照顾它们。"他接着又说："如果你肯重写一个比较不离谱的志愿，我会给你打相应的分数。"

这男孩回家后反复思量了好几次，然后征求父亲的意见。父亲只是告诉他："儿子，这是非常重要的决定，你必须自己拿定主意。"

再三考虑几天后，他决定原稿交回，一个字都不改，他告诉老师："即使拿个大红叉，我也不愿放弃梦想。"

20多年以后，这位老师带领他的30个学生来到那个曾被他指责的男孩的农场露营一星期。离开之前，他对如今已是农场主的男孩说："说来有些惭愧。你读初中时，我曾泼过你冷水。这些年来，也对不少学生说过相同的话。幸亏你有这个毅力坚持自己的目标。"学生笑着说："老师，我的毅力只是来自我一开始就确信自己的目标能够实现。"

R（Realistic）——现实性

制定目标要符合自身条件和环境的实际情况。热门的职业并不一定最适合你，顶尖的行当或许并不符合你的兴趣。多多了解社会需求、职业特点、自身优势和性格特征，才会使你的目标更"符合实际"。

T（Time-bound）——时限性

目标必须规定起始和完成的时间，以克服人的惰性。每个人都会有拖延的习惯，之所以会拖延，是因为我们没有把焦点放在现在，没有放在短期的目标。

当我们把焦点放在长远目标的时候，我们觉得时间还早，为什么要现在做，可是当把它放在今天要做的时候，我们的行动力会自动爆发出来。

一个人只有去面对生命中最重要的，将目标聚焦在一个特定的地方，同时探索发现你自己的生活方式。只有这样，你才有足够的力量去抵制操纵生活的种种压力，抵制商业化社会的种种压力。当我们投注心力与时间在最重要的事情上时，我们会因完成目标而肯定自我价值，它会带来信心，使我们有能力和热忱去实现更伟大的梦想。

认清自己的长处，找准合适的位置

　　小兔子到了上学的年龄，被父母送到动物学校。在学校里，小兔子最喜欢上的课是跑步，几乎每堂课都得第一名，为此他感到很高兴；小兔子最不愿意上的课是游泳，不管他怎么努力，总取得不了好成绩，为此他感到非常苦恼。小兔子想放弃游泳，但他父母不同意。当老师看到小兔子为上游泳课苦恼时，表示愿意给他提供帮助。老师对小兔子说："跑步是你的强项，是你的优势，往后你就不用再练跑步了；只要你专心练习游泳，就一定能取得好成绩！"从此，小兔子专心致志地开始练游泳。但结果是：一段时间的训练下来，小兔子游泳水平不但没有多大长进，就连他的优势——跑步的成绩也下降了许多。

　　寓言故事包含着一个道理：要把自己的长处运用到事业当中，这就好比把硬度最高的钢用在刀刃上的道理一样，把钢放在刀背，完全是一种浪费，不展示出自己最优秀的特质，一切都是无济于事。

　　能够客观地认识到自己的长处是有些困难的，然而作为一个想做一番事业的人来说，这是一道必解的题。比如说，你可能解不出那样多的数学难题，或记不住那样多的外文单词、成语，但你在处理事务方面却有特殊的本领，能知人善任、排难解纷，有高超的组织能力；又比如你在物理和化学方面也许差一些，但写小说、诗歌却是能手；也许你分辨音律的能力不行，但却有一双极其灵巧的手；也许你连一张桌子也画不像，但有一副动人的歌喉；也许你不善于下棋，但有过人的臂力。在认识到自己长处的前提下，如果能扬长避短，认准目标，抓紧时间把一件工作刻苦、认真地做下去，久而久之，自然会结出丰硕的成果。

即使是那些看起来很笨的人，也许在某些特定的方面也会有杰出的才能。比如，柯南道尔作为医生并不著名，写小说却名扬天下。每个人都有自己的特长，都有自己特定的天赋与素质，如果你选对了符合自己特长的努力目标，就能够成功；如果你没有选对符合自己特长的努力目标，或许就会将自己埋没。

很多成功人士的成功，首先得益于他们充分了解自己的长处，根据自己的特长来进行定位。如果不充分了解自己的长处，只凭自己一时的兴趣和想法，那么定位就很可能不准确，并带来很大的盲目性。歌德一度没能充分了解自己的长处，树立了当画家的错误志向，害得他浪费了十多年的光阴，为此他非常后悔。美国女影星霍利·亨特一度竭力避免被定位为短小精悍的女人，结果走了一段弯路。幸亏通过经纪人的引导，她重新根据自己身材娇小、个性鲜明、演技极富弹性的特点进行了正确的定位，出演了《钢琴课》等影片，一举夺得戛纳电影节的"金棕榈"奖和奥斯卡大奖。

类似的例子实在是太多了——

爱迪生少年在校学习时，老师认为他是一个愚笨的孩子，经常责怪他。而爱迪生的母亲却发现了自己儿子爱探究的天赋，用心培养他，后来他终于成了发明大王。

达尔文学数学、医学时总是呆头呆脑，一摸到动植物却灵光焕发……

阿西莫夫是一个世界闻名的科普作家，同时也是一个自然科学家。一天上午，他坐在打字机前打字的时候，突然意识到："我不能成为一个一流的科学家，却能够成为一个一流的科普作家。"于是，他几乎把自己的全部精力放在科普创作上，终于成了当代世界最著名的科普作家。

伦琴原来学的是工程科学，他在老师孔特的影响下，做了一些物理实验，并逐渐体会到，这就是最适合自己干的行业。后来他果然成了一个有成就的物理学家。

"橘生淮南为橘，橘生淮北为枳。"晏子告诉我们，不同地方的柑橘会有不同的味道，而只有生长在淮南的柑橘才会味道甘甜。新疆的葡萄之所以闻名，正是因为当地昼夜温差的变化才储存了大量的糖分。世间万物只有找到适合自己生长繁衍的地方，才能充分展现生命的力量，活出应有的价值。"安能摧眉折腰事权贵，使我不得开心颜。"李白洒脱地走出宫廷，去追求自由和无拘无束的生活。"采菊东篱下，悠然见南山。"陶渊明挣脱黑暗政治的束缚，与闲云野鹤为伴，做一个悠然的山水田园诗人。倘若他们在官场阿谀奉迎，恐怕就不会出现《蜀道难》《归园田居》等千古名篇了。正是因为他们找准了自己的位置，将情感融入诗歌创作的天赋之中，才能修成正果、名垂青史。

又如，班超投笔从戎，在西域都护府中勤恳履行职责，获得了无数荣耀；鲁迅弃医从文，以尖锐的语言揭露了中国近代社会的黑暗，留给我们无限感慨；原本为跳高运动员的刘翔因为发现了自己在跨栏上的潜力，经过刻苦训练成为震惊全球的"飞人"……所有的成功人士，都是在适合自己的发展道路上创造了辉煌。

一些遗传学家经过研究认为：人的正常智力由一对基因所决定。另外还有五对次要的修饰基因，它们决定着人的特殊天赋，起着降低或升高智力的作用。一般说来，人的这五对次要基因总有一两对是"好"的。也就是说，人总有可能在某些特定的方面具有良好的天赋与素质。

所以，每一个人都应该努力根据自己的特长来设计自己，量力而行。根据自己的才能、素质、兴趣、环境、条件等，来制定目标。不要埋怨环境与条件，应努力寻找有利条件；不能坐等机会，要自己创造条件，拿出成果来，获得社会的承认。从事科学研究的人不仅要善于观察世界，观察事物，也要善于观察自己，了解自己。

下面，我们将介绍一些如何了解自己的长处、提炼事业之"钢"的具体办法：

1. 征询意见法。向自己的父母亲人、同学朋友和师长同事征求意见，了解他们对自己的看法和评价。看看周围的人认为自己适合于做哪种工作。

2. 自我反省法。自我反省可以帮助我们深入了解自己的才能及事业倾向。了解在过去的生活及工作中有哪些是自己愉快去做而又得到较大成就的事；哪些是自己不喜欢做，虽尽力却毫无回报的事。检讨一下以往几年间，自己性格的转变，其中有哪些明显的趋势，能否借以推断以后的转变方向及自身发展的趋势。

3. 心理、职业测验法。目前社会上出现不少有关心理、性格和智力等各式各样的测验，不妨试一试，作为参考。

4. 感觉法。对自己无把握的事，会本能地产生一种畏惧情绪，这是没有才能的一种反映。与此相反，如果对所做的事感到确有信心做好的话，那正说明你在这方面或许有一定的才能。

5. 比较法。不怕不识货，就怕货比货，通过比较可以认识自己的才能。尤其是在比赛场上，如果是竞技比赛，有自由体操、鞍马、吊环和单双杠，那么你在哪个项目中能屡挫对手捷报频传，那便说明你在这个项目上的能力突出。这是人尽皆知的道理。但如果没有可比的对象，也可以拿自己做过的各项工作来比。如有人多才多艺，那就要看哪种才气更大，哪种特长出类拔萃并被社会承认。

6. 考试法。目前除了学校用考试来测验学生的学习优劣外，一般企事业单位也已采用公开招聘的方式来选拔和录用人员。通过考试也可以客观地评价自己。

除了运用各种方法认识自己外，还要根据自身的实际状况客观地评价自己。

总之，你要全面了解认识自己，客观正确地评价自己，这样才有可能在选择工作或创业的时候，寻找到自己在社会坐标系中的恰当位置，既能有效地发挥自己的才能，又能充分挖掘自己的潜能，从而最大限度地实现自己的梦想。

审视自身"短板"，弥补缺憾和纰漏

　　认识到自己的长处，还要认识到自己的短处，这样的自我认识才算全面，才能够更好地扬长避短。但一个人的事业，往往不是一两种长处有效发挥就可以干成了，很多事业需要复合型的能力。比如你想在仕途有一番作为，恐怕不只是通过公务员考试那么简单，你还需要锻炼口才、提高修养等。

　　有一个众所周知的"木桶理论"，其核心内容为：一只木桶盛水的多少，并不取决于桶壁上最高的那块木块，而恰恰取决于桶壁上最短的那块。这个理论有点残酷，但却是事实，有点类似于我们所常见的"一票否决"。我们的事业也经常在我们察觉或未察觉中被"一票否决"了。

　　每个人都有很多短处，没有人是全才。有些短处根本就不必去理会——比如一个便利店老板没必要花力气去搞懂飞机制造原理。便利店老板需要丰富的是经营管理能力，以及足够的现金流，前者是软能力，后者是硬能力。缺乏哪一种，事业都很难成功。那么，作为便利店的老板，就要审视自己的"短板"在哪里，并想方设法地"加长"。

　　因此，"短板"是影响你事业的致命弱点、短处、缺憾、纰漏和不足。这其中涵盖了能力、资源、性格、心态、习惯等很多方面。当你有了一个绝佳的商业创意，却苦于没有启动资金。这时，资金成了你的短板，你要努力下功夫来加长这块短板。有计划地储蓄，有目的地结识一些有可能在资金上提供帮助的人，这些行动你都必须去做，而且最好是未雨绸缪，不要临时抱佛脚。

个性上的缺点与坏习惯，也要早改。一个沉迷于赌博的人，这根"短板"可以毁了他的所有。常听人这样说一个人：这个人哪，别的什么都不错，就是改不了这个臭脾气，或者说，这个人与常人格格不入不好接触，敬而远之吧！这样日久天长你就成了孤家寡人了，也许你还没有意识到自己的不足。其实，这种性格的形成，已经成为你事业上致命的短板了。

当今的许多事业与职业，虽然越来越呈现专业化的倾向，但专业化不等于所掌握的知识与技能就很狭窄。专业化是一粒沙的话，里面也是一个大世界。因此，你要找出你专业上的"短板"，把你的事业之"木桶"加高。人非圣贤，人人都可能有"短板"。有了"短板"，并不可怕，怕的是知道了，不去正视，不去改变。因而，一个真正聪明睿智的人，应当尽量补齐自己的"短板"，如果实在不能补齐，也要始终对其保持警惕，遏止其发展，千万不要让其成为导致自己人生失败的致命缺点。

你不妨自我剖析反省一下，找出自己现在的事业的短板，不要隐藏，在太阳下晾一晾自己的短处，用欣赏的眼光学习别人的长处，用苛刻的眼光审视自己的不足。然后，努力弥补自己的短处，如果你有未雨绸缪的意识，最好是在加长了短板之后，还能够预计将来的发展情况，早日将自己可能出现的短板加长。那样，成功的机会会更加青睐你。

踩准时代的节拍，谋事更要懂看势

　　找到了自己的长处，规避或弥补了自己的短处，干事业还要学会踩准时代的节拍，符合社会的大势。每一波潮汐，都是大自然有形的呼吸。而在这潮起潮落之间，或许就孕育了一场生命的大躁动，完成一次历史的大跨越。我们正处于一个日新月异的时代，各行各业不断推陈出新，风云激荡，其中也孕育着发展的契机。

　　晚清巨贾胡雪岩说："做生意，把握时事大局是头等大事。"做事业与做生意都是一个道理，没有相应的社会环境气候，就没有英雄成长的土壤和其他条件，真正的英雄人们必须能够驾驭时局，胡雪岩就是这样善于驾驭时势大局的顶尖人物。而要善于驾驭时势大局，前提是对局势的敏锐察觉。

　　下过象棋或围棋的读者都知道：赢棋最重要的是要营造一个好的棋势，而不单单是在某个局部的纠缠中占一二颗子的便宜。在《孙子兵法》中之《势篇》中，孙子用"激水之疾""转圆石于千仞之山"来阐述其对于"势"的理解。"故善战者，求之于势也"诚然，势在则乘势而上，势不可挡，事半功倍。势败势如山倒，大势已去，事倍功半。

　　人生如棋，也如一场没有硝烟的战争。下棋打仗要用战略头脑谋势，人生局面的开创又何尝不是如此？看有些人不显山不露水，数年之后竟好运连连、功成名就；而更多的人忙忙碌碌、东奔西跑，却一直没有出头的日子。这其中的差别无非在于：前者重"谋势"，而后者谋的只是"事"。谋势者，善于辨势、预势、造势、乘势、借势、蓄势，力之所至，势如破竹；谋事者拘于琐事，做事无章法，如盲人捉鱼，全凭运气。

时势造英雄。强者是那些懂得借助时势来成就自己的人。举凡那些成就一番惊天动地的伟业的人，莫不懂得乘势而行，待时而动。十多年前，当30岁的贝佐斯上网浏览，发现了这么一个数字时，互联网就已经把一个大好机会拱手交给了贝佐斯。这个神奇的数字就是：互联网使用人数每年以2300%的速度在增长。就在这一刻，贝佐斯明白了自己的使命，开发网上资源，创立自己的网上王国——亚马逊公司。他离开了华尔街收入丰厚的工作，决定自己打拼。十三年后的今天，贝佐斯的亚马逊网上书店市值高达数百亿美元。贝佐斯的成功，前提是看准了互联网使用人数以2300%的速度增长的"势"。在这个势头下结合他个人的才能，造就了现在这个庞大的商业帝国。

势是活的，它在不停地变化。世上常发生这样的事，我们也常在一些影视报刊中看到这样的事：有的人正在干着很辉煌的事业，仿佛一切顺风顺水，如日中天，不料却有一场变故突如其来，事业之舟顷刻轰然坍塌，一切化为乌有。个人也从万众瞩目沦为不名一文。

所以看清形势不单是要看清当下的形势，还需要立足于当下，预计未来的形势发展，以做到未雨绸缪。虽说人生无常，但多数形势的演进，我们还是可以从平日的所作所为，或其所交往的人，或所处的环境中，看出一些蛛丝马迹，解读出能预示吉凶祸福的一些密码来。一切事情的或好或坏的结果，都有其预兆，只不过被大家忽略了。比如说地震，我们知道在它发生前就会出现地光、地声等，一些动物也会表现异常，如鸡在半夜时分突然鸣叫，狗无缘由地突然狂吠不止……

潘石屹之所以能在房地产行业做大做强，就与他高超的预见力有密切的关系。早在 1992 年，被划为特区的海南成了很多地产商炒作的热点，大批的资金流进这块未开发的土地。但那时潘石屹却说服他的合作伙伴及时撤退。事后他说："我到海口市规划局查看了一下报建的建筑面积，再除以海南岛常住人口数和暂住人口数，发现每个人竟有 55 平方米的商品房。以海南岛的消费力，怎么可能承受得了？北京当时人均住房才 7 平方米。这是一个小学生都会算的算术题。出现以上非常荒唐的结果的同时，必然有巨大的危险。"果然，在潘石屹及其伙伴撤资一年后，海南房地产热一落千丈，大量的开发资产变成了一文不值的泥石木桩，而潘石屹则凭借在海南赚到的第一桶金，转战北京。不仅规避了海南房地产的那场大灾难，还及时地分享了北京房地产市场火爆的红利，真是一箭双雕！

五代时期的冯道在《仕赢学》中之云：见不远必谋不深，谋不深而事难成。看得不远，谋划就不会高深，谋划不高深，事情就很难成功。凡事总要超出别人一截，眼光总比别人放得远，才能步步得势，进而因势取利，水到渠成。这和下围棋的道理一样，别人放一子，自己紧粘一子，不是笨蛋也聪明不到那里去，稍具围棋常识的人都懂得要放手作势，不求一子一地的得失，先从整体上营造自己的势力范围，形成孙武子所说的"若决积水于千仞之溪"的有利态势，然后抱犄角与敌逐，自然就能稳操胜券。

天下潮流，浩浩荡荡，顺势者昌，逆势者亡，唯有明势者才能站得高，看得远，高屋建瓴，纵横捭阖。不明势或不善明势，必然招致衰落和灭亡。十七、十八世纪的中国统治者因陶醉于"康乾盛世"而无视世界上正在发生的历史性大转折，最后导致中华民族落后挨打，教训十分惨重。今天，我们做工作、办事情也是这样，正确把握"势"就能够事半功倍，达到预期的目的；与"势"不符，轻则事倍功半，重则贻误时机，一事无成。即使你不是商场中人，也完全有必要看清时势以顺应时势。如投身朝阳行业、顺应就业形势。

此外，值得指出的是，具体到我们谋求事业当中，形势的利与不利有时并没有很明显的界限。潘石屹在一般人认为是形势大好时嗅出了不好的气息，从而得以保全并发展了自己的事业。人生中的成与败，常常就是只差那么一点点。也许正是这一点点，决定了潘石屹的成功。

识时务为俊杰，乘时势是英雄。飞蓬遇飘风而致千里，正是乘势而为。龙无云则成虫，虎无风则类犬。倘若时机不成熟，便甘于寂寞，静观其变，如姜太公钓闲于渭水，诸葛亮抱膝于隆中；一旦风云际会，时运骤至，就会愤然而起，当仁不让，改变历史。如李世民在隋朝末年暗地招兵买马，劝逼手握重兵的父亲李渊造反。他们举起造反大旗的那年，李世民年方十八，难得有这么年轻就具有远见卓识与问鼎天下的勇气。

纵观活跃在商业界的各个大富豪，谁不是顺应时势的弄潮儿？近年来的房地产热，催生了多少大大小小的富翁？大的直接投资做开发商，随便赚个上千万；小的做些买房卖房的小投资，轻易赚个百十万。可以这样说，近年来做房地产生意的人，想不赚钱都难。

形势赐予我们的机遇往往是决定性的成功因素。一个人纵然有通天本领，如果处于一个万马齐喑的时代，他也不可能有大的作为。好的形势则犹如东风，此时乘势而行就犹如顺风扬帆，可以事半功倍。所以，把握自己的财运，关键要顺应形势、趋利避害，做一个把握时代脉搏的弄潮儿。

当代中国人是幸运的，因为我们遇上了一个好的时代。特别是改革开放以来，历史再次恢复了它的理性和良知，整个社会都充满了对人才的渴望和呼唤。面对时代所提供的前所未有的机遇，有识之士终于可以"天下有道则见"了。许多人的命运出现了根本性的转变，创造出辉煌灿烂的人生。

势在必得、势不可挡、势如破竹，这些成语所传递给我们的都是乘势的神奇力量。看清形势的最终目的是为了乘势。而要乘上势头，就要抓住最佳的时机。机不可失，时不再来。虽有智慧，不如乘势。所以有大智者不与天争，不与势抗。因为他们明白，真理有如舟船，时运有如江河。没有可达彼岸的浩瀚之水，真理只不过是一个寸步难移的客观规律。

总之，谋事不能再凭运气，要学会看准大势、趁势而为。

选择对了，成功的机会就大了

死海里钓不到鱼，不管你的饵料多香；沙漠里挖不出蚯蚓，除非你挖穿地球。很多人一生平平，并非不够努力，而是选择不对。

选择不对，努力白费。因此，在埋头赶路的同时，我们还应该抬头认路，去选择道路、寻找捷径。你的每一个选择，都是在为自己种下一颗命运的种子。众多大大小小的选择，组成了我们的命运。

人生有着许许多多的选择，在我们选择之前，应该先学会放弃。因为只有学会放弃，才能正确地选择。一只倒霉的狐狸被猎人用套子套住了一只爪子，它毫不迟疑地咬断了那条小腿，然后逃命。放弃一条腿而保全一条生命，这是狐狸生存的哲学。所以在鱼与熊掌不能兼得的选择面前，我们应该学会去权衡，学会放弃，虽然放弃意味着痛苦，但痛苦换来的却是生命的全部。

家门口种了一株葡萄，每年开春，母亲都跟赵森华说，要学着去修剪葡萄的枝节，这样长出来的葡萄才会大而甜。所以等春天一到，赵森华便尝试着去修剪葡萄的藤枝，待赵森华修剪完后，就高兴地向母亲展示着自己的艺术才华。

母亲看了摇了摇头，但是她却没有多做修改。赵森华问母亲为什么摇头，她说，这固然好看，但却不是完美的。母亲还问赵森华是否需要她多做修剪，赵森华点了点头，母亲便将所有多余的枝节全部剪掉，只剩下几条主干。赵森华对母亲说，今年我们肯定收获不了葡萄了，枝节都被你剪完了。母亲说，那边还有一株是去年种的，你按照你的想法去修剪那株，到了盛夏的时候，我们看看谁收获的葡萄比较多。

转眼到了盛夏，赵森华修剪的葡萄，因为枝节太多，果实过于密集，以致很多果实没有成熟就一串串地枯萎了，而母亲的那株，果实却丰硕得很。

母亲跟赵森华说："其实，葡萄、花跟人一样，在成熟和绽放的时候需要大量的营养，营养跟不上，就会渐渐枯萎、败谢，剪去多余的枝节，就能保证营养的供给，一朵花的美丽绽放在于修剪枝节，而一个完美的人生在于修剪选择。"

赵森华听后恍然大悟。

是啊，你是否曾修剪过自己的选择呢？这时，或许你会问，为什么要去修剪选择？

生活的道路上，始终有着许多的枝蔓延伸，如果我们没有修剪枝蔓的话，主干就会被枝蔓所误导，从而让我们走向成功的路有所偏离，变得更为崎岖。修剪枝蔓，可以让我们更容易辨清方向、选择得更准确、更快走上幸福之道。

一位父亲带着三个儿子到草原上猎杀野兔。在到达目的地、一切准备得当、开始行动之前，父亲向三个儿子提出了一个问题："你们看到了什么呢？"

老大回答道："我看到了我们手里的猎枪、在草原上奔跑的野兔，还有一望无际的草原。"父亲摇摇头说："不对。"

老二的回答是："我看到了爸爸、大哥、弟弟、猎枪、野兔，还有茫茫无际的草原。"父亲又摇摇头说："不对。"

而老三的回答只有一句话："我只看到了野兔。"这时父亲说："你答对了，你打到的野兔一定会比哥哥多。"

结果真的如此！

老三将所有的"枝蔓"都修剪掉了，把精力放在的野兔上，所以在他射击的时候，固然射得比老大老二准。漫无目标，或目标过多，都会阻碍我们前进，要实现自己心中的所愿，得学会该怎么去修剪目标、修剪选择。

可以平凡，但不能平庸

我们可以做一个平凡的人，但决不可以做一个平庸的人！

平凡和平庸的区别之处在于：平凡的人把平凡的工作做成伟大，平庸的人使崇高的工作变得卑下。

李素丽是北京市公交总公司公共汽车售票员，自 1981 年参加工作以来，几十年如一日，在平凡的岗位上，把"全心全意为人民服务"作为自己的座右铭，真诚热情地为乘客服务，被誉为"老人的拐杖、盲人的眼睛、外地人的向导、病人的护士、群众的贴心人"。无疑，她的工作岗位平凡得不能再平凡，但就是在这样平凡的岗位上，她一干便是几十年，而且勤勤恳恳，自始至终坚持自己的信念。她的工作表面看来的确平凡得很，但是如果没有内心如火似的工作热情，没有对工作一丝不苟的勤奋，没有对工作深入创新的思想，没有一心奉献不求回报的淡定胸怀，那她的几十年便过得毫无意义与价值。

不错，我们这个社会就是由凡人组成的，没有平凡人的努力和辛勤工作，就没有多姿多彩的世界。但是，平凡的人在平凡的岗位上通过努力和辛勤的工作累积，也能做出不凡的业绩，成为本行业的行家里手。除了李素丽，还有雷锋、焦裕禄、孔繁森等人，他们平凡的事业后面照样矗立着壮丽的人生，这就是不平庸的人生。

选择平凡，并不意味着无为。一个人选择平凡，做平凡的人，干平凡的事，交平凡的朋友，说平凡的话，做着真实的自我，这样的人生很有价值。平凡的人能够拥有一颗平常心，能够用平常心对待得失成败，他们不追名逐利、不挑剔而宽容、谦逊而平和，这种人在生活中有责任感，他们孝敬自己的长辈，爱护自己的孩子，珍惜自己的家庭，得到的是一种平淡的幸福和喜悦。然而，平凡不等于平庸，平凡是随波扬帆，而平庸是随波逐流，是以消极的心态面对自己的工作、生活。

虽然，许多平凡但不平庸的幕后人物我们没有看到，但是他们的确真实地存在着，并且努力地存在着，感染着众人，感染着社会。杜鲁门当选总统后不久，有一位客人前来拜访他的母亲。客人称赞道："有总统这样的儿子，您一定感到十分自豪吧。"杜鲁门的母亲赞同地说："是这样的。不过，我还有一个儿子，也同样使我感到自豪，他现在正在地里刨土豆。"这真是一位伟大的母亲。其实，生活原本也是这样。红花绿叶，各有其妙。只要拒绝平庸，平凡和伟大一样令人自豪。我们可以平凡但不可平庸，我们可以功不成、名不就，可以无过人之才，也可无惊世之举，但绝不可以不知为什么而活，绝不可以没有目标、没有责任感，绝不可以浑浑噩噩、无所事事、无所用心。

我们中间的大部分人都是凡人，每天做的都是一些平淡的"小事"，然而，就是在这些小事当中却蕴藏着巨大的机会，这就要看你如何去把握。而要做到不平庸，就要看一个人的价值的发挥对社会产生怎样积极的贡献了。

有这样一个小故事：乌鸦站在树上，整天无所事事，兔子看见乌鸦，就问，我能像你一样，整天什么事都不用干吗？乌鸦说，当然，有什么不可以呢？于是，兔子在树下的空地上开始休息起来，忽然，一只狐狸出现了，等兔子反应过来，它已经成为狐狸的"下酒菜"。

所以，如果你想站着什么事都不做，那你必须站得很高。如果你还达不到这点，就必须管理好自己，压制住自己的消极心理，认真负责地工作，这样你才不会被"吃掉"。真正的平庸，不是指你没有能力，而是说你舍弃了能力培养的机会，放弃了自我发展及融入社会的机会。平庸的人，就像水面上漂浮的水沫，是被水流激打出来的。平庸的人，是到处挖坑，但每个坑都挖得不深的人，深深浅浅的坑挖了许多，但没有哪一个是出水的，浅尝辄止的结果是没有一技傍身，最终在优胜劣汰的环境中被淘汰出局。

从平凡到平庸，是一件很容易的事，只要心中懈怠，就滑向了平庸的边缘。毋庸置疑，每个单位都会有很多平凡的工作岗位，也会有很多平凡的员工，因为人的能力是有高低差别的，那些平凡的员工在自己的工作岗位上各尽其才，发挥了自己的才能，所以他的人生价值是得到了体现的。但也有很多人甘愿平庸，以为那样自己的压力小，会很轻松自在。事实上，单位需要前一种人，但绝不需要后一种人。

同样，从平庸到优秀只有一步之遥，但有的人终其一生也无法跨越。只有当你选择了如何优秀，你才能接下来做到如何卓越。有了尽最大的努力把事情做好的志向，不断对自己提出严格的高标准，你一定会赢得别人的尊敬，做出令人叹服的成绩。

可见，选择平凡，并没有错误，也并不可怕，可怕的是一个人无所事事、平庸地生活。做人可以平凡，但不能平庸。因此，我们要怀有一颗平常心，调整心态，爱岗敬业，善待自己，珍爱生命，让自己的生命放射出灿烂的光华来，这样才不负此生。

第三章
学习：一个人前进的不竭动力

不管是在生活还是在工作中，谁也无法逃脱竞争的局面，竞争无处不在。与以往不同的是，现在的竞争更趋向于速度，谁掌握新技术的速度快谁就能占有先机。既然如此，那么，如何才能在竞争的环境中脱颖而出呢？这就到了考验一个人综合实力的时候了。

学习是一个人一辈子的事

很多人认为，学习只是在学校里的任务，进入社会后，就不必学习了。因此，他们纷纷抛弃书本，把学习的事甩得远远的。

然而，学习是一辈子的事情。一个人只有每天学习，才会过得充实，与时俱进。

古往今来，社会一向崇尚知识、需要知识，因为知识相对于智慧会更稳定、更安全、更符合社会的发展。人是社会的一分子，社会赋予了我们生存的土壤，所以我们必须融入社会、回馈社会，这是每个人的生命义务，责无旁贷。而学习知识、提高知识水平便成了我们每个人的首要任务，所以，我们必须树立一辈子学习的观念，并在实际生活中，时时鞭策自己，每天都不忘记汲取新知识。

"立身百行，以学为基。"

在学校里无论学了多少知识，到了社会上，总是不够用的。因为，社会上有很多东西，学校里是教不了的，而社会本身也在迅速变化之中，新事物层出不穷。诚然，今天，朋友们站在一起，彼此没有什么差别，但是，多年之后，朋友之间的差别就会很大。形成未来差别的关键因素，就是在学习和努力方面的差别。

当然，这种学习，绝不局限于书本的学习，还包括实践中的学习，只有不断地学习，才能不断地提高自己，才能不断地对社会做出更大贡献。

曾在2008年抗震救灾直播中潸然落泪的中央电视台著名节目主持人赵普十分重视学习，他把学习作为一辈子的事。

提及过往的工作、学习经历，赵普坦言自己曾经走过弯路。"很多年轻的朋友是本科毕业读硕士，他们二十四五岁的年龄，在大学校园里接受完整的学历教育，结束后就直接走到了工作岗位上。我的经历比较漫长，一边工作，一边学习。从中学毕业到现在，读完硕士，我都38岁了。"慢慢长大懂事之后，赵普渐渐觉得不上大学或许是可以的，但是没有文化、不学习，永远都不行。

他把"学习"比喻为"取粮食"：一个人在工作一个阶段以后会觉得匮乏，觉得被掏空了，就到学校去充电，去取粮食。这个过程其实是当你有需要的时候，你就会自然选择到学校去补充自己的养分。

"在自我成长、自我教育的过程当中，发现学习是一个终身的事情，是一辈子都要去做的事情，而且不能懈怠。"赵普在做客人民网访谈时谈到了他对学习、对生活的理解，他给自己的评价是"勤奋"："我从来没有偷过懒。没有说我这几天可以懈怠，我可以不做。我脑子里总在想着我应该做些什么，我应该去努力地完成什么。"

从赵普的身上，我们能悟到很多道理：学历只能代表过去，只有你的学习能力才能代表将来。持续学习，虚心请教，才能少走弯路。

是的，没有一个人能够有骄傲的资本，因为任何一个人，即使在某一方面的造诣很深，也不能够说他已经彻底精通、彻底研究全了。

"生命有限，知识无穷"，任何一门学问都是无穷无尽的海洋，都是无边无际的天空……所以，谁也不能够认为自己已经达到了最高境界而停步不前、趾高气扬。如果是那样的话，则必将很快被同行赶上，很快被后人超过。

活到老，学到老。大凡杰出的人，都是终身孜孜不倦追求知识的人。在漫长的人生经历中，即使再忙再苦再累，他们也不放弃对知识的追求，学习既是他们获取知识的途径，又是他们在逆境中的精神支柱。

在他们看来，知识是没有止境的，学习也应该是没有止境的，学习使他们的思想、心理和精神永远年轻，也使他们的事业日新月异。

有人问爱因斯坦，说："您可谓是物理学界空前绝后的人才了，何必还要孜孜不倦地学习？何不舒舒服服地休息呢？"爱因斯坦并没有立即回答他这个问题，而是找来一支笔、一张纸，在纸上画上一个大圆和一个小圆，说："目前情况下，在物理学这个领域里可能是我比你懂得略多一些。正如你所知的是这个小圆，我所知的是这个大圆。然而整个物理学是无边无际的，对于小圆，它的周长小，即与未知领域的接触面小，它感受到自己的未知少；而大圆与外界接触的这一周长大，所以更感到自己的未知东西多，会更加努力去探索。"多么好的一个比喻，多么深刻的一番阐述！

然而，即便不考虑学习的功利因素，学习本身，就是一件值得追求的事情；学习本身，也是一件很快乐的事情。通过学习，可以充实头脑、开阔眼界、扩展心胸，丰富精神和灵魂。

如果学习不再是为了应付考试，不再是当作谋生的需要，不再是任何现实功利性目标的手段，那么，学习的过程将会是轻松的、没有压力的、充满乐趣的。

学识渊博的人，必是内心世界丰富的人，也是对人生的美好有更深刻体验的人。

学习是人生快乐的需要，学习也是一辈子的事情。所以，我们每个人都要养成"学无止境"的胸怀，都要有一种"谦虚谨慎、戒骄戒躁"的精神，用我们有限的生命去探求更多的知识空间。

惜时如金，拥有更广阔的人生

几十年前，在遥远的波兰，有个叫玛妮雅的小姑娘，她天真可爱，学习非常专心。不管周围怎么吵闹，都分散不了她的注意力。

一次，玛妮雅在做功课，她姐姐和同学在她面前唱歌、跳舞、做游戏。玛妮雅就像没看见一样，在一旁专心地看书。

姐姐和同学想试探她一下。她们悄悄地在玛妮雅身后搭起几张凳子，只要玛妮雅一动，凳子就会倒下来。时间一分一秒地过去了，玛妮雅读完了一本书，凳子仍然竖在那儿。

从此姐姐和同学再也不逗她了，而是像玛妮雅那样专心读书。

玛妮雅长大以后，成为一个伟大的科学家。她就是居里夫人。

由此可见，古今中外一切有成就的人，都是惜时如金、争分夺秒的。

从古到今，凡是成功者都是不肯满足于现状，不断为更美好的明天做准备的人。

今日的努力是明天美好的基础，因此你片刻都不能放弃读书，若你放弃，即使是片刻，也可能会给你带来终身的遗憾。

你不妨利用多余的时间，去读一些对工作及对提高工作的效率有益的书籍。争分夺秒，有效地利用目前可供自己读书的时间，可保证你将来的成功。这既是投资，也是保险。

现在，你有没有展望未来，为获得明天的成功，而将多余的时间投资在今天？

你不妨问问自己是否珍惜过这宝贵的时间。譬如特地腾出一些享乐的时间，或利用每天上下班坐公交车的时间，来阅读一些与专业知识有关的书籍，或将这些时间用来思考如何度过一个有意义的周末？最主要的是，你不能将宝贵的时间浪费在玩乐上。你应该审慎地去思考一些有意义的事，像如何利用多余的时间去读书等。

如果你想创造美好的明天，就应将自己能自由使用的时间，投入到能提高今天的工作效率、具有实际价值的事情上。知识就是力量，你可以利用一些时间来读书，在读书上下一番功夫，这足以助你在事业上获得成就。

许多立志成为企业家的人，早期工作时年薪很低，工作也很辛苦，但他们利用其闲暇的时间，刻苦攻读，以求上进，比他在工作的时间更为努力。在他们看来，薪水多少倒是小事，而读书、进步却是大事。

一个人愈能储蓄，则愈易致富。你愈能求知，则愈有知识。你能多储存一分的知识，就足以多丰富你的一分生命。这种零星的努力，细小的进步，日积月累，就可以使你于日后大有收益，可以使你更为充实、更为丰满，可以使你更能轻松自如地应付人生。

一个青年人，他常有机会坐火车、轮船到远方去旅行。每次在途中，他总是随身带些读物，如袖珍的书本、函授学校的讲义，他总是利用那些易为一般人所浪费的零星时间来读书。

结果，他对各门学问都有相当的认识，他对历史、文学、科学及其他重要的学科，都了解很多，有很深的研究。

有人以为利用闲暇的时间来读书，总是得不到多大的成效，其成效总不能与学校的教育相提并论，因而想不起来利用闲暇的时间来读书。其实，这无异于你因为自己的进款不多，以为虽尽量地储蓄，也不能发财致富。所以，一旦手头有钱，就尽数挥霍，而不屑于储蓄。但是，你难道没看见有许多人，就是因为利用了零星闲暇的时间，才学得了与学校教育数量相等的知识吗？

时代在不断地进步，如果你想跟上时代有所作为，就应该不断地努力读书学习。生存竞争的日趋剧烈，生活情形也变得日益复杂，所以你必须把丰富的知识锻造成你的甲胄。

世间最值得人们尊敬的，就是那些已逾中年，但仍能好学不倦、孜孜以求，以求补救自己少年时失学之悲的人。他们利用全部的时间，贯注其全部的精神于知识的摄取之中，使自己成为更充实、更伟大的人。

其实，教育这个名词的意义是很广泛的，对于有些东西，壮年人的读书理解能力要比青年人的要强得多，因为他们有更多的经验、更成熟的见解、更正确的判断力。因为他们饱尝过失学的痛苦，所以他们的求知愿望比任何人都强。

尽管有许多人在学校时成绩一般，但在日后的学问、事业上，却往往有惊人的表现，其原因也就在于此。其实，人的一生都是受教育的时期。世界就是你的大学校，你所遇见的人、所接触的事物、所得到的经验，都是你人生大学的教师。

只要你敞开你的心胸，在生命中的每一分钟，都可以学到许多的知识，然后在空闲的时候，你可以用"深思"的方法，将那些零碎的知识整理、组织起来，储存在你的头脑中，就会变成你自己的东西。"白天不怕强盗抢，夜晚不怕贼来偷。"今天的时间"投资"，会换来明天丰厚的回报。

脚踏实地，才能终身受益

有一个故事，说的是在西撒哈拉沙漠中有一个小村庄比赛尔，它在没有被发现之前，还是一块贫瘠之地，那里的人没有一个走出过大漠。据说不是他们不愿离开那儿，而是他们尝试过很多次都没能走出去。当一个现代的西方人到了那儿，听说了这件事后，他决心做一次试验。他从比赛尔村向北走，结果三天半就走出来了。

经过此事，他终于明白比赛尔人之所以走不出大漠，是因为他们根本就不认识北斗星。因此，他告诉当地的一位青年，要想走出大漠，只要白天休息，夜晚朝着北面那颗星走，就能走出大漠。那个青年照着他的话去做，三天后果然来到了大漠边缘。

学习就是这样一条被无知沙丘包围的漫漫长路。唯有识得北斗星，并坚持不懈地向之前进，才能走到人生宽阔的大道上。那么学习路上的北斗星是什么呢？

那就是端正的态度。在学习的过程中，我们必须要有一种脚踏实地的态度，这样才会学有所得。

从前，有个楚国人，经常看到别人在河里海上驾驶着船乘风破浪，心里非常羡慕，便决定去学习驾船技术。于是，他找到了一位江边的老船工，拜到了他的门下，开始学习驾船技术。

楚国人开始学习非常勤奋刻苦，为了掌握一个技术要领，把手上的皮磨掉了都不在乎，再加上师傅对他非常器重，教得认真仔细，楚国人在不长的时间里进步很快，虽然还不能独自驾驶，但却能在师傅的指点下驾船了，对于一些基本的驾船技术，比如：挥桨、掉头、转弯、加速、减速等在师傅的指挥下，他都划得像模像样的，师傅对他的进步也赞扬了一番。

这就使楚国人心里得意扬扬，心想：原以为驾船技术很难呢，现在看来也不过如此嘛。这么短的时间我就学会了驾船，真是个天才。不过老是在师傅指挥下驾船总是不那么舒服，要是自己能一个人驾驶该多好哇。于是楚国人就对师傅说："师傅，我学了这么长时间，您觉得我学得怎样？"师傅拍了拍他的肩膀说："你进步得挺快，学得不错。"听了师傅的夸奖，楚国人蠢蠢欲动，便请求师傅第二天让他自己一个人驾驶小船。老船工同意了，但是告诫他不要划到下游的激流中去。

然而，到了第二天，楚国人却全然忘记了老船工的劝告。他兴高采烈地来到小河里练习驾船，没一会儿就迫不及待地把船驾到了下游河中央，得意地击着鼓，飞快地前进，谁知这里和他练船的地方大不一样，水流非常湍急，而且还有暗礁险滩，面对这样的境况，楚国人一下子就懵了，船也失去了控制，随着旋涡直打转，楚国人什么也做不了，船桨和船舵也被激流冲走了，他就只能大声呼救，毫无刚才的得意之情。

在学习的过程中积极上进是好的，但好高骛远却很容易让人迷失方向。这则故事告诫我们：学习中浅尝辄止，满足于一知半解，略有新知就骄傲自满，稍有进步就妄自尊大，以为已经掌握了所有知识，而不愿继续学习的人，最终难免失败，也不可能学有所成。

　　所以，学习要脚踏实地。在日常的生活中，只要提高对学习的认识，端正学习的态度，良好的学习习惯就一定会形成，而这样的习惯必将会让我们受益终生。

学习无捷径，刻苦与方法缺一不可

学习是一件苦事。无论你用怎样的花言巧语来美化，都不能改变学习是一件苦差事的事实。古人说得好："书山有路勤为径，学海无涯苦作舟。"一个人要想在学业上获得成功，就必须有刻苦的精神。

苏秦是洛阳人。洛阳是当时周天子的都城。他很想有所作为，曾求见周天子，却没有引见之路，一气之下，变卖了家产出走了。但是他东奔西跑了好几年，也没做成官。后来钱用光了，衣服也穿破了，只好回家。家里人看到他趿拉着草鞋，挑副破担子，一副狼狈样。他父母狠狠地骂了他一顿；他妻子坐在织机上织帛，连看也没看他一眼；他求嫂子给他做饭吃，嫂子不理他扭身走开了。苏秦受了很大刺激，决心争一口气。从此以后，他发愤读书，钻研兵法，天天到深夜。有时候读书读到半夜，又累又困，他就用锥子扎自己的大腿，虽然很疼，但精神却来了，他就接着读下去。传说，他晚上念书的时候还把头发用带子系起来拴到房梁上，一打瞌睡，头向下栽，揪得头皮疼，他就清醒过来了。这就是后来人们说的"头悬梁，锥刺股"，用来表示读书刻苦的精神。就这样用了一年多的工夫，他的知识比以前丰富多了。

美国人曾做过一个调查，在美华人后代学习成绩普遍高于当地美国人。研究结果将原因归为华人子弟读书的时间比美国人多近三分之一，而并不是华人子弟的脑子更好好用。由此可见，学习的路上并无捷径，所谓的天才，都是通过勤奋努力而学有所成的。

当然，物极必反，只知道一味刻苦也是不行的。建兴帝王莽在位期间，有一个叫作郭路的博士，他做学问十分刻苦努力，但为人却死板鲁钝，不知变通。有一天晚上，他秉烛熬油，修订经书的时候，因"精思不任，绝脉气灭也"。

郭路的学习精神是好的，但是如此学法恐怕并非良方。看来死钻牛角尖，而没有正确的学习方法，也是无法学有所成的。除了刻苦，学习方法也是很重要性的，掌握好的学习方法可以用最短的时间达到最好的效果，让学习事半功倍。

那么你知道少年孙中山是如何读书的呢？孙中山小时候在私塾读书，孩子们个个跟着先生念，读熟了先生就叫孩子们背。而孙中山边背诵边思考，他想："书中的内容毫不理解，死记硬背有什么用。"于是，孙中山壮着胆子站起来对先生说："先生，请你把刚才那段书的意思讲来听。"先生厉声问道："你会背吗？"孙中山说："会。"然后孙中山一字不漏地把书背了出来。先生对孙中山说："我本想你们长大后自己会明白，既然你问了，我就跟你讲。"

孙中山学习刻苦，但却不一味死学，而是不懂就问，直到弄懂为止。可以说，正是这样的执着精神与良好的学习方法，造就了他坚韧与坚持的性格，也为他以后的成功打下了基础。

应该说，刻苦的学习精神与正确的学习方法，对我们来说，是学习路上前行的两条腿，缺一不可。所以，在漫漫求学路上，我们应该两腿并用，这样，走起路来才会既快且稳。

多问为什么，也许成功能来得快点

　　养成好问的习惯，往往能够成就你的一生。据说，大哲学家罗素在大学时代就是一个有名的问题"篓子"。每当上哲学课时，他就一个接着一个地提问，使得教师应接不暇。但是罗素的老师很是欣慰，他认为："罗素会超过我的，因为他的问题比我的多。"后来的事实果真如此。

　　善于提问也是科学研究的驱动力。一些科学家之所以在科学上做出了不起的成就，起初并非都想要成名，而是"好奇"。比如伦琴发现 X 光线亦是他在实验过程中发现一种特殊的光线能穿透肌肉但不能穿透骨骼而进一步探索出来的；爱因斯坦创立相对论，是因为少年时观察火车运行提出问题并钻研而得的。

　　斐塞司博士有一个习惯：他总是喜欢午后坐在门前晒会儿太阳。

　　有一天，在他晒太阳的时候，一只母猫也在阳光下安详地打着盹儿，那种悠闲、舒服的样子在斐塞司眼里真是好玩极了。塞斐司博士开始观察起母猫。

　　时间一分一分地流走，太阳一步一步向西边走去，渐渐被拉长的树影，挡住了母猫身上的阳光。母猫醒了，它站了起来，伸了伸慵懒的身躯，又踱到另一块有阳光的地方，重新卧了下来，接着打盹。

每隔一段时间，猫都会随着阳光的转移而不停地变换睡觉的场地。这在我们看来是那样的司空见惯，可是我们眼里的这些司空见惯的举动却唤起了斐塞司博士的好奇心。

他问自己：猫为什么喜欢待在阳光下面？是光和热还是有其他原因？

对！是光和热。

猫喜欢待在阳光下，那么这说明光和热对它一定是有益的。那对人呢？对人是不是同样有益？这个想法在斐塞司的脑子里闪了一下。此时，他并没有"一闪了事"，而是认真地思考起来。于是，经过长时间的琢磨研究，斐塞司博士将这一再普通不过的现象转化成为闻名世界的日光治疗法的引发点。之后不久，日光治疗便在世界上诞生了。斐塞司博士，也因为从一只睡懒觉的猫身上看到的问题而获得了诺贝尔医学奖。

成功的本质在于创造，就在多问几个"为什么"之中。好奇、质疑、勤于思索是创造的第一步，也是学者的第一美德。脑海中没有几个"为什么"，就没有创新和创造，更谈不上成功。凡事多问几个为什么，对我们的成长具有十分重要的作用。拿出做学问的态度，以一种打破砂锅问到底的精神，遇事多问几个为什么，会比别人有更多的机会走向成功。

成功如此，人生更是如此。席慕蓉说："人生就像攀登一座山，而找山寻路，却是一种学习的过程。"没错，人生就是学习的过程。而找山寻路，多问问题则会使这通向山顶的道路成为捷径。

诚然，我们要勤于提出问题，更要学会如何提问题。"提问题是一个技巧，更是一种至关重要的能力。"倘若你在提问之前不愿思考，只是一股脑儿地向对方抛出一筐问题，压得别人喘不过气，无端消耗他人的时间，那么就不免会成为"失败的提问者"，得不到有价值的答案。

有人说："多问问题不如巧问问题。"这就是说，要想成为一个"成功的提问者"，就应该勤于思考，提炼出问题的核心，选择最有效的提问方式，再循循善诱、完整无误地将意思传达给他人，这样，才能取得最终交谈的成果。

著名的推销专家、犹太人维克多曾出席一个推销培训会。在会上，一位名叫比尔的学员突然问他："维克多博士，你被人们誉为全球最好的推销员，那么，现在，我想让你向我推销一些东西。"

"你希望我向你推销什么呢？"维克多微笑着说道。

比尔大吃一惊，有些人在听到上述的话后，可能会不停地说一大堆，比如，开始说一些推销的行话，而维克多却紧接着就开始提问而非对自己的问题进行解释。

"哦，就给我推销这个桌子吧。"比尔想了一会儿回答说。

话音刚落，维克多又提出了另一个看起来似乎很天真的问题："你为什么要买它呢？"

比尔再一次感到吃惊，他看着桌子回答说："这张桌子看上去很新，外形也美观，而且色彩也很鲜艳。除此之外，最近，我们刚刚搬到这个新摄影棚，暂时还不想处理掉。"

维克多对此不做说明，却让比尔自己说出购买的原因及为什么看中这个桌子。

"比尔，你愿意花多少钱买下这个桌子呢？"维克多接着说。

比尔听后似乎显得有点迷惑不解，他说："最近我还没有买过

桌子，但是，这个桌子这么漂亮，体积又这么大，我想我会花 18
美元或 20 美元买下来。"

维克多听到这句话后，马上接过话题说："那么，比尔，我就
以 18 美元的价格把这个桌子卖给你。"这样，交易就结束了。

故事中维克多先生反客为主的做法可能让很多人都大吃一惊，
原来提问还可以这样！实际上，就提问题本身来说，并没有什么
不可以。就像一句古话说的那样：运用之妙，存乎一心。所谓的
技巧和方法，都没有定式，很多时候都要"对症下药"。

不过，提问却也并非如雾踪雪影一般虚无缥缈、无迹可寻。
在提问时，如果以下几个问题能够为我们所注意，那么对于提升
谈话技巧，还是颇有助益的。

1. 别用无意义的话结束提问。不要用例如"有人能帮我吗？"
或者"有答案吗？"之类的话提问。因为，这样的提问很可能引
起他人的反感。

2. 谦逊绝没有害处，而且常帮大忙。提问时要彬彬有礼，多
用"请"和"先谢了"。这样做的目的是要让大家都知道你对他们
花费时间义务提供帮助心存感激。另外，如果你有很多问题无法
解决，礼貌将会增加你得到有用答案的机会。

3. 问题解决后，加个简短说明。问题解决后，除了道谢，还
应该加个简短说明或者是礼貌的寒暄，以便给提问者一个适当的
收场。

处处留心，处处皆学问

两千年前，有一位很有名的大学者，名叫亚里士多德。

崇拜他的人特别多，其中有个青年不远万里来向他求教。亚里士多德知道来意后，拿来一条鱼，要这个青年看一看，观察观察。该青年心想，一条鱼有什么好看的？因此，他漫不经心地看了一眼，结果什么也没有发现，就是一条常见的、普通的鱼。亚里士多德再次要求他仔细、反复地看鱼。功夫不负有心人，那位青年终于发现了以前没有发现的鱼的一个特征，即鱼是没有眼皮的。

这个故事告诉我们：只要留心观察，生活处处有学问。

创造来源于生活，灵感来源于生活，知识也来源于生活。"处处留心皆学问"，善于观察生活，生活就会回馈你想要的和意想不到的喜悦。

对于举世闻名的都江堰，相信大家并不陌生。可是，李冰在建造它时，却有着一个不大不小的故事。当时，李冰决心变岷江水害为水利，于是便筑堰。可是，筑堰的方法试验了多次，都失败了。有一天，他看到山溪里有一些竹篓，里面放着要洗的衣服，于是从中得到了启发。他让人编好大竹篓，装进鹅卵石，再把竹篓连起来，一层一层放到江中，在江中堆起了一道大堰，两侧再用大卵石加固，一道牢固的分水堰终于筑成了。这就是著名的水利工程——都江堰。李冰正是因为仔细观察生活，利用生活经验，找到了建筑分水堰的办法，取得了成功。

被誉为"蒸汽机之父"的瓦特，也是一个善于从生活中发现的人，8岁的瓦特对"烧水时壶盖为什么会被顶起来"这一现象提出了质疑，正是这个疑问，使瓦特开始研究它，并最终发明了蒸汽机，推动了人类社会的进步。总之，古今中外，像这样的例子还有很多，他们的成功无不是因为善于观察生活、留心生活的结果。

然而，纵观我们的周围，你会发现，很多人并不懂得"处处留心皆学问"的道理，他们对生活缺乏观察与感悟，以至于自己的知识面越来越狭窄、越来越不能适应社会发展的要求。这种现象，在家庭教育中表现得十分突出。

现在有些家长埋怨自己的孩子"笨"，什么都不会，只会衣来伸手、饭来张口。其实仔细想想，家长难道没有责任吗？孩子小的时候，总有一双好奇的眼睛，对周围的一切事情都很感兴趣，看到水龙头"哗哗"流水就想自己开关一次；看到遥控器能指挥家里的电器也想按一按；看到呼呼转的电风扇如获至宝……出于对孩子的好奇，家长总是教育孩子不要动这个、不要碰那个，所有的解释都是"危险""不能动"。久而久之，孩子就什么也不干了，养成了凡事请教家长，凡事依靠家长的坏习惯，甚至长大了也改不了。

如此做法显然不妥。相反，家长应该让孩子参与到生活中来。这样，孩子就会学到很多课本里学不到的知识，比如，带孩子去超市，要告诉他，超市里的东西不能随便拆，不能随便吃；带孩子去书店，要鼓励他自己找喜爱的书；带孩子去药店，要教他如何与导购人员交流；晾衣服的时候，让孩子拿衣架；整理家里的杂物，要告诉孩子鞋子应放在鞋柜里。

生活可以简单，但决不可以粗糙，养成留心的习惯，一个人的生活才会异彩纷呈。

在奔腾的人生之河中，我们永远是学生，我们的老师是自然、是社会、是他人、是我们身边的一切，作为学生，我们不能让"视而不见""熟视无睹"遮蔽了自己探求知识的眼睛，麻痹了自己积极进取的心。因此，生活的路程上我们欣赏的不仅仅是每个人自己脚下的风景。

是的，在平凡的每一个瞬间中，总会有我们的老师出现，它们不随四季的变化而变更，也不随太阳的起落而波动。一丝空气、一片白云就已传授我们自然的奥秘；一只动物、一株花草就教导我们身体的意义。其实，我们身边的知识有很多，只要你用心观察，用心寻找，你就会发现，生命的音符、色彩都存在着它无穷的知识。

"纸上得来终觉浅。""三人行，必有我师焉。"课本上的内容只能解释我们生活中很少的问题，而更大的发现，更多的知识是需要我们去挖掘、去开阔的。

做生活的有心人吧，不但能学到很多知识，还能领悟到人生包含的丰富道理。

近朱者赤，榜样是最好的动力

学习的内涵是非常广泛的，并非仅仅简单地停留在书本上。社会本身就是一所大学，到处都有学习的机会。其中，向可以成为学习榜样的成功者学习，就是一个不错的学习方法。

面对虚无缥缈的未来，遥想"成功"两字，你是不是也有无从迈步的迷惑？如果有，不妨先看看别人成功的原因，找到可以学习的成功榜样，学习一下他们的"成功模式"！

也许你会问："学习别人的成功模式就能成功吗？"

答案是："不一定。"因为一个人是否成功，还要受到个人的条件、努力的程度和机遇等诸多因素的影响，并不是学习别人的成功模式，就可以成功；但至少榜样的成功模式是一种指引，让你有方向可依，有迹可循，这绝对比茫无头绪，不知何去何从，要好过千百倍。

那么，如何才能找到一套"成功的模式"呢？

首先，你要找出一位你认为"成功"的目标人物。这个人可以是你的朋友，也可以是你的亲戚、长辈、同事，还可以是有名望的社会人士，更可以是书里的传记人物。你可以向他们请教他们的成功之道。一般来说，人人都喜欢谈成功而忌讳谈失败，所以他们会不吝啬地告诉你他们的成功经验，至于社会人士的成功之道，则可以从报纸杂志中得知，传记里的人物成功之道，传记里也会说得很清楚。

2006年，潘基文接替安南成为联合国的第八任秘书长，他是第二位来自亚洲的联合国秘书长。他之所以能够问鼎"世界大管家"的宝座，成为联合国的第八任秘书长，是与他中学时代的梦想和榜样力量的支撑密不可分的。高中时，潘基文有幸获得美国红十字会的邀请，前往美国访问，受到美国时任总统肯尼迪的接见，肯尼迪对他的勉励，使他激动不已。访问归来，潘基文便立志要当一名外交官，像肯尼迪那样做一个政坛的风云人物。学生时代结束后，潘基文开始为自己的外交梦想而努力。1970年，他从韩国汉城国立大学外交学系毕业，开始投身外交事业，并在1985年获得美国哈佛大学肯尼迪政治学院的硕士学位。2003年至2004年，他担任卢武铉总统的外交辅佐官，成为卢武铉的"左膀右臂"。2004年1月，潘基文出任韩国外交通商部长官，离他学生时代的梦想越来越近了。

一个人之所以成功，除了他自己的努力外，环境的影响也是很明显的。其实，你身边有很多人有接近你理想的影子，只是你没有发现而已。"近朱者赤，近墨者黑。"或许靠近红色不一定能让自己变红，但是至少你不会变黑。虽然荷花有出淤泥而不染的高洁品质，但是大多数人则很难摆脱环境的影响。在成长的道路上，最重要的环境就是一起学习的同伴、一起游玩的伙伴。物以类聚、人以群分，你身边的朋友是怎样的人，他们就是你影子的折射。

人生的梦想有时候看起来似乎十分虚幻，因为它总是预示着我们将来要成为什么样的人，所以有时候会令人觉得无从下手。

最好的办法，就是给自己找一个榜样，然后努力向他学习和靠近。英国著名作家史美尔斯说，榜样表明了成功的可能性。榜样的人生轨迹，就像一幅地图，指引我们去寻找梦想的宝藏。地图可能会过期，因为道路会更改。每个人都要走不同的人生道路，但是他们依然对我们的成长有着引导的意义。

榜样是现实中实实在在的人，把他们成长的足迹当作参照，然后规划自己的人生道路。你和他生活在同一片蓝天下，那么他能做到的，你为什么不能做到呢？如果和他站在一起，你就会明白，梦想并不像你想的那样遥不可及。把梦想寄予在某个人身上，然后努力向着那个人靠拢，梦想就不会显得那么遥远。因为每一棵参天大树，都是由一棵幼苗长成的。这样，你就不会因为自己的弱小而自卑自怨了。

知识只有在运用时才有力量

在古罗马和古希腊有两个著名的演说家，一个叫西塞罗，一个叫狄莫西尼斯。每当西塞罗的演讲结束时，听众都一起鼓掌并大叫："说得真好，我又学到了新的知识！"每当狄莫西尼斯的演讲结束时，听众都转身就走："说得真好，让我们开始行动吧！"

著名学者吉米·洛恩说过："世界上有两种人，他们都在同一本书上读到吃苹果有益于健康的知识，其中一个说：'我学到了知识'，另一个二话不说，直接走到水果摊前买了几斤苹果。"吉米·洛思认为买苹果的人是真正的聪明人，因为他们能够学以致用。而那些"学到了新的知识"却不懂运用的人，充其量只是一个书呆子。

人不能为了学习而学习。学习是让自己丰富，更让自己变得灵活、机智。在这个世界上，完全相同的事情绝对不会重复出现。因此，当面临一种新的状况时，谁也不能把以前所学的东西，原封不动地运用上去。学习到的东西，只能给人以知性的感觉。而学习正是为了锤炼知性，使知性更加敏锐。敏锐的知性可以抓住瞬间的机会，预见未来的趋势，洞悉细微处的微妙变化；把握宏观而抽象无形的东西。学习的目的，便是培养这种洞若观火的洞察力。

知识只有在运用时，才能产生力量。一个人不能为了学习而学习。在提出"知识就是力量"的口号以后，培根又做了补充，他说："学问并不是各种知识本身，如何应用这些学问，乃是学问以外的、学问以上的一种智慧。"这也就是说，有了知识，并不等于有了与之相应的能力，运用与知识之间还有一个转化过程，即学以致用的过程。

如果你有很多的知识，但却不知如何应用，那么你拥有的知识，就只是死的知识。鲁迅说："用自己的眼睛去读世间这一部活书，倘只看书，便变成了书橱，即使自己觉得有趣，而那趣味其实是已在逐渐硬化，逐渐死去了。"死的知识不但对人无益，不能解决实际的问题，而且还可能出现弊端和害处，就像古代纸上谈兵的赵括一样，无法避免失败的结局。因此，我们在学习知识的时候，不但要让自己成为知识的仓库，还要让自己成为知识的熔炉，把所学的知识在熔炉中加以消化、吸收。

被世人称为"魔术师"的发明家爱迪生，自幼家境贫穷，小时候在学校只读了3个月的书。但是，他却从小就具有非常强烈的好奇心，凡事总爱问个"为什么"。

他热爱科学，尤其是喜欢做各种各样的试验。在当报务员期间，他发明了一架改进的自动收报机，并获得了4万美元的报酬。

为了"揭示大自然的奥秘，并以此为人类造福"，他辞去了工作，专门从事科学研究。为此，他常常每天都要工作一二十个小时，他从来都不闲着，每当解决了一个问题以后，他便会去研究另一个问题。

他的每个发明，都需要多次的反复实验。例如，他花了一年多的时间及精力，选择一种既能发光又不会很快就被氧化掉的灯丝材料，试验的材料竟达 1600 多种。他于 1879 年 10 月发明了"白炽发光的电灯"，使"世界发光"的电灯出现在世人的面前。

在他 84 年的生命岁月中，爱迪生的重大发明数不胜数，在专利局登记过的发明就有 1328 种。他先后对电报、电话进行了改进，并发明了油印机、蜡纸、留声机、电车、电影等。他的发明，不但改进了人们一些日常生活的方式，并且受到了世人的崇敬。

科学在不断向前发展，人们也有层出不穷的问题需要面对，需要进行探索，求得解决。也只有这样，才能为人类的知识宝库增添更多的精神财富。这也是我们之所以强调读书与实际相联系的原因之一。

"读书"与"致用"有着密切的联系，从某种意义上来说，读书的目的就是为了更好地致用。如果读书不重视致用，不重视联系实际，那么也就失去了价值和意义。我们一再强调读书要与实际相结合，就是因为"知识来源于致用"。

那些给你知识，使你更聪明的书，并不会直接地生产出知识来，它之所以能够给你知识，就是因为它是一个科学性的概括，是一个对学以致用的总结性记载。

强调读书要与实际相联系，还因为书本知识的正确与否，还须通过致用来对其进行检验，也就是人们常说的"实践是检验真理的唯一标准"。书中的东西，往往会瑜瑕参差，人们在学习中如果不辨真伪地对其兼收并蓄，肯定会造成读书效率的下降和认识上的混乱。

那么，怎样才能不接受或者少接受错误的"书本知识"呢？只有把读书联系到实际中，把从书本之中学到的知识，在联系实际的过程中做一下检验，看看是否能经得起致用的考验。

学习知识是为磨炼智慧而存在的。假如只是收集很多的知识而不消化，就等于食而不化，徒然堆积了许多书本而不用，同样是一种浪费。同时，学习也应该是一个怀疑、思考和提高知识的能力过程。

　　一个人的知识越多，懂得越多，就越会发生怀疑，就越觉得自己无知。而怀疑正是学习的钥匙，能开启智慧的大门。求知的欲望，正是不懈学习、探求的动力，而怀疑会让自己不断进步。

　　好的问题，常会引出好的答案。好的提问和好的答案，同样重要。问题提得出人意料，答案也常常是十分深刻的。没有好奇心的人，不会产生怀疑，思考就是由怀疑和答案共同组成的。所以，智者其实就是知道如何怀疑的人。

　　人没有理由对什么事都确信无疑。怀疑一旦开始，疑点便愈来愈多，循着怀疑的线索去追寻答案，就可以解答很多的迷惑。

　　但过分的思考，则易使行动迟缓。的确，犹豫是非常危险的，人们必须在最适当的时候，遂下决断，否则便会坐失良机。只有适时而大胆地行动，才能掌握胜利；否则，临阵踌躇不决，将会丧失战机。

第四章

自省：帮你成为更好的自己

以铜为镜，可以正衣冠；以人为镜，可以明得失；以古为镜，可以知兴衰。一个时刻自省的人，言行会逐渐平和稳重，性格会更加完善完美。因此，在任何时候，我们都要反省自己，不能让无边无际的欲望去支配我们的生活。

不找借口，有一种智慧叫自省

第四章
与自己的灵魂对话：省自

自省是心灵深处的检讨，是一次思想的调整。自省首先是自我解剖，即用锋利的手术刀解剖自己，这样才会对自己有一个彻底的、深刻的认识，才能在生活中不断完善自己的人格。

但是在现实中，很少有人能真正做到经常性的自我反省，就更不用说时时反省了，因为我们大多数人都喜欢抱着这样的一种心理：

——我先动手打他，是因为他惹我生气了。（不肯承认自己脾气不好的缺点）

——这个计划是绝对完美的，在老总那里没有通过，是他偏心眼。（不肯静下心来，反思自己的不足）

——我迟到了，是因为我家离单位太远。（不肯承认自己贪睡，起床较晚）

其实，当你感到整个世界都在辜负你的时候，当你感到不快乐的时候，当你感到世界都错了的时候，你不妨先问一问自己是否是对的。如果整个世界都在辜负你，那么错的肯定是你，而不是这个世界。你要想改变这个局面，唯一的办法是改变自己。当你以一种正确的态度去对待这个世界时，世界也会以一种正确的态度对待你。

一只小狗老是埋怨有人踩它的尾巴，却从来没有反省过自己睡的位置不对：它总喜欢睡在过道上。平庸的人总是喜欢寻找种种原因，却不愿意审视自己的不足。他们看得见别人脸上的灰尘，却看不见自己鼻子上的污点。但强者却总是在调整自己、提高自己，努力地将自己打造成一个与外界和谐的人，他们更加注重自我反省与调整，深知只要自己对了，世界就对了。"现代戏剧之父"易卜生曾经告诫他人：你的最大责任就是把你这块材料铸造成器。说的其实也就是这个道理。

一个人是否善于自我反省，对于一个人成就非常重要。华人首富李嘉诚先生在谈到自己的成功的秘诀时，也不止一次地强调自我管理的重要性。他说："自我管理是一种静态管理。人生不同的阶段中，要经常反思自问，我有什么心愿？我有宏伟的梦想，但我懂不懂什么是有节制的热情？我有与命运拼搏的决心，但我有没有面对恐惧的勇敢？我有信心、有机会、但有没有智慧？我自信能力过人，但有没有面对顺境、逆境都可以恰如其分行事的心力？"

每个人，不管是天赋异禀还是资质平平，不管是出身高贵还是出身贫贱，都应该学会自我解剖与反省。

在儒家的主张中，自省的内容是十分丰富、又是十分具体的，大致有如下一些方面：仁、义、礼、智、信、忠、恕、善和学识。如果对其进行概括，可以分为德性和学识两方面。在辨察自己是否有违背德性和学识的言行时，应以"圣贤所言"为依据和标准。

曾子认为，自省的主要内容是"忠""信""习"（为人谋而不忠乎？与朋友交而不信乎？传不习乎？）。孟子认为，"君子"不同于一般人的地方，就在于居心不同。"君子"居心在仁，居心在礼。他说，假定这里有个人，他对我蛮横无理，那"君子"一定会反躬自问，我一定不仁，一定无礼，不然，他怎么会有这种态度呢？反躬自问以后，我不存在非礼非仁的言行，那人仍然如此蛮横无理，"君子"一定又反躬自问：难道是我不忠？反躬自问以后，我也实在是忠心耿耿，那人仍然蛮横无理，"君子"就会说：这个人不过是一个狂人罢了，既然这样，那同禽兽有什么区别呢？对于禽兽又该责备什么呢？于是，我仍然不必为此动气。在这里，孟子认为，反省的内容应是"仁"和"礼"。

孟子还说："万物皆备于我矣。反身而诚，乐莫大焉。强恕而行，求仁莫近焉。"他认为，反躬自问，自己是忠诚的，便引以为最大的快乐。不懈地按推己及人的恕道做去，达到仁德的途径没有比这更近便的了。可见，孟子认为反省的内容还应有"忠"和"恕"。

而荀子则曰："见善，修然必自存也；见不善，愀然必以自省也。善在身，介然必以自好也；不善在身，菑然必以自恶也。"荀子则认为，自省、修身应以善为主。

由于时代的变迁，作为今人，我们在自省的内容上或许与古人稍有不同。但不管怎样，善于自省、勇于自省的精神与习惯是一样的。"吾日三省吾身。"古人尚且如此，更何况我们呢？

自知之明，一个人进步的开始

俗话说：没有哪一个认识到自己天赋的人会成为一个无用之辈，也没有哪一个出色的人在错误地判断自己的天赋时能够逃脱平庸的命运。这也就是说，一个人要能够真正立足于社会，就必须要拥有全方位的自知之明。

然而，任何人都不是天生就有自知之明的，特别是在年轻的时候。然而，有些人一辈子都没有认识自己，既不知道自己所短，也不晓得自己所长。只要你认真观察，这样的人在生活里比比皆是。

在动物界，鹰凭着尖利的双爪和带钩的嘴，加之凶悍猛烈的冲击力，当它向羊俯冲过来之时，羊在如此强劲的对手之下，只有束手就擒。可是，对于在一旁观望的乌鸦，情况就大不相同了。乌鸦没有鹰尖利的双爪，没有鹰带钩的嘴，更没有鹰凶悍猛烈的冲击力，所以，在羊的心目中，这并不可怕。当乌鸦扑向羊时，首先，羊不会惊慌，甚至会嘲笑它：你一只平庸的黑鸟，岂敢在俺的头上动土，真是癞蛤蟆想吃天鹅肉。此刻的羊，面对突袭而来的乌鸦，只需采用不理睬的对策，就能对利令智昏的乌鸦达到以守为攻的效果。结果，乌鸦突袭羊的目的不仅没有得逞，反而成为牧羊人的猎物。

乌鸦之所以在袭击羊的行动中失败，是因为它没有自知之明。乌鸦只看到了鹰猎取羊的成功，却看不到鹰独有的长处和优势。当然，它更发现不了自己的短处和劣势。本来，乌鸦不具备捕猎羊的条件，而又要去做这种力不从心的捕猎，结果只能是失败。

　　生活中，导致失败的原因，往往是当事者没有自知之明，既没有发现客观世界的奥秘，也没有发现主观世界的不足。归根结底，还是他们不了解自己，但是他们并不知道这一点。

　　孔子问子贡："你和颜回哪一个强？"子贡答道："我怎么敢和颜回相比？他能够以一知十；我听到一件事，只能知道两件事。"

　　子贡的自知是明智的，子贡的从容更是胸怀博大。他虽不及颜回闻一知十，但却以其独特的人格魅力传之千古。

　　战国时期，齐威王的相国邹忌长得相貌堂堂，身高八尺，体格魁梧，十分漂亮。与邹忌同住一城的徐公也长得一表人才，是齐国有名的美男子。一天早晨，邹忌起床后，穿好衣服、戴好帽子，信步走到镜子面前仔细端详全身的装束和自己的模样。他觉得自己长得的确与众不同、高人一等，于是随口问妻子说："你看，我跟城北的徐公比起来，谁更漂亮？"

　　他的妻子走上前去，一边帮他整理衣襟，一边回答说："您长得多漂亮啊，那徐先生怎么能跟您比呢？"

　　邹忌心里不大相信，因为住在城北的徐公是大家公认的美男子，自己恐怕还比不上他，所以他又问他的妾，说："我和城北徐公相比，谁漂亮些呢？"

　　他的妾连忙说："大人您比徐先生漂亮多了，他哪能和大人相比呢？"

　　第二天，有位客人来访，邹忌陪他坐着聊天，想起昨天的事，就顺便又问客人说："您看我和城北徐公相比，谁漂亮？"客人毫不犹豫地说："徐先生比不上您，您比他漂亮多了。"

邹忌如此作了三次调查，大家一致都认为他比徐公漂亮。可是邹忌是个有头脑的人，并没有就此沾沾自喜，认为自己真的比徐公漂亮。

恰巧过了一天，城北徐公到邹忌家登门拜访。邹忌第一眼就被徐公那气宇轩昂、光彩照人的形象怔住了。两人交谈的时候，邹忌不住地打量着徐公。他自觉自己长得不如徐公。为了证实这一结论，他偷偷从镜子里面看看自己，再调过头来瞧瞧徐公，结果更觉得自己长得比徐公差。

晚上，邹忌躺在床上，反复地思考着这件事。既然自己长得不如徐公，为什么妻、妾和那个客人却都说自己比徐公漂亮呢？想到最后，他总算找到了问题的结论。邹忌自言自语地说："原来这些人都是在恭维我啊！妻子说我美，是因为偏爱我；妾说我美，是因为害怕我；客人说我美，是因为有求于我。看起来，我是受了身边人的恭维赞扬而认不清真正的自我了。"

这则故事告诉我们，人在一片赞扬声里一定要保持清醒的头脑，特别是居于领导地位的人，更要有自知之明，才能不至于迷失方向。

人贵有自知之明。可怕的自我陶醉比公开的挑战更危险。自以为是者不足，自以为明者不明。自明，然后能明人。流星一旦在灿烂的星空中炫耀自己的光亮时，也就结束了自己的一切。自高必危，自满必溢。胜时自己就认为完美无缺，成就大就居功自傲，名声高即目中无人。在这方面古人有经典论述，"三人行，必有我师焉"，"知人者智，自知者明"。

要真正了解自我，就必须换一个角度看自己。首先，要"察己"。客观的审视自己，跳出自我，观照自身，如同照镜子，不但看正面，也要看反面；不但要看到自身的亮点，更要觉察自身的瑕疵。包括对自己的学识能力、人格品质等进行自我评判，切忌孤芳自赏、妄自尊大。其次，要不断完善自我，有则改之，无则加勉。须知道天外有天，人外有人，尺有所短，寸有所长。

　　只有真正了解自己的长处和短处，避己所短，扬己所长，才能对自己的人生坐标进行准确定位。当你认识到自己的不足之时，也就是进步的开始。

吃一堑，长一智，不要在原地摔倒

"吃一堑，长一智。"出自明代王阳明《与薛尚谦书》："经一蹶者长一智，今日之失，未必不为后日之得。"意为：吃一次亏，长一分智慧。指受了挫败，记取教训，以后就变得聪明起来。

有人认为"吃一堑"与"长一智"之间存在必然性，其实未必。不是说吃一堑就一定能长一智，而是吃一堑有可能长一智。这种可能性要转变为必然性，就要有一个条件，那就是要从失误中总结教训，积累经验，这样才能长智。如果错后不思量，那么同样的错误还会不断重复出现。

从前，有个农夫牵了一只山羊，骑着一头驴进城去赶集。

有三个骗子知道了，想去骗他。

第一个骗子趁农夫骑在驴背上打瞌睡之际，把山羊脖子上的铃铛解下来系在驴尾巴上，把山羊牵走了。

不久，农夫偶一回头，发现山羊不见了，忙着寻找。这时第二个骗子走过来，热心地问他找什么。

农夫说山羊被人偷走了，问他看见没有。骗子随便一指，说看见一个人牵着一只山羊从林子中刚走过去，准是那个人，快去追吧！

农夫急着去追山羊，把驴子交给这位"好心人"看管。等他两手空空地回来时，驴子与"好心人"自然都没了踪影。

农夫伤心极了，一边走一边哭。当他来到一个水池边时，却发现一个人也坐在水池边，哭得比他还伤心。农夫挺奇怪：还有比我更倒霉的人吗？就问那个人哭什么，那人告诉农夫，他带着两袋金币去城里买东西，在水边歇歇脚、洗把脸，却不小心把袋子掉水里了。农夫说，那你赶快下去捞哇！那人说自己不会游泳，如果农夫给他捞上来，愿意送给他20个金币。

农夫一听喜出望外，心想：这下子可好了，羊和驴子虽然丢了，却可以得到20个金币，损失全补回来还有富余啊！他连忙脱光衣服跳下水捞起来。当他空着手从水里爬上来时，干粮也不见了，仅剩下的一点儿钱还在衣服口袋里装着呢！

这个故事告诉我们，农夫没出事时麻痹大意，出现意外后惊慌失措而造成损失，造成损失后又急于弥补因此又酿成大错，三个骗子正是抓住他的性格弱点，轻而易举地全部得手。

事实上，我们看到很多人一直如农夫般原地"摔倒"，而且很多时候是以同一种方式。这种人太过固执和自信，在他们的眼里，从来就不认为自己"摔倒"是因为这里面出了什么问题：要么这条"路"本身就走不通，要么就是自己走的技术、姿势不正确！而是觉得没有什么过不了的"坎"，还是照样的坚持原来的走法，而这又怎么不让他摔得鼻青脸肿呢？

要吃一堑，长一智，就必须在吃一堑之后，好好地进行一番的反思，并且在反思中，认真的吸取经验教训，绝不能再重蹈覆辙。事实也正如此，只有在认真吸取教训后才能够保证今后不再犯同样的错误，不再以同样的方式"摔倒"。特别是对于那些在迷途中深陷的人来说，更应该好好地反省：自己为何老是在原地

"摔倒"而无法走出迷途呢？

当然，我们也不必因为吃了一堑之后，就丧失了继续前行的勇气，从此坐以待毙。只要你敢于面对失败，敢于从失败中去反思，去寻找教训，并且修正自己的思想，丰富自己的经验，我们又何愁无法走出生命的低谷呢？

要勇于承认错误，反而能得到尊重

这是一则有趣的寓言：河里有一条河豚，游到一座桥下，撞到桥柱上。它不责怪自己不小心，也不打算绕过桥柱游过去，反而生起气来，恼怒桥柱撞了它。它气得张开两鳃，胀起肚子，漂浮在水面，很长时间一动不动。后来，一只老鹰发现了它，一把抓起了它，转眼间，这条河豚就成了老鹰的美餐。

这条河豚，自己不小心撞上了桥柱子，却不知道反省自己，不去改正自己的错误，反而恼怒别人，一错再错，结果丢了自己的性命，实在是自寻死路。"人非圣贤，孰能无过；知过能改，善莫大焉。"这也就是说，勇于认错，此乃智者之举；不肯认错者，终将失去进德的机会，殊为可惜。

人的一生不可能永不犯错，有时候错误只是自己的一时疏忽所造成，并不会造成太大的损失；但如果不认错，则可能会犯下"戒禁取见"，后果就不可收拾了。所以，一个人的际遇安危、成败得失，往往和自己能否"认错"有着十分密切的关系。

战国时候，有七大诸侯国，它们是齐、楚、燕、韩、赵、魏、秦，历史上称为"战国七雄"。这七国当中，又数秦国最强大。秦国常常欺侮赵国。有一次，赵王派蔺相如到秦国去交涉。蔺相如见了秦王，凭着机智和勇敢，给赵国争得了不少面子。秦王见赵国有这样的人才，就不敢再小看赵国了。赵王看蔺相如这么能干。就先封他为大夫，后封为上卿。

赵王这么看重蔺相如，可气坏了赵国的大将军廉颇。他想：我为赵国拼命打仗，功劳难道不如蔺相如吗？蔺相如光凭一张嘴，有什么了不起的本领，地位倒比我还高！他越想越不服气，怒气冲冲地说："我要是碰着蔺相如，要当面给他点儿难堪，看他能把我怎么样！"

廉颇的这些话传到了蔺相如耳朵里。蔺相如立刻吩咐自己手下的人，叫他们以后碰着廉颇手下的人，千万要让着点儿，不要和他们争吵。以后，他自己坐车出门，只要听说廉颇从前面来了，就叫马车夫把车子赶到小巷子里，等廉颇过去了再走。

廉颇手下的人，看见上卿这么让着自己的主人，更加得意忘形了，见了蔺相如手下的人，就嘲笑他们。蔺相如手下的人受不了这个气，就跟蔺相如说："您的地位比廉将军高，他骂您，您反而躲着他，让着他，他越发不把您放在眼里啦！这么下去，我们可受不了。"

蔺相如心平气和地问他们："廉将军跟秦王相比，哪一个厉害呢？"大伙儿说："那当然是秦王厉害。"蔺相如说："对呀！我见了秦王都不怕，难道还怕廉将军吗？要知道，秦国现在不敢来打赵国，就是因为国内文官武将一条心。我们两人好比是两只老虎，两只老虎要是打起架来，不免有一只要受伤，甚至死掉，这就给秦国造成了进攻赵国的好机会。你们想想，国家的事情要紧，还是私人的事儿要紧？"

蔺相如手下的人听了这一番话，非常感动，以后看见廉颇手下的人，都小心谨慎，总是让着他们。

蔺相如的这番话，后来传到了廉颇的耳朵里。廉颇惭愧极了。他脱掉一只袖子，露着肩膀，背了一根荆条，直奔蔺相如家。蔺相如连忙出来迎接廉颇。廉颇对着蔺相如跪了下来，双手捧着荆条，请蔺相如鞭打自己。蔺相如把荆条扔在地上，急忙用双手扶起廉颇，给他穿好衣服，拉着他的手请他坐下。

蔺相如和廉颇从此成了很要好的朋友。这两个人一文一武，同心协力为国家办事，秦国因此更不敢欺侮赵国了。这也就正是成语"负荆请罪"的出处。

可见，勇于承认自己的错误是一种大智慧。在生活中，一个人能坦诚地面对自己的错误，再拿出足够的勇气去承认它、面对它，不仅能弥补错误所带来的不良后果、提醒今后更加谨慎行事，而且别人也会痛快地原谅你的错误。

成功对我们来说十分珍贵，但有时错误同样珍贵。错误的珍贵，在于错误可以给我们许多经验，错误可以给我们许多教训，错误可以给我们许多有益的借鉴。这次的错误，可能成为下次走向成功的可贵指南。不怕你犯错，怕的是不能从错误中吸取经验，那才是最大的错误。对每个人来说，只要能从错误中悟到有益的经验，那么错误也同样珍贵。有些人认为错误有失自尊，面子上过不去，便害怕承担责任，害怕惩罚。与这些想象恰恰相反，勇于承认错误，你给人的印象不但不会受到损失，反而会使人尊敬你、信任你，你在别人心目中的形象反而会高大起来。

别人的批评更有利于你自省

美国著名总统林肯说"世人都喜欢赞扬",但我们在学习、生活、工作中,因种种原因谁都难免一辈子不受批评。这样,我们就会面临一个问题——怎样对待批评?

古人有云:良药苦口利于病,忠言逆耳利于行。别人的忠言也许有些逆耳,却有利于修正自己的不良行为。别人的批评就是苦味的良药,逆耳的忠言,我们千万不可小觑。如何对待别人的批评不仅可以体现出一个人的襟怀,还可以检验一个人的处世原则和综合素养。

抗日战争期间,昆明接纳了西南联合大学,闻一多、沈从文等四方学者云集昆明,昆明出现了历史上少见的文化盛宴,昆明的文化对中国科学与文化发展产生了巨大的影响。在来昆的众多宾客中,有一位学者不被云南人所欢迎,他就是被施蛰存称之为"被云南人驱逐出境"的李长之。他是山东利津人,曾就读于北京大学预科,后就读于清华大学,1936 年留清华大学任教,1937 年秋到昆明经人介绍到云南大学任教。李长之是个才子,一天可写一万五千字左右的长文,外加两篇随笔,其专著有获学术界高度评价的《中国文学史略稿》《批判精神》等。年少气盛的李长之在来昆不到半年的时间就"被云南人驱逐出境",是因其写了一篇短文《昆明杂记》。《昆明杂记》在学术界一登台亮相,可谓一石激起千层浪，掀起了轩然大波，昆明人在《昆明杂记》中根本找不到恭维、夸耀昆明人如何如何热情好客和云南民族文化如何如何丰富多彩的字眼，也找不到赞美昆明的气候如何如何好的文字，《昆明杂记》对昆明提出了指责和严厉批评。《昆明杂记》惹得云南人大为光火，"且事为龙主席所闻"，"据云绥公署欲请去谈话"。当时昆明大小报纸对李长之群起而攻之，"李乃大恐，或云坐飞机离滇，或云坐长途汽车他往"，三十六计走为上，实事求是提出批评意见的才子李长之不得不逃之夭夭。

时隔数年，余斌先生在《西南联大在蒙自》中对李长之事件的看法是："李长之尽管恃才傲物，话说得偏激一些，虽有了偏概全文之嫌，倒也非凭空捏造，昆明人那时不知为什么竟有点儿反应过度。"曾在李长之事件期间担任云南大学校长的楚光南先生后来也针对"李长之事件"在《云南文化的新阶段与对人的尊重和学术的宽容》中写道："来到云南的学者名流，对于云南的批评，总是冠冕堂皇的一套恭维，如云南天时气候如何，人民性质如何，社会秩序如何之类，照他们说来，云南真好得像天堂一样了，但情况并非完全如此。云南固有得天独厚之处，也有许多不足。真有自尊与自信者，就不应讳疾忌医，害怕批评，哪怕批评很严厉，有些过火"。针对当时云南人喜欢恭维和赞美，不喜欢批评的现状，楚图南先生还在其论著中写道：那"只是反映了云南社会落后、幼稚、无知，才有着这种需要，需要表面的恭维，无论真也好，假意也好，至少反映了云南还不能容纳真实的批评，至诚的谏净，无论是在极细微的地方。也就是云南还没有对人尊重和对学术宽容的雅量"。著有《西南联大·昆明记忆》的余斌先生，对当时云南人爱听恭维，也很有感触地说："你爱夸耀云南是什么什么王国，人家就送你一顶又一顶'王国'的金冠，你说云南民族文化丰富多彩，人家就说确实丰富多彩。但你能听懂人家话背后的意思吗？这王国那王国，不就是些资源吗？所谓丰富多彩，不就是色彩斑斓下面的落后吗？"余斌先生虽然已经透过恭维这一表面现象看到了恭维后面所暗藏的是侮辱和欺骗，但令人遗憾的是，李长之已"被云南人驱逐出境"了。

其实，批评和表扬一样，是使人健康成长、获得成功不可缺少的因素。表扬能给人以鼓舞，也能使人飘飘然；批评使人一时受挫，但更能使人体会到跌跤的滋味，在清醒和自省中成熟。陈毅同志说："难得是诤友，当面敢批评。"可以这么说，批评本身就是一种爱，而且是一种高层次的爱，"小批评小进步，大批评大进步，不批评就退步"讲的就是这个道理。能得到他人的批评不是一件坏事，说明他人对你寄予厚望，他人的"逆耳忠言"，无非是希望你尽快成熟起来。从批评者的角度讲，真正要做到"拉下脸"去批评一个人、批评一件事，并不是件很容易的事，甚至要经过激烈的思想斗争和深思熟虑，同时也说明他是一个心怀坦荡的人，是一个富有责任感的人，是你人生中的良师和益友。因此，我们必须真诚欢迎，不能虚以应付。

批评就好比医生给病人治病，是针对人们思、言、行上存在的"病灶"进行的，目的是要把病治好。有缺点毛病的人受到批评后，就会在思想上引起震动，促其认识错误、吸取教训、改掉毛病，进而变成一个健康的、有益于社会的人。

所以，我们如果有了过错，受到批评甚至处分后，不要一蹶不振，要勇于承认错误、改正错误，并从错误中接受教训，重新振作精神，以最好的状态投入到生活中。

向曾国藩学习如何自我反省

学者南怀瑾说："曾国藩一生共有十三套学问，但流传后世的只有一套，即《曾国藩家书》。"如果我们细读《曾国藩家书》，就会发现其中除了对晚辈的教诲外，更多的是对自我心灵的拷问。

曾国藩（1811—1872），中国近代一个响当当的人物，"清代三杰"之一，洋务运动的先驱人物。曾创办湘军与太平天军苦战并最终取得胜利。他历任内阁学士、礼部右侍郎、兵部、吏部侍郎，后任两江总督等职，一生历尽坎坷，几度生死。

从青年时代起，曾国藩就按照京师唐鉴、倭仁帮他制定的"日课十二条"，每日自修、自省、自律。即使后来成为高官显贵之后，也从不停止这些艰苦的功课。他曾经在日记中写道："一切事都必须检查，一天不检查，日后补救就困难了，何况是修德做大事业这样的事！"他所写日记，直到临死之前一日才停止。曾国藩正是在逐日检点、事事检点的自律自省中，一步一步地走向事业的成功，走向人生的辉煌。

道光年间，在京城做官的曾国藩书生意气，加之年轻气盛，内藏傲骨，外露傲气，易冲动，"好与诸有大名大位者为仇"。咸丰初年，他在长沙办团练，也动辄指摘别人，尤其是与绿营的明争暗斗，与湖南官场的凿枘不合，以及在南昌与陈启迈、恽光宸的争强斗胜，这一切都是采取法家强权的方式。虽在表面上获胜，实则埋下了更大的隐患。又如参清德，参陈启迈，参鲍起豹，或越俎代庖，或感情用事，办理之时，固然干脆痛快，却没想到锋芒毕露、刚烈太甚，伤害了这些官僚的上下左右，无形之中给自己设置了许多障碍，埋下了许多意想不到的隐患。

咸丰七年二月，曾国藩的父亲曾麟书去世，曾国藩脱下战袍从江西战场回家守丧。这引来了朝廷上下一片指责声，有些人甚至还希望朝廷处分他。但出乎意料的是，朝廷不仅准假三月，还给了他一笔银子，令他假满即赴前线。曾国藩并不领情，上表要求在家守制，朝廷不准。三个月后，曾国藩再次上奏，在这篇奏折里，他倒尽了苦水，然后提出复出的困难，如：自己所保举湘军将士的官名都是虚的；自己位虽高却没有实权；军饷受掣于地方；作战也得不到地方的支持……这实际上就是希望朝廷理解他的苦处，授以督抚军权实职，一切问题便迎刃而解。谁知朝廷根本不予理会。当时是满人的天下，要授汉人以实职是值得皇帝犹豫的，于是皇帝干脆同意他在家终制。曾国藩原本是想借守制为筹码，获得更大的权力以利于自己施展拳脚，却没料到被朝廷顺水推舟。无可奈何的曾国藩在家一待就是一年多。眼看着自己亲手创建的湘军不能由自己指挥立功，不免"胸多抑郁，怨天尤人"。

在湘中荷叶塘守制的一年多时间里，曾国藩对自己的为人处世作了深刻反省。他开始认识到自己办事常不顺手的原因，并进一步悟出了一些在官场中的为人之道："长傲、多言二弊，历观前世卿大夫兴衰及近日官场所以致祸之由，未尝不视此二者为枢纽。""历观名公巨卿，多以长傲、多言二端而败家丧生。天下古今之才人，皆以一傲字致败；天下古今之庸人，皆以一惰字致败。"他总结了这些经验和教训之后，便苦心钻研老庄道家之经典，潜心攻读《道德经》和《南华经》，经过默默地咀嚼、细细地品味，终于悟出了老庄和孔孟并非截然对立的，两者结合既能做出掀天揭地的大事业，又可泰然处之，保持宁静谦退之心境。

一年多后，浙江局面一变，御史李鹤年、湖南巡抚骆秉章等人上奏朝廷，要求朝廷速命曾国藩复出以解浙江之及时，在郁闷与反省中度日如年的曾国藩不再讨价还价，立即披挂出征了。再次出山的曾国藩，身上多了些从容与迁就，少了些冲动与固执。这些改变对他日后的功名成就无疑是影响巨大的。而这一切，均拜他的自省所赐。在这一年当中，是曾国藩一生思想、为人处世的重大调整和转折的时刻。在这段时光里，他反反复复痛苦地回忆，检讨曾经的过去。也正是由于他这段痛苦的自我反省才有了曾国藩晚年的成熟老练，等到他再次出山时，已渐渐地掩住自己的锋芒而日益变得圆融通达。

从曾国藩的家书中，我们可以清楚地体会到他是如何深刻地反思与检讨自己的作风。而一个时刻自省的人，言行逐渐平和稳重，性格也会更加完善完美，不会动辄乖张动气、情绪失控。因此，在夜深人静的时候，我们要思考，要反省，不能靠着本能和欲望去支配我们的生活。

第五章
无畏：每天进步一点点

　　成功是能量聚积到临界程度
后自然爆发的成果，绝非一朝一
夕之功。一个人眼界的拓展，学
识的提高，能力的长进，良好习
惯的形成，工作成绩的取得，都
是一个持续努力、逐步积累的过
程，是"每天进步一点点"的
总和。

坚韧不拔，既是力量又是魅力

美国杰出的鸟类学家奥杜邦在森林中刻苦工作了许多年。一次，在他度假回来时，发现自己精心创作的 200 多幅极具科学价值的鸟类绘画都被老鼠糟蹋了。

回忆起这段经历，他说："强烈的悲伤几乎穿透我的整个大脑，我接连几个星期都在发烧。"但过了一段时间后，他的身体和精神都得到了一定的恢复。他又重新拿起枪，拿起背包和笔，重新走进了森林深处。

无论一个人有多聪明，如果没有坚韧不拔的品质，他既不会从一个群体中脱颖而出，也不会取得任何成功。许多人本可以成为杰出的音乐家、艺术家、教师、律师或医生，但就是因为缺乏这种杰出的品质，最终一事无成。

在安徒生很小的时候，当鞋匠的父亲就过世了，留下他和母亲二人过着贫困的日子。

一天，他和一群小孩儿获邀到皇宫里去晋见王子，请求赏赐。他满怀希望地唱歌、朗诵剧本，希望他的表现能获得王子的赞赏。

等到表演完后，王子和蔼地问他："你有什么需要我帮助的吗？"

安徒生自信地说："我想写剧本，并在皇家剧院演出。"

王子把眼前这个有着小丑般的大鼻子和一双忧郁眼神的笨拙男孩儿从头到脚看了一遍，对他说："背诵剧本是一回事，写剧本又是另外一回事，我劝你还是去学一项有用的手艺吧！"

但是，怀抱梦想的安徒生回家后，并没有去学糊口的手艺，却打破了他的存钱罐，向妈妈道别，动身到哥本哈根去追寻他的梦想。他在哥本哈根流浪，敲过所有哥本哈根贵族家的门，并没有人理会他，但他从未想到要退却。他一直在写作史诗和爱情小说，却未能引起人们的注意，尽管他很伤心，却仍然以坚韧不拔的毅力坚持着写作。

1825 年。安徒生随意写的几篇童话故事，出乎意料地引起了儿童们的争相阅读，许多读者渴望他的新作品的发表，这一年，他 30 岁。

直至今日，《国王的新衣》《丑小鸭》等许多安徒生所写的童话故事，仍陪伴着世界上许多的儿童健康苗壮地成长。

无论环境如何艰难困苦，我们都不要向困难低头，而要坚韧不拔地坚持下去。沙地虽然贫瘠干燥，绿色的仙人掌却还是挺直身躯，让自己开出了鲜艳的花儿。水滴石穿、绳锯木断，是坚韧不拔地坚持的结果。坚持，既是人类的精神品格，更是成就大事的诀窍。生活既不是苦难，也不是享乐，而是我们应当为之奋斗，并坚韧不拔地坚持到底。

可以说，坚韧不拔的斗志是所有成功者的共同特征，他们也许在其他方面有缺陷和弱点，但坚韧不拔的斗志是他们身上所不可或缺的。

无论他的处境怎样，无论他怎样失望，无论任何苦难都不会使他颓丧，任何困难都不会打倒他，任何不幸和悲伤都不能摧毁他。过人的才华和聪明的天赋，都不如坚持不懈的努力更有助于造就一个成功者。

在生活中，最终能取得胜利的是那些坚持到底的人，而不是那些认为自己是天才的人。但是，很少能有人完全理解这一点：杰出的成就源于坚韧不拔的斗志和不懈的努力。

一次面试时，只有中专文凭的王福和许多大学生一同去应聘。然而面试者却要求他等到所有人都面试后，才叫他进去。王福没办法，抱着一线希望在大厅里等待着，快 12 点了，看样子还得等四个小时，许多人都饿得无精打采，但又都不愿意离开，怕错过面试的机会。

这可是个赚钱的机会，王福的脑海里闪过一丝兴奋，他赶忙跑到 1 公里之外唯一的一间快餐店，倾其身上所有的钱，以 4 元一盒的价格定做了 60 盒盒饭。回到大厅，不消一刻钟的时间，盒饭就全部卖完，王福净赚了 180 多元钱。

下午 4 点多，王福终于等到了面试的机会，被叫进了办公室。迎接他的是微笑的经理："小伙子，我已经决定破格录用你了。"

王福傻乎乎地问："可是，我没有大专文凭啊！"

"可你的精神感动了我。面对那么多应聘的大学生，你能从上午 8 点坚持到下午 4 点，说明你对自己充满信心。你中午卖盒饭，说明你挺有头脑。我们需要的就是你这种善于抓住市场的人才，而不是人手。好好干吧！"经理说。

一个人的成功需要很多因素，在你无法改变外力的时候，你该想想自己还能做点什么。首先，你还有很多机会，你应该充满自信，其次，要告诉自己：既然我能做，我一定会做得最好。

坚韧不拔的斗志，既是一种力量，又是一种魅力，它能使别人更加信赖自己，每个人都会信任那些有魄力的人。

实际上，当他决心做这件事情时，就已经成功了一半，因为人们都相信他会实现自己的目标。对于一个不畏艰难、一往无前、勇于承担责任的人，人们都知道无论怎样反对他或打击他，都是徒劳的。

坚韧不拔的人从不会停下来想想他到底能不能成功，他唯一要考虑的问题就是如何前进，如何走得更远，如何接近目标。无论途中有高山、有河流还是有沼泽，他都会去攀登、去穿越，而所有其他方面的考虑，都是为了实现这个终极的目标。

只要你拿出顽强的毅力，持之以恒，坚韧不拔地坚持到底，事业必然会取得成功。

坚持不懈，成功也会不期而遇

在西部淘金的热潮中，家住马里兰州的迈克和他叔叔一起到遥远的美国西部去淘金，他们手握鹤嘴镐和铁锹不停地挖掘，几个星期后，终于惊喜地发现了金灿灿的矿石。于是，他们悄悄地将矿井掩盖起来，回到家乡的威廉堡，筹集大笔的资金购买采矿设备。不久，他们的淘金事业便如火如荼地开始了。当采掘的首批矿石运往冶炼厂时，专家们断定，他们遇到的可能是美国西部罗拉地区藏量最大的金矿之一。迈克仅仅用了几车矿石，便很快将所有的投资全部收回。

让迈克万万没有料到的是，正当他们的希望在不断膨胀的时候，奇怪的事儿发生了：金矿的矿脉突然消失！尽管他们继续拼命地钻探，试图重新找到金矿石，但一切终归徒劳，好像上帝有意要和迈克开一个巨大的玩笑，让他的美梦成为泡影。万般无奈之际，他们不得不忍痛放弃了几乎要使他们成为新一代富豪的矿井。接着，他们将全套的机器设备卖给了当地一个收购废旧品的商人，带着满腹的遗憾回到了家乡威廉堡。

就在他们刚刚离开后的几天里，收废品的商人突发奇想，决计去那口废弃的矿井碰碰运气，为此，他还专门请来了一名采矿工程师。只做了一番简单的测算，工程师便指出，前一轮工程失败的原因，是由于业主不熟悉金矿的断层线。考察的结果表明，更大的矿脉距离迈克停止钻探的地方只有三英寸！

故事的结果是，迈克终其一生只是一名收入仅够养家的小农场主，而这位从事废品收购的小商人，成了西部的巨富。虽然付出了最大的努力，但迈克获取的却仅仅是罗拉地区最大金矿的一个小小支脉；收废品的商人虽然只花费了很小的代价，却通过一口废弃的矿井而成功地拥有了最大金矿的全部。这两种截然不同的命运背后，原本暗藏着一次完全相同的机遇。所不同的是，面对"失败"和"不可能"，迈克轻易放弃了，而收购废品的小商人却敢于再去尝试一次。

约翰逊于1918年出生在一个贫寒的家庭中。他曾在芝加哥大学和西北大学勤奋读书，由于他的刻苦钻研，最后获得了16个名誉学位。约翰逊开始踏入商界是在芝加哥由黑人经营的优异人寿保险公司当杂役。现在，他已是这个公司集团的董事长，主管着好几个庞大的分公司。

1942年，24岁的约翰逊以抵押他母亲的家具得到的500美元贷款独自开办了一家出版公司。现在，这个出版公司已经成为美国的第二大黑人企业。1961年，约翰逊开始经营书籍出版事业。到了1973年，他又扩展了业务，买下了芝加哥市的广播电台。

在谈到他的成功时，约翰逊谦逊而诚恳地说："我的母亲最初给了我很大的启发和鼓励，她相信并且常常对我说的是'也许你会勤奋地工作而一事无成。但是，如果你不去勤奋地工作，你就肯定不会有成就。所以，如果你想要成功的话，就得冒这个险！问题总是有办法解决的。要百折不挠、坚持不懈，要不断地去研究、去想办法'。"

他到芝加哥去上中学时，就开始为获得成功而奋斗了。"我没有朋友，没有钱，由于穿的是家里自制的衣服而被人讥笑。我说话有很重的南方口音，小朋友们常拿我的罗圈腿取笑我。所以，我不得不用一种办法在他们面前争口气，而且我只能采取这样一种办法——做一个成绩优异的学生。"

1943年，当美国的《黑人文摘》刚开始创刊时，前景并不被人们所看好。约翰逊为了扩大该杂志的发行量，积极地准备做一些宣传。他决定组织撰写一系列"假如我是黑人"的文章，请白人把自己放在黑人的地位上，严肃地看待这个种族问题。他想，如果能请罗斯福总统的夫人埃莉诺来写这样的一篇文章，是最好不过的了。于是，约翰逊便给她写了一封非常诚恳的信。

罗斯福夫人回信说，她太忙，没时间写。但是，约翰逊并没有因此而气馁，他又给她写了一封信，但她回信还是说她很忙。此后，每隔半个月，约翰逊就会准时给罗斯福夫人写去一封信，言辞也愈加恳切。

不久，罗斯福夫人便因公事来到了约翰逊所在的城市芝加哥，并准备逗留两日。得此消息后，约翰逊喜出望外，立即给总统夫人发了一份电报，恳请她在芝加哥逗留的这段时间里，给《黑人文摘》写一篇那样的文章。收到电报后，罗斯福夫人没有再拒绝。她觉得，无论自己多忙，她再也不能说"不"了。

罗斯福夫人的文章刊出后，在全国引起了轰动。结果，在一个月内，《黑人文摘》杂志的发行量由2万份增加到了15万份。后来，他又出版了一系列的黑人杂志，并开始经营书籍的出版、广播电台、妇女化妆品等事业，终于成为世界闻名的大富豪。

可以说，约翰逊的成功秘诀就是坚持不懈，他并不相信速战速决。"取得成功总得去努力，有时还要经过多次的失败。人们来到这里，看到我这里相当壮观的场面，都说：'嘿！你真走运。'我就提醒他们，我花了30年漫长艰苦的时间，才做到这个地步。我是在那家保险公司的一个小房间里起步的，然后搬到了一所像储煤巷一样的小屋子里。我一件事接一件事地干，最后才到了现在的地步，而不是一开始就是这样。我觉得，每个人都应该像一个长跑运动员那样，不断向前，千万不要半途而废。"

其实，很多人并不了解，在取得成功之前的奋斗过程中，可能会遇到许多挫折，面临许多令人沮丧的挑战。但成功的人在受到挫折时，并没有灰心丧气，止步不前。相反，他们从挫折中吸取经验教训，坚毅地向前，并坚持下去，更加努力地朝着目标奋进

所有的奋斗目标都是在一点一点、一步一步地坚持的过程中实现的。因为取得进步需要时间，成功的过程也是缓慢的，所以获得成功有时需要花很长时间。成功者都懂得这个道理，在为取得成功而奋斗的过程中，容许自己克服挫折与失败，一步一步地前进。他们知道想要即刻如愿以偿地取得成功是不现实的，正确的态度是持续不断地去实践、去努力。

可以说，成功从来就不是一条风和日丽的坦途，面对每一次的挫折与失败，我们应该始终怀有"再试一次"的勇气与信心。也许，再试一次，成功就会不期而至！

为了目标，做偏执狂又如何

一个人为实现某个目标，焦虑到一定程度时，就会成为偏执狂。对此，英特尔公司总裁安迪·葛洛夫曾说："唯有偏执狂才能成功！"因为，在成功之前，在还看不到希望的时刻，绝大多数人都陆陆续续地放弃了，这就像是阿里巴巴创始人马云说的那样："今天很残酷，明天更残酷，后天很美好，但是绝大多数人死在明天晚上，见不着后天的太阳。"偏执狂却不一样，作为成功的少数派，他们能够始终坚持他们的目标，不管经历多少风雨险阻，不离不弃，直到"后天的太阳"升起，收获一个灿烂的黎明。

肯德基的创始人桑德斯上校在 65 岁时还身无分文，孑然一身，当他拿到生平第一张救济金支票时，金额只有 105 美元，但他没有抱怨，而是问自己："到底我对人们能做出什么贡献呢？我有什么可以回馈的呢？"

随之，他便思量起自己的所有，试图找出可为之处。头一个浮上他心头的答案是："很好，我拥有一份人人都会喜欢的炸鸡秘方，不知道餐馆要不要？我这么做是否划算？"

随即他又想道："要是我不仅卖这份炸鸡秘方，同时还教他们怎样才能炸得好，这会怎么样呢？如果餐馆的生意因此而提升的话，那又该如何呢？如果上门的顾客增加，且指名要点用炸鸡，或许餐馆会让我从其中抽成也说不定。"

好点子固然人人都会有，但桑德斯上校就跟大多数人不一样，他不但会想，而且还知道怎样付诸行动。随之他便开始挨家挨户地敲门，把想法告诉每家餐馆："我有一份上好的炸鸡秘方，如果你能采用，相信生意一定能够提升，而我希望能从增加的营业额里抽成。"

很多人都当面嘲笑他："得了吧，老家伙，若是有这么好的秘方，你干吗还穿着这么可笑的白色服装？"这些话是否让桑德斯上校打退堂鼓呢？丝毫没有，因为他还拥有天字第一号的成功秘诀，那就是执着，决不轻言放弃。

于是，他驾着自己那辆又旧又破的老爷车，足迹遍及美国每一个角落。困了就和衣睡在后座，醒来逢人便诉说他的炸鸡配方。他为人示范所炸的鸡肉，经常就是他果腹的餐点，往往匆匆便解决了一顿。

两年过去了，桑德斯上校近乎偏执的坚持终于为他换来了成功。在整整被拒绝了 1009 次之后，桑德斯上校听到了第一声"同意"，他的炸鸡配方终于被接受了。

或许偏执坚持的人，不一定都会有桑德斯上校最后那样好的结果，能够获得成功。但无论成功与否，有一点毋庸置疑，那就是：他们始终在不断争取、不断前进，向着目标切实努力着，也始终保持着继续坚持的勇气和永不妥协的执着。

一言以蔽之，偏执狂总是生活的强者。

成功，就是比别人多付出一点儿

一个人，只要每天比别人付出多一点儿，就总会有意想不到的惊喜。

很多人都有过这样的经历：最后一趟班车总是在内心感到绝望的时候到来。其实，做任何事情都是一样，坚持就是胜利，成功从来都不会让一个持之以恒的人空手而归。

一个农场主在巡视谷仓时不慎将一只名贵的金表遗失在打谷场里，他遍寻不获，便在农场门口贴了一张告示，如果人们肯帮忙，悬赏 100 美元。

人们面对重赏的诱惑，无不卖力地四处翻找，无奈场内谷粒成山，还有成捆的稻草，要想在其中找寻一块金表如同大海捞针。

人们忙到太阳下山也还没有找到金表，他们不是抱怨金表太小，就是抱怨打谷场太大、稻草太多，他们一个个放弃了 100 美元的诱惑。只有一个穿破衣的小孩子在众人离开后仍不死心，努力寻找，他已整整一天没吃饭，希望在天黑之前找到金表，解决一家人的吃饭困难。

天越来越黑，小孩在谷仓内坚持寻找，突然发现一切喧闹静下来后有一个奇特的声音"滴答、滴答"不停地响着，小孩顿时停止寻找。谷仓内更加安静，滴答声十分清晰。小孩寻声找到了金表，最终得到了 100 美元。

成功的法则其实很简单：就是比别人多付出一点儿。而成功者之所以稀有，是因为大多数人认为这些法则太简单了，而没有坚持。

是的，付出越多，机会越多。当你每多付出一点儿，就多了一次显示自己是否胜任和提升胜任力的机会。而胜任与否，有时候只差一点点。当我们能坚持比别人多付出一点点，每天能让自己进步一点点时，很快，我们就能比很多人更胜任！

有两个乡下人 A 与 B，一起来到一座大城市，都选择了卖菜，都在一个市场上，菜摊儿还挨着。可是几年以后，同样是卖菜，却卖出了天壤之别：A 成了蔬菜批菜商，手握 200 多万资金；B 则因生活难以为继，只好又回到了乡下。

是什么决定了他们的成与败呢？其实，他们之间的差别就在于每天的付出多一点儿与少一点儿。是的，就那么一点点，造成了他们的天壤之别。

每天卖菜时，A 卖菜人都要拿出一点点时间把黄菜叶子和烂根去掉，把菜弄得水灵灵的好看；B 卖菜人却从来没有理会过这一点儿，他认为菜怎么可能会没有黄叶子烂根呢！

每天卖菜时，A 卖菜人总会把菜摊儿收拾得规规矩矩，把菜码放得整整齐齐，让人看着就舒服；B 卖菜人则只把菜往地上一摊，爱怎样就怎样。

就这样，刚开始差距只是一点点，但长此以往的结果是，一起进城的两个人，一个在城里站稳了脚跟，一个只好回了乡下。

在职场上，许多人都没有明白这样一个道理，常常需要领导发脾气，需要单位出制度才能保持正常的工作心态和工作习惯。

其实，你不应该让领导看到你的懒惰，而更多的是应学会主动地去加班，主动地去替公司思考。这样的付出习惯，虽然不能让一个职场人士马上出类拔萃，但却能马上让领导对你产生好感，会让领导认为你才是最优秀的员工。

每个人都应该学会勤奋，勤奋永远是一个制胜的法宝，在一个人的成功之路上，勤奋也扮演着一个非常重要的角色。"打工皇帝"唐骏说："我喜欢勤奋，我很勤奋，我更希望的是什么？我希望带着所有的年轻人，用'勤奋'两个字不断地鞭策自己。只有勤奋才能真正带你实现人生的目标。"是的，在人生的道路上，记住两个字——勤奋。勤奋，再勤奋，每天多走一步，时间一长，你就会快人很多。

美国著名出版商乔治.W.齐兹12岁时便到费城一家书店当营业员，他工作勤奋，而且常常积极主动地做一些分外之事。他说："我并不仅仅只做我分内的工作，而是努力去做我力所能及的一切工作，并且是一心一意地去做。我想让我的老板承认，我是一个比他想象中更加有用的人。"

著名投资专家约翰·坦普尔顿指出：取得突出成就的人与取得中等成就的人几乎做了同样多的工作，他们所做出的努力差别很小，但其结果，在所取得的成就及成就的实质内容方面，却经常有天壤之别。这好比两个人参加马拉松比赛，在奔跑两个小时以后，都已经完成了42公里的赛程，还有不到200米，就将到达终点。当时的情况是，两人都十分劳累、难受。前者选择了放弃，而后者则坚持了下来。相对于他跑过的漫长路程，余下这一段短短的距离所具有的价值和意义是不言而喻的，没有这几步，此前的努力将变得毫无意义；有了这几步，他就成了一个征服马拉松的胜利者。取得中等成就的人只是少跑了几步，不幸的是，那是最有价值的几步。

成功是什么？成功是一种超越自己的渴望。成功就是别人付出十分的努力，而我们付出十一分的努力！其实，在这个世界上，天生的高手并不多，成功者只不过是比普通人多了一份勤奋刻苦和坚持不懈而已。

你确定自己全力以赴了吗

一天，猎人带着猎狗去打猎。猎人一枪击中一只兔子的后腿，受伤的兔子开始拼命地奔跑。猎狗在猎人的指示下也是飞奔去追赶兔子。可是追着追着，兔子跑不见了，猎狗只好悻悻地回到猎人身边，猎人开始骂猎狗了："你真没用，连一只受伤的兔子都追不到！"猎狗听了很不服气地回道："我尽力而为了呀！"再说兔子带伤跑回洞里，它的兄弟们都围过来惊讶地问它："那只猎狗很凶啊！你又带了伤，怎么跑得过它的？""它是尽力而为，我是全力以赴呀！它没追上我，最多挨一顿骂，而我若不全力地跑我就没命了呀！"

对任何一个人来说，都有未被开发的潜能，但是我们往往会对自己或对别人找借口："管它呢，我们已尽力而为了。"事实上尽力而为是远远不够的，尤其是现在这个竞争激烈的年代。我们要常常问自己，"我今天是尽力而为的猎狗，还是全力以赴的兔子呢？"

"全力以赴"与"尽力而为"这两个词，从字面理解相似，其实差之毫厘，谬以千里。它们分别代表两种截然不同的生存态度，也造就两种不同的效果或人生。尽力而为，有太多被动的成分。只有完全出于主观，才会全力以赴，才能有所超越。尽力而为只能让我们做完事，而全力以赴却能让我们做成事。用尽力而为的态度做事，碰到问题会退缩，会抱怨，会找理由推卸责任；用全力以赴的态度做事，碰到问题会主动寻找解决方法，主动寻找所需资源，把困难很好地解决掉，把事情圆满地完成。

人们常常认为，一个人有能力，就可以解决很多事情。然而，只有能力还不够，必须能力、态度、热情三者合一才能成功。不少人的失败，不是没有能力，也不是没有机会，而是失去了热情。一个人一旦失去热情，惰性就会乘虚而入，就会变得死气沉沉，甚至会传染给身边人，影响一个团队。能力一般的人，只要态度端正、斗志昂扬，总会比一些能力强但态度不好、热情不够的人容易成功。热情就像火，能点燃人身上的潜能，激发所有智慧和优点。一个人在"我要做"时，就会动脑筋、想办法，视困难如草芥。

美国的大发明家爱迪生，小时候家里买不起书、买不起做实验用的器材，为了得到这些，他就到处收集瓶罐。由于自己的兴趣，加上人生志向，他决定研究发明有利于人类的东西。在这过程中，他经历了种种挫折，一次，他在火车上做实验，不小心引起了爆炸，车长甩了他一记耳光，他的一只耳朵就这样被打聋了。生活上的困苦，身体上的缺陷，并没有使他灰心，他全力以赴、更加勤奋地学习。最终发明了现在家家户户都在用的电灯，成为一名举世闻名的发明家。

要知道，用尽所有的能量，积极主动地做好每一件事，全力以赴，是每一位成功人士必备的综合素质。一个人，对于工作，要全身心地投入其中，不要偷懒，也不要找借口，任何时候的放弃都意味着失败。

有家挖掘公司，刚刚招进了三位员工。第一个挂着铲子说他将来一定会做老板；第二个抱怨工作时间太长，报酬太低；第三个只是全力以赴低头挖沟。过了若干年，第一个仍在挂着铲子；第二个虚报工伤，找到借口退休了；第三个呢？他成了这家公司的老板。

这个故事告诉我们的是：不管你做什么，总是有人在意你。当你决定做一件事的时候，就一定要全力以赴，不要偷懒，不要埋怨，成功将会很快降临在你的身上。

然而，在生活中，有的人每天都在抱怨。每当看到别人的成功时，就会抱怨上帝的不公。其实老天是公平的，只是，你是否已做到了全力以赴，是否真的付出了全部的努力了呢？

一个手艺很好的老木匠想要退休，但是他的老板舍不得这个员工，就提出让他再盖最后一座房子，并承诺要送给老木匠一个礼物。老木匠答应了，在做活的时候他下的是次料，干的是粗活。房子盖完了，老板却把房子的钥匙交给了老木匠，并对他说："这就是我要送你的礼物。"听了老板的话，老木匠当时就惊呆了，他很后悔没有全力以赴的去盖这最后一座房子。

仔细想一想，我们又何尝不是那个老木匠呢？在关键的时候，总是不努力，不肯付出自己全部的精力和体力，总是想"偷工减料"，所以当我们警觉到自己的尴尬处境时，我们已经被关在了自己建造的房子里。

其实，不论做什么事情我们都应该全力以赴，也许有人会说：我本想全力以赴地投入，但是如果无功而返，我的全力以赴岂不是白做了吗？但是你有没有想过，如果我们没有全力以赴去做，等待我们的就只有失败。

全力以赴去做事的确很累，但是当我们获得了成功的时候，我们会觉得所有的努力都是值得的。

全力以赴，是奋斗的目标，是指引命运之舟的灯塔；全力以赴，是积极的心态，是打开成功之门的钥匙；全力以赴，是巨大的潜能，是自动自发地动力源泉；全力以赴，是开拓的精神，是积极进取的人生理念。

屡败屡战才是真英雄

任何人，只要有了不屈服、屡败屡战的精神，就一定能够克服一切困难，从而到达成功的彼岸。

历史上，有很多屡败屡战的人，他们正是凭借着这股"牛劲儿"，最后取得了杰出的成就。

一说起刘备，人们总是想到他成就了蜀汉的霸业，想到他三顾茅庐的惜才之举，想到桃园结义的袍泽之情。但事实上，刘备起自微末，贩卖草鞋出身，前期缺兵少将，与关羽张飞东奔西投，无容身之地。

《三国志》中多次写到"先主败绩"，但也评价他"折而不挠"，特别是长坂坡一战，老婆丢了，孩子差点没了，一般人可能都不想活了，但刘备习惯吃败仗，他没有灰心丧气，而是派出诸葛亮赴东吴联吴抗曹，赤壁一战奠定了三分天下的根基。

可以这么说，48岁之前，刘备上无片瓦、下无寸土，但他屡败屡战的英雄气概令他的对手都很敬佩，就连视天下如无物的一代枭雄曹操都说"天下英雄，惟使君与操耳"。

曾国藩在与太平天国的斗争中，曾经多次受挫，咸丰四年（1854年）5月兵败靖港时更是投水自裁。

咸丰五年，石达开总攻湘军水营，烧毁湘军战船上百艘，曾国藩座船被俘，"公愤极，欲策马赴敌以死"。

在写给皇帝的奏折中，他将"屡战屡败"改为"屡败屡战"，一字之差，立显人生境界，其中有一种不达目的不罢休的英雄气概，有一种"苟利国家生死以，岂因祸福避趋之"的铁肩道义，有一种誓清寰宇措民衽席的悲悯情怀。正因为他有这种屡败屡战的大无畏精神，最终领导湘军平定了洪杨之乱，成为万民景仰的"曾侯"，成为"中兴三名臣"之首。

一生屡败屡战、以为人民谋求自由幸福为己任的当数"国父"孙中山。孙中山1895年2月创立"兴中会"，10月8日广州起义失败，孙中山流亡海外。1900年9月在广东发动惠州三洲田起义失败后流亡日本。1907年5月第三次起义于潮州黄冈，历六日而败。第四次是1907年6月命邓子瑜起义于惠州七女湖，历十余日而败。1907年7月徐锡麟起义于安庆，失败殉难。同年7月，孙中山主持镇南关起义，再遭失败。据统计，自1894年到1911年之间发动革命起义事件共有29次之多，直到1911年10月10日武昌起义在危难中奋击成功，一举推翻了两千多年的封建帝制，成为中国民主革命的先行者。

无可置疑，刘备、曾国藩与孙中山的屡败屡战的精神是很值得我们学习的。从他们的身上，我们可以明白很多道理：逆境与机遇是并存的，失败与成功是并存的。

一个人失败了并不要紧，关键是怎样对待。一个人失败了，要正确对待并能分析其客观原因，而不能沉溺在失败的痛苦中不能自拔，必须重新振作，抛掉所有的阴影，一心朝着目标努力向前。同时，机会总是留给有准备的人，总有留给那些拥有"狗鼻子"的人，不管我们遇到什么困难，不管我们现在的境况如何，我们都要善于捕捉机会，只有这样我们才可能会收获更多精彩和成功。即使失败了，也会收获经验。

雨后，一只蜘蛛艰难地向墙上那一张已经支离破碎的网爬去，由于墙壁潮湿光滑，蜘蛛爬到半墙上就滑了下来，它一次次地向上爬，一次次地又掉下来……

这时，一个人走了过来，他看到了爬上去又掉下来的那只蜘蛛，叹了一口气，自言自语："我的一生不正如这只蜘蛛吗？忙忙碌碌而无所得。"

那人叹息着离去了。

于是，他日渐消沉。

不一会儿，又走过了一个人来，他看到了爬上去又掉下来的那只正在努力的蜘蛛，那人嘲笑着说道："这只蜘蛛真愚蠢，为什么不从旁边干燥的地方绕一下爬上去？我以后可不能像它那样愚蠢。"

于是，这个人变得聪明起来。

不久，又过来一个人，那只蜘蛛依然顽强地向上爬呀爬，第三个人看着那只顽强拼搏的蜘蛛，立刻被蜘蛛屡败屡战的精神感动了，久久不忍离去。

于是，他变得坚强起来。

所以说，对于失败，不同的人有不同的理解，从而采取不同的行动。有的人屡战屡败，从此一蹶不振；有的人屡败屡战，绝不向命运屈服。我们应向这个故事中的第三个人致敬，他一定因坚强而强大起来。

可见"屡战屡败"会传达给人失败和痛苦的感觉，而"屡败屡战"则带给人希望，让人变得自强。屡败屡战，显示出来的不仅仅是一种态度，更是一种勇气。我们要不屈不挠、愈挫愈奋、锲而不舍，不要怕失败，怕的是在失败后没有了上战场的勇气。

没有退路就是最好的进步

　　秦朝为了镇压起义，便派了三十万人马包围了赵国的巨鹿。赵王连夜向楚怀王求救。楚怀王派宋义为上将军，项羽为次将，带领二十万人马去救赵国。谁知宋义听说秦军势力强大，走到半路就停了下来，不再前进。军中没有粮食，士兵用蔬菜和杂豆煮了当饭吃，他也不管，只顾自己举行宴会，大吃大喝的。这一下可把项羽的肺气炸啦。他杀了宋义，自己当了"假上将军"，带着部队去救赵国。

　　项羽先派出一支部队，切断了秦军运粮的道路；他亲自率领主力过漳河，解救巨鹿。

　　楚军全部渡过漳河以后，项羽让士兵们饱饱地吃了一顿饭，每人再带三天干粮，然后传下命令：把渡河的舟凿穿沉入河里，把做饭用的釜砸个粉碎，把附近的房屋放把火统统烧毁。这就叫破釜沉舟。项羽用这办法来表示他有进无退、一定要夺取胜利的决心。

　　楚军士兵见主帅的决心这么大，就谁也不打算再活着回去。在项羽亲自指挥下，他们以一当十，以十当百，拼死地向秦军冲杀过去，经过连续九次冲锋，把秦军打得大败。秦军的几个主将，有的被杀，有的当了俘虏，有的投了降。这一仗不但解了巨鹿之围，而且把秦军打得再也振作不起来，过两年，秦朝就灭亡了。

打这以后，项羽当上了真正的上将军，其他许多支军队都归他统帅和指挥，他的威名传遍了天下。

一个人在追求成功的道路上，在社会残酷的竞争环境下，也必须有破釜沉舟的精神才会获得大的成功。大多数成功人士之所以成功，都由于他们能够一心向着他所努力的目标前进。为了达成目标，他们能舍弃一切与他成功之路不相关的事物，眼光只锁定他的目标。不给自己留退路，让自己没有回旋的余地，方能竭尽全力，锐意进取，就算遇到千万困难，也不会退缩，因为回头也没有退路了，不如不顾一切地前进，还能找到一线希望。有了一种拼命或豁出去的信念，才能彻底消除心中的恐惧、犹豫、胆怯。当一个人不给自己任何退路的时候，他就什么都不怕了，勇气、信心、热忱等从心底油然而生，到最后自然"置之死地而后生"。

古希腊著名演说家戴摩西尼年轻的时候为了提高自己的演说能力，躲在一个地下室练习口才。由于耐不住寂寞，他时不时就想出去溜达溜达，心总也静不下来，练习的效果很差。无奈之下，他横下心，挥动剪刀把自己的头发剪去一半，变成了一个怪模怪样的"阴阳头"。这样一来，因为头发羞于见人，他只得彻底打消了出去玩的念头，一心一意地练口才，演讲水平突飞猛进。正是凭着这种专心执着的精神，戴摩西尼最终成了世界闻名的大演说家。

1830 年，法国作家雨果同出版商签订合约，半年内交出一部作品，为了确保能把全部精力放在写作上，雨果把除了身上所穿毛衣以外的其他衣物全部锁在柜子里，把钥匙丢进了小湖。就这样，由于根本拿不到外出要穿的衣服，他彻底断了外出会友和游玩的念头，一头钻进小说里，除了吃饭与睡觉，从不离开书桌，结果作品提前两周脱稿。而这部仅用 5 个月时间就完成的作品，就是后来闻名于世的文学巨著《巴黎圣母院》。

　　一个人要想干好一件事情，成就一番事业，就必须心无旁骛、全神贯注地追逐既定的目标。在漫漫人生路上，当我们难于驾驭自己的惰性和欲望，不能专心致志地前行时，不妨斩断退路，逼着自己全力以赴地寻找出路，往往只有不留下退路，才更容易赢得出路，最终走向成功。

第六章
抓住机会：适时展露、推销自己

我们常常看到，本来很不错的战略规划，却被懵懂无知的战术方法搞砸；本来是似火的激情，却被现实中的手忙脚乱生生浇灭……只有把理想与行动紧密地联系起来，适时地展露、推销自己，机会才会义无反顾地眷顾你。

高调做事，才能更上一层楼

王婆的老家本在西夏，以种胡瓜为生，也就是今天的哈密瓜。当时，宋朝边境发生战乱，王婆为了避难，就迁到了宋朝开封的乡下，仍以种胡瓜为生。

由于胡瓜的外表不太美，中原的宋人都不认识这种瓜，所以尽管这胡瓜比普通的西瓜甜十倍，还是很少有人买。

王婆为谋生计，于是向来往的行人不断地夸耀自己的瓜如何好吃，并且把瓜剖开让大家先尝后买。起初没有人敢吃，后来有个胆大的上来咬了一口，只觉胡瓜像蜜一样甜，赞不绝口，于是，一传十，十传百，王婆的瓜摊就生意兴隆起来。

一天，宋神宗皇帝出宫巡视，来到集市上见有一处挤满了人，便问左右为何事喧闹，左右回禀说：是个卖胡瓜的引来众人买瓜。

宋神宗心里很好奇，就走上前去观看。只见那王婆正在连说带比画地夸自己的瓜如何好，见了宋神宗也不慌张，敢请皇上尝尝他的胡瓜。宋神宗尝后连连称赞"好吃"，王婆没有说假话，胡瓜甘美无比。但宋神宗对王婆的言行有些不解，便问王婆，你这瓜这么好，为什么还要自卖自夸呢？王婆坦然回答说，这瓜是西夏外地品种，中原人不识，一叫就有人买了。

宋神宗听了感慨万千，表示做买卖还是当夸则夸，像王婆卖瓜，自卖自夸。于是，宋皇帝的金口一开可不得了，很快，"王婆卖瓜，自卖自夸"这句话就传遍了天下，一直流传至今天而不绝。

只是，中国一向主张儒学文化，谦虚谨慎的中国人对"王婆卖瓜，自卖自夸"生出了截然不同的解释，该话由原来的褒义变成现在的贬义。

做人提倡低调，但做事低调则显然不是最好的策略，特别是在商场上，做事应该适当高调，这样，才会吸引别人的眼球，引起别人更多的关注。

某食品公司的辣酱上市之前，老总想为自己新产品做宣传广告。他本来想在这座城市某个热闹的街头租一个超大的、显眼的广告牌，标上他们的产品，让所有从这里走过的人一下子都能注意它，并从此认识他们的辣酱。

但是当他和广告公司接触后，才发现市中心广告位的价格远远高于他的想象，他那小小的企业承担不起这天价的广告费。

可是他并没有失望，而是不停地到处打探，试图能发掘出哪里有便宜而且实惠的广告位置。经过反复寻找，他终于看好一个城市路口的广告牌。那里是一个十字路口，车辆川流不息，但有一点儿遗憾的是，路人行色匆匆，眼睛只顾盯着红绿灯和疾驶的车辆。在这里做广告很难保证有很好的效果。打探了一下价格，两万元，老总很满意，于是就租了下来。

对于老总这个举措，员工们纷纷提出质疑，但老总只是笑而不答，仿佛一切成竹在胸。

旧广告牌很快撤下来。员工们以为第二天就能看到他们的辣酱广告了。然而，第二天，员工们看到广告牌上根本就没有他们的辣酱广告，上面赫然写着："好位置，当然只等贵客，此广告招租88万/全年。"

天哪，这样的价格该是这座城市最贵的广告位了吧。天价招牌的冲击力似乎毋庸置疑，每个从这里路过的人似乎都不自觉地停住脚步看上一眼。口耳相传，渐渐地，很多人都知道了这个十字路口上有个贵得离谱的广告位虚席以待，甚至当地报纸都给予了极大的关注。一个月后，该企业的辣酱的广告登了上去。

辣酱厂的员工终于明白了老总的心计，无不交口称赞。辣酱的市场迅速打开，因为那"88万/全年"的广告价格早已家喻户晓。而企业的辣酱成为这座城市的知名品牌。

这个故事告诉我们：高调做事靠的是智慧，别人永远不会赋予你理想的价值，你必须自己主动去做一块招牌，适当地放大自己的价值。

"世有伯乐，然后有千里马，千里马常有而伯乐不常有。"在当前竞争异常激烈的社会，千里马千千万万，可伯乐稀缺，这时候，为引起伯乐的注意，千里马就该高调做事，把自己的真本领展示出来。

一位营销专业毕业的大学生，应聘就业于一家大型企业。刚开始时，他天天待在市场一线，与经销商和终端摸爬滚打。业余时间，他埋头苦读，然后结合实际市场操作，向公司内的报纸投稿，偶尔有文章还见诸报端。

一次，公司报纸组织有关售后服务大讨论的征文比赛，他就把平常自己在工作中的一些体会总结出来，然后运用有关营销理论进行了分析，写出文章投过去。当时来自公司总部和各地市场的参选稿件有500多份，评出获奖者10名，他的名字排在了第三位。其文章恰好被当时分管市场工作的一位副总裁看到，认为文才不错，有市场头脑，就调到身边从事市场调研工作，亲自进行传帮带，半年之后，他又被派到市场担任县级经理，然后是地级经理、省级经理。

通常来讲，并不是每个一线员工都有接触高层经理的机会，所以寄希望于一次偶然相遇的想法无异于"守株待兔"。但积极的做法应该是拓宽让高层领导发现自己的渠道。这位营销专业毕业的大学生就是通过自己的扎实学识、以发表文章的方式高调地"宣传"了自己，最终更上一层楼。

有时，我们做事就该高调，这样才能把自己"推销"出去。

展示自己，别人才能认识到你

　　推销自己，是一门生活艺术，有的人很善于运用这门艺术，将自己成功地推销出去，最后获得成功；而有的人却因为不能正确认识自己，把自己隐藏起来，以致一生默默无闻。其实，一个人无论是成绩平平还是才华出众，是相貌丑陋还是仪表堂堂，他们都是世界的一分子，那么，他们就必然有一种渴望别人了解和尊重自己的愿望，相信没有人愿意窝窝囊囊地度过一生，那么，就勇敢地把自己推销出去吧！把你独特的气质、个性、特长都展示出来，让别人了解你、关注你，这样，你离成功的彼岸就不远了。

　　秦国大军攻打赵都邯郸，赵国虽然竭力抵抗，但因为在长平遭到惨败后，力量不足。赵孝成王要平原君赵胜想办法向楚国求救。平原君是赵国的相国，又是赵王的叔叔。他决心亲自上楚国去跟楚王谈判联合抗秦的事。

　　平原君打算带二十名文武全才的人跟他一起去楚国。他手下有三千个门客，可是真要找文武双全的人才，却并不容易。挑来挑去，只挑中十九个人，其余都看不中了。

　　他正在着急的时候，有个坐在末位的门客站了起来，自我推荐说："我能不能来凑个数呢？"

平原君有点惊异，说："您叫什么名字？到我门下有多少日子了？"

那个门客说："我叫毛遂，到这儿已经三年了。"

平原君摇摇头，说："有才能的人活在世上，就像一把锥子放在口袋里，它的尖儿很快就冒出来了。可是您来到这儿三年，我没有听说您有什么才能啊。"

毛遂说："这是因为我到今天才叫您看到这把锥子。要是您早点把它放在袋里，它早就戳出来了，难道光露出个尖儿就算了吗？"

旁边十九个门客认为毛遂在说大话，都带着轻蔑的眼光笑他。可平原君倒赏识毛遂的胆量和口才，就决定让毛遂凑上二十人的数，当天辞别赵王，上楚国去了。

平原君跟楚考烈王在朝堂上谈判合纵抗秦的事。毛遂和其他十九个门客都在台阶下等着。从早晨谈起，一直谈到中午，平原君为了说服楚王，把嘴唇皮都说干了，可是楚王说什么也不同意出兵抗秦。

台阶下的门客等得实在不耐烦，可是谁也不知道该怎么办。有人想起毛遂在赵国说的一番豪言壮语，就悄悄地对他说："毛先生，看你的啦！"

毛遂不慌不忙，拿着宝剑，上了台阶，高声嚷着说："合纵不合纵，三言两语就可以解决了。怎么从早晨说到现在，太阳都直了，还没说停当呢？"

楚王很不高兴，问平原君："这是什么人？"

平原君说："是我的门客毛遂。"

楚王一听是个门客，更加生气，骂毛遂说："我跟你主人商量国家大事，轮到你来多嘴？还不赶快下去！"

毛遂按着宝剑跨前一步，说："你仗势欺人。我主人在这里，你破口骂人算什么？"

楚王看他身边带着剑，又听他说话那股狠劲儿，有点害怕起来，就换了和气的脸色对他说："那你有什么高见，请说吧。"

毛遂说："楚国有五千多里土地，一百万兵士，原来是个称霸的大国。没有想到秦国一兴起，楚国连连打败仗，甚至堂堂的国君也当了秦国的俘虏，死在秦国。这是楚国最大的耻辱。秦国的崛起，不过是个没有什么了不起的小子，带了几万人，一战就把楚国的国都郢都夺了去，逼得大王只好迁都。这种耻辱，就连我们赵国人也替你们害羞。想不到大王倒不想雪耻呢。老实说，今天我们主人跟大王来商量合纵抗秦，主要是为了楚国，也不是单为我们赵国啊。"

毛遂这一番话，真像一把锥子一样，一句句戳痛楚王的心。他不由得脸红了，接连说："说的是，说的是。"

毛遂步步相逼："那么合纵的事就定了吗？"

楚王对毛遂真是佩服得五体投地，连连表示同意。

平原君签订合纵盟约后归来，从此，把毛遂作为上等宾客对待。

毛遂自荐的故事给我们的启迪是：一个人要成功就要善于把握机会、勇于表现自己。

然而，在现实中，很多人喜欢谦虚，即使自己有某方面的才华也常常藏而不露，老推说自己"不行"。的确，"表现欲"一词曾经多含贬义，被意为骄傲自大、出风头而遭到人们的不屑。但是，在现在这个人才济济、万马奔腾的社会，如果一直保持谦虚，常常会失去被别人了解和重用的机会。有时候一个人得到重用并不仅仅有才华，而更多地在于他懂得怎么推销自己、展示自己。

每个人都有自己独一无二的特性，都可以找到适合自己发展的位置。但推销自己、展示自己的长处，是给自己获得更多发展空间的一条捷径。一个人想要获得更佳的自我价值的实现，取得更优异的成长绩效，没有正确的自我认知会使成功的路途变得十分的漫长。

找到自己人生的最佳位置，取得别人的信任、关注与重用，那就必须要把自己的价值观、人生观显露于人，方能让他人了解自己的特长、喜好、要求与目的，快速达到自己的期望。恰当的表现与推销是必备的技能。

乐于推销自己的人都有较强的参与意识和竞争观念。他们积极热情，有良好的心理承受能力，同时他们乐于塑造自我积极健康的形象，有强烈的成功渴求。他们会寻找适当的场合给自己创造表现的机会，公开表达自己的意见与观点，不惧怕失败与挫折，甚至可以同样将自己的弱势公之于众。

相反，即使有着超群的技能与特长，却不擅长表达与展露，只是深藏宫中，不敢展现，他人也就无从了解。没有了发挥与发展的空间与机会，最终也只能是空有绝技，自叹怀才不遇，丧失了体现自我价值的机会。

学会推销自己吧，不要坐着等待"伯乐"的降临。你不可能一生下来，就会被别人重用，你只有自己展示自己，才能让别人彻底地认识你。

迈出众人行列，最先看到的就是你

俄国沙皇要召见诗人舍甫琴科。舍甫琴科和诸位大臣、将军在皇宫里列队等候召见。沙皇驾到时，所有的人都深深弯腰敬礼，只有诗人舍甫琴科纹丝不动。"你是什么人？"沙皇呵斥道。"你为什么不鞠躬敬礼？在俄国，谁敢见我不低头？"沙皇高傲地说。"不是我要见你，而是你要见我，陛下！"诗人从容回答，"要是我也像周围的这些人那样，在你面前深深弯腰，那你怎么能看到我呢？"沙皇无言以对。

诗人舍甫琴科的做法真是智慧之举。他采取了异于常人的行为，从而在众位大臣、将军的行列里引起了沙皇的注意，使沙皇认识了自己。

在人才济济的当今社会，如何才能让自己轻易地脱颖而出，受到领导、他人的注意与关注呢？哗众取宠显然是行不通的，那样也许的确有人会记住你，但更多的是，大家认为你这个人不踏实、不可信任。美国一家拥有四千职员的大陆伊利诺银行行长斯德芬士曾说过："怎样识别能负较大责任的人呢？倘若这里有一万个人，一字排在司令官的面前，这位司令官是区别不开他们的。只有某几个迈出行列的，才能加以个别的识别。"他继续解释说："我时常注意找寻几个能从银行的职员队里向前迈出一步的人。只要这班人明晓这个窍门，就能引起我对他的注意。但有一点要加以注意，如果你想一鸣惊人，就要有能力和勇气去做一些你分外的事。"

是的，迈出行列，就能引起上司的注意。但同时，不可忽略的是，一定"要有能力和勇气去做一些你分外的事"。

美国海军一位名叫辛士的青年中尉，运用这一策略和自己的能力获得了成功。辛士任海军中尉时，海军的训练有时以岸上的电杆木为目标瞄准射击。管这样的事是辛士的分外事，但为了引起上司的注意，他向主管长官及海军部长提出了停止这种训练方法的建议。而上司拒绝采取他的意见。于是，辛士中尉越级给罗斯福总统写了一封信，提出"海军不能射击电杆木"的主张，建议改用其他的训练方法，同时提出了自己的训练见解。结果，总统采纳了他的建议，这也成了他事业成功的开始。后来，大西洋舰队中有五艘战舰，直接归这位崛起的海军中尉统帅，并进一步晋升为海军演习监察官。欧洲战争期间，辛士又被任命为美国战时舰队的总司令，被誉为当代海军建设最有才能的人，并逐步晋升为海军大将。

"不能射击电杆木"，这是辛士的分外事。他主动关心这件分外事，向上司及至总统写出建议信，这就使这名海军中尉"出了列"，引起了海军上司及总统的注意。他有高超的见解，并把这高超的见解通过写信完全表达出来，这就是他的卓越才能，也是他成功的关键。他先向上司建议，后又越级向总统写信，表现出了他的智慧和勇敢。这虽然是军队中的下属"出列"并关心自己分外事的成功事例，但在企业、公司中不是同样适用吗？一个企业或公司的属员，如果从单位的整体利益出发，对一些分外事提出一些独到的见解或合理化建议，不是同样会引起上司的关注和赏识吗？

这里还有一个故事让人回味无穷。

美国宾夕法尼亚铁路分段长司各特，手下有一个年轻的职员叫卡纳奇。有一天早晨，卡纳奇到办公室的时候，发现一辆破毁的火车车身阻塞了铁路，使铁路运输陷入了混乱。最糟糕的是分段长司各特刚好不在。怎么办？稳妥的办法，便是什么也不要做。因为只有铁路分段长才有权发出调车的命令，别人这样做，是要受到处分或革职的。不过，当时货车全部停滞中途，特快车也因此而误了时间。卡纳奇顾不得许多了，他毅然破坏了铁路中最严格的规定，发出调车命令的电报，命令上签着司各特名字的开头字母。等司各特到达的时候，阻塞的铁路已经畅通了，一切都在顺利地进行着。司各特非常惊异，也非常满意，甚至连宾夕法尼亚铁路局长也赞美那"调车的功绩"。卡纳奇在关键时刻为上司排除了险境，遂受到司各特的喜爱，成为他自己后来伟业的转折点。不久，卡纳奇就成了司各特的私人秘书，24岁时已升任这条铁路的分段长。

成名后的卡纳奇在回忆这段轶事时说："如果一个普通的职员能与高级职员甚至上司相近，说明他在自己的人生中已获得了一半的成功与胜利。每一个人的目标，除了尽善尽美地完成好自己的本职工作以外，更应该做的是一些他职业以外，并且能深深地吸引他的上司注意的事。"

心理学家徐发悖说过："能够吸引人家注意的人，是因为他每时每刻都在思索，即使是再小的事情也倍加小心。这种人并不是用扮演式、展览式地夸耀他的上司，而是在寻找自己分内职业以外的使自己的上司满意或感兴趣或上司想做但又没有付诸实施的事情。这种类型的人往往会得到上司的青睐和提拔。"

所以说，迈出众人行列，是获取机会的关键一步。

机遇与风险并存，看你敢不敢挑战

　　相信每一个人说过或者听人说过这样的话："我觉得这是个好机会，但风险太大，不敢轻易尝试啊。"没错，机遇和风险是并存的，不敢冒险又怎么能成功呢？美国有谚语"冒险里面有天才、勇气和魔法""勇气喜欢跟利益联姻"，由此可以看到美国人的冒险精神。美国人崇尚"风险越大收益的绝对值越大"的经济学原理，在商业经营中喜欢冒险获取利润。没有冒险，巨大的成功来得总是太慢，利润越高风险越大。大凡成功者都有某种程度的赌性，"不入虎穴，焉得虎子"是他们创造机会的最佳写照。

　　美国管理大师约翰·科特说："经营者的每一项决策，每一次行为都既蕴含着成功的希望，也都隐藏着失败的可能。若是过分强调谨慎，那么，在市场上就会寸步难行。"美国人是天生的冒险家，他们凭着过人的胆识，抱着乐观从容的风险意识，在危险中自由地畅行，抓住机遇获得了巨大的成功。

　　冒险和成功常常是相伴在一起的。冒险的价值不仅仅是它可以把握机会，更重要的是这样的行动本身同样可以创造出机会。瞅准行情，大胆下注，财富便会滚滚而来。

　　美国纽约曼哈顿区的华尔街是世界著名的金融中心，世界最富有的街道和投机者向往的乐园。在华尔街的发展史中曾涌现出无数的风云人物，赫蒂·格林夫人就是其中一位赫赫有名的女性，她被誉为华尔街上的女巫。

格林夫人是个精明能干的女性，在马萨诸塞州继承了约600万美元的财产。她不想坐吃山空，更不愿过一般贵夫人养尊处优的生活，她要做一番轰轰烈烈的事业。于是她雄心勃勃地只身来到纽约，穿梭于股票交易所经纪人的办公室，开始了紧张的活动。

格林夫人衣着朴素，生活节俭，鼓鼓囊囊的手提包里常常带着充饥的粗面饼干，当然也有各种零零碎碎的纸片，显得着实可笑。然而，正是这个看来似乎古怪的行为后面，格林夫人总是暗暗地进行着百万美元的大宗买卖，表现出能同那些高明男子进行竞争的智慧和精力，也使许许多多其他的股票商望而生畏，甚至破产。

格林夫人在华尔街经过几十年辛苦奋斗，忍受了一般人难以忍受的打击和冒险，终于取得了成功。在她1916年去世时，财产从600万变成了1亿美元，成了美国最富有的女性之一。

在风险面前胆怯的人不敢去做，前人未做过的事，当然也不会体验到冒险的刺激与成功的喜悦。结果是永远也不会有什么作为，甚至被时代所抛弃。商业经营上的成功常常属于那些敢于抓住时机、敢于冒险的人。

特朗普多年来一直关注着哈得孙河边的一个荒废了的庞大铁路广场。每次他经过这里时，都会设想能在那儿建什么。但是，在该城处于财政危机时，没有谁还有心思考虑开发这大约100英亩的庞大地产，那时候，人们认为西岸河滨是个危险去处。尽管如此，特朗普认为，要全面改观并非太难，人们发现它的价值只是时间迟早的问题而已。

1973 年，特朗普在报纸上的破产广告一栏中，偶然看到一则启事：说一个叫维克多的人负责出售废弃广场的资产，他打电话给维克多，说他想买 60 号街的广场。广场的事虽然最终未落实，但维克多提供了另一个信息：康莫多尔大饭店由于管理不善，已经破败不堪，亏损多年。特朗普却发现，成千上万的人每天上下班的时候，都要从饭店旁边的地铁站上上下下，绝对是个一流的好位置。

　　特朗普把买饭店的事告诉了父亲。父亲听说儿子在城中买下了那家破饭店，吃惊不小，因为许多精明的房地产商都认为那是笔赔本的买卖。特朗普当然也知道这一点，不过他要了一些高明的手段，他一方面让卖主相信他一定会买，却又迟迟不付定金。他尽量拖延时间，他要说服一个有经验的饭店经营人一道去寻求贷款，他还要争取市政官员破例给他减免全部税费。

　　一切妥当后，特朗普终于买下了康莫多尔饭店，他重新做了装修，并把饭店重新命名为海特大饭店。新装修后的饭店富丽堂皇，楼面是用华丽的褐色大理石铺的，用漂亮的黄铜做柱子和栏杆，楼顶建了一个玻璃宫餐厅。它的门廊很有特色，成了人人都想参观的地方。

　　海特大饭店于 1980 年 9 月开张，开张后顾客盈门，大获其利，总利润一年超过 3000 万美元，特朗普拥有饭店 50%的股权。

　　玫瑰在散发馨香的同时也生有尖刺；财富以诱人的面目出现时也伴有风险。不冒险当然不会有很大损失，但是也没有很大的收益，是否甘愿冒险去掘取利润取决于当事者的风险预期和对机会成本的选择优化。有人在风险面前驻足观望，有人却咬紧牙关迎头赶上；赶上者风光无限，观望者涎水三尺。勇气和胆量不同，结果也就不同。

因为美国人冒险的精神，所以人们常说世界的钱都装在美国人的口袋里，但美国人的钱却装在犹太人的口袋里。在中国有着"东方犹太人"之称的温州人却跟犹太人"抢起了饭碗"。据说，在法国，温商独有的做人、做事方法逐渐将犹太人挤出了市场，天下第一的犹太商人也惊叹：居然还有比我们更会做生意的人！

为什么温州人能够在短短的几十年里崛起呢？一个很大的原因就是他们敢于冒险。温州人常常将"平安二字值千金，冒险半生为万贯"作为自己的生意经。"敢为天下先"、敢于第一个吃螃蟹。他们认为：头道汤的味道最好，先人一步的生意最赚钱。事实证明：一分耕耘，一分收获；一分冒险，一分成就。温商的成功经验证实了一句话：唯冒险者生存。

2000年初，上海的房地产市场比较低迷。但是，正是在这个时候，温州巨人商业发展有限公司董事长陈颂楠却果断地投资8000万元，买进了位于武宁路231号沪西工人文化宫门前的银宫商厦的6个楼面。许多人都为陈颂楠捏了一把汗，怕他投资失策。

实际上，陈颂楠早就对市场需求做了深入的分析。他认为，沪西商铺随着市政建设发展和人口的大量进入会越来越繁华。因此，只要根据沪西的人文特点营造一种休息娱乐的氛围，银宫商厦一定会成为新的商业中心。于是，他果断地引入"西门町"的经营理念，经营的货品以新潮服饰、鞋帽、箱包、玩具、礼品为主，同时设有餐饮、健身、休闲等设施，着力打造沪西商业时尚天地。

3年后，经过对商铺重新定位、装饰后，银宫商厦的招商活动进行得非常顺利。仅一楼到四楼14000平方米的400余个商铺，就卖出了 1.5 亿元，剩下的五楼和六楼最后成了公司的办公场地。

陈颂楠相信，风险在一定程度上控制在自己的手中，只要自己做好充分的市场调研，根据市场的需求做出准确的判断，适度地冒冒险才是成功的关键。

商场如战场，风险是必然的。无风险的事只能做得平平淡淡，没有大的起色。一旦看准，就要大胆行动，这是如今商界许多成功人士的经验之谈。冒险和出奇相连，出奇和制胜相伴，所以西方的谚语说："幸运喜欢光临勇敢的人。"冒险是表现在人身上的一种勇气和魄力，险中有夷，危中有利，倘要创立惊人战绩，就应敢于冒险。不冒险，怎么会有机会？

丹麦著名哲学家恺郭尔说过："冒险就要担忧发愁，但是，不冒险就会失落自己。"稳扎稳打，步步为赢固然不错，但是求稳也不能失进取。事实证明，在做事过程中，特别是在做开拓创新的创业过程中，冒险是值得的。

学会等待，机会也许就在来的路上

在互联网的江湖上，张树新是比较有名气的。早在 1995 年，这个中国互联网的先驱就上路了。在次年，她与合伙人创办的瀛海威因为一批新股东的加入，注册资本陡增为 8000 万元人民币。一时之间，瀛海威声名大振。1998 年，张树新黯然地离开了瀛海威。2004 年年底，瀛海威被北京市工商局注销。张树新曾感慨："我们进入得太早了。"太早进入市场的风险在于大幅增加了运作成本，以至于迎来了黎明却无力在黎明中成长。

1995 年年初，在美国硅谷工作的李彦宏就萌发了回国创业的念头，为此他每年都坚持回国考察。但李彦宏一直没有贸然采取行动，他解释说，是因为"感到中国还不需要搜索这个技术，大家都在做概念"。

李彦宏在等机会。直到 1999 年年底，李彦宏觉得环境成熟，到了该参战的时候了，于是他启程回国。他为什么认为时机来了呢？李彦宏说：那时大家的名片上开始印 e-mail 地址了，街上有人穿印着".com"的 T 恤了，于是断定互联网在中国成熟了，大环境可以了。同时，在美国工作的他的存折上的钱也差不多了——就算是两三年一分钱挣不到，也可以保证全家过正常的生活。所以，回国创业的时机到了。

有时候，在机会面前，我们必须等待其成熟，不能操之过急。战国时安陵君在获取封号前，只是楚王身边的一个宠臣。一个叫江乙的门客劝导安陵君找个机会向楚王示忠，以获得更稳固的政治地位，以保自己来日的富贵。安陵君问如何示忠，江乙献计："您务必要向楚王表忠，请求能随他而死，亲自为他殉葬，这样，您在楚国必能长期受到尊重。"安陵君答应了。

　　安陵君口头上是答应了，但整整三年没有去实施。门客江乙看了很焦急，对安陵君说："我和您说过要像楚王表忠的事，您也应承了，直到现在您还没有行动，看来我只有离开这个危机潜伏的地方了。"安陵君劝其留下，说："我何尝不想表忠呢？但没有找到合适的机会呀。"

　　安陵君在苦等机会中度日如年。一次，楚王外出去游猎，安陵君有幸随游。一路上车马成群结队，络绎不绝，五色旌旗遮蔽天日。忽然一头犀牛像发了狂似的朝车轮横冲直撞过来，楚王拉弓搭箭，一箭便射死了犀牛。楚王随手拔起一根旗杆，按住犀牛的头，仰天大笑，说："今天的游猎，寡人实在太高兴了！待我百年之后，又有谁能与我一道享受这种快乐呢？"安陵君听了，感觉机会来了，于是泪流满面地走上前对楚王说："我在宫中有幸和大王席地而坐，出外和大王同车而乘，大王百年之后，我愿随从而死，在黄泉之下也做大王的褥草以阻蝼蚁，又有什么比这更快乐的呢！"

　　安陵君的这次表忠，看不出任何做作、谋划的痕迹，水到渠成，真诚自然。果然，处于狂喜与惆怅之中的楚王听了非常感动，回宫后正式封他为安陵君，让其有了自己的封地。安陵君能够为了一个时机而等待三年，漫长的等待需要耐心、勇气与毅力，时机找不到，绝不出手。正是这种严格的时机把握，才有了他"三年不鸣，一鸣惊人"奇绝效果。

机会偏爱在等待中积蓄力量的人

等待机会不是叫你消极地等，有一种积极的等待方式，将有利于机会来临时更有力地抓住。那就是——时刻为抓住机会而充实自己！

我们知道，抓住机会是要讲究实力的。没有足够的实力，机会来临你也抓不住。

著名成功学家拿破仑·希尔用 20 年的时间，深入调查了美国 504 名鼎鼎有名的成功人士，得出的结论之一是：在那些外人看似一夜成名的背后，凝聚的是当事人长时间默默地努力与坚守。这就好比战士在没有上战场前，从来就没有放松过自己的严格训练；只等战争来临，他们就能迅速进入角色并取得良好的战绩。

机遇，对每个人来说应该是平等的，但为什么有人捕捉不到，有人捕捉得到呢？关键在于：你是不是积累了捕捉机遇的本领。就像狩猎，等了很久很久，猎物来了，你却放空枪，只能眼睁睁看着猎物消失。捕捉猎物的本领，就是及时抓住机遇的本领。同样发现了机遇，有的人能够牢牢抓住，有的人却眼睁睁地看着机遇溜走。

机会只偏爱那些准备最充分的人。换句话说，只有在"万事俱备"的情况下，东风才显得珍贵和富有价值。

中国观众开始认识游本昌是从电视连续剧《济公》的播出开始的，从此他的名字连同"济公"这一形象，便深深地印在亿万观众的脑海中。

游本昌出演"济公"角色时，已是57岁的人了。在他一举成名前，是30多年默默无闻的演员。

少年时的游本昌就精于模仿，热爱表演，济公和卓别林的形象曾对他产生巨大的影响。凭着他良好的表演天资，他被保送到上海戏剧学院深造，并在大学毕业后极其幸运地被吸收进入中央实验话剧院。然而，他未料到，跨入中国当时一流的剧院这一天，也是他不走运的开始，等待他的将是30年的默默无闻。

在漫长的从艺生涯中，游本昌所扮演的几乎都是小角色、小人物，对于一个演员来说，这不能说不是一场悲剧。然而，他却从不气馁，只是通过默默地耕耘和锻炼，用心对每个角色进行精细雕琢，力求演好每一场戏。

他的信条是"没有小角色，只有小演员""热爱心中的艺术，不是艺术中的自己"。靠着对艺术的执着追求，他在被冷落的孤独中苦练演艺，静静等待着机会的来临。

游本昌与明星们一起到过几十个城市，每次演出时他不过是在节目中属于串场的角色。每到一处，当"明星"们被热情的观念包围着时，他却被冷落一旁。对此，游本昌的回答是："我不会感到凄凉，那是可以理解的。"

靠《济公》一举成名后，有记者问游本昌："一项事业总要有人去做它才能成功，有的人抓住机会出名了，而有的失败了，悲观了。这里涉及的问题就是机会，你是过来人，你对机会如何理解呢？"

　　游本昌是这样回答："是玫瑰总会开花。我在上海戏剧学院工作时，曾有一位艺术家结合自己30岁成才的经历说过，'一个人的成功最大的问题就是机会'。他还谈到和他一样的一个人艺演员很有才华，却久久不得志。直到42岁拍完一部电影才崭露头角。我很喜欢鲁迅的著作，更赞赏鲁迅先生的韧性的斗争精神。我相信事在人为，如果说有运气和机会上的差别，我绝不能因时运不济而削弱志气。倘若削弱了志气，连原有的才气也完了，运气自然不会敲你的门。为什么会让我游本昌演济公？因为我演过话剧，演过哑剧，电视剧导演听了熟悉我的人介绍我有喜剧表演才能，我才幸运地饰演了济公。因此，我觉得如果有人遇到怀才不遇的问题时，请不要泯灭自己的志气和追求，相反，更要激发你的韧性、力量。凡事只能往前闯，否则没有出路。奥斯卡电影金像奖，有人七八次提名未中，也有一次获奖的幸运儿。我们要从未获奖的人身上学志气，不要羡慕幸运儿的运气。卓别林80岁才去领奖，亨利·方达年近七旬才捧上小金人。历史证明，生活决不会辜负一个辛勤的耕耘者。我们不要等别人发光，等别人抛彩球，自己沾光；我们要自己发光，要高速运转，才能产生光和热。我运转的动力是什么？就是千方百计地追求上乘演技。"

　　曾经的无名小卒游本昌，靠着从未丧失斗争的勇气、从未放弃过对理想的追求，以及从未丧失对机会的渴望，终于在机会来临时将机会变成了成功。

　　现在你不妨想一想：你现在在等一个什么样的机会？或者说你希望出现一个什么样的机会？如果这个机会出现，你要稳稳地把握住还需要提高哪些能力、增加哪些资源？

你可以为你梦想中的机会所需要的支持列一个明细单，一项一项地去努力完善与提高。你要做到万事俱备，才能迎接到最后的"东风"。